1차필기 시험대비

2022

최신출제경향에 맞춘
최고의 수험서

산업보건 지도사

에듀인컴 지음 **윤영노** 감수

Ⅲ 기업진단 · 지도

INDUSTRIAL HEALTH

- 최근 개정된 산업안전보건법 반영
- 비전공자를 위한 체계적인 이론 구성
- 출제경향에 따른 이론구성
- 안전보건분야 최고의 전문가 집필

예문사

책 머리에

국가전문자격으로 분류되는 산업보건지도사는 객관적이고 전문적인 지도·조언을 통해 사업장 내 산업보건, 작업환경 등의 문제점을 규명하여 개선하고, 새로운 공정의 도입에 따르는 산업보건 측면의 대책 수립에 도움을 주는 외부의 전문가입니다.

이러한 전문성을 갖춘 산업보건지도사 자격시험을 준비하는 수험생들이 시험을 보다 효과적으로 준비하는 데 도움을 주고자 본 책을 출간하게 되었습니다.

세월호 침몰사고, 밀양 병원 화재, 태안발전소 하청노동자 사망 등 아직도 우리 사회 곳곳에서 일어나서는 안 될 참사가 끊임없이 일어나고 있습니다. 특히, 산업 현장에서는 한 해 평균 1,700여 명이 사망하고, 5만여 명이 산업재해로 다치거나, 건강을 잃고 있는 상황입니다. 이를 경제적 가치로 환산하면 연간 15조 원 이상의 손실이 발생한다고 할 수 있습니다.

이에 국가는 '국민안전'을 필두로 한 국정 과제를 추진하여 안전한 국가를 건설하기 위해 노력하고 있으며, 국민들은 '위험사회'에서 벗어난 '안전사회'를 시대정신으로 요구하고 있습니다. 모든 국민이 안전하고 건강한 사회로의 도약, 이는 우리 모두가 염원하는 소망일 것입니다.

안전하고 건강한 사회를 건설하는 데 있어 산업보건지도사는 반드시 필요한 제도입니다.

산업보건지도사가 산업 현장에서 직무를 수행하기 위한 환경과 법적 근거는 이미 조성되어 있습니다. 산업보건지도사는 산업위생 분야의 유해위험방지계획서, 안전보건개선계획서, 물질안전보건자료의 작성에 필요한 지도와 작업환경측정 결과에 대한 공학적 개선대책 지도 등의 산업안전보건법에서 정한 업무들을 수행할 수 있고, 보건관리전문기관을 설립하는 데 필요한 인력 기준을 충족할 수 있으며 앞으로도 전망이 밝을 것으로 보입니다.

지도사 시험이 중단되었다가 다시 실시된 2012년 이후로 산업보건지도사 시험에 응시하는 인원이 점차 증가하고 있지만, 합격자의 연령, 경력 사항이 점차 적어지는 추세입니다. 충분한 준비가 갖춰진다면 합격이 불가능한 시험이 아니라고 생각합니다.

산업보건지도사 시험은 산업위생과 직업환경, 2개 분야로 이루어져 있습니다. 1차 시험은 공통과목인 '산업안전보건법령, 산업위생일반, 기업진단 · 지도' 3개의 과목으로 이루어져 있습니다.

이 책은 산업위생개론, 산업안전개론, 인간공학개론, 독성학개론, 산업환기이론, 산업안전보건법령집을 다룬 기존의 책과 자료를 바탕으로 시험과목을 체계적으로 정리하여 처음 자격시험을 준비하는 수험생들도 어려움 없이 접근할 수 있도록 내용을 구성하였고 최근 기출 시험문제와 파생 이론을 철저히 분석하여 담아내도록 노력하였습니다.

주요 참고문헌은 예문사에서 출간한『산업위생관리기사』,『산업안전기사』이며 그 외에 산업안전보건 분야 선배님들의 저서, 산업안전보건법, 영, 규칙, 기준규칙, 고용노동부 고시, 예규, 훈령과 권고사항인 KOSHA Guide 등을 참고하였습니다.

산업보건지도사 자격시험을 준비하기 위한 수험서로서 본서의 특징은 다음과 같습니다.

1. **각 과목 이론의 내용을 충실히 하여 시험에 나오는 거의 모든 문제가 이론 내용에 포함되도록 하였고, 시험에 출제될 가능성이 높은 이론은 굵은 글씨로 표기하여 수험생의 집중도를 높였습니다.**
2. **내용 이해를 위해 도표와 그림을 최대한 많이 넣어 수험생의 이해도를 높였습니다.**
3. **안전보건 분야의 오랜 현장경험을 가지고 있는 최고의 전문가가 집필하고, 여러 번의 퇴고를 거쳐 책의 완성도를 높였습니다.**

산업보건지도사를 준비하는 수험생들의 합격을 염원하며, 배움의 기쁨과 도전의 즐거움을 아는 수험생을 응원합니다.

이 책이 응시하시는 시험에 조금이나마 도움이 되기를 기원하며, 책을 출간하는 데 많은 지도와 조언을 해주신 출판사와 부모님께 깊은 감사를 표합니다.

저자 일동

산업보건지도사 시험에서 각 과목별 특징

1과목 : 산업안전보건법령

산업안전보건법령은 '산업안전보건법, 영, 시행규칙, 기준에 관한 규칙'으로 구성되어 있습니다. 산업안전보건법의 주요 제도를 알기 쉽게 풀이하였고, 안전보건기준에 관한 규칙은 1편 총칙, 2편 안전기준, 3편 보건기준의 내용 중 관련된 내용을 간추려 정리하였습니다. 비전공자도 쉽게 이해할 수 있도록 최대한 많은 그림과 삽화를 넣었습니다.

2과목 : 산업위생일반

산업위생일반은 '산업위생개론, 작업관리, 산업위생보호구, 건강관리, 산업재해조사 및 원인분석'으로 이루어져 있습니다. 산업보건 분야에 입문하는 수험생이 기초적으로 알아야 할 이론을 충실히 기술하기 위해 노력했습니다.

3과목 : 기업진단 · 지도

기업진단 · 지도는 인적자원관리, 조직관리, 생산관리 이론이 담긴 경영학, 산업심리학, 산업안전개론 3개 분야로 이루어져 있습니다. 특히 생소하게 느낄 수 있는 경영학과 산업안전개론을 최대한 쉽게 이해할 수 있도록 자세히 설명하였습니다.

출제기준

■ 1차 시험

산업안전지도사		산업보건지도사	
과 목	출제범위	과 목	출제범위
산업안전 보건법령	「산업안전보건법」, 같은 법 시행령, 같은 법 시행규칙, 「산업안전보건기준에 관한 규칙」	**산업안전 보건법령**	산업안전지도사와 동일
산업안전 일반	산업안전교육론, 안전관리 및 손실방지론, 신뢰성공학, 시스템안전공학, 인간공학, 산업재해 조사 및 원인 분석 등	**산업위생 일반**	산업위생개론, 작업관리, 산업위생보호구, 건강관리, 산업재해조사 및 원인 분석 등
기업진단 · 지도	경영학(인적자원관리, 조직관리, 생산관리), 산업심리학, 산업위생개론	**기업진단 · 지도**	경영학(인적자원관리, 조직관리, 생산관리), 산업심리학, 산업안전개론

■2차 시험

<table>
<tr><th colspan="2">산업안전지도사</th><th colspan="2">산업보건지도사</th></tr>
<tr><th>과 목</th><th>출제범위</th><th>과 목</th><th>출제범위</th></tr>
<tr><td>기계안전
공학</td><td>• 기계 · 기구 · 설비의 안전 등(위험기계 · 양중기 · 운반기계 · 압력용기 포함)
• 공장자동화설비의 안전기술 등
• 기계 · 기구 · 설비의 설계 · 배치 · 보수 · 유지기술 등</td><td rowspan="2">직업환경
의학</td><td rowspan="2">• 직업병의 종류 및 인체발병경로, 직업병의 증상 판단 및 대책 등
• 역학조사의 연구방법, 조사 및 분석방법, 직종별 산업의학적 관리대책 등
• 유해인자별 특수건강진단 방법, 판정 및 사후관리대책 등
• 근골격계질환, 직무스트레스 등 업무상 질환의 대책 및 작업관리방법 등</td></tr>
<tr><td>전기안전
공학</td><td>• 전기기계 · 기구 등으로 인한 위험방지 등(전기방폭설비 포함)
• 정전기 및 전자파로 인한 재해예방 등
• 감전사고 방지기술 등
• 컴퓨터 · 계측제어 설비의 설계 및 관리기술 등</td></tr>
<tr><td>화공안전
공학</td><td>• 가스 · 방화 및 방폭설비 등, 화학장치 · 설비안전 및 방식기술 등
• 정성 · 정량적 위험성 평가, 위험물 누출 · 확산 및 피해 예측 등
• 유해위험물질 화재폭발방지론, 화학공정 안전관리 등</td><td rowspan="2">산업위생
공학</td><td rowspan="2">• 산업환기설비의 설계, 시스템의 성능검사 · 유지관리기술 등
• 유해인자별 작업환경측정 방법, 산업위생통계 처리 및 해석, 공학적 대책 수립기술 등
• 유해인자별 인체에 미치는 영향 · 대사 및 축적, 인체의 방어기전 등
• 측정시료의전처리 및 분석 방법, 기기 분석 및 정도관리기술 등</td></tr>
<tr><td>건설안전
공학</td><td>• 건설공사용 가설구조물 · 기계 · 기구 등의 안전기술 등
• 건설공법 및 시공방법에 대한 위험성 평가 등
• 추락 · 낙하 · 붕괴 · 폭발 등 재해요인별 안전대책 등
• 건설현장의 유해 · 위험요인에 대한 안전기술 등</td></tr>
</table>

■3차 시험

시험과목	평정내용	시험방법
면접시험	• 전문지식과 응용능력 • 산업안전·보건제도에 대한 이해 및 인식정도 • 지도·상담 능력	평정내용에 대한 질의·응답

■시험 시간

구분	시험과목	시험시간	문항 수	시험방법
제1차 시험	1 공통필수Ⅰ 2 공통필수Ⅱ 3 공통필수Ⅲ	90분	과목별 25문항	객관식 5지
제2차 시험	전공필수	100분	과목별 4문항 (필요 시 증감가능)	논술형(4문항) (3문항 작성,필수2/택1) 및 단답형(5문항)
제3차 시험	• 전문지식과 응용능력 • 산업안전 · 보건제도에 대한 이해 및 인식정도 • 지도·상담 능력	수험자 1명당 20분 내외	-	면접

• 시험과 관련하여 법률 등을 적용하여 정답을 구하여야 하는 문제는 **시험시행일 현재 시행 중인 법률 등을 적용**하여 그 정답을 구하여야 함

■합격자 결정(산업안전보건법 시행령 제105조)

• 필기시험은 매 과목 100점을 만점으로 하여 40점 이상, 전 과목 평균 60점 이상 득점한 자 (1차 및 2차)

• 면접시험은 평정요소별로 평가하되, 10점 만점에 6점 이상 득점한 자

■출제영역

과목명	주요항목	세부항목
기업진단·지도	1. 경영학(인적자원관리, 조직관리, 생산관리)	1. 인적자원관리의 개념 및 관리방안에 관한 사항 2. 노사관계관리에 관한 사항 3. 조직관리의 개념에 관한 사항 4. 조직행동론에 관한 사항 5. 생산관리의 개념에 관한 사항 6. 생산시스템의 설계, 운영에 관한 사항 7. 생산관리 최신이론에 관한 사항
	2. 산업심리학	1. 산업심리 개념 및 요소 2. 직무수행과 평가 3. 직무태도 및 동기 4. 작업집단의 특성 5. 산업재해와 행동 특성 6. 인간의 특성과 직무환경 7. 직무환경과 건강 8. 인간의 특성과 인간관계
	3. 산업안전개론	1. 안전관리의 개념 및 이론 2. 기계, 화학설비의 위험관리 개요 3. 전기, 건설작업의 위험관리 개요 4. 안전보건경영시스템 개요 5. 위험성 평가 등 안전활동기법 6. 안전보호구 및 방호장치

시험안내

■ 시험의 일부 면제(산업안전보건법 시행령 제104조)

다음 각 호의 어느 하나에 해당하는 사람에 대한 시험의 면제는 해당 분야의 업무영역별 지도사 시험에 응시하는 경우로 한정함

1) 「국가기술자격법」에 따른 건설안전기술사, 기계안전기술사, 산업위생관리기술사, 인간공학기술사, 전기안전기술사, 화공안전기술사 : 별표 32에 따른 전공필수 · 공통필수Ⅰ 및 공통필수Ⅱ 과목

   ※ 인간공학기술사는 공통필수Ⅰ 및 공통필수Ⅱ 과목만 면제하고 전공필수(2차시험)는 반드시 응시

2) 「국가기술자격법」에 따른 건설 직무분야(건축 중직무분야 및 토목 중직무분야로 한정한다), 기계 직무분야, 화학 직무분야, 전기 · 전자 직무분야(전기 중직무분야로 한정한다)의 기술사 자격 보유자 : 별표 32에 따른 전공필수 과목

3) 「의료법」에 따른 직업환경의학과 전문의 : 별표 32에 따른 전공필수 · 공통필수Ⅰ 및 공통필수Ⅱ 과목

4) 공학(건설안전 · 기계안전 · 전기안전 · 화공안전 분야 전공으로 한정한다), 의학(직업환경의학 분야 전공으로 한정한다), 보건학(산업위생 분야 전공으로 한정한다) 박사학위 소지자 : 별표 32에 따른 전공필수 과목

5) 제2호 또는 제4호에 해당하는 사람으로서 각각의 자격 또는 학위 취득 후 산업안전 · 산업보건 업무에 3년 이상 종사한 경력이 있는 사람 : 별표 32에 따른 전공필수 및 공통필수Ⅱ 과목

   ※ 산업안전 · 보건업무는 다음의 업무에 한하여 인정

① 안전 · 보건 관리자로 실제 근무한 기간

② 산업안전보건법에 따라 지정 · 등록된 산업안전 · 보건 관련 기관 종사자의 실제 근무한 기간

※ 안전 · 보건관리전문기관, 재해예방지도기관, 안전 · 보건진단기관, 작업환경측정기관, 특수건강진단기관 등

③ 기업체에서 실제 안전관리 또는 보건관리 업무를 수행한 기간

※ 품질 · 환경 업무, 시설(안전)점검 등 산업안전보건법상의 안전 · 보건관리 업무와 무관한 경력기간은 제외하고, 경력증명서상에 '안전관리' 또는 '보건관리'라고 기재되어 있으며 수행기간이 구체적으로 기재되어 있을 경우에 한해 인정

6) 「공인노무사법」에 따른 공인노무사 : 별표 32에 따른 공통필수Ⅰ 과목
7) 산업안전(보건)지도사 자격 보유자로서 다른 지도사 자격 시험에 응시하는 사람 : 별표 32에 따른 공통필수Ⅰ 및 공통필수Ⅲ 과목
8) 산업안전(보건)지도사 자격 보유자로서 같은 지도사의 다른 분야 지도사 자격 시험에 응시하는 사람 : 별표 32에 따른 공통필수Ⅰ, 공통필수Ⅱ 및 공통필수Ⅲ 과목

제1차 또는 제2차 필기시험에 합격한 사람에 대해서는 다음 회의 시험에 한정하여 합격한 차수의 필기시험을 면제한다.

경력 및 면제요건 산정 기준일 : 서류심사 마감일

■수험자 유의사항

제1 · 2차 시험 공통 유의사항

1) 수험원서 또는 제출서류 등의 **허위작성, 위·변조, 기재오기, 누락** 및 **연락불능의 경우**에 발생하는 **불이익**은 **수험자의 책임**입니다.
   ※ 큐넷의 회원정보를 최신화하고 반드시 연락 가능한 전화번호로 수정
   ※ 알림서비스 수신 동의 시에 시험실 사전 안내 및 합격축하 메시지 발송
2) 수험자는 시험시행 전에 시험장소 및 교통편을 확인한 후(단, 시험실 출입은 불가) 시험당일 교시별 입실시간까지 **신분증, 수험표, 지정 필기구를 소지**하고 해당 시험실의 지정된 좌석에 착석하여야 합니다.
   ※ 매 교시 시험시작 이후 입실 불가
   ※ 수험자 입실완료시간 20분 전 교실별 좌석배치도 부착함
   ※ 신분증 인정범위 : 주민등록증, 운전면허증, 여권(유효기간 내), 공무원증, 외국인등록증 및 재외동포 국내거소증, 중 · 고등학교 학생증 및 청소년증, 신분확인증빙서 및 주민등록발급신청서, 국가자격증, 복지카드(유효기간 내 장애인등록증), 국가유공자증, NEIS 등 국가 · 학교 · 공공기관 · 국방부 · 군부대 등에서 발급한 사진, 성명, 생년월일, 발급자 등이 포함된 증명서
   ※ '신분증 미지참자 각서' 제출 후 지정 기일까지 신분증을 지참하고 공단 방문하여 신분확인을 받지 아니할 경우 시험 무효처리
   ※ 시험 전일 18:00부터 산업안전/보건지도사 홈페이지(큐넷)[마이 페이지 – 진행 중인 접수내역]에서 시험실을 사전확인 하실 수 있습니다.
3) 본인이 원서접수 시 선택한 시험장이 아닌 다른 시험장이나 지정된 시험실 좌석 이외에는 응시할 수 없습니다.
4) 시험시간 중에는 화장실 출입이 불가하고 종료 시까지 퇴실할 수 없습니다.
   ※ '시험포기각서' 제출 후 퇴실한 수험자는 다음 교(차)시 재입실 · 응시 불가 및 당해시험 무효처리
   ※ 단, 설사/배탈 등 긴급사항 발생으로 중도퇴실 시 해당교시 재입실이 불가하고, 시험시간 종료 전까지 시험본부에 대기
5) 일부교시 결시자, 기권자, 답안카드(지) 제출 불응자 등은 당일 **해당교시 이후 시험에는 응시할 수 없습니다.**
6) 시험 종료 후 감독위원의 **답안카드(답안지) 제출지시에 불응**한 채 계속 답안카드(답안지)를 작성하는 경우 **당해시험은 무효처리** 하고, 부정행위자로 처리될 수 있으니 유의하시기 바랍니다.
7) 수험자는 감독위원의 지시에 따라야 하며, 시험에서 **부정한 행위**를 한 **수험자**, **부정한 방법**으로 시험에 **응시한 수험자**에 대하여는 **당해 시험**을 **정지** 또는 **무효**로 하고, 그 처분을 한

날로부터 **5년간 응시자격**이 **정지**됩니다.

8) 시험실에는 벽시계가 구비되지 않을 수 있으므로 **손목시계를 준비**하여 시간관리를 하시기 바라며, **스마트워치** 등 전자·통신기기는 시계 대용으로 사용할 수 없습니다.
   ※ 시험시간은 타종에 따라 관리되며, 교실에 비치되어 있는 시계 및 감독위원의 시간 안내는 단순 참고사항이며 시간 관리의 책임은 수험자에게 있음
   ※ 손목시계는 시각만 확인할 수 있는 단순한 것을 사용하여야 하며, 손목시계용 휴대폰 등 부정행위에 활용될 수 있는 일체의 시계 착용을 금함

9) 시험시간 중에는 **통신기기** 및 **전자기기**[휴대용 전화기, 휴대용 개인정보단말기(PDA), 휴대용 멀티미디어 재생장치(PMP), 휴대용 컴퓨터, 휴대용 카세트, 디지털 카메라, 음성파일 변환기(MP3), 휴대용 게임기, 전자사전, 카메라펜, 시각표시 외의 기능이 부착된 시계, 스마트워치 등]를 일체 휴대할 수 없으며, **금속(전파)탐지기** 수색을 통해 시험 도중 관련 장비를 휴대하다가 적발될 경우 실제 사용 여부와 관계없이 **부정행위자로 처리**될 수 있음을 유의하기 바랍니다.
   ※ 휴대폰은 배터리 전원 OFF(또는 배터리 분리) 하여 시험위원 지시에 따라 보관

10) 전자계산기는 필요시 1개만 사용할 수 있고 공학용 및 재무용 등 데이터 저장기능이 있는 전자계산기는 수험자 본인이 반드시 메모리(SD카드 포함)를 제거, 삭제(리셋, 초기화)하고 시험위원이 초기화 여부를 확인할 경우에는 협조하여야 합니다. 메모리(SD카드 포함) 내용이 제거되지 않은 계산기는 사용 불가하며 사용 시 부정행위로 처리될 수 있습니다.
    ※ 단, 메모리(sd카드 포함) 내용이 제거되지 않은 계산기는 사용 불가
    ※ 시험일 이전에 리셋 점검하여 계산기 작동 여부 등 사전 확인 및 재설정(초기화 이후 세팅) 방법 숙지

11) 시험 당일 시험장 내에는 **주차공간이 없거나 협소**하므로 **대중교통을 이용**하여 주시고, 교통 혼잡이 예상되므로 미리 입실할 수 있도록 하시기 바랍니다.

12) 시험장은 전체가 금연구역이므로 흡연을 금지하며, 쓰레기를 함부로 버리거나 시설물이 훼손되지 않도록 주의 바랍니다.

13) 가답안 발표 후 의견제시 사항은 반드시 정해진 기간 내에 제출하여야 합니다.

14) 장애인 수험자로서 응시편의 제공을 요청하고자 하는 수험자는 한국 산업인력공단 큐넷 산업안전/보건지도사 홈페이지에 게시된 "장애인 수험자 원서접수 유의사항 안내문"을 확인하여 주기 바랍니다.
    ※ 편의제공을 요구하지 않거나 해당 장애증빙서류를 제출하지 않은 장애인 수험자는 일반 수험자와 동일한 조건으로 응시하여야 함(응시편의 제공 불가)

15) 접수 취소 시 시험 응시 수수료 환불은 정해진 기간 외에는 환불받을 수 없음을 유의하시기 바랍니다.

16) 기타 시험일정, 운영 등에 관한 사항은 해당 자격 큐넷 홈페이지의 시행공고를 확인하시기 바라며, 미확인으로 인한 불이익은 수험자의 귀책입니다.

객관식 시험 수험자 유의사항

1) 답안카드에 기재된 '**수험자 유의사항 및 답안카드 작성 시 유의사항**'을 준수하시기 바랍니다.
2) 수험자교육시간에 감독위원 안내 또는 방송(유의사항)에 따라 답안카드에 수험번호를 기재 마킹하고, 배부된 시험지의 인쇄상태 확인 후 답안 카드에 형별을 기재・마킹하여야 합니다.
3) 답안카드는 국가전문자격 공통 표준형으로 문제번호가 1번부터 125번까지 인쇄되어 있습니다. 답안 마킹 시에는 반드시 시험문제지의 문제번호와 **동일한 번호에 마킹**하여야 합니다.
   ※ 답안카드 견본을 큐넷 자격별 홈페이지 공지사항에 공개
4) 답안카드 기재・마킹 시에는 **반드시 검정색 사인펜을 사용**하여야 합니다.
5) 채점은 전산 자동 판독 결과에 따르므로 유의사항을 지키지 않거나 수험자의 부주의(답안카드 기재・마킹 착오, 불완전한 마킹・수정, 예비마킹, 형별 착오 마킹 등)로 판독 불능, 중복판독 등 불이익이 발생할 경우 **수험자 책임**으로 이의제기를 하더라도 받아들여지지 않습니다.
   ※ 답안을 잘못 작성했을 경우, 답안카드 교체 및 수정테이프 사용가능(단, 답안 이외 수험번호 등 인적사항은 수정 불가)하며 재작성에 따른 시험시간은 별도로 부여하지 않음
   ※ 수정테이프 이외 수정액 및 스티커 등은 사용 불가

주관식(단답형, 논술형) 시험 수험자 유의사항

1) 국가전문자격 주관식 답안지 표지에 기재된 '**답안지 작성 시 유의사항**'을 준수하시기 바랍니다.
2) 수험자 인적사항・답안지 등 작성은 반드시 검정색 필기구만 사용하여야 합니다.(그 외 연필류, 유색 필기구 등으로 작성한 **답항은 채점하지 않으며 0점 처리**)
   ※ 필기구는 본인 지참으로 별도 지급하지 않음
3) **답안지의 인적사항 기재란 외의 부분에 특정인임을 암시하거나** 답안과 관련 없는 특수한 표시를 하는 경우, **답안지 전체를 채점하지 않으며 0점 처리**합니다.
4) 답안 정정 시에는 반드시 정정부분을 두 줄(=)로 긋고 다시 기재하여야 하며, 수정테이프(액) 등을 사용했을 경우 채점상의 불이익을 받을 수 있으므로 사용하지 마시기 바랍니다.

면접시험 수험자 유의사항

1) 수험자는 일시・장소 및 입실시간을 정확하게 확인 후 신분증과 수험표를 소지하고 시험당일 입실시간까지 해당 시험장 수험자 대기실에 입실하여야 합니다.
2) 소속회사 근무복, 군복, 교복 등 제복(유니폼)을 착용하고 시험장에 입실할 수 없습니다. (**특정인임을 알 수 있는 모든 의복 포함**)

■ 자격개요

▶ 개요

외부전문가인 지도사의 객관적이고도 전문적인 지도·조언을 통하여 사업장 내에서의 기존의 위생·보건상의 문제점을 규명하여 개선하고 생산라인 관계자에게 생산현장의 생산방식이나 공법 도입에 따른 위생·보건 대책 수립에 도움을 주기 위함

▶ 시행기관

한국산업인력공단(www.Q-net.or.kr)

▶ 진로 및 전망

(1) 창업 : 산업보건지도사는 보건관리대행기관을 법인으로 낼 수 있고, 기술사와 더불어 측정기관과 보건관리대행기관의 필수자격이다. 산업보건 중에서 최상위 자격으로 평가된다.

(2) 취업 : 대기업 등 자율적인 보건관리 체계가 정착되도록 고도의 기술을 요하는 사업을 지원하는 데 지도사의 역할이 부각될 전망이며, 사업장 보건관리자로도 취업이 가능할 것이다.

▶ 특징 및 직무

(1) 산업보건지도사와 산업안전지도사는 사업장 안전보건에 대한 진단·평가 및 기술지도, 교육 등을 하는 산업안전보건 컨설턴트로서 산업안전보건법에 의하여 인정된 국가전문자격제도이다.

(2) 산업보건지도사는 작업환경의 평가 및 개선 지도, 작업환경 개선과 관련된 계획서 및 보고서의 작성, 근로자 건강진단에 따른 사후관리 지도, 직업성 질병 진단(「의료법」에 따른 의사인 산업보건지도사만 해당한다.) 및 예방 지도, 산업보건에 관한 조사·연구, 그 밖에 산업보건에 관한 사항으로서 대통령령으로 정하는 사항 등을 직무로 한다.

▶ 응시자격

제한 없음(누구나 응시 가능)

■ 통계자료

2013년		1차			2차			3차		
		대상	응시	합격	대상	응시	합격	대상	응시	합격
소계		874	719	7	2	2	2	7	7	5
안전	기계	175	140	2	1	1	1	2	2	2
	전기	120	100	–	–	–	–	–	–	–
	화공	87	72	1	–	–	–	1	1	1
	건설	492	407	4	1	1	1	4	4	2
소계		188	156	2	1	1	1	2	2	2
보건	직업환경	27	18	–	–	–	–	–	–	–
	산업위생	161	138	2	1	1	1	2	2	2

2014년		1차			2차			3차		
		대상	응시	합격	대상	응시	합격	대상	응시	합격
소계		508	423	119	42	38	12	87	87	66
안전	기계	97	77	27	10	9	5	22	22	17
	전기	66	53	22	10	10	2	14	14	11
	화공	74	62	21	8	6	2	14	14	10
	건설	271	231	49	14	13	3	37	37	28
소계		144	115	24	6	6	1	18	18	11
보건	직업환경	20	11	3	1	1	–	2	2	1
	산업위생	124	104	21	5	5	1	16	16	10

2015년		1차			2차			3차		
		대상	응시	합격	대상	응시	합격	대상	응시	합격
소계		612	498	44	30	29	12	25	25	19
안전	기계	147	116	7	5	5	3	4	4	4
	전기	86	72	3	3	3	2	2	2	2
	화공	79	64	14	9	9	4	9	9	6
	건설	300	246	20	13	12	3	10	10	7
소계		189	147	8	5	5	3	6	6	5
보건	직업환경	35	22	1	1	1	1	1	1	1
	산업위생	154	125	7	4	4	2	5	5	4

2016년		1차			2차			3차		
		대상	응시	합격	대상	응시	합격	대상	응시	합격
소계		608	499	140	91	86	22	69	69	33
안전	기계	169	133	39	27	27	5	16	16	8
	전기	77	64	14	10	10	4	8	8	6
	화공	94	83	31	21	20	7	16	16	7
	건설	268	219	56	33	29	6	29	29	12
소계		160	130	33	22	22	5	16	16	8
보건	직업환경	23	17	3	3	3	1	1	1	1
	산업위생	137	113	30	19	19	4	15	15	7

2017년		1차			2차			3차		
		대상	응시	합격	대상	응시	합격	대상	응시	합격
소계		720	729	43	29	29	17	29	29	23
안전	기계	201	173	15	12	12	6	9	9	6
	전기	82	73	5	3	3	2	3	3	2
	화공	117	104	10	7	7	5	8	8	7
	건설	320	379	13	7	7	4	9	9	8
소계		167	139	1	1	1	1	1	1	1
보건	직업환경	21	13	–	–	–	–	–	–	–
	산업위생	146	126	1	1	1	1	1	1	1

2018년		1차			2차			3차		
		대상	응시	합격	대상	응시	합격	대상	응시	합격
소계		846	697	236	116	80	68	171	169	88
안전	기계	227	187	59	38	6	33	33	32	16
	전기	94	76	25	15	13	8	18	18	9
	화공	119	97	45	35	33	17	30	30	9
	건설	406	337	107	28	28	10	90	89	54
소계		203	171	71	32	29	17	49	49	27
보건	직업환경	30	23	9	6	6	2	4	4	2
	산업위생	173	148	62	26	23	15	45	45	25

2020년		1차			2차			3차		
		대상	응시	합격	대상	응시	합격	대상	응시	합격
소계		1,580	1,340	360	276	247	44	350	341	147
안전	기계	285	236	60	73	64	10	63	62	23
	전기	83	69	17	24	22	4	12	12	9
	화공	118	102	35	49	45	8	23	22	10
	건설	1,094	933	248	130	116	22	252	245	105
소계		355	290	124	91	85	17	58	56	29
보건	직업환경	355	290	29	28	27	8	14	14	10
	산업위생			95	63	58	9	44	42	2

2021년		1차			2차			3차		
		대상	응시	합격	대상	응시	합격	대상	응시	합격
소계		2,338	2,000	607	448	441	76	414	401	168
안전	기계	439	377	144	118	112	38	92	87	30
	전기	116	98	32	31	29	13	20	20	7
	화공	187	158	63	51	46	22	45	45	24
	건설	1,596	1,367	368	248	224	3	257	249	107
소계		475	394	101	128	119	22	64	62	21
보건	직업환경	135	106	33	49	45	4	11	11	5
	산업위생	340	288	68	79	74	18	53	51	16

차례

제1장 | 경영학

제2장 | 산업심리학

제3장 | 산업안전개론

제1절 안전관리의 개념 및 안전보건경영시스템

제2절 기계, 화학설비의 위험관리 개요

제3절 전기, 건설작업의 위험관리 개요

제4절 안전보건경영시스템 개요

부 록 |

부 록 | 기출문제

Chapter

경영학 01

Chapter

제1장 경영학

Industrial Health

01 인적자원관리

Section

1. 인적자원관리의 본질

1) 인적자원관리의 개념

인적자원관리(Human Resource Management)란 조직과 종업원의 목표를 만족시키기 위해서 인적자원을 효과적으로 관리하기 위한 기능으로 인적자원의 확보, 활용, 개발, 보상, 유지 등의 관리활동을 말한다. 인적자원관리는 HRP(Human Resource Planning : 인적자원계획), HRD(Human Resource Development : 인적자원개발), HRU(Human Resource Utilization : 인적자원활용)의 3가지 측면으로 되어 있지만, 채용・선발・배치부터 조직설계・개발, 교육・훈련까지를 포괄하는 광범위한 활동에 있어 종래의 인사관리의 틀을 넘어선, 보다 포괄적인 개념이다.

(1) 인적자원 확보

조직의 목표를 달성하는 데 필요한 역량을 갖춘 인적자원을 일정한 계획에 따라 조직 외부와 내부에서 모집 및 선발을 통해 확보하는 것

(2) 인적자원 활용

배치와 인사이동 등을 통하여 구성원에게 가장 적합한 직무를 부여하거나 일정한 직무에 가장 적합한 역량을 갖춘 사람을 이동・배치하고, 이들이 자신의 직무에서 최대의 성과를 발휘할 수 있도록 동기를 유발하고 이끄는 과정

(3) 인적자원 개발

인적자원이 조직의 목표달성에 필요한 역량을 갖출 수 있도록 교육 및 훈련시키고 개인의 잠재력을 발견하여 그것을 실현하도록 만드는 과정

(4) 인적자원 보상

구성원이 조직의 목표달성에 공헌한 대가로 적정하고 공정한 직접적・간접적 급부를 제공하는 것

(5) 인적자원 유지

조직이 이미 확보하고 개발시킨 인적자원의 육체적 · 정신적 상태를 지속시켜 조직에 기여하도록 유도하는 과정

2) 전통적 인사관리와 현대적 인적자원관리의 비교

전통적 인사관리	현대적 인적자원관리
① 환경을 고려하지 않음	① 환경을 고려함
② 단기적 안목	② 장기적 안목
③ 기능적	③ 전략적
④ 종업원 활용 중심	④ 종업원 개발 중심
⑤ 조직목표의 강조	⑤ 개인목표와 조직목표의 조화
⑥ 비인본주의적	⑥ 인본주의적
⑦ 노조와 대립적	⑦ 노조와 협조적
⑧ (성, 학력 등에 대한) 차별	⑧ (성, 학력 등에 대한) 차별 없음
⑨ 국내 지향	⑨ 세계 지향

3) 인적자원관리의 환경

외부환경	내부환경
① 경기상황	① 사업전략
② 노동시장	② 조직문화
③ 법규 및 규제	③ 조직구조
④ 노동조합	④ 생산기술

4) 인적자원관리의 접근방법

(1) 인적자원 접근법

① 인간성과 생산성의 고차원적 통합을 통한 양자의 조화로운 실현을 목표로 하는 제3기의 인적자원관리(즉, 생산성과 인간성의 동시 추구 시대)는 행동과학이론을 배경으로 한다.

② 맥그리거(D. McGregor)의 Y이론적 인간관이 존중되고 인간의 무한한 잠재능력이 인정되어 지속적인 능력개발과 동기부여가 중시된다.

③ 의욕개발과 능력개발을 통한 조직과 개인 목표달성을 기하고자 한다.

④ 종업원을 잠재적인 자원으로 파악하고 있다.

(2) 과정 접근법

① 인적자원관리의 여러 기능과 조직 내에서의 인력의 흐름을 기초로 하여 주요 연구과제를 설정·분석하는 것

② 대표적인 학자 : 플리포(E. B. Flippo)

③ 플리포의 관리기능에는 계획·조직·지휘·통제기능이 있고, 업무기능에는 인적자원의 확보·개발·보상·통합·유지·이직기능이 있다.

(3) 시스템 접근법

① 인적자원관리를 시스템의 관점에서 보아 하나의 전체적인 모형으로서 인적자원관리 시스템을 설계하려는 노력으로서 하위시스템을 구성하여 전체적인 연결을 갖도록 하려는 것

② 대표적인 학자 : 피고스(P. Pigors), 마이어스(C. A. Myers), 데슬러(G. Dessler) 등

(4) 과정-시스템 접근법

① 시스템 접근법과 과정 접근법을 통합한 과정-시스템 접근법도 인적자원관리에 적용되고 있음

② 대표적인 학자 : 프렌치(W. French)

2. 인적자원관리의 전개과정

1) 생산성 중시 시대 : 과학적 관리법

(1) 테일러(F. W. Taylor)의 과업관리

① 테일러(F. W. Taylor)는 1880년대부터 노동자 간에 빈번하게 일어난 조직적인 태업(Sabotage)을 해결하기 위해서는 과학적인 관리의 개발이 필요하다는 인식하에 새로운 과업관리(Task Management)를 주장하였다.

② 테일러는 조직적 태업의 원인을 임금률 설정의 불합리성에 있다고 보고 그 합리화를 관리의 과제로 보았다. 당시 기업들은 성과급 제도를 실시하고 있었는데, 경영자들은 능률이 향상되면 인건비를 절약하기 위하여 임금률을 절하함으로써 근로자들의 조직적 태업을 유발하여 기업의 성과와 근로자들의 근로의욕이 모두 저하되는 악순환이 계속되었다.

③ 직무를 세분하고, '과업'(작업자의 1일 표준작업량)을 설정하여, 이를 기준으로 업무수행-직무수행을 규격화(표준화)함으로써 생산성을 향상시킨다.

④ 이에 따라 요소시간을 위주로 하는 작업연구, 즉 시간·동작연구를 바탕으로 과학적 관리 또는 과업관리가 성립되었다.

(2) 포드(H. Ford)의 동시관리

작업조직의 철저한 합리화에 의하여 작업의 동시적 진행을 기계적으로 실현하고 관리를 자동적으로 전개하려는 것

- 3S원리 : 포드사의 컨베이어 시스템에 의한 이동조립방법에서 부품의 표준화 · 제품의 단순화 · 작업의 전문화를 통한 생산의 극대화

(3) 테일러와 포드의 차이점

① 테일러의 강조점은 작업의 과학화와 개별 생산관리인 데 반해, 포드는 이를 공정 전체로 확대

② 테일러가 동작 · 시간연구 등을 통해 인간노동의 기계화를 시도한 데 반해, 포드는 인간노동을 기계로 대체하고 인간이 기계의 보조역할을 할 것을 요구했다.

(4) 생산성 중시 시대의 역기능

생산성을 중시하고, 인간을 기계의 일부분으로 인식함으로써 인간성 소외라는 역기능 발생

2) 인간성 중시 시대 : 인간관계론

(1) 메이요(E. Mayo)의 인간관계론

① 메이요(E. Mayo)를 중심으로 한 호손(Hawthorne)공장에서의 일련의 실험은 인간성의 중요성을 부각시킨 인간관계론을 성립시켰다.

② 과학적 관리법의 반성과 개선의 필요에 따라 '인간관계론'의 등장

과학적 관리법이 업무의 '분업화(分業化)'를 통해 생산능률을 높일 수 있었으나, 종업원을 생산의 한 부품으로 간주하였기 때문에 일에 대한 자긍심을 상실시켜 '인간성 상실'로까지 이르게 함.

- 종업원의 동기부여, 근로의욕이 핵심으로, 경영자가 종업원들의 사기를 높이고 기업의 생산성을 향상시키기 위한 인사관리

③ 메이요의 감정 논리의 수립에 기초한 사회인(社會人) 가설에서는 단순한 경제적 · 합리적 인간관에 대신하여, 다면적이고 복잡한 존재로서의 인간, 비합리적 인간으로서의 측면이 인식되었다.

(2) 새로운 제도의 도입

이 시기에 제안제도나 면접제도, 인사상담, 복지후생시설의 충실화, 사내보(社內報) 등의 커뮤니케이션 시책, 감독자 · 관리자의 교육훈련 등이 새로이 실시되었다.

3) 생산성과 인간성의 동시 추구시대

① 메이요 이후 급격한 발전을 본 행동과학과 조직행위론에서의 모티베이션(Motivation)이론, 리더십이론 등은 조직에서의 인간문제를 이해하고 해결하는 데 큰 도움이 되었다. 이와 함께 직무확대 · 직무충실화 · 목표에 의한 관리 등도 많이 채택되기 시작하였고, 급변하는 환경에의 적응을 위한 동태적(動態的) 조직구조의 도입이나 조직개발 · 조직변화의 모형도 공헌을 하였다.

② 현대의 가장 중요한 발전은 인적 자원의 중요성이 인식되기 시작하였고, 조직목표와 개인목표의 조화문제가 부각되기 시작하였다는 점이다.

인간관계론의 내용에 관한 설명으로 옳은 것은? ③

① 인간 없는 조직이란 비판을 들었다.

② 과학적 관리법과 유사한 이론이다.

③ 메이요와 뢰슬리스버거를 중심으로 호손실험을 거쳐 정리되었다.

④ 심리요인과 사회요인은 생산성에 영향을 주지 않는다.

⑤ 비공식집단을 인식했으나 그 중요성을 낮게 평가했다.

3. 인적자원관리의 개념모형

1) 개념모형의 설계

(1) 개념모형의 정의

인적자원관리의 개념모형은 인적자원관리조직의 목표달성을 위한 인적자원의 확보 → 개발 → 활용 → 보상 → 유지를 계획 · 조직 · 통제하는 관리체계

(2) 인적자원관리의 개념 모형

인적자원관리의 개념모형

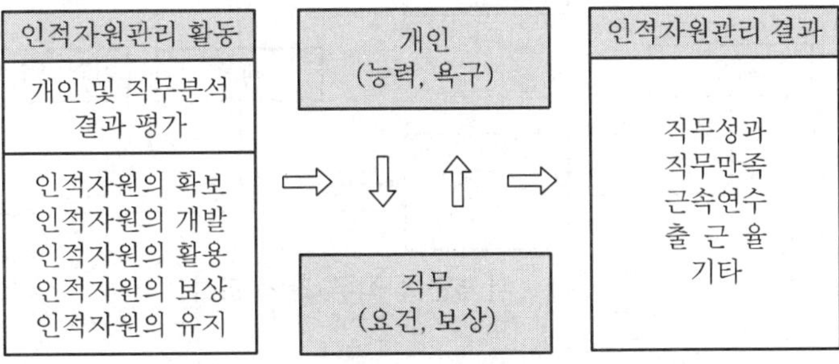

[인적자원관리의 개념모형]

2) 인적자원관리활동

기업의 인적자원관리활동은 인적자원관리의 지원적 활동과 기능적 활동 등 크게 두 가지로 나눌 수 있다. 이 중 인적자원관리의 지원적 활동은 기능적 활동을 지원하는 역할을 하므로 기능적 활동이 인적자원관리활동의 핵심이라고 할 수 있다.

지원적 활동	**기능적 활동**
① 개인 및 직무분석 ② 결과평가 ③ 인적자원계획	① **인적자원의 확보** ② **인적자원의 개발** ③ **인적자원의 활용** ④ **인적자원의 보상** ⑤ **인적자원의 유지**

3) 개인과 직무의 결합

(1) 직무요건과 직무보상

① 직무요건 : 조직의 관점에서 볼 때 직무를 수행하기 위하여 요청되는 기능

② 직무보상 : 직무수행에서 얻게 되는 '만족스럽다'거나 '그렇지 않다'는 결과를 말함

(2) 직무만족과 직무성과

개인의 능력과 욕구가 직무의 요건 및 보상과 각각 상호작용을 하는 속에서 인사관리 결과로서 직무만족 · 직무성과 등이 좌우된다.

(3) 개인과 직무의 조화

개인의 능력과 욕구, 직무의 요건과 보상 간의 관계를 충실히 이해하여 양자의 적합성 관계를 모색하도록 인적자원관리 활동이 이루어져야만 조직이 원하는 방향으로 개인이 행동하고 이로써 조직의 목표달성 정도를 높일 수 있다.

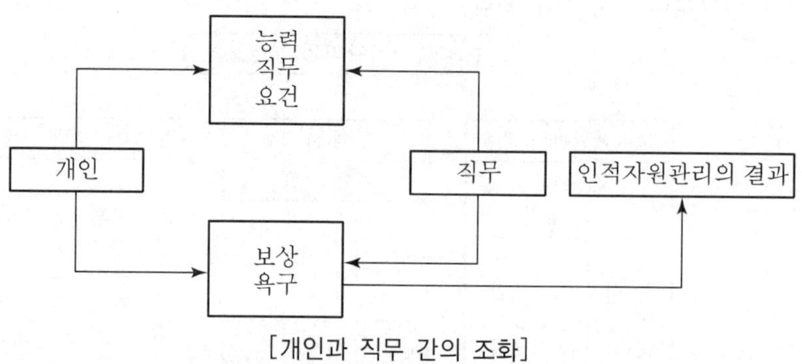

[개인과 직무 간의 조화]

4) 인적자원관리의 결과

인적자원관리의 결과(Personnel Outcomes)는 종업원의 유효성 기준이나 지표를 대표한다. 이러한 인적자원관리의 결과는 직무성과 · 직무만족 · 근속기간 · 출근율 등을 포함한다.

(1) 직무성과(Job Performance)

① 종업원 유효성의 중요한 기준이다.

② 종업원들은 조직을 위한 과업을 수행하기 위해서 고용되며, 보다 더 능률적으로 일을 할수록 조직에 대한 공헌도가 그만큼 커진다.

(2) 직무만족(Job Satisfaction)

① 직무만족의 경우에 개인은 직무와 관련된 보상을 추구함으로써 충족시키고자 하는 특정한 욕구를 가지고 있다는 것을 전제로 한다.

② 조직의 관점에서 직무만족은 여러 측면에서 조직목표에 기여할 수 있다.

(3) 출근율과 근속연수

① 높은 출근율과 근속연수는 직무와 조직에 대한 지속적 몰입(Commitment)을 나타내 주며, 중단 없이 과업의 수행을 가능하게 한다.

② 높은 출근율과 근속기간을 확보하지 못할 경우에 과다한 간접비용을 초래할 수 있다.

5) 인적자원관리의 목표와 이념

(1) 인적자원관리의 목표

현대적 인적자원관리의 목표로는 생산성 목표와 유지 목표, 근로생활의 질 충족, 조직의 목표 및 개인 목표의 조화 등을 들 수 있다.

① 생산성 목표와 유지 목표 : 생산성 목표 또는 과업 목표는 구성원의 만족과 같은 인간적인 측면보다 과업 그 자체를 달성하기 위한 조직의 목표이고, 유지 목표는 조직의 과업과는 별도로 조직 자체의 유지 또는 인간적 측면에 관계된 목표이다.

② 근로생활의 질(QWL) 충족 : 근로생활의 질은 산업화에 따른 작업의 단순화, 전문화에 파생되는 소외감, 단조로움, 인간성의 상실에 대한 반응 또는 새로운 기술의 등장으로 인한 작업환경의 불건전성에 대한 반응으로서 나타난 것이다. 이것은 근로자의 작업환경과의 관계를 광범위하게 포괄하는 것이다. 현대기업의 인적자원관리자는 근로생활의 질을 충족시킴으로써 기업의 목표와 개인의 목표를 동시에 추구할 수 있어야 한다.

(2) 인적관리의 이념

인적관리의 이념은 경영자가 인간을 다루는 기본적인 사고방식을 말한다. 즉, 경영자가 종업원을 경영목적에 결합시키기 위한 경영활동에서 나타나는 일관된 성향을 말한다. 현대적 인적관리의 이념은 다음과 같다.

① 오늘날 개인주의사상이 발전해 감에 따라 경영에서의 근본문제는 조직과 개인을 어떻게 통합하느냐 하는 것인데, 그 근본적인 해결은 새로운 경영이념에 의해서 가능하다. 이러한 현대적인 경영이념 및 인적관리의 이념은 민주적인 유형이어야 하며, 맥그리거의 Y이론, 리커트의 관리시스템 4형을 지향하는 것이어야 한다.

② 건전하고 적극적인 인적자원관리의 이념은 경영자 개인의 것이 아니라 경영목적 달성을 위해 적극적 협력관계를 이루기 위한 경영자와 종업원 상호 간의 공통된 신념이다.

③ 인적자원관리의 이념은 객관적 타당성을 갖는 주관적 신념이어야만 더욱 수용성이 높아진다.

④ 인적자원관리의 이념은 먼저 개인의 목적, 현재와 장래의 생활안정, 사회적 안정, 그리고 자기 이상의 실현 등의 동기가 조직 속에서 어느 정도 실현된다는 확신을 종업원에게 주어야 한다.

4. 직무분석 및 직무평가

1) 직무분석

(1) 직무분석(Job Analysis)의 의의

특정 직무의 내용(또는 성격)을 분석해서 그 직무가 요구하는 조직구성원의 지식 · 능력 · 숙련 · 책임 등을 명확히 하는 과정을 말한다. 즉, 특정 직무의 성격에 관련된 모든 중요한 정보를 수집하고 이들 정보를 관리목적에 적합하게 정리하는 체계적인 과정이다. 따라서 직무분석은 조직이 요구하는 일의 내용 또는 요건을 정리 · 분석하는 과정이라고 말할 수 있다.

(2) 직무분석의 내용 및 요건

① 내용분석 : 직무분석과정에서 파악하여야 하는 내용은 직무내용, 직무목적, 작업장소, 작업방법, 작업시간, 소요기술 등이다.

② 수행요건분석 : 직무수행에 필요한 요건을 분석하는 것으로 그 내용은 전문지식 · 교육훈련 등 숙련도, 육체적 · 정신적 노력, 책임, 위험이나 불쾌조건, 작업조건 등이다.

(3) 직무분석의 목적

직무분석의 목적은 궁극적으로 직무기술서와 직무명세서를 작성하여 직무평가(Job Evaluation)를 하려는 것이지만, 직무분석을 통해서 얻은 정보는 인적자원관리 전반을 과학적으로 관리하는 데 기초자료를 제공한다.

① 조직구조의 설계 : 직무분석은 조직의 합리화를 위한 조직구조의 설계와 업무개선의 기초가 된다.

② 인적자원계획 수립 : 직무분석은 인적자원의 수요 및 공급을 예측하고 인적자원의 채용, 배치, 이동・승진, 훈련 및 개발 등의 기준을 만드는 기초가 된다.

③ 직무평가 및 보상 : 직무분석은 직무평가의 기초가 되고, 특정 직무에 대해 어느 정도 보상을 해주어야 할지 결정하는 데 활용된다. 즉, 인사고과와 직무급 도입을 위한 기초가 된다.

④ 경력계획 : 직무분석은 경력개발 계획의 기초자료가 된다.

⑤ 기타 : 이 외에도 직무분석은 노사관계 해결, 직무설계, 인사상담, 안전관리, 정원산정, 작업환경 개선 등의 기초자료가 된다.

(4) 직무분석의 방법

① **관찰법(Observation Method)** : 훈련된 직무분석자가 직접 직무수행자를 집중적으로 관찰함으로써 정보를 수집하는 방법이다. 가장 간단하고 실시하기 쉽기 때문에 육체적 활동과 같이 관찰이 가능한 직무에 적절히 사용될 수 있다. 그러나 지식 업무나 고도의 능력을 필요로 하는 직무일 경우 관찰이 어렵고, 비반복적인 직무일 경우 관찰에 너무 많은 시간이 소요되어 비효율적일 수 있다. 체크리스트 혹은 작업표로 기록되며 관찰자가 관찰할 수 있는 자질과 역량을 갖추었는가가 가장 중요한 관건이 된다.

② **면접법(Interview Method)** : 기술된 정보, 기타 사내의 기존 자료나 실무분석을 위해 특별히 제작된 조직도, 업무흐름표(Flow Chart), 업무분담표 등을 자료로 하여 담당자(또는 감독자, 부하, 기타 관계자)를 개별적으로 혹은 집단적으로 면접하여 필요한 분석항목의 정보를 획득하는 방법이다. 면접을 통해 직접 직무정보를 얻기 때문에 정확하지만, 많은 시간이 소요될 수 있다.

③ **질문지법(Questionnaire Method)** : 표준화되어 있는 질문지를 통하여 직무담당자가 직접 직무에 관련된 항목을 체크하거나 평가하도록 하는 방법. 비교적 단시일에 직무정보를 수집할 수 있다.

④ **실제수행법 또는 경험법(Empirical Method)** : 직무분석자가 분석대상 직무를 직접 수행해 봄으로써 직무에 관한 정보를 얻는 방법이다.

⑤ **중요사건법(Critical Incidents Method)** 또는 중요사건서술법 : 직무수행과정에서 직무수행자가 보였던 보다 중요하거나 가치가 있는 행동을 기록해 두었다가 이를 취합하여 분석하는 방법이다. 직무의 성공적인 수행에 필수적인 행위들을 유사한 범주별로 분류하고 이를 중요도에 따라 점수를 부여하며 직무행동과 직무성과 간의 관계를 직접적으로 파악할 수 있다. 인사고과 척도의 개발이나 교육훈련의 내용을 선정하는 데 유용하게 활용된다.

⑥ **워크샘플링법(Work Sampling Method)** : 단순한 관찰법을 보다 세련되게 개발한 것으로서 전체 작업 과정 동안 무작위적인 간격으로 많은 관찰을 행하여 직무행동에 관한 정보를 얻는 방법이다.

⑦ 기타의 방법

- 앞의 방법들 중에서 두 가지 이상을 결합하여 정보를 수집하는 종합적인 방법(Combination Method)
- 작업수행자에게 작업일지를 작성하게 한 다음 직무사이클(Job Cycle)에 따른 작업일지의 내용을 분석하는 작업일지법(Job Diary Method) 등이 있다.

(5) 직무분석의 절차

① 준비작업 및 배경정보의 수집 : 직무분석의 준비작업과 기초자료의 수집은 예비조사의 단계에서 대부분 이루어진다. 조직도, 업무분담표, 과정도표와 이미 존재하는 직무기술서 및 직무명세서와 같은 이용가능한 배경정보를 수집한다.

② 대표직무의 선정 : 모든 직무를 분석할 수도 있지만 시간과 비용의 문제가 있기 때문에 일반적으로 대표적인 직무를 선정하여 그것을 중점적으로 분석한다.

③ 직무정보의 획득 : 이 단계를 보통 직무분석이라고 한다. 여기서 직무의 성격, 직무수행에 요구되는 구성원의 행동, 인적요건 등 구체적으로 직무를 분석한다. 이 단계에서 면접법 · 관찰법 · 중요사건법 · 워크샘플링법 · 질문지법 등이 사용된다.

④ 직무기술서의 작성 : 앞에서 얻은 정보를 토대로 직무기술서를 작성하는 단계이다. 직무기술서는 직무의 주요한 특성과 함께 직무의 효율적 수행에 요구되는 활동들에 관하여 기록된 문서를 말한다.

⑤ 직무명세서의 작성 : 이 단계에서는 직무기술을 직무명세서로 전환시킨다. 이는 직무수행에 필요한 인적 자질, 특성, 기능, 경험 등을 기술한 것을 말한다. 이것은 독립된 하나의 문서일 수도 있으며 직무기술서에 같이 기술될 수도 있다.

(6) 직무기술서와 직무명세서

직무기술서와 직무명세서는 직무분석의 산물이며, 직무분석은 직무기술서와 직무명세서의 기초가 된다. 직무기술서는 과업중심적인 직무분석에 의하여, 직무명세서는 사람 중심적인 직무분석에 의하여 얻는다. 즉, 직무기술서는 과업 요건에 초점을 둔 것이며, 직무명세서는 인적 요건에 초점을 둔 것이다.

구 분	직무기술서(Job Description)	직무명세서(Job Specification)
의의	**직무분석을 통해 얻은 직무의 성격과 내용, 직무의 이행방법과 직무에서 기대되는 결과 등 과업요건을 중심으로 정리해 놓은 문서**	**직무를 만족스럽게 수행하는 데 필요한 작업자의 지식 · 기능 · 능력 및 기타 특성 등을 정리해 놓은 문서**
목적	인적자원관리의 일반목적을 위해 작성	인적자원관리의 구체적이고 특정한 목적을 위해 세분화하여 작성
작성 시 유의사항	**직무내용과 직무요건에 동일한 비중을 두고, 직무 자체의 특성을 중심으로 정리**	**직무내용보다는 직무요건을, 또한 직무요건 중에서도 인적요건을 중심으로 정리**
포함되는 내용	**직무명칭, 직무개요, 직무내용, 장비 · 환경 · 작업활동 등 직무(수행)요건, 직무표식(직무의 명칭 및 직무번호)**	**직무표식(직무의 명칭 및 직무번호), 직무개요, 직무내용, 작업자의 지식 · 기능 · 능력 및 기타 특성 등(구체적인) 직무의 인적요건**
특징	속직적 기준, 직무행위의 개선점 포함	속인적 기준, 직무수행자의 자격요건 명세서

직무를 수행하는 데 필요한 기능, 능력, 자격 등 직무수행요건(인적요건)에 초점을 두어 작성한 직무분석의 결과물은? ②

① 직무평가　② 직무명세서　③ 직무표준서
④ 직무기술서　⑤ 직무지침서

(7) 직무설계

① 직무설계의 의의

직무분석을 실시하여 직무기술서와 직무명세서가 작성되면 이러한 정보를 활용하여 직무를 설계(Job Design)하거나 재설계(Redesign)할 수 있다. 즉, 직무분석을 통해 얻은 정보는 구성원들의 만족과 성과를 증대시키는 방향으로 직무요소와 의무 그리고 과업 등을 구조화시키는 직무설계에 활용될 수 있다. 또한 직무설계를 통해서 구성원들의 욕구와 조직의 목표를 통합시킬 수 있다.

② 직무설계의 목적

직무를 설계하는 근본적인 목적은 직무성과(Job Performance)를 높임과 동시에 직무만족(Job Satisfaction)을 향상시키기 위한 것이다. 조직의 입장에서 볼 때 직무성과와 직무만족을 동시에 높일 수 있다면 가장 이상적이겠지만, 양자는 어느 정도 상충관계(Trade-Off)에 있으므로 두 목표 간에 상충이 가장 적게 일어나는 대안을 선택해야만 할 것이다.

③ 직무설계방안

ⓐ 과학적 관리법에 의한 직무설계

직무분화(Job Differentiation) : 직무를 단순화 · 표준화하여 조직구성원이 세분화된 직무에서 전문화되도록 하는 방안. 일의 분업을 통해 한 구성원에게 세분된 직무를 맡겨 생산의 효율성을 이루는 직무전문화 기법

ⓑ 과도기적 접근방법 : 과학적 관리법에 의한 직무설계는 많은 부작용이 초래되어, 대안으로서 직무순환과 직무확대가 제시

㉠ 직무순환(Job Rotation) : 조직구성원에게 돌아가면서 여러 가지 직무를 수행하도록 하여 직무수행에서 지루함이나 싫증을 덜 느끼게 하려는 직무설계방안

㉡ 직무확대(Job Enlargement) : 한 직무에서 수행되는 과업의 수를 증가(직무가 보다 다양하고 흥미 있도록 하기 위해 직무에 포함되어 있는 기존의 과업들에 또 다른 과업들을 추가)시키는 것

ⓒ 현대적 접근방법 : 직무분화, 직무순환, 직무확대 등이 기본적으로 작업자들의 욕구를 충족시키지 못하는 것이 밝혀지자 작업자들의 동기부여에 초점을 맞춘 직무충실이론과 직무특성이론 등이 등장

㉠ **직무충실화(Job Enrichment)**

- **전통적인 직무설계방법과는 달리 직무성과가 직무수행에 따른 경제적 보상보다도 개인의 심리적 만족에 달려 있다는 전제하에 직무수행의 내용과 환경을 재설계하는 방법**
- **특히 다양한 작업내용이 포함되고 보다 높은 수준의 지식과 기술이 요구되며 작업자에게 자신의 성과를 계획하고 통제할 수 있는 자주성과 책임이 보다 많이 부여되고 개인적 성장과 의미 있는 작업경험에 대한 기회를 제공할 수 있도록 직무의 내용을 재편성하는 것을 의미**
- **직무충실화의 이론적 근거는 동기유발이론에서 찾아볼 수 있는데, 특히 매슬로의 욕구단계이론 중 상위수준의 욕구와 허쯔버그의 2요인이론 중 동기유발요인 그리고 맥클랜드의 세 가지 욕구 중 성취욕구 등이 중시된다.**

㉡ 직무특성모형(Job Characteristic Model) : 조직구성원들의 상위계층의 욕구를 충족시키는 데 초점을 맞추어 동기를 유발시키고 직무만족을 경험하게 하는 직무의 특성을 개념화한 것. 핵심 직무 차원, 중요 심리상태, 개인 및

직무성과의 세 부분으로 이루어짐. 개인 및 직무성과는 중요 심리상태에서 얻게 되며, 중요 심리상태는 핵심직무 차원에서 만들어진다는 것

㉢ 직무교차(Overlapped Workplace) : 직무의 일부분을 다른 조직구성원과 공동으로 수행하도록 짜여 있는 수평적 직무설계 방식

㉣ 준자율적 직무설계(Semi-Autonomous Workgroup) : 기업의 업무가 전산화됨에 따라, 몇 개의 직무들을 묶어 하나의 작업집단을 구성하고, 이들에게 어느 정도의 자율성을 허용해 주는 방식. 준자율적 작업집단 구성원들은 자신들이 수립한 집단규범에 따라 직무를 스스로 조정·통제할 수 있다.

㉤ 경영혁신화(Business Reengineering) : 현대적 직무설계에서, '고객 중심'으로 제품과 서비스를 제공하기 위해 직무를 '프로세스 중심'으로 설계하는 방식

㉥ 역량중심(Competency) : 현대적 직무설계에서, 역량모델을 구축하여 역량중심 직급에 따라 업무를 수행할 수 있도록 설계하는 방식

ⓓ 집단수준의 직무설계

㉠ 팀접근법(Team Approach) : 작업이 집단에 의해서 수행되기도 하여, 이때는 팀을 대상으로 한 작업설계 필요. 개인수준의 직무설계와 달리 집단과업의 설계, 집단구성원의 구성, 집단규범 등이 집단수준의 작업설계의 특징

㉡ QC서클(Quality Control Circle) : 10명 이내의 한 작업단위의 종업원들이 자발적으로 정기적인 모임을 갖고 제품의 질과 문제점을 분석하고 제안하는 분임조 활동. 기업 내에서 참여적 분위기를 조성하며 일종의 소집단활동이 된다.

Point

동기부여적 직무설계 방법에 관한 설명으로 옳지 않은 것은? ③

① 직무 자체 내용은 그대로 둔 상태에서 구성원들로 하여금 여러 직무를 돌아가면서 번갈아 수행하도록 한다.

② 작업의 수를 증가시킴으로써 작업을 다양화한다.

③ 직무세분화, 전문화, 표준화를 통하여 직무의 능률을 향상시킨다.

④ 직무내용의 수직적 측면을 강화하여 직무의 중요성을 높이고 직무수행으로부터 보람을 증가시킨다.

⑤ 작업배정, 작업스케줄 결정, 능률향상 등에 대해 스스로 책임을 지는 자율적 작업집단을 운영한다.

2) 직무평가

(1) 직무평가(Job Evaluation)의 의의와 목적

① 직무평가의 의의

직부분석을 기초로 하여 각 직무가 지니고 있는 상대적인 가치를 결정하는 방법이다. 즉, 기업이나 기타의 조직에 있어서 각 직무의 중요성 · 곤란도 · 위험도 등을 평가하여 다른 직무와 비교한 직무의 상대적 가치를 정하는 체계적 방법이다.

② 직무평가의 특징

㉠ 직무평가는 직무분석에 의해 작성된 직무기술서와 직무명세서를 기초로 하여 이루어진다.

㉡ 직무평가는 일체의 속인적인 조건을 떠나서 객관적인 직무 그 자체의 가치를 평가하는 것이다. 직무상의 인간을 평가하는 것이 아니다.

㉢ 동일한 가치를 가진 직무에 대하여는 동일한 임금을 적용하고 더 높은 가치가 인정되는 직무에 대하여는 더 많은 임금을 책정하는 직무급 제도의 기초가 된다.

③ 직무평가의 목적

직무평가는 '동일노동에 대하여 동일임금'이라는 직무급 제도를 확립하는 데 그 목적이 있으며, 나아가 인적자원관리 전반의 합리화를 이루고자 한다. 이를 통해 임금(직무급)의 결정, 인력의 확보와 배치, 종업원의 역량개발을 진행한다.

④ 평가요소

직무평가는 직무의 상대적 가치를 결정하는 것이므로 직무의 공헌도에 의해서 결정된다. 직무의 공헌도는 일반적으로 몇가지 요소를 기준으로 파악한다. 즉, ㉠ 숙련(Skill), ㉡ 노력(Effort), ㉢ 책임(Responsibility), ㉣ 작업조건(Working Condition) ㉤ 지식 ㉥ 경험 등이다.

⑤ 직무평가의 절차

직무평가는 다음의 순서로 이루어진다.

㉠ 직무에 관한 지식 및 자료의 수집 : 직무분석

㉡ 수집된 지식 및 자료의 정리 : 직무기술서, 직무명세서

㉢ 평가요소의 선정 : 숙련, 노력, 책임, 작업조건

㉣ 평가방법의 선정 : 서열법, 분류법, 점수법, 요소비교법

㉤ 직무평가

조직 내 직무 간의 상대적 가치를 평가하는 직무평가 요소가 아닌 것은? ④

① 지식　② 숙련　③ 경험　④ 성과　⑤ 노력

(2) 직무평가의 방법

직무평가의 방법은 우선 비양적 방법(Non-quantitative Method)과 양적 방법(Quantitative Method)의 두 가지로 구분된다.

구 분	비양적 방법 (Non-quantitative Method)	양적 방법 (Quantitative Method)
의의	직무수행에서 난이도 등을 기준으로 포괄적 판단에 의하여 직무의 가치를 **상대적**으로 평가하는 방법. 종합적 평가 방법	직무분석에 따라 직무를 기초적 요소 또는 조건으로 분석하고 이들을 양적으로 계측하는 분석적 판단에 의하여 평가하는 방법. 분석적 평가방법
종류	서열법(등급법), 분류법	점수법, 요소비교법

	계급적(구간 有)	계열적(구간 無)	
비양적 (점수화 ×)	분류법	서열법	전체적 (예 :A직무가 B직무보다 더 중요하다.)
양적 (점수화 ○)	점수법	요소비교법	분석적 (예 :A직무는 기능, 노력의 측면에서 B직무보다 낫지만 책임의 측면에서는 B보다 덜 중요함)
	직무 대 기준	직무 대 직무	

[직무평가방법]

① **서열법(Ranking Method)**

㉠ 전체적이고 포괄적인 관점에서 평가자가 종업원의 직무수행에 있어서 요청되는 지식, 숙련, 책임 등에 비추어 상대적으로 가장 단순한 직무를 최하위에 배정하고 가장 중요하고 가치가 있는 직무를 최상위에 배정함으로써 순위를 결정하는 방법(등급법)

㉡ 신속하고 간편하게 직무등급을 설정할 수 있지만 직무등급을 정하는 일정한 표준이 없으므로 평가결과의 객관화가 곤란하다.

㉢ 서열법의 유형

- 일괄서열법 : 최상위 직무와 최하위 직무를 먼저 선정하고, 그 다음 나머지 직무의 서열을 상대적으로 정하여 서열을 정하는 방법
- 쌍대서열법 : 각 직무들을 두 개씩 짝을 지어 다른 직무와 비교하여 서열을 정하는 방법
- 위원회서열법 : 평가위원회를 설치하여 다수의 위원들이 서열을 결정하는 방법으로, 평가자 1인이 실시하는 것보다 편견이 적고 객관성도 더 높다고 할 수 있다.

② **분류법**(Job－classification Method)

㉠ 서열법이 좀 더 발전한 것으로 어떠한 기준에 따라서 사전에 직무등급을 결정해 놓고 각 직무를 적절히 판정하여 분류하는 직무평가 방법

㉡ 강제배정의 특성이 있으므로 정부기관이나 학교, 서비스업체 등에서 많이 이용된다.

㉢ 간단하고 이해하기 쉬우며 비용이 적게 소요되지만 직무등급 분류의 정확성을 기하기가 어렵다는 단점이 있다. 따라서 서열법이나 분류법 모두 직무의 수가 많아지고 복잡해지면 적용이 어렵다.

③ **점수법**(Point Rating Method)

㉠ 직무를 평가요소로 분해하고 각 요소별로 그 중요도에 따라 숫자에 의한 점수를 준 후 이 점수를 총계하여 각 직무의 가치를 평가하는 방법

㉡ 각 직무에 대한 평가치인 총점수를 상호 비교하고 점수의 크기에 따라 각 직무의 상대적 가치가 결정되는 것

㉢ 평가요소는 각 직무에 공통적인 것, 과학적인 객관성을 가지고 있는 것, 노사 쌍방이 납득할 수 있는 것, 그리고 직무내용을 구성하는 중요한 요소일 것 등 4가지 조건을 갖추어야 한다. 따라서 평가요소는 숙련요소 · 노력요소 · 책임요소 · 작업조건요소 등으로 구분할 수 있다.

㉣ 양적 · 분석적 방법을 이용하므로 직무의 상대적 차이를 명확하게 정할 수 있고 구성원들에게 평가결과에 대하여 이해와 신뢰를 얻을 수 있다는 장점이 있다. 그러나 평가요소 및 가중치의 산정이 매우 어려워 고도의 숙련도가 요구되며 많은 준비시간과 비용이 소요된다.

평가요소		단계				
		I	II	III	IV	V
숙련 (250점)	지식 경험 솔선력	14 22 14	28 44 28	42 66 42	56 88 56	70 110 70
노력 (75점)	육체적 노력 정신적 노력	10 5	20 10	30 15	40 20	50 25
책임 (100점)	기기 또는 공정 자재 또는 제품 타인의 안전 타인의 직무수행	5 5 5 5	10 10 10 10	15 15 15 15	20 20 20 20	25 25 25 25
직무조건 (75점)	작업조건 위험성	10 5	20 10	30 15	40 20	50 25

④ **요소비교법(Factor - comparison Method)**

㉠ 기업이나 조직에서 가장 핵심이 되는 몇 개의 기준직무를 선정하고 각 직무의 평가요소를 기준직무의 평가요소와 결부시켜 비교함으로써 모든 직무의 가치를 결정하는 방법

㉡ 직무의 상대적 가치를 임금액으로 평가하는 것이 특징이다. 말하자면 임금액을 가지고 바로 평가하여 점수화할 수 있다는 것이다. 이와 같은 방법은 점수법을 개선한 것으로 점수법이 각 평가요소의 가치에 따라서 점수를 부여하는 데 반하여 요소비교법은 각 평가요소별로 직무를 등급화하게 된다.

㉢ 절차는 몇 개의 기준직무 선정 → 평가요소의 선정 → 평가요소별로 기준직무의 등급화 및 임금분배 → 평가직무와 기준직무의 비교평가의 순이다.

㉣ 점수법이 주로 공장의 기능직에 국한하여 사용되는 데 비해 요소비교법은 기능직은 물론이고 사무직 · 기술직 · 감독직 · 관리직 등 서로 다른 직무에도 널리 이용 가능하다.

㉤ 직무평가의 기준이 구체적이기 때문에 직무 간의 비교가 용이하고 점수법보다 합리적이라는 장점이 있지만, 기준 직무의 선정과 평가요소별 임금배분에 정확성을 기하기 어렵고 시간과 비용이 많이 든다는 단점이 있다.

직무기준	평가요소 / 임금(천원)	정신적 노력	숙련	육체적 노력	책임	작업조건
A	1,016	(1) 452	(6) 156	(9) 60	(1) 300	(9) 48
B	1,012	(2) 380	(3) 184	(5) 132	(2) 240	(5) 76
C	984	(3) 360	(4) 180	(4) 156	(3) 204	(4) 84
D	768	(4) 340	(5) 176	(8) 72	(4) 120	(7) 60
E	764	(5) 232	(7) 84	(3) 240	(5) 74	(6) 64
F	744	(6) 200	(1) 276	(7) 96	(6) 60	(2) 112
G	672	(7) 180	(2) 260	(6) 108	(7) 72	(8) 52
H	652	(8) 160	(9) 64	(1) 284	(8) 36	(3) 108
I	604	(9) 120	(8) 72	(2) 264	(9) 24	(1) 124

평가요소 / 임금(천원)	정신적 노력	숙련	육체적 노력	책임	작업조건
– 480 –					
	A				
– 440 –					
	Ⓚ				
– 400 –					
	B				
– 360 –	C				
	D				
– 320 –			Ⓜ	A	
			H	Ⓜ	
– 280 –	Ⓙ	F	I		
		G	E	B	
– 240 –	E	Ⓚ		Ⓚ	Ⓙ
		Ⓙ			Ⓚ
– 200 –	F	B, C, D	Ⓛ	C	
	G	A	Ⓚ	Ⓙ	
– 160 –	H		C	E	Ⓛ
	Ⓜ		B		I
– 120 –	I	Ⓜ	G	D	F
			F	Ⓛ	H
– 100 –			D	G	C
		E	A	F	B
– 80 –	Ⓛ	I	Ⓙ		A, D, E, G
		H			
– 40 –					
				H	
– 0 –		Ⓛ		I	Ⓜ

(3) 직무평가의 유의점

① 기술적 측면의 한계

구성원과 경영자 간의 가치상 갈등과 관련해서 발생한다. 즉 경영자의 입장에서 직무평가요소를 기능과 책임 · 노력 및 작업조건으로 분류하는 데 반해, 구성원들은 감독의 유형 · 다른 구성원에 대한 적응도 · 작업에 대한 성실성 · 초과작업시간 · 인센티브 · 기준의 엄격성 등을 추가하고자 한다.

② 인간관계적 측면의 유의점

직무평가가 과학적이며 논쟁의 여지가 없다는 보장이 없기 때문에 임금결정과정에서 구성원들의 반발과 노동조합의 영향을 고려해야 한다.

③ 직무평가계획상의 유의점

이는 직무평가의 대상이 다수이거나 서로 상이할 때 발생하는 문제점으로, 모든 직무에 하나의 평가계획을 설정하느냐, 아니면 상이한 구성원 집단에 다수의 평가계획을 설정하느냐 하는 것이다. 예컨대, 생산에 관한 직무의 평가에 사용하는 요소와 척도가 영업이나 관리직의 평가에는 적당한 표준척도가 되지 못한다.

④ 직무평가위원회 조직

직무평가를 실시할 때 직무평가위원회 조직을 구성해야 하는데, 여기에 참가하는 경영자를 선정하는 과정에서 문제점이 있게 된다. 조직 내에서 광범위한 이해나 구성원의 동의를 얻기 위해서는 구성원에게 영향을 미치는 많은 수의 경영자들이 참가하는 것이 필요하다. 반면에 위원회가 너무 많은 수의 참가자로 구성될 때 경비가 많이 들 뿐만 아니라 오히려 비능률을 초래할 수 있다. 따라서 직무평가위원회를 구성할 때에는 이러한 양면을 동시에 고려하여야 한다.

⑤ 직무평가의 결과와 노동시장평가의 불일치

직무의 종류에 따라서는 노동시장의 특수한 상황과 결부되어 노동시장에서의 현행 임금과 직무평가에서 결정된 직무의 상대적 가치가 일치하지 않을 경우가 있다. 따라서 경영자는 임금결정과정에서 이와 같은 직무들에 대한 특별한 고려가 있어야 한다. 즉, 임금조사나 그 결과에 대한 임금체계의 조정이 직무평가 실시 후에도 뒤따라야 한다.

⑥ 평가빈도

급격한 환경변화에 창조적으로 적응하고자 하는 기업 내의 종업원들이 담당하는 직무의 성격은 환경과 더불어 변화할 뿐만 아니라, 새로운 성격의 직무도 생겨날 수 있다. 이러한 직무의 성격변화와 관련된 문제점으로서 직무를 평가하는 횟수, 즉 빈도(Frequency)를 적절히 정하는 것이 필요하며, 새로운 성격의 직무에 대한 문제점에는 직무평가 절차와 방법을 선정하는 것이 필요하다.

(4) 직무분류

구 분	직무분류(Job Classification)
의의	동일 또는 유사한 역할 또는 능력을 가진 직무의 집단, 즉 직무군(Job Family)으로 분류하는 것
특징	직무군은 하나 또는 둘 이상의 능력승진의 계열을 가지며 각각 간단히 대체될 수 없는 전문지식, 기능의 체계를 가지는 것
목적	직무분류를 통하여 동일한 기초능력이나 적성을 요하는 직무들을 하나의 무리로 묶어 이를 직종 또는 직군으로 함으로써 이들 직무 내에서 단계적으로 승진하도록 한다든가 이동하도록 하여 보다 쉽게 새로운 직무에 관한 학습이 가능하게 된다.
유용성	오늘날 기업은 채용한 사람들에게 하나의 직무만을 무기한으로 맡기는 것이 아니라, 여러 가지 유사한 직무를 맡길 수 있는 것이 기업에도 유리하고 개인에게도 좋은 경우가 많다. 따라서 선발 시에도 장기고용을 전제로 하는 경우에는 직무단위가 아니라 직군단위의 공통적인 기초능력이나 적성을 기준으로 평가하게 된다.

5. 인적자원의 확보활동

기업의 생산성은 우수한 인력의 확보로부터 시작된다. 우수한 인력의 확보를 위해서는 먼저 직무관리와 인적자원계획이 선행되어야만 한다.

1) 인적자원계획

(1) 인적자원계획의 의의

근본적으로 조직체에서 필요로 하는 인적자원을 적시에 확보하기 위한 인적자원관리 기능을 말한다. 이러한 인적자원계획을 기업현장에서는 흔히 인력계획(Manpower Planning), 인사계획(Personnel Planning)이라고도 한다.

(2) 인적자원계획의 과정

인적자원계획은 조직의 장기적 목표를 달성하기 위한 전략적 계획과 연결되어야 한다. 전략적 계획은 기업의 기본적인 장기적 목표의 결정, 행동과정의 선택, 목표의 달성에 필요한 제 자원의 할당과 밀접한 관련을 지니고 있기 때문에 인적자원계획 담당자는 기업의 전략적 경영계획의 범위와 그 내용을 명확히 알고 있어야 할 뿐 아니라, 인적자원과 관련된 기업환경의 변화양상에 대해서도 분석능력을 지니고 있어야 한다.

(3) 인적자원의 예측기법

① 인적자원의 수요예측

구 분	내용
거시적 방법	기업 전체 또는 어떤 직장단위의 인적자원 예측을 하는 것을 흔히 거시적 인적자원 예측이라고 하고, 그 성격상 하향적 인적자원계획이라고 함
미시적 방법	상향적인 방식으로 인적자원을 예측하는 미시적 방법은 직무 또는 작업 단위별로 계산된 인적자원을 합산하여 소요 인적자원을 집계하는 방식

㉠ 인적자원 수요예측 방법

ⓐ 판단적 방법

- 전문가 예측법 : 인적자원관리에 전문적인 식견을 가진 전문가가 자신의 경험이나 직관, 판단 등에 의존하여 조직이 필요로 하는 인적자원의 수요를 예측하는 방법으로 조직의 규모가 작고 조직의 전략적 목표달성에 관련된 변수들을 파악할 수 있는 경우에 일반적으로 활용
- 델파이 기법 : 집단토론을 거치지 않고 전문가의 의견을 개별적으로 종합하여 미래상황을 예측하는 방법

ⓑ 수리적 기법

- 생산성비율 : 한 해 동안 직접적인 노동인력이 생산한 제품의 평균수량으로 인력수요 예측
- 추세분석 : 과거 일정기간의 고용추세가 미래에도 계속될 것이라는 가정하에 인적자원에 대한 수요를 예측하는 것

ⓒ 회귀분석

일반적으로 조직의 고용수준(종속변수)과 관련이 있는 여러 독립변수, 예컨대 매출액, 생산량, 수익, 설비투자액 등과 같은 변수 사이의 상관관계 분석을 통한 수요예측

② 인적자원의 공급예측

인적자원의 수요예측과 함께 공급예측을 실시하여 순(純)부족 인적자원을 외부에서 고용하는 것을 원칙으로 하는 것이 현대 인적자원관리의 방법이다. 인적자원의 공급예측은 먼저 사내 인적자원의 현재 및 장래의 상태에 관한 예측을 해야 한다.

ⓐ 내부 공급 예측

㉠ 기능목록 : 종업원의 경험, 교육수준, 특별한 능력 등과 같은 직무 관련 정보를 분석·검토하여 요약한 자료

㉡ 대체도 : 승진도표라고도 하며, 인적자원의 결원 시 특정한 직급, 직무를 대체할 인력의 흐름도를 정리해 놓은 것으로 현원의 상태를 그 능력 등을 고

려하여 내부인력의 변화를 예측하고 대응하는 방법

㉢ 마르코프 모형(Markov Model) : 시간이 경과함에 따라 한 직급에서 다른 직급으로 이동해 나가는 확률을 기술함으로써 인적자원계획에 사용되는 모델

ⓑ 외부 공급 예측

㉠ 외부노동시장의 총체적 분석 : 미래 일정시점에서 '국가의 경제활동인구 동향'에 대한 분석. 인구구조, 실업률, 교육수준, 사회 · 문화적 성취동기 수준 등 특정 해당 분야에 공급될 수 있는 인력에 대한 정보수집 필요

㉡ 외부노동시장의 구체적 분석 : 기업 내부에서 인력을 충원할 수 없는 경우, 신입사원 · 경력사원 · 비정규직사원 등의 형태로 확보. 외부노동시장을 구체적으로 확보하기 위해서는, 첫째, 산업별 취업자 동향 분석, 둘째, 직종별 동향 분석, 셋째, 특수한 개별분야 분석을 해야 한다.

2) 채용관리

기업의 목적달성을 위해 필요한 인력을 조직 내로 유인하여 적재적소에 배치하는 과정을 채용관리라고 한다. 따라서 채용관리는 '모집 → 선발 → 배치'의 과정을 말하는 것이다. 조직 내부로부터의 채용은 승진이나 재배치에 의해 수행되며, 조직 외부로부터의 채용은 모집과 선발에 의해 수행된다.

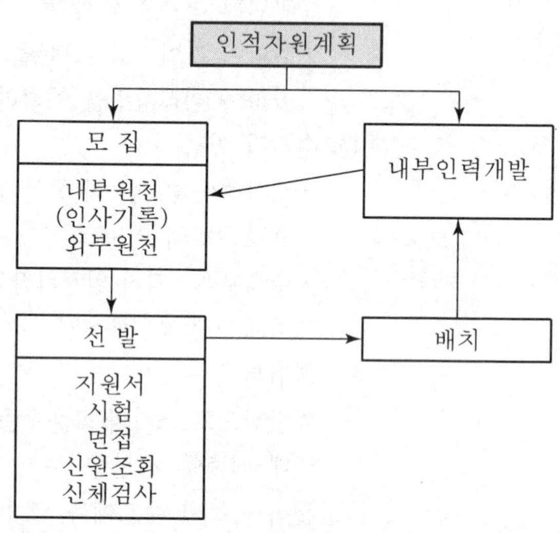

[인적자원의 확보과정]

(1) 모집

① 내부모집

㉠ 기업이 잠재력이 있고 필요한 지식과 능력을 가진 인력을 모집하여 인재를 육성하는 인재양성전략(Making Policy)으로 하위 직급의 인력에서부터 잠재력이 있고 우수한 인력을 조기에 확보하여 지속적인 이동과 승진 및 교육훈련 등을 통해 필요로 하는 인재를 양성하는 방법이다.

㉡ 조직구성원들의 높은 충성심과 팀워크를 기대할 수 있으나, 외부환경변화에 대한 유연성이 떨어지고, 기업의 인건비가 점차 가중되기도 한다.

② 외부모집

㉠ 기업이 필요한 인력을 외부로부터 모집하는 인재구매전략(Buying Policy)이다. 외부에서 양성된 인력 중 기업에 부합되는 인력을 적기에 모집하는 것으로, 전 직급에 걸쳐 현재 필요한 자질과 능력이 갖추어진 경력사원을 채용한다.

㉡ 인력관리를 신축적으로 운영할 수 있어서 시장 환경변화에 빠르게 대응할 수 있다는 장점이 있으나, 조직구성원들이 고용에 불안을 느끼며 충성도가 약해 질 수 있다.

(2) 선발

① 시험

② 면접

구 분	내 용
정형적 면접	• 구조적 면접 또는 지시적 면접으로 불리며 직무명세서를 기초로 하여 미리 질문의 내용 목록을 준비해 두고 이에 따라 면접자가 차례로 질문해 나가며 이에 벗어나는 질문은 하지 않는 방법 • 이 방법은 훈련받지 않은 면접자가 활용하는 데 도움
비지시적 면접	• 피면접자에게 의사표시 자유를 주고 그 가운데서 응모자에 대한 폭넓은 정보를 얻는 방법 • 면접자의 고도의 질문기법과 훈련이 필요 • 이 방법은 대개 지시적 방법과 혼용
스트레스 면접	• 면접자가 아주 공격적 태도를 취하여 피면접자를 거의 무시하고 좌절하게 만듦으로써 피면접자의 스트레스 상태에서의 감정의 안정성과 좌절에 대한 인내도 등을 관찰하는 방법 • 선발되지 않는 응모자에게는 회사의 부정적인 이미지를 갖게 하기 쉽고 채용하려 해도 때로는 입사를 거부하는 사례가 나타나는 것이 문제점
패널면접	• 다수의 면접자가 하나의 피면접자를 평가하는 방법 • 면접 후 면접자들 간의 의견 교환으로 광범위한 조사가 가능하지만 매우 공식적이기 때문에 피면접자가 긴장감을 느끼게 되어 자연스러운 반응을 하지 않게 된다. • 다수의 면접자를 활용하므로 비용이 많이 들기 때문에 관리직이나 전문직 같은 고급 직종의 선발면접에만 주로 사용
집단면접	• 각 집단단위별로 특정 문제에 따라 자유토론을 할 수 있는 기회를 부여하고 토론과정에서 개별적으로 적격 여부를 심사 판정하는 기법 • 시간의 절약이 가능하고 다수인의 우열비교를 통해 리더십이 있는 인재를 발견할 수 있다는 장점이 있다.

구 분	내 용
평가센터법	• 평가자와 다수의 지원자가 특정 장소에 며칠간 합숙하면서 여러 종류의 선발도구를 동시에 적용하여 지원자를 평가하는 방법 • 선발도구는 면접, 집단토의, 특정 주제에 대한 발표, 각종 시험 등 • 지원자의 자질이나 지식, 능력을 파악하는 데 우수하며, 중간이상의 관리자, 경영자를 선발할 때 사용

Point

인력 모집과 선발에 관한 설명으로 옳지 않은 것은? ⑤

① 클로즈드 숍(closed shop)제도의 경우 신규종업원 모집은 노동조합을 통해서만 가능하다.
② 사내공모제는 승진기회를 제공함으로써 기존구성원에게 동기부여를 제공한다.
③ 외부모집을 통해 조직에 새로운 관점과 시각을 가진 인력을 선발할 수 있다.
④ 내부모집방식에서는 모집범위가 제한되고 승진을 위한 과다 경쟁이 생길 수 있다.
⑤ 집단면접은 다수의 면접자가 한 명의 응모자를 평가하는 방법이다.

③ 선발도구의 합리적 조건

선발시험이나 면접 등과 같은 선발도구를 가지고 선발하게 되지만 오류를 범할 수 있다. 이러한 오류를 범하지 않고 올바른 결정이 되기 위해서는 선발도구의 신뢰성과 타당성 및 선발비율이 고려되어야 한다.

구 분	내용
신뢰성 (Reliability)	동일한 사람이 동일한 환경에서 어떤 시험을 몇 번이고 다시 보았을 때 그 측정 결과가 서로 일치하는 정도를 뜻하는 것으로 일관성, 안정성, 정확성 등을 나타낸다. 선발결정의 근거자료가 신뢰하기 어렵다면 효과적인 선발도구로 사용될 수 없는 것이다.
타당성 (Validity)	**시험이 당초에 측정하려고 의도하였던 것을 얼마나 정확히 측정하고 있는 가를 밝히는 정도를 말한다. 즉, 시험에서 우수한 성적을 얻은 사람이 근무성적 또한 예상대로 우수할 때 그 시험은 타당성이 인정된다.**
선발비율	선발비율은 선발예정자 수를 총 지원자 수로 나눈 값으로 선발비율이 1.0(지원자가 전원 고용된 경우)에 가까이 접근해 갈수록 조직의 관점에서 볼 때에는 바람직하지 못하다고 할 수 있다. 역으로 선발비율이 0(지원자가 아무도 고용되지 않는 경우)에 가까이 접근해 갈수록(선발비율이 낮을수록) 조직의 입장에서는 선택할 여유가 있기 때문에 바람직하다고 볼 수 있다.

(3) 배치

① 적정배치란 어떤 직장 또는 직무에 어떠한 자질을 가진 종업원이 어떻게 배치되는 것이 가장 합리적인가를 결정하는 과정이다. 즉, 적재적소의 원칙을 실현하는 구체적인 과정이라 할 수 있으며 이러한 적정배치가 이루어지면 다음과 같은 이점을 찾아볼 수 있다.

㉠ 종업원 개개인의 인격을 존중한다.

㉡ 종업원의 성취욕구를 어느 정도 충족시켜준다.

㉢ 종업원으로 하여금 참여와 자발적 노력을 발휘하도록 한다.

㉣ 종업원들에게 능률을 높일 수 있는 활로를 열어준다.

㉤ 이직률과 결근율을 낮춘다.

㉥ 기업의 목표달성을 촉진시킨다.

② 배치(Placement)의 원칙

적재적소주의, 실력주의, 인재육성주의, 균형주의 등

6. 인적자원의 개발활동

인적자원의 개발활동은 종업원 개개인의 잠재능력을 개발할 수 있도록 하는 동시에 현재의 직무를 보다 원활히 수행할 수 있도록 조직차원에서 지원하는 활동으로 이해할 수 있다. 이를 위해서는 무엇보다 먼저 종업원이 현재 보유하고 있는 능력 및 개발할 수 있는 잠재능력이 어느 정도인가를 알아야 하며, 종업원이 어떤 경우에 일에서 보람을 느끼고 있는지도 파악해야 한다.

1) 교육훈련

(1) 교육훈련의 본질

교육훈련은 종업원들의 잠재적 능력을 최대한도로 발휘하게 하고, 자격요건이 갖추어진 모든 종업원들을 직장의 환경에 빨리 적응하게 하며 직무에 대한 보다 많은 지식이나 기술을 습득하게 하여 효과적인 직무활동을 수행할 수 있도록 해준다.

(2) 교육훈련의 체계와 형태

① 교육훈련의 체계와 형태

구분	체계 및 형태
주체	직장 내 교육(OJT) • 직장 내 훈련 : 직장의 상사 및 선배 등 타인에 의한 지도 • 교육 스태프에 의한 훈련 • 전문가, 외부강사에 의한 훈련

구분	체계 및 형태
주체	직장 외 교육(Off-JT) • 파견교육훈련 : 관공서, 본사에 의한 위탁, 대학, 해외파견 • 외부교육훈련기관 훈련 : 강좌, 세미나, 기타 자기개발교육(SD) • 자기개발 : 자기성장 욕구에 의한 자기훈련 • 지도를 수반한 능력개발 향상 : 평생교육, e-learning
대상	• 신입자교육 : 입직훈련(Orientation), 기초훈련, 실무훈련 • 현직자교육(계층교육) : 일반종업원훈련, 감독자훈련(TWI), 관리자훈련(NMTP), 경영자훈련(AMP, Advanced Management Program)
내용	• 직능별 교육 : 생산부문, 마케팅부문, 인사부문, 재무부문, 전략부문 • 정신개발교육 : 자기개발훈련, 교양교육, 노사관계, 극기훈련 • 능력개발교육 : 어학연수, 컴퓨터교육, 자격취득훈련, 대인관계훈련
방법	• 강의실 : 직접강의, TV강의, 인터넷강의 • 토론식 : 회의식, 담화, 자유토론, 분반토의 • 시청각 : 영어, PPT, 컴퓨터, TV, 인터넷 기반 교육 • 참여식 : 역할연기, 감수성훈련, 비즈니스게임, 인바스켓훈련 등 • 사례연구 : 토론과 발표

② 교육훈련의 방법

피교육자의 직위 · 직종 · 직장교육과 직장 외 교육 · 사내교육과 사외교육 등에 따라서 달라진다. 주요한 교육훈련방법은 훈련대상자인 종업원, 즉 일반종업원, 감독경영층 · 중간경영층 · 최고경영층에 따라서 나눌 수 있고, 훈련에 사용되는 기법에 따라 강의식 교육 · 시청각 교육 · 사례연구법 · 회의식 교육 등이 있다.

구 분	내 용
시청각 응용교육	• 강의식 교육의 보조적 역할을 한다. • 보다 많은 흥미를 느끼게 한다. • 영화 · 슬라이드 · 텔레비전 · 태도 · 모형 · 사진 · 그래프 등을 이용한다.
사례연구법 (Case Study)	• 일상적인 사무에서 발생하는 실제문제를 중심으로 교재를 준비하여 이를 토의자료로 사용한다. • 사례연구법의 단계는 사례의 제시 해결을 위한 자료 · 정보의 수집, 해결책을 세우기 위한 연구와 준비, 집단토의를 통한 해결책의 발견과 검토 등으로 이루어진다. • 문제점을 파악하여 해결하는 능력을 배양시킨다. 즉, 경영에 있어서의 창조력과 분석력 및 통찰력을 발휘하도록 기회를 부여한다. • 이 사례연구법은 1871년 Harvard 대학교 법과대학 교수 C. C. Langdell에 의하여 창안되었다.

구 분	내 용
회의식 교육 (토의식 교육)	• 감독자가 직장관리에서의 여러 문제를 해결하고자 할 때와 특정의 교육과제가 있을 때 관계자들의 토의를 통해 의견을 들음으로써 소기의 목적을 달성하는 방식이다. 따라서 이것을 '토의식 교육'이라고도 한다. • 이 방식에서는 피교육자가 교육내용에 대한 지식과 경험이 있어야 한다. • 교육이 끝난 후에도 피교육자 상호 간의 신뢰관계가 계속되며, 관계자 상호 간의 이해를 깊게 하는 장점이 있다. • 산업 내 교육에서 그 사용의 전형을 찾을 수 있다. 그런데 위와 같은 여러 교육훈련 방법 중에서 두 가지 이상을 병용하는 것이 통례이다.

③ 훈련대상자별 분류

구 분	내 용	
신입사원 훈련	**입직훈련 (Orientation Training)**	**신입사원이 직장에 적응하기 위한 훈련. 조직 전체에 대한 개괄, 직무와 개별 종업원과의 관계, 조직의 일원으로 필요한 기본 정신과 자세 등 입문교육 실시**
일선종업원 훈련	**직장 내 교육훈련 (OJT ; On the Job Training)**	**직장에서 구체적인 직무를 수행하는 과정에서 직속상사가 부하에게 직접적으로 개별 지도하고 교육훈련을 시키는 방식이다. 이와 같이 OJT는 현장의 직속상사를 중심으로 하는 라인(Line) 담당자를 중심으로 해서 이루어진다.**
	직장 외 교육훈련 (Off-JT ; Off the Job Training)	**교육훈련을 담당하는 전문스태프의 책임하에 집단적으로 교육훈련을 실시하는 방식이다. 이 훈련은 기업 내의 특정한 교육훈련시설을 통해서 실시되는 경우도 있고, 기업 외의 전문적인 훈련기관에 위탁하여 수행되는 경우도 있다. 이 방법은 현장작업과 관계없이 계획적으로 훈련할 수 있다고 하는 장점을 가지고 있으나 훈련결과를 직무현장에서 곧 활용하기 어렵다고 하는 단점을 가지고 있다.**
감독경영층 (하위경영층) 훈련	감독자의 직장 외 교육훈련 중 대표적인 것으로 TWI(Training Within Industry)를 들 수 있다. 이것은 주로 생산부문의 일선 감독자를 조직적으로 훈련시키기 위한 단기훈련방법으로서 작업지도, 작업개선, 부하직원 통솔 등의 세 개의 기능부문에 관한 것이 주된 교육내용이다.	

구 분	내 용
중간경영층 훈련	중간경영층을 위한 직장 외 교육훈련으로서 MTP(Management Training Program)를 들 수 있다. 이것은 TWI에서 다른 세 개 기능부문에 관한 교육내용 이외에 추가적으로 관리의 기본적 사고방식, 조직의 원칙, 조직검토 등의 보다 높은 수준의 직책을 수행하는 데 필요한 영역을 다룬다.
최고경영층 훈련	최고경영층에 관한 직장 외 교육훈련으로서는 ATP(Administrative Training Program)를 들 수 있다. ATP는 강의방식으로 진행되며 15명 내외의 인원으로 구성된 피교육자를 대상으로 실시한다. 교육내용은 최고경영자로서 갖추어야 될 자질을 함양하는 데 필요한 경영계획, 조직화, 조정 및 운영분야 등을 포함하고 있다.

2) 경력개발

(1) 경력개발의 본질

① 경력이란 한 개인이 일생 동안 직업에 관련된 일련의 활동, 행동, 태도, 가치관 및 열망을 경험하는 것을 말하며, 경력개발은 경력목표, 경력계획, 경력관리의 3요소로 구성되어 있다.

경력개발의 3요소	
경력목표	개인이 경력상 도달하고 싶어 하는 미래의 직위
경력계획	한 개인이 자신을 파악하고, 경력기회 및 제한을 알아 경력선택 및 결과를 경험하는 과정으로서 구체적인 경력목표를 달성하기 위해 경력에 관련된 목표설정, 경험하는 과정으로서 구체적인 경력목표를 달성하기 위해 경력에 관련된 목표설정, 직무 및 교육설계, 그리고 관련된 경력발전을 경험하는 것을 포함
경력관리	개인의 경력관리를 계획하고 실행하고 감시하는 지속적인 과정으로서, 개인 스스로 수행하거나 또는 조직 내 경력관리제도와 연결하여 수행함

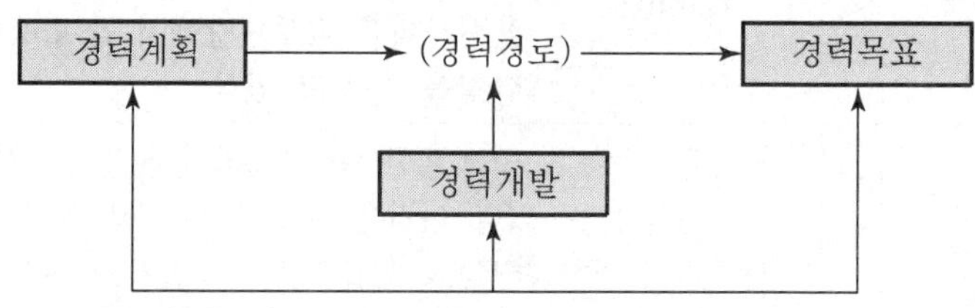

[경력개발계획(CDP)의 기본체계]

② 경력개발의 목적

기본적으로 개인의 능력을 최대한으로 개발시킴으로써 개인의 경력욕구를 충족시키는 것이고, 경력기회를 제공하는 조직 측에서는 적시에 조직의 적소에서 개인의 능력을 활용함으로써 조직의 유효성을 높이고자 하는 것이다.

플리포(E. B. Flippo)는 종업원의 경력을 개발해야 할 필요성은 경제적 · 사회적 환경으로부터 나온다고 하면서, 구체적으로 다음과 같은 세 가지 이유를 제시하였다.

㉠ 조직이 변화하는 환경 속에서 성장 · 발전하기 위해서는 조직 내의 인적자원을 지속적으로 개발해야 하기 때문이다. 조직 내에서 인적자원을 일정한 계획하에 개발하게 되면, 갑자기 인력이 필요할 때 외부에서 긴급하게 조달할 필요 없이 인력을 공급할 수 있다.

㉡ 종업원들의 경력개발에 대하여 조직이 관심을 기울여주지 않을 때 많은 종업원들은 그 직무를 그만두기 때문이다.

㉢ 직업이라는 것이 종업원들의 일생을 통하여 추구할 수 있는 유일한 가치로서의 위치를 잃어가고 있기 때문이다. 더욱이 오늘날 종업원들의 직업욕구는 개인의 성장욕구, 자기 가족의 기대, 그리고 사회의 윤리적 요구와 함께 효율적으로 통합되어야 한다.

(2) 경력개발의 원칙

경력개발의 원칙	
적재적소 배치의 원칙	종업원의 적성, 지식, 경험 및 기타 능력과 조직의 목표달성에 필요한 직무가 조화되도록 해야 한다. 이를 위해서는 직무의 자격요건과 종업원의 적성, 능력, 선호에 대한 정보를 충분히 파악하는 등의 직무분석 및 직무평가가 선행되어야 하며, 선발절차의 신뢰성과 타당성이 요구된다. 또한 인사정보시스템을 적극적으로 개발 · 적용하여야 할 것이다.
승진경로의 원칙	경력개발은 명확한 승진경로의 확립을 그 원칙으로 한다. 이 원칙은 기업의 모든 직위는 계층적인 승진경로가 형성되고 정의되며, 기술되고 평가되어야 한다는 입장이다.
후진양성의 원칙	경력개발은 기업 내부에서 후진양성의 확립을 원칙으로 하여 자체적으로 유능한 인재를 확보하는 것은 원칙으로 한다. 즉, 경력관리는 인재확보를 외부에서 스카우트하는 방법보다는 내부에서 자체적으로 양성하는 것을 원칙으로 삼는다. 또한 이는 종업원에게 성장의 동기부여를 하고 종업원을 기업에 밀착시키도록 함으로써 인재를 확보할 수 있고 경영초보자로 인한 기업의 손실을 방지할 수 있다.

경력개발의 원칙	
경력기회개발의 원칙	승진의 기회가 많지 않은 종업원들일지라도 그들은 경력개발기회를 갖기 원한다. 따라서 기업은 승진경로가 어떠한 부서에만 국한되지 않도록 기회를 확장시켜야 한다.

(3) 전환배치

① 전환배치는 종업원이 한 직무에서 다른 직무로 이동하는 것을 말한다. 개인에 따라 지금까지 수행하던 직무에서 다른 직무로 바꾸는 데에는 수평적 이동과 수직적 이동이 있다.

㉠ 수평적 이동은 새로 맡을 직무와 기존를 직무와 비교해 볼 때 권한, 책임, 그리고 보상 측면에서 별다른 변화가 없는 경우를 말하는데, 이를 전환배치라고 한다.

㉡ 수직적 이동 중 상향적 이동은 승진을 말하는데, 이는 배치된 직무가 기존의 직무에 비해 권한, 책임, 그리고 보상이 증가하는 경우를 말한다.

㉢ 하향적 이동은 강등이라고 하며 승진과 반대되는 개념이다.

② 경력개발의 실천활동으로서의 전환배치는 당연히 이미 설정된 경력 경로에 부합되어야 하며, 이를 위해 지켜야 하는 몇 가지 원칙이 있다.

㉠ 적재적소주의 ㉡ 능력주의

㉢ 인재육성주의 ㉣ 균형주의

③ 전환배치 유형

㉠ 순환근무 : 종업원들이 직무순환(Job Rotation)하면서 근무하는 형태

㉡ 전문역량배양근무 : 전문가 양성을 위한 근무형태

㉢ 교대근무 : 업무의 내용을 변화시키지 않고, 근무시간만 바뀌는 형태

㉣ 교정이동근무 : 종업원이 처음 배치된 직무에 대해 적성이 맞지 않을 때, 또는 작업집단 내에 인간관계가 원만치 않을 때 이동시키는 형태

(4) 승진관리

① 승진의 의의

승진은 이동의 한 형태로 종업원의 기업 내에서 보수 · 권한 · 책임이 함께 수반되는 직무서열 또는 자격서열의 상승을 의미하는 것으로, 종업원의 2대 관심사(신분과 보수)의 하나인 신분을 성취하는 것이다.

㉠ 승진은 조직에서 개인의 목표와 조직의 목표를 일치시켜주는 역할을 한다.

㉡ 승진은 종업원에 대한 가장 유효한 커뮤니케이션 수단이 된다.

㉢ 합리적인 승진기준과 승진제도는 조직의 인사적체현상을 해결할 수 있다.

② 승진의 정책

㉠ 연공주의, ㉡ 능력주의, ㉢ 절충주의

〈연공주의와 능력주의 비교〉

승진정책 / 비교내용	연공주의	능력주의
합리성 여부	비합리적 기준	합리적 기준
사회행동의 가치기준	전통적 기준, 정의적 기준	가치적 기준
승진기준	사람 중심(신분 중심)	직무 중심(직무능력 중심)
승진제도	연공승진제도	직계승진제도
승진요소	근무연수, 경력, 학력, 연령	직무수행능력, 업적(성과)
장 · 단점	• 집단중심의 연공질서의 형성 • 적용이 용이 • 승진관리의 안정성 • 객관적 기준	• 개인중심의 경쟁질서의 형성 • 적용이 어려움 • 승진관리의 불안정 • 능력평가의 객관성 확보가 어려움

③ 승진제도의 유형

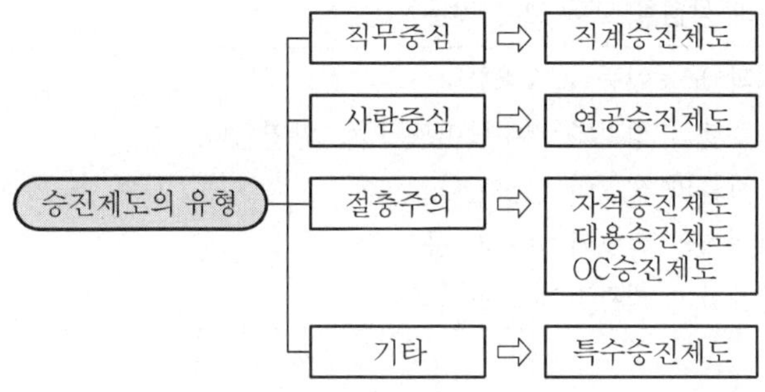

㉠ 직계승진제도 : 직무주의적 능력주의에 입각에 따른 승진

㉡ 연공승진제도 : 개인적인 연공과 신분에 따른 승진

㉢ 자격승진제도 : 일정한 자격 취득에 따른 승진

㉣ 대용승진제도 : 직무 중심의 체제에서 경직성을 제거하고 융통성 있는 인사를 확립하려는 데서 비롯된 것

㉤ OC(Organization Change, 조직변화) 승진제도 : 승진 대상은 많지만 승진의 기회가 주어지지 않으면 사기저하 · 이직 등으로 인하여 유능한 인재를 놓칠 가능성이 있는 경우 경영조직을 변화시켜 승진의 기회를 마련해 주는 승진제도

㉥ 특수승진제도 : 특별한 인재의 우대나 고령인력의 퇴직과 같은 특별한 상황에 적용될 수 있는 제도

• 고속승진제도 : 특출한 역량이 검증된 핵심 인재들을 고속으로 승진시켜 동기를 부여하는 제도

• 하향이동제도 : 고령인력의 축적된 경험을 활용할 수 있도록 직급이나 임금을 삭감하면서 고용기간을 늘려 근무하게 하는 제도

④ 승진의 형태

㉠ 수직적 승진과 수평적 승진

승진의 형태는 '협의의 승진'과 '배치전환'으로 구분되며, 수직적 승진은 전자를, 수평적 승진은 후자를 의미

㉡ 실질적 승진과 형식적 승진

실질적 승진은 노동활동영역의 향상, 즉 담당 직무내용의 중요성이 증대되는 것을 의미하는 데 비해, 형식적 승진은 이와 관계없이 오로지 직위와 사회적 위신의 향상을 의미한다. 보통 승진은 양자가 동시에 이루어지게 되나, 대용승진의 경우는 후자만을 취하는 것

연공주의의 장점을 모두 고른 것은? ①

ㄱ. 이직과 노동이동이 감소한다.
ㄴ. 직무수행의 성과와 직무난이도가 잘 반영된다.
ㄷ. 근로자들의 생활이 안정된다.
ㄹ. 고급인력의 확보와 유지가 용이하다.
ㅁ. 임금계산이 객관적이고 용이하다.

① ㄱ, ㄷ, ㅁ
② ㄱ, ㄷ, ㄹ
③ ㄴ, ㄷ, ㅁ
④ ㄱ, ㄴ, ㄹ, ㅁ
⑤ ㄴ, ㄷ, ㄹ, ㅁ

3) 인사고과

(1) 인사고과의 의의와 목적

① 인사고과의 의의

인사고과란 첫째, 종업원의 태도, 성격, 적성 등을 판정하며, 둘째, 종업원의 직무수행상의 업적(성과)을 측정하고, 셋째, 종업원의 능력(현재능력과 잠재능력)을 파악하는 제도라고 정의할 수 있다. 즉, 인사고과는 태도고과, 업적평가, 능력고과로 구성되어 있다고 볼 수 있다. 이러한 인사고과는 구체적으로 다음과 같은 성격을 지니고 있다.

㉠ 인사고과는 기업 내의 사람을 대상으로 한다.
㉡ 인사고과는 사람과 직무의 비교를 원칙으로 한다.
㉢ 인사고과는 상대적 평가이다.
㉣ 인사고과는 조직체에서 조직의 구성원인 사람을 평가하는 방법을 제도화한 것이다.

② 인사고과의 목적

㉠ 공정평가　　㉡ 적정배치
㉢ 능력개발　　㉣ 공정처우
㉤ 근로의욕 증진

(2) 인사고과의 기법

인사고과의 기법		내용
전통적 고과기법	**서열법 (Ranking Method)**	• **피고과자의 능력과 업적에 대하여 서열 또는 순위를 매기는 방법. 성적순위법, 순위비교법이라고도 한다. 종합적으로 순위를 매기는 방법과 각 요소마다 성적을 매겨 이를 종합하는 방법이 있다.** • 피고과자들을 서로 비교하여 그 순위를 정하면서 그들을 평가하는 방법으로 단순서열법, 교대서열법 등이 있다. – 단순서열법(simple or straight ranking method) : 포괄적 성과수준을 기준으로 피고과자들의 순위를 정하는 방법 – 교대서열법(alternation ranking method) : 가장 우수한 사람을 뽑고 이어 가장 열등한 사람을 뽑고 나머지 사람들 중에서 우열한 사람을 교대로 뽑아 나가는 방법 • **장점 : 간단하여 실시가 용이하고 비용이 적게 들며 관대화 경향이나 중심화 경향 등의 규칙적 오류를 예방할 수 있다.** • **단점 : 동일한 직무에 대해서만 적용이 가능하고 부서 간의 상호 비교가 불가능하다는 점, 피고과자의 수가 많으면 서열결정이 어렵다는 점 등이다.**
	쌍대비교법 (Paired Comparison Method)	• 모든 피고과자를 교대로 두 사람씩 쌍을 지어 기준점수로 서로를 비교한 후 쌍대비교에서 우열판정을 받은 수를 기준으로 하여 고과자들의 서열을 정하는 방법. 직원들의 수가 많을 때 서열을 정하기 편리한 방법이다.

전통적 고과기법	강제할당법 (Forced Distribution Method)	• 사전에 정해 놓은 비율에 따라 피고과자를 강제로 할당하여 고과하는 방법으로 피고과자의 수가 많을 때 서열법의 대안으로 주로 사용. 이 평가방법은 피고과자의 수가 많으면 평가결과가 정규분포를 이룰 수 있다는 가정에 근거 • 장점 : 관대화 경향이나 중심화 경향 같은 규칙적 오류 방지 가능 • 단점 : 정규분포를 가정하고 있으므로 피고과자의 수가 적을 때에는 타당성이 결여된다. 실제로 피고과자들의 능력과 업적 등이 정규분포곡선과 일치하지 않을 수 있다.
	평정척도법 (Rating Scales Method)	• 피고과자의 능력과 업적을 각 평가요소별로 연속척도 또는 비연속척도에 의하여 평가하는 방법. 단계식 평정척도법과 도식 평정척도법이 있다. – 단계식 평정척도법 : 고과요소의 척도를 몇 등급으로 구분하여 평가하는 방법 – **도식 평정척도법** : 각 평가요소에 강약도의 등급을 매긴 연속적인 수치(등급)를 도식화하고, 해당하는 곳에 체크함으로써 평가하는 방법. 사무 · 관리직에서는 직무지식, 판단력, 지도력 등이 큰 비중을 차지. 생산직에서는 직무의 양, 직무의 질 등이 큰 비중을 차지 • 장점 : 피고과자를 전체적으로 평가하지 않고 각 평가요소를 분석적 · 계량적으로 평가하므로 평가의 타당성이 높아진다. • 단점 : 각 평가요소에 인위적으로 점수를 부여하므로 관대화 경향이나 중심화 경향 등의 규칙적 오류가 나타날 수 있고, 헤일로 효과 같은 심리적 오류도 발생할 수 있으며 평가요소의 선정에 주관이 개입될 수 있다.
	대조법, 체크리스트법 (Check-list Method)	• 직무상의 표준행동을 구체적으로 표현한 문장을 리스트로 만들어 평가자가 해당사항을 체크하여 피고과자를 평가하는 방법 • 여기에는 체크만 하는 프로브스트(Probst)식과 체크를 한 후에 그 이유를 기록하는 오드웨이(Ordway)식이 있다. • 장점 : 고과요인이 실제 직무와 밀접하여 판단하기가 쉽고 평가결과의 신뢰성과 타당성이 높다. • 단점 : 직무를 전반적으로 포함한 표준행동의 선정이 어렵다.
	기타	• 등급할당법 : 몇 개의 범주에 평가대상 인물을 할당하는 방법 • 표준인물 비교법 : 판단의 기준이 되는 구성원을 설정하고 그를 기준으로 다른 구성원을 평가하는 표준인물 비교법

전통적 고과기법	기타	• 성과기준 고과법 : 각 구성원의 직무수행 결과가 사전에 정해놓은 성과기준에 도달하였는가의 여부에 의해서 평가하는 방법 • 기록법 : 구성원의 근무성적을 정해 놓고 기록하는 방법 • 직무보고법 : 피고과자가 자기의 직무상의 업적을 구체적으로 보고해서 평가를 받는 방법 • 강제선택법 : 종업원들의 직무기술서 항목 내용을 평가, 종업원들을 가장 적절히 표현하는 척도에 강제적으로 체크하고 각 항목의 척도를 합산하여 평가결과 도출, 관대화 오류 감소 • 자유기술법 : 피평가자의 인상, 직무행동, 직무성과 등을 자유롭게 기술하는 방법. 가장 단순한 방법 • 도표척도법 : 항목별 평가된 점수를 선으로 이으면, 피평가자의 특성을 시각적으로 파악할 수 있다. 정기적으로 측정하여 시간이 흐름에 따라 특성변화를 알 수 있다.
현대적 고과 기법	중요사건서술법 (CIAM)	• 피고과자의 효과적이고 성공적인 업적뿐만 아니라 비효과적이고 실패한 업적까지 구체적인 행위와 예를 기록하였다가 이 기록을 토대로 평가하는 방법 • 장점 : 구성원에게 피드백이 가능하므로 개발목적에 유용하고 객관적인 증거에 기초를 두고 평가하므로 타당성이 높아진다. • 단점 : 고과자의 지나친 간섭이나 관찰이 행해지면 업무수행에 지장을 초래할 수 있고 어떤 사건을 기록해야 하는가의 판단에 문제가 있다.
	인적평정센터법 (HACM)	• 중간관리층을 최고 경영층으로 승진시키기 위한 목적 • 평가를 전문적으로 하는 평가센터를 만들고 여기에서 다양한 자료를 활용하여 고과하는 방법 • 피고과자의 재능을 나타내는 데 동등한 기회를 가질 수 있고 개인이 미래에 얼마나 성과 있게 잘 행동할 것인가를 예측하는 데 유용하다.
	목표에 의한 관리 (MBO, Management By Objective)	• 목표설정과 결과에 대한 평가에 종업원이 참여하여 평가하는 기법 • 각 업무담당자가 첫째, 상급자로부터 각종 정보를 제공받아 자신의 목표를 측정가능 목표로 설정하고, 둘째, 상위자가 협의하여 조직목표와 비교·수정하여 목표를 확정하며, 셋째, 업무를 수행하여 기말에 업무수행과정과 결과를 목표와 비교·평가하고, 넷째, 상황적 요인을 검토하고 문제점 및 개선점을 공동으로 검토하여 다음 기의 목표를 설정하는 4단계로 설명할 수 있다.

현대적 고과 기법	목표에 의한 관리 (MBO, Management By Objective)	**• 장점 : 자신에게 기대되는 것이 무엇이고, 어떻게 평가를 받는지, 목표의 기준을 정확히 알 수 있어, 동기부여, 자기계발 유도** **• 단점 : 종업원의 신뢰가 없는 경영환경에서는 효과적인 평가방법이 되지 않는다. 일방적인 의사결정과 외부환경에 대한 지나친 의존은 실패하기 쉽고, 목표관리과정을 유지하고 실행하는 데 많은 시간이 필요**
	균형성과 평가제도 (BSC, Balanced Score Card)	• 로버트 카플란과 데이비드 노턴이 제안한 조직의 성과 평가 방식. 일반적으로 조직의 성과는 재무적인 성과, 매출액, 순수익 등으로 평가하는데, 이는 과거의 정보이며, 사후적 결과만을 강조하기 때문에 미래 경쟁력의 지표로 활용되기 힘들며 고객과의 관련성이 없고, 단기적 성과에 불과하다. • 조직의 장 · 단기성과를 종합적으로 평가하는 BSC는 핵심적인 성능 지표(KPI)를 네 가지 측면(재무, 고객, 내부 프로세스, 학습과 성장)으로 균형 있게 평가하는 성과측정기록표이다. • BSC평가는 조직의 성과측정, 정보시스템의 품질을 평가하는 모델로 인사평가시스템 구축 시 부서평가나 팀 평가 시에도 많이 적용한다. • **전략 모니터링 또는 전략 실행을 관리하기 위한 도구로** 활용하는 경우에는 성과평가 결과를 보상에 연계시키지 않는 것이 바람직하다는 견해가 있다.
	행위기준고과법 (BARS, Behaviorally Anchored Rating Scale)	**• 구성원이 실제로 수행하는 구체적인 행위에 근거하여 구성원을 평가함으로써 신뢰도와 평가의 타당성을 높인 고과방법으로 평정척도법의 결점을 시정하기 위한 시도에서 개발되었다.** **• BARS는 직무 중심으로 작성된 것이기 때문에 평가될 모든 성과의 차원은 관찰 가능한 행위 위에 기초하고 있고, 평가될 직무에 적합한 것이어야 한다.** **• 구체적인 직무수행에 있어 구성원들에게 행위의 지침을 마련해 주므로 개발목적에 유용하다.**
	인적자원회계 (HRA)	**• 인적자원을 기업의 자산으로 파악하여 평가하는 방법** **• 인적자원을 대차대조표와 손익계산서에 나타내는 과정에서 고과하는 것이다.**
	생산성평가 시스템	생산성을 객관적으로 평가하여 종업원 생산성 향상을 목적으로 함. 생산성에 대한 개인적 정보 피드백 강조
	기타	• 자기고과법 • 토의식 고과법(현장토의법, 면접법, 위원회 지명법) 등

Point

목표에 의한 관리(MBO)의 주요 특성이 아닌 것은? ⑤
① 상사와 부하 간의 협의를 통한 목표설정
② 목표달성 기간의 명시
③ 목표의 구체성
④ 실적에 대한 피드백
⑤ 다면평가

① 인사고과 평가 분류
㉠ 상대평가 : 서열법, 쌍대비교법, 강제할당법, 표준인물법
㉡ 절대평가 : 평정척도법, 체크리스트법, 강제선택법, 자유기술법, 중요사건서술법, 행위기준고과법
㉢ 결과평가 : 목표에 의한 관리(MBO), 생산성평가시스템

reference

1. 균형성과 평가제도(BSC) 특징

(1) 지표 간의 균형

① 재무적 지표와 비재무적 지표의 균형 : BSC는 재무성과지표에 과도하게 의존하는 결점을 미래 성과동인들 간의 균형을 통해 극복하기 위해 고안되었다.

② 조직 내부요소와 외부요소 간의 균형 : BSC에 있어서 주주와 고객은 외부요소를 대표하며, 직원과 내부 프로세스는 내부요소를 대표한다. BSC는 전략을 효과적으로 실행할 수 있도록 이러한 구성요소들 간의 상충하는 요구에 균형을 이루게 한다.

③ 선행지표와 후행지표 간의 균형 : 후행지표들은 과거 성과를 나타낸다. 고객만족, 매출 등이 전형적인 예이다. 이러한 지표들은 객관적이고 쉽게 접근할 수 있지만 미래를 예측하는 능력이 결여되어 있다. 선행지표들은 이러한 후행지표들을 달성할 수 있게 해주는 성과동인이다. 예를 들어 적시배송은 고객만족이라는 후행지표의 선행지표가 된다. 이러한 자료들은 미래에 대해서 예견할 수 있으나 그 연관성이 주관적이며 자료수집이 어려울 수 있다. 선행지표가 없는 후행지표는 목표가 어떻게 달성될 수 있는지 알려줄 수 없다. 반대로 후행지표가 없는 선행지표들은 단기적 관점의 개선을 이룰 수는 있지만 이러한 개선이 고객과 주주가치를 어떻게 향상시키는지 보여줄 수 없다.

(2) 전략과의 연계

조직의 전략으로부터 도출되어, 조직의 비전 및 전략을 이행하기 위한 목표를 기반으로 한다. 잘 설계된 BSC는 조직의 전략에 대해 잘 설명해 줄 뿐만 아니라 명확하고 객관적인 성과지표를 통해 막연하고 불분명한 비전과 전략을 구체화시키는 역할을 한다. 예를 들어 '월등한 서비스'라는 추상적인 비전과 전략을 가진 기업에서 '월등한 서비스'가 95%의 적시배송을 의미하는 것으로 정의내림으로써 직원들 간에 '월등한 서비스'라는 개념에 대하여 의문을 갖거나 논쟁하는 대신에 적시배송이라는 명쾌한 목표에 초점을 맞출 수 있다. 전략을 해석하는 BSC의 틀을 통해 조직은 직원들을 명확한 방향으로 행동하게 이끌 수 있다.

(3) 전략에 대한 의사소통

BCS를 통해 전략에 대한 조직구성원 간의 의사소통이 원활해지고 공통의 목표를 지향하게 한다. 단순히 기업의 전략을 이해하는 것만으로도 직원들은 조직이 어느 곳을 향해 가고 있으며 그 과정에서 그들이 어떻게 기여할 수 있는지를 알게 됨으로써 조직의 숨겨진 역량을 파악할 수 있다.

2. BSC의 구성요소

BSC는 비전과 전략, 관점, 핵심성공요인, 핵심성과지표, 인과관계, 목표, 피드백으로 구성된다.

(1) 비전 : 기업이 추구하는 장기적인 목표와 바람직한 미래상으로 전략의 방향을 설정하고, 구성원들에게는 동기를 부여한다. 기업의 장기적인 존재이유와 기업의 목적, 사업영역 및 경쟁우위 창출의 측면에서 명확하게 표현한다.

(2) 전략 : 전략의 핵심은 고객지향성과 경쟁우위의 창출에 있으며 한정된 자원을 어떻게 효율적으로 활용하여 기업의 가치를 증대시킬 것인지에 대한 의사결정이 필요하다.

(3) 관점 : 기업의 가치 창출 근원에 대한 시각을 제시하는 것으로 재무적 관점에서는 다른 관점들의 결과로 인해 재무적인 성과가 나타나게 된다는 인과적 해석을 한다. 고객관점에서는 기업 가치 창출의 가장 큰 원천으로 기업에게 수익을 가져다 줄 수 있는 고객을 파악해내고, 이들을 위한 고객지향적 프로세스를 만든다. 내부 비즈니스 프로세스 관점은 성과를 극대화하기 위하여 기업의 핵심 프로세스 및 핵심 역량을 규명하는 과정을 말하며, 학습과 성장 관점은 가장 미래 지향적인 관점으로 회사의 장기적인 잠재력에 대한 투자가 기업 성장에 얼마나 영향을 미칠 수 있는지를 파악하고 다른 3가지의 관점의 성과를 이끌어내는 원동력이다.

(4) 핵심성공요인 : 기업이 속한 산업 내에서 지속적으로 생존하고 번영하기 위해 가장 중요한 요소들 또는 기업 혹은 단위사업 영역의 존재 목적을 달성하고 목표시장에서 만족할 만한 성과를 거둘 수 있도록 하는 요소 및 요구조건들을 의미하며, 고객들이 원하는 것을 제공해야 하며 경쟁자들보다 우위를 가져야 한다.
(5) 핵심성과지표 : 핵심성과지표는 기업의 전략적 의미가 담겨 있는 것으로 성과에 대한 책임을 분명히 하고 미래 예측을 가능하게 하는 정보를 제공한다.
(6) 인과관계 : 조직구성원들에게 어떻게 조직의 비전과 전략이 그들의 일상 업무에 연계되는지를 이해시키는 것을 말한다.
(7) 목표 : 평가의 기준이 되는 잣대를 말한다.
(8) 피드백 : 성과를 검토하여 성과에 대한 보상을 하고 새로운 전략을 수립하거나 경영목표를 변경하는 일련의 과정을 말한다.

〈BSC의 주요 용어〉

용어	내용
미션 (Mission)	기관의 존재이유, 우리가 왜 존재하는지에 대한 정의
비전 (Vision)	미션을 위한 가치와 의미를 포함하고 있는 장・단기적인 목표
관점 (Perspective)	전략이 분해되는 요소를 말함. 각 관점은 특정 이해관계자에 의해 요구되는 전략목표들의 조합이며, 모든 관점이 합해지면 하나의 전략을 이루고, 전략과 관련된 스토리를 말해 준다. 일반적으로 재무, 고객, 내부 프로세스, 학습과 성장 관점으로 구성되지만, 전략적 필요에 따라 다른 관점이 추가 혹은 대체되기도 함
전략목표 (Strategic objective)	전략을 달성하고자 하는 것, 전략의 성공적 이행을 위해 중요한 것 등의 구체적인 요소를 명시한 간략한 문장. 전략목표의 전략이 실현되기 위한 방향을 제시함. 전략목표는 조직의 전체적인 전략이라는 구조물을 구성하는 벽돌의 역할을 함
전략맵 (Strategy Map)	조직의 전략 및 전략을 실행하는 데 필요한 프로세스와 시스템에 대한 시각적 표현, 전략맵은 조직구성원들의 일이 조직의 전체적인 전략목표와 어떻게 연관되는지를 보여줌
목표치 (Target)	목표치는 각 성과지표에 대한 정량화된 목표임. 각 목표치의 합은 조직의 전체적인 목표치가 됨. 목표치는 조직이 성과를 높이기 위한 기회를 제공하고, 전략적 목표에 대한 진척도를 모니터링하게 하며, 조직의 성패 예측에 대한 의사소통을 할 수 있게 함

용어	내용
가중치 (Weighting)	조직의 전략목표 및 전반적 성과달성에 대한 상대적 중요도. 상위요소에 대한 하위요소의 상대적 중요도
기준선 (Green zone)	목표치 초과 달성 여부를 판단하는 기준
하한선 (Red zone)	목표치 대비 부진 여부를 판단하는 기준
이니셔티브 (Initiative)	조직의 성과달성을 위한 활동프로그램. 전략적 성과가 달성되기 위해 집중해야 하는 활동. 조직에서 진행 중인 모든 이니셔티브들은 BSC상의 전략의 정렬되어야 함. 하나의 전략목표에는 반드시 하나 이상의 이니셔티브가 할당되어야 함
캐스케이딩 (Cascading)	BSC의 효과를 극대화하려면 전 조직에 걸쳐 조직의 전략이 공유되고 정렬되어야 함. 캐스케이딩은 전 조직에 걸쳐 조직의 BSC를 전개하는 과정임. 전사적인 전략목표를 하부조직의 전략목표, 성과지표로 정렬하는 절차

Point

카플란(R. Kaplan)과 노튼(D. Norton)이 주창한 BSC(Balance Score Card)에 관한 설명으로 옳은 것은? ⑤

① 균형성과표로 생산, 영업, 설계, 관리부문의 균형적 성장을 추구하기 위한 목적으로 활용된다.
② 객관적인 성과 측정이 중요하므로 정성적 지표는 사용하지 않는다.
③ 핵심성과지표(KPI)는 비재무적 요소를 배제하여 책임소재의 인과관계가 명확한 평가가 이루어지도록 한다.
④ 기업문화와 비전에 입각하여 BSC를 설정하므로 최고경영자가 교체되어도 지속적으로 유지된다.
⑤ BSC의 실행을 위해서는 관리자들이 조직에서 어느 개인, 어느 부서가 어떤 지표의 달성에 책임을 지는지 확인하여야 한다.

Point

BSC(Balanced Score Card)에 관한 설명으로 옳지 않은 것은? ④

① 내부 프로세스 관점과 학습 및 성장 관점도 평가의 주요 관점이다.
② 재무적 관점 이외에 고객관점도 평가의 주요 관점이다.
③ 로버트 카플란(R. Kaplan)과 노튼(D. Norton)이 제안한 성과 평가 방식이다.

④ 균형잡힌 성과 측정을 위한 것으로 대개 재무와 비재무지표, 결과와 과정, 내부와 외부, 노와 사 간의 균형을 추구한 도구이다.
⑤ 전략 모니터링 또는 전략 실행을 관리하기 위한 도구로 활용하는 경우에는 성과평가 결과를 보상에 연계시키지 않는 것이 바람직하다는 결해견해가 있다.

(3) 인사고과의 오류

인사고과에서 발생하는 오류를 완전히 제거한다는 것은 거의 불가능하므로 어느 정도의 오류를 인정하고 그러한 오류를 최소화할 수 있는 방법을 모색해야 한다.

인사고과에서 흔히 나타나기 쉬운 오류로는 다음과 같은 심리적 경향을 들 수 있다.

① **헤일로 효과(Halo Effect) / 후광오류**

㉠ 어느 한 분야에서의 어떤 사람에 대한 호의적인 또는 비호의적인 인상이 그 사람에 대한 다른 분야의 평가에 영향을 주는 경향을 말한다.

㉡ 헤일로 효과는 첫째, 지각된 특성(Trait)을 충성심 · 협동심 · 친절함 · 학습의욕 등으로 제시하여 그 행동적 표현이 불분명하거나 애매모호한 경우, 둘째, 지각자가 별로 많이 접해 보지 못한 특성일 경우, 셋째, 특성에 도덕적 의미가 포함되어 있는 경우에 많이 나타난다.

㉢ 헤일로 효과를 줄이기 위해서는 평가항목을 줄이거나 여러 평가자가 동시에 평가하도록 해야 한다.

② **상동적 태도(Stereotyping)**

㉠ 헤일로 효과와 유사하지만 헤일로 효과가 어떤 한 가지 특성에 근거한 데 반해 상동적 태도는 한 가지 범주에 따라 판단하는 오류이다. 즉, 상동적 태도는 그들이 속한 집단의 특성에 근거하여 다른 사람을 판단하는 경향을 말한다.

㉡ 예컨대, '한국인은 매우 부지런하고, 미국인은 개인주의적이며, 흑인은 운동소질이 있고, 이탈리아인은 정열적'이라고 판단하는 것 등이다.

③ **항상오차(Constant Errors)**

고과평정자가 실제로 평정을 할 경우에 일어나기 쉬운 가치판단상의 심리적 오차이다. 가장 많이 나타나는 것으로는 관대화 경향과 중심화 경향 등을 들 수 있다.

㉠ 관대화 경향(Leniency Tendency) : 인사고과를 할 때 실제의 능력과 성과보다 높게 평가하려는 것으로서 평가결과의 집단분포가 점수가 높은 쪽으로 치우치는 경향을 뜻한다. 첫째, 우수한 사람이 많아 서열을 매기기 곤란하거나, 둘째, 고과평정자가 남달리 부하를 아끼는 경우, 셋째, 나쁜 점수를 주면 상사의 통솔력이 부족하다는 오해를 받을 것을 염려하는 경우에 발생할 수 있다.

㉡ 중심화 경향(Centralization Tendency) : 인사고과를 할 때 대부분 '중간' 또는

'보통'으로 평가하여 평균치에 집중하는 경향을 뜻한다.

㉢ 가혹화 경향(Harsh Tendency) : 관대화 경향에 대비되는 것으로 고과평정자가 평가점수를 전체적으로 평균보다 낮게 평가하는 경향을 말한다.

㉣ 항상오차의 해결 : 항상오차를 피하기 위해 정규분포를 기준으로 피평가자의 평가 등급 또는 점수를 일정 비율로 강제 할당하는 방법을 사용할 수 있다.

④ **논리오차(Logic Errors)**

각각의 고과요소 간에 논리적인 상관관계가 있다면 그 양자 안에 있는 요소 중에서 어느 하나가 특출할 경우에 다른 요소도 그러하다고 속단하는 경향을 뜻한다. 예를 들어 키가 190cm인 사람은 몸무게가 70kg 이상 나갈 것이라고 확신하는 경우가 이에 해당한다.

⑤ **대비오차(Contrast Errors)**

인사고과에 있어서 고과평정자가 깔끔한 성격인 경우에는 피평정자가 약간만 허술해도 매우 허술하게 생각하는 경향을 말한다. 즉, 고과평정자인 자신과 비교해서 대체로 정반대의 경향으로 평가하는 경향을 의미한다.

⑥ **귀인(Attribution)상의 오류**

어떤 사람이 어떤 잘못된 행동을 했을 때 그 행동의 원인을 찾아보고 그것이 의도적이었다면 그에 대해 심한 감정을 가질 수도 있고 그것이 의도적이 아니었다면 덜 비판적이거나 온정적으로 판단하려는 경향을 말한다.

7. 임금관리

1) 임금과 임금관리

(1) 임금(Wage)의 의의

① 임금은 근로자에게 있어서 경제적인 면에서는 생계를 유지하는 수입의 원천이다.

② 사회적으로는 근로자의 사회적 신분을 구성하는 동시에 부장 · 과장 · 계장 등의 직위와 같이 기업을 통한 조직상의 지위와 관계가 깊다. 즉, 그것은 사회적 위신을 표시하는 것이다.

③ 기업의 측면에서 볼 때 임금은 제품원가를 구성하는 비용으로서, 노무비에 속한다. 노무비를 줄이면 원가의 절감을 가져오므로 임금정책이 중요시된다.

(2) 임금관리의 목적

임금관리는 기업과 종업원 간에 상반되는 이해관계를 조정하여 상호 이익이 되는 방향으로 임금제도를 형성함으로써 노사관계의 안정을 도모하고 이를 바탕으로 노사협력에 의한 기업의 생산성 증진과 근로자들의 생활향상을 달성하는 데 그 목적이 있다.

2) 임금관리의 내용

(1) 임금관리의 방향

임금관리는 기업과 종업원 양자의 요구를 절충시키면서 기업과 종업원에게 가장 큰 만족을 줄 수 있는 방향으로 진행되어야 한다.

(2) 임금관리의 원리

이러한 임금관리의 내용과 목적은 취급하는 의도에 따라 달라지겠지만, 그 기본적인 사고로서 적정성과 공정성 · 합리성을 들 수 있으며, 이에 따라 임금관리의 체계도 임금수준, 임금체계, 임금형태의 순으로 나누어 파악할 수 있다.

(3) 임금관리의 내용

① 임금수준의 관리 : 종업원들에게 제공하는 임금의 크기와 관련된 것으로 가장 기본적이면서도 적정한 임금수준은 종업원의 생계비 수준, 기업의 지불능력, 사회 일반의 임금수준을 충분히 고려하면서 관리되어야 한다.

② 임금체계의 관리 : 임금수준의 관리가 기업 전체의 입장에서는 임금을 총액, 즉 평균의 개념으로 이해하지만, 각 개인에게 이 총액을 배분하여 개인 간의 임금격차를 가장 공정하게 설정함으로써 종업원들이 이를 이해하고 만족하며 동기유발이 되도록 하는 데 그 내용의 중점이 있다. 임금체계를 결정하는 기본적 요인으로는 필요기준, 담당 직무기준, 능력기준, 성과기준 등을 들 수 있는데, 이는 임금체계의 유형인 연공급, 직능급, 직무급 체계와 관련된다.

③ 임금형태의 관리 : 임금의 계산 및 지불방법에 관한 것으로서, 종업원의 작업의욕 향상과 직접적으로 관련되고 있어서 그 적용에 합리성이 요구된다. 임금형태로는 시간급, 성과급 이외에 이러한 구분에 해당되지 않는 특수임금제의 형태로, 주로 집단자극임금제, 순응임금제, 이윤분배제, 성과분배제도를 들 수 있다.

3) 임금수준의 관리

(1) 임금수준의 의의

보통 임금수준의 논의는 기업 전체의 임금수준, 즉 일정한 기간 동안에 특정 기업 내의 모든 종업원에게 지급되는 평균임금으로 이해하는 것이 타당하다. 임금수준은 기업의 인건비로서 제품원가와 관련이 있고, 근로자의 생계비와 관련이 있다.

(2) 임금수준 결정의 3요소

생계비, 기업의 지불능력 및 사회 일반의 임금 수준 등의 3가지와 행정적 요인을 그 환경요인으로 고려해 볼 수 있다.

(3) 임금수준결정의 3전략

① 고임금전략(선도전략-Leading Policy) : 경쟁기업의 일반적인 임금수준보다 높게 정하여 선도적인 위치를 차지하려는 전략으로서, 높은 수익률을 가진 제품을 생산하는 자본집약적 산업에 채택되고 있다.

② 시장임금전략(동행전략-Match Policy) : 임금수준이 경쟁기업과 비슷한 수준의 임금을 지불하는 전략이다. 낮은 수익률을 가지고 경쟁시장에서 분화되지 않는 제품을 생산하는 기업에 사용되는 전략이다. 가장 많이 쓰이는 전략으로, 주로 노동집약적 산업에 사용되고 있다.

③ 저임금전략(추종전략-Lag Policy) : 임금수준을 경쟁기업보다 낮게 지불하는 전략으로, 인건비를 줄이기 위해 사용되고 있다.

(4) 최저임금제도

최저임금제도는 근로자에게 지급되는 임금의 최저액을 정하는 제도이다.

① 순기능

㉠ 저소득층 근로자들에게 사람다운 생활을 할 수 있는 임금수준의 보장

㉡ 임금을 삭감하기보다 기업의 합리적인 운영 유도

㉢ 저소득층 근로자의 구매력을 높여주게 되어 경기회복에 도움

② 역기능

㉠ 고용을 억제하여 실업 유발

㉡ 제품가격 상승

㉢ 국가 노동비용의 상승으로 기업을 다른 나라로 이전하도록 만듦 (기업공동화 현상)

(5) 임금수준의 조정

임금수준의 조정이란 상향조정, 즉 임금인상을 말하는 것으로 이해해도 좋을 만큼 대부분의 기업에서 행해진다. 그리고 조정의 방법에 따라 세 가지를 생각해 볼 수 있는데, 첫째는 승급이고, 둘째는 전반적인 베이스 업(Base Up), 그리고 셋째는 위의 양자를 병행하는 방법이다.

① 승급과 승격

승급이란 광의의 개념으로 이해할 때에는 급내승급과 승격승급으로 구분된다. 그러나 일반적으로 급내승급은 승급으로, 승격승급은 승격 또는 승진으로 부른다.

㉠ 승급은 급내승급이라는 표현대로 동일직급 내에서의 임금수준의 변화이므로, 종업원이 담당하고 있는 직무와 직능의 질은 변하지 않되, 같은 정도의 일 속에서 기능이나 능력이 향상되어가기 때문에 발생하는 것이다. 따라서 임금수준의 상승폭은 그리 크지 않다.

㉡ 승격은 직무나 직능의 질이 향상된 것을 이유로 해서 행해지는 것을 뜻한다. 승격은 본래 근로활동영역, 즉 담당하는 작업내용의 향상과 직위의 사회적 위치의 상승을 수반하는 것으로 이해된다. 그런데 이러한 승격은 동시에 급여수준의 향상을 수반하는 것으로서 일반적으로 승급과는 달리 매년 실시되는 것은 아니며 흔히 승진과 관련되어 실시된다.

② 승급과 베이스 업

㉠ 승급이란 기업 내에서 미리 정해진 임금기준선에 따라 연령, 근속연수, 또는 능력의 신장, 직무의 가치증대 등에 의하여 기본급이 증액되어 나가는 것을 뜻한다.

㉡ 반면 베이스 업은 연령, 근속연수, 직무수행능력이라는 관점에서 동일조건에 있는 자에 대한 임금의 증액을 뜻한다.

㉢ 승급이 일정한 임금곡선상에서의 상향이동인데 비해 베이스 업은 임금곡선 자체를 전체적으로 상향이동시키는 것이 된다.

Point

기업에서 종업원에 대한 임금수준의 결정요인이 아닌 것은? ③

① 종업원의 생계비
② 기업의 지불능력
③ 개인 간 임금형태
④ 동종기업의 임금수준
⑤ 노동조합의 단체교섭력

4) 임금체계

(1) 임금체계(Wage Structure)의 의의

임금체계란 일반적으로 임금의 구성내용을 의미한다.

① 넓은 의미 : 한 개인이 받는 임금을 포괄적으로 해석하여 전체의 구성 내용이 어떻게 되어 있는가를 이해하는 것이다.

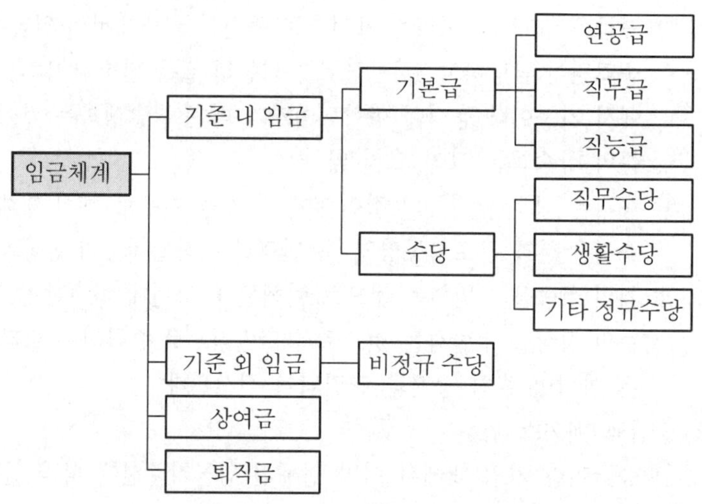

[임금체계의 단순한 예]

② 좁은 의미 : 주로 표준적인 근무에 대한 임금으로서 임금의 기본적인 부분을 구성하는 기준 내 임금, 즉 기본급 부분이 어떠한 원리로 지급되는가에 초점을 맞춘 것이다. 이는 연공급, 직무급, 직능급이 그 내용이 된다.

(2) 임금체계의 결정요인

① 임금체계의 의의

임금체계란 개별임금을 결정하는 기준을 말하며, 좀 더 구체적으로 말하면 사내의 개별 임금 간의 격차를 결정하는 기준에 관한 것이다.

② 임금체계결정의 원칙

임금체계의 결정에는 기본적으로 고려해야 될 두 가지 원칙이 있다. 이는 생계보장의 원칙과 노동대응의 원칙이다.

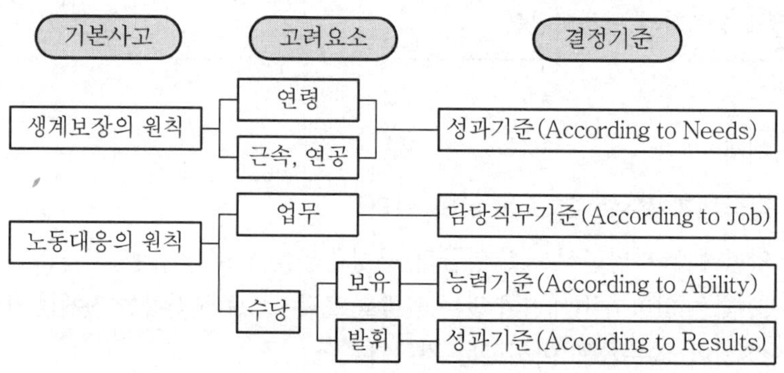

[임금체계의 결정요인]

(3) 임금체계의 종류

① **연공급(Seniority-based pay)**

연공급이란 임금이 근속을 중심으로 변화하는 것으로 기본적으로는 생활급적 사고원리에 따른 임금체계라고 할 수 있다. 장기간의 훈련이 필요한 직종에서 연공에 따라 임금이 승급되고, 따라서 임금격차가 연공에 의하여 정해지는 과정을 거치는 것이 '연공=능력=업적' 등의 논리와 어느 기간까지는 일치되는 면이 있다.

㉠ 연공급의 장점

- 연공서열형 임금체계로, 근로자의 수명주기에 부합되어 높은 애사의식을 갖게 함
- 근로자의 근로생활 안정에 기여
- 인력관리가 쉬우며, 적용이 간편함

㉡ 연공급의 단점

- 복지부동, 무사안일의 근무자세로, 조직의 비능률을 초래할 수 있음
- 종업원 능력에 의한 임금 지급이 아니므로 조직구성원들의 불만 존재 가능성
- 기업의 전문 기술 인력 확보 어려움
- 기업의 인건비 부담 가중

② **직능급(Competency-based pay)**

㉠ 직능급 체계는 직무수행능력에 따라 임금의 사내격차를 만드는 체계이며, 능력급 체계의 대표적인 것이다. 이는 직능을 어떻게 결정하고 이에 따라 임금의 차이를 어떻게 내느냐에 따라 여러 가지 형식이 있다. 가장 전형적인 것은 직무분석을 실시하여 직무평가에 따라 직무수행능력을 계층별로 정의한 후 사원 개개인을 이와 같이 결정된 각 직무 등급에 배분하는 방법이다.

㉡ 이 방법에 의하면 직무급 제도에서 평가요인을 능력요인에 한정하는 경우에 해당된다. 직능급은 개개인의 직무배치에 따라 임금의 차이가 나는 것이 아니라, 그의 능력이 어떤 수준으로 평가되느냐에 따라 임금이 결정된다는 점에서 직무급과 다른 것이다.

㉢ 직능급의 장점

- 자기개발을 통한 전문역량의 향상으로, 경영성과 증진에 이바지
- 근로의욕의 향상
- 유능한 인재의 이직 방지

㉣ 직능급의 단점

- 형식적인 자격기준에만 집중하여, 실질적으로 실무에 필요한 능력개발을 소홀히 할 가능성 존재

• 직무성격이나 사회적 제약 등으로 직능급이 적절하지 않은 직종 존재 (의사, 간호사, 조리사, 운전기사, 디자이너 등)

③ **직무급(Job-based pay)**

㉠ 직무급 체계란 직무의 중요성과 곤란도 등에 따라서 각 직무의 상대적 가치를 평가하고, 그 결과에 의거 임금액을 결정하는 체계이다.

㉡ 직무급은 기업 내의 각자가 담당하는 직무의 상대적 가치(질과 양의 양면)를 기초로 하여 지급되는 임금이므로 먼저 직무의 가치서열이 확립되어야 하고, 이 가치서열의 확립을 위하여 직무평가가 이루어져야 한다.

㉢ **이는 동일한 직무에 대하여는 동일한 임금을 지급한다는 원칙에 입각한 것**으로서, 적정한 임금수준의 책정과 더불어 각 직무 간에 공정한 임금격차를 유지할 수 있는 기반이 된다.

㉣ 직무급의 장점

• 직무에 상응하는 임금지급이므로, 인적자원관리의 합리화에 기여

• 인건비의 효율성 증대

• 능력위주의 인사풍토 조성

㉤ 직무급의 단점

• 직무가치에 대한 객관적인 평가기준 설정의 어려움

• 종신고용을 어렵게 하고, 인사관리의 융통성을 발휘할 수 없도록 함

기업 내 직무들 간의 상대적 가치를 기준으로 임금을 결정하는 유형은? ②

① 연공급 ② 직무급

③ 역량위주의 임금 ④ 스킬위주의 임금

⑤ 개인별 인센티브

5) 임금형태의 관리

(1) 임금형태(Method Of Wage Payment)의 의의

기업의 임금정책에 있어서 임금형태는 임금수준의 결정, 임금체계의 구성과 더불어 매우 중요한 대상이 된다. 임금형태는 특히 종업원의 작업의욕 향상과 직접적으로 관련된다. 여기서 임금형태는 임금의 계산 및 종업원에게 지급하는 방식에 관한 것이다. 임금형태 중에서 가장 중심이 되는 것은 시간급제와 성과급제이고 이와 함께 다양한 형태의 특수임금제가 있다.

(2) 시간급(고정급)제

시간급제(Time Payment, Time-rate Plan)는 수행한 작업의 양과 질에는 관계없이 단순히 근로시간을 기준으로 하여 임금을 산정·지불하는 방식이다. 예컨대, 일급, 주급, 월급, 연봉 등이 그것이다. **시간급제에는 단순시간급제, 복률시간급제, 계측일급제 등이 있다.**

① 시간급제의 장점과 단점

㉠ 장점 : 시간급제는 근로자의 입장에서 보면 일정액의 임금이 확정적으로 보장되어 있다는 것이 장점이다. 또 기업의 견지에서는 근로 일수나 근로시간 수가 산출되면 임금계산에 관한 업무는 간단히 처리될 수 있으므로 임금산정의 간편과 공정을 기할 수 있고, 제품의 생산에 시간적 제약을 받지 않으므로 품질의 조악을 방지할 수 있다는 장점이 있다.

㉡ 단점 : 작업수행의 양과 질에 관계없이 임금이 지불되므로 근로자를 자극할 수 없어 작업능률이 오르지 않는다는 것과 단위시간당의 임금계산이 용이하지 않다는 등의 단점이 있다.

② 시간급제가 유용한 경우

시간급제는 실제로 다음과 같은 경우에 성과급제를 대신하여 사용되고 있다.

㉠ 생산단위가 명확하지 않거나 측정될 수 없는 경우

㉡ 작업자가 생산량을 통제할 수 없을 경우, 즉 작업자의 노력과 생산량과의 관계가 없으며 기계에 의해 작업속도가 결정될 경우

㉢ 작업지연이 빈번하고 작업자가 그것을 통제할 수 없을 경우

㉣ 작업의 질이 특히 중요할 경우

㉤ 감독이 철저하고 감독자가 공정한 과업의 양을 잘 알고 있는 경우

㉥ 생산단위당 원가 중 노무비의 통제가 필요하지 않은 경우

(3) 성과급(변동급)제

성과급제(Output Payment, Piece-rate Plan)는 노동성과를 측정하여 측정된 성과에 따라 임금을 산정·지급하는 제도이다. 따라서 이 제도에서 임금은 성과와 비례한다. 왜냐하면 작업수행에 소요된 작업시간은 고려하지 않고 작업성과 수량만 계산하여 이에 일정한 임률을 적용하여 임률계산을 하기 때문이다. 이 제도에서는 임금수령액은 각자의 성과에 따라 증감한다. 이와 같은 성과급제를 일명 자극급제라고도 한다.

① 성과급제의 장점과 단점

㉠ 장점 : 성과급제에 있어서는 작업성과와 임금이 정비례하므로 근로자에게 합리성과 공평감을 준다. 작업능률을 크게 자극할 수 있어 생산성 제고·원가절감·근로자의 소득증대에 효과가 있다. 직접노무비가 일정하므로 시간급제보다 원가계산이 용이하다.

㉡ 단점 : 표준단가의 결정과 정확한 작업량의 측정이 어렵다. 임금액을 올리고자 무리하게 노동한 결과 심신의 과로를 가져오기 쉽고 조직적 태업을 유발할 가능성이 있다. 임금액이 확정적이지 못하여 근로자의 수입이 불안정하고 미숙련자에게는 불리하고 작업량에만 치중하므로 제품품질이 조악하게 되며 기계설비의 소모가 심하다는 단점 등이 있다.

② 성과급제가 유용한 경우

실제로 성과급제의 임금형태를 채택하는 경우에는 그 생산과정이나 대상작업이 여기에 합당한 제반조건을 갖추고 있어야 한다. 즉, 다음과 같은 경우가 전제되어야 한다.

㉠ 생산단위의 측정이 가능할 경우
㉡ 작업자의 노력과 생산량의 관계가 명확할 경우
㉢ 직무가 표준화되어 있고 작업의 흐름이 정규적일 경우
㉣ 생산의 질이 생산량보다 덜 중요하거나 그 질이 일정할 경우
㉤ 각 작업자에 대한 감독을 철저히 할 수 있는 경우
㉥ 경쟁적이어서 사전에 단위생산비 중 노무비가 결정되어 있는 경우

6) 특수임금제도

특수임금제도란 시간급제와 성과급제의 어느 것에도 속하지 않는 임금지급 방법을 통칭하는 것으로서, 집단자극제, 순응임률제, 이익분배제, 집단성과급제 및 임금피크제 등이 있다.

(1) 집단자극제(집단자극임금제)

집단자극제(Group Incentive Plan) 또는 집단자극임금제는 근로자 개개인을 중심으로 임금을 책정하여 지급하는 개인임금제도에 대립되는 것으로서, 일정한 근로자 집단별로 임금을 산정하여 지급하는 방식이다.

① 집단자극제의 장점과 단점

장 점	단 점
• 집단의 구성원은 기술적으로 매우 곤란한 작업에 배치되는 경우라도 개인임금제에서와 같이 전적으로 손해를 보지 않는다. • 작업배치에 있어 작업의 난이도에 따른 불만을 감소시킨다. • 집단의 구성원은 각자의 소득이 그가 소속되어 있는 집단의 성과에 달려 있으므로 신입구성원의 훈련에 적극적이며 작업의 요령이나 노하우를 집단 내 다른 구성원에게 감추려 하지 않는다. • 집단 내의 팀워크와 협동심이 육성된다.	• 개개인의 노력과 성과가 직접적인 관계에 놓여 있지 않다. • 임금지급기준의 설정이 정확한 시간연구에 의하지 않고 과거의 실적에 의거했을 경우, 향상된 성과가 관리방식의 개선에 의한 것인지 또는 작업자의 향상된 기술이나 노력에 의한 것인지 구별이 어렵다.

② 집단자극제가 유용한 경우

집단자극제는 특히 동종·동일한 제품을 대량 생산하는 유동작업의 경우 근로자 상호 간의 긴밀한 연결을 필요로 하며, 전체적인 조화를 이루어 팀워크가 잘 유지되어야 하므로 작업 전체와 공장 전체의 능률을 올리기 위하여 집단자극임금제도가 효과적이다.

(2) 순응임률제(Sliding Scale Wage Plan)

순응임률제는 임률을 설정할 때 특정한 대상기준을 정해 놓고 그 기준이 변할 때에는 거기에 순응하여 임금률도 자동적으로 변동·조정되도록 하는 제도이다.

① 순응임률제의 종류

순응임률제는 임금률을 설정할 때의 대상기준이 무엇이냐에 따라 다음과 같이 세 가지로 나누어진다.

종 류	내 용
생계비 순응임률제	물가가 상승할 때에는 일정한 임금만으로 생활을 유지할 수 없다. 그러므로 생계비에 순응하여 임금률을 자동적으로 변동·조절하자는 제도
판매가격 순응임률제	• 제품가격과 임금률을 관련시켜 제품의 판매가격 변동에 따라 임금률도 변동되도록 하는 제도 • 기업이 생산하는 제품의 판매가격을 표준으로 하여 판매가격이 일정액 이하인 경우는 기준율 또는 최저율을 지급하고 일정액 이상으로 오른 때에는 그 상승률에 따라 임금률을 높이는 것
이익순응임률제	이윤과 임금을 결부시키는 것으로서, 산업의 이익지수가 변동한 때에는 거기에 순응하여 임금률을 변동·조정시키는 제도

(3) 이익분배제(Profit－sharing Plan)

이익분배제는 기본적인 보상 이외에 각 영업기마다 결산이익의 일부를 종업원에게 부가적으로 지급하는 제도를 말한다. 그 목적은 노동관계의 개선, 작업능률의 증진, 근로자의 생활안정 등에 있다.

① 성과급제와의 차이

이익분배제는 종업원의 능률을 자극하는 효과적인 제도라고 할 수 있지만 임금형태에 있어서는 성과급제와는 구별되어야 한다. 성과급제는 개인의 작업능률과 직결된 임금계산방법인 데 반하여, 이익분배제도는 기업의 이익과 관련되어 사전적으로 그 실시가 공표된 종업원의 이익배당참여제도라는 점에서 차이가 있다.

② 이익분배제의 효과

㉠ 기업과 종업원의 협동정신을 함양·강화하여 노사관계의 개선에 도움된다.

ⓒ 종업원은 자기의 이익배당액을 증가시키려고 작업에 열중하게 되고 따라서 능률증진을 기할 수 있다.

ⓒ 종업원의 이익배당 참여권과 분배율을 근속연수와 관련시킴으로써 종업원의 장기근속을 장려하게 된다.

(4) 집단성과급제(성과분배제도)

집단성과급제(Wage Payment By Group Output) 또는 성과분배제도는 집단의 성과와 관련하여 기업에 이익의 증가나 비용의 감소가 있을 경우 근로자에게 정상임금 이외의 부가적 급여를 제공하는 제도이다. 집단성과급제의 대표적인 것으로는 스캔론 플랜과 럭커 플랜 등이 있다.

① **스캔론 플랜(Scanlon Plan)**

스캔론 플랜은 1940년대 초에 스캔론이 종업원의 참여의식을 높이기 위해 고안한 성과분배제도의 하나이다. 이 제도는 매상고, 즉 생산물의 판매가치를 기준으로 한 상여결정방식과 위원회를 통한 집단적 제안제도를 중심으로 한 경영참가가 가장 핵심적인 내용이다.

② **럭커 플랜(Rucker Plan)**

럭커(A.W. Rucker)가 주장한 성과분배방식이다. 럭커플랜이 스캔론 플랜과 다른 것은 성과분배의 기초를 스캔론 플랜은 생산의 판매가치에 둔 데 비해, 럭커 플랜은 생산가치, 즉 부가가치를 그 기초로 하고 있다는 점이다.

③ 스캔론 플랜과 럭커 플랜의 유사점

㉠ 성과분배방식으로서 비용 절감 인센티브 제도

㉡ 노무비용의 절감에 초점

㉢ 과거 성과에 기초한 표준성과와 현재 성과의 비교방식

㉣ 종업원이 의사결정과정에 참여함으로써 참여의식 고취

④ 기타 집단성과급제

㉠ 임프로셰어 플랜(Improshare Plan) : 단위당 소요되는 표준작업시간과 실제작업시간을 비교하여 절약된 작업시간에 대한 생산성 이득을 노사가 각각 50 : 50의 비율로 배분하는 임금제도

㉡ 윈셰어링 플랜(Win Sharing Plan) : 이익분배제와 성과배분제를 결합한 방식으로 이익 외에도 품질, 생산성, 고객 가치 등의 집단목표를 설정하고 목표가 달성되면 보너스를 지급하는 제도이다.

㉢ 링컨 플랜(Lincoln Plan) : 기업이 얻은 성과를 종업원에게 분배하는 이윤분배제도와 성과급제를 결합한 형태로 1934년 미국의 링컨전기회사에서 처음 도입하였다. 노동자의 협력을 증진시키고 생산성의 향상을 목적으로 한다.

㉣ 프렌치 시스템(French System) : 작업집단 전체의 능률향상을 목표로 하여 근로자들의 노력에 대해 자극을 부여하는 방식이다. 스캔론 플랜과 럭커플랜은 임금절감에 관심이 있지만, 프렌치 시스템은 모든 비용의 절감에 관심이 있다.

㉤ 카이저 플랜(Kaiser Plan) : 종업원의 노력에 의해 이루어진 비용절감액을 종업원에게 분배하는 방식으로, 카이저철강회사가 도입한 제도이다.

Point

단위당 소요되는 표준작업시간과 실제작업시간을 비교하여 절약된 작업시간에 대한 생산성 이득을 노사가 각각 50:50의 비율로 배분하는 임금제도는? ②

① 스캔론 플랜 ② 임프로셰어 플랜
③ 럭커 플랜 ④ 메리크식 복률성과급
⑤ 테일러식 차별성과급

(5) 임금피크(Salary Peak)제도

임금피크제도란 일감 나누기, 즉 워크 셰어링(Work Sharing)의 한 형태이다. 일정 연령에 이른 근로자의 임금을 삭감하는 대신 정년까지 고용을 보장하는 제도를 말한다. 즉, 근로자의 계속 고용을 위해 노사 간의 합의를 통해 일정 연령을 기준으로 임금을 조정하여 하락시키는 대신 소정의 기간 동안 고용을 보장하는 제도이다.

① 임금피크제가 도입된 배경

㉠ 세계화로 기업 간 · 국가 간의 경쟁이 심화되고 있다.
㉡ 급속한 고령화로 인해 기업의 인건비 부담이 증가하고 있다.
㉢ 일자리가 늘지 않는 성장, 저성장시대에 돌입하고 있다.
㉣ 경직된 임금체계가 근로자의 고용불안요인으로 작용하고 있다.
㉤ 전반적인 임금수준의 상승으로 단기적인 임금인상보다는 고용연장을 선호하는 현상이 나타나고 있다.
㉥ 고용근로자의 계속적 경제활동방안 마련이 시급한 과제가 되고 있다.

② 임금피크제도 도입의 전제조건

임금피크제도의 도입을 위해서는 명확한 목표설정, 경영정보 공개와 공감대 형성 등 사전준비가 필요하다. 임금피크제도의 설계를 위해서는 다음과 같은 사항들에 대한 결정이 필요하다.

㉠ 적용대상 근로자의 범위설정
㉡ 임금조정기준연령(임금피크연령)의 설정
㉢ 임금조정방법의 결정

㉣ 직무조정방법의 결정
㉤ 고용보장기간의 설정
㉥ 단체협약 또는 취업규칙의 변경
㉦ 퇴직금 중간정산 여부의 결정

(6) 연봉제(年俸制)

복잡한 임금의 구성항목을 연봉이라는 항목으로 통합하고, 임금을 1년 단위로 계산하여 지급하는 임금형태의 한 종류. 개개인의 임금수준이 연공서열이 아닌 구성원의 실제 업무성과와 능력에 따라 차별적으로 결정되고 개인별로 계약의 형식을 통해 매년 개별적으로 조정되어 지급되는 임금체계

8. 복지후생관리

1) 복지후생의 의의와 성격

(1) 복지후생의 의의

기업에서 복지후생이란 종업원의 생활수준 향상을 위하여 시행하는 임금 이외의 간접적인 모든 급부를 말한다.

(2) 복지후생의 성격

복지후생의 성격을 보다 명확히 파악하기 위해서는 임금과 비교해 보는 것이 바람직하다.

복지후생	임 금
원칙적으로 노동의 질 · 양 · 능률과 무관	노동의 질 · 양 · 능률에 따라 다름
집단적 보상	개별적 보상
필요성에 입각하여 지급	당위성에 입각하여 지급
필요성과 구체적 내용에 따라 용도가 한정	지출용도가 종업원의 의사
현물 · 서비스 · 시설물의 이용 등 다양한 형태	현금 지급
종업원의 생활수준을 안정화시키는 기능	종업원의 생활수준을 상승시키는 기능

2) 복지후생의 유형

(1) 제공 주체에 의한 분류

좁은 의미의 복지후생은 기업이 주체가 되는 경우만 가리키며 국가나 지방공공단체가 행하는 사회보장, 노동조합이 행하는 것은 노동복지라고 분류하기도 한다.

(2) 임의성에 의한 분류

구 분	내 용
법정 복지후생	사회보험 등 종업원을 고용하는 경우, 기업에 대하여 법률로 의무화시키고 있는 복지후생으로서의 국민건강보험, 연금보험, 재해보험, 고용보험 등
법정 외 복지후생	기업의 임의에 의해 독자적인 입장에서 제공하는 사택, 급식, 의료보건, 공제, 오락시설 등

(3) 성격과 내용에 따른 분류

종업원의 복지후생시설을 구체적인 성격과 내용에 따라 경영관계시설, 경영관계제도, 경제관계제도의 세 가지로 구분할 수도 있다.

3) 복지후생의 효율적 관리

(1) 복지후생관리의 3원칙

① 적정성의 원칙
② 합리성의 원칙
③ 협력성의 원칙

(2) 복지후생의 3가지 전략

① 복지후생 선행전략(Pacesetter Benefits Strategy)
종업원이 원하는 새로운 복지후생 프로그램을 선도적으로 제공하는 전략
② 복지후생 동행전략(Comparable Benefits Strategy)
해당기업과 유사한 업종의 경쟁기업에서 실시하는 수준의 복지후생 프로그램을 제공하는 전략
③ 복지후생 최소전략(Minimum Benefits Strategy)
법정 복지후생을 먼저 실시하고, 재정이 허용될 경우 종업원이 가장 선호하거나 비용이 적게 드는 복지후생 프로그램을 제공하는 전략

(3) 복지후생의 설계원칙

① 종업원의 욕구를 충족시키도록 설계하여야 한다.
② 종업원의 참여에 의하여 설계하여야 한다.
③ 원칙적으로 대상범위가 넓은 제도를 우선적으로 채택한다.
④ 현재와 미래의 복지후생비를 지불할 수 있는 능력이 평가되어야 한다. 지불능력을 벗어난 과도한 복지후생비의 부담은 바람직하지 않다.

(4) 복지후생관리상의 유의점

① 효과적인 커뮤니케이션 필요 ② 창출적 효과 강구
③ 종업원 참여의 조직 운영 ④ 복지후생비용의 파악

(5) 법정 복지후생제도

국민연금보험(1988년), 건강보험(1977년), 고용보험(1995년), 산재보험(1964년)의 실시로 4대 사회보험체제 구축

① 국민연금
㉠ 노령연금 : 가입자가 노령으로 인하여 소득이 없을 경우 생계를 지원해주는 연금
㉡ 장해연금 : 가입자가 질병이나 부상으로 인하여 장해가 발생할 경우에 장해 정도에 따라 지급되는 연금
㉢ 유족연금 : 가입기간이 1년 이상인 가입자나 노령연금 수급권자가 사망하였을 때 유족이 받는 연금
㉣ 반환일시금 : 가입기간이 연금수급 자격에 미치지 못할 경우에 일정액의 이자를 가산하여 지급하는 금액

② 건강보험
㉠ 직장건강보험 : 상시근로자가 1인 이상인 사업장에 종사하는 피보험자(근로자) 및 그의 피부양자로 구성되며, 사용자 본인이 원하는 경우에 구성된다. 다만, 1개월 미만의 일용근로자나 3개월 이내의 기간근로자 등 비정규직 근로자 대부분은 직장건강보험 의무적용대상자에서 제외

③ 고용보험
1인 이상의 근로자를 고용하는 모든 사업 또는 사업자를 대상으로 한다. 단, 건설업은 자본금 2천만원 이상 기업에 적용

④ 산재보험(산업재해보상보험)
근로자의 업무상 재해 및 질병에 대해서 치료 및 보상급여를 제공하는 제도로서, 사회보장제도 중 가장 오래된 역사를 가지고 있다. 요양급여 · 휴업급여 · 장해급여 · 유족급여 등이 있다.

Point

복리후생에 관한 설명으로 옳지 않은 것은? ④
① 의무와 자율, 관리복잡성 등의 특성이 있다.
② 구성원의 직무만족 및 기업공동체의식 제고를 위해서 임금 이외에 추가적으로 제공하는 보상이다.

③ 경제적 · 사회적 · 정치적 · 윤리적 이유가 있다.
④ 통근차량 지원, 식당 및 탁아소 운영, 체육시설 운영 등의 법정복리후생이 있다.
⑤ 합리성, 적정성, 협력성, 공개성 등의 관리 원칙이 있다.

9. 인간관계관리

1) 인간관계관리의 의의

(1) 인간관계(Human Relation)의 의의

인간관계란 단순히 사람과 사람의 관계가 아니라 사람을 인격적 · 감정적 존재로 이해하고 관리한다는 철학과 제도, 그리고 기법을 의미한다.

(2) 인간관계관리의 필요성

① 사람들이 일생의 대부분을 조직 속에서 보내게 됨에 따라 조직 내에서의 인간관계가 보다 중시되지 않을 수 없다.
② 조직이 대규모화되고 복잡하게 됨에 따라 많은 조직구성원 상호 간의 협동관계를 이룩하는 것이 중요한 과제로 대두되었다.
③ 조직이 확보하고 보상하고 개발한 인력을 계속적으로 조직 속에 머무르게 하고 조직에 공헌하게 하는 활동으로서 인간관계관리가 필요한 것이다.

2) 인간관계론의 전개과정

• 과학적 관리론과 인간관계론의 차이점

과학적 관리론	인간관계론
• 합리성 • 경제적 측면 • 공식 조직 • 능률과 민주적 목표의 부조화 • 인간의 기계화 • 합리적 · 경제적 인간관 • 기계적 능률성 • 경제적 자극	• 비합리성 • 비경제적 측면 • 비공식 조직 • 능률과 민주적 목표의 조화 • 인간은 감정적 존재 • 사회적 인간관 • 사회적 능률성 • 비경제적(인간적) 자극

3) 인간에 대한 여러 모형

경제적인 모형은 과학적 관리론 시대의 인간관이며, 인적자원적 모형은 행태론 시대의 인간관이다.

(1) 경제적 모형

인간은 합리적이고 경제적이라는 주장에 따르면 인간은 스스로의 이익을 극대화하도록 행동한다고 한다. 과학적 관리론에서는 이를 토대로 한 인간관리를 시도하였다.

① 종업원 행동에 대한 이 모형의 가정

㉠ 종업원은 주로 경제적인 유인에 의해 동기화된다.

㉡ 경제적인 유인이 조직의 통제하에 있기 때문에 종업원은 근본적으로 조직에 의해 조직되고 동기화되며 통제되는 수동적인 존재이다.

㉢ 감정이란 비합리적이기 때문에 통제되어야 하며, 조직은 이를 통제할 수 있는 방향으로 설계되어야 한다.

② 평가

이와 같은 가정들은 맥그리거의 X이론과 일치하는 것들이며, 오늘날에 여전히 중요하게 여겨지고 그 나름대로 타당한 근거를 가지고 있다. 그러나 인간을 단순히 경제적 동물로 파악하는 것만으로 복잡한 조직의 문제를 해결할 수 없다는 것이 호손실험에 의해 명백하게 되었다.

(2) 사회인 모형

① 메이요는 호손실험을 통해 획일화된 산업사회가 인간생활에서 근로의 의미를 빼앗았고, 종업원들의 기본적인 욕구에 갈등을 주었다는 점을 확인하고, 인간본능에 관한 새로운 견해를 발전시켰다.

㉠ 사회적인 욕구는 인간행동의 가장 근본적인 동기요인이며, 대인관계는 자아에 의미를 부여하는 중요한 요인이다.

㉡ 유인제도나 통제보다 동료집단의 관계가 종업원들에게 더 큰 영향을 미친다.

㉢ 종업원들은 그들의 사회적 욕구가 충족되는 범위 내에서 경영층의 활동에 반응한다.

② 평가

메이요처럼 조직 내에서의 인간의 행동이 사회인 모형에 의한 것이라는 주장은 오늘날 리더십과 모티베이션에 관한 연구에 의해 지지를 받는다.

(3) 인적자원 모형

인간관계론에 이어 인간행동에 관한 폭 넓은 연구가 이루어졌고 인적자원의 관점에서 여러 가지 인간모형이 제시되었다.

① 특징

㉠ 일반적으로 인간이 상호 관련을 갖는 여러 욕구들로 복잡하게 구성되어 동기화된다고 본다. 즉, 경제인 혹은 사회인 모형은 다양한 인간욕구가 매우 복잡한 과정을 거쳐 행동으로 나타난다는 점을 간과했다고 본다.

㉡ 인간이 조직에서의 역할을 능동적으로 수행하려고 한다고 가정하고 있다. 과거 모형에서 인간은 수동적이라고 보았으나 최근 모형에 의하면 인간은 스스로 무엇인가를 하고자 한다고 본다. 이러한 관점에서 자기실현인의 모형이 대두되는 것이다.

㉢ 일이란 불유쾌한 것이 아니라고 가정한다. 특히, 상위욕구를 충족시켜야 하는 경우에는 직무의 수행이 만족의 원칙이 될 수 있다.

㉣ 인간은 의미 있는 결정과 책임을 원하고 또한 능력이 있다고 본다.

② 평가

인적자원 모형에서 볼 때 인간의 욕구와 동기와 복잡성을 먼저 이해해야 하며 여러 가지 개인차를 고려하여 종업원 개인의 목표를 조직의 목표와 통합하도록 관리하는 것이 매우 중요하다. 또한 종업원에게 많은 재량권과 책임을 부여하고 참여를 확대하는 것이 바람직하다.

10. 인간관계관리제도

1) 제안제도

제안제도(Suggestion System)란 조직체의 운영이나 작업의 수행에 필요한 여러 가지 개선안을 일반종업원으로 하여금 제안하도록 하고 그것을 심사하여 우수한 제안에 대하여 적절한 보상을 하는 제도이다.

(1) 제안제도의 목적

① 경영 내에 있어서 종업원의 창의력을 개발시킨다.

② 종업원은 경영참가의 의식이 깊어지므로 작업의욕을 높이고 능률향상을 기할 수 있게 된다.

③ 제품의 원가절감을 실현함으로써 경영에 경제적 이익을 가져온다.

④ 노사 쌍방의 이해가 증진됨으로써 노사관계가 원활하게 된다.

⑤ 종업원의 사기와 인간관계가 개선된다.

(2) 제안제도의 조건

① 각 종업원은 관리자 또는 감독자의 구속을 받지 않고 자유로이 제안을 할 수 있도록 되어 있어야 한다.

② 심사를 거쳐 채택된 제안에 대하여서는 충분한 보상을 하여야 한다. 또한 채택되지 않은 제안에 대해서도 보상이 고려될 필요가 있다.
③ 제안을 장려 · 지도하는 방식이 제도화되어 있어야 한다.
④ 제안의 처리 및 심사는 신속하고도 공평하여야 한다.
⑤ 종업원에게 이 제도의 의도를 충분히 이해시켜 두어야 한다.

2) 종업원 상담제도

종업원 상담제도(Employee Counselling) 또는 인사상담제도는 스스로 해결할 수 없는 어려운 문제를 가지고 있는 종업원에게 상담을 통하여 전문적인 조언을 받고, 문제해결에 도움을 줌으로써 인격성장을 촉진하고 아울러 직장에서의 사기를 앙양시키고자 하는 제도이다.

• 상담의 기본요소

① 통상 두 사람으로 한다.
② 주로 말을 주고받는다.
③ 전문적 조언이 되어야 한다.
④ 상담요청자의 인격적 성장을 촉진시킨다.

3) 사기조사

종업원의 사기를 앙양시켜 작업의 의욕을 높이고 경영을 건전하게 발전시키기 위해서는 무엇 때문에 종업원의 사기가 저조하며 그 기업의 건전성을 저해하는 요인이 무엇인가를 구명할 필요가 있다. 그리고 그 수단으로서 사기조사가 이용된다.

• 사기조사의 방법

① 통계조사
㉠ 노동이동률에 의한 측정
㉡ 1인당 생산량에 의한 측정
㉢ 결근율 및 지각률에 의한 측정
㉣ 사고율에 의한 측정
㉤ 고충 · 불평의 빈도

② 태도조사
종업원들의 심리 · 감정적 상태를 조사하여 그들의 의견과 희망사항을 듣고 불평불만의 모든 원인과 그 소재를 파악하는 방법이다. 이러한 태도조사의 방법에는 면접법, 질문지법, 참여관찰법 등이 있다.

4) 고충처리제도

고충처리제도는 주로 근로자들의 직장생활에서의 애로사항이나 불만사항 등을 수시로 호소하게 함으로써 이를 근로자 측 대표와 사용자 측 대표로 구성되는 고충처리위원들의 협력으로 그때그때 해결하도록 하기 위한 제도이다.

5) 기타

문호개방정책, 이윤분배제도, 종업원지주제도 등

11. 노사관계관리

1) 노사관계

(1) 노사관계의 등장 배경

① 노동수요의 적정선 유지
② 효율적인 노동시장의 개발
③ 훈련・조직・동기 부여
④ 임금의 결정과 근로소득
⑤ 경영성과의 배분
⑥ 예상위험으로부터의 보호
⑦ 최저생활수준의 보장

(2) **노사관계(Industrial Relations)의 개념과 특징**

① 노사관계의 개념

노사관계는 원래 근로자와 사용자(고용주)의 고용관계를 중심으로 전개되는 관계를 말하며 개별적 노사관계와 집단적 노사관계로 나누어 파악할 수 있다. 현대적 의미의 노사관계는 근로자 조직과 경영자 간의 갈등처리뿐만 아니라 임금, 생산성, 고용보장, 고용관행, 노동조합의 정책 및 노동문제에 대한 정부의 행동을 포괄한 모든 영역을 포함하는 것

② 노사관계의 특징

㉠ 협동적 관계와 대립적 관계
㉡ 경제적 관계와 사회적 관계
㉢ 종속적 관계와 대등적 관계
㉣ 공식적 관계와 비공식적 관계

(3) 노사관계의 이념과 목표

이 념	목 표
① 인간평등사상 ② 근로생활의 질 향상 ③ 분배의 정의실현 ④ 경영참가의 확대	① 올바른 이념 정립 ② 노사질서의 확립 ③ 노사관계 인정

2) 노사관계의 발전과정

(1) 전제적 노사관계
(2) 온정적 노사관계
(3) 완화적 노사관계
(4) 민주적 노사관계

3) 유형론적 노사관계의 형태 : 커(C. Kerr)

(1) 절대적 노사관계
(2) 친권적 노사관계
(3) 계급투쟁적 노사관계
(4) 경쟁적 노사관계

4) **노사관계관리**

• 노사관계관리의 개념

① 개념

근로자와 사용자(고용주)의 노사관계는 실질적으로는 노동조합 및 기업, 이에 영향을 미치는 정부와 관련되는 각종 문제들을 대상으로 하며, 노사협조와 산업평화를 목적으로 한다. 이때 중요한 것은 근로자의 자주적 단체인 노동조합의 법적 지위가 확립되어야 하는 것이지만 자주적 노동조합은 민주적 질서의 테두리를 전제로 해야 한다.

② 목표

노사관계관리의 기본목표는 노사 간 질서의 확립, 올바른 이념의 정립, 노사관계의 안정 등에 두어야 한다.

③ 방향

현대적 노사관계관리는 종래의 대립적 노사관계를 안정적이고 협력적인 노사관계로 유도하고 발전시켜 나가는 관리활동을 통하여, 궁극적으로 노사의 공존공영과 경영민주화를 통한 상생의 산업민주화를 실현

㉠ 미시적 차원 : 기업의 생산성 향상을 통한 성과증대와 기업의 유지 · 발전 추구, 성과의 공정한 분배와 노동의 인간화를 통한 노동자들의 보람 있는 근로생활 실현

㉡ 거시적 차원 : 산업평화의 유지와 국가경제 발전에 기여

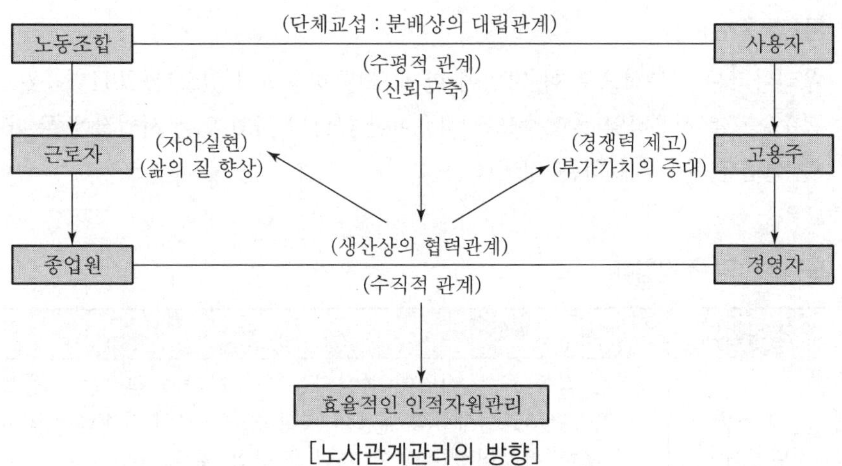

[노사관계관리의 방향]

12. 노동조합(노사관계와 조직)

1) 노동조합의 의의와 목표

노동조합이란 근로자가 주체가 되어 자주적으로 단결하여 근로조건의 유지·개선 기타 근로자의 경제적·사회적 지위의 향상을 목적으로 조직하는 단체 또는 그 연합단체를 말하며, 근로자의 임금 및 근로조건의 개선을 가장 중요한 목표로 삼고 있다.

2) 노동조합의 기능

(1) 기본적 기능(조직 기능)

노동조합을 조직하기 위하여 비조합원인 근로자를 조직화하는 1차적 기능과 노동조합을 조직한 후에 그 조합원들을 관리하는 2차적 기능으로 구분된다.

(2) 집행기능

① 단체교섭기능
② 경제활동기능
③ 정치활동기능

(3) 참모기능

참모기능은 기본적 기능과 집행기능을 보조하는 기능이다. 노동조합의 간부 및 조합원에 대한 교육훈련, 연구조사활동, 사회사업활동 등이 포함된다.

3) 복수노조

우리나라는 전통적으로 한 기업에 한 노조만 허용하고 있으나, 2011년 7월 1일 이후에는 복수노조를 허용하였다. 복수노조 허용이란 하나의 사업 또는 사업장에 두 개 이상의 노조를 설립할 수 있게 하는 것이다.

4) 노동조합의 조직형태

조직형태	내 용
직업별 노동조합 (Craft Union)	• 같은 직종 또는 직업에 종사하는 근로자가 조직하는 노동조합 • 장점 : 단체교섭사항과 내용이 명확하고 조직의 단결력이 공고하며 실업자의 조합 가입이 가능하고 조합원 실업 예방 가능 • 단점 : 조직대상이 한정(숙련 근로자)되어 있고 미숙련 근로자의 반발로 전체 근로자의 분열을 가져올 수 있다는 점과 사용자와의 관계가 희박
일반노동조합 (General Union)	• 모든 근로자들을 대상으로 하고 있으며 주로 미숙련 근로자가 중심이 되어 전국에 걸쳐 만든 단일 노동조합 • 장점 : 광범위한 근로자들의 최저생활에 필요한 조건(안정된 고용, 노동시간의 최고한도규제, 임금의 최저한도규제 등)을 확보 가능 • 단점 : 노동시장의 통제 곤란, 중앙집권적 관료체제에 의한 조합민주주의의 저해, 의견의 조정 및 통일 곤란, 단체교섭기능의 약화 등
산업별 노동조합 (Industrial Union)	• 동일한 산업에 종사하는 모든 근로자가 하나의 노동조합을 구성하는 형태 • 장점 : 조합원 수에서 볼 때 거대조직이라는 점에서 단결력을 강화할 수 있다는 것과 산업별로 교섭력이 통일화된다는 것 • 단점 : 직종 간에 이해관계가 대립되고 형식적 단결에 그칠 경우 교섭력이 약화된다는 문제점이 있음
기업별 노동조합 (Company Union)	• 동일한 기업에 종사하는 근로자로 구성되는 노동조합의 형태 • 현재 우리나라의 대부분 기업이 기업별 노동조합을 결성 • 단점 : - 노동시장에 대한 지배력이 전혀 없고 조직역량이 약하다. - 기업 내 각 직종 간의 요구조건의 공평한 처리가 어렵다. - 어용화될 가능성과 직종 간의 반목과 대립이 우려된다. - 중기업 이하인 경우 조합기능의 약화를 가져오게 된다.
단일조직과 연합체조직	• 단일조직 : 근로자 개개인이 개인자격으로 중앙조직의 구성원이 되는 형태(산업별 조합과 일반노동조합) • 연합체조직 : 각 지역이나 기업 또는 직종별 조합이 단체의 자격으로 지역적 내지 전국적 조직이 구성원이 되는 형태로 우리나라에는 각 산업별 노조연맹과 한국노총, 민주노총이 있다.(직업별 조합과 기업별 조합)

5) 노동조합의 안정과 독립

(1) 숍 시스템(Shop System)

노동조합의 가입방법으로서 숍 시스템은 조합비 징수제도인 체크오프 시스템과 함께 노동조합의 안정을 유지하기 위한 제도이다. 따라서 단체협약의 중요한 내용이 된다. 숍 시스템은 노동조합의 가입과 취업을 관련시키는 것으로 조합원에 대한 통제력 강화를 목적으로 하는 제도이다.

• 숍 시스템의 유형 및 특징

조직형태		내 용
기본적 제도	오픈 숍 (Open Shop)	**• 조합원, 비조합원 모두 고용이 가능하다. 즉, 노동조합 가입이 고용조건이 아니다. 노동조합 가입유무에 상관없이 종업원 고용이 가능하며 노조 가입 여부는 종업원의 전적인 의사에 달려 있다.** **• 우리나라 대부분의 노동조합에서 채택하고 있다.**
	유니언 숍 (Union Shop)	• 사용자가 자유롭게 채용할 수 있으나, 채용 후 일정기간이 지나면 반드시 조합에 가입하여야 한다. 만일 일정기간이 지나도 종업원이 조합에 가입하지 않을 경우 그 종업원은 자동으로 해고된다. • 우리나라에서는 근로자의 3분의 2 이상을 대표하는 노동조합의 경우 단체협약을 통해 제한적인 유니언 숍이 인정되나 이때에는 조합이 제명하였다고 해서 회사에서 해고되는 조항은 실시되지 않고 있다.
	클로즈드 숍 (Closed Shop)	• 결원보충이나 신규채용에 있어서는 반드시 조합원에서 충원한다. • 노동조합가입이 고용의 전제조건이다. • 노동조합의 노동통제력이 가장 강력하다. (노동조합이 노동공급의 유일한 원천이 됨) • 미국의 태프트－하틀리법(Taft－Hartley Act)에 의해 불법화되었다. 건설업, 해운업, 인쇄업 등에서 현실적으로 인정되고 있으며, 우리나라의 경우에도 현실적으로 항만노동조합에서 적용되고 있다.
변형적 제도	에이전시 숍 (Agency Shop)	• 조합원이 아니더라도 모든 종업원에게 노동조합이 조합비를 징수하는 제도이다. • 대리기관 숍제도라고도 한다.
	프리퍼런셜 숍 (Preferential Shop)	우선 숍제도라고 하며 채용에 있어서 조합원에게 우선권을 주는 제도이다.
	메인터넌스 숍 (Maintenance Shop)	조합원 유지 숍제도라고 하며 조합원이 되면 일정기간 동안 조합원으로 머물러 있어야 하는 제도이다.

Point

조합원 및 비조합원 모두에게 조합비를 징수하는 shop 제도는? ④

① Closed shop
② Open shop
③ Preferential shop
④ Agency shop
⑤ Maintenance shop

(2) 체크오프 시스템(COS ; Check Off System)

조합원의 급여에서 조합비를 일괄적으로 공제하는 제도. 조합비의 확보를 통해 노동조합의 안정을 유지하기 위한 제도로 조합비 일괄 공제제도라고 한다. 즉, 조합비를 징수할 때 사용자가 노동조합의 의뢰에 의하여 조합비를 급료계산 시에 일괄공제하여 전달해 주는 방법이다.

(3) 노동3권

노동법은 근로자들에게 자주적으로 근로조건 등을 향상시킬 수 있도록 '노동3권'을 보장하고 있다.

① 단체조직권 : 근로자들이 노동조합을 만들 수 있는 권리를 말한다. 단체조직권은 '단결권'이라고도 한다.

② 단체교섭권 : 노동조합이 사용자와 공동으로 근로조건에 관한 협약의 체결을 위해 집단적 타협을 모색하고, 협약을 관리할 수 있는 권리를 말한다.

③ 단체행동권 : 노동조합이 사용자에게 근로조건이나 임금 등에 관한 사항의 이행이나 단체협약을 요구하였으나, 이견과 분쟁으로 해결되지 않을 때, 일정한 과정을 거쳐 행동으로 항의할 수 있는 권리를 말한다. 노동조합의 단체행동이란 '태업이나 파업' 등 노동쟁의를 의미한다.

(4) 부당노동행위(ULP ; Unfair Labor Practices)

① 부당노동행위제도는 사용자의 노동조합 방해행위인 노동3권의 침해로부터 신속하게 노동3권을 보호 · 회복시키기 위한 행정적 구제제도이다.

② 부당노동행위의 유형

㉠ 단체교섭의 거부

㉡ 황견계약의 체결

㉢ 노동조합의 조직 · 가입 · 활동에 대한 불이익 대우

㉣ 노동조합의 조직 · 운영에 대한 지배 · 개입과 경비 원조

㉤ 단체행동에의 참가 기타 노동위원회와의 관계에 있어서 행위에 관한 보복적 불이익 대우

③ 황견계약(Yellow Dog Contract)

근로자가 노동조합에 가입하지 아니할 것 또는 탈퇴할 것을 고용조건으로 하거나 특정 노동조합원이 될 것을 고용조건으로 하는 행위이다.

Point

노사관계에 관한 설명으로 옳은 것은? ①

① 숍(Shop)제도는 노동조합의 규모와 통제력을 좌우할 수 있다.
② 체크오프(Check off)제도는 노동조합비의 개별납부제도를 의미한다.
③ 경영참가 방법 중 종업원 지주제도는 의사결정 참가의 한 방법이다.
④ 준법투쟁은 사용자 측 쟁위행위의 한 방법이다.
⑤ 우리나라 노동조합의 주요 형태는 직종별 노동조합이다.

13. 노사협력제도(노사관계와 조직)

1) 단체교섭

(1) 단체교섭의 의의와 특징

① 단체교섭은 근로자들이 노동조합이라는 교섭력을 바탕으로 임금을 비롯한 근로자의 근로조건의 유지·개선과 복지증진 및 경제적·사회적 지위의 향상을 위하여 사용자와 교섭하는 것이다.
② 단체교섭은 노동조합과 사용자 대표 간, 대등한 위치에서의 쌍방적 결정이다.
③ 단체교섭은 그 자체가 목적이나 귀결점이 아닌 단체협약을 향해 나아가는 과정이다.
④ 단체교섭은 노사가 상반되는 주장에 타결점을 찾으려는 정치적 과정이다.

(2) 단체교섭의 기능

구 분	기 능
근로자 측	• 근로조건의 유지·향상 • 구체적인 노조활동의 자유 획득
사용자 측	• 노조와의 대화의 채널 • 노사관계의 안전장치 • 노사문제의 일반적 해결기구
정부 측	• 개별 기업들에 대한 평등한 경쟁조건 마련 • 임금인상을 통한 구매력 증대로 시장 확대 • 노동생산성 향상을 통한 산업구조의 고도화

(3) 단체교섭의 유형

구 분	방법	환경	단점	장점
기업별 교섭	기업의 단위노조와 사용자 간의 교섭	• 기업 간의 격차가 큰 경우 • 기업의 노동운동이 횡단적 단계에 미달할 때	교섭력이 취약	개별기업의 특수성 반영
집단 교섭	여러 개의 단위노조와 사용자가 집단을 형성하여 교섭	• 노조상부단체가 없는 경우 • 기업별 교섭의 약점을 보완할 때	각 기업들의 요구사항 조정이 어렵다.	각 기업들과 동일한 수준의 결정
통일 교섭	산업별 노조나 연합체노조가 사용단체와 교섭	산업별, 지역별로 강력한 통제력이 있는 경우	각 기업들의 요구사항 조정이 어렵다.	산업별, 지역별로 동일한 수준의 결정
대각선 교섭	단위노조의 상부단체가 개별기업과 교섭	• 사용자단체가 없는 경우 • 각 기업에 특수한 사정이 있는 경우	기업의 특수 사정에 대한 이해가 어렵다.	연합체이므로 교섭력이 강하다.
공동 교섭	단위조합이 상부단체와 공동으로 참가하여 사용자측과 교섭	대각선교섭의 단점을 보완할 때	단위노조와 상부단체 간의 조정시간 소요	단위노조의 의사반영 가능

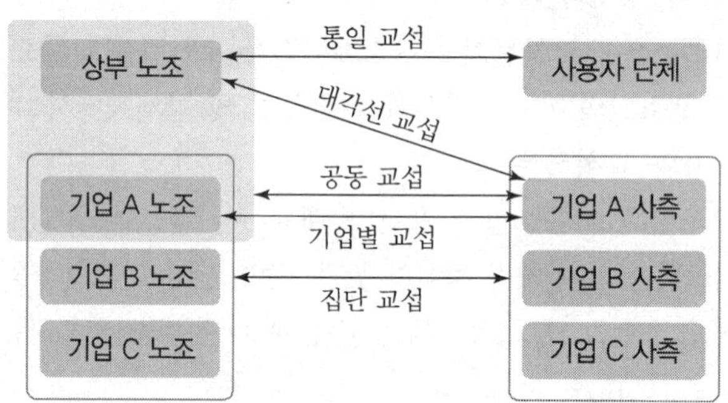

[단체교섭의 유형]

Point

산업별 노동조합이 개별기업 사용자와 개별적으로 행하는 경우의 단체교섭 방식은? ③

① 공동 교섭 ② 통일 교섭
③ 대각선 교섭 ④ 집단 교섭
⑤ 기업별 교섭

2) 단체협약

단체협약(Collective Agreement)은 노동조합 또는 그 연합체와 사용자 또는 사용자단체 간에 체결되는 개별적 근로관계 및 당사자의 집단적 근로관계에 대한 계약이다. 단체협약은 근로조건을 개선하는 기능과 산업평화를 이루는 기능을 한다.

(1) 단체협약의 성격

단체협약의 성격	내 용
형식적인 면에서의 특징	단체협약은 노사 양측에 의한 단체적인 약속, 합의이다.
내용 면에서의 특징	• 규범적 부분 : 주로 임금과 근로조건에 관한 부분으로 강제적 효과이다. • 채무적 부분 : 노동조합과 사용자 사이의 관계에 대한 약속에 관한 부분(단체협약의 이중성)이다.
사회 면에서의 특징	단체협약은 노사 간의 일시적 합의, 즉 휴전조약의 성격을 갖는다.

(2) 단체협약의 당사자

① 노동조합 측의 당사자 : 『노동조합 및 노동관계조정법』상의 노동조합(적격조합)

② 사용자 측의 당사자 : 사용자 또는 사용자 단체

③ 단체협약의 방식(형식)

㉠ 단체협약은 서면으로 작성하며, 당사자 쌍방이 서명 날인하여야 한다.

㉡ 단체협약의 당사자는 단체협약의 체결일로부터 15일 이내에 행정관청에 신고해야 한다.

㉢ 행정관청은 단체협약 중 위법한 내용이 있는 경우에는 노동위원회의 의결을 얻어 그 시정을 명할 수 있다.

(3) 단체협약의 관리

① 고충처리제도

㉠ 고충 : 근로조건이나 직장환경, 관리자의 불공평한 대우 또는 단체협약이나 취업규칙의 해석, 적용에 관하여 갖고 있는 불평·불만

㉡ 고충처리위원회 : 모든 사업 또는 사업장에는 근로자의 고충을 청취하고 이를 처리하기 위하여 고충처리위원을 두어야 한다.(상시 30인 미만의 근로자를 사용하는 사업 또는 사업장 제외)

② **중재제도**

㉠ **중재 : 중재는 조정과는 달리, 중재위원회에서 내리는 중재재정이 관계 당사자를 구속한다는 점에 있어서 자주적 해결의 원칙이 적용되지 않는 조정제도**

• 임의중재 : 관계 당사자의 신청 시 중재절차가 개시된다.

• 강제중재 : 관계 당사자의 신청 없이 강제적으로 개시된다.

㉡ 중재기관 : 공익위원 3인으로 중재위원회를 구성한다.

㉢ 중재재정의 효력 : 단체협약과 동일한 효력이 있다.

3) 노동쟁의와 그 조정

(1) 노동쟁의(Labor Disputes)

노동조합과 사용자 또는 사용자단체, 즉 노동관계 당사자 간에 임금 · 근로시간 · 복지 · 해고 및 기타 대우 등 근로조건의 결정에 관한 주장의 불일치로 인하여 발생한 분쟁상태를 말한다.

① 쟁의조정의 원칙

㉠ 자주적 해결의 원칙 : 노사 간의 자주적 해결이 원칙

㉡ 신속한 처리의 원칙, 공정성의 원칙 : 정부는 노동관계 당사자가 자주적으로 조정할 수 있도록 노력하여 노동쟁의의 신속 · 공정한 해결에 노력한다.

㉢ 공익성의 원칙 : 국민경제에 중대한 영향을 주거나 공익을 해친다고 인정될 때에는 국가가 개입한다.

㉣ 우리나라의 경우 임의조정제도가 기본이다.

② 쟁의조정의 유형

㉠ 조정 : 노동위원회에 설치된 조정위원회가 관계 당사자의 의견을 청취한 뒤 조정안을 작성하여 노사 쌍방에게 그 수락을 권고하는 형식의 조정방법

㉡ 중재 : 노동위원회에 설치된 중재위원회가 노동쟁의의 해결조건을 정한 해결안(중재재정)을 작성하고 당사자는 무조건 그 해결안에 구속되는 조정방법

(2) 노동쟁의조정의 절차

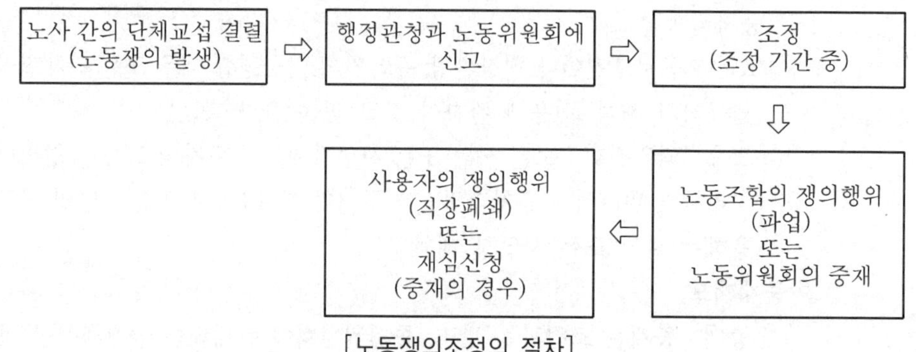

[노동쟁의조정의 절차]

(3) 노동쟁의조정의 방법

① **조정(Mediation)**

㉠ 조정의 요건과 개시 : 관계 당사자의 일방이 노동쟁의조정을 신청한 때, 고용노동부장관이 긴급조종의 결정을 한 때

㉡ 일반사업에 있어서는 10일, 공익사업에 있어서는 15일

㉢ 조정서의 효력 : 조정서는 단체협약과 같은 효력을 지닌다. 그리고 조청위원회 또는 단독조정인이 제시한 해석 또는 이행방법에 관한 견해는 중재지정과 동일한 효력을 가진다.

② **중재(Arbitration)**

㉠ 임의중재

- 관계 당사자의 쌍방이 함께 중재를 신청한 때
- 관계 당사자의 일방이 단체협약에 의하여 중재를 신청한 때
- 임의중재는 일반사업과 공익사업의 구별 없이 모두 적용

㉡ 강제중재 : 필수공익사업에 있어서 노동위원회 위원장이 특별조정위원회의 권고에 의하여 중재에 회부한다는 결정을 한 때

㉢ 중재위원회

- 중재위원회는 공익대표위원 3인으로 구성
- 중재위원회는 구성원 전원의 출석으로 개의, 출석위원 과반수의 찬성으로 의결

③ **긴급조정(고용노동부장관의 결정에 의한 강제개시)**

긴급조정의 요건	
실질적 요건	• 긴급조정은 당해 쟁의행위가 공익사업에 관한 것이거나, 그 규모가 크거나, 그 성질이 특별한 것이어야 한다. • 긴급조정은 이상의 요건을 갖춘 것으로서 현저히 국민경제를 해하거나 국민의 일상생활을 위태롭게 할 위험이 현존하는 때에 한한다.
형식적 요건	고용노동부장관이 긴급조정의 결정을 하고자 할 때에는 미리 중앙노동위원회 위원장의 의견을 들어야 하며 그 의견에 구속되지 아니한다.

(4) 쟁의행위

① 근로자 측 쟁의행위

쟁의행위	내 용
동맹파업 **(General Strike)**	근로자가 단결하여 근로조건의 유지 · 개선을 위하여 집단적으로 노무의 제공을 거부하는 쟁의행위
태업	• 근로자들이 단결해서 의식적으로 작업능률을 저하시키는 것 • **사보타주(Sabotage) :** 생산 또는 사무를 방해하는 행위로서 단순한 태업에 그치지 않고 적극적으로 생산설비를 파괴하는 행위까지 포함하는 개념(정당성이 결여된 쟁의행위)
준법투쟁 **(Work to Rule)**	일반적으로 준수하게 되어 있는 보안 · 안전 · 근무규정 등을 필요 이상으로 엄정하게 준수함으로써 의식적으로 저하시키는 행위
불매동맹 **(Boycott)**	• 1차적 불매운동 : 사용자에 대하여 사용자의 제품의 구매 또는 시설을 거부함으로써 압력을 가하는 것 • 2차적 불매운동 : 사용자와 거래관계에 있는 제3자에게 사용자와의 거래를 단절할 것을 요구하고 이에 응하지 않을 경우 제품의 구입이나 시설의 이용 또는 노동력의 공급을 중단하겠다는 압력을 가하는 것
생산관리 (직장점거)	근로자들이 단결하여 사용자의 지휘 · 명령을 거부하고 사업장 또는 공장을 점거함으로써 조합 간부의 지휘하에 노무를 제공하는 투쟁행위
피케팅 (Picketing)	파업을 효과적으로 수행하기 위하여 근로희망자(파업 비참가자)들의 사업장 또는 공장의 출입을 저지하고 파업 참여에 협력할 것을 요구하는 행위

② 사용자 측 대항행위

대항행위	내 용
대체고용 (조업계속)	• 동맹파업 시 사용자는 노동조합원 이외의 근로자(비노조원)들로서 이미 근로관계에 있는 종업원이나 노동조합원을 사용해서 조업계속 가능 • 노동조합이 쟁의행위를 행하고 있는 단계에서 신규로 근로자를 채용해서 조업 계속 불가능
직장폐쇄 **(Lock-Out)**	사용자가 자기의 주장을 관철하기 위하여 근로자집단에 대해 생산수단에의 접근을 차단하고 근로자의 노동력 수령을 조직적 · 집단적 일시적으로 거부하는 행위

③ 직장폐쇄

구 분	내 용
성립요건	노무의 수령 거부의 사실행위 • 사업장의 문을 폐쇄하는 행위 • 사업장에 노무자의 출입을 저지하는 행위 • 사업장의 시설을 근로자가 이용하여 작업을 할 수 없도록 하는 행위
정당성	• 당사자, 목적, 수단에 있어서 정당한 범위 내에서 행사될 것 • 휴업수당의 지급을 면하기 위한 직장폐쇄는 부당 • 쟁의행위를 제한, 금지하는 법규에 위반하는 직장폐쇄는 부당 • 단체협약의 평화의무 또는 평화조항을 위반하는 쟁의행위는 부당
효력	정당한 직장폐쇄의 경우 사용자는 임금의 지불의무를 지지 않고 조합원 근로자들은 직장폐쇄구역 내의 출입이 금지

14. 근로자의 경영참가

1) 경영참가

(1) 개념

근로자의 경영참가는 종업원들이 기업의 여러 계층의 의사결정에 참가하여 영향력을 행사하는 과정. 자본참가, 기업의 경영성과에 참여하는 성과참가도 포함

(2) 경영참가의 종류

① 자본참가

근로자들이 주식을 소유함으로써 자본의 출자자로서 기업에 참가하는 동시에 경영에 주주로서 발언권을 행사하는 것. 주된 형태는 종업원지주제와 노동주제도가 있다.

㉠ 종업원지주제 : 근로자에게 특전이나 혜택을 제공함으로써 자발적으로 자사주를 취득·보유하도록 권장하는 제도로서 일정한 기준에 따라 주식을 배분하는 것

㉡ 노동주제도 : 근로자가 제공한 노동을 일종의 노무 출자로 보고 그들에게 주식을 주는 제도

② 이익참가

기업의 생산성 향상에 근로자 내지 노동조합을 적극적으로 참여시켜 경영성과인 이윤의 일부를 임금 이외의 다른 형태로 근로자에게 배분하는 방식. 이익분배제도 또는 성과분배제도라고 한다. 미국의 스캔론 플랜(Scanlon Plan)이 대표적임

③ 공동결정제도

노사 공동으로 경영에 관한 의사결정에 참여하는 제도. 독일에서 운영

④ 노사협의제도

단체교섭에서 취급하지 않는 경영상의 제문제에 관한 협의와 단체협약상의 의견 조정, 기타 근로조건에 관한 사항을 협의하는 제도

Point

조직구성원들의 경영참여와 관련이 없는 것은? ④

① 제안제도　　② 분임조
③ 성과분배제도　　④ 전문경영인제도
⑤ 종업원지주제도

02 생산관리

Section

1. 생산관리의 의의

1) 생산관리

제품이나 서비스를 창출하는 생산 시스템의 설계 및 운영에 관한 의사결정 문제를 담당하는 활동이며, 생산시스템은 자재, 자본, 정보, 노동력, 에너지와 같은 투입물을 제품이나 서비스와 같은 산출물로 변환시키는 과정

▷ 생산활동

① 기업의 가장 기본적 활동으로 자원을 활용하여 고객들이 원하는 제품이나 서비스를 창출하는 활동

② 사용가능한 모든 자원을 이용하여 고객이 원하는 제품이나 서비스를 창출하도록 생산시스템을 계획하고 실행하고 통제하는 활동

2) 생산관리의 정의

① chase(2004) : 생산관리는 기업의 가장 중요한 제품과 서비스를 창출하고, 공급사는

시스템을 설계, 운영, 개선하는 것

② Ritzman Krajewski(2004) : 생산관리는 투입물을 제품이나 서비스로 변화시키는 프로세스를 지휘하고 통제하는 것

③ APICS : 생산관리는 투입물을 완성된 제품이나 서비스로 변환하는 활동을 계획하고, 일정을 수립하고, 통제하는 것

④ 생산운영관리 : 시스템 내에서 유형재화나 무형재화를 산출하는 데 요구되는 변환 과정에 필요한 투입물과 자원의 가장 효과적인 운영을 연구하는 학문

⑤ 투입물(Input) : 원자재나 고객 또는 고객과 관련되어 처리되는 정보나 제품

⑥ 자원(Resources) : 유형재화 또는 무형재화를 산출하기 위해 수행되는 변환과정에 들어가는 요소

⑦ 자본(Capital) : 장기적이며 고정된 자원으로서 생산을 하는 데 필요한 기계, 토지, 건물, 설비, 장비, 공구, 산업로봇 등을 포함

⑧ 변환과정(Transformation Process) : 투입물을 원래의 가치보다 높은 가치를 지닌 산출물로 전환시키는 과정

⑨ 산출물(Output) : 변환과정의 결과로서 유형재화와 무형재화로 나뉜다.

3) 생산관리의 역사적 발전

(1) 과학적 관리법(Scientific Management)

현대적 의미의 생산관리는 1911년 테일러(Frederick W. Taylor)의 과학적 관리법으로부터 태동되었다고 볼 수 있다. 과학적 방법이 작업을 연구하는 데에도 사용될 수 있다는 개념에 근거하고 있다.

• 과학적 관리법 4단계

㉠ 현재의 작업 방법의 관찰

㉡ 과학적 측정과 분석을 통한 개선된 방법의 개발

㉢ 새로운 방법에 대한 작업자 훈련

㉣ 작업과정에 대한 계속적인 피드백 및 관리

(2) 이동조립라인(Moving Assembly Line)

1913년 포드는 자동차의 대량생산을 가능케 한 획기적인 기술혁신인 이동조립라인을 도입하였다. 포드는 제품의 3S 개념에 착안하여 자동차를 설계, 각 작업자로 하여금 세분된 작업을 정해진 표준시간에 컨베이어 벨트(Conveyor Belt)를 따라 동시에 수행하게 하였다. 이동조립라인의 개념은 자동차뿐만 아니라 다수의 부품으로 조립되는 제품의 신속한 대량생산을 가능케 하였다.

• 포드의 '3S 개념'
㉠ 제품의 단순화(Simplification)
㉡ 부품의 표준화(Standardization)
㉢ 작업의 전문화(Specialization)

(3) 인간관계론(Human Relations)

작업설계에 있어 동기부여(Motivation)와 인간적인 요소 강조. 1930년대 메이요(Elton Mayo)와 동료들은 웨스턴 전기회사에서 실시한 유명한 호손실험을 통해 작업자에 대한 동기부여가 생산성 향상에 결정적인 요소임을 지적

인간관계론의 호손실험에 관한 설명으로 옳지 않은 것은? ③
① 종업원의 작업능률에 영향을 미치는 요인을 연구하였다.
② 조명실험은 실험집단과 통제집단을 나누어 진행하였다.
③ 작업능률향상은 작업장에서 물리적 작업조건 변화가 가장 중요하다는 것을 확인하였다.
④ 면접조사를 통해 종업원의 감정이 작업에 어떻게 작용하는가를 파악하였다.
⑤ 작업능률은 비공식조직과 밀접한 관련이 있다는 것을 발견하였다.

(4) 의사결정모형(Decision Model)

생산시스템을 수학적인 형태로 나타내는 데 사용되는 것으로, 여러 제약조건하에서 생산시스템의 성과를 최대화하는 결정변수의 값을 구하는 것

(5) 컴퓨터와 자재소요계획(MRP)

1970년대부터 생산관리에 컴퓨터가 본격적으로 사용되기 시작
① IBM의 올리키와 컨설턴트인 와이트는 종속수요품목(원자재, 부품, 구성품 등)의 재고관리를 위한 자재소요 계획 프로그램 개발
② MRP를 이용함으로써 수많은 부품으로 이루어지는 최종 제품의 수요 변화에 대처하여 생산일정계획을 수립하고 재고 및 구매 관리가 가능해짐

(6) 적시생산시스템(JIT), 린(Lean) 제조, 총체적 품질관리(TQC) 및 공장자동화

1980년대에는 생산철학과 생산기술에 큰 변혁이 일어남. 또한 CAD, CAM, FMS, CIM 등 각종 공장자동화 기술도 1980년대부터 생산관리에 큰 영향을 미치기 시작함
① 적시생산시스템 : 일본 도요타 자동차회사에서 시작된 것으로, 제품이나 부품을 필요할 때 적시에 생산함으로써 재고수준을 최소화하고 생산 전반에 걸쳐 낭비를 줄이는 생산시스템

② 린 제조 또는 린 시스템 : 일본의 적시생산시스템(JIT) 생산방식이 세계화되어 모든 기업에 있어 가치를 부가하지 않는 낭비 활동을 제거하는 보다 넓은 개념으로 진화・발전

③ 총체적 품질관리 : 제품의 불량 원인을 전사적인 노력을 통해 적극적으로 제거하는 품질 관리방식

(7) 생산전략 패러다임

1970년대 말과 1980년대 초에 걸쳐 스키너(Wickham Skinner) 등의 하버드 경영대학원 교수들은 생산기능이 기업의 경쟁우위를 달성하기 위한 전략적인 무기로 활용되어야 함을 강조

(8) 서비스의 품질 및 생산성

표준화된 패스트푸드 서비스를 대량으로 신속하게 전달하는 맥도널드(Mc-Donald's)를 벤치마킹하여 서비스업에서도 품질 및 생산성 향상을 위한 개념과 기법이 1970년대 이후 본격적으로 도입되기 시작

(9) 총체적 품질경영(TQM) 및 국제품질인증제도

① 1990년대에는 품질관리의 개념이 제품 차원의 총체적 품질관리에서 조직시스템 차원의 총체적 품질경영으로 전환되었다.

② 국제적으로 경쟁력을 갖춘 품질의 확보를 목표로, 고객 지향의 제품개발 및 품질 보증체계를 중요시한다.

③ 국제표준화기구의 ISO 9000 시리즈, ISO 14000 시리즈와 같은 국제품질인증제도와 미국의 말콤 볼드리지 국가품질상과 같은 세계 각국의 국가품질상 제도 등으로 TQM의 확산에 기여

(10) 비즈니스 프로세스 리엔지니어링(BPR)

① 1990년대에 들어 세계경제의 불황 속에서 경쟁력을 유지하기 위해 기업의 업무 프로세스를 근본적으로 혁신하고자 등장

② 정보기술의 발달과 관련되어, 기존의 업무 프로세스를 재설계하되 가치를 부여하지 않는 단계는 모두 제거하고 나머지 단계들은 전산화하자는 내용

(11) 식스-시그마 품질(Six-Sigma Quality)

① 1980년대 총체적 품질경영(TQM)의 한 부분으로 모토롤라에 의해 개발

② 기업 내 모든 프로세스에서 일관되게 높은 품질을 얻기 위한 체계적인 품질향상운동

③ 식스 시그마 품질이란 제품 백만 개 중 3.4개의 불량품에 해당하는 높은 품질수준을 의미

④ 품질뿐만 아니라 기업 전반의 프로세스를 지속적으로 개선하는 체계적인 방법으로, 기업의 종합적인 품질전략이라고 할 수 있음

(12) 공급사슬관리(Supply Chain Management)

공급사슬관리는 원자재의 공급자로부터 생산, 배급을 거쳐 최종 고객에 이르기까지 자재, 서비스 및 정보의 흐름을 전체 시스템의 관점에서 관리하는 것

Point

생산관리의 전형적인 목표(과업)로 옳지 않은 것은? ②

① 품질향상
② 촉진강화
③ 원가절감
④ 납기준수
⑤ 유연성제고

(13) 전자상거래(Electronic Commerce)

1990년대 후반부터 인터넷(Internet)과 월드 와이드 웹(WWW : World Wide Web)의 급속한 확산과 활용으로, 생산관리자가 생산 및 배급 기능을 실행하고 조정하는 방법이 바뀌기 시작함. 인터넷 등의 정보통신기술과 비즈니스 모델을 접목시킨 e－비즈니스가 발전하여, 기업 사이(B2B), 기업과 소비자 사이(B2C) 전자상거래가 크게 증가함

(14) 서비스과학(Service Science)

서비스산업의 변화와 혁신을 이루기 위해 경영학, 사회과학, 산업공학, 컴퓨터과학 등 이미 확립된 분야의 학문을 상호 접목하고 응용하여 서비스산업을 새롭게 탐구하려는 과학적인 접근법이다.

4) 생산관리의 목표

생산관리부서의 목표는 원가, 품질, 시간 또는 납기, 유연성의 네 가지로 요약할 수 있다.

생산관리 목표	내 용
원가 **(Cost)**	• 제품이나 서비스의 생산시설에 투입되는 설비투자비용과 이 시설을 운영하기 위해 필요한 비용을 포함한다. • 생산원가에는 재료비, 노무비 및 간접비가 포함된다. **• 생산부문의 목표 중 최우선적으로 관심을 두어야 하는 것**
품질 (Quality)	높은 품질을 생산부문의 목표로 삼고자 하는 경우 품질수준은 경쟁사의 제품보다 현격히 높거나 또는 판매가격을 상대적으로 높게 유지하더라도 충분히 팔릴 수 있는 정도가 되어야 함

생산관리 목표	내 용
시간(Time) 또는 납기(delivery)	제품이나 서비스의 공급에 소요되는 시간의 단축과 설계소요시간의 단축이 있다. 전자의 경우 생산공정의 단순화, 낭비의 제거 등을 통해 자재와 정보흐름의 속도를 높임으로써 가능하고 후자의 경우 설계, 제조, 구매, 마케팅 등 여러 부문의 전문가들이 한 팀을 이루어 개발에 참여해야 함
유연성 (Flexibility)	생산량 조절 측면에 있어서 유연성과 제품 설계 면에서의 유연성 등 두 가지를 고려해 볼 수 있다. 시장이 급격히 변화하거나 주문량이 일정하지 않더라도 이러한 변화를 효율적으로 대처할 수 있는 능력을 갖추고 있거나 신제품 개발 및 고객의 설계변경 요구 등을 쉽게 수용할 수 있을 때 생산부문의 신축성은 상당히 높다고 할 수 있다.

• 생산전략 수립 시 경쟁우위의 변화(발전) 과정

원가 → 품질 → 시간(납기) · 유연성 → 서비스

5) 신제품 개발

(1) 신제품 도입전략

① 시장 지향적 전략 : 기업은 시장의 요구에 의해 제품을 만들어야 한다는 전략. 신제품은 기존의 기술과는 거의 관계없이 시장에 의해 결정되며, 고객의 요구가 신제품 도입의 주요 또는 유일한 근거가 된다.

② 기술 지향적 전략 : 기업이 만들어야 하는 제품의 주요 결정요소를 기술이라고 본다. 적극적인 연구개발과 우수한 기술을 통해 시장 우위를 차지하는 혁신적인 제품을 만드는 것을 목표로 함

③ 기능 간 협력 전략 : 제품이 시장의 요구에 맞으면서, 기술적인 우위도 가져야 한다는 전략. 이 목적에 맞는 신제품을 개발하기 위해서는 기업 내 모든 기능(마케팅, 엔지니어링, 생산 등)이 상호 긴밀히 협력해야 한다. 이를 위해 신제품 개발을 책임지는 여러 기능이 함께 참여하는 신제품 개발팀을 조직하여 사용하게 된다.

(2) 신제품 개발과정 3단계

① 개념개발 : 신제품에 대한 아이디어를 산출하고, 이를 평가하는 단계

② 제품설계 : 신제품을 물리적으로 설계하는 것으로, 이 단계의 마지막에는 신제품의 원형 제작과 시험이 가능하도록 제품 명세와 엔지니어링 설계도면이 완성됨

③ 파일럿 생산/시험 : 신제품 생산 전에, 원형(Prototype)을 만들어 시험을 거치는 단계로, 원형의 시험은 마케팅 및 기술상의 성능을 확인할 수 있다. 이 단계에서는 생산공정도 최종적으로 결정됨

(3) 동시공학

신제품 개발 과정을 신속히 하기 위하여, 신제품의 개념 개발, 제품과 공정의 상세 엔지니어링, 시험생산, 생산 및 시장도입에 이르기까지의 제품 개발 단계를 기능 간 통합과 제품 및 공정의 동시개발을 강조

① 동시공학 특징

㉠ 신제품 도입과 관련된 여러 단계들을 동시에 병행하여 진행함으로써 신제품 도입시간을 상당히 단축할 수 있다.

㉡ 동시개발을 통해 각 단계에서의 실수를 줄일 수 있다.

② 동시공학 장단점

㉠ 장점 : 개발기간 단축 → 비용절감

㉡ 단점 : 과업이 병렬적으로 수행 · 일정계획 복잡

(4) 가치공학(VE ; Value Engineering)과 가치분석(VA ; Value Analysis)

① VE/VA 개요

㉠ 가치분석 및 가치공학은 원가절감과 가치개선을 목적으로 도입되고 있는 기법이다. 즉, 불필요한 코스트를 발굴하고 제거하기 위한 문제해결시스템으로 소비자가 요구하는 다양한 기능들을 효과적으로 설계에 반영하고자 함이다.

㉡ 최저의 라이프 사이클 코스트로 필요한 기능, 품질, 신뢰성 등을 저하시키지 않고 필수기능을 달성하기 위해서 품질이나 서비스의 기능분석에 기울이는 조직적인 노력이다.

② VE와 VA의 차이점

㉠ VE는 생산단계 이전에 제품이나 공정의 설계분석에 관심

㉡ VA는 생산되고 있는 제품에 대한 구매품에 관심

(5) 제품설계 방식

① 품질기능전개(QFD ; Quality Function Development)

㉠ 고객의 요구를 제품이나 서비스의 설계명세에 반영하는 체계적인 방법

㉡ 품질의 집(House of Quality)이라는 기본적인 설계 도구에서, 시장조사를 통해 고객의 요구사항을 파악하고 설계에 반영

② 모듈러 설계(Modular Design)

㉠ 제품의 다양성은 높이면서도 동시에 제품 생산에 사용되는 구성품의 다양성은 낮추는 제품설계 방법

㉡ 각 제품을 개별적으로 설계하는 것이 아니라 표준화된 기본 구성품, 즉 모듈을 중심으로 제품설계

③ 로버스트 설계(Robust Design)

㉠ 제품의 성능 특성이 제조 및 사용 환경의 변화에 영향을 덜 받도록 제품을 설계하는 방법

㉡ 제품 생산 전에 계획된 실험을 통해 제품설계의 여러 변수가 되는 값들이 제품의 성능 특성에 미치는 영향을 분석함으로써, 제조 및 사용 환경 변화에 가장 둔감한 공정설계의 변수 값을 구한다.

④ 에코 설계(Eco-Design)

제품이나 서비스의 설계 및 개발 시 환경을 고려하는 설계방법

6) 생산시스템의 유형

생산시스템은 원자재와 부품이 가공되어 완성품으로 만들어지는 생산공정의 패턴에 따라 개별생산, 묶음생산, 조립라인생산, 계속생산으로 나눌 수 있다.

생산시스템 유형	내 용
개별생산 **(Job Shop)**	우리나라의 중소제조기업에서 많이 볼 수 있는 생산형태로 주로 고객의 주문에 따라 생산이 이루어진다. 일단 생산이 완료되면 같은 제품을 생산하는 경우가 많지 않다.
묶음생산 **(Batch Process)**	다양한 품목의 제품을 범용설비를 이용하여 생산한다는 면에서는 개별생산제와 유사하나 생산품목의 종류가 어느 정도 제한되어 있으며 개별생산제에서처럼 특정품목의 생산이 1회에 한정되어 있지 않고 주기적으로 일정량만큼을 생산한다는 점에서 차이가 있다.
조립생산 **(Assembly Process)**	조립라인의 형태를 취하는 제조시스템에서는 제품생산을 위한 작업이 여러 단계로 나뉘어 각 가공단계가 하나의 작업장을 이루고 있으며 품목에 관계없이 원자재에서 완제품에 이르기까지 작업순서가 거의 일정하다.
계속생산 **(Continuous Process)**	석유화학, 제지, 비료, 시멘트 등 장치산업에서 흔히 볼 수 있는 제조형태로 일단 원자재가 투입되면 막힘 없이 완제품에 이르기까지 거의 자동적으로 생산이 이루어진다. 일반적으로 대규모 설비투자가 요구되며 생산할 수 있는 품목이 몇 가지 안 되는 것이 특징이다.
프로젝트 생산 **(Project Process)**	유일하거나 독창적인 제품 생산에 사용된다. 동일한 제품이 이전에 만들어진 적이 없기 때문에 생산계획 및 일정관리가 어렵다. 자동화가 어려우며, 노동인력의 숙련도가 높아야 한다. 프로젝트의 예는 빌딩, 도로, 교량, 댐 등의 건설, 대형 비행기의 제작 등이다.

라인밸런싱

① 라인밸런싱의 의의

라인밸런싱(Line Balancing)이란 생산라인을 구성하는 각 공정(작업장)의 능력이 전반적으로 균형을 이루도록 하는 것이다. 즉, 각 공정의 소요시간이 균형을 이루도록 작업장이나 작업순서를 배열하는 것이 목적인 것으로, 제품별 배치에서 필요한 분석이다.

② 라인밸런싱의 효율성

라인밸런싱에서 효율성(능률)은 작업가능시간에 대한 실제 작업시간의 비율로 측정한다.

효율성=총과업시간/(실제작업장의 수×주기시간)

7) 새로운 생산시스템의 유형

구분	내용
셀 제조시스템 (CMS)	다품종 소량생산에서 부품설계 · 작업준비 · 가공 등을 유사한 가공물들을 집단으로 가공함으로써 생산효율을 높이는 기법. 주문생산(Job Shop)에서 생산설비들을 셀로 집단화하고 각 셀에 작업을 할당하여, 자재흐름을 유연하게 하는 것
적시 생산 시스템 (JIT)	일본 도요타 자동차회사에서 시작된 것으로, 제품이나 부품을 필요할 때 적시에 생산함으로써 재고수준을 최소화하고 생산 전반에 걸쳐 낭비를 줄이는 생산시스템 • **푸시 시스템(Push System) : 작업이 생산의 첫 단계에서 방출되고 차례로 재공품을 다음 단계로 밀어내어 최종 단계에서 완성품이 나온다.** • **풀 시스템(Pull System) : 필요한 시기에 필요로 하는 양만큼을 생산해 내는 시스템으로, 수요변동에 의한 영향을 감소시키고 분권화에 의해 작업관리의 수준을 높인다.**
유연생산 시스템 (FMS)	다품종 소량의 제품을 빠르게 생산하기 위하여, 컴퓨터에 의해 제어되고 조절됨으로써 변화하는 작업 스케줄에 신속하게 반응할 수 있는 유연성을 가진 생산시스템
동시생산 시스템(SMS) [최적 생산 기법(OPT)]	최적생산기법은 일정한 계획에 대한 시뮬레이션 기법으로, 동시생산시스템으로도 불린다. 제품이 만들어지는 것을 보여주기 위해 '제품네트워크'를 활용하며, 각 자원들의 세부내역은 '자원 명세서'에 의한다. 최적생산기법의 목표는 효율증가, 재고 감소 및 운영비용 절감 등을 동시에 달성하는 것이다.

구분	내용
컴퓨터통합 생산시스템(CIMS)	제조활동을 중심으로 하여 기업의 전체 기능을 관리 및 통제하는 기술 등을 통합시킨 것. 제조기술 및 컴퓨터 기술의 발달로 인해 종합적이면서 광범위한 개념으로 발달되었다.
모듈러 생산 시스템 (MPS)	다양하게 조립할 수 있는 부품을 표준화하여 대량으로 만들어 두고, 최소종류의 부품으로 최다 종류의 제품을 만들어낼 것을 목표로 하는 생산방식. 다품종 소량생산의 비효율성을 피하고 대량생산의 이점을 채택하려는 것이다. 자동차 부품, 전기부품, 공작기계 등의 생산에 응용되고 있다.

Point

JIT(Just In Time) 시스템의 특징에 관한 설명으로 옳은 것은? ④
① 수요예측을 통해 생산의 평준화를 실현한다.
② 팔리는 만큼만 만드는 Push 생산방식이다.
③ 숙련공을 육성하기 위해 작업자의 전문화를 추구한다.
④ Fool proof 시스템을 활용하여 오류를 방지한다.
⑤ 설비배치를 U라인으로 구성하여 준비교체 횟수를 최소화한다.

2. 생산시스템의 설계

생산관리활동은 ① 생산기술의 선택, 설비의 배치, 입지의 선정, 작업장의 설계 등과 같은 생산시스템의 설계와 ② 생산계획, 재고관리, 품질관리와 같은 생산시스템의 운영에 관한 문제로 나누어 볼 수 있다.

1) 공정의 분석과 설비의 배치

(1) 공정의 분석

① 새로운 기계설비를 배치하거나 기존 공정의 재배치를 통해 공정의 효율성을 개선하고자 하는 경우에도 반드시 거쳐야 할 과정이다. 공정의 분석을 효과적으로 도모하기 위해서는 제품의 특징과 구조에 관한 전반적인 자료를 갖추어야 하는데, 이 같은 용도에 사용할 수 있는 대표적인 기법으로 흐름공정표를 들 수 있다.

② 흐름공정표(Flow process chart)

㉠ 생산에 필요한 작업뿐만 아니라 제조공정 또는 서비스공정에서 발생할 수 있는

운반, 검사, 대기, 저장 등의 활동까지 기호를 이용하여 그림으로 나타낸 것이다.

㉡ 흐름공정표는 제조공정 전체를 나타내는 데 이용하기도 하지만 공정의 한 부분만을 자세히 나타내고, 대기시간, 운반시간 등을 상세히 기록함으로써 부분적인 공정개선에 이용되는 경우도 많다.

③ 공정 분석 시 검토사항

㉠ 불필요한 작업들은 없는지, 단순화할 수 있는지 여부

㉡ 작업 자체를 재설계함으로써 소요시간을 단축할 수 있는지 여부

㉢ 설비배치를 변경함으로써 운반시간을 줄일 수 있는지 여부

(2) 설비배치의 유형

설비배치의 유형은 작업처리과정의 특징에 따라 크게 공정별 배치, 제품별 배치, 제품그룹별 배치로 나누어 볼 수 있다.

설비배치 유형	내 용
공정별 (기능별) 배치 (Process Layout)	**개별생산제에서 흔히 볼 수 있는 배치형태로 같은 기능을 수행하는 기계설비가 한 작업장에 모여 있는 형태이며 제품의 종류가 다양하고 일회 생산량이 적은 다품종 소량생산 시스템에 알맞으며 일반적으로 범용기계설비의 배치에 이용된다.** **• 설비투자액이 적게 든다.** **• 제품의 수정과 수요변동에 신축적으로 대응할 수 있다.** **• 주문생산에 의한 단속생산 시스템에 자주 사용되는 형태이다.** **• 유사한 작업을 수행하는 기계와 활동을 유형별로 모아 놓은 것으로서 다품종 소량생산에 적합하다.** **• 일정계획을 수립하기 어려워 공정관리가 복잡한 단점이 있다.** **• 여러 품목을 동시에 생산할 수 있기 때문에 다른 배치형태보다 설비가동률이 높다.**
제품별 배치 (Product Layout)	석유화학, 제지공장 등과 같은 계속공정이나 자동차, 전기 전자 등의 조립공정에 주로 이용되는 형태로 일반적으로 생산라인이라 불리는 제조시스템에서 볼 수 있는 배치형태이며 특정품목을 생산하는 데 필요한 기계설비가 작업 순서대로 배치되어 있어 표준화된 제품을 반복 생산하는 경우에 주로 이용된다. **• 연속적인 대량생산, 한정품 생산에 적합** **• 생산순서별로 기계설비가 배치되어 있어, 작업장 간의 이동시간이 짧아지고 대기시간 역시 현격히 줄어든다.** **• 소품종 대량생산체제에 적합하며 생산계획 및 통제가 용이하다.** **• 설비공정 중에 부분 운휴가 생기면 전체 생산라인이 중단되는 단점이 있다.**

설비배치 유형	내 용
제품별 배치 (Product Layout)	• **라인밸런싱(Line balancing) - 생산라인을 구성하는 각 공정(작업장)의 능력이 전반적으로 균형을 이루도록 하는 것이다. 각 공정의 소요시간이 균형을 이루도록 작업장이나 작업순서를 배열하는 것이 목적** 라인밸런싱은 제품별 배치에서 필요한 분석이다.
제품그룹별 배치	제품별 배치의 특징을 공정별 배치에 가미하여 자재의 운반, 대기시간을 줄이는 한편 다양한 품목을 생산할 수 있도록 고안된 설비배치의 형태로, 그룹별 배치는 생산공정 또는 제품구조의 특성에 따라 생산품목을 몇 개의 그룹으로 나누어 각 그룹별로 생산설비를 배치하는 방법

(3) 배치유형의 선택

① 일반적으로 개별, 묶음, 조립, 계속생산제 등으로 분류될 수 있는 생산공정의 유형이 결정되면 선택할 수 있는 배치유형의 종류는 제한된다. 개별생산 시스템에 제품별 배치 형태를 도입할 수 없고, 조립공정에 공정별 배치형태를 취하는 것도 무리이다.

② 생산하고자 하는 품목수가 적고, 작업장 간의 재공품 이동이 용이하며, 필요생산량이 상대적으로 많은 경우에는 제품별 배치가 적절할 것이며, 다양한 품목을 소량 생산하고자 하는 경우에는 공정별 배치가 적합하다.

③ 제품그룹별 배치는 공정별 배치와 제품별 배치의 중간형태로 이들 두 배치형태의 장점만을 취하고자 하는 배치유형이므로 공정별 배치를 취할 만큼 품목수가 많지도 않으나, 제품별 배치를 선택할 만큼 1회 생산량이 많지 않은 경우에 이용될 수 있다.

공정별 배치의 장점에 관한 설명으로 옳지 않은 것은? ①
① 생산시스템의 계획 및 통제가 단순하다.
② 다양한 생산공정으로 신축성이 크다.
③ 범용설비는 비교적 저렴하므로 초기 투자비용이 크지 않다.
④ 하나의 기계가 고장나도 전체시스템은 크게 영향을 받지 않는다.
⑤ 종업원들에게 다양한 과업을 제공해 줄 수 있어서 직무의 권태감을 줄일 수 있다.

2) 작업의 설계와 시간의 측정

(1) 작업환경 및 작업방법의 설계

인간의 물리적 수행능력을 고려하여 작업장, 작업대, 작업도구, 기계 등을 설계함으로써 생산성을 증가시키고자 하는 데 중점을 두는 연구 분야로 인간공학을 들 수 있다. 인간공학의 목적은 작업의 속도, 정확성, 안전성을 향상시켜 작업에 따른 피로감을 줄임과 동시에 작업능률을 향상시키며 기술습득에 소요되는 시간과 비용을 줄이고 인간의 실수에 의한 사고를 방지하려는 데 있다.

(2) 작업시간의 측정

① 표준작업시간의 중요성

작업방법에 대한 설계가 완성되면 이를 실제 작업에 도입할 때 예상되는 작업시간을 측정해야 한다. 표준작업시간은 작업자의 성과 측정, 임금 결정, 설비투자계획에서 일정계획의 수립까지 중요하게 쓰인다.

② 작업시간 측정의 목적

작업자의 성과측정 및 임금결정, 생산계획의 수립, 제조원가의 결정, 생산목표의 달성을 위해 필요한 작업자 수와 설비능력의 결정으로 요약해 볼 수 있다.

③ 작업시간 측정방법

작업시간을 측정하는 방법으로는 크게 과거자료의 이용, 시간연구, 워크샘플링, 그리고 표준자료를 통한 측정법 등을 들 수 있다.

측정방법	내 용
과거자료의 이용	• 과거에 수집된 자료를 통계적으로 분석함으로써 작업시간을 추정하는 방법 • 이 방법에 의해 결정된 작업시간은 표준시간이 될 수 없다. • 감독자나 조장들이 실제 소요된 작업시간을 기록 · 수집하기 때문에 전문요원이 동원될 필요가 없으나 어떤 표준이 존재하지 않기 때문에 상당한 오류를 범할 가능성이 높다.
시간연구 (Time Study)	• 스톱워치나 비디오테이프를 이용해 작업을 관찰하고 분석함으로써 표준시간을 도출해 내고자 하는 방법 • 작업을 여러 개의 기본요소로 구분해 놓고 각 요소에 소요되는 시간을 여러 번 측정한 뒤 개인적인 차이, 피로, 여유시간 등을 감안하여 표준시간을 산정
워크샘플링 (Work Sampling)	• 시간연구에서와 같이 작업 자체를 계속적으로 관찰하는 것이 아니라 관측시점을 무작위로 선정하여 순간적으로 관찰한 뒤 그 상황을 추정하는 방법 • 즉, 어떤 특정작업을 100번 관측했을 때 기계를 사용하고 있는 경우가 40번으로 기록되었다면 총 사이클 시간의 40%는 바로 이 작업요소에 소요된다는 것이다. • 일반적으로 비반복적인 성격을 띤 작업에 주로 적용되며, 시간연구에서와 같이 시간과 비용이 많이 소요된다는 것이 문제점으로 지적된다.

측정방법	내 용
표준자료 측정법	• 주어진 작업을 세밀히 분석하여 여러 개의 기본 동작요소로 나눈 다음, 각 동작요소의 소요시간을 합산하여 표준작업시간으로 이용하는 방법 • 여기서 각 기본동작의 소요시간은 그 기업 내의 과거자료를 이용하여 추정할 수도 있고 MTM(Method Time Measurement)과 같이 각 동작에 대해 미리 결정된 표준시간을 이용하여 측정할 수도 있다. • MTM은 기본동작의 성격과 조건에 따라 다양한 표준시간차를 결정해 놓고 이를 이용하는 방법으로 주어진 작업을 세부적인 기본동작으로 분해할 수만 있다면 작업의 표준시간은 MTM의 자료목록에서 직접 계산해 낼 수 있다.

3) 생산능력

(1) 생산능력의 개념

① 설계능력

이상적인 조건하에서 일정기간 동안에 달성할 수 있는 최대의 생산량으로 설비의 설계명세서에 명시되어 있는 생산능력을 말한다.

② 유효능력

주어진 품질표준, 일정상의 제약여건하에서 일정기간 동안에 달성 가능한 최대의 생산량을 말한다. 정상적인 작업조건을 반영하여 설계능력을 감소시킨 것으로 일반적으로 설계능력보다는 적다.

③ 실제생산량

일정기간 동안에 생산설비가 실제로 달성한 생산량을 말하는 것으로 일반적으로 설계능력이나 유효능력보다는 적다.

설계능력 ≥ 유효능력 ≥ 실제 생산량

(2) 생산시스템의 효과성 평가

① 생산능력 효율성

유효능력에 대한 실제 생산량을 나타내는 것으로, 기업이 생산시스템을 얼마나 잘 이용하고 있는가에 대한 척도이다. 시스템 능률이라고도 한다.

생산능력 효율성=실제 생산량/유효능력

② 생산능력 이용률

설계능력에 대한 실제 생산량을 나타내는 것으로, 기업이 설계능력(최적조업도)에 가깝게 생산능력을 이용하고 있는가를 나타내준다.

> 생산능력 이용률=실제 생산량/설계능력

(3) 최적조업도

최적조업도(Best operating level)는 공정을 설계하는 시점에서의 목표생산능력 수준으로, 단위당 평균원가를 최소로 하는 산출량이다.

3. 수요예측

기업의 활동과 관련된 여러 가지 유형의 장 · 단기 계획을 수립하는 데 필수적인 기초자료를 제공한다.

1) 수요에 영향을 미치는 주요 요인

① 경기변동

수요는 회복기, 호황기, 후퇴기, 불황기 등의 4국면을 거치는 경기변동에서 경제가 어떤 시기에 있느냐에 따라 달라진다.

② 제품수명주기

㉠ 하나의 제품이 시장에 도입되어 폐기되기까지의 과정을 말한다. 도입기 · 성장기 · 성숙기 · 쇠퇴기의 과정으로 나눌 수 있다.

㉡ 제품이나 서비스는 처음 도입되어 시간이 경과함에 따라 제품수명주기(PLC : Product Life Cycle)를 거치는데, 제품이 어느 단계에 있느냐에 따라 수요가 영향을 받는다.

③ 기타 요인

광고, 판매활동, 품질, 경쟁업체의 가격, 소비자의 신뢰와 태도 등이 있다.

(주)한국산업의 공장은 한 작업자가 1시간에 20개의 제품을 생산하도록 설계되어 있다. 이번 달 가동률은 80%이며, 생산량은 8,000개였다. 작업자가 5명이고, 하루 8시간, 한 달에 25일 작업한다고 할 때, 이 공장의 생산효율은? ③

① 30%　② 40%　③ 50%
④ 70%　⑤ 80%

2) 수요예측의 방법

예측 기법	내 용
정성적 기법	개인의 주관이나 판단 또는 여러 사람 의견에 의하여 수요를 예측하는 방법. 신제품이 처음으로 출시될 때처럼, 과거의 자료가 충분하지 않거나 신뢰할 수 없는 경우에 유용하다. 델파이법, 패널 동의법, 역사적 유추법, 시장조사법 등이 있다.
정량적 기법	수치로 측정된 통계자료에 기초하여 계량적으로 예측하는 방법. 인과형 모델과 시계열 분석이 있으며, 주로 단기 예측에 많이 사용된다.

(1) 정성적 기법

① **델파이법**(Delphi Method)

㉠ 예측하고자 하는 대상의 전문가 집단을 선정한 다음 이들에게 여러 차례 설문지를 돌려 의견을 수렴하여 예측한다.

㉡ 시간과 비용이 많이 드는 단점이 있으나, 불확실성이 크거나 과거의 자료가 없는 경우에 사용된다. 생산능력, 설비계획, 신제품 개발, 시장 전략 등을 위한 장기예측이나 기술예측에 적합하다.

② **패널 동의법**(Panel Consensus)

오랜 경험과 전문적인 지식을 갖춘 전문가들이 의견을 교환하여 일치된 예측결과를 얻는 방법. 단기간에 저렴한 비용으로 예측결과를 얻을 수 있다.

③ **역사적 유추법**(Historical Analogy)

㉠ 신제품과 비슷한 기존 제품의 제품 수명주기인 도입기, 성장기, 성숙기, 쇠퇴기의 단계에서 수요변화에 관한 과거의 자료를 이용하여 수요의 변화를 유추하는 방법. 수명주기 유추법 또는 자료 유추법이라고도 한다.

㉡ 중·장기 수요예측에 적합하며, 비용이 적게 든다. 단, 신제품과 비슷한 기존 제품을 어떻게 선정하는가에 따라서 예측결과에 큰 차이가 있다.

④ **시장 조사법**(Market Research)

㉠ 시장에 대해 조사하려는 내용의 가설을 세운 뒤에 설문지, 직접 인터뷰, 전화조사, 시제품 발송 등을 통해 소비자 의견을 조사하여, 가설을 검증한다.

㉡ 정성적 기법 중 가장 시간과 비용이 많이 들지만, 비교적 정확하다는 장점이 있다.

⑤ **판매망 활용 예측법**

㉠ 제품이나 서비스를 구입하고 사용하는 고객과 직접 접촉하는 일선판매망(Grass Roots) 혹은 판매요원의 개별 예측치들을 합성하여 예측치를 구하는 방법

㉡ 부서 또는 판매담당자들의 예측치를 계측적으로 합성하여 예측치를 구하기 때문에 예측의 오류가 누적되어 실제와 편차가 커질 위험성이 있다.

㉢ 현장에서의 고객들의 반응을 효과적으로 반영할 수 있고, 예측의 신속성과 용이성이 높아 현실적으로 널리 활용되고 있다.

(2) 정량적 기법

① **시계열 분석법**(Time Series Analysis)

㉠ 과거의 역사적 수요에 입각하여 미래의 수요를 예측하는 방법. 과거의 패턴이 미래에도 계속될 것이라는 가정하에서 과거의 패턴을 분석하여 수요를 예측한다.

㉡ 단, 과거의 수요 패턴이 장기간 계속적으로 유지된다고 보기는 힘들기 때문에 주로 단기와 중기 예측에 쓰인다.

㉢ 추세변동(T), 순환변동(C), 불규칙변동(R), 계절변동(S) 등으로 구성되는데, 여기서 불규칙변동은 시계열의 고려대상에서 제외한다.

㉣ 시계열 분석법에는 이동평균법(단순 이동평균법, 가중 이동평균법), 지수평활법 등이 있다.

② **단순 이동평균법**(Simple Moving Average Method)

최근 몇 기간 동안의 시계열 관측치의 평균을 다음 기간의 예측치로 사용하는 방법

③ **가중 이동평균법**(Weight Moving Average Method)

최근 몇 기간 동안의 시계열 관측치에서, 오래된 값보다 최근의 값에 가중치를 좀 더 주어 가중 평균한 값을 예측치로 사용하는 방법

④ **지수 평활법**(Exponential Smoothing)

㉠ 가장 최근의 값에 가장 많은 가중치를 두고, 자료가 오래될수록 가중치를 급격하게 감소시키면서 예측하는 방법으로, 단기예측에 유용한 기법이다.

㉡ 가중 이동평균법의 단점을 해소하기 위해 평활상수를 이용해 현재에서 과거로 갈수록 더 적은 비중을 주는 방법을 채택하고 있다.

㉢ 평활상수를 α로 표시하면 지수평활법에 의한 예측(C)은 다음의 식으로 구할 수 있다.

$$C = \alpha \times \text{전기의 실적치} + (1-\alpha) \times \text{전기의 예측치}$$

⑤ **인과형 예측기법**

㉠ 과거의 자료에서 수요와 밀접하게 관련되어 있는 변수들을 찾고, 수요와 이들 변수 간의 인과관계를 분석하여 미래수요를 예측한다.

㉡ 회귀분석, 계량경제모형, 투입-산출모형, 시뮬레이션 모형 등이 있다.

⑥ **회귀분석법**

종속변수의 예측에 관련된 독립변수를 파악하여 종속변수와 독립변수의 관계를 방정식으로 나타내는 것이다. 과거의 수요 자료가 어떤 변수와 선형의 관계가 있다고 가정하고 관계를 찾아 미래의 수요를 예측하려는 방법이다. 인과형 예측기법의 대표적인 기법이다.

4. 생산계획의 수립과 통제

생산계획이란 수요예측을 기초로 하여 언제 어떤 제품을 얼마만큼 생산할 것인가를 결정하는 과정으로 계획기간의 길이에 따라 총괄생산계획, 기준생산계획, 일정계획으로 나눌 수 있다.

1) 총괄생산계획(Aggregate Production Planning)

① 수요예측의 정확도가 떨어지는 계획 초기에는 총괄생산계획을 수립하게 되는데 이는 작업자, 생산모델, 제품 등을 개별적으로 구별하여 고려하지 않고 제품과 생산공정의 특징에 따라 하나 또는 몇 개의 제품그룹으로 나누어 수립하는 계획이다.

② 총괄생산계획은 총생산비를 최소로 하는 생산율, 노동력 규모 및 재고수준의 최적의 조합을 찾는 것을 목적으로 하고 있다.

③ 보통 6개월에서 1년까지의 기간을 대상으로 하는 중기 또는 중·단기계획으로, 기업의 생산능력을 거시적으로 파악하여 수요예측에 따른 생산목표를 효율적으로 달성할 수 있도록 생산시스템의 능력, 즉 생산율(생산능력 및 하청), 고용수준, 재고수준 등을 총괄적으로 결정하고 조정하려는 계획이다.

④ 중기 또는 중·단기 계획이므로 공장시설과 같은 유형의 시설은 일정한 것으로 전제한다. 따라서, **총괄생산계획에서 수요의 변동은 근로자의 고용이나 해고, 잔업 또는 조업단축, 재고의 증감 및 하청 등의 통제 가능한 변수에 의존하게 된다.**

⑤ **생산능력계획과 같은 장기계획의 영향을 받고, 일정계획이나 자재소요계획(MRP)같은 단기계획에 영향을 준다.**

⑥ **총괄생산계획에서 고려해야 할 생산전략**

㉠ 평준화 전략 : 생산율과 고용수준을 일정하게 유지시키고 재고를 사용하여 수요의 변화를 흡수한다.

㉡ 추종전략(수요추구전략) : 수요의 변화에 대응하기 위하여 채용이나 해고를 통해 노동력 규모를 변화시켜 생산율을 조절하고 재고는 안전재고 수준만을 보유한다.

㉢ **잔업과 유휴시간 이용 : 노동력 규모를 유지시키고 대신 잔업이나 단축노무 등으로 생산시간을 조절하여 생산율을 변동시킴으로써 수요의 변화에 대응한다.**

㉣ **하청 이용 : 생산율과 고용수준은 일정하게 유지하고 하청을 이용하여 수요의 변화에 대응한다.**

⑦ **총괄생산계획에서의 비용요소**

㉠ 기본 생산비 : 일정 기간 동안 정상적 생산 활동을 통해 일정량을 생산할 때 발생하는 공정비 및 공정생산비로 정규작업대금 및 기계준비비 등이 포함된다.

㉡ 생산율 변동비용 : 기존 생산율을 변동시킬 경우에 발생하는 비용으로 고용 · 해고비용, 하청비용, 잔업비용 등이 포함된다.

㉢ **재고비용**

- 재고유지비 : 보유 중인 재고유지를 위한 창고운영비, 세금, 보험금, 감가상각비 등이 포함된다.
- 기회손실비 : 자본이 재고에 묶임으로 인해 상대적으로 취득할 수 있는 기회이익의 손실을 의미한다.

㉣ **재고부족비용 : 수요에 대응할 재고가 없을 경우에 발생하는 판매수익의 손실, 미납주문, 신뢰도 상실 등을 의미한다.**

2) 기준생산계획(MPS ; Master Production Schedule)

① 기준생산계획은 자재관리, 작업자관리, 부품 및 원자재 생산, 그리고 구매계획의 결정 등에 중요한 역할을 하게 되며 매일의 일정계획의 작성에도 지대한 영향을 미치게 된다.

② 총괄생산계획에서 제품으로 한 단계 세밀하게 계획을 세우는 것으로, 어떤 모델을 언제, 몇 개 만들겠다는 계획을 세운다.

③ 일반적으로 제조기업에서의 생산계획이란 바로 이 기준생산계획을 의미하는 경우가 많다.

④ 기준생산계획의 수립방법은 계획생산이냐, 주문생산이냐 또는 주문조립생산이냐에 따라 다소 달라진다.

구 분	내 용
계획생산 (Make to Stock)	• 소비재를 생산하는 기업이 주로 이에 해당한다. • 생산준비시간을 절감하고 생산성을 높이기 위해 유사한 품목들을 묶어서 같이 생산하기도 한다.

구 분	내 용
주문생산 (Make to Order)	• 대개 완제품 재고를 가지고 있지 않으며 고객의 주문이 확정되어야만 생산에 들어간다. • 고객의 요구사항을 미리 정확히 예측하기 어렵기 때문에 제품을 주문한 고객은 상당시간 기다릴 것을 예상한다. 이 경우 주 생산일정계획은 고객의 주문을 구성하는 최종 품목들의 수량으로 정의한다.
주문조립생산 (Assemble to Order)	자동차 조립과 같이 다수의 기본적인 부품과 반제품을 조립하여 다양한 제품을 만드는 경우 최종제품에 대한 주 생산일정계획을 수립하기 보다는 엔진, 기어, 몸체 등과 같이 중요 부품에 대해서만 주 생산일정계획을 작성하고 최종작업과정인 자동차조립은 최종 조립스케줄을 통해 별도로 운영한다.

3) 일정계획

(1) 일정계획 개요

① 생산능력이나 자원(장비, 노동력 및 공간)을 시간에 따라 주문, 활동, 작업 또는 고객에 할당하는 단기의 생산능력계획이다. 구체적으로 무엇이, 언제, 누구에 의해, 어떤 장비를 사용하여 이루어지는가를 나타낸다. 일정계획은 대상 기간이 몇 달, 몇 주, 며칠 또는 몇 시간인 단기계획이다.

② 사용 가능한 인적・물적 자원이 한정되어 있다는 전제하에 처리해야 할 작업들의 순서를 결정하는 과정이다.

③ 생산설비가 제한되어 있다 하더라도 생산할 품목이 단 하나라면 일정계획의 대상이 되지 못한다.

(2) 간트차트(Gantt chart)에 의한 일정계획

① 간트차트의 의의

도표에 의한 일정계획 및 통제기법으로 시간 차원에서 생산할 양을 작업별・기계별・작업자별 등 여러 가지 관점에서 작업의 순위와 할당결과를 나타내어, 이들을 실적과 대비하여 통제할 수 있도록 하는 기법이다.

② 간트차트의 원리

계획량과 실적이 모두 직선으로 표시되고, 직선으로 시간의 길이와 작업의 진척도를 표시한다. 따라서 직선 하나로 시간의 동일성, 작업계획량의 변화, 작업실적의 변화를 나타낼 수 있다. 간트차트는 단순한 상호관계만 있는 작업에 대해서만 일정계획 수립 및 통제가 가능하다.

(3) LOB(Line of balance)법

연속생산시스템의 통제에 유용한 기법으로 부분품과 반제품의 생산실적을 도표화하여 작업진척별 예상납기일을 최종제품의 납기일과 비교함으로써 납기지체를 발생시킨 작업장에 대해 조치를 취하려는 기법이다. 납기불이행을 제공한 작업장을 중점관리하는 기법이다.

(4) 작업우선순위의 결정

① 하나의 작업장을 거치는 경우

㉠ 선착순 규칙 : 작업은 작업장에 도착한 순서대로 처리한다.

㉡ 최단처리시간 규칙 : 처리시간이 짧은 순서대로 작업순서를 결정한다.

㉢ 최소납기일 규칙 : 납기일이 가까운 순서대로 작업순서를 결정한다.

㉣ 최고여유시간 규칙 : 여유시간이란 납기일까지 남아있는 시간에서 잔여처리시간을 뺀 시간으로, 여유시간이 가장 짧은 작업부터 우선 처리한다.

㉤ 긴급률 규칙 : 긴급률이란 현재부터 납기일까지 남아 있는 시간을 잔여처리시간으로 나눈 비율을 의미하며, 긴급률이 가장 낮은 작업부터 우선적으로 처리한다.

② 작업순서의 효율성 평가기준

㉠ 총완료시간 : 모든 작업이 완료되는 시간으로, 총완료시간은 짧을수록 좋다.

㉡ 평균완료시간 : 평균완료시간은 짧을수록 좋다.

㉢ 시스템 내 평균작업수 : 작업장 내에 머무는 작업수가 많을수록 보관 장소가 더 많이 필요하고 작업장 내부가 혼잡해지므로 효율성이 떨어진다.

㉣ 평균납기지연 : 평균납기지연은 짧을수록 좋다.

㉤ 유휴시간 : 작업장, 기계 또는 작업자의 유휴시간은 짧을수록 좋다.

5. 재고관리

재고란 미래의 생산에 사용하거나 또는 판매를 하기 위해 보유하는 원자재, 재공품(제조공정에 투입되었으나 아직 완제품의 형태를 띠지 못하는 반가공상태의 제품), 완제품, 부품 등과 조직의 운영을 위해 보유하는 소모품까지도 포괄하는 개념이다.

1) 재고의 기능(목적)

① 계속적인 수요에 대비하여 재고를 비축하는 경우

② 구매비용이나 생산준비비용을 줄이기 위해 많은 양의 제품을 구매 또는 생산하는 경우

③ 물건의 조달기간 또는 그 기간 동안 수요가 불확실한 경우를 대비하여 재고를 비축하여 예상 외의 경우에 대비하는 경우
④ 여러 단계의 제조 공정을 거치는 제품의 경우 기계설비의 고장이나 사고에 대비하여 각 제조공정에 어느 정도의 재공품을 보유하는 경우

2) 재고의 공정의 진행 상태에 따른 분류

① 원재료(Raw Materials) : 외부공급업체로부터 조달받아서 공정에 투입하기 전의 상태에 있는 재고
② 재공품(WIP ; Work-In-Process)재고 : 생산프로세스에 투입되어 가공이나 조립이 진행 중인 상태에 있는 재고
③ 완성품(Finished Goods) : 공정의 전과정을 마쳐서 유통센터로 보낼 수 있는 상태의 재고

3) **재고의 기능에 따른 분류**

① **안전재고**(Safety Stock Inventory) : 완충재고라고도 하며, 일반적으로 수요와 공급의 변동에 따른 불균형을 방지하기 위해 유지하는 계획된 재고 수량. 제품 수요, 리드타임, 공급업체의 불확실성에 대비하는 재고
② **운송재고**(Pipeline inventory) : 현재 수송 중에 있는 품목들에 대한 재고, 운송 중인 재고
③ **예비재고** : 수요의 상승을 기대하여 의도적으로 사전에 비축하여 대비하는 재고. 계절적 수요 대응, 계획적인 공장 가동 중지를 대비하여 자재나 제품을 사전에 준비하는 경우에 발생. 예상재고, 계절재고라고도 함
④ **주기재고**(Cycle inventory) : 재고품목을 주기적으로 일정한 로트단위로 발주하여 발생되는 재고. 경제적 구매를 위하여 필요량보다 많은 양을 구입하거나 생산하여 주문, 생산 준비회수를 줄임으로써 주문비용을 절감하고자 한다. 통상적인 수요충족을 위해 보유하는 재고로 단위량의 크기가 증가할 경우, 평균적인 사이클 재고의 크기는 늘어나게 된다.
⑤ **분리재고** : 생산을 동일하게 맞춰 나갈 수 없는 이웃하는 공정이나 작업들 사이에 필요한 재고이다.
⑥ **투기재고** : 원자재의 부족 내지는 고갈이나 인플레이션 등에 따른 가격인상에 대비하여 미리 확보해두는 재고이다.
⑦ **운전재고** : 한번 주문(생산)한 양으로 다시 주문할 때까지 이용하는 동안에 재고가 존재하는데, 이 재고를 운전재고 또는 경제적 주문량(생산량)재고라고 한다.

4) 적정재고량

① 적정재고량의 결정요인

㉠ 고객 수요량(수요 예측) : 어떤 특정 시점에서 소매업체가 결정해야 할 상품별 재고량은 각 상품별 고객 수요량에(예상 판매량)에 근거해야 한다. 고객 수요량은 각 상품의 분기별 · 월별 판매예측치로 표시된다.

㉡ 상품 투하자금 : 투하자금은 재고투자액의 크기를 의미한다. 재고의 증가는 상품 투하자금을 증가시켜 자본효율을 저하시킨다. 상품 회전율(=매출액/평균재고액) 또는 재고자산 회전율은 재고투자의 효율을 건전한 상태로 유지시키는 지표가 된다.

㉢ 재고비용의 경제성 : 재고비용은 재고발주비와 재고유지비의 합계이다. 재고비용이 극소화되도록 구매수량을 결정한다.

② 재고회전율

㉠ 재고회전율이란 평균적으로 보유하고 있는 재고자산이 판매를 통해 특정 기간 동안 회전되는 횟수를 말한다. 효율적인 재고관리를 위한 지표가 된다.

㉡ 재고회전율은 순매출을 평균재고로 나눈 값이며, 평균재고는 각 월의 재고합계를 개월수로 나눈 값이다. 재고회전율이 빠르면 빠를수록 수익성은 향상되며 자금흐름 또한 원활하게 된다.

5) 재고관리

① 재고관리란 수요에 신속히, 경제적으로 적응할 수 있도록 재고를 최적상태로 관리하는 절차를 말한다.

② 재고량을 경제적 관점에서 가능한 최저로 유지하는 것이 바람직한 재고관리이다. 수요를 충족시키면서 총 재고비용을 최소로 하는 것이 재고관리의 기본목표이다.

6) 재고관리비용

① 재고와 관련해서 발생하는 비용으로는 크게 품목비용, 주문비용 또는 생산준비비용, 재고유지비용, 재고부족비용 등을 들 수 있는데, 이들 비용은 기본적으로 재고관리시스템의 선택 및 운영방침에 결정적으로 영향을 미치게 된다.

② **재고보유는 보관비 등의 재고유지비용은 물론 재고준비비용 및 운반비 등의 발주비용(주문비용)을 발생시킨다.**

구 분	내 용
품목비용	재고품목 그 자체의 구매비용 또는 생산비용을 말함. 단가에 구매수량 또는 생산수량을 곱한 값으로 표현
주문비용	재고품목을 외부에 주문과 관련해서 직접적으로 발생되는 비용으로 구매처 및 가격의 결정, 주문에 관련된 서류작성, 물품수송, 검사, 입고 등의 활동에 소요되는 비용. 주문량의 크기와 관계없이 항상 일정하게 발생하는 고정비 성격의 비용으로 간주
재고준비비용	재고품목을 기업 내에서 생산하는 경우에 발생하는 비용. 생산량의 크기와 관계없이 항상 일정하게 발생하는 비용으로 간주
재고유지비용	**재고를 유지 · 보관하는 데 소요되는 비용으로 재고유지비용 중 가장 큰 비중을 차지하는 항목은 이자비용 또는 자본비용으로 현금이나 유가증권 등의 유동자산으로 가지고 있지 않고 재고형태로 자금이 묶임으로써 지출하는 비용이다. 재고유지비용에는 창고사용료, 보험, 세금, 진부화 및 파손 등에 따른 비용도 포함**
재고부족비용	재고 부족으로 인해 발생하는 판매손실 또는 고객의 상실 등을 의미한다. 제조기업인 경우 재고부족비용으로 조업중단이나 납기지연으로 인한 손실액까지 포함

7) ABC분류

① **재고품목수가 너무 많아 효율적인 재고관리를 하기 힘든 경우 ABC분류방식을 사용하면 큰 효과를 볼 수 있다.**

② **ABC분류란 재고품목을 누적매출액과 누적품목수를 기준으로 하여 3개의 그룹으로 나누어 관리하는 방식을 말한다.** ABC분류에서 A품목은 상대적으로 품목수가 적으나 매출액 비율이 높은 품목들이며, C품목은 이와 반대로 품목수가 많으나 매출액 비율이 낮은 품목들이고. B품목은 A와 C 사이에 위치하는 품목들이다.

③ ABC분석의 효용성은 재고관리시스템의 선택 및 운영에 큰 도움을 줄 수 있다는 데에 있다. A품목은 상당한 투자를 요구하는 품목들이므로 재고흐름에 대한 정확한 정보를 지속적으로 수집, 유지할 필요가 있다. 즉, 재고의 입출고, 실사, 주문량의 결정 등에 상당한 주의를 기울여야 한다. 이에 반해 C품목은 주문량의 확대에 따른 가격할인이나 수송비 절감 등을 적극적으로 도모해야 하며 재고실사도 주기적으로 간단히 하면 된다. B품목에 관한 통제는 C품목보다는 관심을 높여야 하겠지만 A품목의 관리만큼 주의를 기울일 필요는 없다. 다시 말해, A품목은 집중적인 재고관리, B품목은 보통수준의 재고관리, C품목은 단순한 재고관리를 한다. ABC분류기법은 모집단특성의 80%는 20%의 구성원에 의해서 결정된다는 소위 '파레토(pareto)의 80~20법칙'을 적용한 것이다.

즉, 전체재고가치의 80%는 일반적으로 전체품목수의 20%에 해당하는 주요 재고품목으로부터 발생한다는 것을 의미한다. ABC분류기법의 개략적인 분류기준은 다음과 같다(Gaither와 Frazier, 2002)

㉠ A등급 : 전체의 20%에 해당하는 재고품목으로서 연간 총재고가치의 75%를 차지하는 품목. 어느 품목의 연간 총재고가치는 단위구매비용에 연간 수요량을 곱하여 산출한다.

㉡ B등급 : 전체의 30%에 해당하는 재고품목으로서 대략 연간 총재고가치의 20%를 차지하는 품목

㉢ C등급 : 전체의 50%에 해당하는 재고품목으로서 대략 연간 총재고가치의 5%를 차지하는 품목

Point

재고 및 재고관리에 관한 설명으로 옳지 않은 것은? ⑤

① 고객의 불확실한 예상수요에 대비하기 위한 재고를 안전재고(Safety Stock)라고 한다.
② 작업의 독립성을 유지하고 생산활동을 용이하게 하기 위해 재고관리가 필요하다.
③ 경제적 주문량모형(EOQ)은 재고모형의 확정적 모형 중 고정주문량모형에 속한다.
④ 고정주문량모형(Q시스템)에서는 재고수준이 미리 정해진 재주문점에 도달하면 일정량 Q만큼 주문한다.
⑤ ABC 재고관리에서는 재고품목을 연간 사용량에 따라 A등급, B등급, C등급의 세 가지 유형으로 분류한다.

8) 재고관리시스템

재고관리시스템은 재고로 보유하는 품목의 수요가 독자적으로 발생하는 독립수요품목이냐 또는 다른 품목의 수요에 의해 결정되는 종속품목의 수요이냐에 따라 그 구조가 상당히 다르다. 독립수요품목이란 그 품목에 대한 수요가 제조조직의 운영과는 상관없이 시장수요에 의해 독자적으로 발생하는 품목을 의미하며 독립수요품목의 관리방식으로는 정기실사제와 계속실사제가 있으며, 종속수요품목의 관리에는 자재소요계획이 많이 쓰인다.

관리방식	내용
정기실사제	• 백화점, 슈퍼마켓 등 많은 품목을 판매하는 기업에서 흔히 볼 수 있는 재고관리시스템으로 미리 날짜를 계획해 두고 주기적으로 재고를 실사한다. • 재고 실사 후, 다음 재고 실사일까지의 수요와 현 재고를 감안하여 필요한 양을 주문하거나 생산하게 되어 주문량은 매번 다른 경우가 많다.
계속실사제	• 재주문점제라고도 불리는 이 시스템에서는 계속적으로 재고를 관찰하여 재고가 미리 결정된 수준으로 떨어지면 일정량을 주문 또는 생산하여 적정수준으로 회복시키게 된다. 여기서 주문의 시점을 결정하게 되는 재고수준을 재주문점이라고 한다. 계속실사제를 사용하기 위해서는 재주문점과 주문량을 결정하는 방법이 설정되어야 한다. 정확한 수요예측이 어려울 때 재고관리를 위한 전통적인 재고모델이다. • 재주문점은 주문한 상품이 도착할 때까지 걸리는 시간 동안에 발생할 수요와 재고부족이나 과잉에 따른 비용을 모두 감안하여 결정한다. 한편 주문량은 재고유지비용과 주문비용을 감안하여 결정한다.
자재소요계획	• 제조기업에서 원자재와 부품의 수급계획에 쓰일 수 있는 대표적인 시스템 • 기본원리는 주 생산일정계획을 토대로 하여 원자재와 부품의 소요량을 정확히 계산한 뒤, 가능한 적정 재고수준에 맞추어 주문량 또는 생산량과 그 발주시기를 결정하는 것이라 할 수 있다. 따라서 시스템을 운영하기 위해서는 어느 제품이 언제 생산되고 어느 원자재, 부품이 언제, 얼마만큼 소요될 것이고 이들의 조달에 얼마나 긴 시간이 소요될 것인가에 대한 정확한 정보를 확보해야 한다.

6. 자재소요계획(MRP), 생산자원계획(MRP II)

1) 자재소요계획(MRP : Material Requirement Planning)

① 완제품의 생산수량 및 일정을 토대로 생산에 필요한 원자재, 부분품 등의 소요량 및 소요시기를 추산하여 주문계획으로 전환

② 최종제품의 수요를 추정하고, 각 구성부품들의 수요를 필요한 때 필요한 양만큼 보유

③ 이를 통해 기존 재고 관리기법에서의 평균재고 개념 때문에 발생하는 과잉재고와 부족재고 현상을 해결하여 재고비용을 극소화시키는 데 목적이 있다.

④ MRP의 기본구조

MRP시스템은 생산일정계획(MPS), 자재명세서(BOM), 재고기록서(Inventory Record

File) 등으로 구성된다. 세 가지 기본요소로부터 최종제품의 소요량 및 시기, 제품의 구조와 재고현황 등에 대한 정보를 얻어 각 부품의 주문계획 및 주문량을 파악하는 것이다.

㉠ 생산일정계획(MPS) : 일정한 기간 동안에 생산해야 하는 최종제품의 수량을 기간별로 나타낸 생산계획

㉡ 자재명세서(BOM) : 제품구조와 조립되는 공정순서 등이 기록된 서류이다. 최종제품의 단계별 구조 및 구성제품의 소요량을 표시

㉢ 재고기록서(Inventory Record File) : 각 부품에 대한 계획입고, 보유재고, 조달기간 등을 기록한 것으로, 순소요량을 계산하기 위한 정보를 제공한다.

2) 생산자원계획(MRP Ⅱ : Manufacturing Resource Planning Ⅱ)

① 고전적 MRP시스템에 생산계획 및 생산일정 등과 같은 계획기능, 구매활동 등과 같은 실행기능이 덧붙여진 시스템이다.

② MRP Ⅱ 시스템은 계획기능과 실행기능으로 구성된다.

7. 품질경영

1) 품질의 개념과 중요성

① 원가, 유연성, 시간과 함께 생산부문의 전략적 목표 중의 하나이다.

② 제품이나 서비스의 경쟁력은 기본적으로 품질을 기본요소로 한다.

2) 품질관리의 의의

품질관리는 소비자들의 요구에 부흥하는 품질의 제품 및 서비스를 경제적으로 생산 가능하도록 기업 조직 내 여러 부문이 제품에 대한 품질을 유지 · 개선하는 관리적 활동의 체계를 의미한다.

3) 품질관리의 목표 및 효과

① 품질관리의 목표

㉠ 제품시장에 일치시킴으로써 소비자들의 요구를 충족시킨다.

㉡ 다음 공정의 작업을 원활하게 한다.

㉢ 불량, 오작동의 재발을 방지한다.

㉣ 요구품질의 수준과 비교함으로써 공정을 관리한다.

㉤ 현 공정능력에 따른 제품의 적정품질수준을 검토해서 설계시방의 지침으로 한다.
㉥ 불량품 및 부적격 업무를 감소시킨다.

② 품질관리의 효과
㉠ 불량품이 감소되어 제품품질의 균일화를 가져온다.
㉡ 제품원가가 감소되어 제품가격이 저렴하게 된다.
㉢ 생산량의 증가와 합리적 생산계획을 수립한다.
㉣ 기술부문과 제조현장 및 검사부문의 밀접한 협력관계가 이루어진다.
㉤ 작업자들의 제품품질에 대한 책임감 및 관심 등이 높아진다.
㉥ 통계적인 기법의 활용과 더불어 검사비용이 줄어든다.
㉦ 원자재 공급자 및 생산자와 소비자의 거래가 공정하게 이루어진다.

4) 품질비용(Quality Cost)

품질비용은 제품을 처음부터 잘 만들지 않아 발생하는 비용이다.

① 예방비용(Prevention cost : P-cost)
실제로 제품이 생산되기 전에 불량품질의 발생을 방지하기 위하여 발생하는 비용이다. 품질계획, 품질교육, 신제품 설계의 검토 등에 소요되는 비용이다.

② 평가비용(Appraisal cost : A-cost)
생산이 되었지만 아직 고객에게 인도되지 않은 제품 가운데서 불량품을 제거하기 위해 검사에 소요되는 비용이다. 원자재 수입검사, 공정검사, 완제품검사 등에 소요되는 비용이다.

③ 실패비용(Failure cost)
품질이 일정수준에 미달하여 발생하는 비용이다. 내적 실패비용은 폐기물이나 등외품 등 생산공정상에서 발생하는 비용이고, 외적 실패비용은 클레임이나 반품 등 제품이 출하된 후에 발생하는 비용이다.

Point

원자재의 수입(收入)검사, 공정검사, 완제품검사, 품질연구실 운영 등에 소요되는 품질비용을 지칭하는 용어는? ④
① 외부 실패비용(External Failure Cost)
② 내부 실패비용(Internal Failure Cost)
③ 예방비용(Prevention Cost)
④ 평가비용(Appraisal Cost)
⑤ 준비비용(Setup Cost)

5) 품질관리의 기능

① 품질관리는 Plan – Do – Check – Action, PDCA 사이클의 관리과정에 따라 품질관리활동이 수행된다. PDCA 기능은 품질관리 시스템을 구성하는 제품품질의 설계, 공정관리, 품질보증, 품질조사 등 4가지 품질관리 기능이다.

② 순환적인 품질관리는 데밍(W. E. Deming)이 주장하였다고 해서 '데밍 사이클(Deming cycle)'이라고 부르기도 한다. 품질관리도 관리기능을 수행하는 일련의 시스템의 피드백 활동으로서 주요기능인 설계, 조직 및 통제기능의 과정을 통해 이루어진다.

6) 품질관리의 전개

① 품질관리는 '예방의 원칙'을 기반으로 하며, 객관적인 판단을 위해 통계적 고찰 또는 방법 등의 과학적인 수단을 활용하게 되었다. 이와 같이 통계적 기법의 응용을 강조한 품질관리를 통계적 품질관리(SQC : Statistical quality control)라고 한다.

② 현대적 품질관리는 종합적으로 품질관리를 추진해야 한다는 입장으로, 이러한 측면을 강조하는 품질관리를 종합적 품질관리(TQC : Total quality control) 또는 전사적 품질관리(CWQC : Company – Wide Quality Control)라고 한다.

7) 품질관리 기법

(1) 통계적 품질관리

통계적 품질관리는 표본을 추출하여, 모집단의 규격에의 적합성을 추측하기 위한 기법이다.

(2) 종합적 품질관리(TQC)

종합적 품질관리(Total Quality Control)는 고객에게 만족을 주는 경제적인 품질을 생산하고 서비스할 수 있도록 사내 각 부문의 활동을 품질의 개발 · 유지 · 향상을 위해 전사적으로 통합 · 조정하는 시스템이다.

구분	내용
완전무결(ZD) 운동	• 완전무결(Zero Defect) 운동(무결점 운동)은 전 종업원이 주체 • 처음부터 올바르게 일을 하도록 종업원에게 동기부여를 강조 • 불량률을 허용하지 않아 불량품발생은 0으로 함 • 실시요소는 ECR(Error Cause Removal) 제안, 동기부여, 표창 등 3가지 • 품질의 인적 변동요인(종업원의 기술과 작업의욕)을 중시 • 심리적이고 비수리적

구분	내용
QC 서클	• QC 관리자 · 전문가가 주체 • 불량품 발생에 의한 손실과 품질관리비용의 균형을 고려하여 표준치에 대한 불량률 인정 • 품질의 물적 변동요인(작업장과 설비의 기능)을 중시 • 처음부터 작업을 올바르게 할 수 있는 방법을 부여 • 논리적이고 수리적

8) 종합적 품질경영(TQM)

① 최근에는 생산, 설계, 구매, 마케팅을 모두 포괄하는 광범위한 경영체제로서의 종합적 품질경영(TQM ; Total Quality Management)을 강조하는 추세이다. TQM은 최고경영자의 열의와 리더십을 기반으로 끊임없는 교육훈련과 참여의식에 의해 능력이 개발된 조직구성원이 합리적 · 과학적 관리방식을 활용하여 조직 내의 모든 절차를 표준화하고 지속적으로 개선하는 과정에서 종업원의 욕구를 충족시키고 이를 바탕으로 고객만족과 조직의 장기적 성장을 추구하는 경영시스템이라 정의할 수 있다.

② **TQM은 고객중심의 행정을 중시하지만 형평성이라는 이념을 직접적으로 추구하지 않으며 오히려 기업형 정부나 신공공관리전략에 토대를 두고 있으므로 형평성이나 민주성을 저해할 가능성까지 내포하고 있다.**

③ TQM의 원리

㉠ 소비자부터 시작한다.

㉡ 품질을 측정하고 자료를 정리한다.

㉢ 문제가 발생하면 바로 발생근원에서 해결하도록 한다.

㉣ 표준화는 바람직한 처리방법을 계속 유지시키며 같은 문제가 재발하는 것을 막아준다.

㉤ 실수를 미연에 방지할 수 있도록 작업과 작업환경을 설계한다.

④ 종합적 품질관리(TQC)와 종합적 품질경영(TQM)

구분	내용
종합적 품질관리 (TQC)	• 공급자 위주 • 단위(Unit) 중심 • 생산현장 근로자의 공정관리 개선에 초점 • 기업이익 우선의 공정관리
종합적 품질경영 (TQM)	• 구매자 위주(고객 중시) • 시스템 중심 • 제품설계에서부터 제조 · 검사 · 판매 전과정에서 상호유기적으로 품질향상을 위해 노력 • 고객의 만족을 위한 최고경영자의 품질방침에 따라 실시하는 모든 부문의 총체적 활동

9) 국제품질표준

① ISO 9000 품질표준

㉠ 해당 기업의 품질경영시스템이 ISO 9000 표준에서 요구하는 규격에 적합한가를 심사하여 인증하는 제도

㉡ 국제표준화기구(ISO)가 정한 품질에 관한 국제표준으로, 제품자체에 대한 품질을 보증하는 것이 아니라 제품생산공정 등의 프로세서(품질관리시스템)에 대한 신뢰성 여부를 판단하기 위한 것이다.

㉢ 기업의 고객의 요구를 충족시키는 품질을 제공할 수 있도록 절차, 정책, 훈련 등을 포함한 적절한 품질시스템을 갖추어야 함을 요구

㉣ 이를 위한 품질 매뉴얼 및 세심한 기록시스템이 필요

㉤ 제조업 및 서비스업, 소프트웨어 산업에도 적용됨

㉥ 기본규격의 구성

- ISO 9000 : 품질경영과 품질보증 규격 구분, 사용방법 안내
- ISO 9001 : 설계에서 서비스까지의 품질보증 모델, 가장 종합적인 품질관리
- ISO 9002 : 생산 및 설치의 품질보증 모델
- ISO 9003 : 최종검사 및 시험의 품질보증 모델
- ISO 9004 : 기업의 생산 · 소비활동 전과정에 대한 환경인증

② ISO 14000 환경표준

㉠ 환경경영시스템에 대한 국제표준규격

㉡ 기업 활동으로 인해 발생하는 환경영향을 최소화하고 환경성과를 지속적으로 개선하도록 기업에게 환경경영시스템의 구축을 요구

10) 국가품질상 제도

① 기업의 품질경영을 촉진하기 위해 국가 차원의 품질 관련 시상제도

② 미국의 말콤 볼드리지 국가 품질상, 일본의 데밍상, 유럽연합의 유럽품질상, 우리나라의 국가품질상 등이 있다.

11) 6시그마(Six Sigma)

① 시그마(sigma : σ)는 통계학에서 표준편차를 의미하는 것으로, 제품의 설계, 제조, 서비스의 품질편차를 최소화하여 그 상한과 하한이 품질 중심으로부터 6σ 이내에 있도록 관리한다는 것이다. 이 경우 불량률은 3.4 PPM(제품 1백만 개 중 3.4개) 이내의 수준으로 하고자 하는 기업의 품질경영 전략이다.

② 6시그마 활동은 목표 품질수준의 달성을 위하여 모든 관련 프로세스를 평가하여 품질

개선 활동의 우선순위를 설정하고 이에 따라 체계적이고 효율적으로 프로세스 관리를 수행해 나가는 것을 원칙으로 한다.

8. 프로젝트 관리

1) 프로젝트 관리의 목적

① 프로젝트 관리의 목적은 비용(Cost), 일정(Schedule), 성과(Performance) 세 가지이다.

② 모든 프로젝트는 계획, 일정계획, 통제 및 종료의 네 단계를 거친다.

③ 프로젝트의 일정계획을 위한 방법으로는 고전적인 간트도표(Gantt Chart)와 과학적인 기법인 PERT/CPM이 있다. 간트도표는 프로젝트의 활동들을 막대그림으로 나타내어 프로젝트의 일정계획을 수립하는 방법이다. 간트도표는 작은 프로젝트나 활동 간의 선행관계가 간단한 프로젝트의 일정계획에 유용하다.

2) PERT / CPM

① PERT(Program Evaluation and Review Technique)와 CPM(Critical Path Method)은 프로젝트를 네트워크로 나타내어 체계적으로 일정계획을 수립하는 과학적인 기법이다.

② PERT/CPM은 프로젝트를 네트워크로 나타내어 최단 완료시간과 주공정 그리고 각 활동의 여유시간을 구한다.

㉠ 주공정이란 프로젝트의 최단 완료시간을 지키기 위해 반드시 계획대로 정확히 수행되어야 하는 일련의 활동을 말한다.

㉡ 여유시간이란 전체 프로젝트를 지연시키지 않으면서 각 활동이 지체될 수 있는 시간을 의미한다.

③ PERT/CPM 네트워크에서 최단 완료시간과 주공정을 구하는 방법으로는 열거법과 전진후진계산법이 있다.

㉠ 열거법은 모든 경로를 나열하여 가장 긴 경로를 찾아내는 단순한 방법이다.

㉡ 하지만 열거법은 작은 규모의 프로젝트가 아니면 현실적으로 사용하기가 곤란하다. 따라서 전진후진계산법이 보다 현실적이고 과학적인 방법이다.

④ PERT/CPM 차이점

㉠ PERT는 활동시간을 세 가지로 추정하여 평균시간을 계산하는 일종의 확률적 모형이다. 이는 PERT가 불확실성이 큰 연구개발(R&D) 프로젝트를 대상으로 개발되었기 때문이다. 이에 비해 CPM은 활동시간을 확정적으로 추정하였다.

㉡ PERT는 프로젝트의 시간적 측면만 고려하였으나, CPM은 시간과 비용 둘 다 고려하였다.

다음 중 품질관리의 기법이 아닌 것은? ③

① 100PPM 운동
② ZD 프로그램
③ 간트차트(Gantt Chart)
④ QC 서클
⑤ 식스 시그마(Six Sigma)

9. 생산관리 최신이론

• 공급사슬관리(SCM)

(1) 공급사슬

① 자재와 서비스의 공급자로부터 생산자의 변환과정을 거쳐 완성된 산출물을 고객에게 인도하기까지 공급자, 제조공장, 배급센터/창고, 도매점, 소매점 및 고객으로 상호 연결된 사슬

② 공급사슬에서는 상 · 하류 양 방향으로 자재와 정보가 흘러간다. 공급사슬의 하류로는(공급자로부터 고객으로) 자재와 필요한 정보(사용량, 재고수준, 송장 등)가 흘러가면서 여러 주체들에 의해 자재가 최종 제품으로 변환되어 고객에게 전달되고, 공급사슬의 상류로는(고객으로부터 공급자로) 반환 자재(불량품, 재활용품, 고객의 반환품 등), 정보(수요, 예측치 등) 및 대금 지급이 흘러간다.

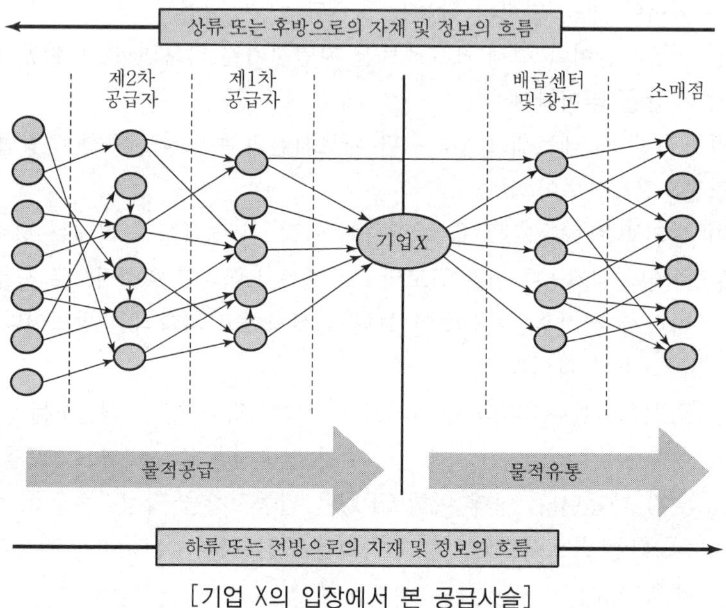

[기업 X의 입장에서 본 공급사슬]

(2) 공급사슬관리(SCM ; Supply chain management)

① 공급자로부터 기업 내 변환과정과 배급망을 거쳐 최종 고객에 이르기까지 자재, 서비스 및 정보의 흐름을 전체 시스템의 관점에서 설계하고 관리하는 것

② 공급사슬관리의 목적은 공급사슬에서 자재, 서비스 및 정보의 흐름을 효과적·효율적으로 관리하고 불확실성과 위험을 줄임으로써 재고수준, 리드타임, 고객서비스 수준을 향상시키는 것이다.

③ 공급사슬 관리의 중요성

㉠ 공급사슬의 총리드타임(자재가 전체 공급사슬을 거치는 총시간)을 줄이면 재고 감소, 유연성 증대, 원가절감 및 납기 단축의 효과

㉡ 내부적으로 효율성을 제고해왔던 기업들이 추가적인 효율성 향상을 위해 공급사슬에서 외부 고객 및 공급자와의 관계에 관심 확대

㉢ 시스템적 사고가 적용되는 공급사슬관리는 기업 내부 부서 간의 프로세스는 물론 기업 외부로 연장되는 프로세스까지도 함께 이해할 수 있는 토대 제공

(3) 공급사슬 채찍효과(Bullwhip effect)

① 공급사슬에서 최종소비자로부터 멀어질수록 불확실성이 확대되면서 불필요한 재고를 쌓는 것을 말한다.

② 정확한 수요를 모를 때나 생산자에 대한 가격 및 생산량 정보가 부족할 때 그 효과는 더욱 커진다. 또한 소비자에게 제품이 공급되기 전 많은 단계를 거칠수록 정보의 왜곡 등으로 인해 변동성이 커진다.

③ 소를 몰 때 긴 채찍을 사용하면 손잡이에서 작은 힘이 가해져도 끝부분에서 큰 힘이 생기듯, 최종소비자의 수요량 변동 폭이 크지 않아도 '소매 → 도매 → 제조 → 부품 → 장비 → 원자재' 등 공급사슬을 거슬러 올라갈수록 수요량이 변동폭이 확대된다.

④ 공급사슬의 채찍효과는 흔히 발생한다. 공급사슬의 상류 주체들(예 : 창고와 공장)은 시장에 가까이 있는 하류 주체들로부터의 부풀려진 주문에 대해 상류에 이보다 더 크게 주문을 한다. 이런 부풀려진 주문들이 시장의 올바른 수요 정보(수량 변화, 변화의 시점 등)를 왜곡한다.

⑤ 설사 공급사슬의 모든 단계에 완전한 정보가 주어지더라도 공급사슬 주체 간의 긴 리드타임 때문에 채찍효과가 발생할 수 있다.

⑥ 공급사슬을 개선하는 최상의 방법은 총리드타임을 단축시키고, 공급사슬의 모든 단계에 실제 수요 정보를 가능한 신속하게 피드백해 주는 것이다.

(4) 공급사슬의 전략적 설계

① 효율적 공급사슬

㉠ 효율적 공급사슬은 식료품점의 주요 상품과 같이 수요의 예측 가능성이 높은 환경에 가장 적합하다. 이 유형의 시장은 제품이나 서비스의 수명이 길고, 신제품 도입이 자주 일어나지 않으며, 제품의 다양성이 낮은 특성을 가지고 있다.

㉡ 자재, 서비스 및 정보의 효율적 흐름과 재고의 최소화에 초점을 둔다.

㉢ 가격이 결정적인 주문획득요인이 되며, 공헌이익은 낮고, 효율성이 중시된다.

㉣ 기업의 경쟁우선순위는 낮은 원가, 일관된 품질 및 정시납품이 된다.

② 반응적 공급사슬

㉠ 시장의 요구와 수요의 불확실성에 신속하게 반응하는 데 초점을 둔다.

㉡ 반응적 공급사슬은 제품이나 서비스가 다양하고 수요의 예측 가능성이 낮은 시장에 가장 적합하다.

㉢ 경쟁력을 유지하기 위해 신제품이나 새로운 서비스를 자주 도입해야 하며, 전형적인 경쟁우선순위는 신제품의 개발 속도, 신속한 납품, 고객화, 수량 유연성, 최고의 품질이다.

〈효율적 공급사슬과 반응적 공급사슬에 적합한 환경〉

요인	효율적 공급사슬	반응적 공급사슬
수요	예측 가능, 낮은 예측오차	예측 불가능, 높은 예측오차
경쟁우선순위	낮은 원가, 일관된 품질, 정시납품	신제품 개발 속도, 신속한 납품, 고객화, 수량 유연성, 최고의 품질
신제품/서비스 도입	가끔	자주
공헌이익	낮음	높음
제품의 다양성	낮음	높음

출처 : Krajewski, Ritzman, and Malhotra(2010)

③ 효율적 및 반응적 공급사슬의 설계

㉠ 효율적 공급사슬에서 생산공정은 표준화된 제품이나 서비스를 대량으로 생산할 수 있도록 라인 흐름(Line flow)을 취한다. 낮은 원가를 달성하기 위해 재고 투자는 적어야 하고, 재고회전율은 높아야 한다. 기업과 공급자는 비용증가를 수반하지 않는 범위 내에서 리드타임을 최대한 줄이도록 노력해야 한다.

㉡ 반응적 공급사슬에서 기업은 유연해야 하고 높은 완충 생산능력을 유지해야

한다. 신속한 납품을 위해 재공품 재고는 유지해야 하지만 값비싼 완제품 재고는 피해야 한다. 기업과 공급자는 리드타임을 최대한 줄이도록 노력해야 한다. 신속한 납품, 고객화된 구성품이나 서비스의 제공 능력, 수량 유연성 및 높은 품질이 강조된다.

〈효율적 공급사슬과 반응적 공급사슬의 설계 특성〉

요인	효율적 공급사슬	반응적 공급사슬
생산전략	재고생산 또는 표준화된 제품이나 서비스 : 대량생산 강조	주문조립생산, 주문생산 또는 고객화된 제품이나 서비스 : 제품의 다양성 강조
완충 생산능력	낮음	높음
재고투자	낮음 : 높은 재고회전율	신속한 납품에 필요한 만큼 유지
리드타임	비용 증가를 수반하지 않는 범위 내에서 단축	최대한 단축
공급자 선택	낮은 가격, 일관된 품질, 정시납품 강조	신속한 납품, 고객화, 다양성, 수량 유연성, 최고의 품질 강조

출처 : Krajewski, Ritzman, and Malhotra(2010)

공급사슬관리가 중요해지는 이유에 해당하는 것은? ②

① 물류비용의 중요성 감소
② 경영활동의 글로벌화에 따른 리드타임과 불확실성의 증가
③ 채찍효과로 인한 예측의 불확실성 감소
④ 기업의 경쟁강도 약화
⑤ 고객맞춤형 서비스의 감소

03 조직관리

Section

1. 조직화

1) 조직의 의의 및 특성

(1) 조직의 의의

① 조직화는 조직을 어떠한 형태로 구성할 것인가를 결정하고 각종 경영자원을 배분하고 지정하는 활동으로 조직은 이런 조직화의 결과이다.

② 조직이란 공통의 목표를 추구하기 위해 여러 역할과 지위들이 환경변화에 적절하게 체계적으로 연결된 여러 개인들의 집합체이다.

③ 조직이 구성되기 위해서는 공동의 목표, 상호작용, 환경변화에 대한 적응, 인간의 사회집단이라는 요소가 갖추어져야 한다.

(2) 조직의 특성

① 공통의 목표를 추구한다는 것은 조직 내의 여러 개인들 간의 목표에 대한 견해 차이에 상관없이 조직이 전체적으로 추구하는 목표가 있다는 뜻이다. 그리고 조직 전체의 목표는 개인의 목표에 우선한다.

② 조직 내에는 개개인들이 수행해야 하는 여러 역할과 지위들이 존재하는데 이 역할과 지위들은 조직의 목표를 달성할 수 있도록 그리고 환경의 변화에 적절히 대응할 수 있도록 체계적으로 설정되어 있어야 한다.

③ 조직이란 여러 사람들의 집합체이다. 따라서 조직은 하나의 사회적 개체로서 이해되어야 한다.

2) **조직구조**(Organization Structure)

조직구조는 기업의 기본적 틀로서 하나의 조직을 경영하기 위해 가장 먼저 형성되어야 한다. 조직구조는 처해 있는 환경이나 성취하고자 하는 목표에 따라 매우 다양하지만 다음과 같은 세 가지 측면에서 그 차이를 설명해 볼 수 있다.

(1) 복잡성(Complexity)

업무나 계층이 조직 내에서 얼마나 나누어져 있는가를 의미한다. 예컨대, 노동의 분화가 많이 이루어져 있을수록 복잡한 조직구조라고 말한다. 이는 업무가 세분되어 있음을 의미한다. 분화의 형태로는 수평적 분화, 수직적 분화, 지역적 분산이 있다.

① 수평적 분화

수평적 분화는 동일한 수준에서 상이한 부서의 수를 의미한다. 즉, 구성원의 수,

과업의 성격(양과 질), 그리고 구성원의 교육과 훈련정도에 근거를 둔 부서 간의 분화정도를 말한다. 수평적 분화를 유발하는 대표적인 현상은 직무 전문화와 부문화로, 이 둘은 서로 연관되어 있다.

② 수직적 분화

수직적 분화는 조직 내 계층의 수, 즉 조직계층의 깊이와 관련된 것으로 최고 경영층과 종업원 간에 계층이 많으면 많을수록 조직은 더욱 복잡해진다. 수직적 분화에서 고려해야 하는 것으로 통제 범위 또는 관리 폭(감독 폭)이 있다. 이는 한 명의 관리자가 효율적이고 효과적으로 통제(관리 및 감독)할 수 있는 부하의 수를 의미한다.

③ 지역적 분산

지역적 분산은 조직의 물리적인 시설과 인력이 지역적으로 분산되어 있는 정도를 말한다. 지역적 분산이 점점 더 확대될수록 의사소통, 조정 및 통제가 더 어려워지기 때문에 복잡성도 증가하게 된다.

(2) 공식화(Formalization)

① 업무가 얼마나 표준화되어 있는가를 말한다. 표준화되어 있다는 것은 조직에서 규정해 놓은 규칙이나 법칙에 따라 일을 한다는 의미이다. 이는 마치 설계된 대로 기계가 움직여주는 것과 같다. 따라서 업무에 대한 규정, 여러 가지 조직 내의 규칙, 일의 순서나 과정에 대한 지침 등은 높은 공식화를 의미한다.

② 고도로 공식화된 조직은 조직의 규칙, 직무기술서, 분명하게 정의된 절차 등이 존재하므로 구성원들에게는 최소한의 의사결정권만 주어진다. 공식화된 수준이 낮은 조직은 직무의 수행활동이 상대적으로 정형화되어 있지 못하며 종업원들은 직무수행에서 자신들의 의사대로 재량권을 행사할 수 있다.

(3) 집권화(Centralization)와 분권화(Decentralization)

① 집권화 : 의사결정권한이 조직상층부의 특정 사람이나 집단에 집중되어 있는 정도를 말한다. 최고 경영자 혹은 몇몇 사람들에게 의사결정권한이 집중되어 있을 때 집권화의 정도가 높다고 말한다.

② 분권화 : 집권화의 반대되는 경우로 분권화에서는 의사결정권한이 조직의 중간계층이나 하위계층에 상당부분 양도되어 있어 중간경영자나 일선관리자들이 상당한 자유재량권을 갖는다.

3) 공식조직과 비공식조직

(1) 공식조직(Formal Organization)

① 조직의 공식적 목표를 달성하기 위해 인위적으로 만들어진 분업체제를 말한다.

② 공식조직에서는 구성원 간의 역할 · 권한에 관한 관계가 명시적으로 제도화되어 있다.

(2) 비공식조직(Informal Organization)

① 취미 · 학연 · 지연 · 혈연 · 경력 등의 인연을 바탕으로 하여 자연발생적으로 생겨난 조직으로 소집단의 성질을 띠며, 조직 구성원은 밀접한 관계를 형성한다.

② 비공식조직의 특징

㉠ 비공식조직의 구성원은 감정적 관계를 가지고 개인적 접촉성을 띤다.

㉡ 집단접촉의 과정에서 저마다 나름대로의 역할을 담당한다.

㉢ 비공식적인 가치관 · 규범 · 기대 · 목표를 가지고 있으며, 조직의 목표달성에 큰 영향을 미친다.

4) 분업구조와 분권화

(1) 개요

① 분업구조는 조직의 목표를 세분화한 것으로 조직단위의 연결 또는 네트워크로 생각할 수 있다.

② 수직적 분화는 계층의 형성을 의미하며, 수평적 분화는 부문화의 형성을 의미

③ 분업은 전문화에 의한 업무의 분화이지만, 통합을 전제로 한다.

④ 의사결정의 권한을 집권화시키거나 하위단위로 분산화시키는 형태도 나타난다. 대표적인 집권화 조직은 베버가 제시하는 관료제이다.

(2) 관료제

① 막스 베버(Max Weber)는 조직의 규모가 커져감에 따라 발전된 합리적 구조를 관료제라고 하였다. 근대적인 합법적인 지배를 기반으로 하고 있다. 직위의 계층적인 배열, 업무의 전문화 및 분업, 비인격적 관계, 추상적인 규칙시스템 등을 특성으로 한다.

② 관료제의 특징

㉠ 명확하게 규정된 권한 및 책임의 범위

㉡ 상하급 관계라는 합리적이고 비인격적인 규칙의 권한체계

㉢ 직무상의 지휘나 명령 계통이 계층을 통해 확립

㉣ 문서에 의한 직무집행 및 기록

㉤ 직무활동을 수행하기 위한 전문적인 훈련

③ 관료제의 역기능

㉠ 규정에 얽매여 목표 및 수단의 전도현상이 발생한다.

㉡ 계층의 구조가 하향식이므로 개인의 창의성 및 참여가 봉쇄된다.

㉢ 전문화된 단위 사이의 갈등을 유발해서 전체목표 달성을 저해한다.

㉣ 수평적인 커뮤니케이션을 공식적으로 인정하지 않는다.

㉤ 단위들 사이의 커뮤니케이션을 저해한다.

5) 조직 유형(민츠버그의 분류)

(1) 조직구조의 5요소

민츠버그는 조직의 구조는 전략적 정점, 중간라인, 핵심활동층, 지원스태프, 테크노스트럭처 등 다섯 가지로 구성되고 있다고 하였다.

① 전략적 정점 : 조직 전체의 운영을 책임지고 있는 최고경영층이다.

② 중간라인 : 전략적 정점 층과 핵심활동층을 연결하는 계층이다. 현장의 정보를 위로 전달하고, 최고경영층의 결정을 실무부문에 전달해 주는 역할을 한다.

③ 핵심활동층 : 조직의 실질적인 산출물을 생산해 내는 계층이다. 예를 들어, 보험회사의 영업부서나 자동차 회사의 조립생산부서 등이다.

④ 지원스태프 : 조직의 기본적인 과업과는 상관없지만 주요과업이 원활하게 이루어질 수 있도록 주변의 여건을 조성해 주는 계층이다. 예를 들어 공장 사원들의 관리, 임금, 후생 등에 관한 스태프들로 구성되어 있다.

⑤ 테크노스트럭처 : 전문·기술지원 부문은 조직 내의 주요과업이 보다 효율적으로 이뤄질 수 있도록 기술적으로 지원하는 계층이다.

(2) 조직 유형

① 단순구조 조직(Simple Structure) : 가장 단순한 형태로 기술인력이나 지원인력 없이 전략적 정점층과 핵심활동층으로만 구성된 것이다. 주인과 종업원 몇 사람으로 이루어진 소규모 기업을 말한다. 가장 단순하며, 의사소통이 원활하다.

② 기계적 관료조직(Machine Bureaucracy) : 기업규모가 어느 정도 대규모화됨에 따라 점차 그 기능에 따라 조직을 구성하게 되고, 테크노스트럭처와 지원스태프가 구분되어 핵심활동층에 대한 정보와 조언, 지원을 담당하는 형태이다.

③ 전문적 관료조직(Professional Bureaucracy)

㉠ 기능에 따라 조직이 형성된 것은 기계적 관료조직의 특성과 같지만, 핵심활동층이 주로 전문직들이라는 것이 특징이다.

㉡ 병원, 대학 등 의사나 교수 등이 핵심활동층을 담당하고 있으며, 다만 핵심활동층의 작업에 대한 질적 통제나 조정 작업이 어렵다.

④ 사업부제(Divisionalized Form) : 조직이 점차 대규모화함에 따라 제품이나 지역, 고객 등을 대상으로 해서 조직을 분할하고 이를 독립채산제로 운영하는 방식이다.

⑤ 애드호크라시(Adhocracy)

㉠ 임시조직 또는 특별조직이라고 할 수 있으며, 평상시에는 조직이 일정한 형태로 움직이다가 특별한 일이나 사건이 발생하면 그것을 담당할 수 있도록 조직을 재빨리 구성하여 업무 처리가 이루어지는 형태이다.

ⓛ 업무처리가 완성되면 원래의 형태로 되돌아가는 조직으로, 변화에 대한 적응성이 높은 것이 특징이다.(예 재해대책본부)

6) 조직화 단계

(1) 조직화의 과정

① 조직화 과정은 아래와 같이 6단계의 과정을 거쳐 이루어진다. 실제적인 조직화 단계는 ⓒ 단계에서 ⓗ 단계까지가 해당된다.

㉠ 기업목표의 설정 : 기업이 달성할 목표를 설정하는 단계로서 조직화의 초점은 여기에 맞춰지게 된다. 실제적인 기능은 계획수립 과정에서 이루어진다.

㉡ 자원목표 방침 및 계획의 설정 : 기업목표를 달성하기 위한 구체적인 지원목표와 방침 및 계획을 설정하는 단계로서 실제적으로 계획수립 과정에 해당된다.

㉢ 필요한 활동의 파악 및 분류 : 조직목표를 달성하기 위해서 필요한 일(Works)과 활동(Activities)에 어떠한 것이 있는가를 확인하고 특성을 고려하여 분류한다.

㉣ 활동의 집단화 : 확인된 일과 제 활동이 잘 수행될 수 있도록 집단화를 부문화하고 최선의 사용방안을 마련해 보는 단계이다.

㉤ 권한의 책임 : 할당된 활동을 원활히 수행할 수 있도록 각 지위에 권한을 위임하는 단계로서 각 지위별로 그리고 직위와 직위 간에 상호관계가 설정된다.

㉥ 통합단계 : 권한단계와 정보흐름을 통하여 모든 부문화된 부분들을 수평적, 수직적으로 통합하는 단계이다.

(2) 조직화 단계

조직화 단계		내 용
1단계	해야 할 업무를 구분	• 분업의 원칙 : 업무를 가능한 한 세분하여 단순화 • 전문화의 원칙 : 작업자들을 단순화된 업무에 대해 전문화시키면 기업은 높은 생산성 달성 가능
2단계	업무를 수행할 부서를 결정	부문별 부서화 : 부문별로 업무수행 부서를 결정
3단계	부서에 책임과 권한을 부여	• 부서 또는 구성원에게 업무수행과 관련된 책임과 권한 부여 • 권한을 부서 내에서 어떻게 배분할 것인가 결정 • 권한은 기업이 개인에게 합법적으로 부여한 의사결정권임
4단계	업무와 부서의 전체적 조정	전문화되고 분업화된 개인이나 집단의 작업활동을 상호 연결시키는 활동

7) 조직구조의 유형

(1) 기능별 조직구조

① 기능별 조직구조에서는 하나의 조직이 생산, 마케팅, 재무, 인사 등과 같은 관리적 기능들을 중심으로 여러 부서로 나누어진다.

② 기능별 조직구조의 장점

㉠ 전문성 : 특정기능만을 담당하는 부서에서는 그 부서의 기능에 관련된 전문성을 축적해 나갈 수 있다.

㉡ 업무의 중복을 피할 수 있다. 똑같은 업무가 여러 부서에서 반복되는 비효율성을 피할 수 있는 것이다.

③ 기능별 조직구조의 단점

㉠ 이기주의 : 각 부서 간의 이익이 상충되는 경우 부서의 이익을 지나치게 내세우다 보면 전체의 이익을 망각할 우려가 있다.

㉡ 기업의 성장으로 인하여 규모가 확대되어 구조가 복잡해지면 기업전체의 의사결정이 지연되고, 기업전반의 효율적인 통제가 어려워진다.

㉢ 최고경영자에게 과다하게 업무가 집중되어, 전략적 차원의 의사결정보다는 눈앞의 일상적인 문제에 얽매이게 됨에 따라 "사소한 의사결정이 중요한 의사결정을 몰아낸다"는 의사결정에서의 그레셤의 법칙(Gresham's law)이 발생할 수 있다.

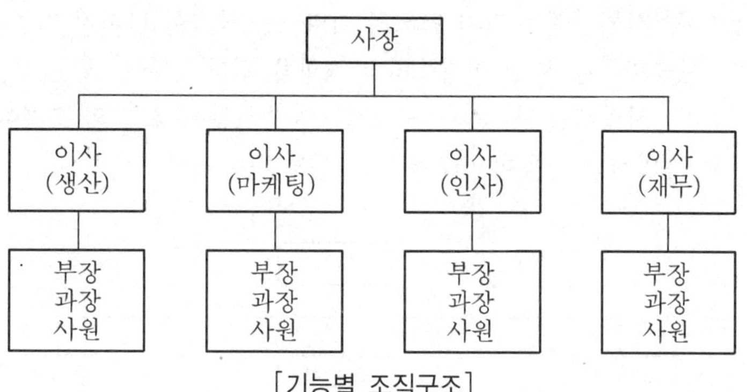

[기능별 조직구조]

Point

조직구조를 설계할 때 고려하는 상황변수가 아닌 것은? ③

① 전략(Strategy) ② 기술(Technology) ③ 제품(Product)
④ 환경(Environment) ⑤ 규모(Size)

(2) 제품별 사업부제 조직구조

① 제품별 사업부제 조직구조에서는 특정한 제품 또는 제품그룹을 중심으로 부서가 이루어진다.

② 제품별 또는 지역별로 제조 및 판매에 따르는 재료의 구매권한까지도 사업부에 부여되어 경영상의 독립성을 인정해 주고, 책임까지 갖게 함으로써 경영활동을 효과적으로 수행할 수 있도록 형성된 조직형태이다.

③ 제품별 사업부제 조직구조의 장점

㉠ 각 부서가 독립적으로 운영됨으로써 책임감을 가지고 경영에 임할 수 있다.

㉡ 각 부서에서 여러 기능에 대한 다양한 지식의 습득이 가능하다.

㉢ 기업 전체의 전략적 결정기능과 관리적 결정기능을 분화시키고, 각 사업본부장에게 사업부의 전략적 결정을 맡겨 분권화시킨다. 이에 따라 최고경영층은 일상적인 업무결정에서 해방되어 기업전체의 전략적 결정에 몰두할 수 있다.

㉣ 의사결정에 대한 책임이 일원화되고 명확해진다. 또한 사업부 내에 관리 · 기술 스태프를 갖게 되므로 합리적인 정보수집 및 분석을 가능하게 해준다.

㉤ 각 사업부는 하나의 이익단위로서 독립적인 시장을 갖고, 독자적인 이익책임을 갖는 사업부로 분할된다.

④ 제품별 사업부제 조직구조의 단점

㉠ 업무의 중복으로 인한 비효율성이 초래된다. 생산기능의 경우를 예로 들면, 각각의 부서에 생산기능이 중복됨으로써 같은 업무가 중복되어 운영된다.

㉡ 각 사업단위는 자기 단위의 이익만을 생각한 나머지 기업 전체적으로는 손해를 미치는 부문 이기주의적 경향을 띤다.

㉢ 각 사업부의 자주성이 지나치면 사업부문 상호 간의 조정이나 기업전체로서의 통일적인 활동이 어려워지는 문제점이 있다.

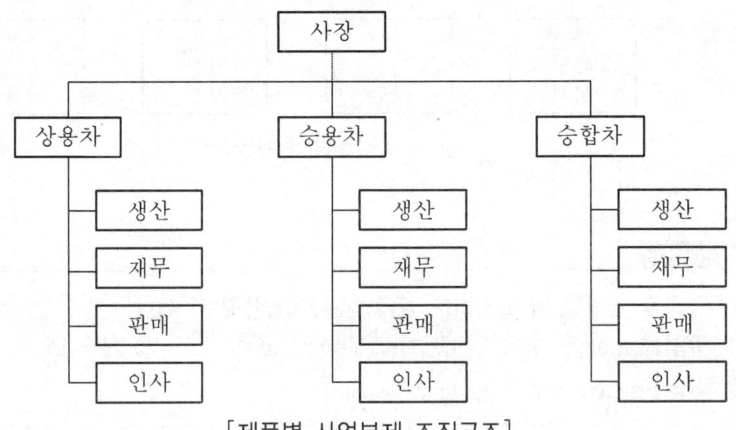

[제품별 사업부제 조직구조]

Point

동일한 제품이나 지역, 고객, 업무과정을 중심으로 조직을 분화하여 만든 부문별 조직(사업부제 조직)의 장점으로 옳지 않은 것은? ④

① 기능부서 간의 조정이 보다 쉽다.
② 책임소재가 명확하다
③ 환경변화에 대해 유연하게 대처할 수 있다.
④ 자원의 효율적인 활용으로 규모의 경제를 기할 수 있다.
⑤ 특정한 제품, 지역, 고객에게 특화된 영업을 할 수 있다.

(3) 지역별 조직구조

지역별 조직구조에서는 부서화가 지역을 중심으로 이루어진다.

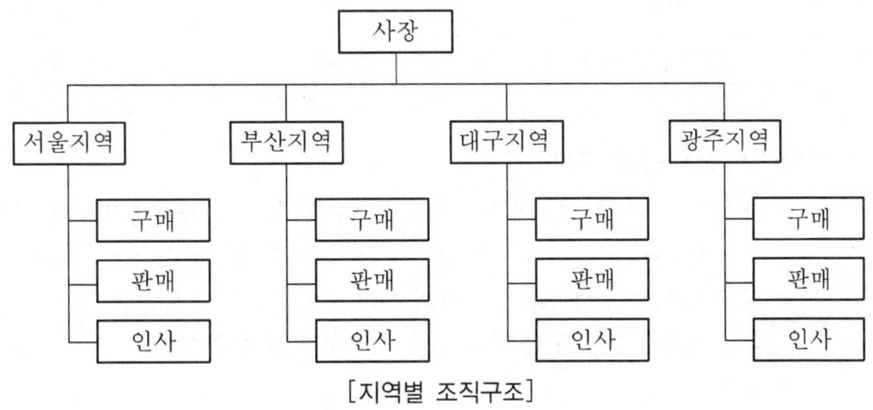

[지역별 조직구조]

(4) 위원회 조직과 프로젝트 조직

① 위원회 조직

㉠ 기능적 조직에서의 각 부문 간의 갈등을 해소하고 조정기능을 수행하기 위한 조직형태이다. 위원회는 합의제 기관으로 일반적으로 보완기능만 수행하고 의사결정이나 집행은 하지 않는다.

㉡ 위원회 조직은 집단 결론이나 브레인 스토밍의 기회를 가지며, 의사소통의 기회가 많아진다. 따라서 인간관계의 효율을 높이며 협동의식을 고조시킨다. 또한 각 부문의 경영방침과 정책 등을 이해할 수 있다. 따라서 경영의 민주화를 이룰 수 있다.

㉢ 단점으로는, 위원회 조직에서는 의견이 너무 많아 의사결정에서 시간의 낭비를 초래한다. 서로의 의견만 주장하여 의견 통일이 어렵고, 논쟁이 심하면 불

화를 일으킬 가능성이 있다.

② 프로젝트 조직

㉠ 프로젝트 조직(Project organization)은 기업환경의 동태적 변화, 기술혁신의 급격한 진행에 따라 구체적인 특정 프로젝트(Project)별로 형성된 조직형태이다.

㉡ 특정 과업수행을 위해 여러 부서에서 파견된 사람들로 구성되어 과업해결 시까지만 존재하는 임시적 · 탄력적 조직, 기동성과 환경적응성이 높은 조직이다. 전문가들 간의 집단문제 해결방식을 통한 임무 수행, 목표지향적인 특징을 지니고 있다.

③ 위원회 조직과 프로젝트 조직의 비교

기준	위원회 조직	프로젝트 조직
영속성	장기	단기(임무완수 때까지)
구성원의 배경	조직 내 역할이나 지위	전문성과 기술
구성원의 안정성	안정적	유동적
업무추진 태도	수동적	적극적

(5) 매트릭스(Matrix) 조직구조

① 매트릭스 조직구조는 새로운 환경변화에 적극적으로 대처하기 위해 시도된 조직으로서 기능별 조직과 같은 효율성 지향의 조직과 프로젝트 조직과 같은 유연성 지향의 조직의 장점, 즉 효율성 목표와 유연성 목표를 동시에 달성하고자 하는 의도에서 발생하였다.**(기능식 조직과 프로젝트 조직의 혼합형태)**

② 매트릭스 조직의 주요 특징

㉠ 첫째, 한 사람은 두 개의 조직에 동시에 소속되며, 따라서 두 사람의 상관으로부터 명령을 받는다.

㉡ 둘째, 기능별 조직구조와 제품별 조직구조를 합한 것

③ **매트릭스 조직구조의 장점**

여러 개의 프로젝트를 동시에 수행할 수 있다는 것이다. 각 프로젝트는 그 임무가 완성될 때까지 자율적으로 운영되며 여러 프로젝트가 동시에 운영될 수 있고 동시에 여러 기능을 담당하는 부서들로 유지될 수 있다.

④ 매트릭스 조직구조의 단점

㉠ 명령계통 간의 혼선이 유발될 수 있다. 가령 기능부서와 프로젝트팀에서 서로 상반되는 지시가 내려질 경우 업무에 지장을 초래할 수 있다.

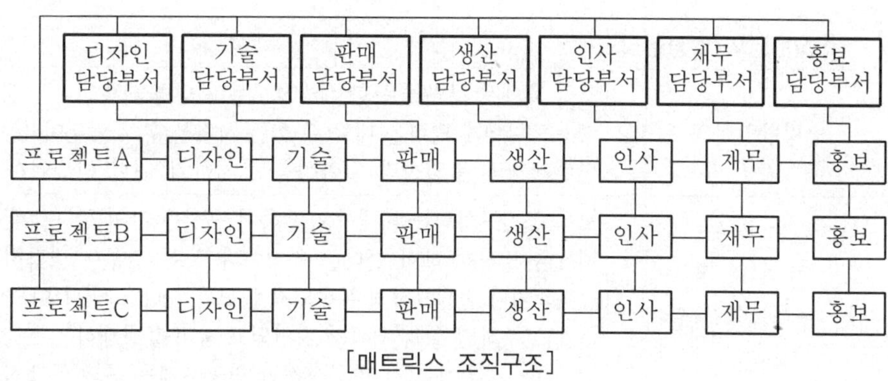

[매트릭스 조직구조]

(6) 조직구조의 선택

① 조직구조는 기업이 처해 있는 환경과 여건에 맞추어 선택해야 한다. 환경에 관계없이 항상 좋은 성과를 낼 수 있는 조직구조는 없다.

② 표준화된 제품을 생산하는 중소기업은 기능별 조직이 적절할 것이며, 대규모 전자회사처럼 다양한 제품을 생산·판매하는 기업은 제품별 조직이 바람직하다. 제약회사처럼 복잡하고 고도의 정밀한 기술을 이용하는 기업은 매트릭스 조직을 선호하고 항공사와 같이 여러 나라에서 영업을 하는 회사는 지역별 조직이 적절할 것이다.

③ 조직의 특성과 조직구조의 선택

조직의 특성	적절한 조직구조
작은 규모	기능별 조직
글로벌한 사업적 특성과 규모	지역별 조직
하이테크 기술에의 높은 의존도	매트릭스 조직
목표로 하는 고객집단이 계속 변할 때	매트릭스 조직
다양한 고객들을 목표로 할 때	제품별 조직
안정적인 고객집단을 대상으로 할 때	기능별 조직
특화된 설비 이용	제품별 조직
전문적인 기술 필요	기능별 조직
원자재 수송비용이 높음	지역별 조직

8) **조직운영의 조정원칙**

조직운영과 관련한 조정의 원칙에는 다음의 3가지가 있다.

조직운영의 조정원칙	내용
명령단일화의 원칙	조직 내에서 사람들은 한 사람으로부터 명령을 받는다는 것을 의미한다. 즉, 나에게 명령을 내릴 수 있는 사람은 한 사람뿐이라는 의미로서 명령체계의 통일성과 일관성을 유지하기 위한 방법이다.
명령체계의 원칙	모든 조직구성원들을 대상으로 하여 구성원 간의 상하관계 또는 명령체계를 명확히 해야 한다는 원칙이다. 모든 업무는 명확히 할당되어 중복되거나 불필요하게 분산되지 않도록 한다. 그러나 이 원칙을 지나치게 고수하면 일의 처리가 지연되고 낭비를 초래하는 부작용이 생길 수 있다. 경우에 따라 비공식적인 협조체계를 통해 문제점을 미연에 해소시키는 방안을 모색할 필요가 있다.
통제범위의 원칙	한 사람이 관리하는 부하의 수를 적절하게 제한해야 한다는 원칙이다. 일반적으로 조직구성원의 능력이 뛰어날수록, 그리고 관리하는 일의 성격이 유사할수록 통제범위가 넓어진다. 일을 하는 데 필요한 표준과 절차가 매우 명확한 경우에도 범위가 넓어진다. 표준과 절차 자체가 통제도구의 역할을 하기 때문에 관리자가 신경을 쓸 필요가 줄어든다. 전통적으로 한 사람이 관리해야 하는 부하의 수를 4~12명 정도로 본다. 그러나 1990년대 이후 피라미드식보다는 수평화된 조직구조를 더욱 선호하게 되면서 통제범위가 점차 넓어지고 있는 추세이다.

2. 조직행동론

1) 조직행동론 의의

조직행동론은 조직의 구조와 기능 및 조직 속의 집단과 개인의 행동에 관한 연구이다. 개인차원에서 개인의 심리와 행동을 연구하고, 조직측면에서 조직의 특성과 기능을 이해하고자 하며 효과적인 조직관리의 목표를 가진다.

조직행동론은 크게 미시조직행동론, 거시조직행동론으로 나눌 수 있다.

(1) 미시조직행동론

조직 내에서 개인과 집단의 행동과 상호작용을 나타내며, 중요 이슈로는 리더십, 동기부여, 집단, 의사소통 등이 있다.

(2) 거시조직행동론

조직 자체의 본질과 형태 및 작동원리를 분석하며, 중요 이슈로는 조직구조, 조직변화, 조직을 둘러싼 환경과의 관계 등이 있다.

2) 개인행위

(1) 개인행위 설명모형

① 조직 유효성에 영향을 미치는 개인의 특성

조직의 유효성에 영향을 미치는 개인의 특성은 4가지 심리적 변수이다. 지각, 태도, 학습, 퍼스널리티이다. 조직구성원으로서의 개인은 인간과 사물을 지각하고, 타인이나 조직에 대해서 태도를 형성하며, 일하는 동안에 학습을 할 뿐 아니라 특정한 퍼스널리티 구조를 가진다.

② 개인행위 설명모형

심리적 변수를 중심으로 개인행위를 설명해 줄 수 있는 모형을 만들면 아래 [그림]과 같다. 개인행위의 형성 배경을 파악하기 위해서는 지각·학습·태도·퍼스널리티 등과 같은 요소들을 충분히 이해해야 하며, 이렇게 형성된 개인행위를 목표달성이 가능한 방향으로 유도하기 위해서 강화와 모티베이션의 개념을 이해할 필요가 있다. 강화와 모티베이션은 개인행위를 목표로 유도하는 과정에 영향력을 행사한다.

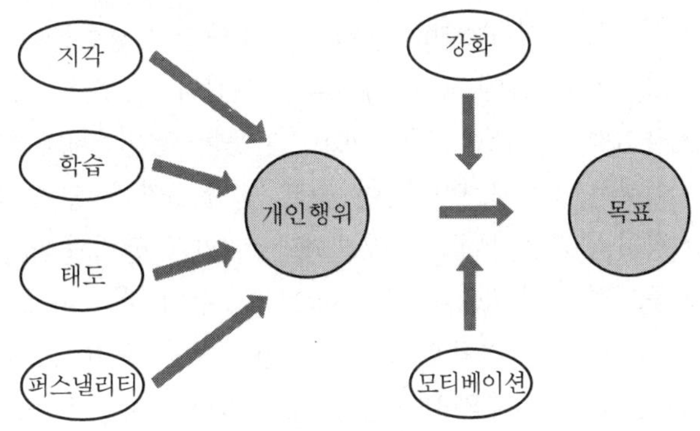

[개인행위의 설명모형]

(2) 가치관(Values)

특정 행위 또는 존재의 양식이 반대인 행위 또는 존재의 양식보다 개인적으로 혹은 사회적으로 더 낫다는 확신을 의미한다.

① 가치관의 특징

- 가치관은 태도와 행동을 유발한다. 즉 개인의 태도와 행동을 보면 지향하는 가치관이 무엇인지 알 수 있다.
- 모든 개인은 서로 다른 경험을 가지고 가치관을 형성하기 때문에 개인의 가치관은 서로 차이가 있다.

② 가치관의 유형

㉠ Rokeach의 가치관 : 가장 바람직한 존재양식과 관련된 궁극적 가치와 선호하는 행동양식 또는 궁극적 가치를 달성하는 수단이 무엇인지와 관련된 수단적 가치로 분류한다.

궁극적 가치 (terminal values)	성취감, 평등, 자유, 행복, 내적조화, 쾌락, 구원, 지혜, 자아존중, 편안한 삶, 즐거운 삶, 안정된 가정, 성숙된 사랑, 아름다운 세상, 사회적 안정, 진정한 우정, 세계평화, 국가안보
수단적 가치 (instrumental values)	근면, 능력, 명랑, 청결, 정직, 상상력, 독립, 지능, 논리, 베풂, 용서, 봉사, 사랑, 순종, 공손, 책임감, 자기통제, 용기

㉡ Allport의 가치관 분류

- 이론적 가치(Theoretical Values) : 진리 및 기본적인 가치를 추구하고 사실지향적이며 비판적 · 합리적인 접근을 통해 진리를 밝혀내는 데 관심이 크다.
- 경제적 가치(Economic Values) : 유용성과 실용성을 강조하는 것으로 효율성을 극대화하는 데 관심이 높다.
- 심미적 가치(Aesthetic Values) : 예술적 경험들이 추구되어 형식, 조화, 균형, 아름다움에 높은 가치를 부여한다.
- 사회적 가치(Social Values) : 따뜻한 인간관계와 인간애에 높은 가치를 부여하는 것으로 이타심이 높고, 집단 규범을 크게 의식한다.
- 정치적 가치(Political Values) : 개인의 권력과 영향력 획득을 강조한다.
- 종교적 가치(Religious Values) : 우주에 대한 이해와 경험의 통합을 강조하는 것으로 초월적이고 신비적인 경험을 중요시한다.

③ 가치관의 갈등 : 개인의 내적갈등, 개인 간의 가치관 갈등, 개인－조직체 간의 가치관 갈등이 있다.

(3) 태도(Attitude)

① 태도 : 어떤 대상이나 사람에 대해 호의적이라든지 비호의적이라든지 하는 평가적 서술로 어떤 대상이나 사람에 대하여 비교적 일관되게 반응하려는 마음상태이다. 태도는 인지적, 정서적, 행동적 요소로 구성되는데 한 가지 요소만 변화시켜도 태도의 변화는 가능해진다. 태도변화 방법에는 스스로 자기의 태도를 변화시킬 수 있는 개인적 차원과 사람들과의 교류 혹은 리더와의 관계를 통해 변화시킬 수 있는 대인적 차원의 방법이 있다.

② 직무 관련 태도

㉠ 직무만족(Job Satisfaction)

- 직무에 대한 구성원의 일반적인 태도를 나타내는 것으로 종업원이 자신의 직무 평가에서 결과되는 유쾌한 또는 긍정적인 감정상태라 할 수 있다.
- 직무만족의 원천 : 임금, 직무 자체, 작업조건, 동료, 상사 등

㉡ 직무 몰입(Job Involvement)

사람들이 자신의 직무와 동일시하는 정도와 자신의 업적이 자아가치에 중요하다고 생각하는 정도

㉢ 조직 몰입(Organization Commitment)

사람들이 특정조직 및 조직의 목표에 동일시하며 그 조직의 구성원자격을 유지하기를 바라는 상태나 임금이나 지위, 전문적 자유가 증가되고 현재보다 더 우호적인 동료가 있다 하더라도 현재의 조직을 떠나지 않겠다는 의사

(4) 성격(Personality)

한 개인을 독특하게 특징지어 주는 심리적 특질들의 집합이다. 따라서 성격은 한 개인의 사고, 행동, 감정 등을 반영한다.

조직행동론에서 개인의 성격에 관심을 두는 이유는 조직 구성원들이 지닌 성격을 통해 개인 차이를 이해할 수 있고, 차이에 따라 관리함으로써 효율적인 조직 성과를 낼 수 있기 때문이다.

- 성격특성이론 : 성격이 독특한 특성으로 구성되어 개인의 행동을 결정한다고 보는 이론
- 정신분석이론 : 개인의 성격이 내부에 존재하는 상황과 갈등에 의해 발전한다는 것을 전제하는 이론
- 성격발달이론 : 성격이 단계적으로 발달한다는 이론이다.

① 문제해결 스타일

사람들이 문제를 해결하고 의사결정을 하는 데 있어 정보를 수집하고 평가하는 방식

② 내향성 · 외향성

③ 통제의 위치(Locus of Control)

㉠ 사람들이 자신의 삶에서 얻은 결과에 자신이 얼마나 영향을 줄 수 있다고 믿는가를 나타내는 개념이다.

㉡ 통제의 위치가 어디에 있다고 믿는가에 따라 내재론자와 외재론자로 구분된다.

- 내재론자 : 자신이 자신의 운명을 통제한다고 믿는 사람

- 외재론자 : 자신에게 일어난 일들이 자신의 통제권 밖에 있으며, 외부의 요인에 의해 결정된다고 믿는 사람

④ 권위주의(Authoritarianism)

㉠ 전통적인 가치를 엄격하게 준수하고 인정된 권위에 절대 복종하는 경향의 성격이 특징이다. 즉, 조직체의 구성원들 사이에 지위와 권력상의 차이가 존재한다는 믿음을 의미하며 이러한 특징을 지닌 사람은 엄격함과 권력에 관심이 있으며 주관적인 감정을 거부한다.

㉡ 권위주의적인 사람은 권한에 잘 복종하고 규칙을 잘 지킨다. 이와 같은 권위주의자가 리더의 자리에 앉게 되면 자신의 권한에 대한 유사한 존경을 기대한다.

⑤ 마키아벨리아니즘(Machiavellianism)

㉠ 마키아벨리주의는 권위주의와 밀접한 관련을 갖고 있다. 마키아벨리주의는 목적을 위해서는 어떠한 수단도 정당화하며, 단지 개인 이득의 관점에서 타인을 보며 개인의 이득을 위해 타인을 이용하는 성격 특질을 말한다.

㉡ 높은 마키아벨리적 성격의 소유자는 낮은 마키아벨리적 성격의 소유자보다 더욱 조작적이며 승부에서 승리할 가능성이 높고 자신은 타인에게 잘 설득되지 않으나 남들을 설득하려 한다.

⑥ A형 · B형

㉠ A형(Type A) 성격 : 조급함, 성취에 강한 욕구, 완벽주의 등으로 특징지어진다. 매사에 신속하게 처리하려 하고 여러 가지 일을 한꺼번에 하며 항상 빨리 먹고 빨리 걸으며 최대의 능률을 올리려 한다.

㉡ B형(Type B) 성격 : 매사에 태평하며 덜 경쟁적인 것으로 특징지어진다.

A형	B형
• 경쟁적이고 조급함 • 신경질적이고 방해받으면 강하게 반응 • 업무처리 속도가 빠름, 한 번에 두 가지 일을 처리 • 과도한 경쟁, 공격성, 시간의 압박 • 열정적 언변	• 자연스럽고 정상적인 추진력 • 꾸준한 노력 • 작업속도가 일정 • 시간에 얽매이지 않음 • 여유, 휴식을 즐김 • 과업성취를 위해 서두르지 않음

3) 지각과 귀인

(1) 지각(Perception)

지각이란 개인이 접하는 환경에 어떠한 의미를 부여하는 과정이다. 즉, 환경에 대한 영상을 형성하는 데 있어서 외부로부터 들어오는 감각적 자극을 선택 · 조직 · 해석하는 과정이다.

① 선택적 지각(Selective Perception)

환경으로부터 상황이나 자극이 개인의 감각기관에 의해 감지된다. 사람들은 주어진 자극을 모두 받아들이기 보다는 이들 자극을 선택하여 감지한다. 일반적으로 자신에게 관련된 자극이나 자신에게 유리하다고 판단되는 자극만을 선택하여 감지하는 경향이 있는데, 이러한 것을 선택적 지각이라고 한다.

② 조직화(체계화)

환경자극에서 선택된 대상에 대해 사람들은 이를 의미 있는 것으로 하기 위해 조직화한다.

㉠ **대비효과(Contrast Effects)**

- 매우 극단적인 것과 비교하기 때문에 지각대상을 실제보다 더 극단으로 지각하는 것
- **한 피평가자의 평가가 다른 피평가자의 평가에 영향을 주어 발생하는 오류**

㉡ 상동적 태도(Stereotyping)

사람은 그가 속한 집단의 속성을 공유한다고 무의식적으로 판단해 버릴 때 나타나는 것으로 종족, 나이, 성별, 출신지역, 출신학교 등과 관련하여 나타남

㉢ 후광효과(Halo Effect)

어느 한 차원에서의 사물 또는 사건에 대한 지각이 다른 차원에서의 사물 또는 사건의 지각에 영향을 미칠 때 발생하게 되는데, 현혹효과라고도 불린다.

개인의 일부 특성을 기반으로 그 개인 전체를 평가하는 지각경향은? ①

① 후광효과　　② 스테레오타입
③ 최근효과　　④ 자존적 편견
⑤ 대조효과

③ 지각해석

환경자극에서 선택된 대상을 조직화하여 어떤 의미를 부여하는 것을 나타낸다. 해석과정에 흔히 사용되는 방법 중에 투사와 귀인이 있다.

지각해석 방법	내 용
투사 (Projection)	• 지각대상을 설명하는 데 있어 자신의 생각과 느낌을 비추어 보는 것(해석과정에서 자기 자신이 준거의 틀이 되는 것) • 가장 일반적인 현상은 자신의 부정적 또는 긍정적 특성을 타인에게 투사하는 것

지각해석 방법	내 용
귀인 (Attribution)	• 우리는 타인의 행위를 관찰할 때 그 행위의 원인을 추리하려는 경향이 있다. 이러한 행위와 행위 결과의 원인을 추론하는 과정을 귀인이라고 함 • 현재 행위를 이해할 수 있을 뿐만 아니라, 미래의 행위를 예측하고 미래의 행동계획을 수립하는 데 있어 중요하다.

4) 학습이론

(1) 학습

개인행동 형성의 근본적인 과정으로 반복적인 연습이나 경험을 통하여 이루어지는 비교적 영구적인 행동변화를 말한다.

① 고전적 조건화(Classical Conditioning)

심리학자 파블로프가 제시한 이론으로 조건자극을 무조건자극과 관련시킴으로써 조건자극으로부터 새로운 조건반응을 얻어내는 과정을 의미한다. 즉 어떤 반응을 유발하지 않는 중립자극과 반응을 일으키는 다른 자극인 무조건자극을 반복적인 과정을 통해 짝지어 주는 것을 말한다.

② 작동적 조건화(Operant Conditioning)

㉠ 스키너(B. F. Skinner)는 고전적 조건화 이론이 단지 자극에 의해 단순히 유발되는 수동적인 반응 행동만을 설명해 주고 있다고 지적하고 작동적 조건화이론을 개발하여 주변 환경에 대해 능동적으로 영향을 미치는 작동적 행동에 관하여 설명하고 있다.

㉡ 작동적 조건화란 용어는 학습과정이란 환경에 작동하고 있는 사람에 의해 만들어진 결과에 기반하고 있다는 것을 나타내준다. 사람이 환경에 작동한 다음, 즉 어떤 행위를 한 다음에는 환경에서 결과가 주어진다. 이 결과가 미래에 유사한 행위가 나올 가능성을 결정해 준다.

㉢ 작동적 조건화의 일반모형

작동적 자극(S ; Stimulus) → 작동적 반응(R ; Response) → 작동적 결과(C ; Consequences)

③ 인지적 학습(Cognition Learning)

㉠ 자극과 행위 사이에 인지라는 유기체적(Organic) 요소가 매개변수로 존재함을 인정하는 관점. 즉, '자극(S) – 인지(O) – 행위(R) – 결과(C)'의 관계로 나타난다.

㉡ 인지적 학습의 기본전제는 유기체로서의 사람은 과거의 경험한 일련의 사건에 기반을 두어 미래에 대한 기대를 만들어 내고 그들의 행위는 그러한 기대와 기치관에 의존된다는 것이다. 이러한 기대의 기본요소는 '자극 – 반응 – 결과'

의 관계가 일어날 확률과 결과에 대한 가치로 구성된다.

④ 사회적 학습(Social Learning)

사회적 학습이론은 조건화와 인지적 학습을 통합하는 관점으로서 학습이 직접경험뿐만 아니라 다른 사람에게서 일어난 것을 관찰함으로써 또는 단지 듣는 것만에 의해서도 일어난다고 본다. 사회적 학습은 모델링 또는 관찰학습이라고도 불린다.

사회적 학습과정	내 용
주의 (Attention)	인간은 중요한 특징을 지닌 대상을 관찰하고 그것에 주의를 기울인다.
기억 (Retention)	주의집중의 행동을 기억하게 되며 대상의 영향력은 바로 이 기억되는 정도에 의해 결정된다.
재생 (Motor Reproduction)	관찰된 새로운 행동을 실제 행동으로 직접 옮기는 과정이다.
강화 (Reinforcement)	행동한 후에 그 행동에 대하여 보상이 주어지면 그 행동을 계속 반복하고자 한다.

(2) 행위변화

① 강화이론

㉠ 작동적 조건화는 자발적 행위의 학습에 초점을 맞추고 있다. 이는 다양한 종류의 행위반응은 고전적 조건화를 통해서 학습될 수 있다는 것을 의미한다.

㉡ 강화(Reinforcement)란 이러한 자극과 반응 간의 연결을 증대시켜 주는 과정. 즉, S→R 연결체계를 강화하는 과정을 나타내주는 용어이다. 이러한 강화의 원칙은 손다이크(E. L. Thorndike)의 결과의 법칙에 그 근거를 두며, 결과의 법칙이란 유쾌한 결과를 가져오는 행위는 장래에 반복될 가능성이 높다는 것을 의미하며 효과의 법칙이라고도 한다.

㉢ 강화의 종류

강화의 종류	내 용
적극적 강화 (Positive Reinforcement)	사람은 어떤 행위(R)를 한 다음에 유쾌한 결과(C+)가 주어지면 적극적 강화가 이루어진다.
부정적 강화 (Negative Reinforcement)	적극적 강화보다는 덜 쓰이지만 어떤 바람직하지 않은 행위(R) 다음에 자주 불쾌한 결과가 일어나게 하고 새로운 바람직한 행위에 대해서는 불쾌한 결과를 제거하거나 철회해 주는(C−) 방법으로 새로운 바람직한 행위(R)를 유도하는 것

강화의 종류	내 용
소거 (Extinction)	유쾌한 결과 때문에 일어나는 바람직하지 못한 행위(R)에 대해 유쾌한 결과를 철회함으로써(no C) 그 행위가 미래에 덜 일어나게 하는 것이다.
벌 (Punishment)	어떤 바람직하지 못한 행위(R) 후에 불쾌한 결과(C−)를 주어 그 행위가 미래에는 더 적게 나타나도록 하는 것이다.

Point

기존에 제공해 주던 긍정적 보상을 제공해 주지 않음으로써 어떤 행동을 줄이거나 중지하도록 하기 위한 강화(Reinforcement) 방법은? ③

① 부정적 강화 ② 긍정적 강화 ③ 소거
④ 벌 ⑤ 적극적 강화

② 강화의 일정 계획

강화 일정		내 용
연속적 강화		바람직한 행동이 나올 때마다 강화요인(보상)을 제공한다.
단속적 강화	고정 간격법	일정한 시간적 간격을 두고 강화요인 제공
	변동 간격법	불규칙한 시간 간격에 따라 강화요인 제공
	고정 비율법	일정한 빈도(수)의 바람직한 행동이 나타났을 때 강화요인을 제공
	변동 비율법	불규칙한 횟수의 바람직한 행동 후 강화요인을 제공

㉠ 강화물을 제공함에 있어 일정계획에 대한 고려가 필요하다.

㉡ 강화는 연속강화와 단속강화로 구분된다.

- 연속강화(Continuous Reinforcement) : 단속강화보다 바람직한 행위를 보다 빨리 끌어낼 수 있지만, 바람직한 행위가 일어날 때마다 강화물을 주어야 하기 때문에 경제적 자원의 소비를 통한 비용이 증가하고 강화물이 더 이상 존재하지 않을 경우에는 행위가 보다 쉽게 사라진다.
- 단속강화(Intermittent Reinforcement) : 단속강화에 의하여 획득된 행위는 연속강화에 의해 획득된 행위보다 강화가 중단되더라도 오래 지속되는데 이는 간격 또는 비율을 기준으로 구분해 볼 수 있다. 단속강화에서 비율스케줄은 행위자가 몇 개의 반응을 보였는가에 따라 강화물이 부여되는 경우이고, 간격스케줄은 마지막 강화물 부여시기에서 얼마의 시간이 흘렀는가

에 따라 새 강화물이 부여되는 경우이다.

㉢ 강화의 일정계획의 종류

강화의 종류	내 용
고정 간격법 (Fixed Interval Schedule)	바람직한 행위가 일어나고 일정한 시간이 지난 다음에 강화물이 제공되는 것
변동 간격법 (Variable Interval Schedule)	강화물이 일정한 시간이 지난 다음에 주어지는 것은 고정 간격법과 같으나, 고정 간격법과는 다르게 시간 간격이 유동적이다.
고정 비율법 (Fixed Ratio Schedule)	일정한 양의 목표행위가 일어난 후에야 강화요인이 주어지는 것
변동 비율법 (Variable Ratio Schedule)	일정한 양의 행위가 일어난 후에 보상이 주어지는 것은 같으나 보상을 받기 위한 반응의 양이 고정되어 있지 않고 유동적이다.

③ 조직행위 수정(OB－Mod ; Organization Behavior Modification)

조직구성원의 행위를 변화시키는 데 강화이론을 이용한 기법을 말한다. 이 조직행위 수정프로그램은 사람의 행위를 분석하고 변화시키기 위한 효과적 전략을 개발하기 위하여 다음과 같은 5단계를 거친다.

단 계		내 용
1단계	목표행위의 확인	어떤 행위가 강화되어야 하는가를 파악한다. 이것은 주어진 직무의 성공을 위하여 어떤 목표행위가 필요한가를 결정하는 것이다.
2단계	행위의 측정	적극적 강화 프로그램을 실시하기 전에 경영자는 파악된 목표행위의 질과 양의 면에서 개선을 기대하는 것이 현실적인가를 결정하여야 한다.
3단계	행위의 인과분석	성공적 직무수행의 중심이 되는 목표행위가 일단 파악되고 측정되면 이러한 행위들의 원인과 결과들을 결정할 필요가 있다.
4단계	변화전략의 개발	조직행위 수정에서 행위변화 전략을 선택하는 데에는 적극적 강화물이 되는 보상을 찾아내고 또한 바람직한 행위를 한 사람에게 이 강화물을 결속시키는 방법을 만들어내야 한다.
5단계	업적 향상을 확인하기 위한 평가	조직행위 수정에 대한 체계적인 평가의 결과는 그 프로그램의 지속 여부와 개선 여부를 결정하기 위하여 필요하다.

④ 징계(Discipline)

강화이론에서 처벌을 체계적으로 시행하는 것을 의미한다.

5) 동기부여

(1) 동기부여

조직관리에서 개인적 특성을 살펴보는 중요한 이유는 조직인의 동기를 유발해 직무수행 수준을 높임으로써 조직의 효과성을 높이려는 것이다. 인간이 일정한 행동을 하도록 하는 근원이 바로 동기(Motive)이기 때문이다.

(2) 동기부여이론

동기부여에 관한 중요성이 인식되면서부터 많은 학자들에 의해 연구 및 조사가 이루어졌으며, 동기부여이론은 크게 내용이론, 과정이론으로 구분된다.

구분	의의	이론
내용이론 (Content Theories)	어떤 요인이 동기부여를 시키는 데 크게 작용하게 되는가를 연구	욕구단계설, ERG 이론, 2요인이론, 성취동기 이론 등
과정이론 (Process Theories)	동기부여가 어떠한 과정을 통해 발생하는가를 연구	기대이론, 공정성 이론, 목표설정이론, 강화이론, 인지평가이론 등

동기부여의 내용이론에 해당하는 것은? ⑤

① 인지평가이론 ② 기대이론

③ 공정성이론 ④ 목표설정이론

⑤ 성취동기이론

① 매슬로의 욕구 5단계설

매슬로(Maslow, 1970)는 인간의 욕구가 단계를 이루고 있다고 한다. 그가 제시한 욕구 5단계는 ㉠ 생리적 욕구, ㉡ 안전의 욕구, ㉢ 사회적 욕구, ㉣ 존경의 욕구, ㉤ 자아실현의 욕구인데, 이들은 순차적으로 발현된다. 즉, 생리적 욕구가 어느 정도 충족되어야 안전의 욕구가 나타나는 식으로 차상위의 욕구가 나타나고 충족된다. 생리적 욕구가 가장 하위의 동물적 욕구라면 자아실현의 욕구는 가장 상위의 인간의 욕구다. 그리고 일단 충족된 욕구는 동기유발 요인으로서 의미를 상실한다.

이들 욕구를 간단히 설명하면 아래와 같다.

첫째, 생리적 욕구(Physical Needs)란 인간의 삶을 영위하는 데 가장 필수적인 욕구로서 의식주에 관한 욕구, 호흡·배설·성생활 등에 관한 욕구를 들 수 있다.

둘째, 안전의 욕구(Safety Needs)란 공포나 혼란으로부터 오는 정신적·육체적 위험으로부터의 보호, 경제적·사회적 안정의 지속, 현재 상태의 보전 등과 관련된 욕구다.

셋째, 사회적 욕구 또는 애정의 욕구(Social or Love Needs)란 가족·친구·애인·동료 등 이웃과 친근하게 사랑을 나누면서 살고자 하는 욕구와 어느 집단·조직·사회에 속하고자 하는 욕구다.

넷째, 존경의 욕구(Esteem Needs)란 다른 사람들로부터 인정을 받고자 하고 스스로 긍지나 자존심을 가지려 하는 욕구를 뜻한다.

다섯째, 자아실현의 욕구(Self-actualization Needs)란 자신의 잠재력을 최대한 이용하고 발휘하며 개발하고, 자신의 이상이나 목표를 실현하려는 욕구다.

② ERG 이론

알더퍼(C. P. Alderfer, 1976)는 매슬로의 욕구 5단계를 줄여서 생존 욕구(Existence Needs), 대인관계 욕구(Relatedness Needs), 성장 욕구(Growth Needs)의 세 단계를 제시하고 있다. 이를 'ERG 이론'이라고 한다.

③ 허쯔버그의 욕구충족요인 이원론

허쯔버그(F. Herzberg, 1966)는 조직에서 불만족 요인과 만족 요인을 구분하면서 불만족스러운 요인이 해소되었다고 해서 꼭 만족의 상태에 이르는 것이 아니라고 한다. 그리고 불만족 요인을 위생 요인으로, 만족 요인을 동기부여 요인으로 지칭하기 때문에 그의 이론은 동기위생 요인이론이라 불리기도 한다.

불만족 요인 또는 위생 요인(Dissatisfiers or Hygiene Factors)은 조직구성원의 불만을 야기하는 데 작용하는 요인으로, 대체로 그들이 일하는 근무 환경에 관련되며, 구체적으로는 정책·임금·근로조건·감독자와의 관계·동료와의 관계들이 포함된다. 이 불만 요인들은 양약과 같이 질병을 치료해 주기는 하나 그렇다고 무조건 환자를 건강한 상태로 만들어주는 것은 아니다. 따라서 불만 요인을 제거한다고 해서 만족으로 보장하는 것은 아니다.

만족 요인 또는 동기부여 요인은 그들이 담당하는 직무의 성취·인정·업무 자체·책임·승진 등에 관한 것으로 직무에 흥미를 느끼고 몰입해 그것을 통해 자아실현이나 성취를 해야만 만족에 이른다는 것이다.

④ 브룸의 선호·기대이론(Expectancy theory)

브룸(Vroom, 1965)은 특정한 원인 행위와 결과 행위의 연결 가능성(기대)과 결과 행위에 대한 선호도에 따라서 직무 수행상 동기부여의 정도가 결정된다고 한다. 예컨대 승진을 중요하다고 생각할 때 열심히 일을 하면 승진이 될 것이라는 기대에 따라서 일을 열심히 할 것이냐 말 것이냐가 결정된다는 것이다. 다시 말해, 아무리 열심히 일해도 승진할 가능성이나 기회가 없다면 일할 의욕이 상실된다. 한편 조직인이 승진에 대해 중요하게 생각하지 않는다면 설사 일을 열심히 해서 승진할 가능성이 높다 하더라도 열심히 일할 의욕이 생기지 않는다. 따라서 동기의 강도는 기대(예컨대 직무 수행 노력과 승진 · 전보 · 보수 인상 · 기타 혜택 등 인사 변수의 연결 가능성 정도나 확률)와 선호(위의 인사 변수들에 대한 개인적은 선호도나 가치)에 따라서 좌우되는 것이다. 이를 간략하게 나타내면 다음과 같다.

> 동기의 강도=(결과 행위에 대한) 가치×(원인 행위와 결과 행위 간의) 기대

수단성(Instrumentality) 및 유의성(Valence)을 포함한 동기부여이론은? ②

① 2요인이론(Two factor theory)
② 기대이론(Expectancy theory)
③ 강화이론(Reinforcement theory)
④ 목표설정이론(Goal setting theory)
⑤ 인지평가이론(Cognitive evaluation theory)

⑤ 아담스의 공정성이론(Equity theory)

아담스(J. S. Adams, 1965)는 개인의 행위는 타인과의 관계에서 공정성을 유지하는 방향으로 동기가 부여된다고 하였다. 여기서 공정성(Equity)은 자신의 투입과 산출의 비율을 타인의 그것과 비교해 그들이 대등하면 공정하다고 지각하고, 대등하지 못하면 불공정성을 느끼는 것이다. 이때 타인보다 상대적으로 적게 보상받는 과소 보상의 경우 개인은 부당함을 느끼고, 타인보다 상대적으로 많이 보상받는 과잉 보상의 경우 개인은 일종의 죄책감을 느낀다. 따라서 조직관리자는 조직인들을 공정하게 보상해야 한다는 것이다.

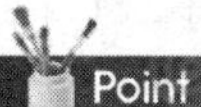

다음 동기부여 이론 중, 페스팅거의 인지부조화 이론과 관련 있는 것은 무엇인가? ③

① 브룸의 기대이론
② 맥클랜드의 성취동기이론
③ 아담스의 공정성 이론
④ 매슬로의 욕구단계이론
⑤ 알더퍼의 ERG 이론

(3) 조직의 동기부여 기법

① 직무재설계 방식

㉠ 직무충실화 : 조직구성원이 업무수행에서 성과를 계획, 지시, 통제할 자율과 책임을 느끼고, 동기요인을 제공받게 직무의 내용을 재편성하는 것

㉡ 탄력적 근무시간제 : 핵심 작업을 제외한 나머지 출퇴근 시간을 신축적으로 선택하는 것

② 성과와 보상 프로그램

㉠ 성과와 보상의 결속관계 강화 : 보상은 조직에서 성과를 유도하고 근로 의욕을 갖게 하는 원동력 성과와 보상은 항상 밀접한 관계이어야 한다.

㉡ 임금구조의 공정성 : 임금은 가장 기본적인 보상으로서 구성원들이 업무에 의욕을 가지게 하는 가장 큰 강화요인. 임금구조의 공정성 강화에 따라, 직원들의 동기부여도 높아진다.

㉢ 메리트 임금제도 : 다른 사람들의 주관적인 평가를 토대로 개인의 성과를 보상하는 프로그램 메리트 임금제도는 눈에 잘 띄지 않는 성과를 눈에 보이게 하는 특징이 있고, 도입 시 구성원이 성과와 보상 사이의 강한 연계를 경험하므로, 개인성과가 더욱 높아짐

㉣ 인센티브 시스템 : 객관적인 성과지표를 근거로 개인의 성과에 따라 보상이 정해지는 프로그램. 메리트 임금제도는 주관적인 기준, 인센티브는 객관적인 기준으로 산출한다는 차이점이 있다.

6) 리더십(Leadership)

(1) 리더십 정의

조직구성원으로 하여금 조직의 목적을 달성하기 위해 자발적으로 행동하도록 영향을 주는 조직관리자의 기술이나 과정

- 리더십의 특성

㉠ 지도자와 추종자의 관계에서 나타나는 현상이다.

㉡ 사회적 단위에서 발견할 수 있는 현상이나 개념이다.

㉢ 공동의 목표를 달성하는 데 기여하도록 영향을 주는 기술이나 과정이다.

㉣ 추종자의 자발적인 행동을 전제로 한다.

(2) 리더십 이론

① 리더십의 특성추구이론

리더십에 대한 초기 연구에서는 효과적인 리더에게는 남과 다른 개인적인 특성(신체적 특성, 성격상의 특징, 능력 등)이 있다고 생각하고 그 특성을 찾아내려고

노력하였다. 이를 리더십의 특성추구이론(Trait Theory)이라고 하며 초기의 리더십 연구에서는 효과적인 지도자의 자질을 규명하고 확인하는 데 관심을 두었다. 대부분의 연구는 성공적인 지도자의 지적, 감정적, 정서적, 육체적, 기타 개인적인 자질을 규명하도록 설계한다.(gibson et al.,2000) 이처럼 리더가 갖춰야 할 자격이나 능력, 속성에 연구의 초점을 맞추는 접근방식을 자질론 또는 속성론이라고 한다. 자질론에서는 지도자는 자질을 선천적으로 타고나거나 후천적으로 획득하며, 이러한 자질이 지도자와 추종자를 구별케 한다는 것이다. 지도자가 갖춰야 할 자질이나 속성으로는 지적 능력, 성격이나 태도 등을 들 수 있다.

② 행위이론과 집단이론

㉠ 리더십의 행위이론(Behavioral Theory) : 성과와 리더십 스타일 간의 관계를 규명하는 이론이다. 지도자와 추종자 간의 상호작용을 강조하는 접근방법. 추종자들로 구성된 집단의 종류, 성격이나 내부구조에 따라 지도자와 추종자 간의 관계인 리더십의 내용이나 유형이 달라진다.

㉡ 리더십의 집단이론(Group Theory) : 행위이론의 전개과정 중에, 리더에 못지 않게 리더가 이끄는 집단이나 추종자들이 리더십의 발현에 중요한 영향을 미친다는 주장이 등장하였다. 추종자 중심이론(Follower Theory)라고도 한다.

㉢ 관리격자이론(Managerial Grid Theory) : 블레이크(Blake)와 무톤(Mouton)은 고려와 구조주도의 2차원 모형에 대한 연구를 기초로 리더유형을 더욱 구체화하였는데, 고려는 '인간에 대한 관심'으로, 구조주도는 '생산에 대한 관심'으로 대응시켜 구분하고, 리더의 행위를 어떻게 개발하는 것이 가장 효과적인가 하는 점에 대하여 뚜렷하고 체계적인 아이디어를 제시하였다.

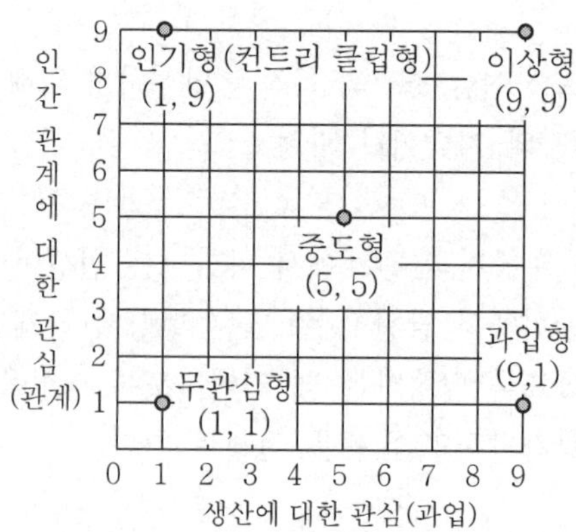

[관리격자이론에 따른 리더의 유형]

ⓐ 무관심형(1－1형) : Impoverished Management
리더의 생산과 인간에 대한 관심이 모두 낮아서 리더는 조직구성원으로서 자리를 유지하기 위해 필요한 최소한의 노력만 한다.

ⓑ 인기형(1－9형) : Country Club Management
리더는 인간에 대한 관심은 매우 높으나 생산에 대한 관심은 매우 낮다. 리더는 부하와의 만족한 관계를 위하여 부하의 욕구에 관심을 갖고, 편안하고 우호적인 분위기로 이끈다.

ⓒ 과업형(9－1형) : Authority Obedience Management
리더는 생산에 대한 관심이 매우 높으나 인간에 대한 관심은 매우 낮다. 리더는 일의 효율성을 높이기 위해 인간적 요소를 최소화하도록 작업 조건을 정비하고 과업수행능력을 가장 중요하게 생각한다.

ⓓ 중도형(5－5형) : Organizational Man Management
리더는 생산과 인간에 대해 적당히 관심을 갖는다. 그러므로 리더는 과업의 능률과 인간적 요소를 절충하여 적당한 수준에서 성과를 추구한다.

ⓔ 이상형 또는 팀형(9－9형) : Team Management
이상형 또는 팀형으로서, 생산과 인간관계의 유지에 모두 지대한 관심을 보이는 유형으로, 종업원의 자아실현욕구를 만족시켜주는 신뢰와 지원의 분위기를 이루는 동시에 과업달성 역시 강조하는 유형이다. 인간과 과업 모두에 대한 관심이 매우 높다. 리더는 구성원과 조직의 공동목표 및 상호의존 관계를 강조하고, 상호 신뢰적이고 존경적인 관계와 구성원의 몰입을 통하여 과업을 달성한다.

③ 리더십의 상황이론

㉠ 리더십의 상황이론(Contingency Theory)이란 리더십이 추종자와 리더가 맡은 과업을 포함하는 상황의 산물이라는 주장이다. 피들러(Fiedler)의 상황모델은 최초의 리더십 상황이론으로 알려져 있다. 상황이 리더를 만드는 것이어서 가장 효과적인 리더는 상황의 요구에 가장 부합되는 리더라는 것이다. 지도자 개인의 자질과는 관계없이 집단이나 조직의 성격, 직무의 특성, 리더의 권력, 태도와 인지, 시간・장소 등 환경적 요인이나 상황적 요인에 따라 달라진다는 이론으로 인간적 요인보다는 사회적 요인을 더 강조한다.

④ 현대적 리더십이론

㉠ 최근의 급격한 기업경영환경의 변화에 조직구성원들의 조직에 대한 강한 일체감과 적극적인 참여를 유발할 수 있는 새로운 리더십이 요구되고 있다.

㉡ 현대적 리더십 이론은 어떤 상황에서도 효과적인 리더십에 초점을 두고 있다. 이론으로는 리더를 중심으로 하는 변혁적 리더십과 부하를 중심으로 하는 자

율적 리더십이 있다.

㉢ 카리스마 리더십 : 리더가 실제 지난 특성보다 하급자들이 크게 느낄 때 리더를 믿고 따르므로, 남들이 갖지 못한 천부적인 리더로서의 특성을 소유하고 있다고 느낄 때 발휘 가능한 것으로, 종업원들의 리더에 대한 자각이라고 하는데, 카리스마적 권위에 기초하고 있다.

㉣ 슈퍼 리더십(Super leadership) : 부하들이 능력과 역량을 최대한 발휘하게 하여 부하 스스로 판단하고 행동에 옮기며, 결과에 책임지게 하여 셀프리더로 키우는 리더십이다. 장래 비전, 목표설정, 팀 조직의 활성화와 지도력을 자율적으로 배양해야 하고, 리더 스스로 훌륭한 자아리더의 모델이 되어야 한다.

〈리더십 연구의 전개〉

구분	시기	특징
특성이론	1930~1950년대	리더의 타고난 자질
행위이론	1950~1960년대	리더십 스타일
상황이론	1970~1980년대	리더가 처한 상황
변혁적 이론 자율적 이론	1980년대 이후	리더와 추종자 관계 (변혁, 멘토링, 임파워링 등)

부하들 스스로가 자신을 리드하도록 만드는 리더십은? ②

① 서번트 리더십 ② 슈퍼 리더십
③ 카리스마적 리더십 ④ 거래적 리더십
⑤ 코칭 리더십

7) 집단차원의 조직행동론

(1) 집단의 본질

① 집단의 정의 및 분류

㉠ 집단의 정의 : 집단이란 공동목표를 달성하기 위하여 모인 상호작용이며 상호의존적인 둘 이상의 사람들의 집합이다. 이러한 정의에는 두 가지 중요한 특징이 포함되어 있는데, 첫째는 공동목표이고, 둘째는 구성원들이 상호작용하며 상호 의존적이라는 것이다.

㉡ 집단의 분류 : 이러한 집단은 일반적으로 공식집단과 비공식집단으로 분류된다.

- 공식집단 : 목표를 달성하기 위해 공식적인 권한으로부터 형성된 집단
- 비공식집단 : 비공식적으로 발생하며 조직의 한 부분으로 공식적으로 형성되지 않은 집단

집단의 분류		내 용
공식 집단	명령집단	조직표상에 나타난 것으로 어떤 특정의 상사와 그에게 직접 보고하도록 되어 있는 하위자로 구성
	과업집단	직무상의 과업을 수행하기 위하여 협력하는 사람들로 구성되어 있으나, 과업집단의 경계는 계층상의 직속 상하위자에 한정되지는 않고 신제품 개발을 위해 각 부서의 전문가가 모인 프로젝트 집단이 이에 속한다.(모든 명령집단은 과업집단이나, 모든 과업집단이 명령집단이 될 수는 없다.)
비공식 집단	이해집단	조직구성원들이 명령관계나 과업에 관계없이 각자가 관심을 가지고 있는 특정의 목적을 달성하기 위해 모인 집단
	우호집단	서로 유사한 성격을 갖는 사람들이 모여 형성하는 집단으로 동창들의 모임이나 비슷한 나이끼리 모인 사교모임 등이 우호집단에 속한다.

② 집단형성의 이유

집단형성의 이유	내 용
목표달성	혼자서는 달성할 수 없거나 협력하여야 할 경우 효과적인 목표를 달성하기 위하여 집단이 형성됨
안전	사람들은 혼자 있을 때보다는 여럿이 있음으로써 안전감을 느끼므로 안전을 확보하기 위해 집단을 형성하거나 집단에 가입하게 된다.(노동조합 결성 등)
신분	다른 사람들로부터 선망의 대상이 되고 있는 집단에 가입하는 것은 안정감과 특정 신분을 얻기 위한 것
대인적 매력	사람들이 유사한 태도와 신념을 갖고 있을 때 서로 매력을 느끼고 함께하고자 하는 집단이 형성됨
경제적 이유	집단으로 일할 때 더 많은 이익을 얻을 수 있고 집단의 협동에 의한 작업은 고성과의 달성에 대한 기대감을 높여줌

③ 집단발전의 단계

집단발전의 단계	내 용
형성단계	집단의 목적, 구조, 리더십 등에 있어서 불확실성이 높은 단계로 구성원들이 어떤 행위가 수용될 수 있는가를 저울질하는 단계
폭풍우단계	집단 내 갈등단계
규범화단계	친밀한 관계가 형성되고 집단이 응집성을 나타내는 단계
수행단계	집단구조가 완전히 기능적이며 받아들여지는 단계
해산단계	집단의 해산을 준비하는 단계

(2) 집단 구조(Group Structure)

집단도 집단구성원의 행위를 정하고 집단 내 개인행위의 상당한 부분뿐만 아니라 집단 그 자체의 성과를 설명하고 예측하는 것을 가능하게 해주는 집단구조를 가지고 있다.

① 역할(Role)

사회적 단위에서 특정의 지위를 차지하고 있는 사람에게 기대되는 행위의 패턴이다.

② 규범(Norms)

집단구성원에 의해 공유되고 있는 집단 내의 수용가능한 행위의 기준이며 규범이 강하게 적용되는 경우는 다음과 같다.

㉠ 규범 집단의 성공을 촉진하거나 집단의 존속을 보장할 때

㉡ 규범이 집단구성원들로 하여금 무슨 행위를 하도록 기대되는가를 분명히 하거나 예측가능하게 할 때

㉢ 규범이 집단 내 특정 구성원의 역할을 강화할 때

㉣ 규범이 집단으로 하여금 난처한 개인 상호 간의 문제를 피할 수 있도록 도울 때

③ 지위(Status)

위신이나 명예에 의한 집단 내에서의 서열, 가치 순위를 나타내는 것

(3) 집단 응집성(Group Cohesiveness)

한 집단의 구성원들이 서로 좋아하고 그 집단의 구성원으로 남고 싶어 하는 정도

(4) 집단역학의 의의

사전적 의미로 그룹 다이내믹스(Group Dynamics)라고도 하며, 이는 집단 운영의 원활화를 도모할 목적으로 집단이라는 장을 중력이나 전자기의 장처럼 힘의 작용으로 생각하여 집단 구성원의 상호 교섭 관계에 작용하는 힘을 연구하는 사회심리학의 의미이다.

• 소시오메트리(Sociometry) 분석

㉠ 개념 : 정신과 의사 모레노(Jacob Moreno)에 의해 고안된 것으로, 인간관계의 그래프나 조직망을 추적하는 이론이다. 이것은 응답자들에게 좋아하는 사람과 좋아하지 않는 사람을 지명하게 하여 사람들을 서열화한다. 이는 비공식집단의 상호 간 감정 상태를 분석하는 기법으로, 집단구성원 간 호의·비호의 관계에 의한 집단분석기법이다. 이는 비공식적 집단의 인간관계 양상을 보여주는 것으로, 비공식적 커뮤니케이션 체계와 분석기법으로 사용되고 있다.

㉡ 기법

ⓐ 소시오그램 : 이는 소시오메트리 구조파악 후 일욕요연하게 그림으로 표현한 것이다. 이미 형성된 비공식적 관계 이후에 파악된다. 이에 반하여 조직도는 공식적 구조에서 커뮤니케이션 경로를 미리 제시한 것으로 구분된다.

ⓑ 소시오매트릭스 : 이는 대규모 조직에서 소시오그램처럼 나타낸 것이다.

8) 의사결정

(1) 합리적 의사결정 모형

① 합리적 의사결정모형

의사결정에 관한 관점 중의 하나가 합리적 의사결정 모형이다. 이 모형의 가장 중요한 가정은 경제적 합리성 또는 사람들은 그들의 경제적 성과를 극대화하려고 한다는 개념이다. 또한, 이 모형에서는 사람들이 일관되게, 논리적으로, 수학적 방법으로 다음의 다섯 단계를 거쳐 경제적 성과의 극대화 목표를 추구할 것이라고 가정하고 있다.

② 의사결정의 단계

의사결정의 단계	내 용
문제의 인식과 정의	현재의 상태와 바람직한 상태 사이의 차이를 문제라 하며 그러한 차이를 지각하는 것을 문제의 인식이라고 함
정보 탐색	의사결정자가 문제와 문제해결방법에 관한 정보 수집
대안창출	앞 단계에서 수집된 정보를 기초로 여러 가지 해결안 창출
대안의 평가와 선택	충분한 대안들이 확인된 후에는 의사결정자가 대안들을 평가하여 선택
실행 및 평가	대안이 선택되면 의사결정자가 의사결정사항 실행

③ 합리적 의사결정을 방해하는 요인

방해 요인	내 용
손실회피 경향	확실한 이득과 위험한 손실 중에서 선택을 하게 될 때 대부분의 사람들은 확실한 손실을 피하고 어떤 것도 잃지 않는 것을 선택하려 한다는 것이다.
입수용이성 경향 (Availability Bias)	사람들은 어떤 일이 일어날 가능성을 자신의 머리에 떠오른 그것에 관한 예를 가지고 쉽게 판단해 버리는 경향이 있다. 이를 입수용이성 경향이라고 하며 의사결정에 영향을 미치는 요인이다.
기초비율 오류 (Base Rate Bias)	의사결정자가 특정 결과가 발생할 객관적인 확률을 무시하고 개별화된 특별한 정보에 더 의존하려는 데서 오는 오류이다.
비이성적 몰입의 증가 (Escalation of Commitment)	잘못된 의사결정임을 알고도 이전의 의사결정을 정당화하기 위해 점점 더 그 의사결정에 집착하는 경향을 비이성적 몰입의 증가라 한다.

(2) 관리적 의사결정모형

사이먼(H. A. Simon)의 관리적 의사결정모형은 조직의 의사결정을 보다 사실에 가깝게 묘사하려고 시도하고 있다. 관리적 의사결정모형을 열거하면 다음과 같다.

① 최적화 대신 만족화

제한된 합리성 때문에 의사결정자는 이상적인 최적의 의사결정보다는 만족스러운 의사결정을 추구한다.

② 대안의 순차적 고려

모든 대안을 동시에 고려하기보다는 대안들을 순차적으로 고려한다.

(3) 쓰레기통 모델(Garbage Can Model)

매우 높은 불확실성을 지니는 조직에서의 의사결정유형을 설명하는 데 적합한 의사결정이론이 쓰레기통 모델이다. 이 모델을 개발한 코헨(M. Cohen), 마치(J. March), 올슨(J. Olsen)은 조직 내 의사결정과정상의 불확실한 상황을 '조직화된 무질서(Organized Anarchy)'라고 하고 있다.

이 상황에서는 일반적인 경우와 달리 권한의 공식적인 체계나 계급 구조적 의사결정규칙이 존재하지 않고 그 대신 다음과 같은 세 가지 특징이 나타난다.

① 우선순위의 불명확성

문제, 대안, 해결방안, 목표가 명확히 정의되지 않고 의사결정의 각 단계들은 서로 명확하게 구분되지 않는다.

② 해결기법에 대한 이해의 부족과 불명확성

의사결정 요인들의 인과관계를 규명하기 어려우며 의사결정에 적용하기 위한 지식이 불분명하다.

③ 의사결정 참여자의 변동

의사 결정과정 중에 참여자가 이직할 수 있고, 조직구성원은 항상 바쁘기 때문에 어떤 특정한 의사결정에 충분한 시간을 할애하지 못한다. 유동적이고 제한된 의사결정에의 참여만 이루어진다.

(4) 집단의사결정

① 집단의사결정의 장·단점

장 점	단 점
• 보다 많은 정보와 대안 • 의사결정의 이해와 수용 • 보다 많은 관여	• 동조압력 • 개인의 지배 • 많은 시간 소요

② 집단의사결정의 분류

샤인(Edgar Schein)은 집단은 다음의 6가지 종류의 의사결정을 한다고 밝히고 있다.

㉠ 신중하지 못한 의사결정
㉡ 권위주의적인 의사결정
㉢ 소수에 의한 의사결정
㉣ 다수에 의한 의사결정
㉤ 합의에 의한 의사결정
㉥ 만장일치에 의한 의사결정

③ 집단의사결정의 오류

㉠ 선택쏠림(Choice Shift) : 집단성원은 개인적 의사결정을 할 때보다 집단의 의사결정을 할 경우에 보다 극단적인 의사결정을 하는 경향이 있는데, 이는 위험쏠림과 신중쏠림으로 나누어진다. 이를 집단시프트(Group Shift)현상이라고 부르는데, 집단의 구성원들이 원래 선호하던 방향으로 자기들의 입장을 극단적으로 추구하는 경향을 말한다.

- 위험쏠림 : 잠재적 이득 사이에 상쇄적 관계에 있는 의사결정에 있어서 개인이 의사결정을 할 때보다 집단이 더 위험한 의사결정을 하는 것
- 신중쏠림 : 잠재적 손실을 가져오는 대안 중에서 선택하는 경우에 개인의 의사결정보다 집단의 의사결정이 더 보수적인 경향을 나타내는 것

㉡ **집단사고** : 집단의사결정에서 흔히 일어나는 오류는 제니스(Irving Janis)에 의해 처음 소개된 집단사고이며 이는 **극도로 응집성이 강한 집단에서 조화와 만장일치에 대한 열망이 지나쳐 집단성원들이 집단의 결정을 현실적으로 평가하려는 노력을 묵살하는 경우에 발생한다.**

▷ 집단사고의 증상

집단사고는 여러 독특한 특성을 지니고 있는데 그것들은 다음과 같다.

집단사고의 증상	내 용
잘못 불가의 환상	절대로 잘못되지 않는다는 의식이 낙관적이게 하며 위험을 부담하게 한다.
합리화	경고를 무시하고 기존의 결정안과 모순되는 정보는 깎아 내릴 목적으로 합리화한다.
도덕성의 환상	집단성원들이 집단의 입장은 옳고 질책의 대상이 될 수 없다고 생각해서 윤리성 또는 도덕성 문제를 논의할 필요가 없다고 느낀다.
적에 대한 상동적 태도	집단 외부의 사람들은 사악하고 나약하며 어리석다고 본다.
동조압력	집단의 입장에 반대되는 주장을 하는 성원은 충성심이 부족하다고 몰아붙여 이탈자를 단속한다.
자기검열	집단에 대한 의심을 표출하지 않고 침묵을 지킨다.
만장일치의 환상	만장일치의 환상은 자기검열에서 나온다. 침묵은 동의로 간주되고 집단성원이 진정으로 동의하고 있는지 알아보려고 하지 않는다.
집단초병	몇몇 성원은 집단의 화목을 깨뜨릴 부정적인 정보로부터 집단을 보호하는 역할을 떠맡게 된다.

▷ 집단사고의 결과 및 방지 방안

집단사고의 결과	집단사고의 방지 방안
• 정보를 탐색하는 데 소홀해진다. • 대안의 탐색을 한정된 수로 제안함으로써 모든 가능한 대안을 고려하지 않는다. • 가장 선호되는 대안의 위험에 대하여 조사하지 않는다. • 처음에 제쳐두었던 대안에 대하여 재평가를 하지 않는다. • 정보를 처리함에 있어 선택적으로 한다.	• 각 집단에 비판적인 시각을 갖고 있는 평가자를 임명한다. • 리더로서 자신이 선호하는 대안을 명백하게 밝히지 않는다. • 동일한 문제를 다루는 소그룹 또는 소위원회를 구성한다. • 집단성원으로 하여금 이용가능한 모든 정보를 활용하도록 요구한다. • 객관적인 관점을 지닌 외부인사를 초빙하여 집단내부와 결과를 평가하도록 한다. • 회의 때마다 악역을 담당할 사람을 임명한다. • 일단 합의에 도달하였더라도 다른 대안을 재검토하고 비교한다.

Point

다음을 설명하는 용어는? ②

대부분의 중요한 의사결정은 집단적 토의를 거치기 마련이다. 이 과정에서 구성원들은 타인의 영향을 받거나 상황 압력 등에 따라 본인의 원래 태도에 비하여 더욱 모험적이거나 보수적인 방향으로 변화될 가능성이 있다.

① 집단사고
② 집단극화
③ 동조
④ 사회적 촉진
⑤ 복종

(5) 효과적인 집단의사결정 기법

① **브레인 스토밍(Brain Storming)**

오스본(Osborn)에 의해 창안된 기법으로서, 다수의 인원이 한 가지 문제를 두고 떠오르는 각종 생각을 자유롭게 무작위적으로 말한다. 집단에서 다른 사람들과 함께 일할 때 나타나는 부정적인 효과를 최소화하면서 아이디어를 창출해 내는 기법

㉠ 특징

- **자유로운 토론을 통해 창조적인 아이디어를 이끌어 내는 창의성 개발기법으로서 질보다는 양을 중요시한다.**
- 타인의 의견을 절대 비판하지 않는다.
- 자유로운 분위기에서 최대한 많은 아이디어를 제시하여 서로 결합하고 개선함으로써 합의점을 도출한다.

㉡ 원칙

- 비판금지의 원칙
- 자유분방의 원칙
- 양 우선의 원칙
- 결합 및 개선의 원칙

② **명목집단법(NGT ; Norminal Group Technique)**

문자 그대로 이름만 집단이며 구성원 상호 간에 대화나 토론을 통한 상호작용을 하지 않는다. 즉, 집단구성원들 간에 실질적인 접촉은 없고 단지 **서면을 통해서 하는 것**으로 모은 정보에 대한 피드백이 강하고 다른 사람의 영향을 받지 않는다.

㉠ 장점 : 집단을 공식적으로 소집하여 한곳에 모이게는 하지만 종래의 전통적인 상호 작용 집단처럼 독립적인 사고를 제약하는 일이 없다.

ⓛ 단점 : 이 기법을 이끌어나가는 리더의 훈련이 필요하다는 것과 **한 번에 한 문제밖에 풀어나갈 수 없다.**

③ **델파이법**(Delphi Technique)
우선 한 문제에 대해 몇 명의 전문가들의 독립적인 의견을 우편으로 수집하고 이 의견들을 요약하여 전문가들에게 배부한 다음 일반적인 합의가 이루어질 때까지 서로의 아이디어에 대해 논평하게 하는 방법

④ 창의성 측정방법과 창의성 개발방법
㉠ 창의성 측정방법 : 원격연상 검사법, 토랜스 검사법
ⓛ **창의성 개발방법 : 고든법, 브레인 스토밍, 델파이법, 명목집단법, 강제적 관계기법 등**

델파이 기법에 관한 설명으로 옳지 않은 것은? ②
① 많은 전문가들의 의견을 취합하여 재조정과정을 거친다.
② 전문가들을 두 그룹으로 나누어 진행한다.
③ 의사결정 및 의견개진 과정에서 타인의 압력이 배제된다.
④ 전문가들을 공식적으로 소집하여 한 장소에 모이게 할 필요가 없다.
⑤ 미래의 불확실성에 대한 의사결정 및 장기예측에 좋은 방법이다.

9) 갈등관리

(1) 갈등에 관한 기초개념

① 갈등의 정의

정 의	특 징
리터러 (J. Literer)	어떤 개인이나 집단이 다른 사람이나 집단과의 상호작용이나 활동으로 상대적 손실을 지각한 결과 대립 · 다툼 · 적대감이 발생하는 행동의 한 형태
로빈스 (S. Robins)	목적을 달성하고 이익을 계속 추구하는 데 있어서 A가 의도적으로 B에게 좌절을 초래하는 방해행동을 하는 과정
마일즈 (R. Miles)	조직의 한 단위나 단위 전체 구성원들의 목표지향적인 행동이 다른 조직단위 구성원들의 목표지향적인 행동과 기대로부터 방해를 받을 때 표현되는 조건

② 갈등현상의 기본 모형

기본 모형	내 용
득실상황	배분적 관계가 높고 통합적 관계가 낮을 때 일어나며 한편의 이득은 다른 편의 손실이 된다.
혼합상황	배분적 관계와 통합적 관계가 모두 높은 경우에 나타나며 배분적 관계는 흔히 상호 관련 때문에 만들어진 보상의 상대적 분배와 관계된다.
협동상황	통합적 관계가 높고 배분적 관계가 낮은 경우로서 쌍방은 상호 의존적이다.
낮은 상호 의존상황	통합적 관계와 배분적 관계가 모두 낮은 경우에 나타나는데, 쌍방에 거의 의존관계가 없는 경우이다. 그러므로 갈등은 최소화되고 더 이상 갈등 문제가 나타나지 않는다.

③ 갈등의 전제조건

갈등의 전제조건	내 용
상호 의존성	원조, 정보, 피드백 또는 여타 협동적 행위를 위해 다른 당사자에 의존하는 두 당사자 간의 관계 • 집합적 상호 의존성 • 순차적 상호 의존성 • 교호적 상호 의존성
정치적 비결정주의	당사자 사이에 권력관계가 모호하지 않고 안정적이라면 갈등이 일어나기보다는 강력한 권력을 쥐고 있는 쪽의 권한에 의해 문제가 해결된다.
다양성	갈등이 존재하기 위해서는 당사자들이 싸울 만한 가치가 있는 당사자 사이의 차이와 불일치가 있어야 한다.

④ 갈등의 단계

갈등의 단계	내 용
잠재적 갈등단계	불화가 추측될 뿐이며 기껏해야 희미하게 지각되는 정도
지각된 갈등단계	문제가 쉽게 지각되며 갈등에 연루된 모든 사람들이 갈등이 존재함을 안다.
감지된 갈등단계	사람들이 갈등을 느꼈을 때에는 갈등을 인식할 뿐만 아니라 긴장, 걱정, 분노, 동요 등을 느끼게 된다.

(2) 개인적 갈등

개인적 갈등은 둘 이상의 압력이 동시에 주어지기 때문에 생기는 것이다. 이러한 개인적 갈등은 다시 좌절갈등, 목표갈등, 역할갈등으로 구분할 수 있다.

• 개인 간 갈등의 해소방안 : 경쟁, 순응, 회피, 협력, 타협 등

(3) 집단 간 갈등

조직 내에서 흔히 인식되는 갈등이며 집단 간에 자원이나 권력을 획득하기 위하여 부서 간에 야기되는 긴장이다. 이러한 갈등은 대체로 계층 간 갈등, 기능 간의 갈등, 라인과 스태프 간의 갈등, 공식적 및 비공식적 조직 간의 갈등 등의 형태로 나타난다.

① 갈등의 원인

㉠ 업무의 상호 의존성 ㉡ 불균형적 종속성
㉢ 대립적 업무기준 및 보상 ㉣ 부서 간의 차별성
㉤ 공동자원의 분배 ㉥ 지각의 차이

② 집단 간 갈등의 해소방안

㉠ 사회적 접촉 ㉡ 인간관계 훈련
㉢ 협상 또는 경쟁

조직 내 집단 간의 갈등을 유발하는 원인이 아닌 것은? ④

① 업무의 상호의존성 ② 보상구조
③ 지각의 차이 ④ 상위목표
⑤ 한정된 자원의 분배

10) 팀 조직

(1) 팀제 도입의 필요성

팀이란 '상호 보완적인 기술 혹은 지식을 가진 둘 이상의 조직원이 서로 신뢰하고 협조하며 헌신함으로써 공동의 목적을 달성하기 위해 노력하는 자율권을 가진 조직의 단위'이다.

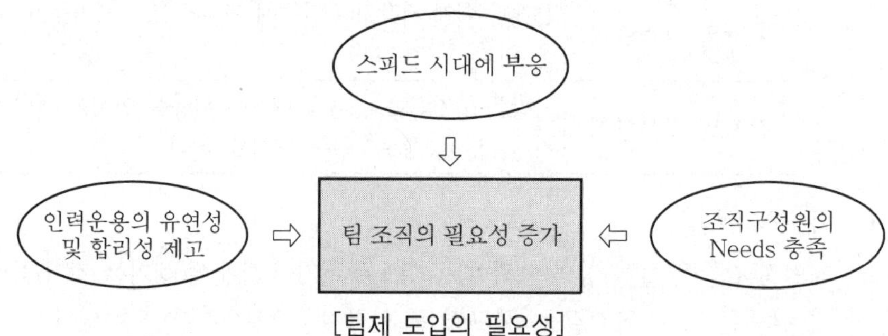

[팀제 도입의 필요성]

(2) 전통적 조직과 팀제 조직의 비교

구분	전통적 조직	팀제 조직
조직구조	수직적 계층 / 부, 과	수평적 팀
조직화의 원리	기능단위	업무프로세스 단위
직무설계	분업화(좁은 범위의 단순과업)	다기능화(다차원적 과업)
권한	권한의 집중	분권화
관리자의 역할	지시 / 집중	코치 / 촉진자
리더십	지시적, 하향적	후원적, 참여적, 설득적
정보의 흐름	통제적, 제한적	개방적, 공유적
보상	개인 / 직위, 근무연수	개인 및 팀 / 성과 및 능력

(3) 팀제의 성공조건

① 과업이 아닌 과정 중심의 조직화
② 계층의 평준화
③ 관리수단으로서의 팀의 활용
④ 고객이 몰아주는 업적
⑤ 팀 업적에 대한 보상
⑥ 공급업자와 고객의 접촉 극대화
⑦ 모든 구성원에 대한 홍보와 훈련

(4) 팀의 종류

팀의 종류	내 용
제안팀	• 특정문제에 대한 한시적 팀으로서 의사결정이나 실시권한은 팀에게 없고 여전히 라인관리자에게 주어진다. • 관리자가 원가절감, 생산성 향상 등의 아이디어를 얻고자 할 때 제안팀이 활용된다.
문제해결팀	• 문제를 파악하고 연구하고 실행가능한 해결책을 개발하기 위해 활용 • 대부분 한사람의 감독자와 5~8명의 구성원으로 만들어진다.
준자율팀	한 사람의 감독자에게 보고의무가 있지만 팀의 일일작업의 계획, 조직, 통제를 스스로 담당한다.
자율관리팀	• 스스로의 업무를 일일 베이스로 관리한다. • 조직의 목표를 고려하여 팀의 목표를 설정하고 목표달성방법을 계획하며 주어진 문제를 정의하고 해결한다.
임파워드팀	• 팀의 사명을 수행하기 위한 책임과 권한을 모두 가지고 있는 팀 • 팀에 대한 주인의식을 가지고 팀 스스로 과업과 과정에 대해 통제해 나간다.

(5) 고성과 팀의 특성

① 참여적 리더십
② 책임감의 공유
③ 목표 일체감
④ 의사소통의 고도화
⑤ 미래 지향성
⑥ 창의적 능력개발
⑦ 신속한 대응력
⑧ 업무수행에 초점

3. 조직문화

1) 조직문화의 중요성

조직문화(Organizational Culture)란 한 조직의 구성원들이 공유하고 있는 가치관, 신념, 이념, 관습 등을 총칭하는 것으로서 조직과 구성원의 행동에 영향을 주는 기본적 요인이다. 조직문화의 개념은 1980년대부터 조직이론에 도입되어 조직개발과 혁신에 응용되고 있다. 조직문화는 조직 활성화를 위한 하나의 도구로 사용되고 있다.

조직문화는 조직의 공식적 · 비공식적 운영과정에 광범위하게 영향을 미칠 수 있기 때문에 중요시된다.

(1) 전략수행에 영향

조직문화는 기업에서의 전략수행에 영향을 끼치는데, 기업 조직이 전략을 수행함에 있어 조직이 지니는 기존의 가정으로부터 벗어난 새로운 가정, 가치관, 운영방식 등을 따라야 한다.

(2) 합병, 매수 및 다각화 등에 영향

기업 조직의 합병, 매수 및 다각화 시도 시 기업 조직의 문화를 고려해야 한다.

(3) 신기술 통합에 영향

조직문화는 신기술의 통합에 영향을 미친다. 기업 조직이 신기술을 도입할 경우에 조직 구성원들은 이에 대해 많은 저항을 하게 되기 때문에 일부 직종별 하위문화를 조화시키고, 더불어 일부의 지배적인 기업 조직의 문화를 변경하는 것이 필요하다.

(4) 집단 간 갈등

조직문화는 기업 조직의 집단 간 갈등에 영향을 끼치는데, 기업 조직의 전체적 수준에서 각 집단의 하위문화를 통합해주는 공통적 문화가 존재하지 못할 경우 각 집단에서는 서로 상이한 문화의 특성으로 인해 심각한 경쟁과 마찰 및 갈등이 발생하게 된다.

(5) 화합 및 의사소통에 영향

기업의 조직문화는 효과적인 화합 및 의사소통에 영향을 끼치는데, 한 기업 조직 내에서 서로 상이한 문화적 특성을 지닌 집단의 경우 상황을 해석하는 방법 및 지각의 내용 등이 달라질 수 있다.

(6) 사회화에 영향

기업의 조직문화는 사회화에 영향을 끼치는데, 기업 조직에 신입이 들어와서 사회화되지 못하는 경우에 불안, 소외감, 좌절감 등을 겪게 되고 그로 인해 이직을 하게 된다.

(7) 생산성에 영향

강력한 기업 조직의 문화는 생산성을 제한하는 방향으로 흐를 수도 있고, 자신의 성장 및 기업의 발전을 동일시하는 경우는 생산성을 향상시키는 방향으로 영향을 미치게 된다.

약한 문화를 가진 조직의 특성에 해당되는 것은? ①

① 다양한 하위문화의 존재를 허용한다.
② 의례의식, 상징, 이야기를 자주 사용한다.
③ 응집력이 강하다.
④ 조직가치의 중요성에 대한 광범위한 합의가 이루어져 있다.
⑤ 조직의 가치와 전략에 대한 구성원의 몰입을 증가시킨다.

2) 환경변화와 조직문화의 중요성

환경변화	조직 문화의 중요성
법·정치적 환경변화	• 경영참여 욕구 증대 • 기업의 비판의식 증대
사회·문화적 환경변화	• 세대 간의 가치 차이 • 가치관의 다양화
경제·기술적 환경변화	• 경쟁의 가속화 • 기술수준의 평준화 • 이미지 차별화의 필요성

3) 조직문화의 구성요소

(1) **파스칼과 피터스의 7S**

파스칼(R. Pascale)과 피터스(T. Peters), 워터맨(R. Waterman) 등은 조직문화의 구성요소로서 7S를 꼽고 있다. 7S란 공유가치, 전략, 구조, 관리시스템, 구성원, 기술 그리고 리더십 스타일을 말한다.

구성요소(7S)	내 용
공유가치 (Shared Value)	기업체 구성원들 모두가 공동으로 소유하고 있는 가치관과 이념, 그리고 전통가치와 기업의 기본목적 등 기업체의 공유가치
전략 (Strategy)	기업체의 장기적인 방향과 기본성격을 결정하는 경영전략으로서 기업의 이념과 목적, 그리고 기본가치를 중심으로 이를 달성하기 위한 기업체 운영에 장기적 방향을 제공
구조 (Structure)	기업체의 전략을 수행하는 데 필요한 조직구조, 직무설계, 그리고 권한관계와 방침 등 구성원들의 역할과 그들 간의 상호 관계를 지배하는 공식요소를 포함
관리시스템 (System)	기업체 경영의 의사결정과 일상운영에 틀이 되는 관리제도와 절차 등 각종 시스템
구성원 (Staff)	구성원들의 가치관과 행동은 기업체가 의도하는 기본가치에 의하여 많은 영향을 받고 있고 인력구성과 전문성은 기업체가 추구하는 경영전략에 의하여 지배
기술 (Skill)	물리적 하드웨어는 물론, 이를 사용하는 소프트웨어 기술을 포함
리더십 스타일 (Style)	구성원들을 이끌어가는 전반적인 조직관리 스타일로서 구성원들의 행동조성은 물론 그들 간의 상호관계와 조직분위기에 직접적인 영향을 주는 중요요소

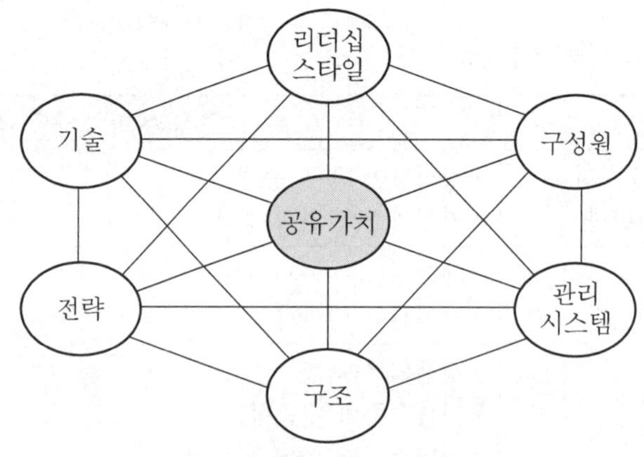

[조직문화의 구성요소(7S 모델)]

(2) 파슨스의 AGIL

① AGIL의 의의

파슨스는 사회의 모든 체제는 체제의 존립과 발전을 위해 적응, 목표, 통합, 정당성 등의 기능을 수행해야 하는데, 전체적인 면에서 균형이 중요하다는 것을 강조한다.

② AGIL의 의미

㉠ 적응 : 사회적 체제는 환경을 인식하고 환경의 변화를 파악한 후에 적절한 조치를 취해야 한다.

㉡ 목표 : 체제의 목표 달성을 위해서는 목표를 구체적으로 정립하고 그것을 달성하기 위한 전략을 수립해야 한다.

㉢ 통합 : 체제 내의 각 하위 요소들은 서로 관계를 가져야 하고, 상호의존성이 파악되어 조직화되어야 하며, 각 요소들의 행동이 조정되어야 한다.

㉣ 정당성 : 사회적 체제가 주변 환경의 여러 요소들로부터 존립의 권한을 부여받아야 한다.

(3) 샤인의 세 가지 수준

에드가 샤인(E. H. Schein)은 조직문화를 가시적 수준, 인식적 수준, 잠재적 수준(또는 불가시적 수준) 등으로 나누고 각 수준에 따라 조직문화의 구성요소가 다르다고 보았다.

① 가시적 수준

㉠ 가시적 수준에는 눈으로 볼 수 있는 물질적 · 상징적 · 행동적인 것들, 즉 인공물 및 창작물이 포함된다. 이는 조직 전체적인 인상과 조직문화 특성을 형성하는 데 결정적인 요소로 작용한다.

㉡ 가시적 수준에 속하는 것들로는 기술과 제품, 기구와 도구, 방침과 규율, 집단의 행사와 의식 및 개개인의 행동패턴, 심볼 등이 있다.

② 인식적 수준

㉠ 인식적 수준에는 창의성에 대한 존중, 개인적 책임 중시, 주요문제에 대한 합의, 개방적 의사소통 등 여러 가치관이 있다. 이것은 행동의 지침이 되며 가시적 수준을 지배한다.

㉡ 가치관은 인지가치와 행위가치로 구분할 수 있다. 인지가치 또는 옹호된 가치는 구성원들이 가치가 있다고 인정하고 수용한 가치이다. 행위가치 또는 내재적인 가치는 구성원들의 실제 행동양식에 반영된 가치이다.

③ 잠재적 수준

㉠ 잠재적 수준 또는 불가시적 수준은 구성원들이 의식하고 있지 않으나 자연스럽게 받아들일 수 있는 기본전제를 의미한다.

ⓑ 기본전제는 구성원의 행동을 가이드하고 구성원들이 사물에 대하여 어떻게 지각하고 생각해야 하는지를 말해주는 내재된 신념이다.

ⓒ 샤인은 기본전제가 조직문화에 있어서 가장 근본적인 단계로서 조직문화의 핵심이라고 할 수 있다. 또한 어떠한 상황에서도 조직 구성원들의 행동방식을 유지시켜주는 역할을 한다.

(4) 딜과 케네디의 조직문화 구성요소

① 조직문화의 구성요소

딜(T. Deal)과 케네디(A. Kennedy)는 조직문화의 구성요소로서 조직체 환경, 기본가치, 중심인물, 의례와 의식, 그리고 문화망을 들었다.

② 구성요소의 내용

ⓐ 조직체 환경 : 조직문화에 가장 영향을 많이 주는 고객, 정부, 기술, 법규 등 외적 환경요소를 가리킨다.

ⓑ 기본가치 : 성원 모두가 공유하고 있는 기본적인 신념으로서 포드자동차의 포디즘(Fordism)과 같이 기업의 경영이념에 잘 나타나 있다.

ⓒ 중심인물 : 조직의 가치들을 확립하고 구현하는 영웅들로 창업자나 전문 경영자 들이 이에 해당한다. GE의 토머스 에디슨이나 잭 웰치, 애플의 스티브 잡스 등을 말한다.

ⓓ 의례와 의식 : 가치의 공식적인 표현양식들로 성원들이 규칙적으로 지켜 나가는 습관이나 행동이다. 조회 · 회의 진행방법, 보고방식, 과업처리방식, 상하 간의 관계 등을 들 수 있다.

ⓔ 문화망 : 조직의 기본가치와 중심인물이 추구하는 목적을 전달해 주는 비공식적 매체로서 기업의 가치나 창업자의 업적을 이야기로 만든 일화, 전설, 무용담, 신화, 설화 등을 들 수 있다.

4) 조직문화의 변화 및 장단점 비교

(1) 조직문화 변화 메커니즘

성장단계	조직문화 변화 메커니즘
창립 및 초기 성장단계	• 자연적 발전 • 조직적 치료요법을 통한 자기통제발전 • 혼합을 통한 관리된 발전 • 외부자에 의한 혁신

성장단계	조직문화 변화 메커니즘
조직의 중년기	• 계획적 변화와 조직개발 • 기술적인 동기 • 스캔들이나 신화의 공개를 통한 변화 • 점진주의적 변화
조직의 성숙단계	• 강압적 설득 • 방향전환 • 재조직, 파괴, 재탄생

(2) 조직문화 변화의 계기가 되는 요소들

① 환경적인 위기

갑작스런 경기의 후퇴 및 기술혁신 등으로 인한 심각한 환경의 변화, 시장개방 등으로 인한 위기

② 경영상의 위기

조직의 최고경영층의 변동, 회사에 돌이킬 수 없는 커다란 실수의 발생, 적절하지 못한 전략 등

③ 내적 혁명

기업 조직 내부의 갑작스런 사건의 발생 등

④ 외적 혁명

신 규제조치의 입법화, 정치적인 사건 등

⑤ 커다란 잠재력을 지닌 환경적 기회

신 시장의 발견, 신 기술적 돌파구의 발견, 신 자본조달원 등

(3) **조직문화의 장단점**

구분	강한 조직문화	환경적합적 문화	환경적응적 문화
기본 관점	강한 문화가 조직성과를 향상시킴	환경에 적합한 문화가 조직성과를 향상	환경적응력이 있는 문화가 조직성과를 향상
주장	• 강한 조직문화는 구성원들이 목표를 공유하게 함 • 가치 공유를 통한 높은 수준의 동기유발 • 조직에 대한 통제가 용이	• 외부환경이나 조직전략이 적합할 때만 문화가 조직에 긍정적으로 작용함 • 환경변화의 반영과 의사결정의 정확성 제고가 용이	• 조직 외부고객의 가치 실현 중시 • 현상 안주보다는 지속적 변화 및 유연성 추구

구분	강한 조직문화	환경적합적 문화	환경적응적 문화
비판	• 높은 성과가 강한 문화를 형성할 수 있음 • 성과와 역행하는 방향으로 조직을 이끌 가능성	• 급격한 환경 변화 시에 따라 적합하도록 문화를 변화시키기 곤란 • 환경변화에 대한 조직의 능동적 대응방안 제시 미흡	조직문화의 내부적 특성의 중요성 간과

Point

조직문화에 관한 설명으로 옳지 않은 것은? ④

① 조직사회화란 신입사원이 회사에 대하여 학습하고 조직문화를 이해하기 위한 다양한 활동이다.

② 조직의 핵심가치가 더 강조되고 공유되고 있는 강한 문화(Strong Culture)가 조직에 끼치는 잠재적 역기능을 무시해서는 안 된다.

③ 조직문화는 하루아침에 갑자기 형성된 것이 아니고 한번 생기면 쉽게 없어지지 않는다.

④ 창업자의 행동이 역할모델로 작용하여 구성원들의 그런 행동을 받아들이고 창업자의 신념, 가치를 외부화(externalization)한다.

⑤ 구성원 모두가 공동으로 소유하고 있는 가치관과 이념, 조직의 기본목적 등 조직체 전반에 관한 믿음과 신념을 공유가치라 한다.

예상문제 및 해설 1

경영학

Actual Test

인적자원관리

1. 다음 중 노동쟁의 조정방법 중 강제성을 띠고 있는 것은?

① 알선	② 중재
③ 조정	④ 긴급조정

① ①, ②
② ①, ③
③ ①, ④
④ ②, ③
⑤ ②, ④

해설 노동쟁의

강제성을 띠는 것		강제성이 없는 것	
긴급조정	쟁의행위가 국가나 국민에게 위험을 줄 수 있으면 고용노동부장관이 긴급조정을 할 수 있음	조정	노동위원회의 조정위원회에서 담당하며 조정안 수락을 권고하는 것
중재	당사자는 중재결과를 꼭 따라야 하며 중재결정이 위법일 경우 중앙노동위원회에 재심 청구 또는 행정소송 제기 가능	알선	분쟁당사자를 설득하여 관련 당사자 간의 토론에 의해 쟁의 조정을 하는 것

2. 다음은 노동조합의 가입형태 중 노조의 지배력이 약한 것부터 나열한 것은?

① Closed Shop	② Open Shop	③ Union Shop

① ①-②-③
② ②-③-①
③ ③-②-①
④ ①-③-②
⑤ ②-①-③

해설 노동조합 가입형태

가입형태	내 용
Closed Shop	조합원이 아닌 자를 고용할 수 없으며 또한 조합에서 탈퇴하는 경우에는 고용관계가 종료하게 된다.
Open Shop	우리나라의 대부분이 이 제도를 사용하고 있으며 노동조합의 가입 여부는 노동자의 의사에 달려 있다.
Union Shop	입사 후 일정 시간이 지나면 노조에 가입해야 하는 제도

3. 다음 중 노동자들이 자신들의 요구를 실현시키기 위해 집단적으로 업무나 생산활동을 중단시키는 것은?

① 파업(Strike)
② 태업(Sabotage)
③ 불매운동(Boycott)
④ 일시해고(Lay - Off)
⑤ 직장폐쇄(Lock - Out)

해설 쟁의행위

① 근로자 측 쟁의행위

쟁의행위	내 용
동맹파업 (General Strike)	근로자가 단결하여 근로조건의 유지 · 개선을 달성하기 위하여 집단적으로 노무의 제공을 거부하는 쟁의행위
태업 (Sabotage)	• 근로자들이 단결해서 의식적으로 작업능률을 저하시키는 것 • 사보타지(Sabortage) : 생산 또는 사무를 방해하는 행위로서 단순한 태업에 그치지 않고 적극적으로 생산설비를 파괴하는 행위까지 포함하는 개념(정당성이 결여된 쟁의행위)
준법투쟁 (Work to Rule)	일반적으로 준수하게 되어 있는 보안 · 안전 · 근무규정 등을 필요 이상으로 엄정하게 준수함으로써 의식적으로 저하시키는 행위
불매동맹 (Boycott)	• 1차적 불매운동 : 사용자에 대하여 사용자의 제품의 구매 또는 시설을 거부함으로써 압력을 가하는 것 • 2차적 불매운동 : 사용자에게 그와 거래관계에 있는 제3자와의 거래를 단절할 것을 요구하고 이에 응하지 않을 경우 제품의 구입이나 시설의 이용 또는 노동력의 공급을 중단하겠다는 압력을 가하는 것
생산관리	근로자들이 단결하여 사용자의 지휘 · 명령을 거부하고 사업장 또는 공장을 점거함으로써 조합 간부의 지휘하에 노무를 제공하는 투쟁행위
피케팅 (Picketting)	파업을 효과적으로 수행하기 위하여 근로희망자(파업 비참가자)들의 사업장 또는 공장의 출입을 저지하고 파업 참여에 협력할 것을 요구하는 행위

 정답 3. ①

② 사용자 측 대항행위

대항행위	내 용
대체고용 (조업계속)	• 동맹파업 시 사용자는 노동조합원 이외의 근로자(비노조원)들로서 이미 근로관계에 있는 종업원이나 노동조합원을 사용해서 조업 계속 가능 • 노동조합이 쟁의행위를 행하고 있는 단계에서 신규로 근로자를 채용해서 조업 계속 불가능
직장폐쇄 (Lock-Out)	• 사용자가 자기의 주장을 관철하기 위하여 근로자집단에 대해 생산수단에의 접근을 차단하고 근로자의 노동력 수령을 조직적 · 집단적 · 일시적으로 거부하는 행위

4. 조합원뿐만 아니라 비조합원도 채용하며, 비조합원은 일정기간이 지난 후 반드시 노동조합에 가입하여야 하는 제도는?

① 오픈 숍(Open Shop)
② 유니언 숍(Union Shop)
③ 클로즈드 숍(Closed Shop)
④ 에이전시 숍(Agency Shop)
⑤ 체크오프 시스템

해설

조직형태		내 용
기본적 제도	오픈 숍 (Open Shop)	• 조합원, 비조합원 모두 고용이 가능하다. 즉, 조합에의 가입이 고용조건이 아니다. • 우리나라 대부분의 노동조합에서 채택하고 있다.
	유니언 숍 (Union Shop)	• 사용자가 자유롭게 채용할 수 있으나, 채용 후 일정기간이 지나면 반드시 조합에 가입하여야 한다. • 우리나라에서는 근로자의 3분의 2 이상을 대표하는 노동조합의 경우 단체협약을 통해 제한적인 유니언 숍이 인정되나 이때에는 조합이 제명하였다고 해서 회사에서 해고되는 조항은 실시되지 않고 있다.
	클로즈드 숍 (Closed Shop)	• 결원보충이나 신규채용에 있어서는 반드시 조합원에서 충원한다. • 조합 가입이 고용의 전제조건이다. • 조합의 노동통제력이 가장 강력하다. • 미국의 태프트-하틀리법(Taft-Hartley Act)에 의해 불법화되었다. 건설업, 해운업, 인쇄업 등에서 현실적으로 인정되고 있으며, 우리나라의 경우에도 현실적으로 항만노동조합에서 적용되고 있다.

4. ② 정답

<table>
<tr><th colspan="2">조직형태</th><th>내 용</th></tr>
<tr><td rowspan="3">변형적 제도</td><td>에이전시 숍
(Agency Shop)</td><td>• 조합원이 아니더라도 모든 종업원에게 노동조합이 조합비를 징수하는 제도이다.
• 대리기관 숍제도라고도 한다.</td></tr>
<tr><td>프리퍼런셜 숍
(Preferential Shop)</td><td>• 우선 숍제도라고 하며 채용에 있어서 조합원에게 우선권을 주는 제도이다.</td></tr>
<tr><td>메인트넌스 숍
(Maintenance Shop)</td><td>• 조합원유지 숍제도라고 하며 조합원이 되면 일정기간 동안 조합원으로 머물러 있어야 하는 제도이다.</td></tr>
</table>

※ 체크오프 시스템(COS ; Check Off System)
조합비의 확보를 통해 노동조합의 안정을 유지하기 위한 제도로 조합비 일괄 공제제도라고 한다. 즉, 조합비를 징수할 때 사용자가 노동조합의 의뢰에 의하여 조합비를 급료계산 시에 일괄공제하여 전달해 주는 방법이다.

5. 노동조합제도 중 노조의 통제력이 가장 미약한 형태에서 나타나는 것은?

① 오픈 숍　　② 유니언 숍
③ 에이전시 숍　　④ 클로즈드 숍
⑤ 메인트넌스 숍

해설 오픈 숍(Open Shop)
• 조합원, 비조합원 모두 고용이 가능하다. 즉, 조합에의 가입이 고용조건이 아니다.
• 우리나라 대부분의 노동조합에서 채택하고 있다.

6. 노사관계에 있어서 Check－Off System의 의미는?

① 출근시간을 점검하는 것이다.
② 작업성적을 평가하여 임금 결정 시 보완하려는 제도이다.
③ 종합적 근무성적을 인사고과에 반영하는 것이다.
④ 회사급여의 계산 시 노동조합비를 일괄공제하여 노조에 인도하는 것이다.
⑤ 회사의 노동계약의 준수 여부를 제도적으로 점검한다.

해설 체크오프 시스템(COS ; Check Off System)
조합비의 확보를 통해 노동조합의 안정을 유지하기 위한 제도로 조합비 일괄 공제제도라고 한다. 즉, 조합비를 징수할 때 사용자가 노동조합의 의뢰에 의하여 조합비를 급료계산 시에 일괄공제하여 전달해 주는 방법이다.

 정답 5. ① 6. ④

7. 다음 중 보기에서 바르게 연결되어진 것은?

① 경제적 측면 검사	㉠ A감사
② 경영적 측면 검사	㉡ B감사
③ 효과적 측면 검사	㉢ C감사

① ①-㉠, ②-㉡, ③-㉢
② ①-㉠, ②-㉢, ③-㉡
③ ①-㉢, ②-㉠, ③-㉡
④ ①-㉡, ②-㉠, ③-㉢
⑤ ①-㉢, ②-㉡, ③-㉠

해설 ABC감사

A감사	관리내용감사	경영 측면의 감사
B감사	예산감사	경제 측면의 감사
C감사	효과감사	효과 측면의 감사

8. 다음 중 직무기술서에 포함되는 내용으로 알맞지 않은 것은?

① 직무내용
② 직무개요
③ 직무요건
④ 직무표식
⑤ 직무의 인적요건

해설 직무기술서

구 분	직무기술서(Job Description)	직무명세서(Job Specification)
의의	직무분석을 통해 얻은 직무의 성격과 내용, 직무의 이행방법과 직무에서 기대되는 결과 등 과업요건을 중심으로 정리해 놓은 문서	직무를 만족스럽게 수행하는 데 필요한 작업자의 지식·기능·능력 및 기타 특성 등을 정리해 놓은 문서
목적	인적자원관리의 일반목적을 위해 작성	인적자원관리의 구체적이고 특정한 목적을 위해 세분화하여 작성
작성 시 유의사항	직무내용과 직무요건에 동일한 비중을 두고, 직무 자체의 특성을 중심으로 정리	직무내용보다는 직무요건을, 또한 직무요건 중에서도 인적요건을 중심으로 정리
포함되는 내용	직무명칭, 직무개요, 직무내용, 장비·환경·작업활동 등 직무(수행)요건, 직무표식(직무의 명칭 및 직무번호)	직무표식(직무의 명칭 및 직무번호), 직무개요, 직무내용, 작업자의 지식·기능·능력 및 기타 특성 등 (구체적인)직무의 인적요건
특징	속직적 기준, 직무행위의 개선점 포함	속인적 기준, 직무수행자의 자격요건 명세서

7. ④ 8. ⑤ 정답

9. 직무분석의 목적에 따라 인적 특징에 중점을 두어 기술한 문서로 사원의 모집, 선발, 배치에 특히 도움이 되는 자료를 제공하는 것은?

① 직무기술서 ② 직무평가서
③ 직무분석표 ④ 직무명세서
⑤ 균형성과표

해설 직무기술서는 과업 중심적인 직무분석에 따라, 직무명세서는 사람 중심적인 직무분석에 따라 얻는다. 즉, 직무기술서는 과업요건에 초점을 둔 것이며, 직무명세서는 인적요건에 초점을 둔 것이다.

10. 다음 중 모집과 배치의 적정화, 직무의 능률화를 목적으로 작성되며, 직무내용과 직무요건이 동일한 비중을 두고 작성되는 것은?

① 인사고과표 ② 직무명세서
③ 직무분석표 ④ 직무기술서
⑤ 균형성과표

해설 직무기술서

구 분	직무기술서(Job Description)	직무명세서(Job Specification)
의의	직무분석을 통해 얻은 직무의 성격과 내용, 직무의 이행방법과 직무에서 기대되는 결과 등 과업요건을 중심으로 정리해 놓은 문서	직무를 만족스럽게 수행하는 데 필요한 작업자의 지식 · 기능 · 능력 및 기타 특성 등을 정리해 놓은 문서
목적	인적자원관리의 일반목적을 위해 작성	인적자원관리의 구체적이고 특정한 목적을 위해 세분화하여 작성
작성 시 유의사항	직무내용과 직무요건에 동일한 비중을 두고, 직무 자체의 특성을 중심으로 정리	직무내용보다는 직무요건을, 또한 직무요건 중에서도 인적요건을 중심으로 정리
포함되는 내용	직무명칭, 직무개요, 직무내용, 장비 · 환경 · 작업활동 등 직무(수행)요건, 직무표식(직무의 명칭 및 직무번호)	직무표식(직무의 명칭 및 직무번호), 직무개요, 직무내용, 작업자의 지식 · 기능 · 능력 및 기타 특성 등 (구체적인)직무의 인적요건
특징	속직적 기준, 직무행위의 개선점 포함	속인적 기준, 직무수행자의 자격요건 명세서

11. 개인이 혼자 일할 때보다 집단으로 일할 때 다른 사람들을 믿고 노력을 줄이는 현상을 막기 위한 방안으로 알맞지 않은 것은?

① 과업을 전문화시켜 책임소재를 분명하게 한다.
② 개인별 성과를 측정하여 비교할 수 있게 한다.
③ 본래부터 일하려는 동기 수준이 높은 사람을 고용한다.
④ 직무충실화를 통해 직무에서 흥미와 동기가 유발되도록 한다.
⑤ 팀의 규모를 늘려서 각자의 업무 행동을 쉽게 관찰할 수 있게 한다.

 정답 9. ④ 10. ④ 11. ⑤

해설 집단으로 일할 때 노력을 덜 하려는 현상은 책임소재가 명확하지 않고 관찰하기가 어렵기 때문에 나타난다. 팀의 규모를 늘린다면 각자의 업무 행동을 관찰하기가 더 어렵고 통제가 어려워져서 노력을 덜 하려는 무임승차 또는 편승의 현상이 더 심화될 것이다.

12. 다음 중 직무 충실화에 대한 설명으로 알맞은 것은?

① 허쯔버그의 2요인에 기초한 수직적 직무 확대 ② 반복적인 업무의 단조로움과 지루함을 줄일 수 있다. ③ 높은 수준의 지식과 기술이 필요하다. ④ 직무설계의 전통적 접근방법이다.

① ①, ②
② ①, ③
③ ①, ④
④ ②, ③
⑤ ①, ③, ④

해설 직무설계방안

• 직무순환(Job Rotation) : 조직구성원에게 돌아가면서 여러 가지 직무를 수행하도록 하여 직무수행에서 지루함이나 싫증을 덜 느끼게 하려는 직무설계방안 • 직무확대(Job Enlargement) : 한 직무에서 수행되는 과업의 수를 증가(직무가 보다 다양하고 흥미 있도록 하기 위해 직무에 포함되어 있는 기존의 과업들에 또 다른 과업들을 추가)시키는 것 • 직무충실화(Job Enrichment) - 전통적인 직무설계방법과는 달리 직무성과가 직무수행에 따른 경제적 보상보다도 개인의 심리적 만족에 달려 있다는 전제하에 직무수행의 내용과 환경을 재설계하는 방법 - 특히 다양한 작업내용이 포함되고 보다 높은 수준의 지식과 기술이 요구되며, 작업자에게 자신의 성과를 계획하고 통제할 수 있는 자주성과 책임이 보다 많이 부여되고 개인적 성장과 의미 있는 작업경험에 대한 기회를 제공할 수 있도록 직무의 내용을 재편성하는 것을 의미 - 직무충실화의 이론적 근거는 동기유발이론에서 찾아볼 수 있는데, 특히 매슬로의 욕구단계이론 중 상위수준의 욕구와 허쯔버그의 2요인 이론 중 동기유발요인, 그리고 맥클랜드의 세 가지 욕구 중 성취욕구 등이 중시된다. • 직무특성모형(Job Characteristic Model) : 조직구성원들의 상위계층의 욕구를 충족시키는데 초점을 맞추어 동기를 유발시키고 직무만족을 경험하게 하는 직무의 특성을 개념화한 것

13. 다음 글에 대한 설명으로 알맞은 것은?

드러커가 창안한 것으로 개인의 성취의욕과 자기개발욕구를 자극하는 데 근본취지가 있는 것으로 인사고과 과정에서 평가자와 피평가자의 참여를 최대화한다.

① 목표관리법
② 자기신고법
③ 행위기준고과법
④ 주요사건서술법
⑤ 인적평정센터법

해설 목표관리법

인사고과의 기법		설명
현대적 고과기법	목표에 의한 관리 (MBO)	• 목표설정과 결과에 대한 평가에 종업원이 참여하여 평가하는 고과하는 기법 • 각 업무담당자가 첫째, 상급자로부터 각종 정보를 제공받아 자신의 목표를 측정가능 목표로 설정하고, 둘째, 상위자가 협의하여 조직목표와 비교 · 수정하여 목표를 확정하며, 셋째, 업무를 수행하여 기말에 업무수행과정과 결과를 목표와 비교 · 평가하고, 넷째, 상황적 요인을 검토하고 문제점 및 개선점을 공동으로 검토하여 다음 기의 목표를 설정하는 4단계로 설명할 수 있다.

14. 평가자와 피평가자를 평가함에 있어서 속한 사회적 집단에 대한 지각을 기초로 평가하려는 경향이 있는데, 이것을 무엇이라고 하는가?

① 상동적 태도
② 논리적 오류
③ 대비오류
④ 현혹효과
⑤ 중심화 경향

해설 상동적 태도(Stereotyping)

• 헤일로 효과와 유사하지만 헤일로 효과가 어떤 한 가지 특성에 근거한 데 반해 상동적 태도는 한 가지 범주에 따라 판단하는 오류이다. 즉, 상동적 태도는 그들이 속한 집단의 특성에 근거하여 다른 사람을 판단하는 경향을 말한다.
• 예컨대, "한국인은 매우 부지런하고, 미국인은 개인주의적이며, 흑인은 운동소질이 있고, 이탈리아인은 정열적이다."라고 판단하는 것 등이다.

15. 다음 글에 대한 설명으로 알맞은 것은?

인사고과 방법에서 피평가자의 업적과 능력을 평가요소별 연속척도 및 비연속척도에 의해 평가하는 것으로 분석적 고과를 하여 신뢰도가 높다.

 정답 13. ① 14. ① 15. ③

① 대조법　　② 서열법
③ 평정척도법　　④ 강제할당법
⑤ 등급할당법

해설 인사고과의 기법

인사고과의 기법		설명
전통적 고과기법	서열법 (Ranking Method)	• 피고과자의 능력과 업적에 대하여 서열 또는 순위를 매기는 방법 • 장점 : 간단하여 실시가 용이하고 비용이 적게 들며 관대화 경향이나 중심화 경향 등의 규칙적 오류를 예방할 수 있다. • 단점 : 동일한 직무에 대해서만 적용이 가능하고 부서 간의 상호 비교가 불가능하다는 점, 피고과자의 수가 많으면 서열결정이 어렵다는 점 등이다.
	강제할당법 (Forced Distribution Method)	• 사전에 정해 놓은 비율에 따라 피고과자를 강제로 할당하는 방법으로 피고과자의 수가 많을 때 서열법의 대안으로 주로 사용 • 장점 : 관대화 경향이나 중심화 경향 같은 규칙적 오류를 방지 가능 • 단점 : 정규분포를 가정하고 있으므로 피고과자의 수가 적을 때에는 타당성이 결여된다.
	평정척도법 (Rating Scales Method)	• 피고과자의 능력과 업적을 각 평가요소별로 연속척도 또는 비연속척도에 의하여 평가하는 방법 • 장점 : 피고과자를 전체적으로 평가하지 않고 각 평가요소를 분석적 · 계량적으로 평가하므로 평가의 타당성이 높아진다. • 단점 : 각 평가요소에 인위적으로 점수를 부여하므로 관대화 경향이나 중심화 경향 등의 규칙적 오류가 나타날 수 있고, 헤일로 효과 같은 심리적 오류도 발생할 수 있으며 평가요소의 선정에 주관이 개입될 수 있다.
	대조법 (Check-list Method)	• 직무상의 표준행동을 구체적으로 표현한 문장을 리스트로 만들어 평가자가 해당사항을 체크하여 피고과자를 평가하는 방법 • 여기에는 체크만 하는 프로브스트(Probst)식과 체크를 한 후에 그 이유를 기록하는 오드웨이(Ordway)식이 있다. • 장점 : 고과요인이 실제 직무와 밀접하여 판단하기가 쉽고 평가결과의 신뢰성과 타당성이 높다. • 단점 : 직무를 전반적으로 포함한 표준행동의 선정이 어렵다.
	기타	• 등급할당법 : 몇 개의 범주에 평가대상 인물을 할당하는 방법 • 표준인물 비교법 : 판단의 기준이 되는 구성원을 설정하고 그를 기준으로 다른 구성원을 평가하는 표준인물 비교법 • 성과기준 고과법 : 각 구성원의 직무수행 결과가 사전에 정해 놓은 성과기준에 도달하였는가의 여부에 의해서 평가하는 방법 • 기록법 : 구성원의 근무성적을 정해 놓고 기록하는 방법 • 직무보고법 : 피고과자가 자기의 직무상의 업적을 구체적으로 보고해서 평가를 받는 방법

16. 다음 중 직무평가의 방법으로 틀린 것은?

① 비교법 ② 서열법
③ 분류법 ④ 점수법
⑤ 요소비교법

해설 직무평가 방법
서열법, 분류법, 점수법, 요소비교법 등

17. 인사고과 방법에 대한 다음의 설명 중 옳지 않은 것은?

① 행위기준고과법은 평정척도법과 중요사건서술법을 결합한 방법이다.
② 대조표고과법을 실시할 때 항목의 비중을 고과자에게 비밀로 하는 것이 보통이다.
③ 중요사건서술법은 바람직한 행동이 어떤 것인지를 명확히 해주는 장점이 있다.
④ 강제할당법은 피고과자의 수가 적을 때 타당성이 높아진다.
⑤ 서열법은 동일한 직무에 대해서만 적용이 가능하다.

해설 강제할당법은 피고과자의 수가 많을 때 서열법의 대안으로 주로 사용하는 인사고과의 기법이다.

인사고과의 기법	설명
강제할당법 (Forced Distribution Method)	• 사전에 정해 놓은 비율에 따라 피고과자를 강제로 할당하는 방법으로 피고과자의 수가 많을 때 서열법의 대안으로 주로 사용 • 장점 : 관대화 경향이나 중심화 경향 같은 규칙적 오류 방지 가능 • 단점 : 정규분포를 가정하고 있으므로 피고과자의 수가 적을 때에는 타당성이 결여된다.

18. 다음 중 중간관리층을 더 높은 직급으로 성장시키기 위한 방법은?

① 자율서술법 ② 행위기준고과법
③ 인적평정센터법 ④ 중요사건서술법
⑤ 목표에 의한 관리법

해설 인적평정센터법

인사고과의 기법		설명
현대적 고과기법	인적평정 센터법 (HACM)	• 중간관리층을 최고 경영층으로 승진시키기 위한 목적 • 평가를 전문적으로 하는 평가센터를 만들고 여기에서 다양한 자료를 활용하여 고과하는 방법 • 피고과자의 재능을 나타내는 데 동등한 기회를 가질 수 있고 개인이 미래에 얼마나 성과 있게 잘 행동할 것인가를 예측하는 데 유용하다.

 정답 16. ① 17. ④ 18. ③

19. 다음 중 평정척도고과법에 대한 설명으로 알맞은 것은?

① 종업원의 능력과 업적에 대하여 순위를 매긴다.

② 인사담당자가 감독자들과 토의에서 얻은 정보를 이용하는 방법이다.

③ 평가를 전문으로 하는 평가센터를 만들고 여기에서 다양한 자료를 활용하여 고과하는 방법이다.

④ 설정된 평가세부일람표에서 따라 체크하는 방법으로 고과자는 평가항목의 일람표에 따라 미리 설정된 장소에 체크만 하고 그에 대한 평가는 인사과에서 한다.

⑤ 인사고과방법 중에서 피고과자의 능력, 업적 등을 각 평가요소별로 연속 또는 비연속적인 척도에 의해 평가하는 방법으로 가장 오래되고 널리 이용되는 방법이다.

해설 ① : 서열법, ② : 현장토의법, ③ : 평가센터법, ④ : 대조표법

평정척도법

인사고과의 기법		설명
전통적 고과기법	평정척도법 (Rating Scales Method)	• 피고과자의 능력과 업적을 각 평가요소별로 연속척도 또는 비연속척도에 의하여 평가하는 방법 • 장점 : 피고과자를 전체적으로 평가하지 않고 각 평가요소를 분석적 · 계량적으로 평가하므로 평가의 타당성이 높아진다. • 단점 : 각 평가요소에 인위적으로 점수를 부여하므로 관대화 경향이나 중심화 경향 등의 규칙적 오류가 나타날 수 있고, 헤일로 효과 같은 심리적 오류도 발생할 수 있으며, 평가요소의 선정에 주관이 개입될 수 있다.

20. 다음 중 인사고과에 있어서 중심화 경향의 오류를 개선하기 위한 인사고과기법으로 알맞은 것은?

① 서열법　　② 서베이법

③ 자기고과법　　④ 등급할당법

⑤ 강제할당법

해설 강제할당법

인사고과의 기법		설명
전통적 고과기법	강제할당법 (Forced Distribution Method)	• 사전에 정해 놓은 비율에 따라 피고과자를 강제로 할당하는 방법으로 피고과자의 수가 많을 때 서열법의 대안으로 주로 사용 • 장점 : 관대화 경향이나 중심화 경향 같은 규칙적 오류 방지 가능 • 단점 : 정규분포를 가정하고 있으므로 피고과자의 수가 적을 때에는 타당성이 결여된다.

21. 인사고과 과정의 오류에 대한 설명으로 옳지 않은 것은?

① 지각적 방어는 자신이 보고 싶지 않은 것을 외면해 버리는 오류이다.
② 대비효과는 피고과자의 특성을 고과자 자신의 특성과 비교하는 오류이다.
③ 고과자의 실패감정이나 원인이 부하에게 전가되어 평가가 나빠지는 것을 주관의 객관화라 할 수 있다.
④ 근접오류를 피하기 위해서는 유사한 평가요소의 간격을 좁히면 된다.
⑤ 상동적 태도는 타인이 속한 사회적 집단을 근거로 평가를 내리는 오류이다.

해설 근접효과의 오류
환경적으로 가깝거나 심리적으로 밀접한 관계가 있는 사물이나 사람에 대하여 더 호의적으로 평가함으로써 발생하는 오류이며 이 오류를 줄이기 위해서는 유사한 평가요소의 간격을 넓혀야 한다.

22. 다음 중 성과관리를 위한 평가 방법에 대한 설명으로 알맞지 않은 것은?

① 결과 평가법은 조직 구성원들의 수긍도가 높은 편이다.
② 피드백을 제공하는 데 유용한 것으로 행동평가법이 있다.
③ 행동(역량) 평가법은 개발과 활용하기 쉬우나 평가오류의 가능성이 높다.
④ 특성 평가법은 개발비용이 적게 들고 활용하기 쉬우나 평가오류의 가능성이 높다.
⑤ 결과 평가법은 주로 장기적인 관점을 지향하므로 개발과 활용에 있어서 시간이 적게 든다.

해설 결과 평가법은 바로 눈앞에 보이는 구체적인 성과인 결과를 보고 평가를 하는 것으로 단기적인 관점을 지향한다.

23. 근무성적평정에 있어서 여러 가지 특성으로 나누어서 평정하는 경우 각 특성 간의 내부관계를 분석하면 어떤 특성과 어떤 특성 사이에는 높은 상관관계가 있음을 알게 되는데, 이로 말미암아 나타나는 오차는 어느 것에 해당되는가?

① 규칙적 오차
② 대비오차
③ 논리적 오차
④ 헤일로 효과에 의한 오차
⑤ 관대화의 오차

해설 논리오차(Logic Errors)
각각의 고과요소 간에 논리적인 상관관계가 있다면 그 양자 안에 있는 요소 중에서 어느 하나가 특출할 경우에 다른 요소도 그러하다고 속단하는 경향

 정답 21. ④ 22. ⑤ 23. ③

24. 다음 중 직무급의 설명으로 알맞지 않은 것은?

① 직무를 기준으로 임금을 결정하는 방식이다.
② 등급에 따른 임금 수준을 결정하는 방식이다.
③ 동일직무를 하더라도 각자 임금은 다르다.
④ 직무급 실시 전에 직무평가를 실시해야 한다.
⑤ 직무의 중요성과 난이도에 따라 직무의 상대적 가치를 결정한 후 그에 따라 임금을 결정하는 방법이다.

해설 직무급
동일한 직무에 대하여는 동일한 임금을 지급한다는 원칙에 입각한 것

- 직무급 체계란 직무의 중요성과 곤란도 등에 따라서 각 직무의 상대적 가치를 평가하고, 그 결과에 의거 임금액을 결정하는 체계이다.
- 직무급은 기업 내의 각자가 담당하는 직무의 상대적 가치(질과 양의 양면)를 기초로 하여 지급되는 임금이므로 먼저 직무의 가치서열이 확립되어야 하고, 이 가치서열의 확립을 위하여 직무평가가 이루어져야 한다.
- 이는 동일한 직무에 대하여는 동일한 임금을 지급한다는 원칙에 입각한 것으로서, 적정한 임금수준의 책정과 더불어 각 직무 간에 공정한 임금격차를 유지할 수 있는 기반이 된다.

25. 다음 중 기준 외 임금으로 알맞은 것은?

① 연공급
② 직무급
③ 직능급
④ 자격급
⑤ 상여금

해설

- 임금체계
  - 기준 내 임금
    - 기본급
      - 연공급
      - 직무급
      - 직능급
    - 수당
      - 직무수당
      - 생활수당
      - 기타 정규수당
  - 기준 외 임금
    - 비정규 수당
  - 상여금
  - 퇴직금

26. 다음 중 기업 내에서 임금체계가 의미하는 것은?

① 임금의 산출방법
② 임금의 대체적인 수준
③ 임금의 차액조정
④ 임금명세서의 내용
⑤ 임금의 지급방법

해설 임금체계의 관리

임금수준의 관리가 기업 전체의 입장에서는 임금을 총액, 즉 평균의 개념으로 이해하지만, 각 개인에게 이 총액을 배분하여 개인 간의 임금격차를 가장 공정하게 설정함으로써 종업원들이 이를 이해하고 만족하며 동기유발이 되도록 하는 데 그 내용의 중점이 있다. 임금체계를 결정하는 기본적인 요인으로는 필요기준, 담당 직무기준, 능력기준, 성과기준 등을 들 수 있는데, 이는 임금체계의 유형인 연공급, 직능급, 직무급 체계와 관련된다. 따라서 임금체계는 임금명세서의 내용을 의미하는 것으로 이해할 수 있다.

27. 비용절감액을 배분하는 것으로 협동적 집단 인센티브 제도는?

① 럭커 플랜
② 링컨 플랜
③ 카이저 플랜
④ 프렌치 시스템
⑤ 스캔론 플랜

해설 카이저 플랜

과도경쟁을 유발하는 개인적 인센티브 대신 협동적 인센티브를 적용한다.

28. 다음 글에 대한 설명으로 알맞은 것은?

노사가 협력하여 달성된 결과물을 부가가치를 기준으로 분배하는 집단성과급제도이다.

① 럭커 플랜
② 링컨 플랜
③ 카이저 플랜
④ 프렌치 시스템
⑤ 스캔론 플랜

해설 럭커 플랜(Rucker Plan)

럭커(A.W. Rucker)가 주장한 성과분배방식이다. 럭커 플랜이 스캔론 플랜과 다른 것은 성과분배의 기초를 스캔론 플랜이 생산의 판매가치에 둔 데 비해, 럭커 플랜은 생산가치, 즉 부가가치를 그 기초로 하고 있다는 점이다.

※ 스캔론 플랜과 럭커 플랜의 유사점

- 성과분배방식으로서 비용 절감 인센티브 제도
- 노무비용의 절감에 초점
- 과거 성과에 기초한 표준성과와 현재 성과의 비교방식
- 종업원이 의사결정과정에 참여함으로써 참여의식 고취

 정답 26. ④ 27. ③ 28. ①

29. 다음 중 인적자원의 선발 시에 행해지는 면접에 대한 설명 중 알맞지 않은 것은?
① 면접은 종업원의 능력과 동기를 평가하는 방법이다.
② 정형적 면접은 미리 정해 놓은 그대로 질문하는 방법이다.
③ 비정형적 면접은 다양한 질문을 하는 방법이다.
④ 집단 면접은 다수의 면접자가 한 명의 피면접자를 평가하는 방법이다.
⑤ 패널면접은 위원회면접이라고도 한다.

해설 • 비정형적인 면접 : 질문의 목록 이외의 다양한 질문을 하는 방법
• 집단면접 : 다수의 면접자가 다수의 피면접자를 평가하는 방법

면접의 종류

구 분	내 용
정형적 면접	• 구조적 면접 또는 지시적 면접으로 불리며 직무명세서를 기초로 하여 미리 질문의 내용 목록을 준비해 두고 이에 따라 면접자가 차례로 질문해 나가며 이에 벗어나는 질문은 하지 않는 방법 • 이 방법은 훈련받지 않은 면접자가 활용하는 데 도움
비지시적 면접	• 피면접자에게 의사표시 자유를 주고 그 가운데서 응모자에 대한 폭넓은 정보를 얻는 방법 • 면접자의 고도의 질문기법과 훈련이 필요 • 이 방법은 대개 지시적 방법과 혼용
스트레스 면접	• 면접자가 아주 공격적 태도를 취하여 피면접자를 거의 무시하고 좌절하게 만듦으로써 피면접자의 스트레스 상태에서의 감정의 안정성과 좌절에 대한 인내도 등을 관찰하는 방법 • 선발되지 않는 응모자에게는 회사의 부정적인 이미지를 갖게 하기 쉽고 채용하려 해도 때로는 입사를 거부하는 사례가 나타나는 것이 문제점
패널면접	• 다수의 면접자가 하나의 피면접자를 평가하는 방법 • 면접 후 면접자들 간의 의견 교환으로 광범위한 조사가 가능하지만 매우 공식적이기 때문에 피면접자가 긴장감을 느끼게 되어 자연스러운 반응을 하지 않게 된다. • 다수의 면접자를 활용하므로 비용이 많이 들기 때문에 관리직이나 전문직 같은 고급 직종의 선발면접에만 주로 사용
집단면접	• 각 집단단위별로 특정 문제에 따라 자유토론을 할 수 있는 기회를 부여하고 토론과정에서 개별적으로 적격 여부를 심사 판정하는 기법 • 시간의 절약이 가능하고 다수인의 우열비교를 통해 리더십이 있는 인재를 발견할 수 있다는 장점이 있다.
평가센터법	• 평가자와 다수의 지원자가 특정 장소에 며칠간 합숙하면서 여러 종류의 선발도구를 동시에 적용하여 지원자를 평가하는 방법 • 선발도구는 면접, 집단토의, 특정 주제에 대한 발표, 각종시험 등 이용 • 지원자의 자질이나 지식, 능력을 파악하는 데 우수하며, 중간 이상의 관리자, 경영자를 선발할 때 사용

29. ④ 정답

30. 인적자원의 선발 시 면접과 관련된 설명으로 옳지 않은 것은?

① 정형적 면접은 면접자가 주도하는 면접형태인데, 직무명세서를 기초로 하여 미리 질문내역을 준비하고 실시하는 방법이다.

② 비지시적 면접은 응모자에게 최대한 의사표시의 자유를 주는 방법으로 면접자의 고도의 질문기법과 훈련이 요구된다.

③ 스트레스 면접은 피면접자의 스트레스 상태에서의 감정의 안정성과 인내도 등을 관찰하는 방법이다.

④ 패널면접은 한 면접자가 다수의 피면접자를 평가하는 방법이다.

⑤ 집단면접은 특정 문제에 관한 집단별 자유토론을 통해 피면접자를 평가하는 방법이다.

해설 패널면접

구 분	내 용
패널 면접	• 다수의 면접자가 하나의 피면접자를 평가하는 방법 • 면접 후 면접자들 간의 의견 교환으로 광범위한 조사가 가능하지만 매우 공식적이기 때문에 피면접자가 긴장감을 느끼게 되어 자연스러운 반응을 하지 않게 된다. • 다수의 면접자를 활용하므로 비용이 많이 들기 때문에 관리직이나 전문직 같은 고급 직종의 선발면접에만 주로 사용

31. 다음 중 OJT에 대한 설명으로 알맞지 않은 것은?

① 직속상사가 개별 지도한다.

② 특별한 훈련계획을 갖고 있지 않다.

③ 많은 종업원을 훈련시킬 수 없다.

④ 훈련성과가 외부 스태프의 능력에 따라 좌우된다.

⑤ 훈련을 받으면서도 직무를 수행할 수 있다.

해설 훈련성과는 직속상사의 능력에 좌우된다.

OJT와 Off-JT

구 분	내 용	
일선 종업원 훈련	직장 내 교육훈련 (OJT : On the Job Training)	직장에서 구체적인 직무를 수행하는 과정에서 직속상사가 부하에게 직접적으로 개별 지도하고 교육훈련을 시키는 방식이다. 이와 같이 OJT는 현장의 직속상사를 중심으로 하는 라인(Line) 담당자를 중심으로 해서 이루어진다.
	직장 외 교육훈련 (Off-JT : Off the Job Training)	교육훈련을 담당하는 전문스태프의 책임하에 집단적으로 교육훈련을 실시하는 방식이다. 이 훈련은 기업 내의 특정한 교육훈련시설을 통해서 실시되는 경우도 있고, 기업 외의 전문적인 훈련기관에 위탁하여 수행되는 경우도 있다. 이 방법은 현장작업과 관계없이 계획적으로 훈련할 수 있다고 하는 장점을 가지고 있으나 훈련결과를 직무현장에서 곧 활용하기 어려운 단점을 가지고 있다.

 정답 30. ④ 31. ④

32. 다음 중 Off JT에 대한 설명으로 알맞은 것은?

① 비용이 적게 드는 편이다.
② 통일된 내용의 훈련이 불가능하다.
③ 원재료의 낭비를 초래하는 경향이 있다.
④ 많은 종업원의 동시교육이 불가능하다.
⑤ 전문가나 스태프의 지원을 받아서 전문가나 스태프 중심으로 실시되는 교육훈련방식

해설 Off JT의 장 · 단점

장 점	단 점
• 전문가가 지도 • 다수 종업원의 통일적 교육 가능 • 훈련에 전념 가능	• 작업시간의 감소 • 경제적 부담 증가 • 훈련결과를 현장에 바로 적용 불가

33. 다음 중 멘토식 교육에 대한 설명으로 알맞은 것은?

① 작업 현장을 떠나서 전문가 또는 전문스태프에게 교육을 받는다.
② 직무 과정 시 직속상사가 부하직원에게 직접적인 지도 및 교육훈련을 시킨다.
③ 신입사원들이 정신적, 업무적으로 상사로부터 행동적 모델로 삼아 영향을 받는 것으로서 깨우쳐 교육이 된다.
④ 이질적인 성향의 낯선 소그룹집단이 일정기간 동안 사회와 격리된 집단생활을 하면서 특정한 주제를 정하지 않고 서로 자유롭게 감정을 표현한다.
⑤ 인간관계 등에 관한 사례를 몇 명의 피훈련자가 나머지 피훈련자들 앞에서 실제의 행동으로 연기하는 것으로 주로 대인관계, 즉 인간관계 훈련에 이용된다.

해설 ① : 직장 외 교육훈련
② : 직장 내 교육훈련
④ : 감수성훈련
⑤ : 역할연기 프로그램

34. 다음 중 일반 종업원의 기초적 기능훈련의 종류로 알맞지 않은 것은?

① 도제훈련 ② 직업학교
③ 실습장훈련 ④ 경영자훈련
⑤ 프로그램훈련

해설 종업원 기능훈련
직업훈련학교, 도제훈련, 실습장훈련, 프로그램훈련

35. 다음 중 교육훈련의 대상은?

① 신규종업원 ② 최고경영자
③ 재직종업원 ④ 현장감독자
⑤ 구성원 모두

해설 교육훈련의 대상
일선종업원은 물론 최고경영층을 포함한 기업의 모든 구성원을 대상으로 실시

36. 경력개발계획(CDP)에 관한 설명으로 옳지 않는 것은?

① 개인의 목표와 조직의 목표가 일치하도록 개인의 경력경로를 계획적으로 개발하려는 승진제도이다.
② 경력단계는 탐색단계 - 사회화 단계 - 확립단계 - 유지단계 - 쇠퇴탐색의 과정을 거친다.
③ 최고경영자의 승진과정 및 경력을 분석하는 것이다.
④ 효율적인 승진관리를 통해 합리적으로 인사관리를 하는 것이다.
⑤ 샤인(Schein)은 경력추구의 최종 도착점을 경력의 닻모형으로 설명하고 있다.

해설 경력개발계획(CDP)

- 현대 인적자원관리의 관점에서 효율적인 인재 확보 및 배분과 더불어 종업원들의 성취동기 유발을 동시에 추구할 수 있도록 하는 경력관리
- 종합적인 인적자원관리가 가능하다는 취지에서 오늘날 그 중요성 부각
- 종업원을 대상으로 종업원의 성취동기를 유발할 수 있도록 경력관리를 하는 것으로 최고경영자와 무관

37. 다음 중 임금형태의 성격이 가장 상이한 것은?

① 단순성과급 ② 복률성과급
③ 단순시간급 ④ 할증급
⑤ 집단성과급

해설 ①, ②, ④, ⑤ : 성과급
③ : 시간급

생산관리

38. 다음 중 총괄생산계획 실행 시에 고려해야 할 요소로 가장 부적합한 것은?

① 재고유지비용
② 하청비용
③ 설비확장비용
④ 주문비용
⑤ 잔업비용

해설 총괄생산계획 실행 시에 고려할 요소로 설비확장비용은 적합하지 않다. 총괄생산계획에서 수요의 변동은 근로자의 고용이나 해고, 잔업 또는 조업단축, 재고의 증감 및 하청 등의 통제 가능한 변수에 의존하게 된다.

39. 다음은 재고에 대한 설명이다. 적절하지 못한 것은?

① 재고관리란 수요에 신속히 경제적으로 대응할 수 있도록 재고를 최적상태로 관리하는 절차를 말한다.
② 재고관리의 목적은 고객의 서비스 수준을 만족시키면서 품절로 인한 손실과 재고유지비용 및 발주비용을 최적화하여 총재고관리비를 최소화하는 것이다.
③ 기업내부의 생산시스템에 원활한 자재공급을 통해서 고객이 요구하는 제품이나 서비스를 경제적으로 제공할 수 있도록 하기 위해서 재고의 보유는 필수적이다.
④ 재고 보유는 보관비 등의 관련비용을 발생시키지만 운반비 등 다른 부문의 비용을 직접적으로 줄일 수 있다.
⑤ 시장에서의 고객 수요를 신속히 수용할 수 있는 생산체제를 갖추고 원재료, 재공품 및 상품 등의 재고량을 경제적 관점에서 최소한으로 유지하는 것이 재고관리의 과제이다.

해설 재고보유는 보관비 등의 재고유지비용은 물론 재고준비비용 및 운반비 등의 발주비용(주문비용)을 발생시킨다.

40. 생산부문의 목표 중 최우선적으로 관심을 두어야 하는 것은?

① 품질
② 시간
③ 원가
④ 신축성
⑤ 납기

해설 생산관리 목표

생산관리 목표	내 용
원가 (Cost)	• 제품이나 서비스의 생산시설에 투입되는 설비투자비용과 이 시설을 운영하기 위해 필요한 비용을 포함한다. • 생산부문의 목표 중 최우선적으로 관심을 두어야 하는 것

41. 다음 중에서 생산공정의 유형으로 볼 수 없는 것은?

① 개별생산제 ② 프로젝트형 생산제
③ 조립생산제 ④ 계속생산제
⑤ 묶음생산제

해설 생산시스템의 유형

생산시스템 유형	내 용
개별생산 (Job Shop)	우리나라의 중소제조기업에서 많이 볼 수 있는 생산형태로 주로 고객의 주문에 따라 생산이 이루어진다. 일단 생산이 완료되면 같은 제품을 생산하는 경우가 많지 않다.
묶음생산 (Batch Process)	다양한 품목의 제품을 범용설비를 이용하여 생산한다는 면에서는 개별생산제와 유사하나 생산품목의 종류가 어느 정도 제한되어 있으며 개별생산제에서처럼 특정품목의 생산이 1회에 한정되어 있지 않고 주기적으로 일정량만큼을 생산한다는 점에서 차이가 있다.
조립생산 (Assembly Process)	조립라인의 형태를 취하는 제조시스템에서는 제품생산을 위한 작업이 여러 단계로 나뉘어 각 가공단계가 하나의 작업장을 이루고 있으며 품목에 관계없이 원자재에서 완제품에 이르기까지 작업순서가 거의 일정하다.
계속생산 (Continuous Process)	석유화학, 제지, 비료, 시멘트 등 장치산업에서 흔히 볼 수 있는 제조형태로 일단 원자재가 투입되면 막힘이 없이 완제품에 이르기까지 거의 자동적으로 생산이 이루어진다. 일반적으로 대규모 설비투자가 요구되며 생산할 수 있는 품목이 몇 가지 안 되는 것이 특징이다.

42. 다음 중 공정별 배치에 관한 설명으로 알맞지 않은 것은?

① 작업자가 작업 수행 시 융통성의 발휘가 어렵다.
② 단속생산 시스템에 자주 사용되는 배치형태이다.
③ 주문별로 일정계획이 달라서 공정관리가 부족하다.
④ 범용설비에 이용하므로 진부화의 위험이 적고 설비투자액이 적다.
⑤ 다품종 소량생산에 적합하다.

해설 설비배치의 유형 중 공정별 배치

개별생산제에서 흔히 볼 수 있는 배치형태로 같은 기능을 수행하는 기계설비가 한 작업장에 모여 있는 형태이며 제품의 종류가 다양하고 일회 생산량이 작은 다품종 소량생산 시스템에 알맞으며 일반적으로 범용기계설비의 배치에 이용된다.

- 설비투자액이 적게 든다.
- 제품의 수정과 수요변동에 신축적으로 대응할 수 있다.
- 주문생산에 의한 단속생산 시스템에 자주 사용되는 형태이다.
- 유사한 작업을 수행하는 기계와 활동을 유형별로 모아 놓은 것으로서 다품종 소량생산에 적합하다.
- 일정계획을 수립하기가 어려워 공정관리가 복잡한 단점이 있다.

정답 41. ② 42. ①

43. 다음 글에 대한 설명으로 알맞은 것은?

> 제품의 종류가 다양하고 1회 생산량이 적은 다품종 소량생산 시스템에 적당한 설비배치 형태이다.

① 공정별 배치
② 제품별 배치
③ 제품그룹별 배치
④ 고정형 배치
⑤ 라인별 배치

해설 공정별 배치

설비배치 유형	내 용
공정별 (기능별) 배치	개별생산제에서 흔히 볼 수 있는 배치형태로 같은 기능을 수행하는 기계설비가 한 작업장에 모여 있는 형태이며 제품의 종류가 다양하고 일회 생산량이 적은 다품종 소량생산 시스템에 알맞으며 일반적으로 범용기계설비의 배치에 이용된다. • 설비투자액이 적게 든다. • 제품의 수정과 수요변동에 신축적으로 대응할 수 있다. • 주문생산에 의한 단속생산 시스템에 자주 사용되는 형태이다. • 유사한 작업을 수행하는 기계와 활동을 유형별로 모아 놓은 것으로서 다품종 소량생산에 적합하다. • 일정계획을 수립하기가 어려워 공정관리가 복잡한 단점이 있다.

44. 재고품목수가 너무 많아 효율적인 재고관리를 하기 힘든 경우 적용할 수 있는 도구는?

① ABC분류법
② 자재소요계획
③ JIT기법
④ 정기실사제
⑤ Two－bin법

해설 ABC분류

① 재고품목수가 너무 많아 효율적인 재고관리를 하기 힘든 경우 ABC분류 방식을 사용하면 큰 효과를 볼 수 있다.

② ABC분류란 재고품목을 누적매출액과 누적품목수를 기준으로 하여 3개의 그룹으로 나누어 관리하는 방식을 말한다. ABC분류에서 A품목은 상대적으로 품목수가 적으나 매출액 비율이 높은 품목들이며, C품목은 이와 반대로 품목수가 많으나 매출액 비율이 낮은 품목들이고, B품목은 A와 C 사이에 위치하는 품목들이다.

③ ABC분석의 효용성은 재고관리시스템의 선택 및 운영에 큰 도움을 줄 수 있다는 데 있다. A품목은 상당한 투자를 요구하는 품목들이므로 재고흐름에 대한 정확한 정보를 지속적으로 수집, 유지할 필요가 있다. 즉, 재고의 입출고, 실사, 주문량의 결정 등에 상당한 주의를 기울여야 한다. 이에 반해 C품목은 주문량의 확대에 따른 가격할인이나 수송비 절감 등을 적극적으로 도모해야 하며 재고실사도 주기적으로 간단히 하면 된다. B품목에 관한 통제는 C품목보다는 관심을 높여야 하겠지만 A품목의 관리만큼 주의를 기울일 필요는 없다.

43. ① 44. ① 정답

45. 재고관리에 수반되는 비용요소 중 재고유지비용에 해당되지 않는 것은?

① 주문비용
② 재고위험비용
③ 재고서비스비용
④ 자본비용
⑤ 공간비용

해설 재고관리비용

구 분	내 용
주문비용	주문과 관련해서 직접적으로 발생되는 비용으로 구매처 및 가격의 결정, 주문에 관련된 서류작성, 물품수송, 검사, 입고 등의 활동에 소요되는 비용
재고준비비용	주문량 또는 생산량의 크기와 관계없이 항상 일정하게 발생하는 비용으로 간주
재고유지비용	재고를 유지 · 보관하는 데 소요되는 비용이며 재고유지비용 중 가장 큰 비중을 차지하는 항목은 이자비용 또는 자본비용으로 현금이나 유가증권 등의 유동자산으로 가지고 있지 않고 재고형태로 자금이 묶임으로써 지출하는 비용이다. 재고유지비용에는 창고사용료, 보험, 세금, 진부화 및 파손 등에 따른 비용도 포함
재고부족비용	재고부족으로 인해 발생하는 판매손실 또는 고객의 상실 등을 의미한다. 제조기업인 경우 재고부족비용으로 조업중단이나 납기지연으로인한 손실액까지 포함

46. 재고관리모형에 대한 설명으로 틀린 것은?

① ABC 재고관리시스템은 제한자원을 효율적으로 이용하기 위해서 부피가 큰 품목을 집중적으로 관리하는 시스템이다.
② 재고자산이 최소가 되도록 하는 재고자산관리기법은 JIT이다.
③ 투빈시스템(Two-bin System)은 두 개의 용기 중 하나의 용기가 고갈되면 재주문을 하는 정량주문모형이다.
④ 기준재고시스템은 재고의 인출이 있을 때마다 인출량과 동일한 주문량을 주문하는 시스템이다.
⑤ 고정량 주문모형은 재고가 일정수준에 이르면 경제적 주문량을 주문하는 시스템이다.

해설 ABC분류

① 재고품목수가 너무 많아 효율적인 재고관리를 하기 힘든 경우 ABC분류 방식을 사용하면 큰 효과를 볼 수 있다.
② ABC분류란 재고품목을 누적매출액과 누적품목수를 기준으로 하여 3개의 그룹으로 나누어 관리하는 방식을 말한다. ABC분류에서 A품목은 상대적으로 품목수가 적으나 매출액 비율이 높은 품목들이며, C품목은 이와 반대로 품목수가 많으나 매출액 비율이 낮은 품목들이고, B품목은 A와 C 사이에 위치하는 품목들이다.

 정답 45. ① 46. ①

③ ABC분석의 효용성은 재고관리시스템의 선택 및 운영에 큰 도움을 줄 수 있다는 데 있다. A품목은 상당한 투자를 요구하는 품목들이므로 재고흐름에 대한 정확한 정보를 지속적으로 수집, 유지할 필요가 있다. 즉, 재고의 입출고, 실사, 주문량의 결정 등에 상당한 주의를 기울여야 한다. 이에 반해 C품목은 주문량의 확대에 따른 가격할인이나 수송비 절감 등을 적극적으로 도모해야 하며 재고실사도 주기적으로 간단히 하면 된다. B품목에 관한 통제는 C품목보다는 관심을 높여야 하겠지만 A품목의 관리만큼 주의를 기울일 필요는 없다.

47. 다음 중 TQM에 대한 설명으로 옳지 않은 것은?

① 고객지향적인 성격을 띠고 있다.
② 신공공관리론에 입각한 방법이다.
③ 최고관리자의 리더십과 지지가 필요하다.
④ 직원들에게 권한이 부여되어야 한다.
⑤ 형평성 증진을 목표로 한다.

해설 TQM(Total Quality Management, 전사적 품질경영)

고객 중심의 행정을 중시하지만 형평성이라는 이념을 직접적으로 추구하지 않으며 오히려 기업형 정부나 신공공관리전략에 토대를 두고 있으므로 형평성이나 민주성을 저해할 가능성까지 내포하고 있다.

48. 다음은 어떤 배치에 대한 설명인가?

> 현대의 기업이 원칙으로 하는 소품종 대량생산체제에서 적합하며 라인 밸런싱(Line Balancing) 문제가 주요과제가 되는 설비배치방식이다.

① 제품별 배치　　② 공정별 배치
③ 그룹별 배치　　④ 위치고정형 배치
⑤ 혼합형 배치

해설 제품별 배치

석유화학, 제지공장 등과 같은 계속공정이나 자동차, 전기 전자 등의 조립공정에 주로 이용되는 형태로 일반적으로 생산라인이라 불리는 제조시스템에서 볼 수 있는 배치형태이며 특정품목을 생산하는 데 필요한 기계설비가 작업 순서순으로 배치되어 있어 표준화된 제품을 반복 생산하는 경우에 주로 이용된다.

- 연속적인 대량생산, 한정량 생산에 적합
- 소품종 대량생산체제에 적합하며 생산계획 및 통제가 용이
- 설비공정 중에 부분 운휴가 생기면 전체 생산라인이 중단되는 단점이 있다.

조직관리

49. 다음 중 조직구조에 대한 설명으로 틀린 것은?

① 직계참모조직은 라인조직과 스태프조직을 결합시킨 조직이다.
② 라인조직은 명령일원화를 원칙으로 하는 조직이다.
③ 프로젝트 조직은 특정임무의 수행을 위해 임시로 형성된 조직이다.
④ 매트릭스 조직은 기능식 조직과 사업부제 조직의 혼합형태이다.
⑤ 위원회조직은 부문 간의 갈등 조정기능이 우수하다.

해설 **매트릭스(Matrix) 조직구조**

매트릭스 조직구조는 새로운 환경변화에 적극적으로 대처하기 위해 시도된 조직으로서 기능별 조직과 같은 효율성 지향의 조직과 사업부제, 프로젝트 조직과 같은 유연성 지향의 조직의 장점, 즉 효율성 목표와 유연성 목표를 동시에 달성하고자 하는 의도에서 발생(기능식 조직과 프로젝트 조직의 혼합형태)

50. 다음 중 매트릭스 조직구조의 장점인 것은?

① 명령계통이 확실하다.
② 업무의 중복이 별로 없다.
③ 여러 프로젝트가 자율적으로 동시에 수행될 수 있다.
④ 지역별로 독립적인 운영이 가능하다.
⑤ 조직에 대한 충성심이 강화된다.

해설 **매트릭스 조직구조의 장점**

여러 개의 프로젝트를 동시에 수행할 수 있다는 것이다. 각 프로젝트는 그 임무가 완성될 때까지 자율적으로 운영이 되며 여러 프로젝트가 동시에 운영될 수 있고 동시에 여러 기능을 담당하는 부서들로 유지될 수 있다.

51. 다음 중 브레인 스토밍에 대한 설명으로 알맞지 않은 것은?

① 다른 사람의 의견을 비판하거나 무시하지 않는다.
② 질보다 양을 중요시한다.
③ 각자의 의견을 자유롭게 제시한다.
④ 창의성 측정방법이다.
⑤ 리더가 제기한 문제를 회의 참가자가 일정한 전제하에서 자유롭게 토론해 가능한 많은 아이디어를 유도해내기 위한 방법이다.

정답 49. ④ 50. ③ 51. ④

해설 브레인 스토밍의 특징

- 자유로운 토론을 통해 창조적인 아이디어를 이끌어 내는 창의성 개발기법으로서 질보다는 양을 중요시한다.
- 타인의 의견을 절대 비판하지 않는다.
- 자유로운 분위기에서 최대한 많은 아이디어를 제시하여 서로 결합하고 개선함으로써 합의점을 도출한다.

52. 다음 중 창의성 개발기법에 대한 설명으로 알맞지 않은 것은?

① 창의성 개발기법에는 자유연상법, 분석적 기법, 강제적 관계기법 등이 있다.

② 브레인 스토밍과 고든법은 둘 다 질을 중시하는 기법이다.

③ 강제적 기법은 정상적으로 관계가 없는 둘 이상의 물건이나 아이디어를 강제로 연관을 짓게 하는 방법이다.

④ 집단 내에서 창의적이고 의사결정을 증진시키는 방법으로 델파이법과 명목집단법을 범주에 포함시킬 수 있다.

⑤ 브레인 스토밍이란 리더가 하나의 주제를 제시하면 자유롭게 토론하는 것으로 양을 중시한다.

해설 브레인 스토밍은 자유로운 토론을 통해 창조적인 아이디어를 이끌어 내는 창의성 개발기법으로서 질보다는 양을 중요시한다.

53. 다음 중 델파이법에 대한 설명으로 알맞은 것은?

① 리더가 제시한 문제에 대해서 서로 자유롭게 토의한다.

② 자유로운 분위기에서 최대한 많은 아이디어를 제시하여 서로 결합하고 개선함으로써 합의점을 도출하는 방식이다.

③ 가능한 많은 아이디어가 나올수록 좋기 때문에 상대방의 의견을 비판하지 않는다.

④ 특정문제에 대해서 전문가들의 의견을 우편으로 수집한 후 분석, 정리하여 합의가 이루어질 때까지 피드백을 한다.

⑤ 그 자리에서 바로 토론을 하고 의견을 모으기 때문에 짧은 시간 내에 문제의 해결점을 찾는다.

해설 델파이법(Delphi Technique)

우선 한 문제에 대해 몇 명의 전문가들의 독립적인 의견을 우편으로 수집하고 이 의견들을 요약하여 전문가들에게 배부한 다음 일반적인 합의가 이루어질 때까지 서로의 아이디어에 대해 논평하게 하는 방법

52. ② 53. ④ 정답

54. 브레인 스토밍을 수정, 보완, 확장한 기법으로 한 번에 한 문제밖에 해결할 수 없으며 단지 서면을 통해서 아이디어를 제출하는 것은?

① 고든법　　② 서열법
③ 델파이법　　④ 명목집단법
⑤ 휴리스틱기법

해설 명목집단법(NGT ; Norminal Group Technique)
문자 그대로 이름만 집단이며 구성원 상호 간에 대화나 토론을 통한 상호작용을 하지 않는다. 즉, 집단구성원들 간에 실질적인 접촉은 없고 단지 서면을 통해서 하는 것으로 모은 정보에 대한 피드백이 강하고 다른 사람의 영향을 받지 않는다.

- 장점 : 집단을 공식적으로 소집하여 한곳에 모이게는 하지만 종래의 전통적인 상호 작용 집단처럼 독립적인 사고를 제약하는 일이 없다.
- 단점 : 이 기법을 이끌어나가는 리더의 훈련이 필요하다는 것과 한 번에 한 문제밖에 풀어나갈 수 없다.

55. 응집력이 높은 집단에서 발생하기 쉬우며 구성원들 간의 갈등을 최소화하기 위해 합의로 쉽게 하려는 심리적 경향은?

① 집단사고　　② 집단갈등
③ 집단규범　　④ 집단응집력
⑤ 집단의 분리

해설 집단사고
집단의사결정에서 흔히 일어나는 오류는 제니스(Irving Janis)에 의해 처음 소개된 집단사고이며 이는 극도로 응집성이 강한 집단에서 조화와 만장일치에 대한 열망이 지나쳐 집단성원들이 집단의 결정을 현실적으로 평가하려는 노력을 묵살하는 경우에 발생한다.

56. 다음 중 매트릭스 조직에 대한 설명으로 알맞은 것은?

① 이익중심점으로 구성된 신축성 있는 조직으로 자기통제의 팀워크가 특히 중요한 조직이다.
② 분업과 위계구조를 강조하며 구성원의 행동이 공식적 규정과 절차에 의존하는 조직이다.
③ 특정 프로젝트를 해결하기 위해 구성된 조직으로 프로젝트의 완료와 함께 해체되는 조직이다.
④ 다양한 의견을 조정하고 의사결정의 결과에 대한 책임을 분산시킬 필요가 있을 때 흔히 사용되는 조직이다.
⑤ 일종의 애드호크라시 조직으로 기능식 조직에 프로젝트 조직을 결합한 조직으로 급변하는 시장 변화에 신속히 대응 가능한 조직이다.

 정답 54. ④　55. ①　56. ⑤

해설 ① : 사업부제 조직의 성격을 수반한 자유형 혼합조직
② : 관료제 조직
③ : 프로젝트 조직
④ : 위원회 조직

57. 특정한 한 피평가자의 평가가 다른 피평가자의 평가에 영향을 주는 대인지각의 오류를 무엇이라고 하는가?

① 유사효과
② 상동적 태도
③ 현혹효과
④ 대비효과
⑤ 주관의 객관화

해설 대비효과
- 매우 극단적인 것과 비교하기 때문에 지각대상을 실제보다 더 극단으로 지각하는 것
- 한 피평가자의 평가가 다른 피평가자의 평가에 영향을 주어 발생하는 오류

58. 다음 중 집단사고의 발생 가능성이 가장 큰 상황은?

① 집단응집성이 높은 때
② 집단의사결정기법으로 델파이법을 사용할 때
③ 집단의사결정형태가 위원회 형태일 때
④ 집단의사결정기법으로 명목집단법을 사용할 때
⑤ 집단의사결정형태가 완전연결 형태일 때

해설 집단사고의 발생가능성이 가장 큰 상황은 집단응집성이 높은 때이다.

집단사고

집단의사결정에서 흔히 일어나는 오류는 제니스(Irving Janis)에 의해 처음 소개된 집단사고이며 이는 극도로 응집성이 강한 집단에서 조화와 만장일치에 대한 열망이 지나쳐 집단성원들이 집단의 결정을 현실적으로 평가하려는 노력을 묵살하는 경우에 발생한다.

59. 다음 중 기업문화의 구성요소인 7S 모델의 구성요소가 아닌 것은?

① 조직구조
② 고객
③ 구성원
④ 공유가치
⑤ 기술

57. ④ 58. ① 59. ② 정답

해설 조직문화의 구성요소

구성요소(7S)	내 용
공유가치 (Shared Value)	기업체 구성원들 모두가 공동으로 소유하고 있는 가치관과 이념, 그리고 전통가치와 기업의 기본목적 등 기업체의 공유가치
전략 (Strategy)	기업체의 장기적인 방향과 기본성격을 결정하는 경영전략으로서 기업의 이념과 목적, 그리고 기본가치를 중심으로 이를 달성하기 위한 기업체 운영에 장기적 방향을 제공
구조 (Structure)	기업체의 전략을 수행하는 데 필요한 조직구조, 직무설계, 그리고 권한관계와 방침 등 구성원들의 역할과 그들 간의 상호 관계를 지배하는 공식요소를 포함
관리시스템 (System)	기업체의 경영의 의사결정과 일상운영에 틀이 되는 관리제도와 절차 등 각종 시스템
구성원(Staff)	구성원들의 가치관과 행동은 기업체가 의도하는 기본가치에 의하여 많은 영향을 받고 있고 인력구성과 전문성은 기업체가 추구하는 경영전략에 의하여 지배
기술(Skill)	물리적 하드웨어는 물론 이를 사용하는 소프트웨어 기술을 포함
리더십 스타일 (Style)	구성원들을 이끌어가는 전반적인 조직관리 스타일로서 구성원들의 행동조성은 물론 그들 간의 상호관계와 조직분위기에 직접적인 영향을 주는 중요요소

60. 다음 중 조직개발기법이 아닌 것은?

① 팀 구축법
② 감수성훈련법
③ 과정자문법
④ 명목집단법
⑤ 그리드훈련법

해설 명목집단법은 집단의사결정기법으로 창의성 개발방법이다.

Actual Test

예상문제 및 해설 2

경영학

인적자원관리

1. 다음 중 인사감사에 의한 방식인 ABC감사에 관한 설명으로 알맞지 않은 것은?

① 효율적인 인사통제를 수행하기 위한 수단이다.
② B감사는 효과측면의 감사이다.
③ 발생시간의 순서로 본 인사통제과정이 A-B-C의 순으로 이루어짐을 의미한다.
④ A감사는 인사기능을 수행하기 위한 계획과 프로그램화의 적정성에 대한 감사이다.
⑤ 일본노무연구회가 미네소타식의 3종 감사방식을 발전시킨 것이다.

해설 B감사 : 인적자원 관리의 경제적 측면의 감사

2. 다음 중 Closed Shop에 대한 설명으로 알맞은 것은?

① 비조합원을 채용할 수 있다.
② 고용의 전제조건 중 하나가 반드시 조합원이어야 한다.
③ 회사에서 급여를 계산할 때 일괄적으로 조합비를 공제해서 지급한다.
④ 노동조합의 가입여부는 강요가 아니라 전적으로 노동자의 의사에 따라 결정한다.
⑤ 채용 후 일정시간이 지나면 노동조합에 가입해야 한다.

해설 Closed Shop : 조합원만이 고용 가능
①, ⑤ : Union Shop에 대한 설명(비조합원을 채용할 수 있지만 일정시간이 지나면 가입해야 한다.)
③ : Check-off System에 대한 설명
④ : Open Shop에 대한 설명

3. 다음 중 맥그리거의 X이론에 대한 설명으로 알맞지 않은 것은?

① 인간은 본능적으로 일하고 싶어 한다.
② 인간은 야망이 없고 책임지기 싫어한다.
③ 인간은 타인에 의해서 통제가 필요하다.
④ 인간은 태어날 때부터 일하기를 싫어한다.
⑤ 강제, 명령, 처벌만이 목적달성에 효과적이다.

해설 맥그리거의 X이론과 Y이론 비교

X이론	Y이론
• 인간은 태어날 때부터 일하기 싫어함 • 강제, 명령, 처벌만이 목적달성에 효과적 • 인간은 야망이 없고 책임지기 싫어함 • 타인에 의한 통제가 필요 • 인간의 부정적 인식(경제적 동기)	• 인간은 본능적으로 휴식하는 것과 같이 일하고 싶어 함 • 자발적 동기 유발이 중요함 • 고차원의 욕구를 가짐 • 자기통제가 가능함 • 인간의 긍정적(창조적 인간)으로 봄

4. 훈련된 직무분석자가 직무수행자를 직접 관찰하는 것으로 생산직이나 기능직과 같은 단순 · 반복적인 직무 분석에 적합한 것은?

① 관찰법
② 면접법
③ 설문지법
④ 작업기록법
⑤ 경험법

해설 관찰법 : 훈련된 직무분석자가 직무수행자를 직접 집중적으로 관찰함으로써 정보를 수집하는 것

5. 다음 설명으로 알맞지 않은 것은?

① 직무명세서는 직무기술서의 내용을 기초로 직무요건을 일정한 양식에 기록한 것이다.
② 직무분석의 방법으로 요소비교법, 관찰법, 면접법 등이 있다.
③ 직무는 작업의 종류와 수준이 유사한 직위들의 집단을 말한다.
④ 직무분석이란 직무에 관련된 정보를 체계적으로 수집 · 분석 · 정리하는 과정이다.
⑤ 직무분석은 조직의 합리화를 위한 기초작업으로 직무기술서와 직무명세서의 기초자료로 쓰인다.

해설 요소비교법 : 직무분석의 방법이 아닌 직무평가의 방법임

6. 다음 중 직무평가의 방법에 관한 설명으로 알맞은 것은?

① 점수법은 전체적 · 포괄적 관점에서 각각의 직무를 상호 교차하여 순위를 결정한다.
② 서열법은 직무를 구성요소별로 분해한 후 가중점수를 이용하여 직무의 순위를 결정하는 가장 합리적인 방법으로 공장의 기능직 평가에 많이 적용된다.
③ 분류법은 직무를 여러 등급으로 분류해서 포괄적으로 평가하여 강제적으로 배정하는 방법이다.
④ 요소비교법은 기준직무를 미리 정하고 기준직무의 평가요소와 각 직무의 평가요소를 비교하여 직무의 순위를 결정하는 방법으로 상이한 직무에는 적용하지 못한다.
⑤ 관찰법은 훈련된 직무분석자가 직접 직무수행자를 집중적으로 관찰함으로써 정보를 수집하는 방법이다.

 정답 4. ① 5. ② 6. ③

해설 ① : 서열법
② : 점수법에 대한 설명이다.
④ : 요소비교법은 기업조직에 있어 핵심이 되는 몇 개의 기준직무를 선정하고 각 직무의 평가요소를 기준직무의 평가요소와 비교함으로써 모든 직무의 상대적 가치를 결정하는 방법이다.
⑤ : 관찰법은 직무평가방법이 아니라 직무분석방법임

7. 다음 중 행위기준고과법에 대한 설명으로 알맞지 않은 것은?

① 관찰 가능한 행위를 기준으로 한다.
② 많은 시간과 비용이 소요되며 주로 소규모 기업에 적용된다.
③ 평정척도 고과법과 중요사건 서술법을 결합한 것이다.
④ 관찰 가능한 행위를 확인할 수 있으며 구체적인 직무에 관해 적용이 가능하다.
⑤ 구성원이 실제로 수행하는 구체적인 행위에 근거하여 구성원을 평가함으로써 신뢰도와 평가의 타당성을 높인 고과방법이다.

해설 행위기준고과법

장 점	단 점
• 타당성 : 직무성과에 초점을 맞추기 때문에 타당성이 높다. • 신뢰성 : 피평가자의 구체적인 행동양식을 평가척도로 제시하여 신뢰성이 높다.	• 방법의 개발에 있어 시간과 비용이 많이 소요된다. • 복잡성과 정교함으로 인하여 소규모 기업에서는 적용하기가 어려워 실용성이 낮은 편이다.

8. 다음 중 인사고과에 대한 설명으로 알맞지 않은 것은?

① 직무평가와 인사고과는 상대적 개념이다.
② 직무평가는 인사고과를 위한 선행조건이다.
③ 직무평가와 인사고과는 직무 자체의 가치만 평가한다.
④ 인사고과의 기준은 객관성을 높이기 위하여 특정목적에 적합하도록 조정되는 경향이 있다.
⑤ 현대적 인사고과의 특징은 경력중심적인 능력개발과 육성, 객관적 성과, 능력 중심 등이다.

해설 직무평가는 직무 자체의 가치를 판단하는 데 비하여 인사고과는 직무상의 인간을 평가한다.

9. 다음 중 직무충실화에 대한 설명으로 가장 옳은 것은?

① 작업자의 직무범위를 수평적으로 확대하는 것
② 작업자가 일정기간 동안 다른 직무를 수행하는 것
③ 작업자가 작업에 대한 보람과 만족감을 갖게 하기 위한 것
④ 작업자가 수행하는 작업을 계획 · 조정하며, 제품품질을 관리하거나 설비를 보전하는 책임을 더 많이 부여하는 것
⑤ 작업자의 직무반복에 대한 기술의 전문성을 확보하기 위한 것

7. ② 8. ③ 9. ④ 정답

해설 직무충실화는 작업자가 수행하는 작업을 계획 · 조정하며, 제품품질을 관리하거나 설비를 보전하는 책임을 더 많이 부여하는 것을 말한다.

10. 노사 간에 임금교섭을 할 때 가장 중요시하는 임금결정원칙(임금수준결정요인)은 다음 중 어느 것인가?

① 생계비원칙 ② 무노동 무임금의 원칙
③ 생산성의 원칙 ④ 사회적 수준의 원칙
⑤ 동일노동 동일임금의 원칙

해설 생계비원칙이 최우선적으로 고려되는 원칙이다.

11. 직무분석은 다음 중 무엇에 기초를 해서 이루어질 수 있는가?

① 목표관리 ② 품질관리
③ 직무명세서 ④ 인사고과
⑤ 교육훈련

해설 직무분석은 직무명세서와 직무기술서를 기초로 이루어진다.

12. 인사고과의 목적이라고 볼 수 없는 것은?

① 임금결정의 중요한 기준
② 인력확보 활동에 중요한 정보의 제공
③ 인력개발을 위한 계획 및 활동으로서의 중요한 역할
④ 개인 신상파악에 중요한 자료
⑤ 직무설계의 중요한 자료

해설 인사고과의 목적은 임금결정, 인력확보 정보제공, 인력개발, 직무설계 등이다.

13. 종업원 임금체계의 구성에 있어서 초과근무수당이라고 볼 수 없는 것은?

① 시간 외 근무수당 ② 업적 근무수당
③ 심야 근무수당 ④ 휴일 근무수당
⑤ 일직 및 숙직 근무수당

해설 업적 근무수당은 성과, 인센티브에 해당한다.

정답 10. ① 11. ③ 12. ④ 13. ②

14. 직무평가 중 양적 방법으로 기준직무에 다른직무를 비교하여 평가하는 방법은?
① 점수법 ② 서열법
③ 요소 비교법 ④ 분류법
⑤ 관찰법

해설 요소 비교법은 기준직무에 다른 직무를 비교하여 평가하는 방법으로 직무중심의 분석적 방법이다.

15. 다음 중 임금수준을 결정하는 데 있어서 기본요소가 아닌 것은?
① 노사 간의 협력정도 ② 임금수준의 사회적 균형
③ 노동생산성 ④ 기업의 지불능력
⑤ 물가상승률

해설 임금수준을 결정하는 기본요소는 노사 간의 협력 정도, 임금수준의 사회적 균형, 기업의 지불능력, 물가상승률 등이다.

생산관리

16. 다음 중 단속생산에 대한 설명으로 알맞은 것은?
① 설비투자액이 많다.
② 변화에 대한 신축성이 작은 편이다.
③ 소품종 대량생산에 적합한 시스템이다.
④ 개별생산에 의한 것으로 주문에 의한 다품종 소량생산을 한다.
⑤ 시장의 변화에 신축성이 작고 기계별 작업조직에 적합하다.

해설 단속생산은 주로 개별생산에 적합한 것으로 주문에 의한 다품종 소량생산을 하므로 시장변화에 신축성이 크고 또한 기계별 작업조직에 적합하다.

17. 다음 중 단속생산과 연속생산에 대한 설명으로 알맞은 것은?

구분	단속생산	연속생산
①	개별생산	시장생산
②	소품종 대량생산	다품종 소량생산
③	제품별 배치	기능별 배치
④	전용 설비	범용 설비
⑤	미숙련 기술	숙련 기술

14. ③ 15. ③ 16. ④ 17. ① 정답

해설 단속생산과 연속생산의 특징

단속생산	연속생산
개별생산	시장생산
주문에 의한 다품종 소량생산	수용예측에 의한 소품종 대량생산
기능별 배치	제품별 배치
범용 설비	전용 설비
숙련 기술	미숙련 기술
변화에 신축성이 큼	변화에 신축성이 작음
기계별 작업조직	품종별 작업조직

18. 다음 중 FMS에 관한 설명으로 알맞지 않은 것은?

① 조달기간과 재고수량을 감소시켜 준다.
② 시스템의 초기 투자설비비가 적게 든다.
③ 대중고객화를 추구한다.
④ 유연성과 대량생산 시스템의 생산성을 동시에 추구한다.
⑤ 제품의 가공시간이 단축되므로 시간 중심(단축) 경쟁에서 유리하다.

해설 유연생산시스템(FMS ; Flexible Manufacturing System)
다양한 제품을 높은 효율성과 생산성으로 유연하게 제조하는 자동화 시스템을 말한다. 재공품이 감소하고 생산시간이 단축되며 시장수요나 기술변동에는 유연하게 대응할 수 있으나, 초기에 설비투자내용이 많이 소요된다는 단점이 있다.

19. 다음 중 유연생산시스템(FMS ; Flexible Manufacturing System)에 대한 설명으로 알맞지 않은 것은?

① 범위의 경제에 적합한 시스템이다.
② 다양한 제품종류를 대량생산이 가능하기 때문에 제품의 가공시간이 단축된다.
③ 필요로 하는 양만큼만 생산하므로 조달기간과 재공품 재고가 줄어든다.
④ 대량생산의 생산성을 이루었지만 주문생산에 유연성이 없어서 항상 많은 재공품을 유지하고 있어야 한다.
⑤ 24시간 연속생산, 무인생산을 지향하므로 공작기계의 가동률은 향상된다.

해설 유연생산시스템(FMS ; Flexible Manufacturing System)
FMS라는 말은 미국공작기계 제조회사인 카네 앤드 트레커가 다품종 소량생산을 하는 자동화 시스템의 상품명으로 처음 사용하였다. 일반적으로 소비자의 수요에 따라 자동적으로 상이한 비율로 다양한 제품을 생산할 수 있는 시스템으로 정의되고 있다. 즉, 자동화된 대량생산의 효율성과 주문공장의 유연성을 두루 갖춘 유연생산시스템이라고 할 수 있다.

 정답 18. ② 19. ④

20. 다음 중 각 공정 간의 제품설계 방식에 대한 설명으로 알맞지 않은 것은?

① 제품설계란 선정된 제품의 기술적 기능을 구체적으로 규정하는 것이다.
② 모듈러 설계는 호환이 가능하지 않은 부분품을 개발하여 특수한 고객의 욕구에 부응한다.
③ 모듈러 설계를 함으로써 다양성과 생산원가의 절감을 달성할 수 있다.
④ 가치분석은 원재료나 재공품의 원가분석을 통해 불필요한 기능을 제거하려는 방법이다.
⑤ 가치공학은 생산이전 단계의 제품이나 공정의 설계분석을 통해 효율성과 원가 최소화를 동시에 달성하려는 기법이다.

해설 모듈러 설계는 호환가능한 부분품을 개발하여 다양한 고객의 욕구에 부응한다. 서로 다른 제품으로 호환 가능한 부분품을 이용하여 고객의 다양한 요구를 충족시키기 위한 것으로 다양성과 생산원가의 절감이라는 이중의 목적을 달성할 수 있는 제품설계의 방법이다.

21. 다음 중 가치공학과 가치분석에 관한 설명으로 알맞지 않은 것은?

① 양자는 제품, 공정, 원료, 부분품 등의 원가절감을 위하여 사용되는 기법들이다.
② 가치공학은 제품이나 공정의 설계분석에, 가치분석은 구매원료나 부분품 등의 원가분석에 치중한다.
③ 성공적인 가치분석을 위해서는 집단의사결정의 방법과 충분한 전문가들의 참여 등이 필요하다.
④ 가치공학이란 제품이나 공정 등의 기능과 그 원가의 비율을 개선함으로써 가치를 증대시키는 것이다.
⑤ 구매원료나 부분품의 원가분석은 제품이나 공정의 설계에 중요한 영향을 미치지만 서로 목적이 틀리므로 각자 독립되어 사용되는 기법이다.

해설 구매원료나 부분품의 원가분석은 제품이나 공정의 설계에 중요한 영향을 미치므로 가치공학과 가치분석이 동시에 병행되어야 한다.

22. 다음 중 설비배치에 대한 설명으로 알맞지 않은 것은?

① 공정별 배치는 기능별 배치, 작업장별 배치라고도 한다.
② 공정균형은 공정별 배치의 실행에 있어서 가장 핵심개념이다.
③ 제품고정형 배치는 조선업, 토목업 등 대규모 프로젝트 형태의 생산활동에 적합하다.
④ 제품별 배치는 제품의 제조공정의 순서로 설비와 작업자를 배치하여 대량생산체제에 적합한 시스템이다.
⑤ 공정별 배치는 제품의 운반거리도 길고 자재취급 비용도 많아, 대량생산 시 제품별 배치보다 생산성이 떨어진다.

해설 공정균형은 각 공정의 역할을 분담하여 생산성을 높이고 공정 간의 균형을 최적화하기 위한 방법으로서 제품별 배치의 중심개념이다.

1. 목표 : 유휴시간을 극소화하며 연속생산공정에서 요구된다.
2. 라인밸런싱이라고도 하며 각 공정의 역할 분담을 분리하여 생산효율을 높이는 것으로, 합리적으로 정하는 문제에서 라인을 구성하는 각 공정 간의 균형을 최적화시킬 수 있는 방법으로 제품별 배치의 핵심개념이다.

23. 다음 중 현실적인 조건하에서 달성가능한 최대산출률을 의미하는 생산능력은?

① 최대생산능력
② 유효생산능력
③ 실제생산능력
④ 설계생산능력
⑤ 실제산출률

해설 생산능력

실제생산량	일정시간 동안 실제로 달성한 생산량
설계능력	이상적인 조건하에서 일정기간 달성할 수 있는 최대생산량
유효능력	현실적인 조건하에서 일정기간 달성할 수 있는 최대생산량

24. 다음 생산능력의 3가지 개념 중 크기가 큰 순서대로 나열된 것은?

① 설계능력 - 유효능력 - 실제생산량
② 설계능력 - 유효능력 - 한계생산량
③ 유효능력 - 설계능력 - 실제생산량
④ 유효능력 - 설계능력 - 한계생산량
⑤ 설계능력 - 한계생산량 - 유효능력

해설 생산능력이란 제품인 서비스를 생산할 수 있는 능력으로 설계능력 - 유효능력 - 실제생산량 순으로 크기가 작아진다.

25. 방법연구와 관련된 개념 중 인간 - 기계시스템으로 기계와 인간의 활동을 분석한 것은?

① 동작분석
② 시간분석
③ 활동분석
④ 공정분석
⑤ 작업분석

 정답 23. ② 24. ① 25. ③

해설 방법연구(Method Study)

1. 방법 : 최선의 작업방법과 작업 표준을 설정하기 위한 방법
2. 종류

동작분석	작업자의 불필요한 작업 동작의 개선을 모색하는 분석
활동분석	인간-기계시스템으로 작업 시 대기하는 시간의 최소화를 위하여 기계와 인간의 활동을 분석
작업분석	작업자의 작업내용 개선을 위한 분석
공정분석	각종 작업을 보다 효율적이고 경제적으로 수행하기 위해서 개선방안을 공정순서에 따라 여러 기호 등으로 표시하여 모색하는 방법

26. 다음의 수요예측기법 중 그 성격이 가장 이질적인 것은?

① 분해법 ② 델파이법
③ 시계열분석 ④ 이동 평균법
⑤ 지수 평활법

해설 수요예측기법

질적 수요예측 기법	델파이법, 자료유추법, 패널동의법, 소비자조사법, 경영자판단법, 판매원의견종합법, 라이프사이클 유추법
양적 수요예측 기법	분해법, 시계열분석, 이동평균법, 지수평활법, 인간 관계형 분석

27. 다음 중 총괄생산계획 실행 시에 고려해야 할 요소로 알맞지 않은 것은?

① 재고유지비용을 고려해야 한다.
② 잔업비용에 대해서 고려해야 한다.
③ 채용비용 및 해고비용을 고려해야 한다.
④ 설비확장비용을 제일 먼저 고려해야 한다.
⑤ 하청수준을 결정해야 한다.

해설 설비확장비용은 설비계획 단계에서 고려된다.

총괄생산계획

1. 총괄생산계획 시 고려해야 할 요소들 : 고용수준, 재고수준, 잔업수준, 하청수준, 생산율 등
2. 일정 기간을 대상으로 수요예측에 따른 생산목표를 달성할 수 있도록 계획을 세우는 것으로 생산능력이 변동적이거나 수요가 계속적으로 변하는 기업에 적용하는 것이 좋다.
3. 수요변동이 없으면 총괄생산계획은 없다.

28. 다음의 자료로 경제적 주문량을 결정하면?

- 연간수요량 : 20,000개
- 1회당 재고 주문비용 : 1,000원
- 1단위당 재고유지비용 : 1,000원

① 100개
② 150개
③ 200개
④ 250개
⑤ 275개

해설 경제적 주문량(EOQ) $= \sqrt{\frac{2\times \text{연간수요량} \times \text{1회 주문당 재고주문비용}}{\text{1단위당 재고유지비용}}} = \sqrt{\frac{2\times 20,000\times 1,000}{1,000}} = 200$개

29. 다음의 자료로 총재고비용을 구하면?

- 연간 재고 수요량 : 2,000개
- 1회당 재고 주문비용 : 8원
- 1회당 연간 재고유지비용 : 5원
- 1회당 연간 재고부족비용 : 40원

① 200개
② 250개
③ 300개
④ 350개
⑤ 400개

해설 연간 총재고비용 $= \sqrt{2\times \text{연간수요량} \times \text{1회 주문당 재고비용} \times \text{1단위당 재고유지비용}}$
$= \sqrt{2\times 2,000\times 8\times 5} = 400$개

30. 다음 중 ISO14000 시리즈의 구성요소가 아닌 것은?

① 통계적 품질관리시스템
② 환경감사
③ 환경경영시스템
④ 환경성과평가
⑤ 라이프사이클분석

해설 ISO14000 시리즈의 구성요소는 환경경영시스템(EMS), 환경감사(EA), 환경라벨링(EL), 환경성과평가(EPE), 라이프사이클분석(LCA), 제품규격 환경적 측면(EAPS), 환경용어/정리(T&D)이다.

31. 다음 중 생산관리의 목표로서 적절하지 않은 것은?

① 생산성향상
② 품질향상
③ 원가절감
④ 공급력 확대와 납기준수
⑤ 저임금의 노동자

해설 생산관리의 목표는 원가, 품질, 시간, 유연성으로 저임금의 노동자는 해당하지 않는다.

 정답 28. ③ 29. ⑤ 30. ① 31. ⑤

32. 비용, 품질, 서비스, 속도와 같은 기업활동의 핵심적 부문에서 극적인 성과향상을 이루기 위해 기업의 업무프로세스를 근본적으로 다시 생각하고 재설계하는 혁신기법은?

① 리스트럭처링　　② 6시그마
③ 벤치마킹　　④ 전사적 품질경영
⑤ 비즈니스 프로세스 리엔지니어링

해설 마이클 해머가 창안한 업무프로세스 재설계 기법인 '비즈니스 프로세스 리엔지니어링'은 기업의 업무 프로세스를 근본적으로 혁신하여 성과향상을 이루기 위한 기법이다.

33. 다음 중 적시생산시스템(JIT)의 주요 특징이 아닌 것은 무엇인가?

① 전 생산공정의 흐름을 동시 활동으로 유지하는 유동작업체제이다.
② 영(Zero)의 재고수준을 목표로 하고 있다.
③ 부품의 적기구매로 생산준비기간을 줄이는 데 있다.
④ 린 제조 또는 린 시스템이라고도 불린다.
⑤ 고가격, 단일모델의 대량생산이 주목적이다.

해설 적시생산시스템(JIT)은 제품이나 부품을 필요할 때 적시에 생산함으로써 재고수준을 최소화하고 생산전반에 걸쳐 낭비를 줄이는 생산시스템을 말한다. 보다 넓은 개념으로 린 제조 또는 린 시스템이라고도 불린다.

34. 생산성에 대한 설명으로 올바른 것은?

① 투입량과 산출량의 비율이다.
② 비용에 대한 산출량의 비율이다.
③ 일정량에 대한 생산비율이다.
④ 표준량에 대한 산출량비율이다.
⑤ 표준량과 산출량의 비율이다.

해설 생산성은 생산활동의 종합적인 성과로, 투입량과 산출량의 비율이다.

35. 계속생산 시스템 생산방식의 특징으로 올바른 것은?

① 다품종 소량생산이다.　　② 로트생산 방식이다.
③ 주문생산 방식이다.　　④ 소품종 대량생산이다.
⑤ 소품종 소량생산이다.

해설 계속생산 시스템 생산방식은 소품종 대량생산이 특징이다.

32. ⑤　33. ⑤　34. ①　35. ④ 정답

조직관리

36. 다음 중 태도를 구성하는 요소로만 구성된 것은?

① 인지적 요소	② 정치적 요소
③ 행동적 요소	④ 조화적 요소
⑤ 보상적 요소	⑥ 감정적 요소

① ①, ②, ④
② ①, ③, ⑥
③ ②, ④, ⑤
④ ②, ③, ⑥
⑤ ①, ④, ⑤

해설 태도의 구성요소 : 인지적, 감정적, 행동적 요소

37. 특정문제에 대해 우편을 이용하여 전문가들의 의견을 수집하기 때문에 많은 시간이 소요되는 것은?

① 고든법
② 서열법
③ 델파이법
④ 브레인 스토밍
⑤ 명목집단법

해설 창의성 개발방법 중 하나인 델파이법은 특정문제에 대하여 독립적인 의견을 수립하여 합의가 이루어질 때까지 피드백을 한다.

38. 다음 중 감정적 요소, 인지적 요소, 행위적 요소를 구성요소로 가지고 있는 것으로 개인의 선유경향으로 알맞은 것은?

① 태도
② 지각
③ 행위
④ 학습
⑤ 귀속

해설 태도의 구성요소 : 인지적, 감정적, 행동적 요소

 정답 36. ② 37. ③ 38. ①

39. 다음 중 특정한 목적을 일정한 시일과 비용으로 완성하기 위해 생긴 조직은?
① 참모식 조직
② 사업부제 조직
③ 프로젝트 조직
④ 매트릭스 조직
⑤ 관료제 조직

해설 프로젝트 조직 : 문제가 해결되거나 목표가 달성되면 본래의 부서로 돌아간다.

40. 팀 조직은 문제점이 많아 성공하기 어렵다는 견해도 있다. 이러한 팀 조직을 성공시키기 위해서는 팀 조직을 도입할 때 몇 가지 고려해야 할 사항이 있다. 다음 중 여기에 해당되지 않는 것은?
① 관료주의 조직구조가 필요하다.
② 조직의 특성을 먼저 파악한 후 도입해야 한다.
③ 점차적 도입전략이 중요하다.
④ 조직의 분권화가 선행되어야 한다.
⑤ 최고경영층의 강한 의지가 중요하다.

해설 관료주의 조직구조로는 팀 조직의 문제를 해결하기 어렵다.

예상문제 및 해설 3

Actual Test

경영학

인적자원관리

1. 다음 중 인적자원관리의 발전과정을 바르게 설명한 것은?

① 산업혁명 시대 → 과학적 관리 시대 → 인간관계론 시대 → 행동과학 시대
② 과학적 관리 시대 → 산업혁명 시대 → 인간관계론 시대 → 행동과학 시대
③ 행동과학 시대 → 인간관계론 시대 → 과학적 관리 시대 → 산업혁명 시대
④ 인간관계론 시대 → 과학적 관리 시대 → 행동과학 시대 → 산업혁명 시대
⑤ 산업혁명 시대 → 행동과학 시대 → 과학적 관리 시대 → 인간관계론 시대

해설 인적자원관리는 산업혁명 이후, 부작용들에 대한 반성에서 발전 진행되었다.

2. 직무의 성공적인 수행에 필요한 행위들을 유사한 범주별로 분류하고 이를 중요도에 따라 점수를 부여하는 직무분석 방법은?

① 관찰법　　② 면접법
③ 실제수행법　　④ 중요사건법
⑤ 워크샘플링법

해설 중요사건법은 직무수행과정에서 직무수행자가 보였던 보다 중요한 또는 가치가 있는 행동을 기록해 두었다가 이를 취합하여 분석하는 방법

3. 다음 중 집단 수준의 직무설계 방법인 것은?

① 직무순환　　② 직무확대
③ QC서클　　④ 직무충실화
⑤ 직무교차

해설 • 팀접근법(Team Approach) : 작업이 집단에 의해서 수행되기도 하여, 이때는 팀을 대상으로 한 작업설계 필요. 개인수준의 직무설계와 달리 집단과업의 설계, 집단구성원의 구성, 집단규범 등이 집단수준의 작업설계의 특징

 정답 1. ① 2. ④ 3. ③

• QC서클(Quality Control Circle) : 10명 이내의 한 작업단위의 종업원들이 자발적으로 정기적인 모임을 갖고 제품의 질과 문제점을 분석하고 제안하는 분임조 활동. 기업 내에서 참여적 분위기를 조성하며 일종의 소집단활동이 된다.

4. 다음 중 인적자원 수요예측 방법이 아닌 것은 무엇인가?

① 전문가 예측법 ② 델파이 기법
③ 추세분석 ④ 마르코프 모형
⑤ 생산성 비율

해설 • 인적자원 수요예측 방법 : 전문가 예측법, 델파이 기법, 생산성 비율, 추세분석, 회귀분석
• 인적자원 공급예측 방법 : 기능목록, 대체도, 마르코프 모형, 노동시장 총체적, 구체적 분석

5. 개인의 일부 특성을 기반으로 그 개인 전체를 평가하는 지각경향은 무엇인가?

① 스테레오타입 ② 최근효과
③ 자존적 편견 ④ 후광효과
⑤ 대조효과

해설 후광효과 또는 현혹효과(Halo Effect)란 어떤 한 분야에서의 어떤 사람에 대한 호의적 또는 비호의적인 인상이 다른 분야에 있어서의 그 사람에 대한 평가에 영향을 주는 경향을 말한다. 헤일로(Halo)는 부처상의 머리 뒤에서 비추는 후광을 가리키는 말인데, 그 후광 때문에 부처의 얼굴이 더욱 인자하게, 신성하게 지각될 수 있는 이치와 같다. 이는 한 사람에 대한 전반적인 인상을 구체적인 특징평가에 일반화시키는 오류이다.

6. 직무평가의 방법 중 직무내용의 각 구성요소를 분해하여 가중치를 부여한 후 요소별 점수와 가중치를 곱하여 각 직무의 가치를 평가하는 방법은 무엇인가?

① 관찰법 ② 서열법
③ 점수법 ④ 분류법
⑤ 요소비교법

해설 직무평가의 방법은 비양적 방법(Non-quantitative Method)과 양적 방법(Quantitative Method)의 두 가지로 구분된다. 비양적 방법은 직무수행 시 난이도 등을 기준으로 포괄적 판단에 의하여 직무의 가치를 상대적으로 평가하는 방법으로 서열법과 분류법이 있다. 양적 방법은 직무분석에 따라 직무를 기초적 요소 또는 조건으로 분석하고 이들을 양적으로 계측하는 방법으로 점수법과 요소비교법이 있다.
직무내용의 각 구성요소를 분해하여 가중치를 부여한 후 요소별 점수와 가중치를 곱하여 각 직무의 가치를 평가하는 방법은 점수법이다. 점수법은 직무평가방법 중에서 비교적 많이 사용되고 있다. 점수법은 직무평가 방법 중에서 가장 체계적이고 또한 사용하기도 비교적 쉽기 때문에 널리 사용되고 있다.

4. ④ 5. ④ 6. ③ 정답

7. 호손실험 결과로부터 새로 개발된 인사관리기법은 무엇인가?

① 이윤분배제
② 사기조사
③ 고충처리제도
④ 차별성과급제
⑤ 구조주도적 리더십

해설 메이요(E. Mayo) 등에 의한 호손실험은 인간관계론(Human relations)이라는 새로운 이론으로 그 의미가 확대되고 발전되었다. 인간관계론에서는 인간의 사회적 · 심리적 욕구충족이 생산성 향상을 가져온다는 슬로건 아래 경영자들은 이러한 욕구들을 찾는 데 분주하게 되었다. 공장 입구에 근로자들의 의견을 구하는 제안함이 걸리고, 전제적 리더십보다는 민주적 리더십이 강조되었다. 사기조사와 면접도 실시되었고, 의사소통에 근로자들을 참여시킨다는 명분 아래 고위경영층의 사무실 문이 열리는 제스처도 보였다.

사기조사
종업원의 근로 의욕 · 태도 등에 대해 측정하는 것을 말한다. 종업원이 자기의 직무 · 직장 · 상사 · 승진 · 대우 등에 대해 어떻게 생각하고 있는지를 측정 · 조사하는 것이다. 이 측정을 기초로 인사관리 · 노무관리 · 복리후생 등을 효과적으로 하여 종업원의 근로의욕을 높임으로써 기업발전에 기여하는 데 목적이 있다. 기업이 점차 대규모화함에 따라 경영자와 종업원 사이의 의사소통이 어렵게 되자 사기조사는 특히 주목을 받게 되었다.

8. 다음 중 도표식 근무평정방법에서 나타날 가능성이 가장 적은 현상은 무엇인가?

① 관대화효과
② 선입견
③ 근접효과
④ 연쇄효과
⑤ 양극화 경향

해설 도표식에서는 등급별 강제분포비율이 없으므로 평정의 양극화가 아니라 주로 무난하게 중간등급을 주는 중심화 현상이 나타난다.

9. 다음 중 직무분석의 목적과 가장 관계가 적은 것은 무엇인가?

① 조직구조의 설계
② 교육훈련
③ 성과측정 보상
④ 작업방법 · 공정의 개선
⑤ 선발, 고용 및 배치

해설 직무분석의 목적은 궁극적으로 직무기술서와 직무명세서를 작성하여 직무평가를 하고자 하는 것이지만, 직무분석을 통해서 얻은 정보는 인적자원관리 전반을 과학적으로 관리하는 데 있어 기초자료를 제공한다는 목적도 있다.

직무분석의 활용분야를 세분화하며 ㉠ 조직구조의 설계 ㉡ 인적자원계획 수립(인적자원의 수요 및 공급을 예측하고 인적자원의 채용, 배치, 이동 · 승진, 훈련 및 개발 등의 기준을 만드는 기초) ㉢ 직무평가 및 보상 ㉣ 경력계획 ㉤ 기타 노사관계 해결, 직무의 설계, 인사상담, 안전관리, 정원산정, 작업환경 개선 등이다.

 정답 7. ② 8. ⑤ 9. ③

10. 다음 중 단순하고 반복적인 직무나 하급사무직의 직무분석에 가장 유용한 직무분석 방법은 무엇인가?

① 작업기록법 ② 설문지법
③ 중요사건법 ④ 관찰법
⑤ 면접법

해설 관찰법은 분석의 대상이 되는 종업원의 작업을 직접 관찰함으로써 직무에 관한 정보를 획득하며, 일이 단순하고 주기가 짧은 경우에 정확한 자료수집이 가능하다. 단순 반복적인 직무분석과 하급사무직의 직무분석에 가장 유용하다.

11. 다음 중 목표에 의한 관리(MBO)를 이용하여 평가하는 기법의 특징은 무엇인가?

① 관리자로서의 평가 ② 검증 가능한 목표에 의한 평가
③ 팀평가 ④ 종업원의 특성에 의한 평가
⑤ 전통적 특성에 의한 평가

해설 목표에 의한 관리(MBO : Management By Objectives)를 이용하는 방법은 목표설정과 결과에 대한 평가에 종업원이 참여하여 평가하고 고과하는 기법이다. 각 업무담당자가 ㉠ 상급자로부터 각종 정보를 제공받아 자신의 목표를 측정가능 목표로 설정 ㉡ 상위자와 협의하여 조직목표와 비교·수정하여 목표확정 ㉢ 업무를 수행하여 기말에 업무수행과정과 결과를 목표와 비교·평가하고 ㉣ 상황적 요인을 검토하여, 문제점 및 개선점을 공동으로 검토하여 다음 기의 목표를 설정하는 4단계로 설명할 수 있다.

12. 다음은 어떤 모형에 대한 가정인가?

- 일이란 본래 싫은 것이 아니다.
- 사람들은 자신이 협조해서 설정한 의미 있는 목표에 공헌하려 한다.
- 대부분의 사람들은 현 직무가 필요로 하는 것보다 훨씬 더 창조적이고 책임 있는 자기통제, 자율성을 발휘할 능력이 있다.

① 인간관계 모형 ② 사회인 모형
③ 인적자원 모형 ④ 경제인 모형
⑤ 전통적 모형

해설 매슬로(A. H. Maslow), 맥그리거(D. McGregor), 아지리스(C. Argyris), 허쯔버그(F. Herzberg), 리커트(R. Likert) 등에 의해 전개된 인적자원모형의 특징은 다음과 같다.
㉠ 인간은 상호 관련을 갖는 여러 욕구들로 복잡하게 구성되어 동기화된다고 본다.
㉡ 인간이 조직에서의 역할을 능동적으로 수행하려고 한다고 가정하고 있다.
㉢ 일이란 불유쾌한 것이 아니라고 가정한다. 특히, 상위욕구를 충족시켜야 하는 경우에는 직무의 수행이 만족의 원천이 될 수 있다.
㉣ 인간은 의미 있는 결정과 책임을 원하고 또한 능력이 있다고 본다.

10. ④ 11. ② 12. ③ 정답

13. 직무평가의 방법에 관한 설명 중 옳지 않은 것은 무엇인가?

① 분류법은 등급별로 책임도, 곤란성, 필요한 지식과 기술 등에 관한 기준을 고려하여 직무를 해당되는 등급에 배치하는 방법이다.

② 요소비교법은 직무를 구성하는 요소별로 독립적으로 절대평가하여 직무의 등급을 정하는 방법이다.

③ 점수법에서 평가요소는 숙련요소 · 노력요소 · 책임요소 · 작업조건요소 등으로 구분할 수 있다.

④ 서열법은 직무 전체의 중요도와 난이도를 바탕으로 상대적 가치를 비교하여 직무의 우열을 정하는 방법이다.

⑤ 점수법은 직무의 평가요소별 가중치를 부여하고 각 직무에 대하여 요소별로 점수를 매긴 다음 이를 합산하는 방법이다.

해설 요소비교법은 직무를 독립적으로 평가하는 절대평가가 아니라 직무를 대표직위와 비교하여 평가하는 상대평가 방법이다.

14. 다음 중 직무분석의 방법으로 적합하지 못한 것은 무엇인가?

① 관찰법 ② 경험법
③ 점수법 ④ 설문지법
⑤ 워크샘플링법

해설 점수법은 직무평가의 방법이다. 직무를 구성요소로 분해한 후 요소별 점수를 매겨 전체 점수로 직무를 평가하는 방법이다. 장점으로 직무의 상대적 차이가 명확하고 종업원으로부터의 이해와 신뢰를 얻을 수 있다. 반면 단점으로 각 직무에 공통되는 적합한 평가요소의 선정이 어렵고, 평가요소에 대한 가중치와 등급 선정이 어려울 수 있다.

15. 한 조직의 구성원들이 조직에서의 작업경험을 통해 자신의 중요한 욕구를 충족시키는 정도를 의미하는 용어는 무엇인가?

① 동기부여 ② 직무만족
③ 노동생활의 질 ④ 직무성과
⑤ 조직 몰입

해설 산업화에 따른 단순화 · 전문화에서 파생되는 소외감 · 단조로움 · 인간성 상실에 대한 반응으로 나타난 개념이며, 인간성 회복의 관점에서 직무의 내용과 방법의 재설계, 조직 내의 성장 및 발전 기회의 공정성 제고, 직장생활과 사생활의 조화 등을 통해서 직장을 보람 있는 일터로 느끼도록 하는 제반 인사프로그램을 근로생활의 질(Quality of Working Life ; QWL)이라고 한다.

 정답 13. ② 14. ③ 15. ③

16. 다음 중 직무평가의 궁극적인 용도는 무엇인가?

① 직무분석의 기초자료 제공
② 직무기술서와 직무명세서의 작성
③ 조직의 합리화를 위한 조직구조의 설계
④ 공정한 임금체계 확립과 인사관리의 합리화
⑤ 직무수행자의 적정한 평가

해설 직무평가는 직무분석을 기초로 하여 각 직무가 지니고 있는 상대적인 가치를 결정하는 방법이다. 즉, 기업이나 기타의 조직에 있어서 각 직무의 중요성 · 곤란도 · 위험도 등을 평가하여 다른 직무와 비교한 직무의 상대적 가치를 정하는 체계적 방법이다. 따라서 직무평가의 궁극적인 용도는 공정한 임금체계 확립과 인사관리의 합리화에 있다.

17. 다음 중 직무분석에 대한 정의로 가장 적절한 것은 무엇인가?

① 직무를 기준으로 개인의 능력을 평가하는 것이다.
② 종업원의 능력을 기준으로 각 직무의 적정성을 평가하는 것이다.
③ 직무 간의 상대적 가치를 체계적으로 결정하는 것이다.
④ 조직이 요구하는 특정 직무의 내용과 요건을 정리 · 분석하는 것이다.
⑤ 구성원들의 만족과 성과를 증대시키는 방향으로 직무요소와 의미, 과업 등을 구조화하는 것이다.

해설 직무분석(Job analysis)이란 특정 직무의 내용(또는 성격)을 분석해서 그 직무가 요구하는 조직구성원의 지식 · 능력 · 숙련 · 책임 등을 명확히 하는 과정을 말한다. 즉, 특정 직무의 성격에 관련된 모든 중요한 정보를 수집하고 이들 정보를 관리목적에 적합하게 정리하는 체계적 과정이다.

18. 다음 중 허쯔버그의 2요인 이론에 의한 직무설계 방법은 무엇인가?

① 직무순환 ② 직무확대
③ 직무재설계 ④ 직무연관
⑤ 직무충실화

해설 허쯔버그의 2요인 이론에 의한 직무설계 방법은 직무충실화이다. 직무충실화는 직무가 자율성, 성취감, 도전, 책임감 등을 갖추도록 구성된다.

19. 각 직무에 대하여 자격을 갖춘 직무후보자 또는 지원자를 조직으로 유인하는 활동은 무엇인가?

① 선발 ② 모집
③ 이동 ④ 충원
⑤ 배치

16. ④ 17. ④ 18. ⑤ 19. ② 정답

해설 모집(Recruitment)이란 선발(Selection)을 전제로 하여 외부 노동시장으로부터 양질의 인력을 조직으로 유인하는 과정이다.

20. 조직 내부 또는 외부로부터 형성된 지원자집단 중에서 현재의 직위나 장래의 직무에 가장 적절한 사람을 선정하는 일을 의미하는 것은 무엇인가?

① 모집　② 충원
③ 승진　④ 선발
⑤ 배치

해설 모집활동을 통해 응모한 많은 취업희망자 중에서 조직이 필요로 하는 자질을 갖춘 사람을 선별하는 과정을 선발(Selection)이라고 한다.

21. 다음 설명 중 인적자원계획의 중요성이라 할 수 없는 것은 무엇인가?

① 미래의 인력현황을 예측할 수 있어 사전에 문제를 해결할 수 있다.
② 조직 내부, 외부로부터의 충원 · 이동 · 승진 등에 관한 참고자료를 제공한다.
③ 경비절감을 통한 감량경영에 필요한 인원을 파악할 수 있다.
④ 우수한 인력을 확보할 수 있는 기반이 된다.
⑤ 조직에 필요한 인적자원과 기술수준을 결정하여 모집과 선발에 도움을 준다.

해설 인적자원계획(Human Resource Planning)은 기업의 환경변화와 사업계획을 고려하여 필요한 인력을 적절히 확보하기 위한 조치를 하는 과정이다. 따라서 그 핵심적인 목적은 인력의 적절한 확보에 있다.

22. 현재 근무하고 있는 직원들에게 시험을 실시하고 동시에 이 직원들의 감독자들에게 이들의 과거 근무성적을 평정하게 하여 이 양자를 비교하는 것은 시험의 어떤 점을 측정하려는 것인가?

① 타당성　② 신뢰성
③ 합리성　④ 객관성
⑤ 난이도

해설 문제의 내용은 타당도(Validity)이며, 그중에서도 기준타당도를 알아보려는 것으로 동시에 타당도 검증방법이다.

 정답 20. ④　21. ③　22. ①

23. 다음 중 직무분석에 의하여 파악해야 할 기본적인 내용에 들지 않는 것은 무엇인가?

① 작업장소와 소요기술
② 직무평가
③ 직무수행요건
④ 직무내용과 직무목적
⑤ 작업방법과 작업시간

해설 직무분석의 과정에서 파악해야 할 기본적 내용에는 직무내용과 직무목적, 작업장소와 소요기술, 작업방법과 작업시간, 직무수행요건 등이 있다.

24. 임금의 구성내용이 어떻게 되어 있는가 하는 것이 (   )(이)라면, 임금을 종업원에게 지급하는 방식은 (   )이다. (   ) 안에 들어갈 용어가 순서대로 되어 있는 것은?

① 임금형태 – 임금수준
② 임금형태 – 임금체계
③ 임금체계 – 임금형태
④ 임금수준 – 임금체계
⑤ 임금체계 – 임금수준

해설 임금관리의 영역

구 분	개 념	적용 원리
임금수준	종업원에게 지급되는 임금의 크기, 즉 평균임금	적정성
임금체계	임금의 구성내용, 즉 연공급·직능급·직무급체계와 관련	공정성
임금형태	임금의 계산 및 지급방식, 즉 시간급·성과급·특수임금제 등	합리성

25. 다음 중 승진제도에 대한 설명으로 바르지 못한 것은 무엇인가?

① 직무승진제도 – 자격 중심의 승진
② 연공승진제도 – 사람 중심의 승진
③ 절충제도 – 직무 중심과 사람 중심의 조화
④ 직계승진제도 – 직무 중심의 승진
⑤ 절충제도 – 능력주의와 경력주의의 조화

해설 승진제도에는 여러 가지 유형이 있는데, 크게 3가지로 나누어 볼 수 있다. 직무 중심의 능력주의에 따른 직계승진제도, 사람 중심의 연공승진제도, 그리고 양자를 절충시킨 자격주의에 입각한 자격승진제도, 대용승진제도, OC승진제도 등이 있다.

26. 다음 중에서 인사고과의 목적이 아닌 것은 무엇인가?

① 적정한 배치
② 생산성 혁신
③ 공정한 평가
④ 근로의욕 증진
⑤ 능력 개발

해설 인사고과는 구성원의 가치를 객관적으로 정확히 측정하여 합리적인 인적자원관리의 기초를 제공하고, 이와 함께 구성원의 능률을 향상시켜 동기유발을 하는 데 그 목적이 있다. 따라서 종업원의 적정한 배치, 능력 개발 및 공정한 처우는 물론 인력계획 및 인사기능의 타당성 측정, 조직개발 및 근로의욕 증진을 목적으로 한다.

27. 현혹효과(Halo effect)를 감소시키는 방법이 아닌 것은 무엇인가?

① 한 사람이 연속해서 평가
② 평가를 뚜렷한 행동과 연결
③ 종업원끼리 서로 평가
④ 평가요소를 명확히 함
⑤ 여러 사람이 평가

해설 현혹효과(Halo effect)또는 후광효과는 인사고과상의 오류로서 평정대상의 전반적인 인상이나 특정한 경우에 받은 인상을 기준으로 모든 고과요소를 평정하려는 경향을 의미한다. 즉, 한 분야에서의 호의적 또는 비호의적인 인상이 다른 분야에 있어서의 그 사람에 대한 평가에 영향을 주는 경향을 말한다. 현혹효과는 평가요소를 보다 분명히 하고 평가를 뚜렷한 행동과 연결시킴으로써 어느 정도 감소시킬 수 있다. 그리고 한 요소에 대하여 전 종업원을 평정하고, 그 후에 다른 요인을 차례로 평정하는 것도 효과적이다. 또한 대조법이나 인사고과의 현대적 기법에 해당하는 중요사건서술법, 행위기준고과법, 목표관리법 등을 이용하는 것도 한 방법이 될 수 있다.

28. 개인이 조직에 들어가 업무기술과 능력을 획득하고, 적절한 역할행위에 적응하여, 업무규범과 가치관에 순응해가는 과정을 의미하는 것은 무엇인가?

① 오리엔테이션
② 조직 사회화
③ 교육훈련
④ 조직시민운동
⑤ 학습

해설 조직과 개인의 목표를 위한 긍정적인 행동의 증가와 부정적인 행동의 감소를 가져오는 바람직한 행동은 경영자의 노력만 가지고 이루어지는 것은 아니다. 이러한 행동은 기존의 조직구성원들에 의해서 비공식적으로 이루어지기도 하는데, 이러한 과정을 조직 사회화(Socialization into an organization)라고 한다. 조직 사회화를 통해 새로이 조직에 들어온 구성원은 그 조직의 문화를 학습해간다.

29. 조직에서 사용되는 교육훈련기법으로 작업현장에서 직접 직무수행에 관한 훈련을 실시하는 것을 뜻하는 용어는 무엇인가?

① OJT
② Off JT
③ OT
④ MBO
⑤ TWI

 정답 27. ① 28. ② 29. ①

해설 직장 내 훈련(OJT : On-the-Job-Training)은 감독자가 직접 일하는 과정에서 부하들을 개별적으로 실무 또는 기능에 관하여 훈련시키는 것이다. OJT는 현실적이고, 훈련과 생산이 직결되어 경제적이며, 교실로 이동할 필요가 없다. 따라서 저비용으로 훈련이 가능하다는 장점이 있다.

30. 인사고과에서 나타날 수 있는 오류가 아닌 것은 무엇인가?

① 현혹효과
② 대비오류
③ 유사효과
④ 알파위험
⑤ 상동적 태도

해설 인사고과에서 흔히 발생할 수 있는 오류로는 현혹효과 또는 후광효과, 상동적 태도, 대비오류 및 유사효과가 있다. 알파위험은 통계적 추론에서 제1종 오류를 범하게 될 가능성을 말한다. 제1종 오류란 가설이 모집단의 특성을 제대로 나타내고 있음에도 불구하고 이를 기각하게 되는 오류를 말한다. 또한 종업원을 선발할 때 좋은 성과를 낼 유능한 지원자를 탈락시키게 되는 오류를 말한다.
※ 유사효과(Similarity Effect) : 자신과 비슷한 사람을 더 좋게 평가하는 것

31. 다음 중 인적자원의 모집에 관한 설명으로 부적절한 것은 무엇인가?

① 가까운 친족들에 의한 외부인력 모집을 네포티즘(Nepotism)이라고 한다.
② 모집은 기업의 공석인 직무에 관심이 있고 자격이 있는 사람을 식별하고 기업으로 유인하는 활동을 의미한다.
③ 사내게시판이나 사보를 이용한 직무게시(Job posting)는 외부모집이라고 한다.
④ 시스템의 현재 상황을 분석하여 안정적인 조건하에서 승진, 퇴사, 이동의 일정비율을 이용하여 단기간의 종업원의 변동 상황을 예측하는 기법을 마코브 모형이라 한다.
⑤ 인력모집 시 내부인력에만 지나치게 의존하게 되어 조직구성원들이 결국 무능한 사람들로 구성되어 버리는 원리를 피터의 원리라고 한다.

해설 사내게시판이나 사보를 이용한 직무게시는 내부모집에 해당된다.

32. 다음 중 종업원의 참여에 의한 제안제도로서 생산성 향상에 대한 배분기준으로 판매 가치를 이용하는 집단성과급제도는 무엇인가?

① 프렌치 시스템(French System)
② 스캔론 플랜(Scanlon Plan)
③ 카이저 플랜(Kaiser Plan)
④ 럭커 플랜(Rucker Plan)
⑤ 링컨 플랜(Lincoln Plan)

해설 스캔론 플랜(Scanlon Plan)은 성과분배제의 일종으로, 종업원들의 제안을 통한 경영참여의 대가로 개선된 성과를 판매가치를 기초로 하여 분배해 주는 제도이다.

30. ④ 31. ③ 32. ② 정답

33. 다음 내용이 의미하는 숍 제도는 무엇인가?

> 신규채용 등에 있어 사용자가 조합원 중에서 채용을 하지 않으면 안 되는 숍 제도이다.

① 메인트넌스 숍(Maintenance shop)
② 오픈 숍(Open shop)
③ 유니언 숍(Union shop)
④ 클로즈드 숍(Closed shop)
⑤ 에이전시 숍(Agency shop)

해설 클로즈드 숍(Closed shop)은 노동조합의 가입이 채용의 전제조건이 되므로 조합원의 확보방법으로서는 최상의 강력한 제도라 할 수 있다.

34. 다음이 설명하는 것은 무엇인가?

> 동일한 기업에 종사하는 노동자들이 해당 직종 또는 직능에 대한 차이 및 숙련의 정도를 무시하고 조직하는 노동조합으로서 이는 개별기업을 존립의 기반으로 삼고 있는 형태이다.

① 기업별 노동조합
② 산업별 노동조합
③ 일반 노동조합
④ 직업별 노동조합
⑤ 부서별 노동조합

해설 기업별 노동조합(Company Labor Union)은 동일한 기업에 종사하는 노동자들에 의해 조직되는 노동조합을 의미한다.

35. 다음이 설명하는 것은 무엇인가?

> 노동자들이 사용자에 대해서 평화적인 교섭 또는 쟁의행위를 거쳐서 쟁취한 유리한 근로조건을 협약이라는 형태로 서면(문서)화한 것을 말한다.

① 노동쟁의
② 단체협약
③ 단체교섭
④ 경영참가
⑤ 성과배분

해설 단체협약은 단체교섭으로 인한 성과에 의해 노사 간의 내용에 대한 일치를 보게 되었을 때 이를 문서화하는 것을 말한다.

36. 다음 중 노동자 측의 쟁의행위에 해당되지 않는 것은 무엇인가?

① 피케팅(Picketing)
② 파업(Strike)
③ 직장폐쇄(Lock Out)
④ 불매동맹(Boycott)
⑤ 태업 · 사보타주(Sabotage)

정답 33. ④ 34. ① 35. ② 36. ③

해설 직장폐쇄(Lock Out)는 사용자 측의 쟁의행위에 해당한다.

37. 직무명세서(Job Specification)에 대한 설명으로 올바른 것은 무엇인가?

① 직무분석의 결과를 토대로 특정한 목적의 관리절차를 구체화하는 데 있어 편리하도록 정리하는 것을 말한다.
② 물적 환경에 대해서 기술한다.
③ 조직 종업원들의 행동이나 능력 등에 대해서는 별로 관련성이 없다.
④ 직무요건에 중점을 두고 기술한 것이다.
⑤ 종업원의 직무분석 결과를 토대로 직무수행과 관련된 각종 과업 및 직무행동 등을 일정한 양식에 따라 기술한 문서를 의미한다.

해설 직무명세서(Job Specification)는 각 직무수행에 필요한 종업원들의 행동이나 기능·능력·지식 등을 일정한 양식에 기록한 문서를 의미한다.

38. 직무기술서(Job Description)에 대한 설명으로 올바른 것은 무엇인가?

① 직무수행에 필요한 종업원들의 행동이나 기능·능력·지식 등을 일정한 양식에 기록한 문서를 의미한다.
② 인적요건에 중점을 두고 기술한 것이다.
③ 사람중심적인 직무분석에 의하여 얻는다.
④ 직무수행과는 아무런 연관성이 없다.
⑤ 종업원의 직무분석 결과를 토대로 직무수행과 관련된 각종 과업 및 직무행동 등을 일정한 양식에 따라 기술한 문서를 의미한다.

해설 직무기술서(Job Description)는 조직 종업원들의 직무분석 결과를 토대로 해서 직무수행과 관련된 각종 과업이나 직무행동 등을 일정한 양식에 따라 기술한 문서를 의미한다.

39. 다음 중 직무평가 방법에 있어서 양적 방법에 속하는 것으로 짝지어진 것은 무엇인가?

① 점수법, 요소비교법
② 서열법, 점수법
③ 서열법, 이분법
④ 분류법, 요소비교법
⑤ 점수법, 이분법

해설 직무평가 방법
㉠ 비양적 방법 : 서열법, 분류법
㉡ 양적 방법 : 점수법, 요소비교법

40. 임금수준 결정의 기업 내적 요소가 아닌 것은 무엇인가?

① 경영전략 ② 생계비
③ 노동조합 ④ 지불능력
⑤ 기업규모

해설 임금수준 결정에서 기업의 규모, 경영전략, 노동조합의 요구, 기업의 지불능력 등은 기업 내적 요소이다. 그러나 생계비, 사회일반의 임금수준 등은 기업 외적 요소이다.

41. 관리자가 특정 업무에서의 성공을 바탕으로 자신이 보유하고 있지 않은 기술이 요구되는 상위직위까지 승진하는 경우를 뜻하는 것으로, 관리자는 자신이 무능해지는 수준까지 승진하는 경향이 있다는 이론은 무엇인가?

① 파킨슨의 법칙 ② 딜버트의 법칙
③ 피터의 원칙 ④ 그레셤의 법칙
⑤ 효과의 법칙

해설 피터의 법칙 또는 피터의 원리(Peter principle)는 내부인력에 너무 의존하게 되면 조직구성원들은 자신의 무능한 한계까지 승진함으로써, 결국 기업은 무능한 사람들로만 구성되어 버린다는 원리를 말한다.

42. 종업원의 작업의욕을 저해하는 요인과 불평불만의 원인을 밝히고, 그 원인을 제거할 수 있는 대책을 수립하기 위한 기초자료를 얻을 목적으로 이용되는 인간관계관리제도는 무엇인가?

① 종업원지주제도 ② 고충처리제도
③ 인사상담제도 ④ 제안제도
⑤ 사기조사

해설 종업원의 사기를 향상시켜 작업의욕을 높이고 경영을 건전하게 발전시키기 위해서는 무엇 때문에 종업원의 사기가 저조하며, 그 기업의 건전성을 저해하는 요인이 무엇인가를 구명할 필요가 있다. 그리고 그 수단으로써 사기조사(Morale survey)가 이용된다. 사기조사에 의거하여 종업원의 사기 또는 작업의욕을 저해한 요인과 그들의 불평불만의 이유, 나아가서는 기업의 불건전성에 대한 원인이 밝혀지게 되고, 동시에 저해원인을 제거하기 위한 대책을 수립할 수 있는 기초자료를 얻을 수 있게 된다.

 정답 40. ② 41. ③ 42. ⑤

생산관리

43. 생산관리의 주요 활동목표와 가장 거리가 먼 것은 무엇인가?

① 품질　　② 납기
③ 유연성　　④ 원가
⑤ 포지셔닝

해설 생산관리는 재화와 서비스의 생산을 효율적으로 관리하는 것이다. 생산관리의 목표는 고객의 욕구에 부응하는 양질의 제품(품질, Quality)을 고객이 원하는 시기(납기, Delivery time)에, 적절한 가격(원가, Price)으로 공급하는 것이다. 그리고 시장의 변화에 대응하기 위해 생산시스템의 유연성(Flexibility)이 확보되어야 한다. 즉 원가, 품질, 납기 및 유연성이 생산관리의 목표이며, 이를 위한 생산관리의 영역은 제품설계, 공정설계, 생산계획, 재고관리 및 품질관리 등이다.

44. 재고관리의 ABC관리법에서 품목을 분류할 때 가장 많이 사용되는 분석방법은 무엇인가?

① 추세 분석　　② 민감도 분석
③ 인과 분석　　④ 파레토 분석
⑤ 비용-편익 분석

해설 ABC 분석기법은 파레토(Pareto) 법칙, 또는 20-80 법칙에 기초하여 재고자산관리 및 상품관리를 하는 방법이다. 각 품목이 기업의 이익에 미치는 영향을 고려하여 품목의 가치와 중요도를 분석하고, 품목을 세 그룹(Category)으로 나눈 후, 각기 다른 수준의 재고관리방법을 적용하는 재고관리 기법이다.

45. 유연생산 시스템(Flexible Production System)에 관련된 설명 중 틀린 것은 무엇인가?

① 조달기간과 재고수준을 낮출 수 있다.
② 제품의 가공시간이 단축되므로 시간중심의 경쟁에서 유리하다.
③ Job shop의 유연성과 대량생산 시스템의 생산성을 동시에 추구한다.
④ 시스템의 초기 투자설비가 적게 든다.
⑤ 제품의 다양화가 가능하다.

해설 유연생산 시스템은 자동화가 진전되고 고도의 시스템 통합이 구축되어 대량생산의 경제성과 주문생산의 다양성을 동시에 달성할 수 있는 생산 시스템으로 초기 투자설비 비용이 많이 든다는 단점이 있다.

43. ⑤　44. ④　45. ④ 정답

46. 다음 중에서 매일매일의 작업관리를 위해 필요한 것은 무엇인가?

① 세부일정계획 ② 공정계획
③ 생산수량계획 ④ 총괄생산계획
⑤ 기준생산계획

해설 일정계획은 총괄생산계획을 기초로 해서 그 내용을 구체적으로 제시한 것을 말한다. 즉, 사용가능한 인적 · 물적 자원이 한정되어 있다는 전제하에 처리해야 할 작업들의 순서를 결정하는 과정이다. 총괄생산계획이 시스템의 생산능력을 회사 전체의 관점에서 거시적으로 파악하는 것인 데 비해, 일정계획(개별생산계획)은 제품별로 수요나 주문량을 파악하여 이에 필요한 생산능력을 개별적으로 할당하는 미시적 방법에 의한 계획이다. 작업순서의 관점에서 주(Master)일정계획과 세부(Operating)일정계획으로 구분한다.

47. 품질관리를 위한 6시그마(Sigma) 프로세스에 포함되지 않는 것은 무엇인가?

① 측정(Measure) : 현재 불량수준을 측정하여 수치화하는 단계
② 개선(Improve) : 개선과제를 선정하고 실제 개선작업을 수행하는 단계
③ 관리(Control) : 개선결과를 유지하고 새로운 목표를 설정하는 단계
④ 분석(Analyze) : 불량의 발생 원인을 파악하고 개선대상을 선정하는 단계
⑤ 평가(Evaluate) : 개선작업의 시행결과를 평가하는 단계

해설 6시그마 운동을 효과적으로 추진하기 위해 고객만족의 관점에서 출발하여 프로세스의 문제를 찾아 통계적 사고로 문제를 해결하는 품질개선 작업과정을 DMAIC 또는 MAIC이라고 한다. DMAIC은 정의(Define), 측정(Measurement), 분석(Analysis), 개선(Improvement), 관리(Control) 5단계로 나누어 실시하고 있다.

48. 다음 중 고객지향의 품질관리활동을 품질관리 책임자뿐만 아니라 마케팅, 엔지니어링, 생산, 노사관계 등 기업의 모든 분야로 확대하여 실시하는 것은?

① 전사적 자원관리(ERP) ② 종합적 품질경영(TQM)
③ 제약이론(TOC) ④ 종합적 품질관리(TQC)
⑤ 품질분임조(QC circle)

해설 종합적 품질경영(TQM)은 최고경영자의 열의와 리더십을 기반으로 끊임없는 교육훈련과 참여의식에 의해 능력이 개발된 조직구성원이 합리적 · 과학적 관리방식을 활용하여 조직 내의 모든 절차를 표준화하고 지속적으로 개선하는 과정에서 종업원의 욕구를 충족시키고 이를 바탕으로 고객만족과 조직의 장기적 성장을 추구하는 경영원리를 말한다.

 정답 46. ① 47. ⑤ 48. ②

49. 다음 중 MRP(Material Requirement Planning)에 관한 설명으로 옳은 것을 모두 선택한 것은 무엇인가?

ㄱ. MRP의 입력요소는 BOM(Bill Of Material), MPS(Master Production Scheduling), 재고기록철(Inventory Record File) 등이다. ㄴ. 주문 또는 생산지시를 하기 전에 경영자가 계획들을 사전에 검토할 수 있다. ㄷ. 종속수요품 각각에 대하여 수요예측을 별도로 해야 한다. ㄹ. 개략생산능력계획(Rough-Cut Capacity Planning)에 필요한 정보를 제공한다. ㅁ. 상위품목의 생산계획이 변경되면 부품의 수요량과 재고보충시기를 자동적으로 갱신하여 효과적으로 대응한다.

① ㄱ, ㄷ, ㄹ
② ㄴ, ㄷ, ㅁ
③ ㄱ, ㄴ, ㅁ
④ ㄱ, ㄷ, ㅁ
⑤ ㄴ, ㄹ, ㅁ

해설 MRP의 기본 시스템은 기준생산계획(MPS : Master Production Schedule), 부품구성표(BOM : Bill Of Material) 및 재고기록철(IRF : Inventory Record File)을 입력요소로 하여 최상위 수준으로 완제품을 조립하기 위해 필요한 부품의 필요시기와 소요량을 컴퓨터를 활용하여 출력해내는 재고관리기법이다.

자재소요계획(MRP)에서는 주생산계획(Master Production Schedule : MPS)을 기초로 완제품 생산에 필요한 자재 및 구성부품의 종류, 수량, 시기 등을 계획한다. MPS에서 확정된 완제품의 소요량으로 전환된다.

MRP에서는 부품의 재고수준을 합리적으로 낮게 하면서 완제품을 적시에 생산하도록 발주, 생산, 조립의 계획을 수립한다.

MRP는 자재 및 부품의 적절한 재고수준 유지, 작업흐름의 향상, 우선순위 및 납기준수, 생산능력의 활용 등을 목표로 한다.

50. MRP시스템과 JIT시스템을 비교하여 설명한 것 중 옳지 않은 것은 무엇인가?

① MRP시스템은 칸반(Kanban)에 의해 자재의 제조명령, 구매주문을 가시적으로 통제하며, JIT시스템은 컴퓨터에 의한 정교한 정보처리를 한다.
② MRP시스템은 품질수준에 약간의 불량을 허용하나, JIT시스템은 무결점 품질을 유지한다.
③ MRP시스템은 Push방식이며, JIT시스템은 Pull방식이다.
④ MRP시스템은 종속수요 품목의 자재 수급계획에 더 적합하다.
⑤ MRP시스템은 자재의 소요 및 조달계획을 수립하여 그 계획에 의한 실행에 중점을 두며, JIT시스템은 불필요한 부품, 재공품, 자재의 재고를 없애도록 설계된 시스템이다.

해설 칸반(Kanban)에 의해 자재의 제조명령, 구매주문을 가시적으로 통제하는 것은 JIT시스템이다. MRP시스템은 컴퓨터에 의한 정교한 정보처리를 한다.

51. 어떤 회사에서 6 시그마경영을 목표로 제품의 품질을 향상시키려 한다. 일 년에 삼백만 개의 생산이 이루어지는 경우, 몇 건의 생산오류 발생 시 이 회사의 품질을 6 시그마경영 수준으로 볼 수 있는가?

① 100건 정도
② 10건 정도
③ 3건 또는 4건
④ 1,000건 정도
⑤ 3,400건 정도

해설 6 시그마는 상품이나 서비스의 에러가 100만 번에 3~4회 정도(3.4ppm) 발생하는 수준을 말한다. 따라서 300만 개의 생산에서는 9~12개 정도 에러가 발생할 수 있다.

52. 수요예측 기법들 중 정량적인 기법이 아닌 것은 무엇인가?

① 이동평균법
② 시계열분석법
③ 델파이 기법
④ 지수평활법
⑤ 회귀분석법

해설 수요예측기법은 여러 가지로 분류할 수 있으나 일반적으로 정성적 혹은 질적 기법(Qualitative method)과 정량적 혹은 계량적 기법(Quantitative method)으로 크게 나눈다. 정량적 기법으로는 회귀분석법, 지수평활법, 이동평균법, 시뮬레이션 모형, 시계열 분석법 등이 있다. 그리고 정성적 기법으로는 델파이법, 시장조사법, 패널 동의법, 역사적 유추법이 있다.

53. JIT(Just In Time)형 재고보충방식에 관한 설명으로 옳지 않은 것은 무엇인가?

① 푸시(Push)형 재고보충방식이라고도 한다.
② 재고감축을 위한 수단으로 현장의 문제점을 근원적으로 찾아서 제거하는 것을 유도한다.
③ 물류관리시스템 내의 재고를 최소한도로 유지시킨다.
④ 후속공정이 주도권을 갖고 있다.
⑤ 후속공정에서 인수해 간 수량만큼 선행공정에서 보충한다.

해설 JIT(Just In Time), 즉 적시공급 시스템은 필요한 제품을 필요한 시간에 필요한 양만큼 공급함으로써, 생산 활동에 모든 낭비의 근원이 되는 재고를 없애려는 생각에서 출발하였다. 따라서 재고를 줄인다는 면을 강조할 때는 무재고 시스템이라고도 한다. 전통적인 생산관에 의하면 제품 생산은 필요한 경우에 맞추어 적당량씩 생산하는 것이지만, JIT는 필요한 때에 필요량만큼만 생산하므로 훨씬 더 적은 재고, 낮은 비용, 높은 품질의 생산을 가능하게 만든다. JIT 재고관리의 실현을 위하여 필요한 대표적 정보시스템으로는 POS(Point-Of-Sales)시스템과 자동발주시스템(Electronic Order System ; EOS)을 들 수 있다. JIT형 재고보충 방식은 풀(Pull)형 주문대기 끌어당기기 방식이다.

정답 51. ② 52. ③ 53. ①

54. 다음 중 생산관리에 대한 설명으로 옳지 않은 것은 무엇인가?
① 생산 활동에 대한 이론은 스미스의 분업이론, 바비지의 시간연구 및 공정분석에 의한 분업 실천화 방안에 기초하고 있다.
② 메이요가 표준시간 설정에 따른 과학적 관리 및 과업관리를 주창해서 현대생산관리가 나타나게 되었다.
③ 생산관리는 생산과 생산시스템을 연구의 대상으로 하고 있다.
④ 생산관리론은 SA(System Approach), OR(Operation Research), 컴퓨터 과학(Computer Science) 등 현대 과학기술의 발전으로 팽창되었다.
⑤ 생산관리란 생산활동을 계획 및 조직하며, 이를 통제하는 관리기능에 관한 학문이다.

해설 표준시간 설정에 따른 과학적 관리 및 과업관리를 주창한 사람은 테일러이다.

55. 다음 중 생산시스템에 대한 내용으로 옳지 않은 것은 무엇인가?
① 생산시스템은 일정한 개체들의 집합이다.
② 각각의 개체는 각자의 고유기능을 갖지만 타 개체와의 관련을 통해서 비로소 전체의 목적에 기여할 수 있다.
③ 생산시스템의 각 개체들은 각기 투입(Input), 선택(Select)의 기능을 담당한다.
④ 생산시스템은 단순한 개체들을 모아 놓은 것이 아닌 의미가 있는 하나의 전체이다.
⑤ 생산시스템의 경계 외부에는 환경이 존재한다.

해설 생산시스템의 각 개체들은 각기 투입(Input), 과정(Process), 산출(Output) 등의 기능을 담당한다.

56. 다음 중 셀 제조시스템의 효과로 보기 어려운 것은 무엇인가?
① 작업준비시간의 단축
② 유연성의 개선
③ 작업공간의 절감
④ 재공품 재고 감소
⑤ 도구사용의 증가

해설 셀 제조시스템은 도구사용을 감소시킨다.

57. 다음 중 JIT의 효과로 보기 어려운 것은 무엇인가?
① 집중화를 통한 관리의 증대
② 수요변화의 신속한 대응
③ 작업공간 사용의 개선
④ 재공품 재고변동의 최소화
⑤ 고설계 적합성

해설 JIT는 분권화를 통한 관리의 증대를 야기한다.

58. 제조활동을 중심으로 해서 기업의 전체 기능을 관리하고 통제하는 기술 등을 통합시킨 시스템은 무엇인가?

① 적시생산시스템(JIT) ② 유연생산시스템(FMS)
③ 셀 제조시스템(CMS) ④ 컴퓨터통합생산시스템(CIMS)
⑤ 동시생산시스템

해설 컴퓨터통합생산시스템(CIMS)은 제조기술 및 컴퓨터 기술의 발달로 인해 종합적이면서 광범위한 개념으로 발달되었다.

59. 특정 작업계획으로 여러 부품을 생산하기 위해 컴퓨터에 의해 제어 및 조절되면 자재취급시스템에 의해 연결되는 작업장들의 조합은 무엇인가?

① 유연생산시스템(FMS) ② 컴퓨터통합생산시스템(CIMS)
③ 셀 제조시스템(CMS) ④ 적시생산시스템(JIT)
⑤ 동시생산시스템

해설 유연생산시스템(FMS)은 다품종 소량의 제품을 짧은 납기로 해서 수요변동에 대한 재고를 지니지 않고 대처하면서 생산효율의 향상 및 원가절감을 실현할 수 있는 생산시스템이다.

60. 다음 중 신시스템 도입의 고려사항으로 옳지 않은 것은 무엇인가?

① 장기 및 단기계획의 범주를 분류해야 한다.
② 자동화 같은 제조기술을 도입하고 운영하는 계획은 하나의 프로젝트이므로 프로젝트 관리상의 도구, 개념 및 절차 등이 필요하지 않다.
③ 프로젝트 추진에 있어 적정한 H/W와 S/W의 선택도 중요하지만 시스템 통합이라는 관점과 조직적 관점을 간과해서는 안 된다.
④ 자동화 같은 제조기술을 도입하고 운영하는 계획은 하나의 프로젝트이므로 프로젝트 관리상의 도구, 개념 및 절차 등이 필요하다.
⑤ 현재 자신의 회사에서 만들어지는 제품 및 서비스에 대해 철저하게 파악해야 한다.

해설 자동화 같은 제조기술을 도입하고 운영하는 계획은 하나의 프로젝트이므로 프로젝트 관리상의 도구, 개념 및 절차 등이 필요하다.

61. 제품 및 제품계열에 대한 수년간의 자료 등을 수집하기 용이하고, 변화하는 경향이 비교적 분명하며 안정적일 경우에 활용되는 통계적인 예측방법은 무엇인가?

① 델파이법 ② 인과모형
③ 브레인 스토밍법 ④ 시계열분석법
⑤ 마케팅조사방법

 정답 58. ④ 59. ① 60. ② 61. ④

해설 시계열분석법(Times Series Analysis)은 제품 및 제품계열에 대한 수년간의 자료 등을 수집하기 용이하고, 변화하는 경향이 비교적 분명하며 안정적일 경우에 활용되는 통계적인 예측방법이다.

62. 자료 작성 등에 있어 많은 기간의 준비가 필요한 반면에 미래 전환기를 예언하는 최선의 방식은 무엇인가?

① 브레인 스토밍법
② 시계열분석법
③ 인과모형
④ 마케팅조사방법
⑤ 델파이법

해설 인과모형은 예측방법 중 가장 정교한 방식으로 관련된 인과관계를 수학적으로 표현하고 있다.

63. 생산계획에 대한 설명으로 옳지 않은 것은 무엇인가?

① 장기계획은 통상적으로 1년 이상의 계획기간을 대상으로 해서 매년 작성된다.
② 단기계획은 대체로 주별로 작성되며, 1일 내지 수주 간 기간을 대상으로 한다.
③ 중기계획은 대체로 6~8개월의 기간을 대상으로 해서 분기별 또는 월별로 계획을 작성한다.
④ 중기계획은 계획기간 동안 발생하는 총생산비용을 최소로 줄이기 위해 월별 재고수준, 노동력 규모 및 생산율 등을 결정하는 수요예측, 총괄생산계획, 대일정계획, 대일정계획에 의한 개괄적인 설비능력계획 등을 포함한다.
⑤ 중기계획은 기업에서의 전략계획, 판매 및 시장계획, 재무계획, 사무계획, 자본・설비투자계획 등과 같은 내용을 포함한다.

해설 중기계획은 계획기간 동안 발생하는 총생산비용을 최소로 줄이기 위해 월별 재고수준, 노동력 규모 및 생산율 등을 결정하는 수요예측, 총괄생산계획, 대일정계획, 대일정계획에 의한 개괄적인 설비능력계획 등을 포함한다.

조직관리

64. 비공식조직에 대한 설명 중 옳지 않은 것은?

① 비공식조직은 가치관, 규범, 기대 및 목표를 가지고 있으며, 조직의 목표달성에 큰 영향을 미친다.
② 비공식조직은 인위적으로 생겨난 조직이다.
③ 비공식조직의 구성원은 집단접촉의 과정에서 저마다 나름대로의 역할을 담당한다.
④ 비공식조직의 구성원은 감정적 관계 및 개인적 접촉성을 띤다.
⑤ 조직 구성원은 밀접한 관계를 형성한다.

해설 비공식조직은 자연발생적으로 생겨난 조직으로 소집단의 성질을 띠며, 조직 구성원은 밀접한 관계를 형성한다.

65. 분업구조와 분권화에 대한 내용 중 옳지 않은 것은?

① 수직적 분화는 부문화의 형성을 의미하며, 수평적 분화는 계층의 형성을 의미한다.
② 대표적인 집권화 조직은 베버가 제시하는 관료제 특성에서 찾아볼 수 있다.
③ 분업은 전문화에 의한 업무의 분화이지만, 이는 통합을 전제로 한다.
④ 분업구조는 조직의 목표를 세분화한 것으로 조직단위의 연결 또는 네트워크로 생각할 수 있다.
⑤ 베버는 조직의 규모가 커져감에 따라 발전된 합리적 구조를 관료제라고 하였다.

해설 수직적 분화는 계층의 형성을 의미하며, 수평적 분화는 부문화의 형성을 의미한다.

66. 다음 중 관료제의 특징으로 바르지 않은 것은?

① 계층적인 권한체계
② 문서에 의한 직무집행 및 기록
③ 직무활동을 수행하기 위한 기본적인 훈련
④ 상하급 관계라는 합리적이고 비인격적인 규칙의 권한체계
⑤ 명확하게 규정된 권한 및 책임의 범위

해설 관료제는 직무활동을 수행하기 위한 전문적인 훈련이다.

 정답 64. ② 65. ① 66. ③

67. 다음 중 관료제의 역기능으로 바르지 않은 것은?

① 전문화된 단위 사이의 갈등을 유발해서 전체목표 달성에 기여한다.
② 계층의 구조가 하향식이므로 개인의 창의성 및 참여가 봉쇄된다.
③ 수평적인 커뮤니케이션을 공식적으로 인정하지 않는다.
④ 단위들 사이의 커뮤니케이션을 저해한다.
⑤ 규정에 얽매여 목표 및 수단의 전도현상이 발생한다.

해설 관료제는 전문화된 단위 사이의 갈등을 유발해서 전체목표 달성을 저해한다.

68. 샤인의 조직문화에 대한 3가지 수준에 속하지 않는 것은?

① 가치관 ② 교육수준
③ 인공물 ④ 기본가정
⑤ 창조물

해설 샤인의 조직문화에 대한 3가지 수준

- 인공물 및 창조물
- 가치관
- 기본가정

69. 민츠버그(H. Mintzberg)가 분류한 다섯 가지 조직의 유형에 대한 설명 중 잘못된 것은?

① 사업부제 구조는 중간관리층을 핵심부문으로 하는 대규모조직에서 나타나는데, 관리자 간 영업영역의 마찰이 일어날 수 있다.
② 기계적 관료제 구조는 전통적인 대규모조직에서 나타날 수 있는데, 전문화는 높은 반면 환경적응에는 부적합하다.
③ 전문적 관료제 구조는 전문성 확보에 유리한 반면, 수직적 집권화에 따른 환경변화에 대처하는 속도가 빠르다는 문제가 있다.
④ 단순구조는 신생조직이나 소규모조직에서 나타나는데, 장기적인 전략결정을 소홀히 할 수 있다는 문제점이 있다.
⑤ 애드호크라시(Adhocracy)는 창의성을 바탕으로 불확실한 업무에 적합하나, 책임소재가 불분명하여 갈등과 혼동을 유발할 수 있다.

해설 전문적 관료제 구조는 전문성 확보에 유리한 반면, 수직적 집권화에 따른 환경변화에 대처하는 속도가 느리다는 문제가 있다.

70. 외부환경의 변화, 기술의 변화, 소비자 선호의 변화가 심하여 제품수명주기가 짧은 제품을 취급하는 기업에게 이론적으로 가장 바람직한 조직구조는?

① 사업부제 조직
② 기능별 조직
③ 라인조직
④ 라인과 스태프조직
⑤ 매트릭스 조직

해설 사업부제 조직은 경영활동을 제품별 · 지역별 또는 고객별 사업부로 분화하고, 독립성을 인정하여 권한과 책임을 위양함으로써 의사결정의 분권화가 이루어지는 조직이다. 이 조직은 기술혁신에 의한 제품의 다양화가 이루어짐에 따라 등장하게 되었다.

71. 조직구조에 대한 다음의 설명으로 틀린 것은?

① 직계참모조직은 라인조직과 스태프조직을 결합시킨 조직이다.
② 라인조직은 명령일원화를 원칙으로 하는 조직이다.
③ 프로젝트 조직은 특정임무의 수행을 위해 임시로 형성된 조직이다.
④ 위원회조직은 부문 간의 갈등조정기능이 우수하다.
⑤ 매트릭스 조직은 기능식 조직과 사업부제 조직의 혼합형태이다.

해설 매트릭스 조직은 기능식 조직과 프로젝트 조직의 혼합형태이다.

72. 다음 중 애드호크라시(Adhocracy)에 대한 설명으로 옳은 것은?

① 관료제의 또 다른 명칭이다.
② 공식성이 높은 조직구조를 갖는다.
③ 분권적으로 의사결정을 한다.
④ 일상적인 기술과 지식을 가진 자들로 구성된다.
⑤ 급변하는 환경에는 부적합한 조직이다.

해설 동태적, 유기적 구조는 전통적인 관료조직과는 다른 분권화되고 탈관료적인 조직으로서 공식화를 최소화하고 일상적 기술보다는 비일상적 기술을 사용하는 현대적 조직모형이다.

73. 허쯔버그(F. Herzberg)의 2요인 이론에서 동기요인(Motivation)에 해당하는 것은?

① 감독
② 작업환경
③ 임금
④ 성취감
⑤ 복리후생

해설 허쯔버그(F. Herzberg)는 매슬로의 연구를 확대해서 2요인 이론. 또는 동기-위생이론을 전개하였다. 그는 사람들에게 만족을 주는 직무요인(동기요인)과 불만족을 주는 직무요인(위생요인)이 별개의 군을 형성하고 있다고 주장하는데, 동기요인은 성취감, 안정감, 도전감, 책임감, 성장과 발전, 일 그 자체 등을 의미한다.

 정답 70. ① 71. ⑤ 72. ③ 73. ④

74. 다음 중 동기부여의 내용이론에 속하지 않는 것은?

① 매슬로의 욕구단계설
② 알더퍼의 ERG이론
③ 허쯔버그의 2요인 이론
④ 맥클랜드의 성취동기이론
⑤ 아담스의 공정성이론

해설 동기이론은 내용이론과 과정이론으로 구분되며, 내용이론은 인간을 동기부여하는 요인이 무엇(What)인가를 밝히고자 하며, 과정이론에서는 어떻게(How) 하면 동기부여시킬 수 있을 것인가 하는 과정(Process) 중심적 접근법이라고 할 수 있다.

구분	의의	이론
내용이론 (Content Theories)	어떤 요인이 동기부여를 시키는 데 크게 작용하게 되는가를 연구	욕구단계설, ERG 이론, 2요인이론, 성취동기 이론 등
과정이론 (Process Theories)	동기부여가 어떠한 과정을 통해 발생하는가를 연구	기대이론, 공정성 이론, 목표설정 이론, 강화이론 등

75. 다음 중 리더십이론이 발전해 온 단계를 바르게 연결한 것은?

① 행위이론 → 상황이론 → 특성이론
② 특성이론 → 행위이론 → 상황이론
③ 행위이론 → 내용이론 → 과정이론
④ 특성이론 → 상황이론 → 행위이론
⑤ 내용이론 → 특성이론 → 행위이론

해설 리더십이론은 1940년대 특성이론, 1950년대 행위이론, 1970년대 상황이론, 1980년대 이후의 변혁적 이론, 자율적 이론으로 전개되었다.

76. 회계나 재무적 관점으로만 경영성과를 평가하는 전통적 성과평가방식을 탈피하여 재무, 고객, 내부 프로세스 및 학습 · 성장 등의 네 가지 관점에서 경영성과를 평가하는 경영기법은?

① CRM
② BSC
③ ERP
④ SCM
⑤ KMS

해설 BSC(Balance Score Card), 즉 균형성과표는 조직의 비전과 경영목표를 각 사업 부문과 개인의 성과측정지표로 전환해 전략적 실행을 최적화하는 경영관리기법이다. 재무, 고객, 내부 프로세스, 학습 · 성장 등 4분야에 대해 측정 지표를 선정해 평가한 뒤 각 지표별로 가중치를 적용해 산출한다. BSC는 비재무적 성과까지 고려하고 성과를 만들어낸 동인을 찾아내 관리하는 것이 특징이며 이런 점에서 재무적 성과에 치우친 EVA(경제적 부가가치), ROI(투자수익률) 등의 한계를 극복할 수 있다.

77. 개인행위에 영향을 미치는 심리적 변수로 볼 수 없는 것은?

① 지각　　② 학습
③ 퍼스널리티　　④ 문화
⑤ 태도

해설 개인행위에 영향을 미치는 심리적 변수로는 지각, 학습, 태도, 퍼스널리티 등이 있다.

78. 다음 중 조직문화의 순기능으로 볼 수 없는 것은?

① 조직 구성원들에게 정체성을 부여하며 조직에 대한 책임감을 증대시킨다.
② 조직체계의 안정성을 높인다.
③ 집단적 몰입을 가져온다.
④ 환경변화에 대한 적응능력을 높인다.
⑤ 조직 구성원들의 행동을 형성시킨다.

해설 조직문화는 환경변화에 대한 적응력을 저하시키는 역기능이 있으며, 조정 및 통합을 어렵게 할 수도 있다.

 정답 77. ④　78. ④

Chapter

02 산업심리학

Chapter

제2장 산업심리학

Industrial Health

01 산업심리 개념 및 요소

Section

1. 심리검사의 종류

1) 심리검사의 유형

(1) 실시시간에 따른 분류

① 속도검사 : 쉬운 문제로 구성되며 시간제한을 두고 치러지는 검사로 문제해결력보다 숙련도를 측정한다.

② 역량검사 : 어려운 문제로 구성되며 시간제한이 없는 검사이다. 숙련도보다 궁극적으로 문제해결력을 측정한다.

(2) 실시 가능한 인원에 따른 분류

① 개인검사 : 검사자가 수검자 한 사람씩 실시해야 하는 검사이다. 일반적으로 지능검사, 적성검사, 투사검사 등이 해당된다.

② 집단검사 : 한 번에 여러 명을 동시에 실시할 수 있는 검사이다. 다양한 성격검사, 다면적 인성검사, 성격유형검사 등이 집단검사로 종종 활용된다.

(3) 검사의 도구에 따른 분류

① 자필검사 : 인쇄된 검사지에 대해 필기구로 응답하도록 제작된 검사이다. 실시하기에 용이하며 집단검사로 많이 사용된다.

② 수행검사 : 실제 동작을 토대로 파악하며 수검자가 도구를 직접 다루거나 실제 동작을 수행하는 내용이 포함되어 있다.

(4) 사용목적에 따른 분류

① 규준참조검사 : 개인의 점수를 다른 사람의 점수와 비교해서 상대적으로 어떤 수준에 있는지를 알아보는 방식의 검사로 비교기준이 되는 규준을 통해 해석하며 상대평가를 실시하는 검사이다.

② 준거참조검사 : 개인의 점수를 다른 사람들과 비교하는 것이 아니라 정해진 기준점수와 비교해서 활용하는 검사이다. 절대평가로 판단하며 특정 당락점수가 정해져 있다.

(5) 측정내용에 따른 분류

① 인지적 검사 : 인지적 능력을 평가하기 위한 검사로서 일반적으로 문항의 정답이 있고 시간제한이 적용된다. 수검자가 자신의 능력을 최대한 발휘해야 하기 때문에 극대수행검사라고도 한다. 지능검사, 적성검사 등이 해당된다.

② 정서적 검사 : 개인의 정서, 흥미, 태도, 가치, 동기 등을 측정하는 검사로서 인지적 검사와는 달리 정답이 없고 시간제한도 없는 문항들로 구성된다. 수검자가 가장 습관적으로 하는 전형적인 행동을 선택하도록 하기 때문에 습관적 수행검사라고도 한다.

2) 심리검사의 내용

(1) 지능검사

정신능력검사라고도 부르며 오랫동안 인사선발에서 사용되어 온 검사이다. 그 이유는 지능이 직무수행과 관련이 있다는 믿음 때문이다. 작업자가 지적이라면 생산성은 더 높아질 것이고 이직률은 줄어들 것이다. 그러나 지적능력이 수행과 상관이 있다는 것은 분명하지만 그 관계가 항상 안정적인 것은 아니다.

① 오티스 자기실행형 지능검사(Otis Self-Administering Tests of Mental Ability) : 이 검사는 가장 자주 쓰이는 선발검사 중의 하나이며 광범위하고 다양한 직무의 지원자들의 선별에 유용한 검사다. 그러나 낮은 수준의 지능을 요하는 직무에 적합하며 높은 수준의 지능을 요구하는 직무에 대해서는 변별력이 낮다.

② 원더릭 인사검사(Wonderlic Personnel Test) : 오티스 검사를 간략화한 것으로 산업체에서 많이 사용되는 검사다. 검사가 간략함에도 불구하고 어떤 낮은 수준의 직무, 특히 다양한 사무직의 성공을 예측하는 데 유용하다.

③ 웨스만 인사분류검사(Wesman Personnel Classification Test) : 이 검사는 총점수뿐만 아니라 언어에 관한 점수와 수에 관한 점수가 각각 별도로 제공된다. 이 검사는 지능수준이 높은 사람들에게 더 적합한 검사다.

④ 웩슬러 성인지능검사(Wechsler Adult Intelligence Scale) : 이 검사는 성인용으로 개별적으로 실시되며 그 분량이 많아 시간이 많이 소요된다. 이 검사는 언어성 검사와 동작성 검사의 두 부분으로 구성되며 11개의 하위검사로 되어 있다. 이 중 언어성 검사는 지식, 이해, 수리, 유사성, 수 암기, 어휘 등 6개의 하위검사로 되어 있고 동작성 검사는 숫자-부호, 그림완성, 나무토막 쌓기, 그림 배열, 물건 맞추기 등 5개의 하위검사로 되어 있다.

(2) 기계적성검사

이 검사는 검사문항에 포함된 기계적 원리와 공간관계를 얼마나 잘 이해하고 있는지를 측정하는 검사이다.

① 미네소타 적성검사(Minnesota Clerical Test) : 수의 비교와 이름의 비교라는 두 부분으로 이루어진 집단검사이다. 이 검사는 제한된 시간 내에서 일을 할 때의 정확도를 알기 위한 속도검사이다.

② 개정된 미네소타 필기형 검사(Revised Minnesota Paper Form Board Test) : 공간의 관계와 지각능력을 측정하는 것으로 도안과 설계 같은 일에 종사하는 데 필요한 능력을 측정한다.

③ 베네트 기계이해검사(Bennett Test of Mechanical Comprehension) : 기계추리를 측정하는 검사로서 기계적인 원리 문제가 있는 그림들로 구성되어 있다.

(3) 운동능력검사

이 검사는 근육운동의 협응, 손가락의 기민함, 눈과 손의 협응 등과 같은 고도의 기술을 측정하는 검사이다.

① 맥쿼리 기계능력검사(Macquarrie Test of Mechanical Ability) : 필기형태로 운동능력을 측정하는 검사로 다음과 같은 7가지의 하위검사로 구성되어 있다.

㉠ 추적(Tracing) : 아주 작은 통로에 선을 그리는 것
㉡ 두드리기(Tapping) : 가능한 점을 빨리 찍는 것
㉢ 점찍기(Dotting) : 원 속에 점을 빨리 찍는 것
㉣ 복사(Copying) : 간단한 모양을 베끼는 것
㉤ 위치(Location) : 일정한 점들을 이어 크거나 작게 변형
㉥ 블록(Blocks) : 그림의 블록 개수 세기
㉦ 추적(Pursuit) : 미로 속의 선을 따라가기

② 퍼듀 펙보드검사(Purdue Pegboard Test) : 손가락이나 손, 팔의 움직임과 손가락의 예민성 등을 측정하는 검사이다. 이 검사에서는 가능한 빠르게 구멍에 핀을 꽂는데 처음에는 한 손으로 다음에는 다른 손으로 수행한다.

③ 오코너 손재주검사(O'Connor Finger Dexterity Test) : 손과 핀셋을 사용하여 얼마나 빨리 조그만 구멍에 핀을 집어넣는가를 측정하는 검사이다. 이 검사는 손가락의 기민성을 측정하는 대표적인 검사로서 정밀하고 정교한 솜씨가 필요한 여러 가지 직무를 성공적으로 예언하는 데 적합하다.

(4) 흥미검사

흥미검사는 개인이 무엇에 관심이 있는가를 측정하는 검사로 기업체의 인사선발보다는 직업 지도와 직업 상담에 더 중요한 비중을 두고 있다.

① 스트롱-캠벨 흥미검사(Strong-Campbell Interest Inventory) : 직업, 학교과목, 행동, 오락을 다루는 300가지 이상의 질문으로 구성되어 있다.

② 쿠더 직업흥미검사(Kuder Occupational Interest Inventory) : 직업과 관련된 흥미 욕구, 가치 등을 측정한다. 이 검사는 세 개씩 짝지어진 많은 항목들로 구성되어 있다. 시험생들은 가장 좋아하는 행동과 가장 싫어하는 행동을 하나씩 표시해야 한다. 이때 가장 좋아하는 행동을 한 가지 이상 표시해서는 안 되며 한 문항도 빠뜨려서는 안된다. 이 직업흥미검사는 77가지 남성 직업과 55가지 여성 직업을 채점할 수 있다.

(5) 성격검사

성격검사는 개인이 가지고 있는 어떤 기질이나 성향을 측정하는 것으로 개인에게 습관적으로 나타날 수 있는 어떤 특징을 측정하는 것이다.

① 미네소타 다면적 성격검사(Minnesota Multiphasic Personality Inventory ; MMPI) : 자기보고식 검사 중에서 가장 잘 알려진 검사로서 개인의 태도, 정서적 반응, 신체적 증상, 심리적 증상, 과거경험 등을 알아보는 약 550개 문항으로 구성되어 있다.

② 캘리포니아 성격검사(California Psychological Inventory ; CPI) : 캘리포니아 주립대학에서 만들어진 것으로 MMPI와 비슷한 문항을 사용하고 있으나 정상인의 성격 특성을 더 많이 측정하도록 되어 있다. 지배성, 사교성, 자기수용성, 책임감, 사회화 등을 측정한다.

③ 마이어스-브릭스 성격유형검사(Myers-Briggs Type Indicator ; MBTI) : 융(Jung)의 심리유형론에 근거하여 인간의 성격을 16가지로 분류한 것으로서 최근에 여러 분야에서 폭넓게 활용되고 있는 검사이다. 외향(E)-내향(I), 감각(S)-직관(N), 사고(T)-감정(F), 판단(J)-인식(P)의 네 개의 차원에 근거해 사람들의 성격유형을 다양하게 분류한다.

④ 길포드-짐머만 기질검사(Guilford-Zimmerman Temperament Survey) : 가장 널리 사용되는 필기용 성격검사 중 하나다. 독립된 10가지 성격특성인 일반행동, 억제력, 우월감, 사회성, 정서적 안정성, 객관성, 친절성, 신중성, 대인관계, 남성성 등을 측정하며 문항들은 질문보다는 진술의 형태이고 피검사자는 '예', '아니오' 또는 '?' 중의 어느 하나에 응답하면 된다.

⑤ **성격의 5요인 이론(Big 5 theory of Personality)** : 성격구조에 관한 5요인 이론은 직무수행을 예측하는 데 유용하다는 주장이 제기되었다. 5요인은 다음과 같다.

㉠ 정서적 민감성(Emotional Sensitivity) : 정서적으로 불안하고, 긴장하고, 불안정한 수준

㉡ 외향성(Extroversion) : 사교적이고, 주장 및 자기표현이 강하고, 적극적이고,

말이 많고, 정열적인 경향성

㉢ 개방성(Openness) : 상상력이 풍부하고, 호기심이 많고, 지식에 대해 수용적이며, 틀에 박히지 않은 성향

㉣ 호감성(Agreeableness) : 협조적이고, 대인관계에 관심이 높고, 관대하고, 함께 지내기 편한 성향

㉤ 성실성(Conscientiousness) : 목표의식이 분명하고 계획적이며, 의지가 강하고 자제력이 강한 성향

⑥ 로르샤흐검사(Rorschach Test) : 피검사자들에게 개별적으로 10개의 표준화된 잉크반점 그림을 제시해 주고 그 그림에서 본 것을 기술하도록 요구한다. 이 그림 중 어떤 것은 색채가 있고 어떤 것은 무채색이다. 10개의 카드를 보여주고 나서 검사자는 각 카드를 다시 보여주고 지원자들에게 거기에서 본 것에 대해 자세한 질문을 한다. 즉 '무엇이 보이는지', '어느 부분이 그렇게 보이도록 만들었는지' 등의 질문을 하고 그 대답을 기록한다.

⑦ 주제통각검사(Thematic Apperception Test ; TAT) : 이 검사는 20개의 애매한 그림으로 되어 있고 그 그림에는 두 명 이상의 주인공이 여러 상황에서 제시된다. 피검사자는 각 그림을 보고 '무슨 그림인지', '그 그림에서 주인공은 누구인지' 등의 차원에서 이야기를 꾸며야 한다.

3) 심리학의 연구방법

(1) 실험법

실험자가 의도적으로 어느 변인을 변화시키고(독립변인), 다른 변인들은 변하지 않도록 주의하며(통제), 의도적으로 변화시킨 변인이 행동(종속변인)에 어떤 영향을 주고 있는지를 알아보는 방법이다.

(2) 체계적 관찰법

실험을 할 수 없을 때 체계적인 관찰법을 쓴다. 관찰의 방법으로는 현장관찰법, 질문지법, 면접조사법이 있다.

(3) 임상법

임상심리학자나 상담심리학자들이 환자를 치료하기 위해 썼던 방법으로 심리학자가 환자나 상담의뢰인에게 접촉을 계속하면서 그 사람에 대해서 알아내려 하는 것이며 연구용으로 쓰일 때 임상법이 연구의 방법이 된다.

2. 심리학적 요인

1) 심리학의 정의

(1) 심리학은 인간의 본질에 대한 탐구 그 자체가 연구의 목적이 되는 학문이다. 따라서 심리학에서 밝혀진 사실들은 여러 학문에서 기초 지식으로 많이 활용된다.

(2) 인간의 행동과 정신과정을 연구하는 과학으로서의 심리학

① 행동 : 외부적으로 관찰할 수 있는 모든 신체적 동작이나 활동 등 각종 계기를 사용하여 측정할 수 있는 체내외의 모든 생리적 활동을 말한다.

② 정신과정 : 감각, 지각, 사고, 문제해결, 정서, 동기 등과 같이 인간의 제반 의식 및 무의식적 활동과 작용을 말한다.

2) 발전과정에 따른 심리학의 정의

(1) 분트(Wihelm Wundt)의 정의 : 분트는 '심리학은 인간의 의식을 연구하는 학문이다' 라고 정의했다.

(2) 행동주의적 입장 : 왓슨(J. B. Watson)에 의해 주창된 행동주의에 의하면 심리학은 '인간과 동물의 행동에 관한 학문'이라 정의된다.

① 심리학이 과학으로 성립하기 위해서는 관찰할 수 있고 측정할 수 있는 행동을 연구대상으로 해야 한다고 함

② 동물의 행동들도 연구대상으로 삼았으며 그 결과는 인간을 이해하는 데 도움을 주게 됨

(3) 인지심리학적 입장 : 주로 기억과 사고과정에 관심을 두고 심리학은 '인간행동을 이해하기 위해 기억구조와 정신과정을 과학적으로 분석하는 학문'이라고 정의한다.

(4) 오늘날(1980년대 이후)의 정의 : 행동주의와 인지심리학을 절충하여 '심리학은 인간의 행동과 정신과정을 연구하는 학문'이라고 정의한다.

3) 심리학의 역사

(1) 심리학의 배경

① 철학의 영향

㉠ 고대 : 서양 철학의 주요 탐구영역 중 심리학의 발전과 깊은 관련을 갖는 것은 인식론과 존재론이다.

㉡ 중세 : 심리에 관한 문제들이 주로 신학자에 의해 탐구되었는데 아우구스티누스(Augustinus)는 「고백록」에서 젊은 시절의 기억, 감정, 동기 등을 자세히 분석하여 기술하였다.

㉢ 르네상스 시기 : 현대심리학의 성립에 가장 큰 영향을 준 학자는 데카르트(Decartes)로 마음과 신체가 담당하는 심리적 현상을 어떻게 실험적인 방법으로 접근하느냐의 문제가 있었는데 이 남은 과제를 실험생리학이 해결해 주었고 그 결과 현대심리학이 성립하게 되었다.

(2) 심리학의 발달

① 구성주의(構成主義) : 1870년대에 분트(Wundt)가 창시한 최초의 심리학파로서 연구대상은 의식의 내용이라고 하였으며 의식의 내용을 구성하고 있는 요소를 찾아내는 관찰을 내성이라고 하였다.

② 기능주의(機能主義) : 1900년대 초에 미국에서 나온 학파로서 제임스(W. James)와 듀이(J. Dewey)로 대표된다. 다윈(Darwin)의 진화론과 미국의 실용주의적인 문화의 영향을 많이 받았다. 사람이 보고, 느끼고, 생각하고, 목표를 추구하는 심리적 기능을 연구대상으로 한다.

③ 행동주의(行動主義) : 심리학을 자연과학으로 확립하기 위하여 엄격히 관찰 가능한 행동만을 대상으로 객관적 관찰을 강조한 학파이다. 1910년대에 왓슨(Watson)이 주창하였으며 기능주의에서 분리되었다. 심리학이 과학이 되기 위해서는 철저하게 객관적인 학문이 되어야 하며 심리학은 자극과 반응이라는 용어로서 기술이 가능한 행동적인 활동만을 연구의 대상으로 하는 행동의 과학이 되어야 한다고 주장했다.

④ 형태주의(形態主義) : 독일에서 베르트하이머(Max Wertheimer), 쾰러(Wolfgang Köhler) 및 코프카(Kurt Koffka) 등이 주창하였다. 형태주의는 의식의 가치는 인정하지만 의식의 내용을 요소로 분석하는 경향에 반대하였다. 형태주의에서는 감각요소들이 결합할 때는 무언가 새로운 것이 창조된다고 보았다. 전체는 부분의 합(合)이 아니라고 하여 전체가 갖는 형태 또는 조직을 강조했고 인간의 보다 복잡하고 고차원적인 심리적 현상을 연구대상으로 하였다.

⑤ 신행동주의(新行動主義) : 1930년대부터 1950년대까지 심리학의 주류를 이루었고 헐(Hull)과 스펜서(Spencer)와 밀러(N. Miller)가 대표적이다. 행동주의가 객관적으로 관찰되는 행동만을 대상으로 한 것과는 달리 "마음"의 활동도 객관적으로 연구할 수 있는 한 연구대상으로 포함시켰다. 이론 → 가설 → 예언 → 검증의 연구방식을 확립시켰다.

⑥ 인지심리학적(認知心理學的) 접근 : 1960년대 이후 대두되었으나 심리학의 한 학파로 간주되지 않는다. 인지심리학의 대두는 구성주의로의 복귀가 아니며 마음은 행동을 통해 연구되므로 심리학은 여전히 행동의 과학으로 정의되고 있다. 신행동주의가 인간의 행동을 통해 간접적으로 연구하였다면 인지심리학적 접근은 마음의

작용 자체에 관심을 가진다.

4) 현대심리학의 접근방법

(1) 신경생리적 접근

인간의 행동과 심리과정의 원인을 신체 내부의 생물학적인 조직체의 활동으로 설명하려고 한다. 주로 뇌와 신경계 그리고 내분비선의 활동이 인간의 행동과 심리과정에 어떤 관계가 있는가를 연구한다. 다윈(Darwin)의 진화론이 이 접근의 발전에 기여하였다.

(2) 행동적 접근

인간의 행동은 외부적인 환경조건의 영향에 의해 결정된다고 보는 것과 이런 행동의 법칙을 밝히기 위해서는 관찰이 가능한 객관적인 요소들만을 연구해야 한다는 것이다. 자극(Stimulus)과 반응(Response) 간의 관계성을 밝히는 것을 연구의 기본틀로 하기 때문에 자극-반응 심리학(S-R Psychology)이라고 한다. 이 접근은 과학으로서 심리학은 인간이라는 상자 속에 들어가는 것(S)과 나오는 것(R)만으로 구축될 수 있다고 하여 '검은상자 접근'이라고도 한다. 왓슨과 스키너 등이 대표적이며 인간이 처한 외부환경을 조작함으로써 인간의 행동을 마음대로 통제할 수 있다고 주장한다.

(3) 인지적 접근

행동의 직접적인 원인을 마음에서 일어나는 작용들의 인지과정에서 찾아야 한다고 보고 이런 인지과정을 연구의 초점으로 삼는다. 정신과정, 즉 주의 · 지각 · 사고 · 문제해결 등에 관심을 가진다.

(4) 정신분석학적 접근

프로이트(Freud)의 정신분석학의 영향을 반영하는 것으로 정신분석학에서는 개인의 행동이나 심리과정에 대한 진정한 이해를 하기 위해서는 의식 속에 들어 있는 내용보다는 무의식의 내용을 탐구해야 한다고 본다. 정신분석학은 심층심리학이라고도 하는데 면접이나 다른 방법들을 모두 동원하여 사람의 마음 깊은 곳에 있는 내용들을 탐색한다.

(5) 인본적 접근

인간은 자유의지를 갖는 존재로서 다른 선행원인이 없이 자유의사에 의해 어떤 행동을 할 수 있다는 것이다. 인간의 동기적 힘은 자아실현 경향성에서 나온다고 본다. 대표적인 학자는 매슬로(Maslow)가 있다.

5) 심리학의 응용

(1) **응용 심리학**

① 임상심리학 : 정신장애의 문제를 갖고 있는 사람들의 증상을 진단하고 치료하는 방법을 연구하며 장애의 원인을 규명하는 분야이다.

② 상담심리학 : 정상적인 사람이 일상생활에서 일시적인 문제로 인하여 심리적인 고통을 겪을 때 그 문제를 자력으로 극복하고 해결할 수 있도록 도와주는 방법이나 기법을 연구하는 학문이다.

③ **산업심리학** : 심리학에서 발견된 사실이나 원리들을 기업이나 산업체에 적용하는 문제를 연구하는 분야이다. 초기에는 주로 검사를 실시하는 일을 했으나 지금은 상담, 인사관리, 사원교육, 홍보, 인간관계개선 등의 문제를 맡고 있다.

④ 학교심리학 : 학생의 학습지도, 직업진로지도, 학교생활 및 사회생활지도 등에 관한 문제를 다룬다.

⑤ **조직심리학** : 실제 존재하는 조직에 들어가서 조직에서 일어나는 문제를 다루며 산업과 조직을 합쳐 산업조직심리학이라는 명칭을 흔히 사용한다.

(2) 이론(기초)심리학

① 지각심리학 : 인간이 환경으로부터 감각기관을 통해 정보를 입력하고 처리하는 제반의 과정을 탐구하며 사람들이 사물을 어떻게 보고 판단하는지를 연구하는 학문이다.

② 학습심리학 : 인간의 행동이 경험을 통하여 변화하는 과정과 그 원리에 대해 탐구한다.

③ 동물심리학 : 동물종 간의 또는 동물과 인간 간의 심리과정을 비교하는 것을 목적으로 하는 분야로서 학습, 지각, 사회, 발달 등 심리과정을 비교한다. 비교심리학이라고도 불린다.

④ 생리심리학 : 주로 신경계(대뇌)와 내분비선의 활동이 행동과 심리과정에 미치는 영향을 규명하려 한다.

⑤ 사회심리학 : 인간의 행동을 사회적인 장면 안에서 다루는 이론심리학의 분야이며 사회심리학의 안에는 주로 실험실 내에서 집단을 연구하는 실험사회심리학이란 분야가 있다.

⑥ 성격심리학 : 사람의 개인차를 측정하고 개인차가 생기게 되는 배경에 관한 법칙을 탐구한다.

⑦ 발달심리학 : 인간의 행동과 심리과정이 태내에서부터 노년에 이르기까지 연령의 변화에 따라 어떻게 변화하며 어떤 규칙성이 있는지의 문제를 연구한다.

3. 지각과 정서

1) 지각(Perception)

지각이란 개인이 접하는 환경에 어떠한 의미를 부여하는 과정이다. 즉, 환경에 대한 영상을 형성하는 데 있어서 외부로부터 들어오는 감각적 자극을 선택 · 조직 · 해석하는 과정이다.

(1) 지각항상성

주위에 있는 어떤 대상의 특성에 대하여 일단 익숙해지고 나면 그 대상이 어떤 조건하에 놓이더라도 우리가 알고 있는 동일한 것으로 지각하는 경향을 항상성이라고 한다. 즉 감각기관에 들어오는 물리적 자극이 변화함에도 불구하고 대상물체는 변하지 않고 그 물체의 특성이 그대로 지속된다.

① 색채 항상성 : 어떤 물체가 주변의 조명 조건에 관계없이 동일한 색깔을 가지고 있다고 보는 경향이다.

② 크기 항상성 : 거리에 상관없이 지각된 크기를 동일하게 보는 현상이다.

③ 형태 항상성 : 관찰자의 시각 방향에 상관없이 같은 모양을 가진 것으로 지각하는 경향이다.

④ 위치 항상성 : 관찰자가 움직이면 망막에 맺히는 상의 위치도 바뀌지만 그 물체가 늘 같은 위치에 정지된 것으로 지각하는 것이다.

(2) 착시(Illusion)

대상을 물리적 실체와 다르게 지각하는 현상을 말하며 대상의 물리적 조건이 같다면 언제나 누구에게나 경험되는 지각현상이다. 착시는 항상성의 반대개념으로 객관적인 깊이, 거리, 길이, 넓이, 방향과 이에 상응하는 지각 간의 불일치 현상에서 그 예를 찾아볼 수 있다.

(3) 3차원 지각(공간지각)

우리가 지각하는 대부분의 자극은 3차원의 형태를 가진 물체들이다. 공간지각을 시각에서 보면 단안단서와 양안단서로 나누어 생각해 볼 수 있다.

① **단안단서(單眼端緖)** : 한눈으로 깊이에 관한 정보를 얻게 하는 단서를 단안단서라고 하며 다음과 같은 것들이 있다.

㉠ 결(표면결의 밀도)이 멀어질수록 결이 조밀해진다.

㉡ 직선적 조망 : 두 물체의 사이의 간격이 클수록 두 물체는 가깝게 보인다. (철도레일)

㉢ 선명도 : 선명하게 보이는 것이 가깝게 보인다.

㉣ 크기(상대적 크기) : 보다 큰 물체가 가까운 것으로 지각된다.

㉤ 겹침(중첩) : 한 물체가 다른 물체를 가릴 때 가려진 물체가 멀리 있는 것으로

지각된다.

㉥ 사물의 이동방향 : 우리가 움직이고 있을 때 같은 방향으로 이동하는 것은 멀게 지각되고 반대 방향으로 움직이는 것은 가깝게 지각된다.

㉦ 빛과 그림자 : 밝게 보이는 물체가 가깝게 보인다.

㉧ 수평으로부터의 거리 : 수평선의 위나 아래쪽으로 멀리 떨어져 있을수록 가깝게 보인다.

② **양안단서**

㉠ 수렴현상 : 물체까지의 거리가 가까울수록 정중선에 가깝게 두 눈이 모이는 현상을 수렴현상이라 한다. 눈 근육의 긴장감으로 생기는 자극이 뇌에 전달되어 거리지각의 단서가 된다.

㉡ 망막불일치(양안부동) : 두 눈이 떨어져 있으므로 망막에 맺어지는 상은 서로 달라지는데 이와 같이 두 눈의 망막에 맺어지는 상의 불일치 정도가 깊이지각의 단서로 작용한다.

(4) 운동지각

망막에서 상의 위치변화가 운동지각을 일으킨다. 운동지각은 실제 움직이는 물체에 대한 지각과 정지된 자극에서 얻는 지각 두 가지로 나누어 생각해 볼 수 있다. 가현운동에서는 파이현상, 유인운동, 자동운동 등이 있다.

① 실제 운동지각

물체의 운동에 대한 지각은 관찰자 자신에게서 오는 정보와 대상물체와 배경 간의 관계정보 등이 종합되어 복잡한 판단과정을 거쳐 이루어진다.

② **가현운동**

객관적으로는 움직이지 않는데도 움직이는 것처럼 느껴지는 심리적 현상, 즉 움직이는 물체의 자극 없이 지각되는 운동현상을 의미한다.

㉠ **자동운동** : 어두운 밤에 멀리 있는 불빛을 보고 있으면 그 불빛이 옆으로 또는 앞으로 움직이는 것 같은 착각을 하게 되는데 이러한 현상을 자동운동이라 한다. 이 현상은 **불빛의 위치에 관한 단서, 즉 맥락이 없거나 모호하기 때문에 나타나는 것이다.**

㉡ **유인운동 : 구름 사이의 달을 볼 때 달이 움직이는 것으로 지각**하는데 이러한 현상을 유인운동이라 한다. 유인운동 현상은 움직이는 배경과 고정된 전경과의 반전현상 때문에 생긴다.

㉢ **파이(Phi)현상** : **차례로 연결된 전등에 차례로 불을 켜면 마치 불빛이 점선을 따라 움직이는 것처럼 지각**하는데, 이 현상을 파이현상이라 한다. 이 현상은 지각상의 지속성(잔상) 때문에 나타나는데 이 원리를 이용한 것이 영화와

TV화면이다.

㉣ 베타운동(β-Movement) : 2개의 광점이 적당한 시간 간격으로 점멸하면 하나의 광점이 그 사이를 움직이는 것처럼 보이는 현상이다.

㉤ 운동잔상(運動殘像) : 한 방향을 향한 운동을 계속해서 관찰한 후 정지한 것을 보면 반대방향의 운동으로 느끼게 되는 현상이다.

2) 정서

정서란 생리적 각성, 사고나 신념, 주관적 평가 그리고 신체적 표현 등으로 인한 흥분상태를 말한다. 대부분의 정서이론은 정서유발사상, 생리적 흥분, 주관적 정서경험들 간의 관계성을 제시하고자 하는 것이다. 정서에 관한 이론들은 생리적 요소, 행동적 요소 그리고 인지적 요소들에 대한 강조 정도에 따라 구분해 볼 수 있다.

(1) 정서이론의 유형

① 제임스-랑게(James-Lange) 이론

미국의 제임스(James)와 덴마크의 랑게(Lange)가 주장한 이론으로 신체변화가 먼저 오고 거기에 대한 느낌이 정서라는 것이다. 어떤 자극에 처해 있을 때 먼저 신체변화가 일어나고 그 신체변화에 대한 정보가 대뇌에 전달되어 감정체험이 있게 된다는 것이다.

② 캐논-바드(Cannon-Bard) 이론

㉠ 캐논(Cannon)은 자율신경계에 대한 연구를 바탕으로 여러 가지 측면에서 제임스(James)의 이론을 비판하였다. 캐논은 어떤 정서 경험들은 생리적 변화가 발생하기 이전에 발생하므로 내장기관의 변화를 즉각적 정서경험의 기제라고 생각하기 힘들고 내장기관의 활동을 사람들이 정확하게 지각하기가 매우 어렵다고 주장하였다.

㉡ 캐논은 정서에서 중심적인 역할을 시상에 두었다. 외부의 정서자극은 시상을 통해 대뇌피질과 다른 신체부위에 전해지며 정서의 느낌이란 것은 피질과 교감신경계의 합동적 흥분의 결과라고 주장하였다.

㉢ 캐논의 주장은 바드(Bard)에 의해서 확장되었기 때문에 캐논-바드 이론이라고 알려졌는데 이 이론에 따르면 신체변화와 정서경험은 동시에 일어난다. 이후 연구들에 의하면 캐논-바드의 주장과는 달리 정서경험에 중요한 뇌 부위는 시상이라기보다는 시상하부와 변연계인 것으로 밝혀졌다.

③ 샤흐터(Schachter)의 2요인설(정서인지이론)

제임스-랑게 이론을 확장하여 주장한 것으로 정서는 인지적 요인과 생리적 흥분상태 간의 상호작용의 함수라는 것이다. 샤흐터의 정서이론에 의하면 정서경험에 있어서 인지적 측면이 강조된다.

(2) 정서의 손상

① 히로토와 셀리그먼의 학습된 무기력에 대한 연구

학습된 무기력이란 자신의 의도적인 행동으로 변경시킬 수 없는 중요한 사태에 계속 직면할 때 나타나는 동기적, 정서적, 인지적 손상 등을 말하는 것이다. 히로토(Hiroto)와 셀리그먼(Seligman)은 연구에서 인간의 통제불능의 경험이 학습된 무기력을 유발한다는 것을 밝혔다.

② 학습된 무기력의 결정요인

처음에 셀리그먼은 학습된 무기력의 주요한 성분은 능력이라고 했는데, 최근에 자신의 이론을 수정하여 무기력의 핵심은 결과에 대한 당사자의 인지적 해석이라고 주장하여 개인이 처한 상황과 자신의 수행에 대한 인지적 평가가 학습된 무기력의 주요 결정요인임을 시사했다.

③ 학습된 무기력의 현상

학습된 무기력은 보통 의욕상실(동기적 손상), 우울증(정서적 손상), 성공에 대한 기대가 낮거나 과제를 풀 때 가설을 체계적으로 세워 해결하는 방식을 취하지 않음(인지적 손상) 등으로 나타난다.

4. 좌절 · 갈등

1) 갈등의 원인

갈등은 양립할 수 없는 두 가지 이상의 요구가 동시에 발생할 때 생긴다. 어느 쪽을 선택하건 다른 쪽의 욕구가 해결될 수 없기 때문에 부분적인 좌절감이 생긴다.

2) 갈등의 유형

① **접근-접근 갈등** : 긍정적인 욕구가 동시에 나타나서 어떻게 행동해야 좋을지 모르는 상태에서 나타나는 갈등이다.

② **회피-회피 갈등** : 두 가지 목표가 동시에 매력을 주기보다는 혐오라든가 자기가 회피하고 싶은 것이다.

③ **접근-회피 갈등** : 미국의 심리학자 레빈(K. Lewin)이 제시한 방식으로 긍정적인 동기나 목표를 선택함에 있어서 부정적인 동기나 목표가 수반되어 장애가 될 때 경험하게 되는 심리적 상태이다.

3) 적응의 방법

(1) 직접적 대처

불편하고 긴장된 상황을 변화시키기 위해 의식적으로 합리적으로 반응하는 행동을 말하는데 다음의 세 가지 중 어느 하나를 선택하게 된다.

① **공격적 행동과 표현** : 외부적인 대상이나 조건을 변경시키기 위해 공격적으로 반응하거나 저항한다.

② **태도 및 포부수준의 조정** : 최초의 욕구나 목표를 다소 축소하여 현실적으로 가능한 방법을 찾는다. 타협적인 반응으로서 갈등과 좌절에 직접적으로 대처하는 수단으로 가장 흔히 사용한다.

③ **철수 또는 회피** : 자신이 어쩔 수 없는 상황에서 철수가 현실적인 해결책이긴 하나 문제의 핵심은 해결되지 않고 남게 되어 이 방법이 반복되면 개인의 발전에 도움이 되지 않는다.

(2) 방어적 대처(방어기제)

방어기제는 자존심을 유지하면서 불안을 회피하기 위해 자신에게 실제적인 욕망과 목표행동을 속이면서 좌절 및 갈등에 반응하는 양식이다. 방어기제는 스트레스 및 불안의 위협으로부터 자기를 보호하는 수단이 되면 의도적이 아닌 무의식적인 과정이다.

① **도피형 방어기제**

㉠ **부정 : 고통스러운 환경이나 위협적인 정보를 지각하거나 직면하기를 거부하는 것으로 위협적인 정보를 의식적으로 거부하거나 현실화된 그 정보가 타당하지 않고 잘못된 내용이라고 간주하는 것**이다.

㉡ **퇴행** : 특정 욕구불만 상태에 빠질 때 생의 초기의 성공적인 경험에 의지하여 유아기의 행동이나 사고로 되돌아가서 문제를 해결하려는 현상으로 퇴행은 긴장해소와 장애극복을 위한 도피행동이다.

㉢ **동일시** : 외부대행자의 성취를 통해 만족에 접근하는 과정이다. 즉, 어떤 개인이 다른 사람 또는 집단과의 동일성을 느끼거나 정서적 유대감을 가짐으로써 자기만족을 찾는 방어기제이다. 다른 사람의 업적과 자신을 동일한 위치에 놓음으로써 억압된 욕구를 충족시켜 자아를 보호하는 것으로 동일시는 단순한 모방이 아니고 마음속에 심어진 행동가치의식의 성격을 띤다. 동일시는 도전적 가치의식이 형성되는 근원이 되기도 한다. 프로이트(Freud)는 어린이들이 부모와 동일시하는 하나의 이유는 자기방어라고 믿었다.

② **대체형 방어기제**

어떤 문제 또는 장애가 있어서 불안이나 긴장이 생길 경우 자기의 목표를 변경하여 불안을 해소하는 방법으로 기만형 기제보다 큰 적응적 가치를 가진다.

㉠ **승화** : 사회적으로 용납되지 않는 충동 및 욕구를 사회적으로 용납될 수 없는 바람직한 형태로 변형하는 것이다. 프로이트(Freud)에 의하면 승화는 성적·공격적 충동이 사회적으로 용납되는 형태로 바뀌는 것으로서 성격발달의 기초가 된다. 예술작품과 과학연구는 성적 에너지의 승화된 결과로 설명된다.

㉡ **반동형성** : 자기가 느끼고 바라는 것과 정반대로 감정을 표현하고 행동하는 것으로서 부정의 행동적 형태라고 볼 수 있다. 반동형성은 자기의 욕구나 감정이 너무나 받아들일 수 없고 무거운 죄의식이 쌓일 때 나타나는 반응양식이다.

㉢ **치환(전위)** : 만족되지 않는 충동에너지를 다른 대상으로 돌림으로써 긴장을 완화시키는 방어기제로서 유사한 것으로 책임전가, 희생양이 있다.

③ **기만형 방어기제**

자신에 대한 위협을 느끼지 않도록 자기감정과 태도를 바꾸어 불안이나 긴장에 대한 자신의 인식을 반영시키는 것으로서 위험 자체를 제거해 주는 것이 아니라 기만적인 방법으로 불안을 일시적으로 제거해 주는 방어기제이다.

㉠ **투사** : 자신의 동기나 불편한 감정을 다른 사람에게 돌림으로써 불안 및 죄의식에서 벗어나고자 하는 방어기제이다. 자아가 타아나 초자아로부터 가해지는 압력 때문에 불안을 느낄 때 그 원인을 외부세계로 돌림으로써 불안을 제거하려는 것이다.

㉡ **억압** : 고통스러운 감정과 경험 등을 의식수준 이하로 끌어내리는 무의식적인 과정이다. 정신건강에 나쁜 영향을 미치는 기제로 억압된 욕구는 완전히 망각되거나 없어지지 않고 무의식에 남아있게 된다.

㉢ **합리화** : 사회적으로 용납되지 않는 감정 및 행동에 용납되는 이유를 붙여 자신의 행동을 정당화함으로써 사회적 비판이나 죄의식을 피하려는 방어기제이다. 합리화는 주로 어떤 실패나 불만의 원인이 자기의 무능이나 결함 때문이었지만 자기를 기만하는 구실을 만들어 스스로를 기만하고 타인을 기만하는 행동으로 나타난다. 합리화는 대체로 위장된 논리가 대부분이어서 현실과는 부적절한 사고나 행동으로 나타나게 되는 경우가 많다.

㉣ **주지화** : 도피형 방어기제인 '부정'의 교묘한 형태로서 위협적인 감정에서 자기를 떼놓기 위해 문제 장면이나 위협조건에 관한 지적인 토론 및 분석을 하는 것이다. 지능이 높거나 교육수준이 높은 사람에게 발견된다.

5. 불안과 스트레스

1) 심리적 장애의 정의와 이론모형

(1) 심리적 장애의 정의

사회적으로 적절하게 행동할 능력이 없어서 그 행동의 결과가 자기 자신이나 사회에 부적응을 일으키는 빗나간 행동이다.

(2) **이상행동**

적응을 못하거나 정상적 기준에서 벗어난 행동으로 부적응행동, 이상심리라고도 한다. 통계적 기준에서 벗어나는 행동, 사회적 규범에서 벗어나는 행동, 이상적 인간행동 유형에서 벗어나는 행동, 환경요인의 기준에서 벗어나는 행동, 개인에게 심리적 갈등을 유발하는 정도에 따른 행동 등으로 나누어 생각할 수 있다.

(3) **이상심리 이해의 모형**

① **의학적 접근** : 의학적으로 볼 때 심리적 장애도 신체의 병과 본질적으로 같다. 즉, 심리적 장애는 어떤 신체적 과정의 질환에서 오는 증상으로 보는 접근이다.

② **정신분석적 접근** : 프로이트(Freud)에 의하면 심리적 장애의 근본원인은 억압된 무의식 속의 충동과 갈등이다. 심리적 장애는 환자 내부의 정신적 갈등에서 온다고 본다.

③ **행동주의 접근** : 의학적 접근이나 정신분석적 접근에서는 이상행동의 원인이 환자 내부에 있다고 보는 반면 **행동주의적 접근에서는 환경의 영향 때문이라고 본다. 이상행동은 학습의 결과라고 본다.**

2) 신경증 장애와 성격장애

(1) 신경증 장애

신경증 장애는 불안이 위주인 장애로 정신분석학적 입장의 개념이다.

① 불안상태 : 불안이 뚜렷한 장애로 막연하게 이유 없이 불안한 유동불안과 갑자기 위급함에 휩싸이는 심한 불안으로 불안공황상태가 있다. 또한 대인관계의 극단적 민감성, 의사결정의 곤란, 과거 잘못과 미래에 대한 지나친 걱정들을 보인다.

② 공포장애 : 공포증이라고도 하는 이 장애는 특별한 장면이나 자극에 직면할 때 불안을 경험하는 것이다.(고소공포, 광장공포 등)

③ 강박장애 : 원치도 않고 이유도 없는데 어떤 생각이나 행동을 되풀이하는 장애이다. 이 장애의 특징은 반복적이고 상동적인 행동이나 사고이다.

④ 전환히스테리 : 갈등이 심해서 신체감각기능이나 운동기능이 마비되는 것. 때로는

심한 두통을 수반한다. 전환증, 해리증, 중다성격 등이 있다.

⑤ 신경성 우울증 : 정신병의 우울증과는 다르며 반드시 스트레스 사건의 반응이 생기고 정신병 증상이 없다. 학습된 무기력 실험으로 잘 설명되는 장애이다.

(2) 성격장애

성격이란 장기간 지속되는 행동이나 특징을 말하는데 이런 성격요인으로 사회생활에 부적응 반응을 일으키면 성격장애라고 한다.

① 편집성 성격장애 : 확산되고 부당한 의심, 사람에 대한 불신, 과민성, 정서의 제한을 보이는 것이 특징이다.

② 히스테리성 성격장애 : 과도하게 행동이 연극적, 반응적이고 극단적 정서표현이 특징이다.

③ 강박적 성격장애 : 완벽주의와 융통성 결여가 폭넓게 나타난다.

④ 반사회적 성격장애 : 반복적인 방법, 인내력 결핍, 충동적, 죄책감 결여, 믿을 수 없는 것이 특징이다.

3) 심리적 건강의 개념

(1) **심리적 행복감의 환경 결정요인**

와르(Warr)는 개인이 일에서 느끼는 행복감을 이해하기 위해서 심리적 건강에 영향을 미치는 전반적인 환경요인인 아홉 가지 결정요인들을 밝혔다.

① **통제의 기회** : 개인이 처한 환경에서 일어나는 활동과 사건들을 통제할 수 있는 기회의 여부

② 기술사용의 기회 : 환경이 기술의 사용과 개발을 저해하거나 촉진하는 정도

③ 환경이 부여한 목적 : 환경이 개인에게 목적이나 도전감을 제공하는지 여부

④ 환경의 다양성 : 개인에게 항상 반복적이고 동일한 활동을 요구하는 조직 환경보다 다양한 환경을 접하면서 새로운 경험을 할 수 있는 환경을 접할 때 종업원의 심리적 건강은 더욱 증진될 수 있다.

⑤ 환경의 명료성 : 개인이 처한 환경의 명료함 정도

⑥ 돈의 가용성 : 빈곤은 개인이 삶을 통제할 수 있는 기회를 줄이게 되며 심각한 심리적 문제들이 발생할 수 있다.

⑦ 신체적 안전 : 신체적으로 안전한 생활환경은 심리적 건강을 증진시키는 데 도움이 된다.

⑧ 대인 간 접촉의 기회 : 사람들을 만나고 접촉할 수 있는 기회의 정도는 인간이 공통적으로 지니는 친교에 대한 욕구를 충족시켜줄 수 있고 외로움을 방지해 준다.

⑨ 가치 있는 사회적 지위 : 사회에서 타인들로부터 존경을 받는 지위는 주로 역할에

포함된 활동과 그에 부여된 가치 그리고 활동을 통해 기여하는 부분으로부터 형성된다.

이러한 아홉 개 차원들 간에 약간의 중복이 있다는 것을 인정하였지만, 각각은 환경이 심리적 건강에 어떤 영향을 미치는지를 이해하는 데 필요하다고 설명했다.

(2) **심리적 건강의 구성요소(와르, Warr)**

① **정서적 행복감** : 쾌감과 각성이라는 두 가지 독립된 차원을 가지고 있다. 특정 수준의 쾌감을 얻기 위해서는 높거나 혹은 낮은 수준의 각성이 있어야 한다.

② **역량** : 심리적 건강의 정도는 대인관계, 문제해결, 직무수행 등과 같은 다양한 활동에서 개인이 어느 정도나 성공하였는지, 또는 어느 정도의 역량을 발휘하고 있는지에 의해 부분적으로 알 수 있다. 역량 있는 사람은 생활에서 당면하는 문제들을 효과적으로 다룰 수 있는 충분한 심리적 자원을 가지고 있다.

③ **자율** : 환경적 영향력에 저항하고 자신의 의견이나 행동을 결정할 수 있는 개인의 능력을 말한다. 개인이 생활에서 어려움에 처했을 때 무기력하지 않고 스스로 영향력을 발휘할 수 있다는 생각을 가지고 행동하는 경향성이다.

④ **포부** : 개인의 포부수준이 높다는 것은 동기수준이 높고, 새로운 기회를 적극적으로 탐색하고, 목표달성을 위하여 도전하는 것을 의미한다. 건강한 사람들의 포부수준은 특히 개인이 어려운 환경에 처했을 때 그 진가를 발휘한다.

⑤ **통합된 기능** : 전체로서의 개인을 말한다. 통합된 기능을 할 수 있는 사람은 목표달성이 어려울 때 느끼는 긴장감과 그렇지 않을 때 느끼는 이완감 사이에 조화로운 균형을 유지할 수 있는 사람이다.

4) 직무스트레스

(1) 직무스트레스의 정의

'직무스트레스(Job Stress)'란 업무상 요구사항이 근로자의 능력이나 자원, 요구와 일치하지 않을 때 생기는 유해한 신체적, 정서적 반응을 말한다.(NIOSH, 1999)

(2) 직무스트레스 요인

① 시간적 압박, 업무시간표 및 속도

㉠ 장시간 노동, 연장근무, 교대근무

㉡ 업무시간 내내 자신이 업무를 통제하지 못하고 수동적인 행동을 강요받을 때

㉢ 일시적으로 자주 바뀌는 업무시간

㉣ 스스로 업무속도를 조절할 수 있는지의 여부

② 업무구조
㉠ 심리적 업무요구가 높고, 직무의 재량권이 낮은 업무
㉡ 업무조직의 변화
㉢ 부서이동, 좌천이나 승진

③ 물리적 환경
㉠ 부족한 조명
㉡ 과도한 소음
㉢ 비좁은 작업공간
㉣ 비위생적 환경

④ 조직 내의 문제
㉠ 업무의 모호성 : 업무 요구사항이 명확하지 못하거나, 도달해야 할 목표를 모르거나, 업무에 대한 전망이 결여되고 책임범위가 명확하지 못함
㉡ 과도한 경쟁 : 동료 근로자에 대해 신뢰하지 못하고, 협동에 의한 상승효과를 기대하기 어려움
㉢ 성별에 따른 차별
㉣ 직장 내 관계갈등 : 동료 간의 의사소통 장애, 인간적 관계 갈등이 주요한 스트레스 요인이 됨

⑤ 조직 외적인 문제
㉠ 직업안정성과 승진, 실업 및 자유시장경제와 전 지구적 경제 상황에서의 고용안정과 관련된 사항
㉡ 직무안정성의 결여

⑥ 비직업성 스트레스요인 : 개인, 가족 및 지역사회가 처한 환경도 스트레스 요인

(3) 직무스트레스 조절변인

직무스트레스 조절 변인은 스트레스 출처와 그로 인해 발생하는 스트레스 결과 사이의 연관성과 방향에 영향을 미치는 변인이다.

① **사회적 지지(Social Support)**

사회적 지지란 개인이 주변의 타인이나 집단, 조직과의 공식적이거나 비공식적인 접촉을 통해서 얻는 도움, 위로, 정보 등을 의미한다. 사회적 지지는 심리적으로 지원받고 보호받는다는 느낌을 준다.

② **A유형 행동양식**

A유형 행동양식은 가능한 빠른 시간 내에 제한된 자원을 획득하기 위해 꾸준히 투쟁하고 노력하는 성격으로 정의된다. A형 행동양식을 보유한 사람들은 보통 야망이 높고 성격이 급하며 시간에 쫓기고 쉽게 적개심을 표출하는 경향성이 있

다. A유형 행동양식을 보유한 사람들은 자신이 상황을 통제하고자 하는 욕구가 강하며 책임감이 강하고 일을 정확히 처리하며 많은 성공을 보여주기도 한다.

③ **통제 소재**

개인이 자신에게 일어난 일의 원인이 자신의 통제 내에 있는지 자신의 통제 밖에 있는지에 대한 신념과 판단을 뜻한다. 주로 어디에 원인을 두느냐에 따라 내적 통제자와 외적 통제자로 구분하기도 한다. 내적 통제자는 성공과 실패 모두 자신의 노력이나 능력에 기인한다고 생각하는 사람이며 외적 통제자는 성공과 실패가 다른 사람이나 외부의 환경 같은 요인에 결정된다고 생각하는 사람이다.

④ **심리적 강인성**

심리적 강인성은 스트레스에 저항할 수 있는 성격 특성을 뜻한다. 심리적 강인성이 높은 사람들은 자신의 삶에 대한 통제감 수준이 높고 여러 가지 도전적인 상황을 장애나 스트레스로 여기기보다 시도해볼 만한 도전으로 여기는 경향이 있다.

⑤ **자기효능감**

자기효능감이란 자신이 어떤 과제를 성취할 수 있다는 믿음을 뜻한다. 이것은 생활 속에서 경험하는 부담에 대해 얼마나 적절하고 효율적으로 대처할 수 있는지를 반영한다. 높은 자기 효능감을 가지고 있는 사람들은 그렇지 못한 사람들에 비해 스트레스에 더 저항적이기 때문에 스트레스의 영향을 덜 받는다.

⑥ **자존감**

자존감은 사람들이 자신에 대해 어떻게 느끼는지에 대한 평가적인 개념이며 조직에서의 자존감은 조직기반 자존감이라 불리기도 한다. 조직기반 자존감이 높은 사람은 개인적인 충만감이 존재하고 조직 내에서 자신을 중요하고 효과적이며 가치있는 사람으로 여긴다.

⑦ **부정적 정서성**

부정적 정서성은 삶과 자신의 직무에 대해 일반화된 불만족을 보이며 생활 속에서 경험하는 부정적 측면에 초점을 맞추는 성격차원을 말한다. 부정적 정서성이 높은 사람들은 직무수행을 비롯한 생활 전반에 걸쳐 높은 스트레스와 불만족을 경험한다.

(4) 스트레스 관리

① 개인적 차원의 대응책

㉠ 적절한 운동

㉡ 긴장이완법

㉢ 적절한 시간관리 : 현실적인 목표를 설정하고 가용 시간에 맞추어 일정을 계획하고 관리한다.

㉣ 협력관계 유지 : 다른 사람들과의 협력관계를 유지하여 일을 분담하고 정보를 교환한다.

② 조직적 차원의 대응책

㉠ 우호적인 직장분위기의 조성 : 조직구성원들에게 서로 상호작용 하는 것을 쉽게 만들어 주거나 동료들이나 하급자, 상급자들에게 후원을 받을 수 있도록 직장분위기를 조성한다.

㉡ 참여적 의사결정 : 참여와 자율성의 증가는 구성원들의 행동에 신축성을 부여하게 된다.

㉢ 직무 재설계 : 직무분석이나 직무평가를 통해 역할모호성, 역할과다, 위험과 건강에 해로운 작업조건을 밝혀내고 그 결과를 토대로 업무규정과 지침을 제공하고 충분한 권한을 확보해 준다.

㉣ 경력계획과 개발 : 조직원들에게 교육 및 경력프로그램을 제공한다.

(5) NIOSH의 직무스트레스 모형

NIOSH의 직무스트레스 모형에서 보면 직무스트레스 요인은 크게 작업 요인, 조직 요인, 환경 요인으로 구분된다. 작업요인은 작업부하, 작업속도, 교대근무 등을 의미하며 조직요인은 역할갈등, 관리유형, 의사결정 참여, 고용불확실 등이 포함된다. 환경요인으로는 조명, 소음 및 진동, 고열, 한랭 등이 포함된다.

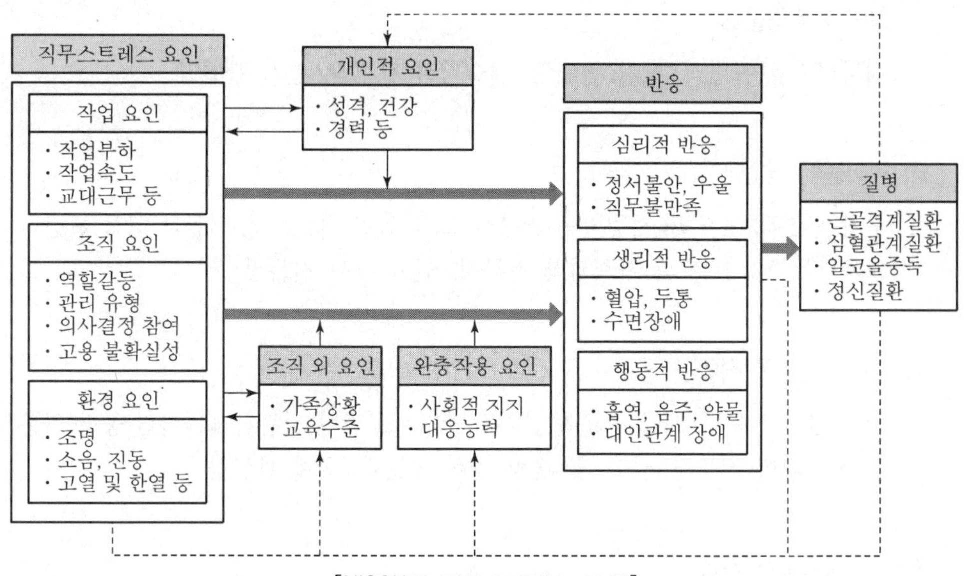

[NIOSH의 직무스트레스 모형]

02 직무수행과 평가

Section

1. 직업적성의 분류(한국직업능력개발원)

1) 신체 · 운동능력 직업군

운동 및 안전관련직, 무용 관련직, 일반운전 및 장비 관련직, 농림어업 관련직

2) 손재능 직업군

이미용 관련 서비스직, 조리 관련직, 의복제조 관련직, 기능직

3) 공간 · 시각능력 직업군

고급 운전 관련직, 특수(소프트) 스포츠 관련직, 시각디자인 관련직, 영상 관련직

4) 음악능력 직업군

음악 관련직, 악기 관련직

5) 창의력 직업군

시각디자인 관련직, 작가 관련직, 예술기획 관련직, 연기 관련직

6) 언어능력 직업군

작가 관련직, 법률 및 사회활동 관련직, 교육 관련 서비스직, 인문계 교육 관련직, 이공계 교육 관련직, 인문 및 사회과학 전문직, 언어 관련 전문직

7) 수리 · 논리력 직업군

의료 관련 전문직, 이공계 교육 관련직, 이학 및 공학 전문직, IT 관련 공학 전문직, 인문 및 사회과학 전문직, 금융 및 경영 관련 전문직, 회계 관련직

8) 자기성찰능력 직업군

교육 관련 서비스직, 사회서비스직, 법률 및 사회활동 관련직, 인문계 교육 관련직, 이공계 교육 관련직

9) 대인관계능력 직업군

보건의료 관련 서비스직, 교육 관련 서비스직, 사회서비스직, 일반 서비스직, 기획 서비스직, 영업 관련 서비스직, 매니지먼트 관련직

10) 자연친화력 직업군

자연친화 관련직, 환경 관련 전문직, 농림어업 관련직

2. 적성검사의 종류

일반적으로 적성을 측정하기 위한 지필검사는 기본정신 능력검사(PMA), 변별 적성검사(DAT), 일반 적성검사(GATB) 등이 있다. 다양한 적성검사들 중 진로와 관련하여 일반 적성검사가 가장 많이 행해지며 일반 적성검사는 그 대상에 따라 청소년용과 성인용으로 나눌 수 있다.

1) 청소년용 적성검사의 하위검사 및 측정요인

하위검사	측정요인	하위검사	측정요인
어휘찾기 검사	언어능력	문자지각 검사	지각속도
주제찾기 검사		기호지각 검사	
낱말분류 검사		과학원리 검사	과학원리
단순수리 검사	수리능력	색채집중 검사	집중능력
응용수리 검사		색상지각 검사	색채능력
문장추리 검사	추리능력	성냥개비 검사	사고유연성
심상회전 검사	공간능력	선그리기	협응능력
부분찾기 검사		15개 하위검사와 10개 측정 요인	

2) 성인용 적성검사

기초 적성을 평가하여 수검자가 어떤 능력이 뛰어난지 또는 취약한지를 탐색할 수 있도록 도움을 준다. 수검자의 적성 요인에 적합한 직업을 안내하며, 수검자가 희망하고 직업에서 요구하는 능력과 자신의 능력을 비교해 볼 수 있는 기회를 제공하여 경력개발 및 직업 선택을 도와준다.

3) 적성검사의 종류 및 영역

검사명	시행 주체	대상	적성영역
일반직업 적성검사	고용노동부	13~18세	① 학습능력 ② 언어능력 ③ 산수능력 ④ 형태지각력 ⑤ 공간판단력 ⑥ 운동조절 ⑦ 사무지각
적성검사	한국교육개발원	중 · 고	① 언어능력 ② 수리능력 ③ 공간능력 ④ 과학능력 ⑤ 대인관계능력 ⑥ 변별지각능력 ⑦ 수공기능
직업 적성검사	한국 직업능력 개발원	중 · 고	① 신체 · 운동능력 ② 손 재능 ③ 공간 · 시간능력 ④ 음악능력 ⑤ 창의력 ⑥ 언어능력 ⑦ 수리논리력 ⑧ 자기성찰능력 ⑨ 대인관계능력 ⑩ 자연친화력
KAT-A 적성검사	한국 가이던스	중 · 고	① 어휘력 ② 언어추리력 ③ 수리력 ④ 공간지각력 ⑤ 수 추리력 ⑥ 과학적 사고력 ⑦ 언어논리력 ⑧ 목표력
성인용 직업 적성검사	고용노동부	성인	① 언어력 ② 수리력 ③ 추리력 ④ 공간지각력 ⑤ 사물지각력 ⑥ 상황판단력 ⑦ 기계능력 ⑧ 집중력 ⑨ 색채지각력 ⑩ 사고유창력 ⑪ 협응능력
진로 적성 검사	중앙교육 진흥연구소	중 · 고	① 기계추리력 ② 언어추리력 ③ 공간지각력 ④ 수리력 ⑤ 어휘력 ⑥ 언어사용력 ⑦ 지각속도력 ⑧ 수공기능력
종합적성 및 진로검사	대교	초 · 중 · 고	① 언어적성 ② 논리수학적성 ③ 공간적성 ④ 신체운동적성 ⑤ 음악적성 ⑥ 대인적성 ⑦ 수공적성

4) 좋은 검사의 조건

(1) 개인차의 예리한 변별

① 개인차의 반영 : 검사를 개인차 발견을 위하여 사용되는 도구로 본다면 검사의 첫째 요건은 해당 속성에 있어서의 개인차를 예민하게 반영해야 한다.

② 변별력의 특성 : 예민한 변별력을 갖춘 검사는 적절한 문항구성과 포함되는 문항수의 적절한 수준을 갖춤으로써 이루어진다.

(2) 표준화된 검사

① 표준화 검사 : 실시방법, 응답방법, 반응시간, 채점방법 등이 정해져 있고 그 결과를 객관적으로 비교할 수 있는 규준을 가지고 있는 검사이다.

② 표준화 검사의 장점 : 백분위 점수는 등위만을 알려주는 데 반해 표준점수는 등위뿐 아니라 점수 간의 거리도 알려준다.

(3) 신뢰도가 높은 검사

① 검사-재검사 신뢰도

② 동형검사 신뢰도

③ 반분신뢰도

④ 평가자 간 신뢰도

(4) 타당도가 높은 검사

① 구성타당도

㉠ 수렴타당도

㉡ 변별타당도

② 준거관련 타당도

㉠ 동시타당도

㉡ 예측타당도

③ 내용타당도

④ 안면타당도

3. 직무분석 및 직무평가

1) 직무분석

(1) 직무분석(Job Analysis)의 의의

① **직무분석 : 특정 직무의 내용(또는 성격)을 분석해서 그 직무가 요구하는 조직구**

성원의 지식 · 능력 · 숙련 · 책임 등을 명확히 하는 과정을 말한다. 즉, 특정 직무의 성격에 관련된 모든 중요한 정보를 수집하고 이들 정보를 관리목적에 적합하게 정리하는 체계적인 과정이다. 따라서 직무분석은 조직이 요구하는 일의 내용 또는 요건을 정리 · 분석하는 과정이라고 말할 수 있다.

(2) 직무분석의 내용 및 요건

① 내용분석 : 직무분석과정에서 파악하여야 하는 내용은 직무내용, 직무목적, 작업장소, 작업방법, 작업시간, 소요기술 등이다.

② 수행요건분석 : 직무수행에 필요한 요건을 분석하는 것으로 그 내용은 전문지식 · 교육훈련 등 숙련도, 육체적 · 정신적 노력, 책임, 위험이나 불쾌조건, 작업조건 등이다.

(3) 직무분석의 목적

직무분석의 목적은 궁극적으로 직무기술서와 직무명세서를 작성하여 직무평가(Job Evaluation)를 하고자 하는 것이지만, 직무분석을 통해서 얻어진 정보는 인적자원관리 전반을 과학적으로 관리하는 데 기초자료를 제공한다.

① 조직구조의 설계 : 직무분석은 조직의 합리화를 위한 조직구조의 설계와 업무개선의 기초가 된다.

② 인적자원계획 수립 : 직무분석은 인적자원의 수요 및 공급을 예측하고 인적자원의 채용, 배치, 이동 · 승진, 훈련 및 개발 등의 기준을 만드는 기초가 된다.

③ 직무평가 및 보상 : 직무분석은 직무평가의 기초가 되고, 특정 직무에 대해 어느 정도 보상을 해주어야 할지 결정하는 데 활용된다. 즉, 인사고과와 직무급 도입을 위한 기초가 된다.

④ 경력계획 : 직무분석은 경력개발 계획의 기초자료가 된다.

⑤ 기타 : 이외에도 직무분석은 노사관계 해결, 직무설계, 인사상담, 안전관리, 정원산정, 작업환경 개선 등의 기초자료가 된다.

(4) 직무분석의 방법

① **관찰법(Observation Method)** : 훈련된 직무분석자가 직접 직무수행자를 집중적으로 관찰함으로써 정보를 수집하는 방법이다. 가장 간단하고 실시하기 쉽기 때문에 육체적 활동과 같이 관찰이 가능한 직무에 적절히 사용될 수 있다. 그러나 지식업무나 고도의 능력을 필요로 하는 직무일 경우 관찰이 어렵고, 비반복적인 직무일 경우 관찰에 너무 많은 시간이 소요되어 비효율적일 수 있다. 체크리스트 혹은 작업표로 기록된다. 관찰자가 관찰할 수 있는 자질과 역량을 갖추었는가가 가장 중요한 관건이 된다.

② **면접법(Interview Method)** : 기술된 정보, 기타 사내의 기존 자료나 실무분석을

위해 특별히 제작된 조직도, 업무흐름표(Flow Chart), 업무분담표 등을 자료로 하여 담당자(또는 감독자, 부하, 기타 관계자)를 개별적으로 혹은 집단적으로 면접하여 필요한 분석항목의 정보를 획득하는 방법이다. 면접을 통해 직접 직무정보를 얻기 때문에 정확하지만, 많은 시간이 소요될 수 있다.

③ **질문지법(Questionnaire Method)** : 표준화되어 있는 질문지를 통하여 직무담당자가 직접 직무에 관련된 항목을 체크하거나 평가하도록 하는 방법이다. 비교적 단시일에 직무정보를 수집할 수 있다.

④ **실제수행법 또는 경험법(Empirical Method)** : 직무분석자가 분석대상 직무를 직접 수행해 봄으로써 직무에 관한 정보를 얻는 방법

⑤ **중요사건법(Critical Incidents Method) 또는 중요사건서술법** : 직무수행과정에서 직무수행자가 보였던 보다 중요한 또는 가치가 있는 행동을 기록해 두었다가 이를 취합하여 분석하는 방법이다. 직무의 성공적인 수행에 필수적인 행위들을 유사한 범주별로 분류하고 이를 중요도에 따라 점수를 부여한다. 직무행동과 직무성과 간의 관계를 직접적으로 파악할 수 있으며 인사고과 척도의 개발이나 교육훈련의 내용을 선정하는 데 유용하게 활용한다.

⑥ **워크샘플링법(Work Sampling Method)** : 단순한 관찰법을 보다 세련되게 개발한 것으로서 전체 작업 과정 동안 무작위적인 간격으로 많은 관찰을 행하여 직무행동에 관한 정보를 얻는 방법이다.

⑦ 기타의 방법

- 앞의 방법들 중에서 두 가지 이상을 결합하여 정보를 수집하는 종합적인 방법(Combination Method)
- 작업수행자에게 작업일지를 작성하게 한 다음 직무사이클(Job Cycle)에 따른 작업일지의 내용을 분석하는 작업일지법(Job Diary Method) 등이 있다.

(5) 직무분석의 절차

① 준비작업 및 배경정보의 수집 : 직무분석의 준비작업과 기초자료의 수집은 예비조사의 단계에서 대부분 이루어진다. 조직도, 업무분담표, 과정도표와 이미 존재하는 직무기술서 및 직무명세서와 같은 이용 가능한 배경정보를 수집한다.

② 대표직무의 선정 : 모든 직무를 분석할 수도 있지만 시간과 비용의 문제가 있기 때문에 일반적으로 대표적인 직무를 선정하여 그것을 중점적으로 분석한다.

③ 직무정보의 획득 : 이 단계를 보통 직무분석이라고 한다. 여기서 직무의 성격, 직무수행에 요구되는 구성원의 행동, 인적요건 등 구체적으로 직무를 분석한다. 이 단계에서 면접법 · 관찰법 · 중요사건법 · 워크샘플링법 · 질문지법 등이 사용된다.

④ **직무기술서의 작성** : 앞에서 얻은 정보를 토대로 직무기술서를 작성하는 단계이다.

직무기술서는 직무의 주요한 특성과 함께 직무의 효율적 수행에 요구되는 활동들에 관하여 기록된 문서를 말한다.

⑤ **직무명세서의 작성** : 이 단계에서는 직무기술을 직무명세서로 전환시킨다. 이는 **직무수행에 필요한 인적 자질, 특성, 기능, 경험 등을 기술한 것을 말한다.** 이것은 독립된 하나의 문서일 수도 있으며 직무기술서에 같이 기술될 수도 있다.

(6) 직무기술서와 직무명세서

직무기술서와 직무명세서는 직무분석의 산물이며, 직무분석은 직무기술서와 직무명세서의 기초가 된다. 직무기술서는 과업중심적인 직무분석에 의하여 얻어지며, 직무명세서는 사람중심적인 직무분석에 의하여 얻어진다. 즉, 직무기술서는 과업 요건에 초점을 둔 것이며, 직무명세서는 인적 요건에 초점을 둔 것이다.

구 분	직무기술서(Job Description)	직무명세서(Job Specification)
의의	**직무분석을 통해 얻어진 직무의 성격과 내용, 직무의 이행방법과 직무에서 기대되는 결과 등 과업요건을 중심으로 정리해 놓은 문서**	**직무를 만족스럽게 수행하는 데 필요한 작업자의 지식 · 기능 · 능력 및 기타 특성 등을 정리해 놓은 문서**
목적	인적자원관리의 일반목적을 위해 작성	인적자원관리의 구체적이고 특정한 목적을 위해 세분화하여 작성
작성 시 유의사항	**직무내용과 직무요건에 동일한 비중을 두고, 직무 자체의 특성을 중심으로 정리**	**직무내용보다는 직무요건을, 또한 직무요건 중에서도 인적요건을 중심으로 정리**
포함되는 내용	**직무명칭, 직무개요, 직무내용, 장비 · 환경 · 작업활동 등 직무(수행) 요건, 직무표식(직무의 명칭 및 직무번호)**	**직무표식(직무의 명칭 및 직무번호), 직무개요, 직무내용, 작업자의 지식 · 기능 · 능력 및 기타 특성 등 (구체적인) 직무의 인적요건**
특징	속직적 기준, 직무행위의 개선점 포함	속인적 기준, 직무수행자의 자격요건 명세서

(7) 직무설계

① 직무설계의 의의

직무분석을 실시하여 직무기술서와 직무명세서가 작성되면 이러한 정보를 활용하여 직무를 설계(Job Design)하거나 재설계(Redesign)할 수 있다. 즉, 직무분석을 통해 얻어진 정보는 구성원들의 만족과 성과를 증대시키는 방향으로 직무요소와 의무, 그리고 과업 등을 구조화시키는 직무설계에 활용될 수 있다. 그리고 직무설계를 통해서 구성원들의 욕구와 조직의 목표를 통합시킬 수 있다.

② 직무설계의 목적

직무를 설계하는 근본적인 목적은 직무성과(Job Performance)를 높임과 동시에 직무만족(Job Satisfaction)을 향상시키기 위한 것이다. 조직의 입장에서 볼 때 직무성과와 직무만족을 동시에 높일 수 있다면 가장 이상적이겠지만, 양자는 어느 정도 상충관계(Trade－Off)에 있으므로 두 목표 간에 상충이 가장 적게 일어나는 대안을 선택해야만 할 것이다.

③ 직무설계방안

ⓐ 과학적 관리법에 의한 직무설계

㉠ **직무분화(Job Differentiation)** : 직무를 단순화 · 표준화하여 조직구성원이 세분화된 직무에서 전문화가 이루어지도록 하는 방안. 일의 분업을 통해 한 구성원에게 세분된 직무를 맡겨 생산의 효율성을 이루는 직무전문화 기법

ⓑ 과도기적 접근방법 : 과학적 관리법에 의한 직무설계는 많은 부작용이 초래되어, 대안으로서 직무순환과 직무확대가 제시

㉠ **직무순환(Job Rotation)** : 조직구성원에게 돌아가면서 여러 가지 직무를 수행하도록 하여 직무수행에서 지루함이나 싫증을 덜 느끼게 하려는 직무설계방안

㉡ **직무확대(Job Enlargement)** : 한 직무에서 수행되는 과업의 수를 증가(직무가 보다 다양하고 흥미 있도록 하기 위해 직무에 포함되어 있는 기존의 과업들에 또 다른 과업들을 추가)시키는 것

ⓒ 현대적 접근방법

㉠ 직무분화, 직무순환, 직무확대 등이 기본적으로 작업자들의 욕구를 충족시키지 못하는 것이 밝혀지자 작업자들의 동기부여에 초점을 맞춘 직무충실이론과 직무특성이론 등이 등장

㉡ **직무충실화(Job Enrichment)**

- **전통적인 직무설계방법과는 달리 직무성과가 직무수행에 따른 경제적 보상보다도 개인의 심리적 만족에 달려 있다는 전제하에 직무수행의 내용과 환경을 재설계하는 방법**
- **특히 다양한 작업내용이 포함되고 보다 높은 수준의 지식과 기술이 요구되며 작업자에게 자신의 성과를 계획하고 통제할 수 있는 자주성과 책임이 보다 많이 부여되고 개인적 성장과 의미 있는 작업경험에 대한 기회를 제공할 수 있도록 직무의 내용을 재편성하는 것을 의미**
- **직무충실화의 이론적 근거는 동기유발이론에서 찾아볼 수 있는데 특히 매슬로의 욕구단계이론 중 상위수준의 욕구와 허즈버그의 2요인이**

론 중 동기유발요인, 그리고 맥클랜드의 세 가지 욕구 중 성취욕구 등 이 중시된다.

ⓒ 직무특성모형(Job Characteristic Model) : 조직구성원들의 상위계층의 욕구를 충족시키는 데 초점을 맞추어 동기를 유발시키고 직무만족을 경험하게 하는 직무의 특성을 개념화한 것. 핵심 직무 차원, 중요 심리상태, 개인 및 직무성과의 세 부분으로 이루어짐. 개인 및 직무성과는 중요 심리상태에서 얻어지며, 중요 심리상태는 핵심직무 차원에서 만들어진다는 것

ⓔ 직무교차(Overlapped Workplace) : 직무의 일부분을 다른 조직구성원과 공동으로 수행하도록 짜여져 있는 수평적 직무설계 방식

ⓜ 준자율적 직무설계(Semi-Autonomous Workgroup) : 기업의 업무가 전산화됨에 따라, 몇 개의 직무들을 묶어 하나의 작업집단을 구성하고, 이들에게 어느 정도의 자율성을 허용해 주는 방식. 준자율적 작업집단 구성원들은 자신들이 수립한 집단규범에 따라 직무를 스스로 조정 · 통제할 수 있다.

ⓗ 경영혁신화(Business Reengineering) : 현대적 직무설계에서, '고객 중심'으로 제품과 서비스를 제공하기 위해 직무를 '프로세스 중심'으로 설계하는 방식

ⓢ 역량중심(Competency) : 현대적 직무설계에서, 역량모델을 구축하여 역량중심 직급에 따라 업무를 수행할 수 있도록 설계하는 방식

ⓓ 집단수준의 직무설계

㉠ 팀접근법(Team Approach) : 작업이 집단에 의해서 수행되기도 하여, 이때는 팀을 대상으로 한 작업설계가 필요. 개인수준의 직무설계와 달리 집단과업의 설계, 집단구성원의 구성, 집단규범 등이 집단수준의 작업설계의 특징

㉡ QC서클(Quality Control Circle) : 10명 이내의 한 작업단위의 종업원들이 자발적으로 정기적인 모임을 갖고 제품의 질과 문제점을 분석하고 제안하는 분임조 활동. 기업 내에서 참여적 분위기를 조성하며 일종의 소집단활동이 된다.

2) 직무평가

(1) 직무평가(Job Evaluation)의 의의와 목적

① 직무평가의 의의 : 직부분석을 기초로 하여 각 직무가 지니고 있는 상대적인 가치를 결정하는 방법이다. 즉, 기업이나 기타의 조직에 있어서 각 직무의 중요성 · 곤란도 · 위험도 등을 평가하여 다른 직무와 비교한 직무의 상대적 가치를 정하는 체계적 방법이다.

② 직무평가의 특징

㉠ 직무평가는 직무분석에 의해 작성된 직무기술서와 직무명세서를 기초로 하여 이루어진다.

㉡ 직무평가는 일체의 속인적인 조건을 떠나서 객관적인 직무 그 자체의 가치를 평가하는 것이다. 직무상의 인간을 평가하는 것이 아니다.

㉢ 동일한 가치를 가진 직무에 대하여는 동일한 임금을 적용하고 더 높은 가치가 인정되는 직무에 대하여는 더 많은 임금을 책정하는 직무급 제도의 기초가 된다.

③ 직무평가의 목적 : 직무평가는 '동일노동에 대하여 동일임금'이라는 직무급 제도를 확립하는 데 그 목적이 있으며, 나아가 인적자원관리 전반의 합리화를 이루고자 한다. 이를 통해 임금(직무급)의 결정, 인력의 확보와 배치, 종업원의 역량개발을 진행한다.

④ 평가요소 : 직무평가는 직무의 상대적 가치를 결정하는 것이므로 직무의 공헌도에 의해서 결정된다. 직무의 공헌도는 일반적으로 4가지 요소를 기준으로 파악한다. 즉, ㉠ 숙련(Skill), ㉡ 노력(Effort), ㉢ 책임(Responsibility), ㉣ 작업조건(Working Condition) 등이다.

⑤ 직무평가의 절차 : 직무평가는 다음의 순서로 이루어진다.

㉠ 직무에 관한 지식 및 자료의 수집 : 직무분석

㉡ 수집된 지식 및 자료의 정리 : 직무기술서, 직무명세서

㉢ 평가요소의 선정 : 숙련, 노력, 책임, 작업조건

㉣ **평가방법의 선정 : 서열법, 분류법, 점수법, 요소비교법**

㉤ 직무평가

(2) 직무평가의 방법

직무평가의 방법은 우선 비양적 방법(Non-quantitative Method)과 양적 방법(Quantitative Method)의 두 가지로 구분된다.

구 분	비양적 방법 (Non-quantitative Method)	양적 방법 (Quantitative Method)
의의	직무수행에 있어서 난이도 등을 기준으로 포괄적 판단에 의하여 직무의 가치를 **상대적**으로 평가하는 방법. 종합적 평가방법	직무분석에 따라 직무를 기초적 요소 또는 조건으로 분석하고 이들을 양적으로 계측하는 분석적 판단에 의하여 평가하는 방법. 분석적 평가방법
종류	서열법(등급법), 분류법	점수법, 요소비교법

① **서열법(Ranking Method)**

㉠ 전체적이고 포괄적인 관점에서 평가자가 종업원의 직무수행에 있어서 요청되

는 지식, 숙련, 책임 등에 비추어 상대적으로 가장 단순한 직무를 최하위에 배정하고 가장 중요하고 가치가 있는 직무를 최상위에 배정함으로써 순위를 결정하는 방법(등급법)

ⓛ 신속하고 간편하게 직무등급을 설정할 수 있지만 직무등급을 정하는 일정한 표준이 없으므로 평가결과의 객관화가 곤란하다.

ⓒ 서열법의 유형

- 일괄서열법 : 최상위 직무와 최하위 직무를 먼저 선정하고, 그 다음 나머지 직무의 서열을 상대적으로 정하여 서열을 정하는 방법
- 쌍대서열법 : 각 직무들을 두 개씩 짝을 지어 다른 직무와 비교하여 서열을 정하는 방법
- 위원회서열법 : 평가위원회를 설치하여 다수의 위원들이 서열을 결정하는 방법으로, 평가자 1인이 실시하는 것보다 편견이 적고 객관성도 더 높다고 할 수 있다.

② **분류법(Job－classification Method)**

㉠ 서열법이 좀 더 발전한 것으로 어떠한 기준에 따라서 사전에 직무등급을 결정해 놓고 각 직무를 적절히 판정하여 분류하는 직무평가 방법

ⓛ 강제배정의 특성이 있으므로 정부기관이나 학교, 서비스업체 등에서 많이 이용된다.

ⓒ 간단하고 이해하기 쉬우며 비용이 적게 소용되지만 직무등급 분류의 정확성을 기하기가 어렵다는 단점이 있다. 따라서 서열법이나 분류법 모두 직무의 수가 많아지고 복잡해지면 적용이 어렵다.

③ **점수법(Point Rating Method)**

㉠ 직무를 평가요소로 분해하고 각 요소별로 그 중요도에 따라 숫자에 의한 점수를 준 후 이 점수를 총계하여 각 직무의 가치를 평가하는 방법

ⓛ 각 직무에 대한 평가치인 총점수를 상호 비교하고 점수의 크기에 따라 각 직무의 상대적 가치가 결정되는 것

ⓒ 평가요소는 각 직무에 공통적인 것, 과학적인 객관성을 가지고 있는 것, 노사 쌍방이 납득할 수 있는 것, 그리고 직무내용을 구성하는 중요한 요소일 것 등 4가지 조건을 갖추어야 한다. 따라서 평가요소는 숙련요소 · 노력요소 · 책임요소 · 작업조건요소 등으로 구분할 수 있다.

ⓔ 양적 · 분석적 방법을 이용하므로 직무의 상대적 차이를 명확하게 정할 수 있고 구성원들에게 평가결과에 대하여 이해와 신뢰를 얻을 수 있다는 장점이 있다. 그러나 평가요소 및 가중치의 산정이 매우 어려워 고도의 숙련도가 요구되며 많은 준비시간과 비용이 소요된다.

평가요소		단계				
		I	II	III	IV	V
숙련 (250점)	지식	14	28	42	56	70
	경험	22	44	66	88	110
	솔선력	14	28	42	56	70
노력 (75점)	육체적 노력	10	20	30	40	50
	정신적 노력	5	10	15	20	25
책임 (100점)	기기 또는 공정	5	10	15	20	25
	자재 또는 제품	5	10	15	20	25
	타인의 안전	5	10	15	20	25
	타인의 직무수행	5	10	15	20	25
직무조건 (75점)	작업조건	10	20	30	40	50
	위험성	5	10	15	20	25

④ **요소비교법(Factor－comparison Method)**

㉠ 그 기업이나 조직에 있어서 가장 핵심이 되는 몇 개의 기준직무를 선정하고 각 직무의 평가요소를 기준직무의 평가요소와 결부시켜 비교함으로써 모든 직무의 가치를 결정하는 방법

㉡ 직무의 상대적 가치를 임금액으로 평가하는 것이 특징이다. 말하자면 임금액을 가지고 바로 평가 점수화할 수 있다는 것이다. 이와 같은 방법은 점수법을 개선한 것으로 점수법이 각 평가요소의 가치에 따라서 점수를 부여하는 데 반하여 요소비교법은 각 평가요소별로 직무를 등급화하게 된다.

㉢ 절차는 몇 개의 기준직무 선정 → 평가요소의 선정 → 평가요소별로 기준직무의 등급화 및 임금분배 → 평가직무와 기준직무의 비교평가의 순이다.

㉣ 점수법이 주로 공장의 기능직에 국한하여 사용되는 데 비해 요소비교법은 기능직은 물론이고 사무직·기술직·감독직·관리직 등 서로 다른 직무에도 널리 이용 가능하다.

㉤ 직무평가의 기준이 구체적이기 때문에 직무 간의 비교가 용이하고 점수법보다 합리적이라는 장점이 있지만, 기준 직무의 선정과 평가요소별 임금배분에 정확성을 기하기 어렵고 시간과 비용이 많이 든다는 단점이 있다.

(3) 직무평가의 유의점

① 기술적 측면의 한계

구성원과 경영자 간의 가치상 갈등과 관련해서 발생한다. 즉 경영자의 입장에서 직무평가요소를 기능과 책임·노력 및 작업조건으로 분류하는 데 반해, 구성원들

은 감독의 유형 · 다른 구성원에 대한 적응도 · 작업에 대한 성실성 · 초과작업시간 · 인센티브 · 기준의 엄격성 등을 추가하고자 한다.

② 인간관계적 측면의 유의점

직무평가가 과학적이며 논쟁의 여지가 없다는 보장이 없기 때문에 임금결정과정에서 구성원들의 반발과 노동조합의 영향을 고려해야 한다.

③ 직무평가계획상의 유의점

이는 직무평가의 대상이 다수이거나 서로 상이할 때 발생하는 문제점으로, 모든 직무에 하나의 평가계획을 설정하느냐, 아니면 상이한 구성원 집단에 다수의 평가계획을 설정하느냐 하는 것이다. 예컨대, 생산에 관한 직무의 평가에 사용하는 요소와 척도가 영업이나 관리직의 평가에는 적당한 표준척도가 되지 못한다.

④ 직무평가위원회 조직

직무평가를 실시할 때 직무평가위원회 조직을 구성해야 하는데, 여기에 참가하는 경영자를 선정하는 과정에서 문제점이 있게 된다. 조직 내에서 광범위한 이해나 구성원의 동의를 얻기 위해서는 구성원에게 영향을 미치는 많은 수의 경영자들이 참가하는 것이 필요하다. 반면에 위원회가 너무 많은 수의 참가자로 구성될 때 경비가 많이 들 뿐만 아니라 오히려 비능률을 초래할 수 있다. 따라서 직무평가위원회를 구성할 때에는 이러한 양면을 동시에 고려하여야 한다.

⑤ 직무평가의 결과와 노동시장평가의 불일치

직무의 종류에 따라서는 노동시장의 특수한 상황과 결부되어 노동시장에서의 현행 임금과 직무평가에서 결정된 직무의 상대적 가치가 일치하지 않을 경우가 있다. 따라서 경영자는 임금결정과정에서 이와 같은 직무들에 대한 특별한 고려가 있어야 한다. 즉, 임금조사나 그 결과에 대한 임금체계의 조정이 직무평가 실시 후에도 뒤따라야 한다.

⑥ 평가빈도

급격한 환경변화에 창조적으로 적응하고자 하는 기업 내의 종업원들이 담당하는 직무의 성격은 환경과 더불어 변화할 뿐만 아니라, 새로운 성격의 직무도 생겨날 수 있다. 이러한 직무의 성격변화와 관련된 문제점으로서 직무를 평가하는 횟수, 즉 빈도(Frequency)를 적절히 정하는 것이 필요하며, 새로운 성격의 직무에 대한 문제점에는 직무평가 절차와 방법을 선정하는 것이 필요하다.

(4) 직무분류

구 분	직무분류(Job Classification)
의의	동일 또는 유사한 역할 또는 능력을 가진 직무의 집단, 즉 직무군(Job Family)으로 분류하는 것
특징	직무군은 하나 또는 둘 이상의 능력승진의 계열을 가지며 각각 간단히 대체될 수 없는 전문지식, 기능의 체계를 가지는 것
목적	직무분류를 통하여 동일한 기초능력이나 적성을 요하는 직무들을 하나의 무리로 묶어 이를 직종 또는 직군으로 함으로써 이들 직무 내에서 단계적으로 승진하도록 한다든가 이동하도록 하여 보다 쉽게 새로운 직무에 관한 학습이 가능하게 된다.
유용성	오늘날 기업은 채용한 사람들에게 하나의 직무만을 무기한으로 맡기는 것이 아니라, 여러 가지 유사한 직무를 맡길 수 있는 것이 기업에도 유리하고 개인에게도 좋은 경우가 많다. 따라서 선발 시에도 장기고용을 전제로 하는 경우에는 직무단위가 아니라 직군단위의 공통적인 기초능력이나 적성을 기준으로 평가하게 된다.

4. 선발 및 배치

기업의 생산성은 우수한 인력의 확보로부터 시작된다. 우수한 인력의 확보를 위해서는 먼저 직무관리와 인적자원계획이 선행되어야만 한다.

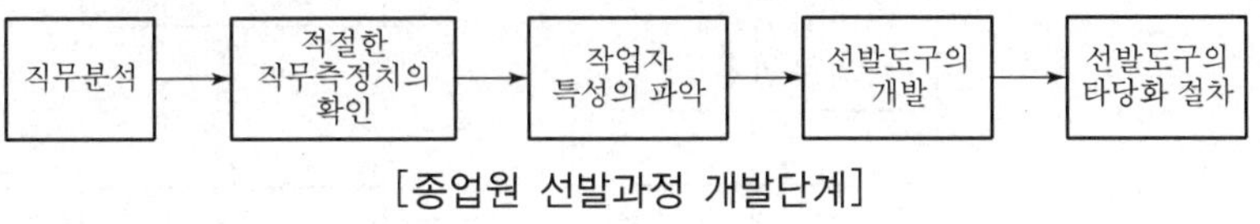

[종업원 선발과정 개발단계]

1) 채용관리

기업의 목적달성을 위해 필요한 인력을 조직 내로 유인하여 적재적소에 배치하는 과정을 채용관리라고 한다. 따라서 채용관리는 '모집 → 선발 → 배치'의 과정을 말하는 것이다. 조직 내부로부터의 채용은 승진이나 재배치에 의해 수행되며, 조직 외부로부터의 채용은 모집과 선발에 의해 수행된다.

(1) 모집

① 내부모집

㉠ 기업이 잠재력이 있고 필요한 지식과 능력을 가진 인력을 모집하여 인재를 육성하는 인재양성전략(Making Policy)이다. 하위 직급의 인력에서부터 잠재력

이 있고 우수한 인력을 조기에 확보하여 지속적인 이동과 승진 및 교육훈련 등을 통해 필요로 하는 인재를 양성한다.

㉡ 조직구성원들의 높은 충성심과 팀워크를 기대할 수 있으나, 외부환경변화에 대한 유연성이 떨어지고, 기업의 인건비가 점차 가중되기도 한다.

② 외부모집

㉠ 기업이 필요한 인력을 외부로부터 모집하는 인재구매전략(Buying Policy)이다. 외부에서 양성된 인력 중 기업에 부합되는 인력을 적기에 모집하는 것으로, 전 직급에 걸쳐 현재 필요한 자질과 능력이 갖추어진 경력사원을 채용한다.

㉡ 인력관리를 신축적으로 운영할 수 있어서 시장 환경변화에 빠르게 대응할 수 있다는 장점이 있으나, 조직구성원들이 고용에 불안을 느끼며 충성도가 약해질 수 있다.

(2) 선발

① 시험

② 면접

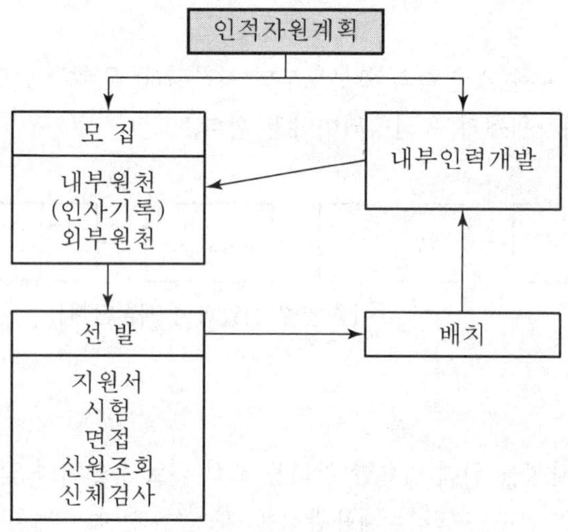

[인적자원의 확보과정]

구 분	내 용
정형적 면접	• 구조적 면접 또는 지시적 면접으로 불리며 직무명세서를 기초로 하여 미리 질문의 내용 목록을 준비해 두고 이에 따라 면접자가 차례로 질문해 나가며 이에 벗어나는 질문은 하지 않는 방법 • 이 방법은 훈련받지 않은 면접자가 활용하는 데 도움
비지시적 면접	• 피면접자에게 의사표시 자유를 주고 그 가운데서 응모자에 대한 폭넓은 정보를 얻는 방법 • 면접자의 고도의 질문기법과 훈련이 필요 • 이 방법은 대개 지시적 방법과 혼용
스트레스 면접	• 면접자가 아주 공격적 태도를 취하여 피면접자를 거의 무시하고 좌절하게 만듦으로써 피면접자의 스트레스 하에서의 감정의 안정성과 좌절에 대한 인내도 등을 관찰하는 방법 • 선발되지 않는 응모자에게는 회사에 대한 부정적인 이미지를 갖게 하기 쉽고 채용하려 해도 때로는 입사를 거부하는 사례가 나타나는 것이 문제점
패널면접	• 다수의 면접자가 하나의 피면접자를 평가하는 방법 • 면접 후 면접자들 간의 의견 교환으로 광범위한 조사가 가능하지만 매우 공식적이기 때문에 피면접자가 긴장감을 느끼게 되어 자연스러운 반응을 하지 않게 된다. • 다수의 면접자를 활용하므로 비용이 많이 들기 때문에 관리직이나 전문직 같은 고급 직종의 선발면접에만 주로 사용
집단면접	• 각 집단단위별로 특정 문제에 따라 자유토론을 할 수 있는 기회를 부여하고 토론과정에서 개별적으로 적격 여부를 심사 판정하는 기법 • 시간의 절약이 가능하고 다수인의 우열비교를 통해 리더십이 있는 인재를 발견할 수 있다는 장점이 있다.
평가 센터법	• 평가자와 다수의 지원자가 특정 장소에 며칠간 합숙하면서 여러 종류의 선발도구를 동시에 적용하여 지원자를 평가하는 방법 • 선발도구는 면접, 집단토의, 특정 주제에 대한 발표, 각종시험 등을 이용 • 지원자의 자질이나 지식, 능력을 파악하는 데 우수하며, 중간 이상의 관리자, 경영자를 선발할 때 사용

③ 선발도구의 합리적 조건

선발시험이나 면접 등과 같은 선발도구를 가지고 선발하게 되지만 오류를 범할 수 있다. 이러한 오류를 범하지 않고 올바른 결정이 되기 위해서는 선발도구의 신뢰성과 타당성 및 선발비율이 고려되어야 한다.

구 분	선발도구의 합리적 조건
신뢰성 (Reliability)	동일한 사람이 동일한 환경에서 어떤 시험을 몇 번이고 다시 보았을 때 그 측정 결과가 서로 일치하는 정도를 뜻하는 것으로 일관성, 안정성, 정확성 등을 나타낸다. 선발결정의 근거자료가 신뢰하기 어렵다면 효과적인 선발도구로 사용될 수 없는 것이다.
타당성 (Validity)	**시험이 당초에 측정하려고 의도하였던 것을 얼마나 정확히 측정하고 있는가를 밝히는 정도를 말한다. 즉, 시험에서 우수한 성적을 얻은 사람이 근무성적 또한 예상대로 우수할 때 그 시험은 타당성이 인정된다.**
선발비율	선발비율은 선발예정자 수를 총 지원자 수로 나눈 값으로 선발비율이 1.0(지원자가 전원 고용된 경우)에 가까이 접근해 갈수록 조직의 관점에서 볼 때에는 바람직하지 못하다고 할 수 있다. 역으로 선발비율이 0(지원자가 아무도 고용되지 않는 경우)에 가까이 접근해 갈수록(선발비율이 낮을수록) 조직의 입장에서는 선택할 여유가 있기 때문에 바람직하다고 볼 수 있다.

(3) 배치

① 적정배치란 어떤 직장 또는 직무에 어떠한 자질을 가진 종업원이 어떻게 배치되는 것이 가장 합리적인가를 결정하는 과정이다. 즉, 적재적소의 원칙을 실현하는 구체적인 과정이라 할 수 있으며 이러한 적정배치가 이루어지면 다음과 같은 이점이 있다.

㉠ 종업원 개개인의 인격을 존중한다.
㉡ 종업원의 성취욕구를 어느 정도 충족시켜준다.
㉢ 종업원으로 하여금 참여와 자발적 노력을 발휘하도록 한다.
㉣ 종업원들에게 능률을 높일 수 있는 활로를 열어준다.
㉤ 이직률과 결근율을 낮춘다.
㉥ 기업의 목표달성을 촉진시킨다.

② 배치(Placement)의 원칙
적재적소주의, 실력주의, 인재육성주의, 균형주의 등

5. 인사관리의 기초

1) 신뢰도와 타당도

(1) 신뢰도(Reliability)

① **신뢰도의 개념 : 측정한 검사점수의 일관성, 안정성, 동등성에 의해 검사를 평가하는 기준이며 검사의 결과가 얼마나 일관성이 있는지를 나타내는 정도**를 뜻한다. 만일, 측정되는 특성이 그대로라면 아무리 반복 측정해도 동일한 신뢰도 추정치를 산출해야 한다.

② 검사-재검사 신뢰도 : 두 시점에서 검사를 반복해서 실시했을 때 얻어지는 검사점수의 상관계수를 통해 시간경과에 따른 안정성을 나타내는 신뢰도이다. 이러한 신뢰도 계수는 안정성계수라고 부르며 두 번의 검사점수가 일치할수록 높은 신뢰도를 갖는다.

③ **동형검사 신뢰도 : 같은 구성개념을 측정하며 검사문항은 다르지만 같은 특성을 가지고 가정하는 두 개의 검사 점수 간 상관계수를 통해 동등성을 나타내는 신뢰도**이다. 이러한 신뢰도 계수는 동등성 계수라고 부르며 이는 두 가지 유형의 검사가 동일한 개념을 얼마만큼 일관되게 측정하는지를 나타낸다.

④ 반분신뢰도 : 한 개의 검사를 실시한 후 검사를 두 부분으로 나누어 각 부분의 검사점수의 상관계수를 통해 나타내는 신뢰도이다. 이때 검사를 두 개의 부분으로 나누는 방법에는 전후 반분법(검사의 전반부와 후반부로 나누는 방법)과 기우 반분법(검사의 홀수 문항과 짝수 문항으로 나누는 방법)이 있다.

⑤ 평가자 간 신뢰도 : 두 명 이상의 평가자들이 평정점수를 토대로 평가가 일치하는 정도를 나타내는 신뢰도이다. 평정자들의 주관적인 판단에 기초해서 평가가 이루어질 때는 각 평가자의 견해와 특성에 따라 혹은 그들의 판단에서의 왜곡과 오류 때문에 동일한 수행과 행동에 대해서 평가점수의 불일치가 나타날 수 있다. 따라서 평정자 간 신뢰도를 검토해 볼 필요가 있다.

(2) 타당도(Validity)

타당도(Validity)란 검사가 측정하고자 하는 것을 제대로 측정하고 있는지를 나타내는 정도를 뜻한다. 따라서 도구 자체보다는 검사의 사용과 더 밀접한 관련을 가지며 준거를 예측하거나 준거에 관한 추론을 도출하기 위한 검사의 정확성과 적절성을 나타낸다고 볼 수 있다.

① **구성타당도** : 개발된 검사가 측정하고자 하는 이론적 구성개념을 얼마나 정확하고 충실하게 측정하고 있는지를 나타내는 타당도이다. 따라서 구성타당도는 검사를 통해 측정하고자 하는 것과 이론적인 개념 간의 관계를 파악하기 위한 과정이다.

적성, 지능, 흥미, 만족, 동기, 성격 같은 개념들을 검사도구가 얼마나 잘 측정하는지를 나타낸 것이다.

㉠ **수렴타당도** : 새롭게 개발된 검사를 유사하고 관련 있는 특성을 측정하는 기존 검사들과 비교했을 때 얼마나 상관을 가지는지를 통해 나타나는 타당도로서 상관관계가 높을수록 수렴타당도가 높다고 말한다. 이는 어떤 검사가 측정하고 있는 것이 이론적으로 관련이 있는 속성과 높은 상관을 나타내는지를 확인하는 것이다.

㉡ **변별타당도** : 상이한 특성을 측정하는 다른 종류의 검사와의 상관계수를 통해 확인하는 타당도로서 상관관계가 낮거나 없을 때 변별타당도가 높다고 볼 수 있다.

② 준거관련 타당도 : 검사가 준거를 예측하거나 준거와 관련이 되어 있는 정도를 나타내는 타당도이다.

㉠ **동시타당도** : 주로 검사로 측정되는 예측변인과 수행이나 실적 같은 준거 간의 관계를 측정하는 것으로 두 가지 측정치를 동시에 측정하여 상관계수를 통해 나타내는 타당도이다. 예를 들어 이미 직무에 종사하는 사람들에게 특정 검사를 실시하여 이 점수를 확보하고 근로자들이 직무수행능력이나 성과지표를 구해서 이들 간의 관계를 알아보는 방법이다.

㉡ **예측타당도** : **예측변인이나 특정 검사가 미래의 수행을 얼마나 잘 예측하는지의 정도를 나타내는 것**으로 두 가지 측정치를 시간간격을 두고 측정하여 상관계수를 통해 나타내는 타당도이다. 예를 들어 어떤 특정 시기에 모든 지원자들에게 해당 검사를 실시하고 고용한 뒤 시간이 지난 후에 종업원들의 직무수행능력이나 성과지표를 구해서 이 둘 간의 관계를 알아보는 방법이다. 이를 통해 해당 검사가 직무에서의 성공적인 수행을 얼마나 정확히 예측했는지를 파악할 수 있다.

③ **내용타당도** : 검사의 문항들이 검사가 측정하고자 하는 구성개념을 대표하는 내용으로 구성되었는지에 대해 관련 전문가들이 평가함으로써 도출되는 타당도이다. 측정하고자 하는 행동을 예측변인이 얼마나 잘 대표하는지를 의미한다. **내용타당도는 상관계수를 통해 제시되는 것이 아니며 검사가 다루는 분야의 전문가들의 평가로서 제시된다.**

④ **안면타당도** : 검사 문항들이 검사의 용도에 적절한지와 측정하고 있는 구성개념을 잘 반영하고 있는지를 피검자들이 느끼는 정도를 뜻한다. 따라서 실제로 무엇을 재고 있는지의 문제가 아니라 검사가 측정한다고 가정하는 것이 실제 측정하는 것처럼 보이는가의 문제이다. 안면타당도는 검사 문항들의 외관, 특정 검사의 내용들이 적절해 보이는지와 관련이 있으며 검사를 받는 피검자들로부터 얻게 된다.

안면타당도는 피검자들의 입장에서 검사가 적절하게 여겨지는지, 검사가 개인들을 평가하는 정당한 수단으로 보이는지에 대해 영향을 미친다.

2) 다양한 선발전략

(1) 중다회귀법

두 개 이상의 예측변인들로 하나의 준거점수를 예측하기 위한 방법이다. 이 방법은 어떤 지원자가 하나의 예측변인에서 좋은 속성을 가지고 있다면 다른 예측변인에서의 부족한 속성을 보상할 수 있다고 가정하고 있기 때문에 한 예측변인의 점수가 높을 때 다른 예측변인에서 낮은 점수를 받아도 합격할 수 있다.

(2) 중다통과법

직무에서 성공적 수행을 하기 위해 모든 예측변인들에게 필요한 최소한의 점수를 넘어야 하는 방법이다. 지원자가 어떤 특정 변인의 점수가 조직에서 요구하는 합격점에 미치지 못한다면 채용 결정에서 제외된다. 이 방법은 하나의 예측변인에서 높은 점수를 기록하더라도 다른 예측변인의 낮은 점수를 보상할 수 없다.

(3) 중다장애법

지원자들이 여러 번 실시되는 예측변인 검사에서 계속 좋은 점수를 얻어야 합격이 되는 방법이며 예측변인 합격점을 넘어서 이 과정을 모두 통과해야만 최종합격이 결정된다. 상대적으로 시간과 비용이 많이 들지만 실력에 미치지 못하는 지원자는 일찍 탈락하기 때문에 모든 지원자에게 전체 선발 예측도구들을 실시할 필요가 없다는 장점이 있고, 여러 단계를 거친 평가가 이루어지기 때문에 최종적으로 선발된 지원자들에 대해 확신을 가질 수 있다는 장점이 있다.

03 직무태도 및 동기

Section

1. 인간의 일반적인 행동특성

인간은 서로 비슷한 특징을 가지고 있는 것처럼 보이지만 개인들은 각기 다른 유전적 특성과 경험을 가지고 살아가며 지식과 기술, 취미와 관심, 그리고 성격과 가치관 등에서 개인적 차이가 존재한다. 레빈(K. Lewin)은 인간의 행동(B)은 개인적 특성(P)과 주어진 환경(E)과의 함수관계에 있다고 주장하였다.

> 레빈(K. Lewin)의 법칙
> 레빈은 인간의 행동(B)은 그 사람이 가진 자질, 즉 개체(P)와 심리적 환경(E)과의 상호함수관계에 있다고 하였다.
>
> $$B = f(P \cdot E)$$
>
> 여기서, B : Behavior(인간의 행동)
> f : function(함수관계)
> P : **Person(개체 : 연령, 경험, 심신상태, 성격, 지능 등)**
> E : Environment(심리적 환경 : 인간관계, 작업환경 등)

2. 사회행동의 기초

1) 적응의 개념

적응이란 개인의 심리적 요인과 환경적 요인이 작용하여 조화를 이룬 상태로, 일반적으로 유기체가 장애를 극복하고 욕구를 충족하기 위해 변화시키는 활동뿐만 아니라 신체적 · 사회적 환경과 조화로운 관계를 수립하는 것을 말한다.

2) 부적응

사람들은 누구나 자기의 행동이나 욕구, 감정, 사상 등이 사회의 요구 · 규범 · 질서에 비추어 용납되지 않을 때는 긴장, 스트레스, 압박, 갈등이 일어나는데, 대인관계나 사회생활에 조화를 잘 이루지 못하는 행동이나 상태를 부적응 또는 부적응 상태라 이른다.

(1) 부적응의 현상

능률 저하, 사고, 불만 등

(2) 부적응의 원인

① 신체 장애 : 감각기관 장애, 지체부자유, 허약, 언어 장애, 기타 신체상의 장애

② 정신적 결함 : 지적 우수, 지적 지체, 정신이상, 성격 결함 등

③ 가정・사회 환경의 결함 : 가정환경 결함, 사회적・경제적・정치적 조건의 혼란과 불안정 등

3. 동기부여

1) 동기의 원인

동기는 내적 원인과 외적 원인, 그리고 이 두 요인 간의 상호작용으로 일어난다. 음식이나 물에 대한 욕구는 내적 원인에 의해 일어나지만, 인정이나 칭찬을 받으려는 욕구는 사회적 환경 같은 외적 요인에서 유발된다. 음식을 먹으려는 욕구가 내적 요인이라면 무엇을 먹을 것인가, 얼마나 먹을 것인가는 환경이나 이전의 학습에 영향을 받는다. 동기의 원인에 관한 이론은 본능이론, 추동감소이론, 유인이론 등이 있다.

(1) 본능이론

심리학자들이 처음에는 동기를 타고난다고 생각하였다. 즉, 태어날 때부터 생존에 필요한 행동이 프로그램화되어 있다고 본다. 이러한 본능은 행동을 적절한 방향으로 이끄는 에너지를 제공한다. 그렇지만 인간의 행동을 본능이론만으로 설명하기에는 부족한 점이 많다.

(2) 추동감소이론

추동(Drive)이란 욕구 결핍으로 생긴 심리적・신체적 흥분상태를 말한다. 식사를 거르면 생리적으로 배가 고프게 돼 음식에 대한 심리적 욕구가 생기게 되고 식사를 하면 음식에 대한 욕구가 가라앉는다는 것이다. 이 이론 또한 생리적 욕구의 결핍(1차적 추동이라고 하기도 한다.)을 설명하는 데는 좋을 수 있으나 어떤 분명한 생리적 욕구가 없는 추동을 설명하는 데는 적합하지 않은 경우가 많다.

(3) 유인이론

외부 요인이 행동을 유발한다는 이론이다. 본능이론이나 추동감소이론이 내적 요인이 목표지향적 행위를 유발한다는 것이라면 유인이론은 외적인 요인이 목표지향적 행위를 유발한다는 것이다. 인간이 어떤 행위를 했을 때, 환경으로부터 긍정적인 유인가(Positive incentive : 돈, 명예, 칭찬 등)를 받게 되면 그런 행위를 더 하려고 하고, 부정적인 유인가(Negative incentive : 비난, 처벌 등)를 받게 되면 그 다음에는 그런 행위를 하지 않으려고 한다.

2) 동기의 분류

(1) 생리적 동기

생리적 동기는 인간을 포함한 모든 유기체가 생리적으로 필요한 대상을 얻고자 목표 지향적으로 행동하는 동기를 말한다. 생리적 동기는 주로 일차적 동기로서 학습하지 않아도 되는(본능인) 것이 대부분이지만 학습을 통해 생성될 수도 있다. 허기동기(Hunger Motive), 갈증 동기(Thirst Motive), 성동기(Sex Motive), 모성동기(Maternal Motive), 수면동기(Sleeping Motive) 등이 여기에 속한다.

(2) 개인적·심리적 동기

개인적 · 심리적 동기는 생리적 동기처럼 인간의 생존에 절대적으로 필요한 공급물이 결핍되어 생기는 것이 아니라, 다른 사람들과의 상호관계를 통해 학습되는 동기를 의미한다.

(3) 조직생활에서의 동기

현대인의 생활은 조직과 불가분의 관계를 맺고 있다. 모든 조직은 일정한 목표를 추구하고 조직에 속한 인간은 조직의 목표달성을 위해 여러 가지 활동을 한다. 조직은 목표 달성에 있어서 경제성 원칙에 따라 구성원이 움직여 주기를 바란다. 그러나 인간은 기계가 아니므로 경제성 원칙에 따라 움직이는 데는 한계가 있다. 이러한 한계를 극복하기 위해 조직은 동기와 관련된 심리학적 지식을 활용해 구성원이 효과적으로 목표 달성에 기여하도록 한다. 동기이론에는 동기의 내용이 무엇인지 설명하는 내용이론과 동기가 어떻게 발생하는지 설명하는 과정이론이 있다.

동기내용이론은 사람들이 동기를 유발하는 요인이 내부적 욕구라고 생각하고 구체적인 욕구를 규명하는 데 초점을 둔 이론이다. 즉 어떤 요인이 동기를 유발하는가에 주목하여 욕구 충족의 행동 관점에서 동기를 설명하는 것이다. 대표적 이론으로 매슬로의 욕구단계이론, 허츠버그의 2요인 이론, 알더퍼의 ERG 이론, 맥그리거의 XY 이론, 맥클랜드의 성취동기이론 등이 있다.

동기과정이론은 동기가 어떻게, 어떤 과정을 거쳐서 발생하는가를 설명하는 이론이다. 동기의 종류를 설명하기보다는 다양한 직무수행 목표를 어떻게 선택하고 목표를 달성한 다음 자신의 만족도를 어떻게 평가하는가에 초점을 둔 이론으로 기대이론, 공정성이론, 강화이론 등이 여기에 해당한다.

3) 매슬로(Maslow)의 욕구단계이론

(1) 생리적 욕구(제1단계) : 기아, 갈증, 호흡, 배설, 성욕 등

(2) 안전의 욕구(제2단계) : 안전을 기하려는 욕구

(3) 사회적 욕구(제3단계) : 소속 및 애정에 대한 욕구(친화 욕구)

(4) 자기존경의 욕구(제4단계) : 자존심, 명예, 성취, 지위에 대한 욕구(승인의 욕구)

(5) 자아실현의 욕구(제5단계) : 잠재적인 능력을 실현하고자 하는 욕구(성취욕구)

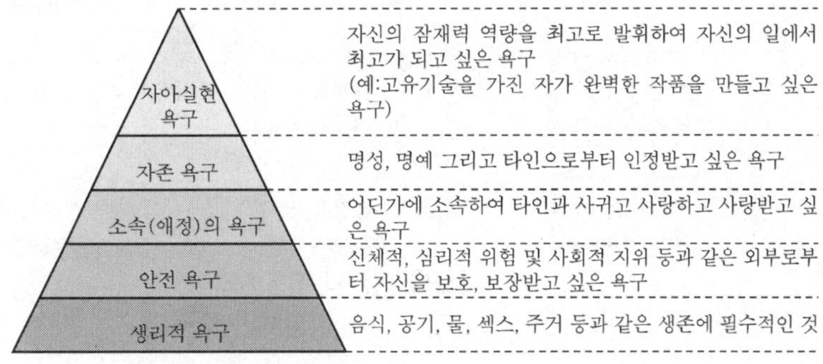

Maslow의 욕구단계이론		Herzberg의 2요인 이론	Alderfer의 ERG 이론
제1단계	생리적 욕구	위생 요인	존재욕구(Existence)
제2단계	안전 욕구		
제3단계	사회적 욕구		관계욕구(Relation)
제4단계	인정받으려는 욕구	동기 요인	
제5단계	자아실현의 욕구		성장 욕구(Growth)

4) 알더퍼(Alderfer)의 ERG 이론

(1) E(Existence) : 존재의 욕구

생리적 욕구나 안전욕구와 같이 인간이 자신의 존재를 확보하는 데 필요한 욕구이다. 또한 여기에는 급여, 부가급, 육체적 작업에 대한 욕구 그리고 물질적 욕구가 포함된다.

(2) R(Relation) : 관계욕구

개인이 주변 사람들(가족, 감독자, 동료작업자, 하위자, 친구 등)과 상호작용을 통하여 만족을 추구하고 싶어하는 욕구로서 매슬로의 욕구단계 중 애정의 욕구에 속한다.

(3) G(Growth) : 성장욕구

매슬로의 자존의 욕구와 자아실현의 욕구를 포함하는 것으로서, 개인의 잠재력 개발과 관련되는 욕구이다. ERG 이론에 따르면 경영자가 종업원의 고차원 욕구를 충족시켜야 하는 것은 동기부여를 위해서만이 아니라 발생할 수 있는 직·간접비용을 절감한다는 차원에서도 중요하다는 것을 밝히고 있다.

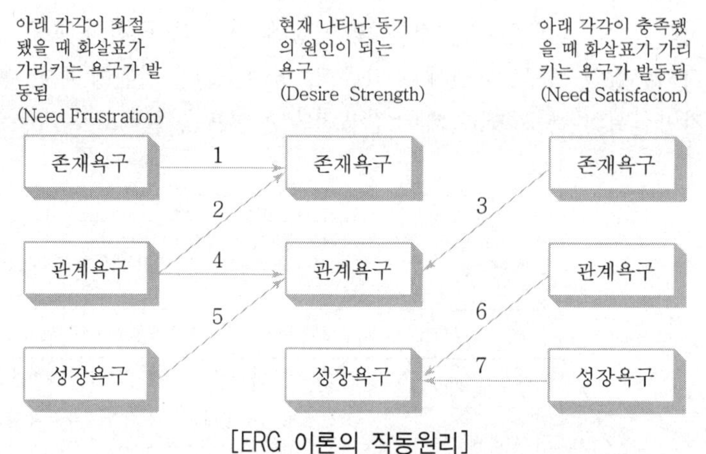

[ERG 이론의 작동원리]

5) 맥그리거(Mcgregor)의 X이론과 Y이론

(1) X이론에 대한 가정

① 원래 종업원들은 일하기 싫어하며 가능하면 일하는 것을 피하려고 한다.

② 종업원들은 일하는 것을 싫어하므로 바람직한 목표를 달성하기 위해서는 그들을 통제하고 위협하여야 한다.

③ 종업원들은 책임을 회피하고 가능하면 공식적인 지시를 바란다.

④ 인간은 명령되는 쪽을 좋아하며 무엇보다 안전을 바라고 있다는 인간관

※ X이론에 대한 관리 처방

㉠ 경제적 보상체계의 강화

㉡ **권위주의적 리더십의 확립**

㉢ 면밀한 감독과 엄격한 통제

㉣ 상부책임제도의 강화

㉤ 통제에 의한 관리

(2) Y이론에 대한 가정

① 종업원들은 일하는 것을 놀이나 휴식과 동일한 것으로 볼 수 있다.

② 종업원들은 조직의 목표에 관여하는 경우에 자기지향과 자기통제를 행한다.

③ 보통 인간들은 책임을 수용하고 심지어는 구하는 것을 배울 수 있다.

④ 작업에서 몸과 마음을 구사하는 것은 인간의 본성이라는 인간관

⑤ 인간은 조건에 따라 자발적으로 책임을 지려고 한다는 인간관

⑥ 매슬로의 욕구단계 중 자기실현의 욕구에 해당한다.

※ Y이론에 대한 관리 처방
  ㉠ 민주적 리더십의 확립
  ㉡ **분권화와 권한의 위임**
  ㉢ 직무확장
  ㉣ 자율적인 통제

6) 허쯔버그(Herzberg)의 2요인 이론(위생요인, 동기요인)

(1) 위생요인(Hygiene)

작업조건, 급여, 직무환경, 감독 등 일의 조건, 보상에서 오는 욕구(충족되지 않을 경우 조직의 성과가 떨어지나, 충족되었다고 성과가 향상되지 않음)

(2) 동기요인(Motivation)

책임감, 성취 인정, 개인발전 등 **일 자체에서 오는 심리적 욕구**(충족될 경우 조직의 성과가 향상되며 충족되지 않아도 성과가 떨어지지 않음)

(3) Herzberg의 일을 통한 동기부여 원칙

① 직무에 따라 자유와 권한 부여
② 개인적 책임이나 책무를 증가시킴
③ 더욱 새롭고 어려운 업무수행을 하도록 과업 부여
④ 완전하고 자연스러운 작업단위를 제공
⑤ 특정의 직무에 전문가가 될 수 있도록 전문화된 임무를 배당

<table>
<tr><th colspan="2">McGregor의 XY 이론</th><th colspan="2">Herzberg의 동기-위생 2요인 이론</th></tr>
<tr><th>X이론</th><th>Y이론</th><th>위생요인(직무환경)</th><th>동기요인(직무내용)</th></tr>
<tr><td>① 인간 불신감</td><td>① 상호 신뢰감</td><td rowspan="6">① 회사정책과 관리
② 개인 상호 간의 관계
③ 감독
④ 임금
⑤ 보수
⑥ 작업조건
⑦ 지위
⑧ 안전
생산능력 향상 불가</td><td rowspan="6">① 성취감
② 책임감
③ 인정감
④ 성장과 발전
⑤ 도전감
⑥ 일 그 자체
생산능력 향상 가능</td></tr>
<tr><td>② 성악설</td><td>② 성선설</td></tr>
<tr><td>③ 인간은 원래 게으르고 태만하여 남의 지배받기를 즐긴다.</td><td>③ 인간은 부지런하고, 근면, 적극적이며, 자주적이다.</td></tr>
<tr><td>④ 물질욕구 (저차적 욕구)</td><td>④ 정신욕구 (고차적 욕구)</td></tr>
<tr><td>⑤ 명령 통제에 의한 관리</td><td>⑤ 목표통합과 자기통제에 의한 자율 관리</td></tr>
<tr><td>⑥ 저개발국형</td><td>⑥ 선진국형</td></tr>
</table>

7) 데이비스(K. Davis)의 동기부여이론

(1) 지식(Knowledge)×기능(Skill)=능력(Ability)

(2) 상황(Situation)×태도(Attitude)=동기유발(Motivation)

(3) 능력(Ability)×동기유발(Motivation)=인간의 성과(Human Performance)

(4) 인간의 성과×물질적 성과=경영의 성과

8) 기대이론

기대이론은 개인이 노력한 정도와 노력의 결과로부터 얻은 성과에 존재하는 관계에 대한 지각에 기초한 동기이론이다. 기대이론은 인간이 합리적이고 객관적이며 미래를 예측하고 이에 걸맞게 행동한다는 인간의 능력을 강조하며 종업원들이 언제 어디서 자신의 노력을 기울여야 할지에 대한 인지적 과정에 초점을 둔다.

(1) 5가지 주요요소

① **직무성과(Job Outcome)** : 급여, 승진, 휴가 등과 같이 조직이 종업원에게 제공할 수 있는 것들을 말한다. 직무성과는 종업원들의 직무수행 행동의 결과로 얻는 산물이며 직무성과들의 수에는 제한이 없다.

② **유인가(Valence)** : 개발성과에 대해 종업원들이 느끼는 감정을 말하며 이는 각 성과를 통해서 예상되는 만족, 성과가 지니는 매력의 정도를 의미한다.

③ **도구성(Instrumentality)** : 종업원들의 직무수행과 직무성과 획득 간의 관계에 대해 지각하는 것으로 정의된다. 도구성은 어떤 직무성과를 획득할 수 있는 정도가 개인의 직무수행에 달려 있다는 것을 의미하는 것이며 종업원들이 주관적으로 평가하기 때문에 개개인마다 다른 결과를 나타낼 수 있다.

④ **기대(Expectancy)** : 개인의 행동이 자신에게 가져올 결과에 대한 기대감으로서 종업원들이 투입하는 노력과 수행 간의 관계에 대한 지각을 의미한다. 어떤 직무는 열심히 노력하면 반드시 종업원에게 좋은 수행이 나타날 것이라고 기대할 수 있고 다른 직무에서는 아무리 열심히 노력해도 좋은 수행이 나타나는 것과 아무 관련이 없어 보일 때가 있다.

⑤ **힘(Force)** : 동기가 부여된 개인이 가지는 노력의 양으로 정의되며 직무수행에 대한 동기를 여러 요인들을 사용하여 산출한 것이다.

(2) 기대이론의 의미 및 적용

기대이론은 어떤 특정한 직무에서 종업원의 동기를 이해하는 데 합리적인 근거를 제공한다. 기대이론에 따르면 동기의 첫 번째 요소는 개인이 바라는 성과이며 두 번째 요소는 그 종업원이 직무수행과 성과의 획득 간에 어떤 관계가 존재한다고 생각하는 믿음이다. 만약 어떤 사람이 성과를 얻기를 바라지만 자신의 수행에 의해 성과를 얻을 수 없다고 생각하면 수행과 바라는 성과 간에는 아무런 관계가 존재하지 않는다. 즉 도구성이 낮게 나타난다.

9) 형평이론

형평이론(Equity Theory)은 인지부조화이론을 조직 현장에 적용시킨 이론이다. 이 이론에 따르면 사람들은 자신의 노력과 그 결과로 얻어지는 보상과의 관계를 다른 사람의 것과 비교하고 자신이 느끼는 공정성에 따라 행동의 동기가 영향을 받는다고 가정한다. 형평이론에서 동기는 타인과 비교해서 자신이 얼마나 형평성 있는 대우를 받는가에 대한 자신의 자각에 영향을 받는다고 본다. 여기서 형평성은 자신이 비교하는 타인의 투입과 성과 간의 비율을 검토해서 이루어진다.

(1) 형평이론의 중요요소

개인(Person), 타인(Other), 투입(Input), 성과(Outcome)

(2) 두 가지 유형의 불형평

① 과소지급 불형평 : 자신의 투입과 산출 간의 비율이 타인의 비율보다 낮다고 지각해서 유래되는 불공정의 느낌을 말한다.

② 과다지급 불형평 : 자신의 투입과 산출 간의 비율이 타인의 비율보다 높다고 지각해서 유래되는 불공정의 느낌을 말한다.

(3) 동기수준의 변화

불형평에 의해 경험하는 긴장을 줄이고자 사람들은 직무에 더 많은 노력을 투입하거나 줄이는 행동을 하게 된다.

① **과다지급 - 시간급** : 사람들은 더 열심히 일하거나 더 많은 노력을 함으로써 과다지급에 의해 야기된 불형평을 줄이고자 시도한다. 이 경우 사람들은 자신들의 투입을 증가시켜서 불형평의 감정을 줄인다. 그 결과 노력을 더 많이 함으로써 결과물의 양과 질이 향상되리라 기대할 수 있다.

② **과다지급 - 능률급** : 자신의 투입을 증가시키고 열심히 일함으로써 불형평의 감정을 줄이려 시도한다. 만약 더 열심히 일해서 자신의 생산량이 더 늘어나면 불형평의 감정이 더 커질 수 있다. 따라서 사람들은 전보다 더 좋은 품질의 제품을 더 적게 생산하는 방식으로 노력을 한다.

③ **과소지급 - 시간급** : 성과를 감소시키기 위해 자신들의 노력을 줄일 것이다. 생산량과 품질이 모두 저하될 수 있다.

④ **과소지급 - 능률급** : 보수에서 손실을 보충하기 위해 더 낮은 품질의 제품을 더 많이 생산하려고 노력한다.

10) 로크의 목표설정 이론

인간은 이성적이며 의식적으로 행동한다는 가정에 근거한 동기이론으로 목표, 의도, 과업수행 사이의 관계가 이 이론의 핵심이며 사람들의 의식적인 생각이 행동을 조절한다는 것이다.

(1) 목표와 동기향상

어려운 목표가 더 높은 수준의 직무수행을 가능하게 한다. 동기는 목표 달성도에 대한 난이도에 따라 증가한다. 구체적인 목표일수록 개인이 그것을 추구하기 위해 더 많은 노력을 기울일 수 있고 목표와 더욱 관련된 행동을 한다.

(2) 목표설정이 효과적인 이유

목표는 개인의 노력이 개입된 행동의 방향을 설정해 주는 효과를 지니고 목표가 구체적으로 정의된다면 개인은 어디에 노력을 기울여야 하는지 쉽게 파악할 수 있다. 어렵게 설정된 목표는 행동의 강도를 높이고 더 오래 행동을 지속하게 만든다.

11) 공정성이론

아담스(J. Adams)의 공정성이론은 인간이 자신의 사회적 관계를 타인들과의 비교를 통해 평가한다는 가정에서 시작된다. 종업원은 자신이 수고한 투입물(input)과 그로부터 얻어진 결과(outcome)를 타인과 비교한다. 회사에서 종업원의 투입물은 교육, 경험, 기술, 노력 등이며 종업원은 투입물에 대한 타당한 보상을 회사에 기대한다. 얻어진 투입물과 결과물의 비율이 다른 사람과 동일하다면 종업원은 공정하다고 느끼게 된다. 하지만 공정하지 않다고 느끼는 경우에는 불쾌감과 긴장이 유발되며 공정성을 회복하는 방향으로 노력하게 된다.

12) 강화이론

강화이론은 개인이 표현한 행동에 따라 보상 혹은 처벌을 주는 방식으로 작업자들에게 동기를 부여해준다는 이론이다. 강화이론은 조작적 조건형성과 고전적 조건형성에 기반을 두고 있는 작업동기이론이다. 스키너의 논리에 기초해서 강화이론은 자극, 반응, 보상의 세 가지 변인을 가지고 있다.

(1) 세 가지 변인

① 자극(Stimulus) : 행동반응을 유도해 내는 사건이자 조건이다.

② 반응(Response) : 자극에 의해 도출되는 결과로서 조직 내에서는 생산성, 결근, 사고, 이직 같은 수행에 대한 측정치이다.

③ 보상(Reward) : 유도한 행동반응에 기초하여 종업원에게 제공한 가치 있는 물질이다.

(2) 강화와 처벌

① 강화(Reinforcement)란 후속 반응의 빈도를 증가시키는 모든 사건을 말하며, 강화물이란 행동을 강화시키는 어떤 사건이나 사물을 뜻한다.

㉠ 정적 강화 : 반응 후에 기쁨을 줄 수 있는 자극을 제공해서 반응을 강화시키는 것이다. 음식물이나 돈을 제공하거나 칭찬, 관심을 제공하는 것이 그 예가 된다.

㉡ 부적 강화 : 개인에게 혐오스러운 자극을 감소시키거나 제거함으로써 반응을 강화시키는 것이다. 열심히 일할 때 휴식을 제공하는 것이 그 예가 된다.

㉢ 개인이 바라고 소망하는 어떤 것을 제공하는 것으로 작용하든지 아니면 혐오스러운 어떤 것을 감소시키는 것으로 작용하든지 간에 강화는 개인의 행동이 나타날 확률을 증가시킨다.

② 처벌(Punishment)이란 원하지 않는 후속 반응의 빈도를 감소시키는 모든 사건을 말한다.

㉠ 정적 처벌 : 반응 후에 혐오적인 자극을 제공해서 행동이 나타날 확률을 감소시키는 것이다. 벌금고지서를 부과하거나 체벌을 주는 것 등이 그 예가 된다.

㉡ 부적 처벌 : 반응 후에 바람직한 자극을 철회함으로써 그 행동이 나타날 확률을 감소시키는 것이다. 휴가를 금지하거나 면허를 취소하고 외출을 금지하는 것이 그 예이다.

(3) 강화계획

① 연속강화 계획 : 개인에게 원하는 행동이 나타날 때마다 그 행동에 대해 보상을 주는 방식이다.

② 부분강화 계획 : 개인에게 바라는 행동이 나타났을 때마다 그 행동에 대해 보상을 제공해 주는 것이 아니라 그중 일부 행동에 대해 나름의 계획에 근거해서 보상을 제공하는 방법이다.

③ 고정간격계획 : 사람들이 고정된 매시간 혹은 일정한 시간이 경과한 이후에 다음 강화를 받는 강화계획이다. 매 2시간마다 강화가 주어진다. 월급은 종업원이 일정한 수행을 보였을 때 매달 고정된 날에 보상을 제공받는 제도이기 때문에 고정간격계획으로 볼 수 있다.

④ 고정비율계획 : 사람들이 고정된 일정한 수의 반응을 한 후에 강화를 받는 강화계획

이다. 매 5번의 반응을 보일 때 강화가 주어진다. 능률급에 의한 보상, 영업사원이 상품을 판매할 때마다 보상을 받는 것이 대표적인 사례이다.

⑤ 변동간격계획 : 변동간격계획은 평균적으로는 일정한 시간이 경과한 다음에 보상을 주는 계획이지만 각각의 보상이 주어지는 시간 간격은 매번 변하게 된다.

⑥ 변동비율계획 : 평균으로 일정한 수이지만 실제로 강화가 주어지는 반응의 수는 매번 다른 강화계획이다. 변동비율계획은 평균적으로는 일정한 횟수가 경과한 다음에 보상을 주는 계획이지만 각각의 보상이 주어지는 시행의 횟수 간격은 매번 변하게 된다.

13) 안전에 대한 동기 유발방법

(1) 안전의 근본이념을 인식시킨다.
(2) 상과 벌을 준다.
(3) 동기유발의 최적수준을 유지한다.
(4) 목표를 설정한다.
(5) 결과를 알려준다.
(6) 경쟁과 협동을 유발시킨다.

4. 주의와 부주의

1) 주의의 특성

(1) 선택성(소수의 특정한 것에 한한다.)

인간은 어떤 사물을 기억하는 데에 3단계의 과정을 거친다. 첫째 단계는 감각보관(Sensory Storage)으로 시각적인 잔상(殘像)과 같이 자극이 사라진 후에도 감각기관에 그 자극감각이 잠시 지속되는 것을 말한다. 둘째 단계는 단기기억(Short - Term Memory)으로 누구에게 전해야 할 메시지를 잠시 기억하는 것처럼 관련 정보를 잠시 기억하는 것인데, 감각보관으로부터 정보를 암호화하여 단기기억으로 이전하기 위해서는 인간이 그 과정에 주의를 집중해야 한다. 셋째 단계인 장기기억(Long - Term Memory)은 단기기억 내의 정보를 의미론적으로 암호화하여 보관하는 것이다.

인간의 정보처리능력은 한계가 있으므로 모든 정보가 단기기억으로 입력될 수는 없다. 따라서 입력정보들 중 필요한 것만을 골라내는 기능을 담당하는 선택여과기(Selective Filter)가 있는 셈인데, 브로드벤트(Broadbent)는 이러한 주의의 특성을 선택적 주의(Selective Attention)라 하였다.

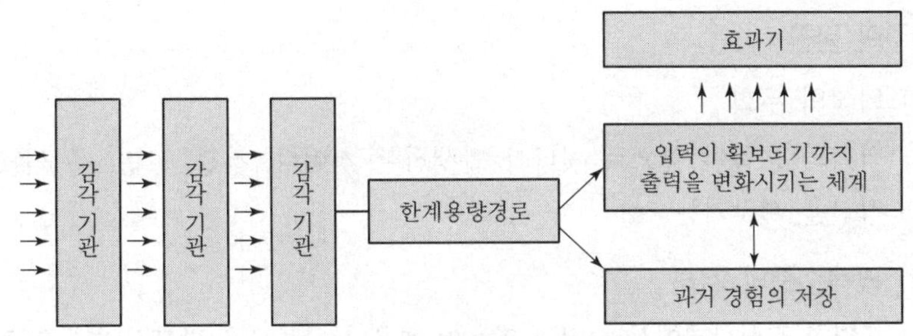

[Broadbent의 선택적 주의모형]

(2) 방향성(시선의 초점이 맞았을 때 쉽게 인지된다.)

주의의 초점에 합치된 것은 쉽게 인식되지만 초점으로부터 벗어난 부분은 무시되는 성질을 말하는데, 얼마나 집중하였느냐에 따라 무시되는 정도도 달라진다.

정보를 입수할 때에 중요한 정보의 발생방향을 선택하여 그곳으로부터 중점적인 정보를 입수하고 그 이외의 것을 무시하는 이러한 주의의 특성을 집중적 주의(Focused Attention)라고 하기도 한다.

(3) 변동성

인간은 한 점에 계속하여 주의를 집중할 수는 없다. 주의를 계속하는 사이에 언제인가 자신도 모르게 다른 일을 생각하게 된다. 이것을 다른 말로 '의식의 우회'라고 표현하기도 한다.

대체적으로 변화가 없는 한 가지 자극에 명료하게 의식을 집중할 수 있는 시간은 불과 수초에 지나지 않고, 주의집중 작업 혹은 각성을 요하는 작업(Vigilance Task)은 30분을 넘어서면 작업성능이 현저하게 저하한다.

그림에서 주의가 외향(外向) 혹은 전향(前向)이라는 것은 인간의 의식이 외부사물을 관찰하는 등 외부정보에 주의를 기울이고 있을 때이고, 내향(內向)이라는 것은 자신의 사고(思考)나 사색에 잠기는 등 내부의 정보처리에 주의집중하고 있는 상태를 말한다.

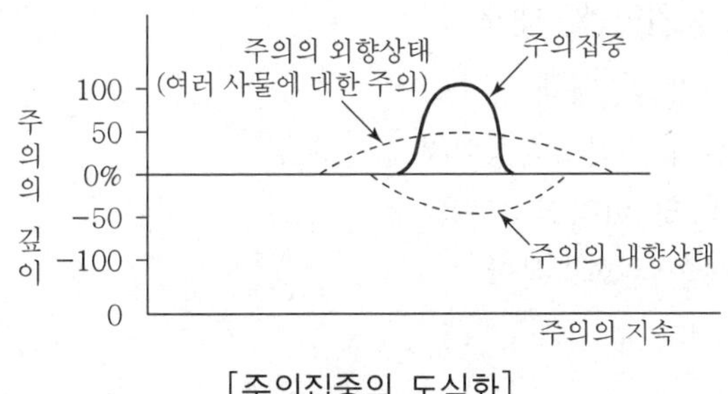

[주의집중의 도식화]

2) 부주의 원인

(1) 의식의 우회

의식의 흐름이 옆으로 빗나가 발생하는 것이다.(걱정, 고민, 욕구불만 등에 의하여 정신을 빼앗기는 것)

(2) 의식수준의 저하

혼미한 정신상태에서 심신이 피로할 경우나 단조로운 반복작업 등의 경우에 일어나기 쉽다.

(3) 의식의 단절

지속적인 의식의 흐름에 단절이 생기고 공백의 상태가 나타나는 것이다. 주로 질병의 경우에 나타난다.

(4) 의식의 과잉

지나친 의욕에 의해서 생기는 부주의 현상(일점 집중현상)이다.

(5) **근도반응과 생략행위**

일반적인 보행 통로가 있음에도 불구하고 심리적으로 무리하여 가까운 길을 택하는, 가까운 길에 대한 유혹을 근도반응이라고 한다.
생략행위는 귀찮은 생각에 해야 할 과정을 빠뜨리고 하는 행동으로 객관적인 판단력이 약화되어 있는 상태에서 발생한다.

(6) **억측판단**

초조한 심정이나 정보가 불확실할 때, 또는 이전에 성공한 경험이 있는 경우에 주로 이루어진다.

(7) **초조반응**

정보를 감지하여 판단하고 행동을 하는 것이 보통이지만 사고의 경향을 가진 사람은 판단 과정을 거치지 않고, 감지하고 나서 바로 행동으로 들어가는 초조반응 행동을 하는 경우가 많다.

(8) 부주의 발생원인 및 대책

① 내적 원인 및 대책
- ㉠ 소질적 조건 : 적성배치
- ㉡ 경험 및 미경험 : 교육
- ㉢ 의식의 우회 : 상담

② 외적 원인 및 대책
　㉠ 작업환경조건 불량 : 환경정비
　㉡ 작업순서의 부적당 : 작업순서정비

04 작업집단의 특성 Section

1. 집단에서의 인간관계

① 경쟁 : 상대보다 목표에 빨리 도달하려고 하는 것
② 도피, 고립 : 열등감에서 소속된 집단에서 이탈하는 것
③ 공격 : 상대방을 압도하여 목표를 달성하려고 하는 것

2. 인간관계 매커니즘

1) 동일화(Identification)

다른 사람의 행동양식이나 태도를 투입시키거나 다른 사람 가운데서 자기와 비슷한 점을 발견하는 것이다.

2) 투사(Projection)

자기 속의 억압된 것을 다른 사람의 것으로 생각하는 것이다.

3) 커뮤니케이션(Communication)

갖가지 행동양식이나 기호를 매개로 하여 어떤 사람으로부터 다른 사람에게 전달하는 과정이다.

4) 모방(Imitation)

남의 행동이나 판단을 표본으로 하여 그것과 같거나 또는 그것에 가까운 행동 또는 판단을 취하려는 것이다.

5) 암시(Suggestion)

다른 사람으로부터의 판단이나 행동을 무비판적으로 논리적, 사실적 근거 없이 받아들이는 것이다.

3. 집단행동

1) 통제가 있는 집단행동(규칙이나 규율이 존재한다.)

(1) 관습

풍습(Folkways), 예의(Ritual), 금기(Taboo) 등으로 나누어짐

(2) 제도적 행동(Institutional Behavior)

합리적으로 성원의 행동을 통제하고 표준화함으로써 집단의 안정을 유지하려는 것

(3) 유행(Fashion)

공통적인 행동양식이나 태도 등을 말함

2) 통제가 없는 집단행동(성원의 감정, 정서에 의해 좌우되고 연속성이 희박하다.)

① 군중(Crowd) : 성원 사이에 지위나 역할의 분화가 없고 성원 각자는 책임감을 가지지 않으며 비판력도 가지지 않는다.

② 모브(Mob) : 폭동과 같은 것을 말하며 군중보다 합의성이 없고 감정에 의해 행동하는 것

③ 패닉(Panic) : 모브가 공격적인 데 반해 패닉은 방어적인 특징이 있음

④ 심리적 전염(Mental Epidemic) : 어떤 사상이 상당 기간에 걸쳐 광범위하게 논리적 근거 없이 무비판적으로 받아들여지는 것

3) 집단에 있어서 사회행동의 기초

(1) 욕구

① 1차적 욕구 : 기아, 갈증, 성, 호흡, 배설 등의 물리적 욕구와 유해 또는 불쾌자극을 회피 또는 배제하려는 위급욕구로 구성된다.

② 2차적 욕구 : 경험적으로 획득된 것으로 대개 지위, 명예, 금전과 같은 사회적 욕구들을 말한다.

(2) 개성

인간의 성격, 능력, 기질의 3가지 요인이 결합되어 이루어진다.

(3) 인지

사태 또는 사상에 대하여 미리 어떠한 지식을 가지고 있느냐에 따라 규정된다.

(4) 신념 및 태도

① 신념 : 스스로 획득한 갖가지 경험 및 다른 사람으로부터 얻어진 경험 등으로 이루어지는 종합된 지식의 체계로 판단의 테두리를 정하는 하나의 요인이 된다.

② 태도 : 어떤 사태 또는 사상에 대하여 개인 또는 집단 특유의 지속적 반응 경향을 말한다.

4) 집단에 있어서 사회행동의 기초

(1) 협력 : 조력, 분업 등

(2) 대립 : 공격, 경쟁 등

(3) 도피 : 고립, 정신병, 자살 등

(4) 융합 : 강제, 타협, 통합 등

5) 사회집단의 특성

(1) 공동사회와 1차 집단 : 보다 단순하고 동질적이며 혈연적인 친밀한 인간관계가 있는 사회집단이다. 이러한 집단은 공동체 의식으로 인하여 자발적인 협동, 소속감, 책임 등이 강하다. 예로서 가족, 이웃, 동료, 지역사회 등이 있다.

(2) 이익사회와 2차 집단 : 계약에 의해 형성되는 집단으로 비교적 이해관계를 중심으로 하는 인위적인 협동사회이다. 예로서 시장, 회사, 학회, 정당, 국가 등이 있다.

(3) 중간집단 : 학교, 교회, 우애 단체 등이 있다.

(4) 3차 집단 : 유동적인 중간집단으로 일시적인 동기가 인연이 되어 어떤 목적이나 조건 없이 형성되는 집단으로 버스 안의 승객, 경기장의 관중 등이 여기에 해당한다.

6) 효과적인 집단의사결정 기법

(1) **브레인 스토밍(Brain Storming)**

집단에서 다른 사람들과 함께 일할 때 나타나는 부정적인 효과를 최소화하면서 아이디어를 창출해 내는 기법

① 특징

- **자유로운 토론을 통해 창조적인 아이디어를 이끌어 내는 창의성 개발기법으로서 질보다는 양을 중요시한다.**
- 타인의 의견을 절대 비판하지 않는다.

- 자유로운 분위기에서 최대한 많은 아이디어를 제시하여 서로 결합하고 개선함으로써 합의점을 도출한다.

② 원칙
- 비판금지의 원칙
- 자유분방의 원칙
- 양 우선의 원칙
- 결합 및 개선의 원칙

(2) 시네틱스(Synetics)

집단토의를 한다는 점에서 브레인 스토밍과 같지만 여러 가지 점에서 차이점을 지닌다. 브레인 스토밍이 리더나 참여자 모두가 문제의 성격을 잘 알고 짧은 시간 안에 토의를 하지만, 시네틱스는 지도자 혼자서만 주제를 알고 그 집단에는 문제를 제시하지 않고 장시간 자유롭게 토론하도록 함으로써 문제해결에 접근한다. 문제 자체를 구성원들에게 노출시키지 않는 것은 아이디어 산출에 대한 노력을 단념시키지 않고 지속시키기 위함이다. 시네틱스는 아이디어 수보다는 질에 치중한다는 점에서 브레인 스토밍과 근본적으로 다르고, 문제에 대한 새로운 시각을 갖도록 함으로써 심리적 활동의 상호작용을 촉진시키고 사고나 지각의 창조성을 자극한다. 리더는 토론을 실제문제와 연관시키는 능력이 있어야 하며 토론의 범위를 좁혀가면서 신중하게 결론에 이르도록 이끌 수 있어야 한다.

(3) **명목집단법(NGT ; Norminal Group Technique)**

문자 그대로 이름만 집단이지 구성원 상호 간에 대화나 토론을 통한 상호작용을 하지 않는다. 즉, 집단구성원들 간에 실질적인 접촉은 없고 단지 **서면을 통해서 하는 것**으로 모은 정보에 대한 피드백이 강하고 다른 사람의 영향을 받지 않는다.

① 장점 : 집단을 공식적으로 소집하여 한 곳에 모이게는 하지만 종래의 전통적인 상호작용 집단처럼 독립적인 사고를 제약하는 일이 없다.

② 단점 : 이 기법을 이끌어나가는 리더의 훈련이 필요하고, **한 번에 한 문제밖에 풀어나갈 수 없다.**

(4) **델파이법(Delphi Technique)**

우선 한 문제에 대해 몇 명의 전문가들의 독립적인 의견을 우편으로 수집하고 이 의견들을 요약하여 전문가들에게 배부한 다음 일반적인 합의가 이루어질 때까지 서로의 아이디어에 대해 논평하게끔 하는 방법

(5) 창의성 측정방법과 창의성 개발방법

① 창의성 측정방법 : 원격영상 검사법, 토란스 검사법

② **창의성 개발방법 : 고든법, 브레인 스토밍, 델파이법, 명목집단법, 강제적 관계기법 등**

4. 집단 갈등

갈등(conflict)이란 개인이나 집단이 함께 일을 수행하는 데 애로를 겪는 형태로서 정상적인 활동이 방해되거나 파괴되는 상태라고 정의할 수 있다. 조직에서 갈등은 필연적인 현상으로 조직은 수많은 부서와 집단으로 구성되어 있고, 이들 부서와 집단은 각자가 맡은 업무를 수행하는 과정에서 상호작용을 하면서 조직의 목표달성에 기여하고 있다.

1) 집단 간 갈등의 원인

(1) 작업유동의 상호의존성(Work Flow Interdependence)

① 두 집단이 각각 다른 목표를 달성하는 데 있어서 상호 간의 협조, 정보교환, 동조, 협력행위 등을 요하는 정도가 작업유동의 상호의존성이다.

② 한 개인이나 집단의 과업이 다른 개인이나 집단의 성과에 의해 좌우될 때 갈등의 가능성은 커진다.

(2) 불균형 상태(Unbalance)

한 개인이나 집단이 정기적으로 접촉하는 개인이나 집단이 권력, 가치, 지위 등에 있어서 상당한 차이가 있을 때 두 집단 간의 관계는 불균형을 가져오고 이것이 갈등의 원인이 된다. 가치관이 다른 사람이나 집단이 함께 일해야 할 때 불균형 상태에서 갈등이 생기게 된다.

(3) 영역 모호성(Sphere Ambiguity)

한 개인이나 집단(부서)이 역할을 수행함에 있어서 방향이 분명치 못하고 목표나 과업이 명료하지 못할 때 갈등이 생기게 된다. 누가 무엇에 대해 책임이 있는가를 분명히 이해하지 못할 때 갈등이 발생하기 쉽다.

(4) 자원부족(Lack of Resource)

부족한 자원에 대한 경쟁이 개인이나 집단 간의 작업관계에서 갈등을 유발시키는 원인이 된다. 한 개인이나 집단은 자기 몫을 최대한 확보하려 하고 다른 쪽은 자기 몫을 지키려고 저항하는 과정인 제로섬 게임(Zero-Sum Game) 다툼이 벌어지게 된다.

2) 집단적 갈등의 관리

집단 간 갈등의 관리는 크게 두 가지로 볼 수 있다. 하나는 집단 간 갈등이 너무 심해서 이미 역기능적인 역할을 하고 있는 집단 간 갈등의 문제를 해결해야 하는 관리적 문제이고 또 다른 하나는 집단 간 갈등이 너무 낮아서 집단 간 갈등을 순기능적인 수준까지 성공적으로 자극해야 하는 관리문제이다.

(1) 갈등해결의 방법

집단 간 갈등이 지나쳐 해결해야 할 필요가 있을 때 사용하는 기법이다.

① 문제의 공동 해결방법(Problem Solving Together)

문제의 공동 해결방법은 갈등관계에 있는 두 집단이 직접 만나서 갈등을 감소시키기 위한 대면방법(Confrontation)이다. 집단 간 갈등이 서로의 오해나 언어장애 때문에 발생한 것이라면 이 방법이 매우 효과적이지만 집단 간의 서로 다른 가치체계 때문에 생긴 갈등일 때에는 해결되기 어렵다.

② 상위 목표의 도입(Superordinate Goal Setting)

집단 간 갈등을 초월해서 서로 협조할 수 있는 상위의 공동목표를 설정하여 집단 간의 단합을 조성하는 방법이다. 이 방법은 집단들의 공통된 목표의 강도에 따라서 그 효과가 발생한다. 그러나 이 방법은 단기간의 효과에만 국한되고 공동목표가 달성되면 집단 간의 갈등이 재현될 가능성이 많다.

③ 자원의 확충(Expanding Resources)

집단 간의 갈등이 제한된 자원으로 말미암아 집단 간의 제로섬(Zero-Sum) 게임의 결과로서 나타나는 경우가 많다. 조직에서는 자원 공급을 보강해 줌으로써 집단 간의 과격한 경쟁이나 과격한 행동들을 감소시킬 수 있다.

④ 타협(Compromise)

갈등관계에 있는 두 집단이 타협하는 방법으로 갈등해결을 위해 사용되어온 전통적인 방법이다. 타협된 결정은 두 집단 모두에게 이상적인 것이 아니기 때문에 명확한 승리자도 패배자도 존재하지 않는다.

⑤ 전제적 명령(Authoritative Command)

공식적인 상위계층이 하위집단(Subgroup)에게 명령하여 갈등을 제거하는 방법으로 가장 오래되고 가장 자주 사용되어온 방법이다. 하위관리자(Submanager)들은 그들이 동의하든 하지 않든 상부의 명령을 지켜야 하기 때문에 이 방법은 단기적 해결책으로만 적용될 수 있다.

⑥ 조직구조의 변경(Altering the Structural Variables)

조직구조의 변경은 조직의 공식적 구조를 집단 간 갈등이 발생하지 않도록 변경하는 것을 말한다. 집단 구성원의 이동이나 집단 간 갈등을 중재하는 지위를 새로

만드는 것 등을 말한다.

⑦ 공동 적의 설정(Identifying a Common Enemy)

외부의 위협이 집단 내부의 응집성을 강화시키는 것처럼 갈등관계에 있는 두 집단에 공통되는 적을 설정하게 되면 이 두 집단은 공동 적에 대한 효과적인 대처를 위하여 집단끼리의 차이점이나 갈등을 잊어버리게 된다.

(2) 갈등촉진의 방법

집단 간 갈등이 너무 낮기 때문에 집단 간 갈등을 기능적인 수준까지 성공적으로 자극하여 관리하는 방법이다.

① 공동 적의 설정(Identifying a Common Enemy)

관리자들은 의사소통의 경로를 통하여 갈등을 촉진하는 방향으로 조종할 수 있다. 모호하고 위협적인 전언내용은 갈등을 촉진시킬 수 있는데 그렇게 함으로써 구성원들의 무관심을 감소시키고 구성원들로 하여금 의견 차이에 직면하도록 하고 현재의 절차를 재평가하도록 고무하여 새로운 아이디어를 창출하도록 자극한다.

② 구성원의 이질화(Heterogeneity of Members)

기존 집단 구성원들과 상당히 다른 태도, 가치관, 배경을 가진 구성원을 추가시켜 침체된 집단을 자극하는 방법이다. 새로운 구성원이 이질적인 역할을 수행하도록 하고 공격적인 업무를 할당함으로써 현상유지상태에 혼란이 오도록 하는 것이다.

③ 조직구조의 변경(Altering Structual Variables)

조직구조상 침체된 분위기일 때 경쟁부서를 신설하여 갈등을 자극함으로써 집단성과를 증대시키는 것과 같은 방법이다.

④ 경쟁에 의한 자극(Stimulus by Competition)

보다 높은 성과를 올린 집단에 대해서 보상으로 보너스를 지급함으로써 집단 간에 경쟁을 유발시키는 것과 같이 경쟁을 통해서 집단 간의 갈등이 발생하도록 하는 것이다. 적절하게 사용된 인센티브(Incentive)가 집단 간의 선의의 경쟁을 자극할 수 있다면 그러한 경쟁은 갈등을 야기시켜 성과를 향상시키는 데 중요한 역할을 하게 된다.

5. 집단역학

집단역학(Group Dynamics)이란 집단 구성원들의 상호의존 관계를 다루는 사회심리학의 한 분야로 집단 구성원 상호 간에 존재하는 상호작용과 영향력에 관심을 갖는다. 즉, 집단역학에서는 개인의 행동이 소속하는 집단으로부터 어떻게 영향을 받으며 영향력에 대한 저항을 어떤 과정을 통하여 극복하는가를 다루게 된다.

1) 소시오메트리

소시오메트리(Sociometry)는 구성원 상호 간의 선호도를 기초로 집단 내부의 동태적 상호관계를 분석하는 기법이다. 소시오메트리는 구성원들 간의 좋고 싫은 감정을 관찰, 검사, 면접 등을 통하여 분석한다.

소시오메트리 연구조사에서 수집된 자료들은 소시오그램(Sociogram)과 소시오매트릭스(Sociomatrix) 등으로 분석하여 집단 구성원 간의 상호관계 유형과 집결유형, 선호인물 등을 도출할 수 있다. 소시오그램은 집단 구성원들 간의 선호, 무관심, 거부관계를 나타낸 도표로서 집단 구성원 간의 전체적인 관계유형은 물론 집단 내의 하위 집단들과 내부의 세력집단과 비세력집단을 구분할 수 있으며 정규신분, 주변신분, 독립신분 등 구성원들 간의 사회적 서열관계도 이끌어 낼 수 있다.

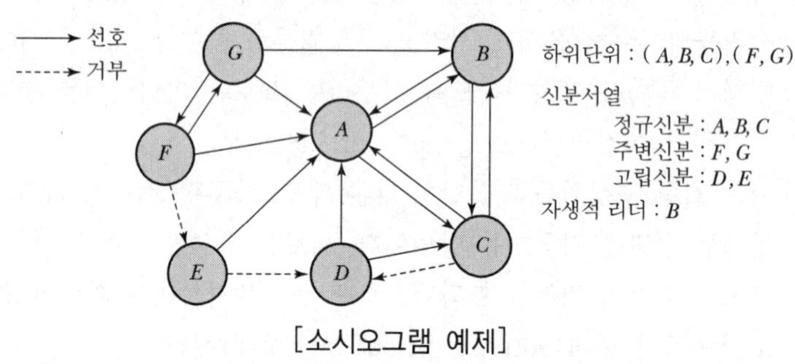

[소시오그램 예제]

2) 집단 응집성(Group Cohesiveness)

(1) 집단 응집성은 구성원들이 서로에게 매력적으로 끌리어 그 집단목표를 공유하는 정도라고 할 수 있다.

(2) 응집성은 집단이 개인에게 주는 매력의 소산으로 개인이 이런 이유로 집단에 이끌리는 결과이기도 하다. 집단 응집성의 정도는 집단의 사기, 팀 정신, 성원에게 주는 집단매력의 정도, 집단과업에 대한 성원의 관심도를 나타내 주는 것이다.

(3) 집단의 응집성 정도는 구성원 간의 상호작용의 수와 관계가 있기 때문에 상호작용의 횟수에 따라 집단의 사기를 나타내는 응집성 지수(Cohesiveness Index)라는 것을 계산할 수 있다.

$$\text{응집성 지수} = \frac{\text{실제 상호작용의 수}}{\text{가능한 상호작용의 수}}$$

(4) 집단 응집성은 상대적인 것이지 절대적인 것이 아니다. 응집성이 높은 집단일수록 결근율과 이직률이 낮고 구성원들이 함께 일하기를 원하며 구성원 상호 간의 친밀감과 일체감을 갖고 집단목적을 달성하기 위해 적극적이고 협조적인 태도를 보인다.

6. 리더십 이론

1) 리더십의 정의

(1) 집단목표를 위해 스스로 노력하도록 사람에게 영향력을 행사한 활동
(2) 어떤 특정한 목표달성을 지향하고 있는 상황에서 행사되는 대인 간의 영향력
(3) 공통된 목표달성을 지향하도록 사람에게 영향을 미치는 것

2) 리더십의 범위

리더십의 범위(scope)라 함은 리더십이 조직 내에서 어떤 방식으로 구현되는가를 말한다. 권력, 영향력, 권한, 관리, 통제, 감독 등이 리더십의 범위에 드는 것이라 할 수 있다.

(1) 리더십과 관리

리더십은 조직 내에서 발생하는 것이며 조직 속의 개인들이 타인보다 더 많이 가지고 있는 권한(Authority)이라 할 수 있다. 조직 속에서 가장 많은 권한을 가진 사람을 관리자, 경영자라 부른다. 따라서 사람들 역시 이러한 사람들이 가진 관리적 영향력을 리더십으로 본다.

(2) 사회적 권력의 수단

관리자만이 리더십을 가지는 것이 아니다. 관리자가 아닌 사람들이 가지는 리더십의 잠재력을 설명할 때는 조직 속에서 가지는 권력 혹은 세력을 통해 리더십을 들여다 볼 수 있다. 프렌치와 레이븐(B. H. French & J. R. P. Raven)은 이러한 권력수단을 다섯 가지로 정리하고 있다.

① 합법적 권력(Legitimate Power)

서로의 약속된 법에 의해 특정인에게 힘을 행사하는 것을 말한다. 이러한 합법적 권력을 권한이라 부르며 조직 속에서 누리는 지위권한이라 할 수 있다. 상사의 직책에 고유하게 내재되어 있는 권력이라 볼 수 있다.

② 보상적 권력(Reward Power)

상대방에게 경제적, 정신적 보상을 해 줄 수 있을 때 가지는 권력이다. 이는 상대방이 보상을 원할 때 누릴 수 있는 것이다. 상사가 부하에게 수당, 승진 등 보상해 줄 수 있는 능력이라 볼 수 있다.

③ **강제적 권력**(Coercive Power)

무력이나 위협 그리고 처벌과 같은 부정적인 보상을 회피하려는 사람들에게 행사하는 권력이다. 징계, 해고 등 상사가 부하를 처벌할 수 있는 능력을 말한다.

④ **전문적 권력**(Expert Power)

특정 분야나 특정 상황에 대해 어떤 지식이나 해결방안을 잘 알고 있는 사람이 그것에 대해 잘 모르는 사람에 대해 가지는 권력이다.

⑤ **준거적 권력**(Referent Power)

어떤 사람이 높은 신분과 덕망, 자질을 소유하고 있어 그 사람 말이면 자연스레 복종해야 되겠다고 생각하게 되는 경우로서 위대한 인물이 가지는 권력이다.

3) 행동적 관점

행동적 관점은 리더로서 집단을 이끌어 가는 개인이 나타내는 행동을 근거로 해서 리더십을 이해하려는 접근을 뜻한다. 리더가 지닌 안정적인 특성이 아니라 리더가 나타내고 표현하는 구체적인 행동에 초점을 두고 리더십을 이해하는 접근이다. 리더십 행동이론은 효과적인 리더는 타고나는 것이 아니라 만들어진다는 전제에서 출발한다.

(1) 과업지향적 행동

리더가 과업을 완수하는 것과 관련이 있다. 리더가 과업을 완수하기 위하여 부하에게 지시를 하거나 부하를 주도적으로 이끄는 행동을 포함한다.

(2) 관계지향적 행동

리더가 작업자들과 개인적으로 친하게 교류하는 행동을 포함하며 이 요인은 배려라고 부르기도 한다. 타인들에게 배려적인, 사람지향적인 리더십 행동을 나타낸다.

4) 리더십 이론

(1) **리더십 특성이론(Trait Theory)**

리더는 타고나는 것이며 인위적으로 만들어지는 것이 아니라고 생각했던 사람들에 의하여 리더십 특성이론(Trait Theory)이 연구되었다. 이 이론에서는 리더에게 보통 사람과 다른 특성이 있을 것으로 생각했다. 리더십 특성이론은 알렉산더, 나폴레옹, 처칠, 간디와 같은 위인 연구에 의해 영향을 받았다. 바스(B. Bass)와 스토딜(R. Stogdill)은 아래 표와 같이 신체적 특성, 사회적 배경, 지능과 능력, 성격, 과업 특성, 사회적 능력으로 분류하였다.

특성의 유형	연구 대상
신체적 특성	활력, 연령, 신장, 체중, 외모, 건강
사회적 배경	교육수준, 사회적 신분, 거주지, 출신지
지능과 능력	판단력, 결단력, 창조력, 지식, 화술
성격	적응성, 신념, 독립성, 자신감, 열정, 추진력, 공격성
과업 특성	성취욕구, 솔선수범, 책임감, 목표지향성, 인내심
사회적 능력	협력을 끌어내는 능력, 사교능력, 센스

(2) 리더십 행동이론(Behavior Theory)

특성이론과 정반대의 입장을 취하는 리더십 행동이론(Behavior Theory)에 의하면 리더는 만들어지는 것이지 태어나는 것이 아니다. 즉 누구든지 모범적인 리더행동으로 계속 훈련받게 된다면 훌륭한 리더가 될 수 있다는 말이다.

① 독재-민주 리더십

탄넨바움(R. Tannenbaum)과 슈미트(W. Schmidt)는 리더의 행동이 리더, 부하, 상황의 3가지 요소에 의하여 결정된다고 보았다.

- 리더 : 목표달성에 대한 리더의 확신, 부하에 대한 기대감
- 부하 : 자율에 대한 욕구 정도, 과업에 대한 책임감, 목표에 대한 이해도
- 상황 : 조직형태, 전통, 조직의 규모 등

독재-민주 리더십은 독재적 리더십과 민주적 리더십을 양극으로 하여 리더의 행위 유형을 연속선상에 나타내고 있다. 탄넨바움과 슈미트는 리더행동을 7가지 유형으로 분류하면서 상황에 적합하다면 어느 유형이나 효과적인 리더십이 될 수 있다고 하였다.

- 유형Ⅰ : 리더가 결정하고 공표한다.
- 유형Ⅱ : 리더가 결정한 내용을 부하에게 수락하게 한다.
- 유형Ⅲ : 리더가 의견을 제시하고 질문하도록 한다.
- 유형Ⅳ : 리더가 변경가능한 의사결정을 내린다.
- 유형Ⅴ : 리더가 문제를 제시하여 방안을 제안하게 한 후 결정한다.
- 유형Ⅵ : 리더가 한계를 명시하여 집단으로 하여금 스스로 결정하게 한다.
- 유형Ⅶ : 리더가 위임한 권한 내에서 자유롭게 활동하게 한다.

② **관리 격자(Managerial Grid)**

블레이크(R. Blake)와 머튼(J. Mouton)에 의하여 개발된 관리 격자는 리더십 차원을 인간에 대한 관심과 과업에 대한 관심으로 구분한 리더십 모형이다. 이는 효과적인 리더십 유형을 개발하기 위한 리더십 훈련프로그램으로 실무에서 널리 활용되고 있다.

㉠ 무관심형(1,1) : 생산과 인간에 대한 관심이 모두 낮은 무관심한 유형으로서, 리더 자신의 직분을 유지하는 데 필요한 최소의 노력만을 투입하는 리더 유형

㉡ 인기형(1,9) : 인간에 대한 관심은 매우 높고 생산에 대한 관심은 매우 낮아서 부서원들과의 만족스런 관계와 친밀한 분위기를 조성하는 데 역점을 기울이는 리더 유형

㉢ 과업형(9,1) : 생산에 대한 관심은 매우 높지만 인간에 대한 관심은 매우 낮아서, 인간적인 요소보다도 과업수행에 대한 능력을 중요시하는 리더 유형

㉣ 타협형(5,5) : 중간형으로 과업의 생산성과 인간적 요소를 절충하여 적당한 수준의 성과를 지향하는 리더 유형

㉤ 이상형(9,9) : 팀형으로 인간에 대한 관심과 생산에 대한 관심이 모두 높으며, 구성원들에게 공동목표 및 상호의존관계를 강조하고, 상호신뢰적이며 상호존중관계 속에서 구성원들의 몰입을 통하여 과업을 달성하는 리더 유형

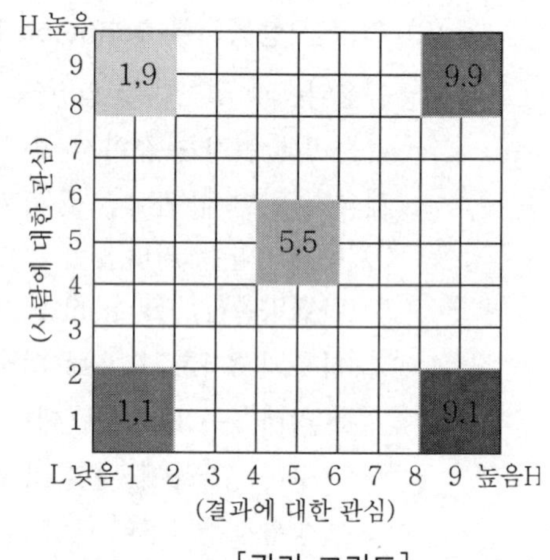

[관리 그리드]

(3) 상황적합성 이론(Contingency Theory)

피들러(F. Fiedler)에 의해 개발된 상황적합성 이론(Contingency Theory)에 의하면 리더십의 효과는 리더십의 유형과 상호작용에 의하여 결정된다고 한다.

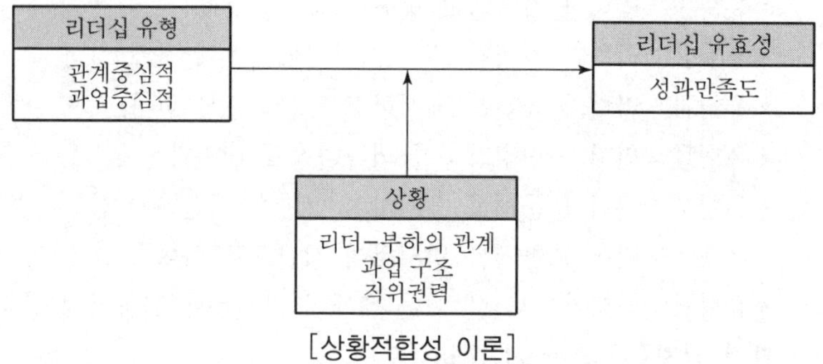

[상황적합성 이론]

(4) **경로-목표 이론(Path-Goal Theory)**

하우스(R. House)에 의하여 개발된 경로-목표 이론은 피들러의 상황적합성 이론과 마찬가지로 여러 다른 상황에서 리더십 효과를 예측하려고 하였다. 이 이론을 경로-목

표 이론이라고 부르는 이유는 리더의 역할을 부하들에게 목표에 이르도록 경로를 가르치며 도와주는 것으로 보았기 때문이다.

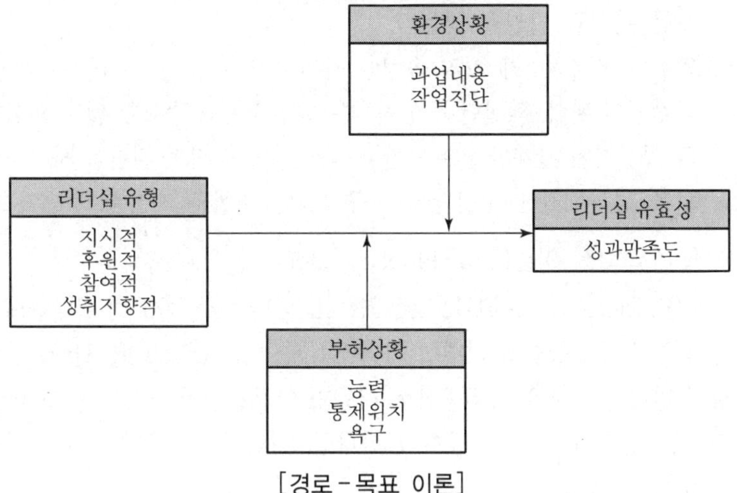

[경로-목표 이론]

① 지시적 리더십 : 구체적 지침과 표준, 작업스케줄을 제공하고 규정을 마련하며 직무를 명확히 해주는 리더

② 후원적 리더십 : 부하의 욕구와 복지에 관심을 쓰며 이들과 상호 만족스러운 인간관계를 강조하면서 후원적 분위기 조성에 노력하는 리더

③ **참여적 리더십** : 부하들에게 자문을 구하고 제안을 끌어내어 이를 진지하게 고려하여 부하들과 정보를 공유하는 리더

④ 성취지향적 리더십 : 도전적 작업목표를 설정하고 성과개선을 강조하며 하급자들의 능력발휘에 대해 높은 기대를 갖는 리더

(5) 리더-부하 교환이론(Leader-member Exchange Theory)

리더-부하 교환이론(LMX Theory)은 리더와 리더가 이끄는 집단 구성원들 간의 관계의 성질에 기초하고 있는 리더십 이론으로 리더와 부하가 서로에게 영향을 미친다고 가정하는 이론이다.

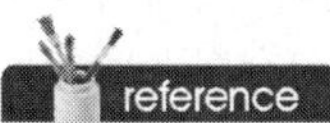

리더-부하 교환이론에서 리더가 부하를 다르게 대우하는 속성

① 부하들의 능력

② 리더가 부하들을 신뢰하는 정도

③ 부서의 일에 대해 책임을 지려는 부하들의 동기수준

① 내집단 구성원 : 세 가지 속성을 가지고 있는 부하들은 내집단(In-Group) 구성원이 된다. 내집단 구성원들은 공식적인 직무 이상의 일을 하며 집단의 성공에 중요한 영향을 미치는 과업들을 주로 수행하게 된다. 내집단 구성원들은 리더로부터 더 많은 관심과 지원을 받는다.

② 외집단 구성원 : 세 가지 속성을 가지고 있지 못한 부하들은 외집단(Out-Group) 구성원이 된다. 외집단 구성원들은 일상적이고 중요치 않은 일들을 수행하며 리더와 공식적인 관계만을 유지한다. 리더는 공식적인 권한을 사용하여 외집단에 영향력을 행사하지만 내집단에는 공식적인 권한을 사용할 필요가 없다.

(6) 상황적 리더십 이론(Situational Leadership Theory)

허시(P. Hersey)와 블랜차드(K. Blanchard)는 오하이오 주립대학의 리더십 행동이론에서 착안하여 상황적 리더십 이론(Situational Leadership Theory)을 발표하였다. 상황적 리더십 이론은 직무중심형 행동과 인간중심적 행동의 높고 낮음에 따라 지시적 리더십, 설득적 리더십, 참여적 리더십, 위임적 리더십의 4가지 유형으로 구분된다.

(7) 카리스마적 리더십

카리스마(Charisma)는 '은혜' 또는 '선물'을 뜻하는 그리스어 'chris'에서 유래된 단어로 '천부적인 것', '불가항력적인 것'을 의미한다. 카리스마적 리더십은 1920년대 막스 베버(Max Weber)에 의하여 제시된 이론으로 추종자들로 하여금 불가항력적으로 따르게 하는 천부적인 리더십을 말한다. 추종자들은 카리스마적 리더십을 가진 리더의 비전이나 가치관에 대하여 신뢰감을 갖고 열정적으로 리더를 따르게 된다.

(8) 거래적 리더십과 변혁적 리더십

번즈(J. Burns)와 바스(B. Bass)는 전통적인 리더십 이론이 대부분 거래적 리더십에 기초해 있다고 보고 그보다 한 차원 높은 변혁적 리더십을 제안하였다.

① 거래적 리더십

거래적 리더십(Transactional Leadership)에서 리더와 추종자의 관계는 거래와 협상에 기초한다. 즉 거래적 리더(Transactional Leader)는 자신이 원하는 것을 추종자로부터 얻기 위하여 그들이 원하는 것을 제공한다. 이러한 과정을 통하여 리더는 부하들에게 기대하는 성과를 달성하도록 유도한다. 거래적 리더십은 반복적이며 기대성과수준의 측정이 가능할 때 효과적이다. 거래적 리더의 활동은 2가지 내용으로 이루어진다. 하나는 부하들의 성과에 따라 적절히 보상하는 것이며 다른 하나는 부하가 규정을 위반했을 때 개입하여 시정하는 것이다.

② **변혁적 리더십**

변혁적 리더십은 협약에 기초한 거래적 리더십과는 달리 추종자들이 기대 이상의 성과를 올리도록 이끌어간다. 변혁적 리더십은 거래적 리더십과는 대조적이며 카리스마적 리더십과 상당히 유사하다. 변혁적 리더십에서 리더는 조직의 발전을 위한 장기적인 비전을 제시하고 추종자들에게 비전을 따르도록 동기를 제공한다. 리더는 비전을 달성할 수 있다는 강한 확신 속에 모범을 보이며 추종자들이 기대감을 가지고 자아실현에 이르도록 조언하며 격려한다. 리더의 확신과 헌신적인 태도에 추종자들은 존경과 신뢰를 갖는다. 또한 리더가 제시한 비전을 함께 공유하며 자발적인 충성을 다하게 된다.

㉠ 성공적 리더의 특성 : 구성원들이 스스로 믿고 자기 능력에 대하여 자신감을 갖고 스스로에 대한 기대를 높이도록 변화시킨다. 집단이 과거보다 훨씬 높은 수준의 수행을 나타낼 수 있도록 동기부여를 한다. 변혁적 리더는 집단이 성공하도록 영향력을 행사하고 재능을 발휘하게 한다. 변혁적 리더는 부하들로 하여금 집단의 성공에 대한 자신들의 가치와 중요성을 인식하도록 만든다.

㉡ **성공적인 변혁적 리더들의 요소**(Muchinsky, 2013)

- 이상화된 영향력(Idealized Influence) : 변혁적 리더들은 부하들의 본보기가 될 수 있도록 행동하여 부하들로부터 존경과 신뢰를 받는다.
- 영감적 동기부여(Inspirational Stimulation) : 부하들에게 일에 대한 의미와 도전을 제공하여 자신의 주변 사람들에게 동기를 부여한다.
- 지적 자극(Intellectual Stimulation) : 부하들로 하여금 기존의 가정에 대하여 의문을 제기하고 문제를 재구조화하고 새로운 방식으로 접근하도록 함으로써 혁신적이고 창의적으로 되도록 자극을 제공한다.
- 개인적 배려(Individual Consideration) : 부하들을 개인적으로 지도하면서 부하 개개인의 발전 및 성장에 대한 욕구에 관심을 기울인다.

(9) 섬기는 리더십

섬기는 리더십(Servant Leadership)은 종과 리더가 합쳐진 개념이다. 종래의 리더십이 전제적이고 수직적인데 비하여 섬기는 리더십은 추종자들의 성장을 도우며 팀워크와 공동체를 세워나가는 현대적 리더십이다.

(10) 팔로워십(Followership)

켈리(R. Kelley)는 기존의 리더십 이론이 리더에게만 초점을 맞춤으로써 추종자들이 가지는 특성을 무시했다고 비판했다. 아울러 추종자인 팔로워(Follower)들이 가지는 팔로워십을 따로 연구해야 리더십 이론을 보장할 수 있다고 주장하였다. 팔로워십에 의하면 추종자들이 적절한 역할을 해주지 못하면 리더십의 성과가 나타나지 못한다고 한다. 팔로워십을 연구한 켈리는 조직의 성공에 있어서 리더가 기여하는 정도는 10~20%에 불과하고 나머지 80~90%는 추종자들에 의하여 결정된다고 주장하였다.

켈리는 추종자들을 독립적 - 의존적 사고와 수동적 - 능동적 참여의 2가지 차원으로 구분하여 소외형, 순응형, 수동형, 모범형, 실무형의 5가지 유형을 제시하였다.

5) 헤드십(Headship)

(1) 외부로부터 임명된 헤드(head)가 조직 체계나 직위를 이용하여, 권한을 행사하는 것. 지도자와 집단 구성원 사이에 공통의 감정이 생기기 어려우며 항상 일정한 거리가 있다.

(2) 권한

① 부하직원의 활동을 감독한다.

② 상사와 부하의 관계가 종속적이다.

③ 상사와 부하의 사회적 간격이 넓다.

④ 지위 형태가 권위적이다.

(3) 헤드십과 리더십

① 선출방식에 의한 분류

㉠ 헤드십(Headship) : 집단 구성원이 아닌 외부에 의해 선출(임명)된 지도자로 권한을 행사한다.

㉡ 리더십(Leadership) : 집단 구성원에 의해 내부적으로 선출된 지도자로 권한을 대행한다.

② 업무추진 방식에 의한 분류

㉠ 독재형(Autocratic Leadership) : 조직활동의 모든 것을 리더(leader)가 직접 결정, 지시하며 리더는 자신의 신념과 판단을 최상의 것으로 믿고 부하의 참여나 충고를 좀처럼 받아들이지 않으며 오로지 복종만을 강요하는 스타일이다.

㉡ 민주형(Democratic Leadership) : 참가적 리더십이라고도 하는데 이는 조직의 방침, 활동 등을 될 수 있는 대로 조직 구성원의 의사를 종합하여 결정하고 자발적인 참여에 의하여 조직목적을 달성하려는 것이 특징이다. 민주형 리더십에서는 각 성원들의 활동은 자신의 계획과 선택에 따라 이루어진다.

㉢ 자유방임형(Laissez-faire Leadership) : 리더가 소극적으로 조직활동에 참여하는 것으로 리더가 직접적으로 지시, 명령을 내리지 않으며 추종자나 부하들의 적극적인 협조를 얻는 것도 아니며 리더는 어느 의미에서 대외적인 상징이나 심벌(Symbol)적 존재에 불과하다.

7. 이문화관리

1) EPRG 이문화관리모델

Heenan과 Perlmutter(1979)가 제안한 글로벌 기업의 EPRG 이문화관리모델에 따르면 기업의 글로벌 성숙도에 따라 인종중심 이문화관리, 다원주의 이문화경영, 지역주의 이문화관리, 세계주의 이문화관리유형으로 분류할 수 있으며, 각 이문화유형에 따라 기업이 지향하는 사명, 의사결정, 의사소통, 자원분배, 전략, 조직, 기업문화가 다르게 나타난다.

2) 호프스테드(Hofstede)의 이문화관리모형

문화특성별 이문화관리이론을 집대성한 것이 호프스테드(Hofstede)의 연구로서 세계 50여 개국의 IBM사 직원을 대상으로 각 국가별 힘의 거리 차원, 모험회피 성향, 개인주의와 집단주의, 여성성과 남성성 차원을 가지고 분류했다.

(1) **힘의 거리(Power Distance)** : 조직이나 기업 안에서 힘이 상사와 부하 간에 공평하게 배분되어 있는 것을 부하들이 받아들이는 정도를 나타낸다.

(2) **불확실성(모험)에 대한 회피(Uncertainty Avoidance)** : 조직이 얼마나 불확실하고 모호한 모험상황에 위협받는다는 것을 느끼고 이를 회피하려는 정도를 말한다.

(3) **개인주의(Individualism)와 집단주의(Collectivism)** : 개인주의는 자신과 자신의 직접적인 가족만을 생각하는 사회체계를 나타내며 집단주의란 내집단과 외집단을 확실히 구분하는 사회체계를 말한다.

(4) **여성성(Feminality)과 남성성(Masculity)** : 여성성은 다른 사람을 좋아하는 생활과 여유로운 삶을 향유하려는 정도, 직업이 목적이기보다는 삶의 한 수단으로 보는 관점, 소극적으로 업무를 추진하는 정도를 의미하며, 남성성은 돈, 명예, 야망, 포부, 업무의 적극성을 추구하는 정도에 의해 결정된다.

05 산업재해와 행동 특성

Section

1. 안전사고의 요인

1) 인간특성과 사고요인

산업안전심리학 초기에 사고는 사고 경향성이 있는 사람들이 주로 일으킨다고 생각했다. 따라서 사고 경향성이 있는 근로자를 현장에서 배제하고자 하는 연구가 주를 이루었다. 즉, 산업재해를 일으키기 쉬운 성격이나 특징을 지닌 사람을 구별해 내고 이들을 해당 작업에서 제외해 재해를 예방한다는 개념이었다.

하지만 이후에는 예상과는 달리 그러한 특성들이 사고와 유의하게 관련되지 않는다는 연구들도 많이 있었고, 또 인권 문제에 해당될 소지가 있어 현재는 별로 적용하지 않는 것이 일반적이다.

인간의 성격(Personality)은 특성(Trait)과 상태(State)의 두 가지로 구분된다. 특성은 비교적 지속적인 것이고 상태는 변하는 것이다. 성격이라 하면 비교적 지속적인 특성을 말하는데, 피터슨(Peterson)에 따르면 사고경향성의 특성을 지닌 사람은 전체 인구의 0.5%에 지나지 않는다고 한다. 반면에 사고와 더 연관이 있는 것은 인간의 변화하는 정서상태이다. 사람은 기분이 좋을 때도 있고 괜히 우울할 때도 있다. 정서상태는 항상 변하며 이런 상태가 사고와 관련성이 있다. 부적 정서상태일 때는 사고가 더 일어나기 쉽다. 그런데 부적 정서상태는 조직이나 자신이나 집안에서 일어난 일에 영향을 받기 쉽다. 가령 집안에 아픈 사람이 있다든가 아이가 태어나 잠을 못 잤다든가 하면 부적 정서상태를 유발하거나 업무에 집중할 수가 없게 된다. 또는 상사나 동료와 관계가 좋지 않거나 어떤 일로 상사로부터 꾸중을 받을 때 이런 부적 정서를 느끼고, 이런 상태에서 사고 가능성은 커진다. 정서상태는 그날그날 달라지기 때문에 꾸준히 관리해줘야 한다. 조직의 상사나 동료들은 직원들의 하루하루 정서를 관리해 주고 즐거운 직장이 되도록 노력해야 한다.

사고와 관련된 대표적인 인간 특성으로 실수를 들 수 있다. 인간은 본질적으로 실수를 한다. 정확하게 똑같은 방법으로 두 번을 할 수 있는 사람은 없다. 실수와 성공은 인간의 본질에서 분리할 수 없으며, 실수하지 않는 가장 좋은 방법은 아무것도 하지 않는 것이다.

2) 환경특성과 사고요인

작업환경이나 작업자의 상태가 적합하지 않으면 사고를 유발할 수 있다. 과거에는 작업에 맞도록 사람을 훈련하거나 변화시켜야 한다는 생각을 하기도 하였으나 지금은 점차 사람에게 적합한 작업을 주어야 한다는 방향으로 생각이 변하고 있다. 인간공학적 대책 등이 이에 해당한다고 볼 수 있다.

3) 조직특성과 사고요인

현대에 와서 특히 주목을 받는 부분이다. 안전을 경영 성과로 보고 더 나은 안전성과를 얻기 위해 그것에 영향을 주는 요소를 파악하는 것이 필요하다. 동기나 태도 등은 개인 특성이지만 조직 속에서는 특정조직이 개인 특성과 결합해 성과에 영향을 미치게 되므로 조직 특성과 함께 논의된다. 안전과 관련된 기업의 조직 형태, 교육 방법, 프로그램화된 안전활동과 함께 내부 구성원이 공유하고 있는 안전 관련 가치, 분위기, 리더십, 관행, 나아가 안전문화 등 여러 요소가 안전성과에 영향을 주게 된다.

2. 산업안전심리의 요소

1) 동기(Motive)

능동력은 감각에 의한 자극에서 일어나는 사고의 결과로서 사람의 마음을 움직이는 원동력이다.

2) 기질(Temper)

인간의 성격, 능력 등 개인적인 특성을 말하는 것으로 생활환경에 영향을 받는다.

3) 감정(Emotion)

희노애락의 의식

4) 습성(Habits)

동기, 기질, 감정 등이 밀접한 관계를 형성하여 인간의 행동에 영향을 미칠 수 있도록 하는 것이다.

5) 습관(Custom)

자신도 모르게 습관화된 현상을 말하며 습관에 영향을 미치는 요소는 동기, 기질, 감정, 습성이다.

06 인간의 특성과 직무환경

Section

1. 인간성능

1) 의식수준 단계

인간은 외부의 사물을 보거나 생각해서 판단하는 마음의 작용을 하고 있지만 이러한 마음의 작용은 대뇌의 세포가 활동하고 있을 뿐만 아니라 의식이 작용하여야 한다. 의식의 작용이란 자기 자신이 여기에 존재할 수 있는 작용이며 의식이 작용하는 정도에 따라서 대뇌는 보다 복잡하며 정도가 높은 정신활동을 할 수 있다.

(1) β(beta)파 : 뇌세포가 활발하게 활동하여 풍부한 정신기능을 발휘하며 활동파라고도 부른다.

(2) α(alpha)파 : 뇌는 안정상태이며 가장 보통의 정신활동으로 인정되며 휴식파라고도 한다.

(3) θ(theta)파 : 의식이 멍청하고 졸음이 심하여 에러를 일으키기 쉬우며 방추파(수면상태)라고도 부른다.

(4) δ(delta)파 : 숙면상태이다.

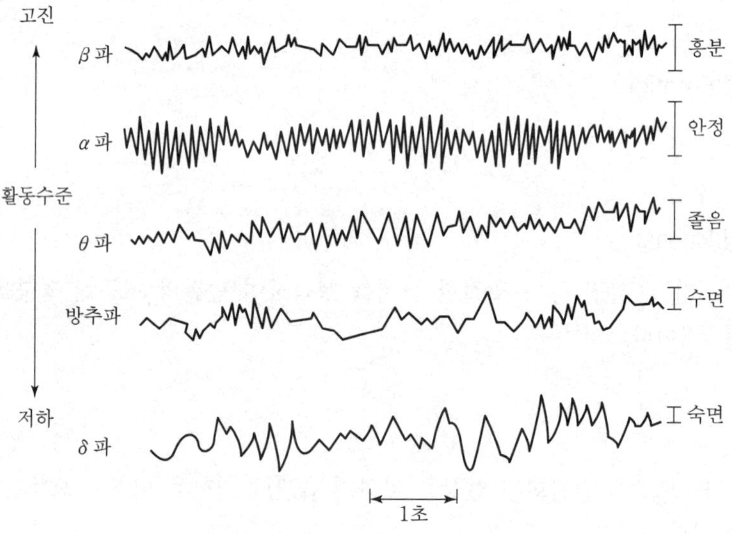

[인간의 의식수준과 뇌파 형태]

2) 인간의 의식수준의 단계와 주의력

단계	의식의 상태	신뢰성	의식의 작용	뇌파형태
Phase 0	무의식, 실신	0	없음	δ파
Phase Ⅰ	**의식의 둔화**	0.9 이하	부주의	θ파
Phase Ⅱ	이완상태	0.99~0.99999	마음이 안쪽으로 향함(Passive)	α파
Phase Ⅲ	**명료한 상태**	**0.99999 이상**	전향적(Active)	$\alpha \sim \beta$파
Phase Ⅳ	과긴장 상태	0.9 이하	한점에 집중, 판단 정지	β파

위 표는 의식수준과 주의력의 관계를 나타낸 것이다.

(1) 의식수준 0은 무의식 상태로 작업수행이 불가능한 상태이다.

(2) 의식수준 Ⅰ은 과로나 야간작업을 하였을 때 보일 수 있는 수준으로 의식이 몽롱하고 활발하지 못하여 신뢰성이 낮은 상태이다.

(3) 의식수준 Ⅱ는 휴식이나 단순 반복 작업을 장시간 지속할 때 나타날 수 있는 상태이다.

(4) 의식수준 Ⅲ은 대뇌가 활발하게 움직이므로 주의의 범위가 넓고 신뢰성도 매우 높은 상태이다.

(5) 의식수준 Ⅳ는 과도 긴장이나 감정이 흥분되어 있는 경우에 나타나는 의식수준으로 주의가 한 쪽으로만 치우쳐 당황한 상태로 신뢰성은 낮은 편이다. 작업을 수행할 때 의식의 수준과 에러 발생의 가능성은 상관관계가 높으며, 에러의 발생 가능성은 의식수준이 Ⅲ일 때 최소이고, Ⅱ, Ⅰ, Ⅳ 순으로 높아진다. 생산 현장에서 작업을 할 때에는 일반적으로 의식수준이 Ⅱ인 상태에서 작업을 하는 경우가 많으므로 Ⅱ단계의 의식수준에서 작업을 안전하게 수행할 수 있도록 작업을 설계하는 것이 바람직하다.

3) 피로(Fatigue)

신체적 또는 정신적으로 지치거나 약해진 상태로서 작업능률의 저하, 신체기능의 저하 등의 증상이 나타나는 상태이다.

(1) 피로의 종류

① 주관적 피로 : 피로는 피곤하다는 자각을 제일의 징후로 하게 된다. 대개의 경우가 권태감이나 단조감 또는 포화감이 따르며 의지적 노력이 없어지고 주의가 산만하게 되고 불안과 초조감이 쌓여 극단적인 경우 직무나 직장을 포기하게도 한다.

② 객관적 피로 : 객관적 피로는 생산된 것의 양과 질의 저하를 지표로 한다. 피로에 의해서 작업리듬이 깨지고 주의가 산만해지고 작업수행의 의욕과 힘이 떨어지며

따라서 생산실적이 떨어지게 된다.

③ 생리적(기능적) 피로 : 피로는 생체의 기능 또는 물질의 변화를 검사결과를 통해서 추정한다. 현재 고안되어 있는 여러 가지 검사법의 대부분은 생리적(기능적) 피로를 취급하고 있다. 그러나 피로란 특정한 실체가 있는 것도 아니기 때문에 피로에 특유한 반응이나 증상은 존재하지 않는다.

④ 근육피로
㉠ 해당 근육의 자각적 피로
㉡ 휴식의 욕구
㉢ 수행도의 양적 저하
㉣ 생리적 기능의 변화

⑤ 신경피로
㉠ 사용된 신경계통의 통증
㉡ 정신피로 증상 중 일부
㉢ 근육피로 증상 중 일부

⑥ 정신피로와 육체피로
㉠ 정신피로 : 정신적 건강에 의해 일어나는 중추신경계의 피로이다.
㉡ 육체피로 : 육체적으로 근육에서 일어나는 신체피로이다.

⑦ 급성피로와 만성피로
㉠ 급성피로 : 보통의 휴식에 의하여 회복되는 것으로 정상피로 또는 건강피로라고도 한다.
㉡ 만성피로 : 오랜 기간에 걸쳐 축적되어 일어나는 피로로서 휴식에 의해서 회복되지 않으며 축적피로라고도 한다.

(2) 피로의 발생원인

① 피로의 요인
㉠ 작업조건 : 작업강도, 작업속도, 작업시간 등
㉡ 환경조건 : 온도, 습도, 소음, 조명 등
㉢ 생활조건 : 수면, 식사, 취미활동 등
㉣ 사회적 조건 : 대인관계, 생활수준 등
㉤ 신체적, 정신적 조건

② 기계적 요인과 인간적 요인
㉠ 기계적 요인 : 기계의 종류, 조작부분의 배치, 색채, 조작부분의 감촉 등
㉡ 인간적 요인 : 신체상태, 정신상태, 작업내용, 작업시간, 사회환경, 작업환경 등

(3) 피로의 예방과 회복대책

① 작업부하를 적게 할 것
② 정적 동작을 피할 것
③ 작업속도를 적절하게 할 것
④ 근로시간과 휴식을 적절하게 할 것
⑤ 목욕이나 가벼운 체조를 할 것
⑥ 수면을 충분히 취할 것

(4) 피로의 측정방법

① 신체활동의 생리학적 측정분류

작업을 할 때 인체가 받는 부담은 작업의 성질에 따라 상당한 차이가 있다. 이 차이를 연구하기 위한 방법이 생리적 변화를 측정하는 것이다. 즉, 산소소비량, 근전도, 플리커치 등으로 인체의 생리적 변화를 측정한다.

㉠ 근전도(EMG ; Electromyography) : 근육활동의 전위차를 기록하여 측정
㉡ 심전도(ECG ; Electrocardiogram) : 심장의 근육활동의 전위차를 기록하여 측정
㉢ 산소소비량
㉣ 정신적 작업부하에 관한 생리적 측정치

- 점멸융합주파수(플리커법) : 사이가 벌어져 회전하는 원판으로 들어오는 광원의 빛을 단속시켜 연속광으로 보이는지 단속광으로 보이는지 경계에서의 빛의 단속주기를 플리커치라 한다. 정신적으로 피로한 경우에는 주파수 값이 내려가는 것으로 알려져 있다.
- 기타 정신부하에 관한 생리적 측정치 : 눈꺼풀의 깜박임율(Blink Rate), 동공지름(Pupil Diameter), 뇌의 활동전위를 측정하는 뇌파도(EEG ; Electroencephalogram)가 있다.

② **피로의 측정방법**

㉠ **생리학적 측정** : 근력 및 근활동(EMG), 대뇌활동(EEG), 호흡(산소소비량), 순환기(ECG)
㉡ **생화학적 측정** : 혈액농도 측정, 혈액수분 측정, 요 전해질, 요 단백질 측정
㉢ **심리학적 측정** : 피부저항, 동작분석, 연속반응시간, 집중력

4) 작업강도와 피로

(1) **작업강도(RMR ; Relative Metabolic Rate) : 에너지 대사율**

$$RMR = \frac{(\text{작업 시 소비에너지} - \text{안정 시 소비에너지})}{\text{기초대사 시 소비에너지}} = \frac{\text{작업대사량}}{\text{기초대사량}}$$

① 작업 시 소비에너지 : 작업 중 소비한 산소량

② 안정 시 소비에너지 : 의자에 앉아서 호흡하는 동안 소비한 산소량

③ 기초대사량 : 체표면적 산출식과 기초대사량 표에 의해 산출

$$A = H^{0.725} \times W^{0.425} \times 72.46$$

여기서, A : 몸의 표면적(cm^2), H : 신장(cm), W : 체중(kg)

(2) 에너지 대사율(RMR)에 의한 작업강도

① 경작업(0~2RMR) : 사무실 작업, 정신작업 등

② 중(中)작업(2~4RMR) : 힘이나 동작, 속도가 작은 하체작업 등

③ 중(重)작업(4~7RMR) : 전신작업 등

④ 초중(超重)작업(7RMR 이상) : 과격한 전신작업

5) 휴식시간 산정

$$R(\text{분}) = \frac{60(E-5)}{E-1.5} \ (60\text{분 기준})$$

여기서, E : 작업의 평균에너지(kcal/min),
에너지 값의 상한 : 5(kcal/min)

6) 생체리듬(바이오리듬, Biorhythm)의 종류

(1) 생체리듬(Biorhythm ; Biological rhythm)

인간의 생리적인 주기 또는 리듬에 관한 이론

(2) 생체리듬(바이오리듬)의 종류

① 육체적(신체적) 리듬(P ; Physical Cycle) : 신체의 물리적인 상태를 나타내는 리듬으로, 청색 실선으로 표시하며 23일의 주기이다.

② 감성적 리듬(S ; Sensitivity) : 기분이나 신경계통의 상태를 나타내는 리듬으로, 적색 점선으로 표시하며 28일의 주기이다.

③ 지성적 리듬(I ; Intellectual) : 기억력, 인지력, 판단력 등을 나타내는 리듬으로, 녹색 일점쇄선으로 표시하며 33일의 주기이다.

2. 성능 신뢰도

1) 신뢰도

(1) 인간과 기계의 직·병렬 작업

① **직렬 :** $R_s = r_1 \times r_2$

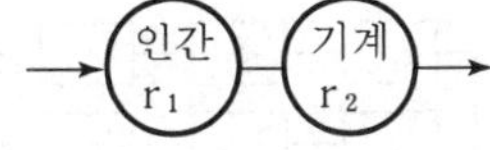

② **병렬 :** $R_p = r_1 + r_2(1 - r_1) = 1 - (1 - r_1)(1 - r_2)$

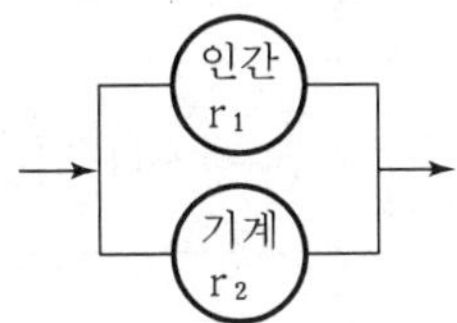

(2) 설비의 신뢰도

① 직렬(series system)

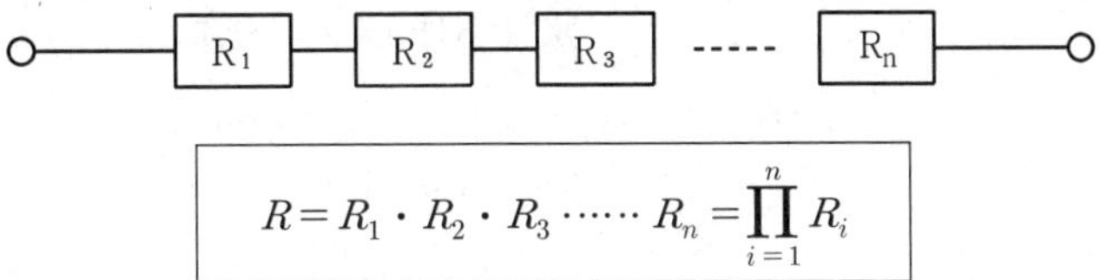

$$R = R_1 \cdot R_2 \cdot R_3 \cdots\cdots R_n = \prod_{i=1}^{n} R_i$$

② 병렬(페일세이프티 : fail safety)

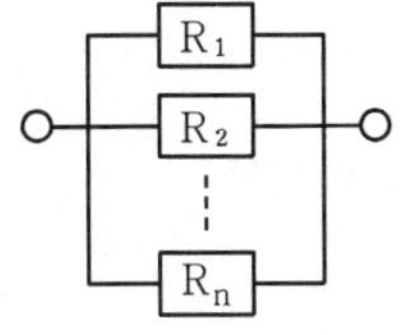

$$R = 1 - (1 - R_1)(1 - R_2) \cdots\cdots (1 - R_n) = 1 - \prod_{i=1}^{n}(1 - R_i)$$

③ 요소의 병렬구조

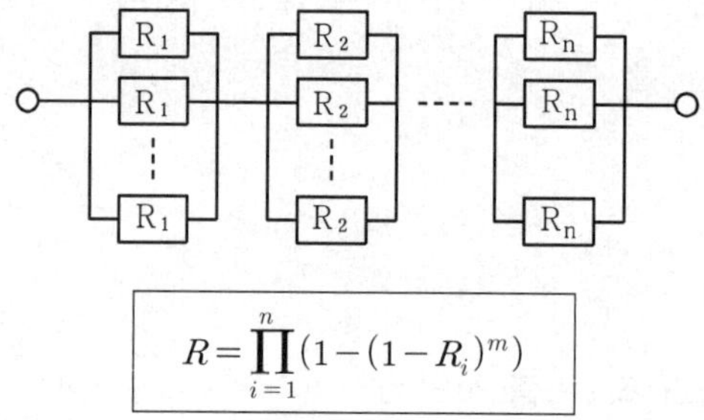

$$R = \prod_{i=1}^{n}(1-(1-R_i)^m)$$

④ 시스템의 병렬구조

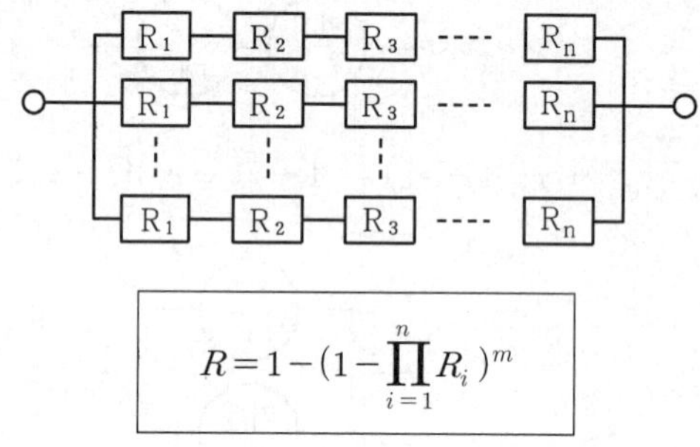

$$R = 1-(1-\prod_{i=1}^{n} R_i)^m$$

2) 휴먼에러(인간실수)

(1) 휴먼에러의 관계

SP = K(HE) = f(HE)

여기서, SP : 시스템퍼포먼스(체계성능)
HE : 인간과오(Human Error)
K : 상수
f : 관수(함수)

① K≒1 : 중대한 영향
② K<1 : 위험
③ K≒0 : 무시

(2) 휴먼에러의 분류

① **심리적(행위에 의한) 분류(Swain)**

㉠ **생략에러(Omission Error)** : 작업 내지 필요한 절차를 수행하지 않는 데서 기인하는 에러

㉡ **실행(작위적)에러(Commission Error) :** 작업 내지 절차를 수행했으나 잘못한 실수 – 선택착오, 순서착오, 시간착오

㉢ **과잉행동에러(Extraneous Error) : 불필요한 작업 내지 절차를 수행함으로써 기인한 에러**

㉣ **순서에러(Sequential Error) :** 작업수행의 순서를 잘못한 실수

㉤ 시간에러(Timing Error) : 소정의 기간에 수행하지 못한 실수(너무 빨리 혹은 늦게)

② **원인 레벨(level)적 분류**

㉠ **Primary Error :** 작업자 자신으로부터 발생한 에러(안전교육을 통하여 제거)

㉡ **Secondary Error :** 작업형태나 작업조건 중에서 다른 문제가 생겨 그 때문에 필요한 사항을 실행할 수 없는 오류나 어떤 결함으로부터 파생하여 발생하는 에러

㉢ **Command Error :** 요구되는 것을 실행하고자 하여도 필요한 정보, 에너지 등이 공급되지 않아 작업자가 움직이려 해도 움직이지 않는 에러

(3) 정보처리 과정에 의한 분류

① 인지확인 오류 : 외부의 정보를 받아들여 대뇌의 감각중추에서 인지할 때까지의 과정에서 일어나는 실수

② 판단, 기억오류 : 상황을 판단하고 수행하기 위한 행동을 의사결정하여 운동중추로부터 명령을 내릴 때까지 대뇌과정에서 일어나는 실수

③ 동작 및 조작오류 : 운동중추에서 명령을 내렸으나 조작을 잘못하는 실수

(4) 인간의 행동과정에 따른 분류

① 입력 에러 : 감각 또는 지각의 착오

② 정보처리 에러 : 정보처리 절차 착오

③ 의사결정 에러 : 주어진 의사결정에서의 착오

④ 출력 에러 : 신체반응의 착오

⑤ 피드백 에러 : 인간제어의 착오

(5) 라스무센(Rasmussen)의 인간행동모델에 따른 원인기준에 의한 휴먼에러 분류방법(James Reason의 방법)

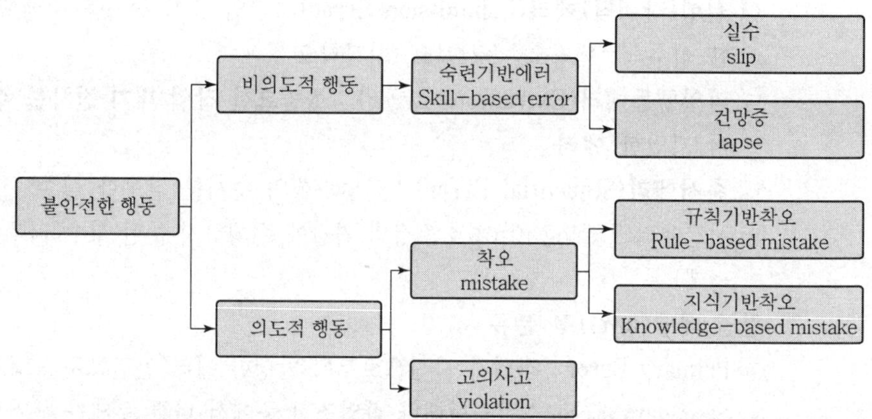

[라스무센의 SRK 모델을 재정립한 리즌의 불안전한 행동 분류(원인기준)]

인간의 불안전한 행동을 의도적인 경우와 비의도적인 경우로 나누었다. 비의도적 행동은 모두 숙련기반 에러, 의도적 행동은 규칙기반 에러와 지식기반 에러, 고의사고로 분류할 수 있다.

(6) 인간의 오류모형

① **착오(Mistake)** : 상황해석을 잘못하거나 목표를 잘못 이해하고 착각하여 행하는 경우
② **실수(Slip)** : 상황이나 목표의 해석을 제대로 했으나 의도와는 다른 행동을 하는 경우
③ **건망증(Lapse)** : 여러 과정이 연계적으로 일어나는 행동 중에서 일부를 잊어버리고 하지 않거나 또는 기억의 실패에 의하여 발생하는 오류
④ **위반(Violation)** : 정해진 규칙을 알고 있음에도 고의로 따르지 않거나 무시하는 행위

3) 이산적 직무와 연속적 직무의 인간신뢰도

인간의 작업을 시간적 관점에서 보면 이산적 직무와 연속적 직무로 구분할 수 있다.

(1) 이산적 직무

직무의 내용이 시작과 끝을 가지고 미리 잘 정의된 직무를 의미한다. 이산적 직무에서 인간신뢰도를 표현하는 기본단위로는 휴먼에러확률(HEP ; Human Error Probability)로서 주어진 작업이 수행되는 동안 발생하는 오류의 확률로 표현된다. 이산적 직무에서 직무를 성공적으로 수행할 확률은 인간신뢰도로 해석할 수 있다.

$$\textbf{인간실수 확률(HEP)} = \frac{\text{인간실수의 수}}{\text{실수발생의 전체 기회수}}$$

인간의 신뢰도(R) = (1 - HEP) = 1 - P

전체 시스템의 신뢰도를 구하기 위해서는 전체 시스템 내에서의 인간행위를 작은 단위의 세부 행위로 구분하고 이들 세부 행위에 대한 휴먼에러확률(HEP) 자료를 이용한다. 매 시행마다 휴먼에러확률(HEP)이 p로 동일하게 주어져 있는 작업을 독립적으로 n번 반복하여 실행하는 직무에서 에러 없이 성공적으로 직무를 수행할 확률인 인간신뢰도 $R_{(n)}$은 다음과 같이 구할 수 있다.

$$R_{(n)} = (1-p)^n$$

(2) 연속적 직무

연속적 직무란 자동차 운전이나 레이더 화면의 감시작업과 같이 시간에 따라 직무의 내용이 변화되는 특징을 가지고 있다. 연속적 직무에 관한 휴먼에러는 시간에 따라 우발적으로 발생하므로 에러율을 시간에 관한 함수로 표현한다. 인간 신뢰도 분야에선 시간에 따른 인간의 휴먼에러 발생 확률을 신뢰도(Reliability) 이론을 접목하여 특정 시간 동안 고장 없이 작동할 확률에 관심을 갖는 동신뢰도(Dynamic Reliability)로 표현한다. 즉, '언제 고장이 많이 나는가'를 나타내는 고장률 함수(Failure rate)를 실수율(Error rate) $h(t)$로 나타내 인간신뢰도 $R(t)$로 표현한다. 시간 t에서의 휴먼에러에 관한 확률을 고장률 함수 개념으로 표현하여 실수율 $h(t)$라 하면 t까지 에러를 범하지 않을 확률인 인간신뢰 $R(t)$는 다음과 같이 표현된다.

$$R_{(t)} = e^{-\int_0^t h(x)dx}$$

3. 인간의 정보처리

1) 인간의 기본기능

(1) 감지 기능

① 인간 : 시각, 청각, 촉각 등의 감각기관

② 기계 : 전자, 사진, 음파탐지기 등 기계적인 감지장치

(2) 정보저장 기능

① 인간 : 기억된 학습 내용

② 기계 : 펀치카드(Punch card), 자기 테이프, 형판(Template), 기록, 자료표 등 물리적 기구

(3) 정보처리 및 의사결정기능

① 인간 : 행동을 한다는 결심

② 기계 : 모든 입력된 정보에 대해서 미리 정해진 방식으로 반응하게 하는 프로그램(Program)

(4) 행동기능

① 물리적인 조정행위 : 조종장치 작동, 물체나 물건을 취급, 이동, 변경, 개조 등

② 통신행위 : 음성(사람의 경우), 신호, 기록 등

2) 인간의 감지능력

감각 기관들의 감지능력은 상대적 판단(Relative Discrimination)에 의해여 연구된다. 상대적 판단이란 한 감각을 대상으로 두 가지 이상의 신호가 동시에 제시되었을 때 같고 다름을 비교 판단하는 것이다.

측정 감각의 감지능력은 두 자극 사이의 차이를 겨우 알아차릴 수 있는 변화감지역(JND ; Just Noticeable Difference)으로 표현된다. 변화감지역이란 자극 사이의 변화를 감지할 수 있는 두 자극 사이의 가장 작은 차이 값을 의미하며 변화감지역이 작을수록 감각의 변화를 검출하기 쉽다. 변화감지역은 사람이 50% 이상을 검출할 수 있는 자극차원의 최소 변화 또는 차이로 구한다.

웨버(Weber)는 특정 감각기관의 기준자극과 변화감지역과의 연관 관계실험을 통하여 '웨버의 법칙'을 발견하였다. 웨버의 법칙은 물리적 자극을 상대적으로 판단하는 데 있어 특정 감각의 변화감지역은 사용되는 기준 자극의 크기에 비례한다는 내용으로 표현한다.

$$\text{웨버 비} = \frac{\triangle I}{I}$$

여기서, I : 기준자극크기, $\triangle I$: 변화감지역

〈감각기관의 웨버(Weber) 비〉

감각	시각	청각	무게	후각	미각
Weber 비	1/60	1/10	1/50	1/4	1/3

웨버(Weber)의 법칙에 의하면 변화를 감지하기 위해 필요한 자극의 차이는 원래 제시된 자극의 수준에 비례하므로 원래 자극의 강도가 클수록 변화감지를 위한 자극의 변화량은 커지게 된다. 웨버 비는 감각의 감지에 대한 민감도를 나타내며 웨버 비가 작을수록 인간의 분별력이 뛰어난 감각이라고 할 수 있다.

3) 인간의 정보처리능력

인간이 신뢰성 있게 정보 전달을 할 수 있는 기억은 5가지 미만이며 감각에 따라 정보를 신뢰성 있게 전달할 수 있는 한계 개수는 5~9가지이다. 밀러(Miller)는 감각에 대한 경로 용량을 조사한 결과 신비의 수(Magical Number) 7±2(5~9)를 발표했다. 인간의 절대적 판단에 의한 단일자극의 판별범위는 보통 5~9가지라는 것이다.

$$\text{정보량 } H = \log_2 n = \log_2 \frac{1}{p},\ p = \frac{1}{n}$$

여기서, 정보량의 단위는 bit(binary digit)임
비트(bit)란, 실현가능성이 같은 2개의 대안 중 하나가 명시되었을 때 얻는 정보량임

4) 시배분(Time - Sharing)

음악을 들으며 책을 읽는 것처럼 사람이 주의를 번갈아가며 두 가지 이상을 돌보아야 하는 상황을 시배분이라고 한다. 인간이 동시에 여러 가지 일을 담당한 경우에는 동시에 주의를 기울일 수 없으며 사실은 주의를 번갈아 가며 일을 행하고 있는 것이므로 인간의 작업효율은 떨어지게 된다. 시배분 작업은 처리해야 하는 정보의 가지 수와 속도에 의하여 영향을 받는다.

5) 지각과정

(1) 감각과정

인간이 접하고 있는 환경 속에서 물건, 사건, 사람 등이 시각, 청각, 후각, 촉각, 미각 등의 자극으로 감각기관을 통하여 지각세계로 들어오는 과정이다.

(2) 지각

지각(Perception)이란 인간이 접하고 있는 환경과 관련된 정보에 의미를 부여하고 해석하는 과정이다. 입력 정보들은 선택(Selection), 조직(Organization), 해석(Interpretation)하는 과정을 통하여 자극을 감지하고 의미를 부여함으로써 종합적으로 해석된다. 선택

된 지각대상은 지각형성 과정을 통하여 조직화된다. 지각된 대상을 해석하는 과정에서는 자극을 해석하고, 의미를 파악한다. 해석 작용 과정에는 여러 가지 착오나 착시현상 등이 개입될 수 있다.

(3) 인지(의사결정)과정과 기억체계

인간의 정보처리 과정에는 작업 기억(단기기억), 장기 기억 등이 동원되며, 지각된 정보를 바탕으로 어떻게 행동할 것인지 의사결정을 해야 한다. 의사결정과정이 계산, 추론, 유추 등의 복잡한 과정이 요구되는 경우 인지(Cognition)과정이라고 한다.

(4) 반응선택 및 실행

지각 및 의사결정과정을 통해 이루어진 상황의 이해는 반응의 선택이라는 목표를 수립하게 되며, 반응 실행은 선택된 목표가 정확하게 수행되도록 반응이나 행동이 이루어진다.

(5) 주의와 피드백

정보처리과정에서의 주의(Attention)는 지각, 인지, 반응선택 및 실행과정에서의 정신적 노력으로, 주의 자원의 제한으로 필요에 따라 선택적으로 적용된다. 정보처리 및 반응실행 과정에서는 정보 흐름의 폐회로 피드백이 존재하게 되는데 이에 따라 정보의 흐름이 연속적으로 진행되고, 정보처리가 어떤 지점에서도 시작될 수 있다.

4. 반응시간과 동작시간

1) 반응시간

어떤 자극에 대하여 반응이 발생하기까지의 소요시간을 반응시간(RT ; Reaction Time)이라 한다. 반응시간은 단순반응시간(Simple Reaction Time), 선택반응시간(Choice Reaction Time), C 반응시간 등으로 분류된다.

(1) 단순반응시간(Simple Reaction Time)

A 반응시간이라고도 하며 하나의 특정 자극에 대하여 반응을 하는 데 소요되는 시간으로 약 0.2초 정도 걸린다.

(2) 선택반응시간(Choice Reaction Time)

B 반응시간이라고도 하며 여러 개의 자극을 제시하고 각각의 자극에 대하여 반응을 할 과제를 준 후에 자극이 제시되어 반응할 때까지의 시간을 의미한다. 선택 반응시간은 일반적으로 자극과 반응의 수(N)가 증가할수록 로그에 비례하여 증가하며 다음과 같이 표현된다.(Hick's law)

$$선택반응시간 = a + b\log_2 N$$

(3) C 반응시간

여러 가지의 자극이 주어지고 이 중에서 특정한 신호에 대해서만 반응할 때 소요되는 시간을 의미한다.

2) 동작시간(Movement Time)

신호에 따라 손을 움직여 동작을 실제로 실행하는 데 걸리는 시간으로 동작의 종류와 거리에 따라 다르지만 최소한 0.3초는 걸린다. Fitts는 움직인 거리(A)와 목표물의 너비(W)를 변화시키면서 실험을 한 결과 다음과 같은 동작시간에 관한 예측시간 식을 얻었다.

$$동작시간 = a + b\log_2\left(\frac{2A}{W}\right)$$

신호를 확인하고 동작을 하기까지의 총 응답시간(Response Time)은 반응시간과 동작시간을 합하여 구할 수 있고 사람의 응답시간은 최소 0.5초 정도는 걸린다.

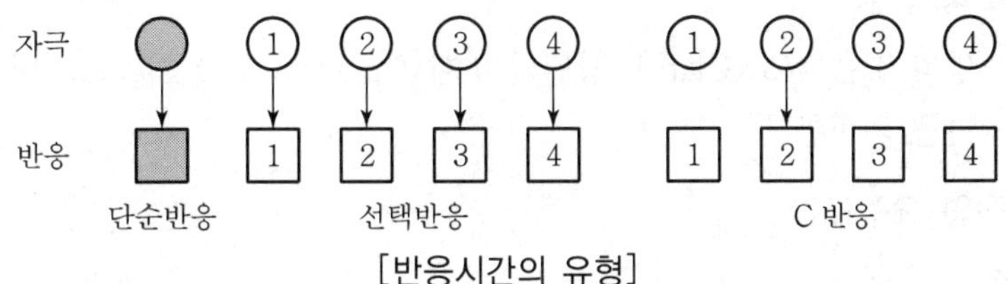

[반응시간의 유형]

07 직무환경과 건강

Section

1. 조명기계 및 조명수준

1) 빛과 조명

시각 작업의 효율(Visual Performance)에 영향을 미치는 요인은 개인차(Individual Difference), 조명의 양(Quantity of Illumination), 조명의 질(Quality of Illumination), 작업 요구조건(Task Requirement) 등이다.

(1) 개인차

개인차는 개인별 시력의 차이를 의미하며 연령이 높아지면서 시각적인 능력이 저하되므로 고령자의 작업장은 전체 조도를 높이거나 국소 조명으로 보완할 필요가 있다.

(2) 조명의 양

조명의 양은 광원의 밝기를 의미한다. 광량(Luminous Flux)은 광원으로부터 나오는 빛 에너지의 양으로 단위는 Lumen(lm)을 이용하며 조도(Illuminance)는 어떤 물체나 표면에 도달하는 빛의 단위 면적당 밀도로 면에 대한 빛의 밝기이며 단위는 lux이다.

(3) 조명의 질

조명의 질은 휘도(Glare), 광원의 방향(Orientation of Lights), 미학(Esthetics)적인 측면을 의미한다.

(4) 작업 요구조건

작업 요구조건은 대상물의 크기, 대비, 노출 시간 등을 의미한다.

2) 조명시스템

일반적으로 조명 시스템이 시각의 안정을 위해 갖추어야 할 조건은 다음과 같다.

(1) 조명의 분포는 섬광을 피하기 위해 국소화된 조명 대신 전체 조명을 사용하는 것이 바람직하며 조명이 균일하지 않은 구역들을 계속 왕복하면 눈의 피로를 일으켜 시간이 지나면서 시력을 떨어뜨릴 수 있다.

(2) 눈부심은 빛의 발광원이 시야에 있을 때 생기며 사물에 대한 식별능력을 저하시킨다. 눈부심은 광원이 관찰자의 시선에서 45도 각도 이내에 있을 때 발생하며 시야에 들어오는 물체 간에 휘도 차이가 더 크면 눈부심이 더 많이 생겨 시각의 적응과정에 대한 효과로 인해 볼 수 있는 능력이 더 크게 저하된다. 최대의 권장 휘도 차이는 작업 : 작업 표면=3 : 1, 작업 : 주위=10 : 1이다. 눈부심을 피하는 방법을 예를 들면 광원 밑에

빛을 적절히 유도할 수 있는 씌우개가 있는 분산장치나 포물선 모양의 반사기를 사용하거나 시각을 방해하지 않는 방법으로 광원을 설치하는 것이다.

3) 작업환경 색상

작업장에 적절한 색상을 선택하면 근로자의 능률과 안전에 상당히 기여하게 된다. 빛은 적색, 황색 및 청색 빛을 혼합함으로써 대부분의 색상을 얻을 수 있으며 조명은 발산하는 빛의 모양에 따라 3개 범주로 나뉠 수 있다.

(1) 따뜻한 색상 : 거주용으로 권장되는 붉은색 계열의 빛
(2) 중간 색상 : 작업장에 권장되는 백색 빛
(3) 찬 색상 : 높은 조도가 필요한 작업이나 고온 징후에 권장되는 파란색 계열의 빛

4) **조명방법**

(1) **직접조명**

조명기구가 간단하기 때문에 기구의 효율이 좋고 벽, 천장의 색조에 의하여 좌우되지 않으며 설치비용이 저렴한 장점이 있다. 그러나 기구의 구조에 따라 눈을 부시게 하거나 균일한 조도를 얻기 힘들기 때문에 물체에 강한 음영을 만드는 것이 단점이다.

(2) **간접조명**

직접조명과 대조적으로 눈을 부시게 하지 않고 조도가 균일하지만 기구효율이 나쁘며 설치가 복잡하고 실내의 입체감이 작아지는 단점이 있다.

(3) **전반조명**

작업면에 균등한 조도를 얻기 위해 광원을 일정한 간격과 일정한 높이로 배치한 조명방식으로서 공장 등에서 많이 사용한다.

(4) **국소조명**

작업면상의 필요한 장소만 높은 조도를 취하는 방법으로 일부만 밝게 한다. 밝고 어둠의 차이가 많아 눈부심을 일으켜 눈을 피로하게 한다.

(5) 전반과 국소조명의 혼합

작업면 전반에 걸쳐 적당한 조도를 제공하며 필요한 장소에 높은 조도를 주는 조명방식이다.

5) 소요조명

$$\text{소요조명}(f_c) = \frac{\text{소요광속발산도}(f_L)}{\text{반사율}(\%)} \times 100$$

2. 반사율과 휘광

1) 반사율(%)

단위면적당 표면에서 반사 또는 방출되는 빛의 양

$$\text{반사율}(\%) = \frac{\text{광도}(f_L)}{\text{조도}(f_C)} \times 100 = \frac{\text{cd/m}^2 \times \pi}{\text{lux}} = \frac{\text{광속발산도}}{\text{소요조명}} \times 100$$

옥내 추천 반사율

1. 천장 : 80~90%
2. 벽 : 40~60%
3. 가구 : 25~45%
4. 바닥 : 20~40%

2) 휘광(Glare : 눈부심)

휘도가 높거나 휘도대비가 클 경우 생기는 눈부심

(1) 휘광의 발생원인

① 눈에 들어오는 광속이 너무 많을 때
② 광원을 너무 오래 바라볼 때
③ 광원과 배경 사이의 휘도 대비가 클 때
④ 순응이 잘 안될 때

(2) 광원으로부터의 휘광(Glare)의 처리방법

① 광원의 휘도를 줄이고 수를 늘인다.
② 광원을 시선에서 멀리 위치시킨다.
③ 휘광원 주위를 밝게 하여 광도비를 줄인다.
④ 가리개(shield), 갓(hood) 혹은 차양(visor)을 사용한다.

(3) 창문으로부터의 직사휘광 처리

① 창문을 높이 단다.

② 창 위에 드리우개(Overhang)를 설치한다.

③ 창문에 수직날개를 달아 직시선를 제한한다.

④ 차양 혹은 발(blind)을 사용한다.

(4) 반사휘광의 처리

① 일반(간접) 조명 수준을 높인다.

② 산란광, 간접광, 조절판(Baffle), 창문에 차양(Shade) 등을 사용한다.

③ 반사광이 눈에 비치지 않게 광원을 위치시킨다.

④ 무광택 도료, 빛을 산란시키는 표면색을 한 사무용 기기 등을 사용한다.

3. 조도와 광도

1) 조도 : 물체의 표면에 도달하는 빛의 밀도

(1) foot－candle(fc)

1촉광(촛불 1개)의 점광원으로부터 1foot 떨어진 구면에 비추는 빛의 밀도

(2) Lux

1촉광의 광원으로부터 1m 떨어진 구면에 비추는 빛의 밀도

$$\text{조도} = \frac{\text{광속}}{(\text{거리})^2}$$

(3) lambert(L)

완전 발산 및 반사하는 표면에 표준 촛불로 1cm 거리에서 조명될 때 조도와 같은 광도

(4) foot－lambert(fL)

완전 발산 및 반사하는 표면에 1fc로 조명될 때 조도와 같은 광도

2) 광도(Luminance)

단위면적당 표면에서 반사(방출)되는 빛의 양

(단위 : Lambert(L), foot－Lambert, nit(cd/m^2))

3) 휘도

빛이 어떤 물체에서 반사되어 나오는 양

4) 명도대비(Contrast)

표적의 광도와 배경의 광도 차

$$\text{대비} = \frac{L_b - L_t}{L_b} \times 100$$

여기서, L_t : 표적의 광도

L_b : 배경의 광도

5) 푸르키네 현상(Purkinje Effect)

조명수준이 감소하면 장파장에 대한 시감도가 감소하는 현상. 즉 밤에는 같은 밝기를 가진 장파장의 적색보다 단파장인 청색이 더 잘 보인다.

4. 소음과 청력손실

1) 소음(Noise)

인간이 감각적으로 원하지 않는 소리로, 불쾌감을 주거나 주의력을 상실케 하여 작업에 방해를 주며 청력손실을 가져온다.

(1) **가청주파수 : 20~20,000Hz / 유해주파수 : 4,000Hz**

(2) **소리은폐현상(Sound Masking) : 한쪽 음의 강도가 약할 때는 강한 음에 묻혀 들리지 않게 되는 현상**

2) 소음의 영향

(1) 일반적인 영향

불쾌감을 주거나 대화, 마음의 집중, 수면, 휴식을 방해하며 피로를 가중시킨다.

(2) 청력손실

진동수가 높아짐에 따라 청력손실이 증가한다. 청력손실은 4,000Hz(C5 - dip 현상)에서 크게 나타난다.

① 청력손실의 정도는 노출 소음수준에 따라 증가한다.
② 약한 소음에 대해서는 노출기간과 청력손실의 관계가 없다.
③ 강한 소음에 대해서는 노출기간에 따라 청력손실도 증가한다.

3) 소음을 통제하는 방법(소음대책)

(1) 소음원의 통제
(2) 소음의 격리
(3) 차폐장치 및 흡음재료 사용
(4) 음향처리제 사용
(5) 적절한 배치

5. 소음노출한계(산업안전보건기준에 관한 규칙 제512조)

1) 소음작업

1일 8시간 작업을 기준으로 85dB 이상의 소음이 발생하는 작업

2) 강렬한 소음작업

(1) **90dB 이상의 소음이 1일 8시간 이상 발생하는 작업**
(2) 95dB 이상의 소음이 1일 4시간 이상 발생하는 작업
(3) 100dB 이상의 소음이 1일 2시간 이상 발생하는 작업
(4) 105dB 이상의 소음이 1일 1시간 이상 발생하는 작업
(5) 110dB 이상의 소음이 1일 30분 이상 발생하는 작업
(6) 115dB 이상의 소음이 1일 15분 이상 발생하는 작업

3) 충격 소음작업

(1) 120dB을 초과하는 소음이 1일 1만 회 이상 발생하는 작업
(2) 130dB을 초과하는 소음이 1일 1천 회 이상 발생하는 작업
(3) 140dB을 초과하는 소음이 1일 1백 회 이상 발생하는 작업

6. 작업별 조도기준 및 소음기준

1) 작업별 조도기준(산업안전보건기준에 관한 규칙 제8조)

(1) 초정밀작업 : 750lux 이상
(2) **정밀작업 : 300lux 이상**
(3) **보통작업 : 150lux 이상**
(4) 기타작업 : 75lux 이상

2) 조명의 적절성을 결정하는 요소

(1) 과업의 형태
(2) 작업시간
(3) 작업을 진행하는 속도 및 정확도
(4) 작업조건의 변동
(5) 작업에 내포된 위험 정도

3) 인공조명 설계 시 고려사항

(1) 조도는 작업상 충분할 것
(2) 광색은 주광색에 가까울 것
(3) 유해가스를 발생하지 않을 것
(4) 폭발과 발화성이 없을 것
(5) 취급이 간단하고 경제적일 것
(6) **작업장의 경우 공간 전체에 빛이 골고루 퍼지게 할 것(전반조명 방식)**

4) VDT를 위한 조명

(1) **조명수준 :** VDT(Visual Display Terminal) **조명**은 화면에서 반사하여 화면상의 정보를 더 어렵게 할 수 있으므로 대부분 **300~500lux를 지정**한다.
(2) 광도비 : 화면과 극 인접 주변 간에는 1 : 3의 광도비가, 화면과 화면에서 먼 주위 간에는 1 : 10의 광도비가 추천된다.
(3) 화면반사 : 화면반사는 화면으로부터 정보를 읽기 어렵게 하므로 화면반사를 줄이는 방법에는 ① 창문 가리기, ② 반사원의 위치 바꾸기, ③ 광도 줄이기, ④ 산란된 간접조명 사용하기 등이 있다.

7. 실효온도와 옥스퍼드(Oxford) 지수

1) 실효온도(Effective temperature, 감각온도, 실감온도)

온도, 습도, 기류 등의 조건에 따라 인간의 감각을 통해 느껴지는 온도로 상대습도 100% 일 때의 건구온도에서 느끼는 것과 동일한 온도감

2) 옥스퍼드(Oxford) 지수(습건지수)

$$W_D = 0.85W + 0.15d$$

여기서, W : 습구온도
d : 건구온도

3) 불쾌지수

(1) 불쾌지수＝섭씨(건구온도＋습구온도)×0.72±40.6[℃]
(2) 불쾌지수＝화씨(건구온도＋습구온도)×0.4＋15[°F]

불쾌지수가 80 이상일 때는 모든 사람이 불쾌감을 가지기 시작하고 75의 경우에는 절반 정도가 불쾌감을 가지며 70～75에서는 불쾌감을 느끼기 시작한다. 70 이하에서는 모두가 쾌적하다.

4) 추정 4시간 발한율(P4SR)

주어진 일을 수행하는 순환된 젊은 남자의 4시간 동안의 발한량을 건습구온도, 공기유동속도, 에너지 소비, 피복을 고려하여 추정한 지수이다.

5) 허용한계

(1) 사무작업 : 60～65°F
(2) 경작업 : 55～60°F
(3) 중작업 : 50～55°F

6) 작업환경의 온열요소 : **온도, 습도, 기류(공기유동)**, 복사열

8. 작업환경 개선의 4원칙

1) 대체 : 유해물질을 유해하지 않은 물질로 대체
2) 격리 : 유해요인에 접촉하지 않게 격리
3) 환기 : 유해분진이나 가스 등을 환기
4) 교육 : 위험성 개선방법에 대한 교육

9. 작업환경 측정대상(산업안전보건법 시행규칙 제186조)

작업환경 측정대상 유해인자에 노출되는 근로자가 있는 작업장

작업환경 측정대상 유해인자(시행규칙 별표 21)
1. 화학적 인자 가. 유기화합물(114종) 나. 금속류(24종) 다. 산 및 알칼리류(17종) 라. 가스상태 물질류(15종) 마. 산업안전보건법 시행령 제88조에 의한 허가 대상 유해물질(12종) 바. 금속가공유(Metal working fluids, 1종) 2. 물리적 인자(2종) 가. 8시간 시간가중평균 80dB 이상의 소음 나. 안전보건규칙 제558조에 따른 고열 3. 분진(7종) 4. 그 밖에 고용노동부장관이 정하여 고시하는 인체에 해로운 유해인자

08 인간의 특성과 인간관계

Section

1. 안전사고 요인

1) 산업재해의 직접원인

(1) 불안전한 행동(인적 원인, 전체 재해발생원인의 88% 정도)

사고를 가져오게 한 작업자 자신의 행동에 대한 불안전한 요소

① 불안전한 행동의 예

- 위험장소 접근
- 복장 · 보호구의 잘못된 사용
- 운전 중인 기계장치의 점검
- 위험물 취급 부주의
- 불안전한 자세나 동작
- 안전장치의 기능 제거
- 기계 · 기구의 잘못된 사용
- 불안전한 속도 조작
- 불안전한 상태 방치
- 감독 및 연락 불충분

② 불안전한 행동을 일으키는 내적요인과 외적요인의 발생형태 및 대책

㉠ 내적요인

- 소질적 조건 : 적성배치
- 의식의 우회 : 상담
- 경험 및 미경험 : 교육

㉡ 외적요인

- 작업 및 환경조건 불량 : 환경정비
- 작업순서의 부적당 : 작업순서정비

(2) 불안전한 상태(물적 원인, 전체 재해발생원인의 10% 정도)

직접 상해를 가져오게 한 사고에 직접관계가 있는 위험한 물리적 조건 또는 환경

① 불안전한 상태의 예

- 물(物)의 자체 결함
- 안전방호장치의 결함
- 복장 · 보호구의 결함
- 물의 배치 및 작업장소 결함
- 작업환경의 결함
- 생산공정의 결함
- 경계표시 · 설비의 결함

2) 재해의 원인 - 3E

재해가 3가지 주된 원인으로 발생한다고 보는 관점에서 출발한다.

(1) Engineering : 기술적(공학적) 원인

(2) Education : 교육적 원인

(3) Enforcement : 규제적(관리적) 원인

3) 재해의 기본요인 - 4M

(1) Man(인간) : 에러를 일으키는 인적 요인

(2) Machine(기계) : 기계 · 설비의 결함, 고장 등의 물적 요인

(3) Media(매체) : 작업정보, 방법, 환경 등의 요인

(4) Management(관리) : 관리상의 요인

4) 사고예방대책의 기본원리 5단계(하인리히)

(1) 1단계 : 조직(안전관리조직)

① 경영층의 안전목표 설정
② 안전관리 조직(안전관리자 선임 등)
③ 안전활동 및 계획수립

(2) 2단계 : 사실의 발견(현상파악)

① 사고 및 안전활동의 기록 검토
② 작업분석
③ **안전점검, 안전진단**
④ **사고조사**
⑤ 안전평가
⑥ 각종 안전회의 및 토의
⑦ 근로자의 건의 및 애로 조사

(3) 3단계 : 분석 · 평가(원인규명)

① 사고조사 결과의 분석
② 불안전상태, 불안전행동 분석
③ 작업공정, 작업형태 분석
④ 교육 및 훈련의 분석
⑤ 안전수칙 및 안전기준 분석

(4) 4단계 : 시정책의 선정

① 기술의 개선
② 인사조정
③ 교육 및 훈련 개선
④ 안전규정 및 수칙의 개선
⑤ 이행의 감독과 제재강화

(5) 5단계 : 시정책의 적용

① 목표 설정
② 3E(기술적, 교육적, 관리적) 대책의 적용

5) 재해(사고) 발생 유형(모델)

(1) 단순자극형(집중형)

상호자극에 의하여 순간적으로 재해가 발생하는 유형으로 재해가 일어난 장소나 그 시점에 일시적으로 요인이 집중되어 나타난다.

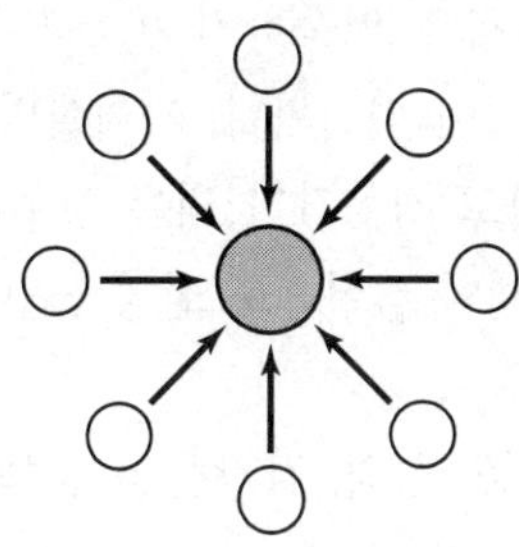

(2) 연쇄형(사슬형)

하나의 사고요인이 또 다른 요인을 발생시키면서 재해를 발생시키는 유형이다. 단순 연쇄형과 복합 연쇄형이 있다.

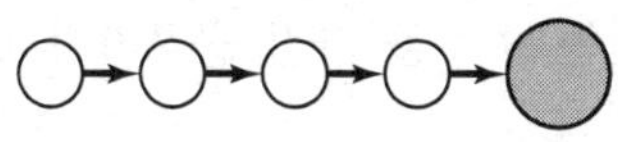

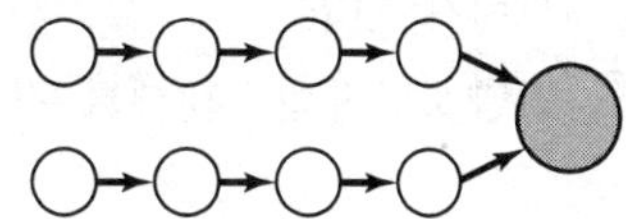

(3) 복합형

단순 자극형과 연쇄형의 복합적인 발생유형이다. 일반적으로 대부분의 산업재해는 재해원인들이 복잡하게 결합되어 있는 복합형이다. 연쇄형의 경우에는 원인들 중에 하나를 제거하면 재해가 일어나지 않는다. 그러나 단순 자극형이나 복합형은 하나를 제거하더라도 재해가 일어나지 않는다는 보장이 없으므로, 도미노 이론은 적용되지 않는다. 이런 요인들은 부속적인 요인들에 불과하다. 따라서 재해조사에 있어서는 가능한 한 모든 요인들을 파악하도록 해야 한다.

(4) 사고 경향설(Greenwood)

사고의 대부분은 소수에 의해 발생되고 있으며 사고를 낸 사람이 또다시 사고를 발생시키는 경향이 있다.(사고경향성이 있는 사람 → 소심한 사람)

(5) 성격의 유형(재해누발자 유형)

① 미숙성 누발자 : 환경에 익숙하지 못하거나 기능 미숙으로 인한 재해 누발자

② 상황성 누발자 : 작업이 어렵거나, 기계설비의 결함, 주의력의 집중이 혼란된 경우, 심신의 근심으로 사고 경향자가 되는 경우(상황이 변하면 안전한 성향으로 바뀜)

③ 습관성 누발자 : 재해의 경험으로 신경과민이 되거나 슬럼프에 빠지기 때문에 사고 경향자가 되는 경우

④ 소질성 누발자 : 지능, 성격, 감각운동 등에 의한 소질적 요소에 의해서 결정되는 특수성격의 소유자

(6) 재해빈발설

① 기회설 : 개인의 문제가 아니라 작업 자체에 문제가 있어 재해가 빈발

② 암시설 : 재해를 한 번 경험한 사람은 심리적 압박을 받게 되어 대처능력이 떨어져 재해가 빈발

③ 빈발경향자설 : 재해를 자주 일으키는 소질을 가진 근로자가 있다는 설

2. 착오의 종류 및 원인

1) 착오의 종류

(1) 위치착오

(2) 순서착오

(3) 패턴의 착오

(4) 기억의 착오

(5) 형(모양)의 착오

2) 착오의 원인

(1) 심리적 능력한계

(2) 감각차단현상

(3) 정보량의 저장한계

3. 착시

물체의 물리적인 구조가 인간의 감각기관인 시각을 통해 인지한 구조와 일치되지 않게 보이는 현상

학설	그림	현상
Zoller의 착시	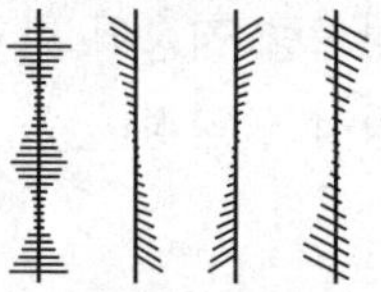	세로의 선이 굽어 보인다.
Orbigon의 착시	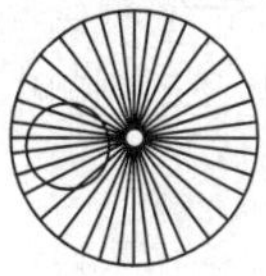	안쪽 원이 찌그러져 보인다.
Sander의 착시	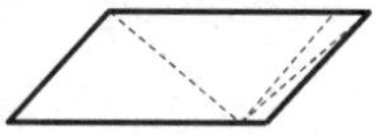	두 점선의 길이가 다르게 보인다.
Ponzo의 착시		두 수평선부의 길이가 다르게 보인다.
Müler-Lyer의 착시	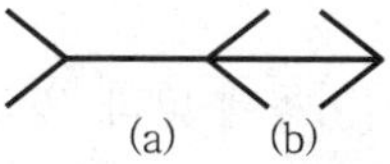 (a) (b)	**a가 b보다 길게 보인다. 실제는 a=b이다.**
Helmholz의 착시	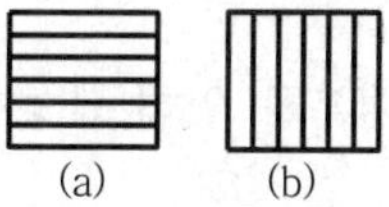 (a) (b)	a는 세로로 길어 보이고, b는 가로로 길어 보인다.
Hering의 착시	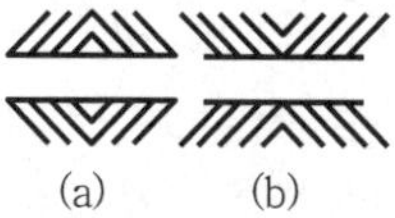 (a) (b)	**a는 양단이 벌어져 보이고, b는 중앙이 벌어져 보인다.**
Köhler의 착시 (윤곽착오)	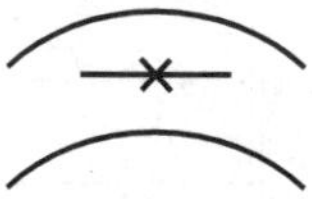	**우선 평형의 호를 본 후 즉시 직선을 본 경우에 직선은 호의 반대방향으로 굽어 보인다.**
Poggendorf의 착시	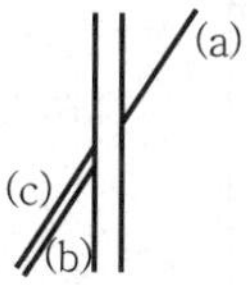 (a) (c) (b)	a와 c가 일직선으로 보인다. 실제는 a와 b가 일직선이다.

4. 착각현상

착각은 물리현상을 왜곡하는 지각현상을 말한다.

1) 착각의 요인

(1) 인지 과정의 착오

① 생리 · 심리적 능력의 한계　② 정보량 저장의 한계
③ 감각 차단 현상　④ 정서 불안정(공포, 불안, 불만)

(2) 판단 과정의 착오

① 능력 부족(적성, 지식, 기술)　② 정보부족
③ 합리화　④ 환경 조건 불비(표준불량)

(3) 조치 과정의 착오

2) 인간의 착각현상

(1) 자동운동

암실 내에서 정지된 작은 광점을 응시하면 움직이는 것처럼 보이는 현상

(2) 유도운동

실제로는 정지한 물체가 어느 기준물체의 이동에 따라 움직이는 것처럼 보이는 현상

(3) 가현운동

영화처럼 물체가 빨리 나타나거나 사라짐으로 인해 운동하는 것처럼 보이는 현상

5. 지각과 평가

1) 시각법칙

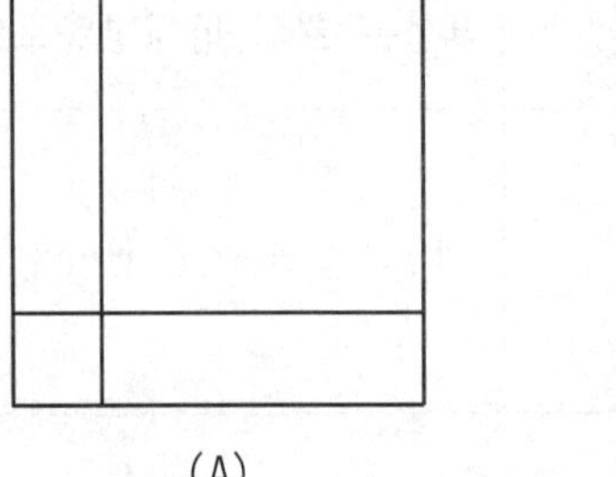
(A)

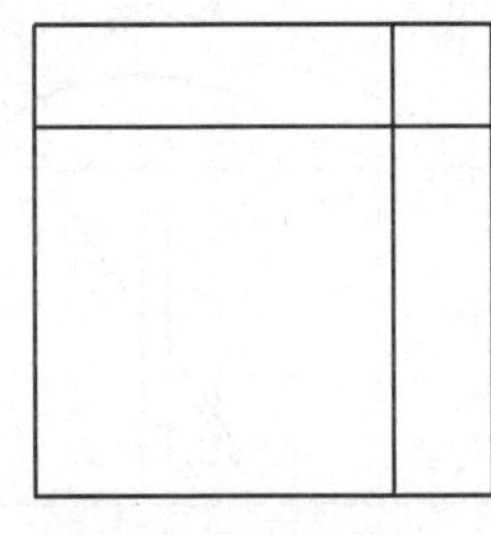
(B)

두 개의 도형을 보면 A에 비해서 B의 도형이 긴장감이 강하게 느껴진다. 즉 오른쪽 시야보다는 왼쪽이 우위이며 위쪽보다는 아래쪽의 시야가 우위이다. B의 도형의 상하좌우가 다 우위가 아니어서 강한 긴장감을 일으킨다. 이를 지각의 시각법칙이라 한다.

2) 상황

A 그림의 경우 원의 둘레에 얼마 정도의 큰 원들이 있느냐에 따라서 왼쪽보다는 오른쪽 중심원의 크기가 더 크게 지각된다. B 그림의 경우 양쪽에 있는 정사각형의 크기에 따라서 그 사이를 잇는 선의 거리가 다르게 보인다. 이와 같이 어떠한 경험을 해왔느냐 또는 어떠한 상황에 있었느냐에 따라서 같은 사실이라도 다르게 느껴질 수 있다.

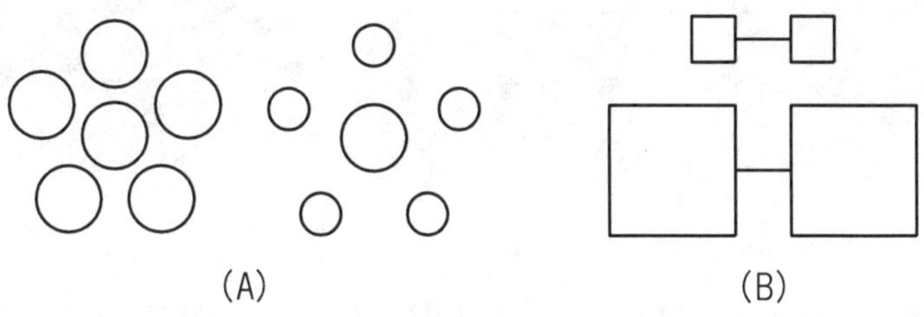

3) 도형과 배경법칙(Figure – Ground Laws)

도형과 배경법칙(Figure – Ground Laws)이란 지각을 함에 있어 어떤 것은 주체인 도형으로 어떤 것은 배경으로 나뉘어서 지각되는 것을 말한다. 아래 그림 왼쪽은 이마가 맞닿도록 두 얼굴을 기울여 놓았다. 여기에 약간의 변형을 하면 아래 그림 오른쪽과 같이 두 얼굴이나 촛불로 보여질 수 있다.

4) 게스탈트 법칙(Gestalt Laws, 지각의 집단화 원리)

게스탈트 법칙(Gestalt Laws)이란 게스탈트 심리학자들이 제안한 대표적인 지각집단화의 원리들이다. 한 물체에 속한 정보들을 낱개로 보는 것이 아니라 하나의 덩어리로 묶어서 지각한다는 것이다. 아래 그림을 보면 A는 근접(Proximity)으로서 가까이 있는 요소들이 하나의 집단으로 묶인다는 원리이다. B는 유사성(Similarity)으로서 형태나 색 등이 유사한 요소들이 하나의 집단으로 묶인다는 원리이다. C는 연속성(Continuity)으로서 각각 점으로 된 것들이 두 개의 선의 형태로 지각된다. 이는 점과 점 사이가 실제로는 개방되어 있지만 닫혀있다고 보는 것이다.

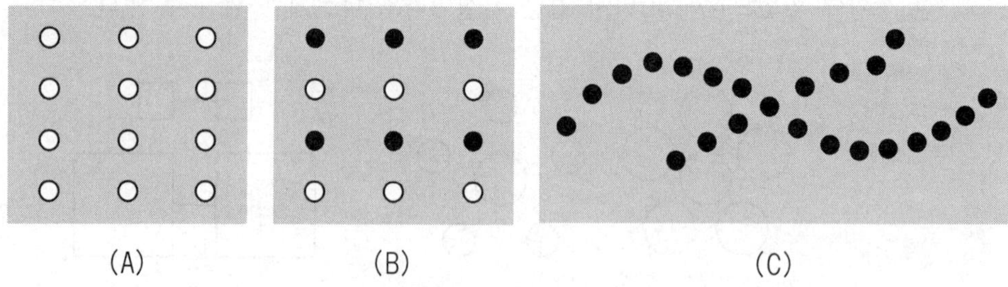

(A) (B) (C)

① 공통성 : 함께 같은 방향으로 움직이는 것으로 지각되는 요소들은 체제화된 집단을 형성한다.
② 완결성 : 지각 과정은 자극에 틈이나 간격이 있으면 그것을 메우려고 한다.
③ 연속성 : 하나의 양식으로 시작한 선은 그 양식을 계속하는 것으로 지각하는 경향이 있다.
④ 유사성 : 유사한 자극들은 군집되어 보인다.
⑤ 근접성 : 가까이 있는 물체들은 군집해 있는 것으로 지각한다.

5) 기대

사람은 두드러진 자극에 주의를 집중할 뿐만 아니라 기대, 욕구, 관심에 걸맞는 자극에 주의를 집중하게 된다. 과거의 경험은 인간의 머릿속에 어떤 상황이 일어날 것으로 기대하고 예측하게 만드는데 이러한 기대가 지각에 영향을 주게 된다. 직장을 구하는 사람에게는 구직광고가 눈에 잘 띄게 되고 배고픈 사람에게는 음식점 간판이 잘 보이게 된다.

6. 귀인이론

우리는 자신이나 타인의 행동에 대하여 그 원인을 추론하려는 성향이 있다. 이를 귀인이라고 한다. 귀인의 결과는 우리가 어떻게 행동할 것인지를 결정하는 기준이 된다.

1) 귀인의 정의와 분류

귀인(Attribution)이란 행동의 원인을 어디에 돌리느냐 하는 것이다. 귀인이론의 창시자인 하이더(F. Heider)는 행동에 대한 귀인을 능력이나 기술과 같은 개인의 내적요인에 돌리는 경우를 '내부귀인(Internal Attribution)'으로, 업무의 특성이나 상급자의 특성 등 개인의 외적요인에 돌리는 경우를 '외부귀인(External Attribution)'으로 구별하였다. 일반적으로 사람은 자신의 성공은 자신의 능력과 같은 내부귀인으로 돌리고 타인의 성공은 행운과 같은 외부귀인으로 돌리는 경향이 있다. 또한 자신의 실패는 외부귀인으로 돌리고 타인의 실패는 내부귀인으로 돌린다. 예를 들어 친구가 약속시간에 늦게 도착했을 때 친구는 차가 밀려서 늦었다고 핑계를 돌리고(외부귀인), 기다린 사람은 친구가 시간관념이 없다고 생각한다.(내부귀인)

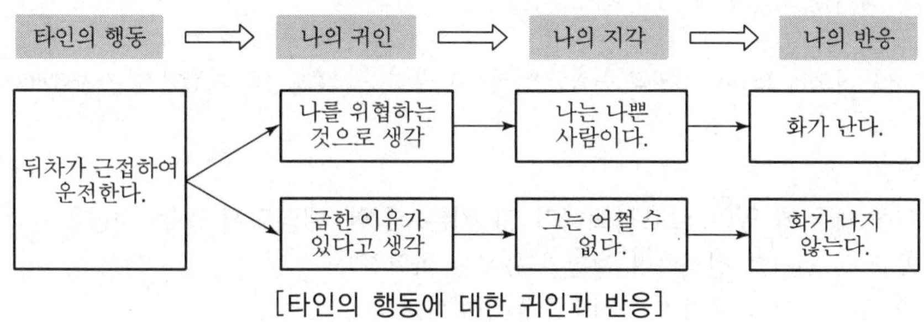

[타인의 행동에 대한 귀인과 반응]

2) 켈리의 귀인모델

심리학자 켈리(H. Kelly)는 귀인에 대한 내적요인과 외적요인의 개념을 더욱 발전시켰다. 그는 사람들의 행위에 대한 원인을 규명할 경우 일치성, 특이성, 일관성의 3가지 기준으로 귀인판단이 가능하다고 생각하였다.

① 일치성(Consensus) : 한 사건에 대하여 다른 사람들의 동일한 사건과 비교하여 귀인하려는 성향을 가리킨다. 같은 상황에서 사람들이 모두 동일한 반응을 보일 때 그들의 반응은 일치성을 보인다. 이때 일치성이 높으면 외부귀인에 귀인시키고 일치성이 낮으면 내부귀인에 귀인시킨다.

② 특이성(Distinctiveness) : 한 사건을 현재 그 사람의 유사한 다른 사건과 비교하여 귀인하려는 성향이다. 행동반응이 자주 있는 일이 아니면 특이성을 보이는 것이다. 이 경우 특이성이 높으면 외부귀인에 해당하고 특이성이 낮으면 내부귀인에 해당한다.

③ 일관성(Consistency) : 현재의 사건을 그 사람의 과거 사건들과 비교하여 귀인하려는 성향을 말한다. 어떤 행동이 예전부터 그 사람에게 자주 있었던 일이라면 일관성이 있는 것이다. 일관성이 높으면 내부요인에 귀인시키고 일관성이 낮으면 외부요인에 귀인시킨다.

예상문제 및 해설 1

산업심리학

1. 다음 중 착오 요인과 관계가 먼 것은?
① 동기부여의 부족
② 정보 부족
③ 정서적 불안정
④ 자기합리화
⑤ 심리적 능력한계

해설 착오의 요인은 심리적 능력한계(정서적 불안정), 정보량의 저장한계, 자기합리화 등이다.

2. 적성 배치에 있어서 고려되어야 할 기본사항에 해당되지 않는 것은?
① 적성 검사를 실시하여 개인의 능력을 파악한다.
② 직무 평가를 통하여 자격수준을 정한다.
③ 주관적인 감정요소에 따른다.
④ 인사관리의 기준원칙을 준수한다.
⑤ 객관적인 감정요소에 따른다.

해설 적성배치에 있어서는 객관적인 감정요소에 따른다.
적성 배치에 있어서 고려되어야 할 기본사항
1. 적성 검사를 실시하여 개인의 능력을 파악한다.
2. 직무 평가를 통하여 자격수준을 정한다.
3. 인사관리의 기준 원칙을 고수한다.

3. 경보기가 울려도 전철이 오기까지 아직 시간이 있다고 판단하여 건널목을 건너다가 사고를 당했다면 이 재해자의 행동성향으로 옳은 것은?
① 착시
② 무의식행동
③ 억측판단
④ 지름길 반응
⑤ 착오

해설 억측판단(리스크 테이킹)
위험을 부담하고 자기 나름대로 판단하여 행동으로 옮기는 성향

 정답 1. ① 2. ③ 3. ③

4. 다음 중 산업안전심리의 5대 요소에 해당하지 않는 것은?

① 습관　　② 동기
③ 감정　　④ 지능
⑤ 기질

해설 산업안전심리의 5대 요소
1. 습관
2. 동기
3. 기질
4. 감정
5. 습성

5. 다음 중 억측판단이 발생하는 배경으로 볼 수 없는 것은?

① 정보가 불확실할 때
② 희망적인 관측이 있을 때
③ 타인의 의견에 동조할 때
④ 과거의 성공한 경험이 있을 때
⑤ 일을 빨리 끝내고 싶은 초조한 심정

해설 억측판단이 발생하는 배경
1. 희망적인 관측 : 그때도 그랬으니까 괜찮겠지 하는 관측
2. 정보나 지식의 불확실 : 위험에 대한 정보의 불확실 및 지식의 부족
3. 과거의 선입관 : 과거에 그 행위로 성공한 경험의 선입관
4. 초조한 심정 : 일을 빨리 끝내고 싶은 초조한 심정

6. 하행선 기차역에 정지하고 있는 열차 안의 승객이 반대편 상행선 열차의 출발로 인하여 하행선 열차가 움직이는 것 같은 착각을 일으키는 현상을 무엇이라고 하는가?

① 유도운동
② 자동운동
③ 가현운동
④ 브라운 운동
⑤ 운동착각

해설
- 유도운동 : 실제로는 정지한 물체가 어느 기준 물체의 이동에 따라 움직이는 것처럼 보이는 현상
- 자동운동 : 암실 내에서 정지된 작은 광점을 응시하면 움직이는 것처럼 보이는 현상
- 가현운동 : 영화처럼 물체가 빨리 나타나거나 사라짐으로 인해 운동하는 것처럼 보이는 현상

4. ④　5. ③　6. ① 정답

7. 다음 중 헤링(Hering)의 착시현상에 해당하는 것은?

① 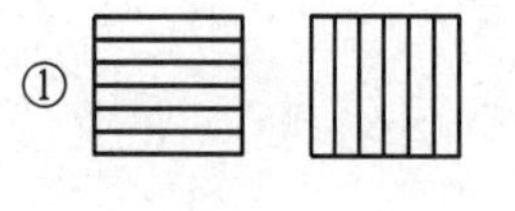　② 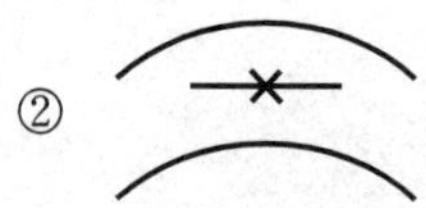

③ 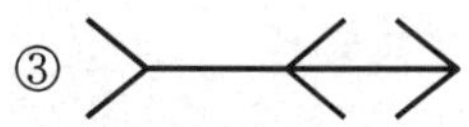　④ 

⑤ 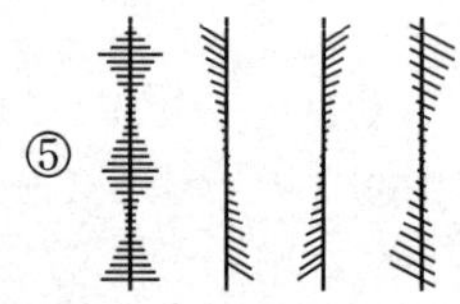

해설 ① : 헬름홀츠(Helmholz)　② : 쾰러(Köhler)
③ : 뮬러 · 라이어(Müler · Lyer)　④ : 헤링(Herling)
⑤ : 죌러(Zöller)

8. 근로자의 직무적성을 결정하는 심리검사의 특징에 대한 설명으로 틀린 것은?

① 특정한 시기에 모든 근로자를 검사하고, 그 검사 점수와 근로자의 직무평정척도를 상호 연관시키는 예언적 타당성을 갖추어야 한다.
② 검사의 관리를 위한 조건, 절차의 일관성과 통일성에 대한 심리검사의 표준화가 마련되어야 한다.
③ 한 집단에 대한 검사응답의 일관성을 말하는 객관성을 갖추어야 한다.
④ 심리검사의 결과를 해석하기 위해서는 개인의 성적을 다른 사람들의 성적과 비교할 수 있는 참조 또는 비교의 기준이 있어야 한다.
⑤ 실시가 쉬운 검사이어야 한다.

해설 한 집단에 대한 검사응답의 일관성을 말하는 신뢰성을 갖추어야 한다.

9. 운동지각현상 가운데 자동운동(Autokinetic Movement)이 발생하기 쉬운 조건이 아닌 것은?

① 광점이 작은 것　② 대상이 복잡한 것
③ 빛의 강도가 작은 것　④ 시야의 다른 부분이 어두운 것
⑤ 정답없음

해설 자동운동(Autokinetic Movement)
완전히 암흑인 곳에서 점광원을 보면 불규칙하게 움직이는 것으로 보인다. 주위의 대상이 전혀 안 보일 때 눈이 자동으로 움직이기 때문에 일어나는 현상이다.

 정답 7. ④　8. ③　9. ②

10. 경험한 내용이나 학습된 행동을 다시 생각하여 작업에 적용하지 아니하고 방치함으로써 경험의 내용이나 인상이 약해지거나 소멸되는 현상을 무엇이라 하는가?

① 착각
② 훼손
③ 망각
④ 단절
⑤ 착오

해설 망각
학습된 행동이 지속되지 않고 소멸되는 것

11. 다음 중 위치, 순서, 패턴, 형상, 기억오류 등 외부적 요인에 의해 나타나는 것은?

① 메트로놈
② 리스크테이킹
③ 부주의
④ 착오
⑤ 망각

해설 착오의 종류
위치착오, 순서착오, 패턴의 착오, 기억의 착오, 형(모양)의 착오

12. 작업자의 안전심리에서 고려되는 가장 중요한 요소는?

① 개성과 사고력
② 지식 정도
③ 안전 규칙
④ 신체적 조건과 기능
⑤ 안전보건교육

해설 작업자의 안전심리에서 고려되는 가장 중요한 요소는 개성과 사고력이다.

13. 다음 중 부주의에 대한 설명으로 틀린 것은?

① 부주의는 착각이나 의식의 우회에 기인한다.
② 부주의는 적성 등의 소질적 문제와는 관계가 없다.
③ 부주의는 불안전한 행위와 불안전한 상태에서도 발생된다.
④ 불안전한 행동에 기인된 사고의 대부분은 부주의가 차지하고 있다.
⑤ 의식의 우회는 걱정, 고민, 욕구불만 등에 의하여 정신을 빼앗기는 것이다.

해설 소질적 문제는 부주의의 원인이 되며 적성에 따른 배치를 통하여 대비가 가능하다.

10. ③ 11. ④ 12. ① 13. ② 정답

14. 인간의 행동에 관한 레빈(K. Lewin)의 식, '$B = f(P \cdot E)$'에 대한 설명으로 옳은 것은?

① 인간의 개성(P)에는 연령과 지능이 포함되지 않는다.
② 인간의 행동(B)은 개인의 능력과 관련이 있으며, 환경과는 무관하다.
③ 인간의 행동(B)은 개인의 자질과 심리학적 환경과의 상호 함수관계에 있다.
④ B는 행동, P는 개성, E는 기술을 의미하며 행동은 능력을 기반으로 하는 개성에 따라 나타나는 함수관계이다.
⑤ 환경(E)에는 심신상태, 성격, 지능 등이 포함된다.

해설 레빈(K. Lewin)의 법칙 : $B = f(P \cdot E)$

여기서, B : behavior(인간의 행동)
f : function(함수관계)
P : person(개체 : 연령, 경험, 심신상태, 성격, 지능 등)
E : environment(심리적 환경 : 인간관계, 작업환경 등)

15. 다음 중 주의의 특성이 아닌 것은?

① 일반성 ② 방향성
③ 변동성 ④ 선택성
⑤ 정답없음

해설 주의의 특징
선택성, 방향성, 변동성

16. 의식의 레벨(phase)을 5단계로 구분할 때 의식의 신뢰도가 가장 높은 단계는?

① Phase Ⅰ ② Phase Ⅱ
③ Phase Ⅲ ④ Phase Ⅳ
⑤ Phase 0

해설

단계	신뢰성
Phase 0	0
Phase Ⅰ	0.9 이하
Phase Ⅱ	0.99~0.99999
Phase Ⅲ	0.999999 이상
Phase Ⅳ	0.9 이하

 정답 14. ③ 15. ① 16. ③

17. 작업공정 중에 규정된 대로 수행하지 않고 "괜찮다."라고 생각하여 자기 주관대로 추측을 하여 행동한 결과 재해가 발생한 경우를 가리키는 용어는?

① 억측판단 ② 근도반응
③ 생략행위 ④ 초조반응
⑤ 주의의 일점집중현상

해설 억측판단(리스크 테이킹)
자기 멋대로 희망적 관찰에 의거하여 주관적인 판단에 의해 행동에 옮기는 것을 말한다.
억측판단이 발생하는 배경
1. 희망적인 관측 : 그때도 그랬으니까 괜찮겠지 하는 관측
2. 정보나 지식의 불확실 : 위험에 대한 정보의 불확실 및 지식의 부족
3. 과거의 선입관 : 과거에 그 행위로 성공한 경험의 선입관
4. 초조한 심정 : 일을 빨리 끝내고 싶은 초조한 심정

18. 다음 중 레빈(K. Lewin)에 의하여 제시된 인간의 행동에 관한 식을 올바르게 표현한 것은?(단, B는 인간의 행동, P는 개체, E는 환경, f는 함수관계를 의미한다.)

① $B=f(P \cdot E)$ ② $B=f(P+1)B$
③ $P=E \cdot f(B)$ ④ $E=f(P \cdot B)$
⑤ $B=f(E+1)P$

해설 레빈(K. Lewin)의 법칙
레빈은 인간의 행동은 그 사람이 가진 자질, 즉 개체와 심리적 환경의 상호 함수관계에 있다고 하였다.
$B=f(P \cdot E)$
여기서, B : behavior(인간의 행동)
f : function(함수관계)
P : person(개체 : 연령, 경험, 심신상태, 성격, 지능 등)
E : environment(심리적 환경 : 인간관계, 작업환경 등)

19. 다음 중 주의의 특성에 관한 설명으로 적절하지 않은 것은?

① 한 지점에 주의를 집중하면 다른 곳에의 주의는 약해진다.
② 장시간 주의를 집중하려 해도 주기적으로 부주의의 리듬이 존재한다.
③ 의식이 과잉상태인 경우 최고의 주의집중이 가능해진다.
④ 여러 자극을 지각할 때 소수의 현란한 자극에 선택적 주의를 기울이는 경향이 있다.
⑤ 시선의 초점이 맞았을 때 쉽게 인지된다.

해설 의식의 과잉은 부주의의 원인이 되며 주의집중이 불가능하다.

17. ① 18. ① 19. ③ 정답

20. 다음 인간의 오류모형 중 상황해석을 잘못하거나 틀린 목표를 착각하여 행하는 인간의 실수는?

① 착오(Mistake)
② 실수(Slip)
③ 건망증(Lapse)
④ 위반(Violation)
⑤ 망각

해설 인간의 오류모형
착오(Mistake) : 상황해석을 잘못하거나 목표를 잘못 이해하고 착각하여 행하는 경우

21. 다음 중 주의의 수준이 Phase 0인 상태에서의 의식상태로 옳은 것은?

① 무의식상태
② 의식의 이완상태
③ 명료한 상태
④ 과긴장상태
⑤ 의식흐림 상태

해설

단계	신뢰성
Phase 0	무의식, 실신
Phase Ⅰ	의식 흐림
Phase Ⅱ	이완상태
Phase Ⅲ	상쾌한 상태
Phase Ⅳ	과긴장상태

22. 다음 중 부주의의 현상으로 볼 수 없는 것은?

① 의식의 단절
② 의식수준의 지속
③ 의식의 과잉
④ 의식의 우회
⑤ 의식수준의 저하

해설 부주의 원인
의식의 우회, 의식수준의 저하, 의식의 단절, 의식의 과잉

23. 다음 중 일반적인 기억의 과정을 올바르게 나타낸 것은?

① 기명 → 파지 → 재생 → 재인
② 파지 → 기명 → 재생 → 재인
③ 재인 → 재생 → 기명 → 파지
④ 재인 → 기명 → 재생 → 파지
⑤ 재생 → 재인 → 기명 → 파지

 정답 20. ① 21. ① 22. ② 23. ①

해설 • 기명 : 기억 과정에서, 새로운 경험을 머릿속에 새기는 일
• 파지 : 경험에서 얻은 정보를 유지하고 있는 작용
• 재생 : 아무런 자극 없이 기억한 내용을 인출해 내는 정신과정
• 재인 : 과거에 경험한 행위·감정이 다시 나타났을 경우 '그것이다'라고 인정하는 감정

24. 레빈(K. Lewin)은 인간의 행동특성을 "$B=f(P \cdot E)$"로 표현하였다. 변수 "E"가 의미하는 것으로 옳은 것은?

① 연령　② 성격
③ 작업환경　④ 지능
⑤ 인간의 행동

해설 레빈(K. Lewin)의 법칙 : $B=f(P \cdot E)$
여기서, B : behavior(인간의 행동)
f : function(함수관계)
P : person(개체 : 연령, 경험, 심신상태, 성격, 지능 등)
E : environment(심리적 환경 : 인간관계, 작업환경 등)

25. 허쯔버그(Herzberg)의 2요인 이론 중 동기요인(Motivation)에 해당하지 않는 것은?

① 성취　② 작업 자체
③ 작업조건　④ 인정
⑤ 개인발전

해설 허쯔버그(Herzberg)의 동기요인(Motivation)
책임감, 성취 인정, 개인발전 등 일 자체에서 오는 심리적 욕구(충족될 경우 조직의 성과가 향상되며 충족되지 않아도 성과가 떨어지지 않음)

26. 다음은 부주의의 발생 현상이다. 혼미한 정신상태에서 심신의 피로나 단조로운 반복작업 시에 일어나는 현상은?

① 의식의 과잉
② 의식의 단절
③ 의식의 우회
④ 의식수준의 저하
⑤ 의식수준의 지속

해설 의식수준의 저하현상
심신의 피로발생, 단조로움 발생

24. ③　25. ③　26. ④ 정답

27. 매슬로(Maslow)의 인간의 욕구단계 중 5번째 단계에 속하는 것은?

① 존경의 욕구
② 사회적 욕구
③ 안전 욕구
④ 자아실현의 욕구
⑤ 생리적 욕구

해설 매슬로(Malow)의 욕구단계이론

1. 생리적 욕구
2. 안전의 욕구
3. 사회적 욕구
4. 자기존경의 욕구
5. 자아실현의 욕구(성취욕구)

28. 허쯔버그(Herzberg)의 위생-동기이론에서 동기요인에 해당하는 것은?

① 감독
② 안전
③ 책임감
④ 작업조건
⑤ 급여

해설 허쯔버그의 2요인 이론(위생요인, 동기요인)

1. 위생요인(Hygiene) : 작업조건, 급여, 직무환경, 감독 등 일의 조건, 보상에서 오는 욕구(충족되지 않을 경우 조직의 성과가 떨어지나, 충족되었다고 성과가 향상되지 않음)
2. 동기요인(Motivation) : 책임감, 성취 인정, 개인발전 등 일 자체에서 오는 심리적 욕구(충족될 경우 조직의 성과가 향상되며 충족되지 않아도 성과가 떨어지지 않음)

29. 알더퍼(Alderfer)의 ERG 이론 중 다른 사람과의 상호 작용을 통하여 만족을 추구하는 대인욕구와 관련이 가장 깊은 것은?

① 성장욕구
② 관계욕구
③ 존재욕구
④ 위생욕구
⑤ 생존욕구

해설 Alderfer의 ERG 이론

1. 생존(Existence)욕구(존재욕구) : 신체적인 차원에서 유기체의 생존과 유지에 관련된 욕구
2. 관계(Relatedness)욕구 : 타인과의 상호작용을 통해 만족되는 대인욕구
3. 성장(Growth)욕구 : 개인적인 발전과 증진에 관한 욕구

정답 27. ④ 28. ③ 29. ②

30. 맥그리거(Mcgregor)의 X, Y이론에서 X이론에 대한 관리 처방으로 볼 수 없는 것은?

① 직무의 확장
② 권위주의적 리더십의 확립
③ 경제적 보상체제의 강화
④ 면밀한 감독과 엄격한 통제
⑤ 통제에 의한 관리

해설 직무의 확장은 Y이론에 대한 관리처방이다.
X이론에 대한 관리처방
1. 경제적 보상체계의 강화
2. 권위주의적 리더십의 확립
3. 면밀한 감독과 엄격한 통제
4. 상부책임제도의 강화
5. 통제에 의한 관리

31. 매슬로의 욕구이론 5단계에서 제2단계 욕구에 해당되는 것은?

① 생리적 욕구
② 안전 욕구
③ 사회적 욕구
④ 존경의 욕구
⑤ 자아실현의 욕구

해설 매슬로(Maslow)의 욕구단계이론
1. 생리적 욕구 → 2. 안전의 욕구 → 3. 사회적 욕구 → 4. 자기존경의 욕구 → 5. 자아실현의 욕구

32. 다음 중 허쯔버그(Herzberg)의 일을 통한 동기부여원칙으로 잘못된 것은?

① 새롭고 어려운 업무의 부여
② 교육을 통한 간접적 정보제공
③ 개인적 책임이나 책무의 증가
④ 직무에 따른 책임과 권한 부여
⑤ 완전하고 자연스러운 작업단위를 제공

해설 Herzberg의 일을 통한 동기부여 원칙
1. 직무에 따라 자유와 권한 부여
2. 개인적 책임이나 책무를 증가시킴
3. 더욱 새롭고 어려운 업무를 수행하도록 과업 부여
4. 완전하고 자연스러운 작업단위를 제공
5. 특정의 직무에 전문가가 될 수 있도록 전문화된 임무를 배당

30. ① 31. ② 32. ② 정답

33. 재해누발자의 유형 중 상황성 누발자와 관련이 없는 것은?

① 작업이 어렵기 때문에
② 주의력의 집중이 혼란된 경우
③ 심신에 근심이 있기 때문에
④ 기계설비에 결함이 있기 때문에
⑤ 기능이 미숙하기 때문에

해설 기능이 미숙한 것은 미숙성 누발자 유형에 속한다.

사고경향자(재해누발자)의 유형

1. 미숙성 누발자 : 환경에 익숙하지 못하거나 기능 미숙으로 인한 재해누발자
2. 상황성 누발자 : 작업이 어렵거나, 기계설비의 결함, 주의력의 집중이 혼란된 경우, 심신의 근심으로 사고경향자가 되는 경우(상황이 변하면 안전한 성향으로 바뀜)
3. 습관성 누발자 : 재해의 경험으로 신경과민이 되거나 슬럼프에 빠지기 때문에 사고경향자가 되는 경우
4. 소질성 누발자 : 지능, 성격, 감각운동 등에 의한 소질적 요소에 의해서 결정되는 특수성격 소유자

34. 다음 중 허쯔버그(F. Herzberg)의 위생-동기요인에 관한 설명으로 틀린 것은?

① 위생요인은 매슬로(Maslow)의 욕구 5단계 이론에서 생리적 · 안전 · 사회적 욕구와 비슷하다.
② 동기요인은 맥그리거(McGreger)의 X이론과 비슷하다.
③ 위생요인은 생존, 환경 등의 인간의 동물적인 욕구를 반영하는 것이다.
④ 동기요인은 성취, 안정 등의 자아실현을 하려는 인간의 독특한 경향을 반영하는 것이다.
⑤ 위생요인은 작업조건, 급여, 직무환경 등 일의 조건, 보상에서 오는 욕구를 반영하는 것이다.

해설 동기요인은 맥그리거의 Y이론과 비슷하다.

35. 모랄 서베이의 방법 중 태도조사법에 해당하지 않는 것은?

① 질문지법
② 면접법
③ 관찰법
④ 집단토의법
⑤ 투사법

해설 태도조사법의 종류

질문지법, 면접법, 집단토의법, 투사법

36. 다음 중 주의의 수준이 Phase IV인 상태에서의 의식상태로 옳은 것은?

① 무의식 상태
② 의식의 흐림
③ 의식의 이완상태
④ 명료한 상태
⑤ 과긴장상태

 정답 33. ⑤ 34. ② 35. ③ 36. ⑤

해설

단계	신뢰성
Phase 0	무의식, 실신
Phase Ⅰ	의식 흐림
Phase Ⅱ	이완상태
Phase Ⅲ	상쾌한 상태
Phase Ⅳ	과긴장상태

37. 다음 중 인간의 동기부여에 관한 맥그리거(McGregor)의 X이론에 해당하지 않는 것은?

① 인간은 스스로 자기 통제를 한다.
② 인간은 본래 게으르고 태만하다.
③ 동기는 생리적 수준 및 안전의 수준에서 나타난다.
④ 인간은 명령받는 것을 좋아하며 책임을 회피하려 한다.
⑤ 종업원들은 책임을 회피하고 가능하면 공식적인 지시를 바란다.

해설 ①은 Y이론에 대한 가정이다.

X이론에 대한 가정

1. 원래 종업원들은 일하기 싫어하며 가능하면 일하는 것을 피하려고 한다.
2. 종업원들은 일하는 것을 싫어하므로 바람직한 목표를 달성하기 위해서는 그들을 통제하고 위협하여야 한다.
3. 종업원들은 책임을 회피하고 가능하면 공식적인 지시를 바란다.
4. 인간은 명령되는 쪽을 좋아하며 무엇보다 안전을 바라고 있다는 인간관

38. 다음 중 인간공학에 대한 설명으로 거리가 먼 것은?

① 인간의 특성 및 한계점의 고려 ② 인간중심의 설계
③ 인간을 기계와 일에 맞추려는 설계 철학 ④ 편리성, 안전성, 효율성의 제고
⑤ 시스템과 인간의 예상과의 양립

해설 기계와 일을 인간에 맞추려는 설계 철학이 인간공학적 개념

39. 리더십의 행동이론 중 관리 그리드(Managerial Grid) 이론에서 리더의 행동유형과 경향을 올바르게 연결한 것은?

① (1,1)형 – 무관심형 ② (1,9)형 – 과업형
③ (9,1)형 – 인기형 ④ (5,5)형 – 이상형
⑤ (9,9)형 – 타협형

37. ① 38. ③ 39. ① 정답

해설 관리 그리드(Managerial Grid)

1. 무관심형(1,1)
2. 인기형(1,9)
3. 과업형(9,1)
4. 타협형(5,5)
5. 이상형(9,9)

40. 관리 그리드 이론에서 인간관계 유지에는 낮은 관심을 보이지만 과업에 대해서는 높은 관심을 가지는 리더십의 유형에 해당하는 것은?

① (1,1)형
② (1,9)형
③ (9,1)형
④ (9,9)형
⑤ (5,5)형

해설 관리 그리드(Managerial Grid)

과업형(9,1) : 생산에 대한 관심은 매우 높지만 인간에 대한 관심은 매우 낮아서, 인간적인 요소보다도 과업수행에 대한 능력을 중요시하는 리더유형

41. 다음 중 헤드십(Headship)의 특성에 관한 설명으로 틀린 것은?

① 상사와 부하의 간격은 넓다.
② 지휘형태는 권위주의적이다.
③ 상사와 부하의 관계는 지배적이다.
④ 상사의 권한 근거는 비공식적이다.
⑤ 부하직원의 활동을 감독한다.

해설 헤드십(Headship)

집단구성원이 아닌 외부에 의해 선출(임명)된 지도자로 권한 근거는 공식적이다.

42. 부주의의 발생원인이 소질적 조건일 때 그 대책으로 알맞은 것은?

① 카운슬링
② 교육 및 훈련
③ 작업순서 정비
④ 적성에 따른 배치
⑤ 환경정비

해설 부주의 발생대책

1. 내적요인
   - 소질적 조건 : 적성배치
   - 의식의 우회 : 상담
   - 경험 및 미경험 : 교육
2. 외적요인
   - 작업 및 환경조건 불량 : 환경정비
   - 작업순서의 부적당 : 작업순서 정비

 정답 40. ③ 41. ④ 42. ④

43. 동기부여와 관련하여 다음과 같은 레빈(K. Lewin)의 법칙에서 "P"가 의미하는 것은?

$$B=f(P \cdot E)$$

① 개체
② 인간의 행동
③ 심리적 환경
④ 인간관계
⑤ 함수관계

해설 레빈(K. Lewin)의 법칙 : $B=f(P \cdot E)$
여기서, B : behavior(인간의 행동)
f : function(함수관계)
P : person(개체 : 연령, 경험, 심신상태, 성격, 지능 등)
E : environment(심리적 환경 : 인간관계, 작업환경 등)

44. 다음은 부주의의 발생 현상이다. 혼미한 정신상태에서 심신의 피로나 단조로운 반복작업시에 일어나는 현상은?

① 의식의 과잉
② 의식의 단절
③ 의식의 우회
④ 의식수준의 저하
⑤ 의식의 집중

해설 의식수준의 저하현상
심신의 피로발생, 단조로움 발생

45. 다음 중 헤드십(headship)의 특성으로 볼 수 없는 것은?

① 권한 근거는 공식적이다.
② 상사와 부하의 관계는 지배적 관계이다.
③ 부하와의 사회적 간격은 좁다.
④ 지휘 형태는 권위주의적이다.
⑤ 부하직원의 활동을 감독한다.

해설 헤드십(Headship)의 권한
1. 부하직원의 활동을 감독한다.
2. 상사와 부하의 관계가 종속적이다.
3. 부하와의 사회적 간격이 넓다.
4. 지위형태가 권위적이다.

46. 매슬로(Maslow)의 인간의 욕구단계 중 5번째 단계에 속하는 것은?

① 존경의 욕구
② 사회적 욕구
③ 안전 욕구
④ 자아실현의 욕구
⑤ 생리적 욕구

43. ① 44. ④ 45. ③ 46. ④ 정답

해설 매슬로(Maslow)의 욕구단계이론

1. 생리적 욕구 → 2. 안전의 욕구 → 3. 사회적 욕구 → 4. 자기존경의 욕구 → 5. 자아실현의 욕구(성취욕구)

47. 사고의 피해 비율과 관련한 하인리히의 1 : 29 : 300의 이론을 가장 적절하게 설명한 것은?

① 1건의 중상해, 29건의 경상해, 300건의 무상해 사고
② 1건의 중재해, 29건의 경상해, 300건의 불휴 재해
③ 1건의 전 노동 불능이 있을 때 29건의 상해와 300건의 고장 발생
④ 1건의 전 노동 불능이 있을 때 29건의 경상해와 300건의 무상해 사고
⑤ 1건의 상해가 발생할 때 29건의 경미한 상해와 300건의 고장 발생

해설 • 하인리히의 1 : 29 : 300 이론
- 330회의 사고 가운데 중상 또는 사망 1회, 경상 29회, 무상해사고 300회의 비율로 사고가 발생한다는 이론

• 버드의 1 : 10 : 30 : 600 법칙
- 1 : 중상 또는 폐질
- 10 : 경상(인적, 물적 상해)
- 30 : 무상해사고(물적 손실 발생)
- 600 : 무상해, 사고 고장(위험순간)

48. 허쯔버그(Herzberg)의 위생-동기이론에서 위생요인에 해당하지 않는 것은?

① 감독 ② 안전
③ 책임감 ④ 작업조건
⑤ 직무환경

해설 허쯔버그의 2요인 이론(위생요인, 동기요인)

1. 위생요인(Hygiene) : 작업조건, 급여, 직무환경, 감독 등 일의 조건, 보상에서 오는 욕구(충족되지 않을 경우 조직의 성과가 떨어지나, 충족되었다고 성과가 향상되지 않음)
2. 동기요인(Motivation) : 책임감, 성취 인정, 개인발전 등 일 자체에서 오는 심리적 욕구(충족될 경우 조직의 성과가 향상되며 충족되지 않아도 성과가 떨어지지 않음)

 정답 47. ① 48. ③

49. 적성의 요인이 아닌 것은?

① 인간성 ② 지능
③ 인간의 개인차 ④ 흥미
⑤ 직업적성

해설 인간의 개인차 및 연령은 적성의 요인이 될 수 없다.

적성의 4가지 요인

1. 직업적성
2. 지능
3. 흥미
4. 인간성

50. McGregor의 이론 중 Y이론의 관리처방에 해당되지 않는 것은?

① 분권화와 권한의 위임 ② 목표에 의한 관리
③ 상부 책임제도의 강화 ④ 비공식적 조직의 활용
⑤ 자율적인 통제

해설 상부 책임제도의 강화는 X이론에 대한 처방이다.

Y이론에 대한 관리 처방

1. 민주적 리더십의 확립
2. 분권화와 권한의 위임
3. 직무확장
4. 자율적인 통제

51. 인간의 의식수준단계 중 생리적 상태가 피로하고 단조로울 때에 해당되는 것은?

① Phase Ⅰ ② Phase Ⅱ
③ Phase Ⅲ ④ Phase Ⅳ
⑤ Phase 0

해설

단계	신뢰성
Phase 0	무의식, 실신
Phase Ⅰ	의식 흐림
Phase Ⅱ	이완상태
Phase Ⅲ	상쾌한 상태
Phase Ⅳ	과긴장상태

49. ③ 50. ③ 51. ① 정답

52. 매슬로의 욕구 5단계 중 안전욕구는 몇 단계인가?

① 1단계　② 2단계
③ 3단계　④ 4단계
⑤ 5단계

해설 매슬로(Maslow)의 욕구단계이론
1. 생리적 욕구 → 2. 안전의 욕구 → 3. 사회적 욕구 → 4. 자기존경의 욕구 → 5. 자아실현의 욕구

53. 인간행동의 함수관계를 나타내는 레빈의 등식 $B=f(P \cdot E)$에 대하여 가장 올바른 설명은?

① 인간의 행동은 자극과의 함수관계이다.
② B는 행동, f는 행동의 결과로서 환경의 산물이다.
③ B는 목적, P는 개성, E는 자극을 뜻하며, 행동은 어떤 자극에 의해 개성에 따라 나타나는 함수관계이다.
④ B는 행동, P는 자질, E는 환경을 나타내며, 행동은 자질과 환경의 함수관계이다.
⑤ P는 심리상태, B는 행동의 결과이다.

해설 레빈(K. Lewin)의 법칙 : 레빈은 인간의 행동은 그 사람이 가진 자질, 즉 개체와 심리적 환경과의 상호 함수관계에 있다고 하였다.

$B=f(P \cdot E)$

여기서, B : behavior(인간의 행동)
f : function(함수관계)
P : person(개체 : 연령, 경험, 심신상태, 성격, 지능 등)
E : environment(심리적 환경 : 인간관계, 작업환경 등)

 정답 52. ② 53. ④

예상문제 및 해설 2

산업심리학

1. Maslow(매슬로)는 인간의 욕구를 5단계로 분류하였다. 그중 안전의 욕구(safety and security needs)는 몇 단계에 해당되는가?

① 1단계 ② 2단계
③ 3단계 ④ 4단계
⑤ 5단계

해설 매슬로(Maslow)의 욕구단계이론

1. 생리적 욕구(제1단계) : 기아, 갈증, 호흡, 배설, 성욕 등
2. 안전의 욕구(제2단계) : 안전을 기하려는 욕구
3. 사회적 욕구(제3단계) : 소속 및 애정에 대한 욕구(친화욕구)
4. 자기존경의 욕구(제4단계) : 자존심, 명예, 성취, 지위에 대한 욕구(승인의 욕구)
5. 자아실현의 욕구(제5단계) : 잠재적인 능력을 실현하고자 하는 욕구(성취욕구)

2. 1920년대 실시된 호손 연구의 결과와 가장 관련이 있는 것은?

① 테일러리즘의 강화 ② 종업원 선발의 중요성 재고
③ 작업장의 물리적 환경 개선 ④ 인간적 상호작용의 중요성
⑤ 조도와 작업능률의 관계

해설 호손(Hawthorne)의 실험

1. 미국 호손공장에서 실시된 실험으로 종업원의 인간성을 과학적으로 연구한 실험
2. 물리적인 조건(조명, 휴식시간, 근로시간 단축, 임금 등)이 생산성에 영향을 주는 것이 아니라 인간관계가 절대적인 요소로 작용함을 강조

3. 다음의 부주의 현상 중 phase Ⅰ의 의식수준에 기인한 것은?

① 의식의 과잉 ② 의식의 단절
③ 의식의 우회 ④ 의식수준의 저하
⑤ 억측판단

해설 의식수준의 저하는 혼미한 정신상태에서 심신이 피로할 경우나 단조로운 반복작업 등의 경우에 일어나기 쉽다.

〈인간의 의식 Level의 단계별 신뢰성〉

단계	의식의 상태	신뢰성	의식의 작용
Phase 0	무의식, 실신	0	없음
Phase Ⅰ	의식의 둔화	0.9 이하	부주의
Phase Ⅱ	이완상태	0.99~0.99999	마음이 안쪽으로 향함(Passive)
Phase Ⅲ	명료한 상태	0.99999 이상	전향적(Active)
Phase Ⅳ	과긴장 상태	0.9 이하	한점에 집중, 판단 정지

4. 다음 중 매슬로의 "욕구의 위계이론"에 대한 설명은?

① 하위단계의 욕구가 충족되어야 더 높은 단계의 욕구가 발생한다.
② 개인의 동기는 다른 사람과의 비교를 통해 결정된다.
③ 어렵고 구체적인 목표가 더 높은 수행을 가져온다.
④ 인간은 먼저 자아실현의 욕구를 충족시키려고 한다.
⑤ 욕구단계이론 중 안전에 대한 욕구는 3단계이다.

해설 매슬로(Maslow)의 욕구단계이론

1. 생리적 욕구(제1단계) : 기아, 갈증, 호흡, 배설, 성욕 등
2. 안전의 욕구(제2단계) : 안전을 기하려는 욕구
3. 사회적 욕구(제3단계) : 소속 및 애정에 대한 욕구(친화욕구)
4. 자기존경의 욕구(제4단계) : 자존심, 명예, 성취, 지위에 대한 욕구(승인의 욕구)
5. 자아실현의 욕구(제5단계) : 잠재적인 능력을 실현하고자 하는 욕구(성취욕구)

5. 인간의 행동(B)은 인간의 조건(P)과 환경조건(E)과의 함수관계를 갖는다. 즉 $B=f(P \cdot E)$이다. 이때 환경조건(E)을 가장 잘 설명한 것은?

① 물리적 환경　② 가정 환경
③ 사회적 환경　④ 작업환경
⑤ 심리적 환경

해설 레빈(K. Lewin)의 법칙 : $B=f(P \cdot E)$

레빈은 인간의 행동(B)은 그 사람이 가진 자질, 즉 개체(P)와 심리적 환경(E)의 상호 함수관계에 있다고 하였다.

여기서, B : Behavior(인간의 행동)
f : function(함수관계)
P : Person(개체 : 연령, 경험, 심신상태, 성격, 지능 등)
E : Environment(심리적 환경 : 인간관계, 작업환경 등)

 정답 4. ①　5. ⑤

6. 안전사고와 관련 있는 인간의 심리적인 5대 요소가 아닌 것은?

① 지능 ② 동기
③ 감정 ④ 습성
⑤ 습관

해설 산업안전심리의 5대 요소

1. 동기(Motive) : 능동력은 감각에 의한 자극에서 일어나는 사고의 결과로서 사람의 마음을 움직이는 원동력
2. 기질(Temper) : 인간의 성격, 능력 등 개인적인 특성을 말하는 것으로 생활환경에 영향을 받는다.
3. 감정(Emotion) : 희노애락의 의식
4. 습성(Habits) : 동기, 기질, 감정 등이 밀접한 관계를 형성하여 인간의 행동에 영향을 미칠 수 있도록 하는 것
5. 습관(Custom) : 자신도 모르게 습관화된 현상을 말한다.

7. 돌발사태의 발생 시 주의의 일점집중현상이 일어나는 인간의 의식수준은?

① Phase 0 ② Phase Ⅰ
③ Phase Ⅱ ④ Phase Ⅲ
⑤ Phase Ⅳ

해설 인간의 의식 Level의 단계별 신뢰성

단계	의식의 상태	신뢰성	의식의 작용
Phase 0	무의식, 실신	0	없음
Phase Ⅰ	의식의 둔화	0.9 이하	부주의
Phase Ⅱ	이완상태	0.99~0.99999	마음이 안쪽으로 향함(Passive)
Phase Ⅲ	명료한 상태	0.99999 이상	전향적(Active)
Phase Ⅳ	과긴장 상태	0.9 이하	한점에 집중, 판단 정지

8. 경험한 내용이나 학습된 행동을 다시 생각하여 작업에 적용하지 아니하고 방치함으로써 경험의 내용이나 인상이 약해지거나 소멸되는 현상을 무엇이라 하는가?

① 착각 ② 망각
③ 훼손 ④ 단절
⑤ 부주의

해설 망각

경험한 내용이나 학습된 행동을 다시 생각하여 작업에 적용하지 아니하고 방치함으로써 경험의 내용이나 인상이 약해지거나 소멸되는 현상

6. ① 7. ⑤ 8. ② 정답

9. 인간의 안전심리는 행동의 변화를 가져온다. 시간에 따른 행동변화의 4단계가 옳은 것은?

① 지식변화 - 태도변화 - 개인적 행동변화 - 집단성취변화
② 태도변화 - 지식변화 - 개인적 행동변화 - 집단성취변화
③ 개인적 행동변화 - 지식변화 - 태도변화 - 집단성취변화
④ 개인적 행동변화 - 태도변화 - 지식변화 - 집단성취변화
⑤ 지식변화 - 개인적 행동변화 - 집단성취변화 - 태도변화

해설 행동변화 4단계
1단계 : 지식의 변화
2단계 : 태도의 변화
3단계 : 행동의 변화
4단계 : 집단 또는 조직의 변화

10. 맥그리거(Douglas McGregor)의 Y이론에 해당되는 것은?

① 인간은 게으르다.
② 인간은 상황에 따라 변할 수 있다.
③ 사람은 남을 잘 속인다.
④ 인간은 천성적으로 남들을 돕는다.
⑤ 인간은 일을 즐긴다.

해설 Y이론에 대한 가정
1. 종업원들은 일하는 것을 놀이나 휴식과 동일한 것으로 볼 수 있다.
2. 종업원들은 조직의 목표에 관여하는 경우에 자기지향과 자기통제를 행한다.
3. 보통 인간들은 책임을 수용하고 심지어는 구하는 것을 배울 수 있다.

Y이론에 대한 관리 처방
1. 민주적 리더십의 확립
2. 분권화와 권한의 위임
3. 직무확장

11. 종업원의 동기부여에 관한 동기이론의 하나인 기대이론에서 수행과 성과 간의 관계를 의미하는 것은?

① 기대　② 도구성
③ 유인가　④ 상관
⑤ 동기

해설 기대이론에서 수행과 성과 간의 관계를 의미하는 것은 도구성(Instrumentality)이다.

 정답 9. ① 10. ⑤ 11. ②

12. 인간행동에 색채조절이 기대되는 것이 아닌 것은?

① 작업능력 향상
② 정리정돈 향상
③ 생산성 증가
④ 위험의 인지능력 향상
⑤ 피로의 확대

해설 색채조절로 기대되는 효과는 피로의 감소이다.

13. 매슬로(Maslow)의 욕구 5단계 중 인간의 가장 기본적인 욕구는?

① 생리적 욕구
② 애정 및 사회적 욕구
③ 자아실현의 욕구
④ 안전에 대한 욕구
⑤ 자기존경의 욕구

해설 매슬로(Maslow)의 욕구단계이론

1. 생리적 욕구(제1단계) : 기아, 갈증, 호흡, 배설, 성욕 등
2. 안전의 욕구(제2단계) : 안전을 기하려는 욕구
3. 사회적 욕구(제3단계) : 소속 및 애정에 대한 욕구(친화욕구)
4. 자기존경의 욕구(제4단계) : 자존심, 명예, 성취, 지위에 대한 욕구(승인의 욕구)
5. 자아실현의 욕구(제5단계) : 잠재적인 능력을 실현하고자 하는 욕구(성취욕구)

14. 아담스(Adams)의 형평(공정성) 이론에 대한 설명으로 적절하지 않은 것은?

① 인간이 불공정성을 인식하면 공정성을 유지하는 쪽으로 동기가 부여된다.
② 입력이란 일반적인 자격, 교육수준, 노력 등을 의미한다.
③ 산출이란 봉급, 지위, 기타 부가 급부 등을 의미한다.
④ 타인의 입력대비 산출 결과를 비교한다.
⑤ 작업동기는 입력대비 산출결과가 많을 때 나타난다.

해설 Adams의 형평(공정성) 이론

인간이 불공정성을 인식하면 공정성을 유지하는 쪽으로 동기부여 된다는 이론이다. 즉 작업동기는 입력대비 산출결과가 적을 때 나타난다.

1. 입력(Input) : 일반적인 자격, 교육수준, 노력 등을 의미한다.
2. 산출(Output) : 봉급, 지위, 기타 부가 급부 등을 의미한다.
3. 공정성이나 불공정성은 자신이 일에 투자하는 투입과 그로부터 얻어내는 결과의 비율을 타인이나 타집단의 투입에 대한 결과의 비율과 비교하면서 발생하는 개념이다.

15. 다음은 작업장에서의 사고를 예방하기 위한 조치들이다. 맞지 않는 것은?

① 모든 사고는 사고 자료가 연구될 수 있도록 철저히 조사되고 자세히 보고되어야 한다.
② 안전의식고취 운동에서 포스터는 처참한 장면과 함께 사용된 부정적인 문구가 효과적이다.
③ 안전장치는 생산을 방해해서는 안 되고, 그것이 제 위치에 있지 않으면 기계가 작동되지 않도록 설계되어야 한다.
④ 감독자와 근로자는 특수한 기술뿐 아니라 안전에 대한 태도도 교육을 받아야 한다.
⑤ 설비는 인간이 실수를 하더라도 재해로 연결되지 않도록 설계 및 제작되어야 한다.

해설 안전의식고취 포스터에 처참한 장면과 부정적인 문구를 사용할 경우 안전의식에 대한 역반응이 생길 수 있다.

16. 다음 중 산업심리의 주요한 영역이 아닌 것은?

① 선발과 배치 ② 교육과 개발
③ 인간공학 ④ 인지 및 행동치료
⑤ 노동과학

해설 산업심리의 주요한 영역으로는 선발과 배치, 인간공학, 노동과학, 안전관리학, 교육과 개발 등이 있다.

17. 다음 중 행동과학자와 제이론(諸理論)의 연결이 잘못된 것은?

① 맥그리거(P. McGregor) – XY 이론
② 맥클레랜드(McClelland) – 성취동기 이론
③ 매슬로(Maslow) – 욕구단계 이론
④ 리커트(R. Likert) – 상호작용 영향력
⑤ 허쯔버그(Herzberg) – 성숙미성숙론

해설 허쯔버그(Herzberg)는 위생이론, 동기이론 주창자이다.

18. Skinner의 학습이론은 강화이론이라고 한다. 강화에 대한 설명으로 잘못된 것은?

① 부적 강화란 반응 후 처벌이나 비난 등 해로운 자극이 주어져서 반응 발생률이 감소하는 것이다.
② 정적 강화란 반응 후 음식이나 칭찬 등 이로운 자극을 주었을 때 반응 발생률이 높아지는 것이다.
③ 부분강화에 의하면 학습이 서서히 진행되나 빠른 속도로 학습효과가 사라진다.
④ 처벌은 더 강한 처벌에 의해서만 효과가 지속되는 부작용이 있다.
⑤ 강화는 어떤 행동의 강도와 발생빈도를 증가시키는 것이다.

정답 15. ② 16. ④ 17. ⑤ 18. ③

해설 강화(Reinforcement)의 원리 : 어떤 행동의 강도와 발생빈도를 증가시키는 것(예 : 안전퀴즈대회를 열어 우승자에게 상을 줌)

1. 부적 강화란 반응 후 처벌이나 비난 등 해로운 자극이 주어져서 반응 발생률이 감소하는 것이다.
2. 정적 강화란 반응 후 음식이나 칭찬 등 이로운 자극을 주었을 때 반응 발생률이 높아지는 것이다.
3. 처벌은 더 강한 처벌에 의해서만 효과가 지속되는 부작용이 있다.
4. 부분강화에 의하면 학습이 빠르게 진행되고 학습효과가 서서히 사라진다.

19. 허쯔버그의 2요인 이론과 관련된 내용 중 틀린 것은?

① 위생요인은 직무불만족과 관련된 요인이다.
② 동기요인은 직무만족과 관련된 요인이다.
③ 작업환경은 위생요인에 속한다.
④ 급여조건은 위생요인에 속한다.
⑤ 성취감은 위생요인에 속한다.

해설 성취감은 동기요인에 속한다.

허쯔버그(Herzberg)의 2요인 이론(위생요인, 동기요인)

1. 위생요인(Hygiene) : 작업조건, 급여, 직무환경, 감독 등 일의 조건, 보상에서 오는 욕구(충족되지 않을 경우 조직의 성과가 떨어지나, 충족되었다고 성과가 향상되지 않음)
2. 동기요인(Motivation) : 책임감, 성취 인정, 개인발전 등 일 자체에서 오는 심리적 욕구(충족될 경우 조직의 성과가 향상되며 충족되지 않아도 성과가 떨어지지 않음)

20. 동기를 부여하기 위한 내적요인이 아닌 것은?

① 강화 ② 욕구
③ 기분 ④ 의지
⑤ 동기

해설
- 동기부여를 위한 내적요인 : 동기, 기분, 욕구, 의지
- 동기부여를 위한 외적요인 : 강화, 유인

21. 매슬로의 욕구 5단계 이론에서 안전에 대한 욕구 다음에 오는 욕구는?

① 애정 및 사회적 욕구 ② 존경과 긍지에 대한 욕구
③ 자아실현의 욕구 ④ 성취 욕구
⑤ 생리적 욕구

19. ⑤ 20. ① 21. ① 정답

해설 매슬로(Maslow)의 욕구단계이론

1. 생리적 욕구(제1단계) : 기아, 갈증, 호흡, 배설, 성욕 등
2. 안전의 욕구(제2단계) : 안전을 기하려는 욕구
3. 사회적 욕구(제3단계) : 소속 및 애정에 대한 욕구(친화욕구)
4. 자기존경의 욕구(제4단계) : 자존심, 명예, 성취, 지위에 대한 욕구(승인의 욕구)
5. 자아실현의 욕구(제5단계) : 잠재적인 능력을 실현하고자 하는 욕구(성취욕구)

22. 호손 연구에 대해 올바르게 설명한 것은?

① 물리적 작업환경 이외에 심리적 요인이 생산성에 영향을 미친다는 것을 알아냈다.
② 시간-동작연구를 통해서 작업도구와 기계를 설계했다.
③ 소비자들에게 효과적으로 영향을 미치는 광고 전략을 개발했다.
④ 채용과정에서 발생하는 차별요인을 밝히고 이를 시정하는 법적 조치의 기초를 마련했다.
⑤ 개인의 동기를 자극하는 요인에는 동기요인과 위생요인의 두 가지 종류가 있다고 주장하였다.

해설 호손(Hawthorne)의 실험

1. 미국 호손공장에서 실시된 실험으로 종업원의 인간성을 과학적으로 연구한 실험
2. 물리적인 조건(조명, 휴식시간, 근로시간 단축, 임금 등)이 생산성에 영향을 주는 것이 아니라 인간관계가 절대적인 요소로 작용함을 강조

23. 레빈(K. Lewin)은 인간의 행동은 환경의 자극에 의해서 야기된다고 하여 $B=f(P \cdot E)$라는 식으로 표시하였다. 다음 중 E에 해당하지 않는 것은?

① 조명 ② 소음
③ 온도 ④ 경험
⑤ 작업공간

해설 레빈(K. Lewin)의 법칙 : $B=f(P \cdot E)$

레빈은 인간의 행동(B)은 그 사람이 가진 자질, 즉 개체(P)와 심리적 환경(E)의 상호 함수관계에 있다고 하였다.

여기서, B : Behavior(인간의 행동)
f : function(함수관계)
P : Person(개체 : 연령, 경험, 심신상태, 성격, 지능 등)
E : Environment(심리적 환경 : 인간관계, 작업환경 등)

 정답 22. ① 23. ④

24. 인간의 행동에 영향을 미치는 작업조건에 물리적 성격의 작업조건을 설명한 것과 거리가 먼 것은?

① 조명 ② 소음
③ 환경 ④ 온도
⑤ 휴식

해설 레빈(K. Lewin)의 법칙 : $B=f(P \cdot E)$

레빈은 인간의 행동(B)은 그 사람이 가진 자질 즉, 개체(P)와 심리적 환경(E)과의 상호함수관계에 있다고 하였다.

여기서, B : Behavior(인간의 행동)
f : function(함수관계)
P : Person(개체 : 연령, 경험, 심신상태, 성격, 지능 등)
E : Environment(심리적 환경 : 인간관계, 작업환경 등)

25. 허쯔버그(Herzberg)의 2요인 이론에서 동기요인에 해당되지 않는 것은?

① 책임감 ② 성취감
③ 존경 ④ 자기발전
⑤ 임금수준

해설 허쯔버그(Herzberg)의 2요인 이론(위생요인, 동기요인)

1. 위생요인(Hygiene) : 작업조건, 급여, 직무환경, 감독 등 일의 조건, 보상에서 오는 욕구(충족되지 않을 경우 조직의 성과가 떨어지나, 충족되었다고 성과가 향상되지 않음)
2. 동기요인(Motivation) : 책임감, 성취 인정, 개인발전 등 일 자체에서 오는 심리적 욕구(충족될 경우 조직의 성과가 향상되며 충족되지 않아도 성과가 떨어지지 않음)

26. 다음 중 심리검사의 구비 요건이 아닌 것은?

① 표준화 ② 신뢰성
③ 규격화 ④ 타당성
⑤ 실용도

해설 심리검사의 구비요건 : 표준화, 타당도, 신뢰도, 객관도, 실용도

27. 다음 중 산업안전심리의 5대 요소가 아닌 것은?

① 동기 ② 기질
③ 감정 ④ 지능
⑤ 습성

해설 산업안전심리의 5대 요소

1. 동기(Motive) : 능동력은 감각에 의한 자극에서 일어나는 사고의 결과로서 사람의 마음을 움직이는 원동력
2. 기질(Temper) : 인간의 성격, 능력 등 개인적인 특성을 말하는 것으로 생활환경에 영향을 받는다.
3. 감정(Emotion) : 희로애락의 의식
4. 습성(Habits) : 동기, 기질, 감정 등이 밀접한 관계를 형성하여 인간의 행동에 영향을 미칠 수 있도록 하는 것
5. 습관(Custom) : 자신도 모르게 습관화된 현상을 말한다.

28. 다음 중 매슬로(Maslow)의 욕구 5단계에서 가장 고차원적인 욕구는?

① 안전 욕구　　② 사회적 욕구
③ 존경의 욕구　　④ 자아실현의 욕구
⑤ 생리적 욕구

해설 매슬로(Maslow)의 욕구단계이론

1. 생리적 욕구(제1단계) : 기아, 갈증, 호흡, 배설, 성욕 등
2. 안전의 욕구(제2단계) : 안전을 기하려는 욕구
3. 사회적 욕구(제3단계) : 소속 및 애정에 대한 욕구(친화욕구)
4. 자기존경의 욕구(제4단계) : 자존심, 명예, 성취, 지위에 대한 욕구(승인의 욕구)
5. 자아실현의 욕구(제5단계) : 잠재적인 능력을 실현하고자 하는 욕구(성취욕구)

29. 다음 중 리더십과 헤드십에 관한 설명으로 옳은 것은?

① 헤드십은 부하와의 사회적 간격이 좁다.
② 헤드십에서의 책임은 상사에 있지 않고 부하에 있다.
③ 리더십의 지휘형태는 권위주의적인 반면, 헤드십의 지휘형태는 민주적이다.
④ 권한행사 측면에서 보면 헤드십은 임명에 의하여 권한을 행사할 수 있다.
⑤ 리더십은 구성원들의 활동을 감독하고 지배할 수 있는 권한을 보장받는다.

해설 헤드십 : 외부로부터 임명된 헤드(head)가 조직체계나 직위를 이용하여 권한을 행사하는 것. 지도자와 집단 구성원 사이에 공통의 감정이 생기기 어려우며 항상 일정한 거리가 있다.

30. 다음 중 의식의 우회에서 오는 부주의를 최소화하기 위한 방법으로 가장 적절한 것은?

① 적성배치　　② 작업순서 정비
③ 카운슬링　　④ 안전교육
⑤ 직업훈련

 정답 28. ④　29. ④　30. ③

해설 부주의의 발생원인 및 대책

1. 내적 원인 및 대책
   - 소질적 조건 : 적성배치
   - 경험 및 미경험 : 교육
   - 의식의 우회 : 상담
2. 외적 원인 및 대책
   - 작업환경조건 불량 : 환경정비
   - 작업순서의 부적당 : 작업순서 정비

31. 매슬로(Maslow)에 의해 제시된 인간의 욕구 5단계 이론 중 가장 저차원적인 욕구에 해당되는 것은?

① 자아실현의 욕구
② 안전 욕구
③ 생리적 욕구
④ 사회적 욕구
⑤ 자기존경의 욕구

해설 매슬로(Maslow)의 욕구단계이론

1. 생리적 욕구(제1단계) : 기아, 갈증, 호흡, 배설, 성욕 등
2. 안전의 욕구(제2단계) : 안전을 기하려는 욕구
3. 사회적 욕구(제3단계) : 소속 및 애정에 대한 욕구(친화욕구)
4. 자기존경의 욕구(제4단계) : 자존심, 명예, 성취, 지위에 대한 욕구(승인의 욕구)
5. 자아실현의 욕구(제5단계) : 잠재적인 능력을 실현하고자 하는 욕구(성취욕구)

32. 부주의의 발생원인 중 외적 조건에 해당하지 않는 것은?

① 작업순서 부적당
② 작업조건 불량
③ 기상 조건
④ 경험 부족 및 미숙련
⑤ 환경조건 불량

해설 부주의의 발생원인 및 대책

1. 내적 원인 및 대책
   - 소질적 조건 : 적성배치
   - 경험 및 미경험 : 교육
   - 의식의 우회 : 상담
2. 외적 원인 및 대책
   - 작업환경조건 불량 : 환경정비
   - 작업순서의 부적당 : 작업순서정비

31. ③ 32. ④ 정답

33. 다음 중 산업안전심리의 5요소에 속하지 않는 것은?

① 동기 ② 감정
③ 습관 ④ 시간
⑤ 습성

해설 산업안전심리의 5대 요소
1. 동기(Motive) : 능동력은 감각에 의한 자극에서 일어나는 사고의 결과로서 사람의 마음을 움직이는 원동력
2. 기질(Temper) : 인간의 성격, 능력 등 개인적인 특성을 말하는 것으로 생활환경에 영향을 받는다.
3. 감정(Emotion) : 희노애락의 의식
4. 습성(Habits) : 동기, 기질, 감정 등이 밀접한 관계를 형성하여 인간의 행동에 영향을 미칠 수 있도록 하는 것
5. 습관(Custom) : 자신도 모르게 습관화된 현상을 말한다.

34. 재해빈발자 중 기능의 부족이나 환경에 익숙하지 못하기 때문에 재해가 자주 발생되는 사람을 의미하는 것은?

① 미숙성 누발자 ② 상황성 누발자
③ 습관성 누발자 ④ 소질성 누발자
⑤ 부주의성 누발자

해설 성격의 유형(재해누발자 유형)
1. 미숙성 누발자 : 환경에 익숙하지 못하거나 기능 미숙으로 인한 재해누발자
2. 상황성 누발자 : 작업이 어렵거나, 기계설비의 결함, 주의력의 집중이 혼란된 경우, 심신의 근심으로 사고경향자가 되는 경우(상황이 변하면 안전한 성향으로 바뀜)
3. 습관성 누발자 : 재해의 경험으로 신경과민이 되거나 슬럼프에 빠지기 때문에 사고경향자가 되는 경우
4. 소질성 누발자 : 지능, 성격, 감각운동 등에 의한 소질적 요소에 의해서 결정되는 특수성격 소유자

35. 레빈(K. Lewin)이 제시한 인간의 행동에 관한 관계식을 올바르게 설명한 것은?

① 인간의 행동(B)은 개인(P)과 환경(E)의 상호 함수관계에 있다.
② 인간의 행동(B)은 개인(P)과 교육(E)의 상호 함수관계에 있다.
③ 개인(P)에 관한 변수는 인간관계를 의미한다.
④ 교육(E)에 관한 변수는 개인의 지능, 학력 등이 관계된다.
⑤ 환경(E)에 관한 변수는 개인의 성격, 연령 등이 관계된다.

 정답 33. ④ 34. ① 35. ①

해설 레빈(K. Lewin)의 법칙 : $B=f(P \cdot E)$
레빈은 인간의 행동(B)은 그 사람이 가진 자질, 즉 개체(P)와 심리적 환경(E)의 상호 함수관계에 있다고 하였다.

여기서, B : Behavior(인간의 행동)
f : function(함수관계)
P : Person(개체 : 연령, 경험, 심신상태, 성격, 지능 등)
E : Environment(심리적 환경 : 인간관계, 작업환경 등)

36. 다음 중 부주의가 발생하는 경우에 있어 자동차를 운전할 때 신호가 바뀌기 전에 신호가 바뀔 것을 예상하고 자동차를 출발시키는 행동과 관련된 것은?

① 억측판단
② 근도반응
③ 의식의 우회
④ 착시현상
⑤ 의식의 단절

해설 억측판단(Risk Taking) : 위험을 부담하고 행동으로 옮김(예 : 신호등이 녹색에서 적색으로 바뀌어도 차가 움직이기까지 아직 시간이 있다고 생각하여 건널목을 건넜을 경우)

37. 피로의 측정방법 중 근력 및 근활동에 대한 검사방법으로 가장 적절한 것은?

① EEG
② ECG
③ EMG
④ EOG
⑤ EKG

해설 피로의 측정방법

1. 생리학적 측정 : 근력 및 근활동(EMG), 대뇌활동(EEG), 호흡(산소소비량), 순환기(ECG)
2. 생화학적 측정 : 혈액농도 측정, 혈액수분 측정, 요 전해질, 요 단백질 측정
3. 심리학적 측정 : 피부저항, 동작분석, 연속반응시간, 정신작업, 집중력

38. 리더십의 행동이론 중 관리 그리드(Managerial Grid)에서 인간에 관한 관심보다 업무에 대한 관심이 매우 높은 유형은?

① (1,1)
② (1,9)
③ (5,5)
④ (9,1)
⑤ (9,9)

해설 과업형(9,1) : 생산에 대한 관심은 매우 높지만 인간에 대한 관심은 매우 낮아서, 인간적인 요소보다도 과업수행에 대한 능력을 중요시하는 리더유형

39. 다음 중 주의에 관한 설명으로 틀린 것은?

① 주의 집중은 리듬을 가지고 변한다.
② 주의력을 강화하면 그 기능은 저하된다.
③ 많은 것에 대하여 동시에 주의를 기울이기 어렵다.
④ 한 지점에 주의를 집중하면 다른 곳의 주의는 약해진다.
⑤ 고도의 주의는 장시간 지속할 수 없다.

해설 주의력을 강화하면 기능은 높아진다.

주의의 특성

1. 선택성 : 소수의 특정한 것에 한한다.
2. 방향성 : 시선의 초점이 맞았을 때 쉽게 인지된다.
3. 변동성 : 인간은 한 점에 계속하여 주의를 집중할 수는 없다.

40. 다음 중 맥그리거(McGregor)의 X, Y이론에 있어 X이론의 관리 처방으로 적절하지 않은 것은?

① 경제적 보상체제의 강화
② 권위주의적 리더십의 확립
③ 면밀한 감독과 엄격한 통제
④ 자체평가제도의 활성화
⑤ 통제에 의한 관리

해설 X이론에 대한 관리 처방

1. 경제적 보상체계의 강화
2. 권위주의적 리더십의 확립
3. 면밀한 감독과 엄격한 통제
4. 상부책임제도의 강화
5. 통제에 의한 관리

41. 피로 측정방법 중 생화학적 방법의 측정대상항목에 해당하는 것은?

① 혈액검사
② 근전도 검사
③ 뇌파검사
④ 심전도 검사
⑤ 산소소비량

해설 피로의 측정방법

1. 생리학적 측정 : 근력 및 근활동(EMG), 대뇌활동(EEG), 호흡(산소소비량), 순환기(ECG)
2. 생화학적 측정 : 혈액농도 측정, 혈액수분 측정, 요 전해질, 요 단백질 측정
3. 심리학적 측정 : 피부저항, 동작분석, 연속반응시간, 정신작업, 집중력

 정답 39. ② 40. ④ 41. ①

42. 리더십의 유형은 리더의 행동에 근거하여 자유방임형, 권위형, 민주형으로 분류할 수 있는데 다음 중 민주형 리더십의 특징과 거리가 먼 것은?

① 집단 구성원들이 리더를 존경한다. ② 의사교환이 제한된다.
③ 자발적 행동이 많이 나타난다. ④ 구성원 간의 상하관계가 원만하다.
⑤ 모든 정책이 집단토의나 결정에 의해서 결정된다.

해설 리더십의 유형

1. 독재형(권위형, 권력형, 맥그리거의 X이론 중심) : 지도자가 모든 권한행사를 독단적으로 처리(개인 중심)
2. 민주형(맥그리거의 Y이론 중심) : 집단의 토론, 회의 등을 통해 정책을 결정(집단 중심), 리더와 부하직원 간의 협동과 의사소통
3. 자유방임형(개방적) : 리더는 명목상 리더의 자리만을 지킴(종업원 중심)

43. 다음 중 적응기제(Adjustment Mechanism)에 있어 방어적 기제에 해당되지 않는 것은?

① 조소 ② 승화
③ 합리화 ④ 치환
⑤ 동일시

해설 방어적 기제(Defense Mechanism) : 자신의 약점을 위장하여 유리하게 보임으로써 자기를 보호하려는 것

1. 보상 : 계획한 일을 성공하는 데서 오는 자존감
2. 합리화(변명) : 너무 고통스럽기 때문에 인정할 수 없는 실제 이유 대신에 자기 행동에 그럴듯한 이유를 붙이는 방법
3. 승화 : 억압당한 욕구가 사회적 · 문화적으로 가치 있게 목적으로 향하도록 노력함으로써 욕구를 충족하는 방법
4. 동일시 : 자기가 되고자 하는 인물을 찾아내어 동일시하여 만족을 얻는 행동

44. 인간의 착각현상 중 영화의 영상방법과 같이 객관적으로 정지되어 있는 대상에서 시간적 간격을 두고 연속적으로 보이거나 소멸시킬 경우 운동하는 것처럼 인식되는 것을 무엇이라 하는가?

① 가현운동 ② 자동운동
③ 왕복운동 ④ 유도운동
⑤ 무재해운동

해설 착각현상 : 착각은 물리현상을 왜곡하는 지각현상을 말한다.

1. 자동운동 : 암실 내에서 정지된 작은 광점을 응시하면 움직이는 것처럼 보이는 현상
2. 유도운동 : 실제로는 정지한 물체가 어느 기준물체의 이동에 따라 움직이는 것처럼 보이는 현상
3. 가현운동 : 영화처럼 물체가 빨리 나타나거나 사라짐으로 인해 운동하는 것처럼 보이는 현상

42. ② 43. ① 44. ① 정답

45. 인간의 심리 중에는 안전수단이 생략되어 불안전 행위를 나타내는 경우가 있다. 다음 중 안전수단이 생략되는 경우가 아닌 것은?

① 의식과잉이 있을 때
② 피로할 때
③ 주변의 영향이 있을 때
④ 작업규율이 엄할 때
⑤ 과로했을 때

해설 작업규율이 엄하면 안전수단이 생략되지 않는다.

46. 허쯔버그(Herzberg)의 동기-위생이론에서 직무불만을 가져오는 위생욕구 요인에 속하지 않는 것은?

① 감독 형태
② 관리 규칙
③ 일의 내용
④ 작업 조건
⑤ 급여

해설 허쯔버그(Herzberg)의 위생요인(Hygiene) : 작업 조건, 급여, 직무환경, 감독 등 일의 조건, 보상에서 오는 욕구(충족되지 않을 경우 조직의 성과가 떨어지나, 충족되었다고 성과가 향상되지 않음)

47. 인간의 적응기제(Adjustment Mechanism) 중 방어적 기제에 해당하는 것은?

① 고립
② 퇴행
③ 억압
④ 보상
⑤ 백일몽

해설 방어적 기제(Defense Mechanism) : 자신의 약점을 위장하여 유리하게 보임으로써 자기를 보호하려는 것

1. 보상 : 계획한 일을 성공하는 데서 오는 자존감
2. 합리화(변명) : 너무 고통스럽기 때문에 인정할 수 없는 실제 이유 대신에 자기 행동에 그럴듯한 이유를 붙이는 방법
3. 승화 : 억압당한 욕구가 사회적 · 문화적으로 가치 있게 목적으로 향하도록 노력함으로써 욕구를 충족하는 방법
4. 동일시 : 자기가 되고자 하는 인물을 찾아내어 동일시하여 만족을 얻는 행동

48. 맥그리거의 X, Y이론 중 X이론에 해당하는 것은?

① 성선설
② 고차원적 욕구
③ 상호 신뢰감
④ 명령 통제에 의한 관리
⑤ 선진국형

정답 45. ④ 46. ③ 47. ④ 48. ④

해설 X이론에 대한 가정

1. 원래 종업원들은 일하기 싫어하며 가능하면 일하는 것을 피하려고 한다.
2. 종업원들은 일하는 것을 싫어하므로 바람직한 목표를 달성하기 위해서는 그들을 통제하고 위협하여야 한다.
3. 종업원들은 책임을 회피하고 가능하면 공식적인 지시를 바란다.
4. 인간은 명령되는 쪽을 좋아하며 무엇보다 안전을 바라고 있다는 인간관

X이론에 대한 관리 처방

1. 경제적 보상체계의 강화
2. 권위주의적 리더십의 확립
3. 면밀한 감독과 엄격한 통제
4. 상부책임제도의 강화
5. 통제에 의한 관리

49. 다음과 같은 학습의 원칙을 지니고 있는 훈련기법은?

관찰에 의한 학습, 실행에 의한 학습, 피드백에 의한 학습, 분석과 개념화를 통한 학습

① 역할연기법
② 사례연구법
③ 유사실험법
④ 프로그램 학습법
⑤ 토의법

해설 슈퍼(Super)의 역할이론

1. 역할 갈등(Role Conflict) : 작업 중에 상반된 역할이 기대되는 경우가 있으며, 그럴 때 갈등이 생긴다.
2. 역할 기대(Role Expectation) : 자기의 역할을 기대하고 감수하는 수단이다.
3. 역할 조성(Role Shaping) : 개인에게 여러 개의 역할 기대가 있을 경우 그중의 어떤 역할 기대는 불응, 거부할 수도 있으며 혹은 다른 역할을 해내기 위해 다른 일을 구할 때도 있다.
4. 역할 연기(Role Playing) : 관찰 및 피드백에 의한 학습 원칙을 가지며 자아탐색인 동시에 자아실현의 수단이다.

50. 다음 중 사회행동의 기본형태와 내용이 잘못 연결된 것은?

① 대립 : 공격, 경쟁
② 도피 : 정신병, 자살
③ 조직 : 경쟁, 통합
④ 협력 : 조력, 분업
⑤ 융합 : 강제, 타협

해설 집단에서 개인이 나타낼 수 있는 사회행동의 형태

1. 협력 : 협조나 조력, 분업 등을 통하여 힘을 하나로 모으는 것
2. 대립관계에서의 공격 : 상대방을 가해하거나 압도하여 어떤 목적을 달성하려고 하는 것
3. 대립관계에서의 경쟁 : 같은 목적에 관하여 서로 겨루어 상대방보다 빨리 도달하고자 하는 것
4. 융합 : 상반되는 목표가 강제, 타협, 통합에 의하여 하나가 되는 것
5. 도피와 고립 : 자기가 소속된 인간관계에서 이탈하는 것

49. ① 50. ③ 정답

예상문제 및 해설 3

산업심리학

1. 다음 중 막연하고 측정 불가능한 의식이나 정신 과정들을 버리고 직접 관찰될 수 있는 외적 행동을 연구해야 한다고 주장한 학자는 누구인가?

① 분트(W. Wundt)
② 프로이트(S. Freud)
③ 왓슨(J. B. Watson)
④ 제임스(W. James)
⑤ 매슬로(Maslow)

해설 왓슨의 행동주의는 의식이나 마음을 관찰할 수 없으므로 직접 관찰될 수 있는 외적 행동을 연구해야 한다고 주장하였는데, 이 주장은 그동안 심리학의 연구대상에서 제외된 동물의 행동도 함께 연구할 수 있는 길을 열었다.

2. 다음 중 자극과 반응 간의 관계를 알아내는 데 목적을 두고 있으며, 왓슨이나 스키너와 관련이 있는 학파는?

① 인지심리학
② 행동주의
③ 기능주의
④ 구성주의
⑤ 형태주의

해설 왓슨(J. B. Watson)에 의해 주창된 행동주의에 의하면 심리학은 '인간과 동물의 행동에 관한 학문'이라 정의된다. 심리학이 과학으로 성립하기 위해서는 관찰할 수 있고 측정할 수 있는 행동을 연구대상으로 해야 한다고 하였다.

3. 다음 중 두 개의 변인을 체계적으로 변화시켜 다른 변인에 일어나는 효과를 인과적으로 밝히고자 하는 심리학의 연구방법은?

① 임상법
② 통제법
③ 관찰법
④ 실험법
⑤ 사례 연구법

해설 실험법

실험자가 의도적으로 어느 변인을 변화시키고(독립변인), 다른 변인들은 변하지 않도록 주의하며(통제), 의도적으로 변화시킨 변인이 행동(종속변인)에 어떤 영향을 주고 있는지를 알아보는 방법이다.

 정답 1. ③ 2. ② 3. ④

4. 형태주의 심리학자들이 보고한 지각의 집단화 원리로서 거리가 먼 것은?
① 공통성 ② 유사성
③ 미완결성 ④ 근접성
⑤ 연속성

해설 지각의 집단화 원리
여러 가지 물체들을 볼 때, 그들을 묶어서 어떤 패턴으로 지각하는 경향을 말한다. 이런 집단화는 형태주의 심리학자들에 의하여 연구되었다.(Gestalt 원리라고도 한다.)
- 공통성 : 함께 같은 방향으로 움직이는 것으로 지각되는 요소들은 체제화된 집단을 형성한다.
- 완결성 : 지각 과정은 자극에 틈이나 간격이 있으면 그것을 메우려고 한다.
- 연속성 : 하나의 양식으로 시작한 선은 그 양식을 계속하는 것으로 지각하는 경향이 있다.
- 유사성 : 유사한 자극들은 군집되어 보인다.
- 근접성 : 가까이 있는 물체들은 군집해 있는 것으로 지각한다.

5. 다음 중 3차원(깊이) 지각의 단안단서가 아닌 것은?
① 겹침 ② 사물의 이동방향
③ 상대적 크기 ④ 결(Texture)
⑤ 양안부등

해설 단안단서란 한 눈으로 깊이에 관한 정보를 얻는 단서로서 선명도, 직선적 조망, 겹침(중첩), 빛과 그림자, 결(표면결의 밀도), 크기, 사물의 이동방향 등이 있다.

6. 다음 중 단안단서에 대한 설명으로 잘못된 것은?
① 표면의 결이 조밀할수록 가깝게 보인다.
② 수평선 위쪽이나 아래쪽으로 멀리 떨어져 있을수록 가깝게 보인다.
③ 내가 움직이는 방향으로 이동하는 것은 멀게 지각된다.
④ 두 물체가 떨어져 있는 간격이 클수록 두 물체는 가깝게 보인다.
⑤ 밝게 보이는 물체가 가깝게 보인다.

해설 표면의 결이 조밀할수록 멀게 보인다.

7. 다음 중 가현운동에 해당되지 않는 것은?
① 파이현상 ② 유인(유도)운동
③ 베타운동 ④ 공간지각
⑤ 자동운동

해설 가현운동
실제로는 움직이지 않는데, 움직이는 것으로 지각하는 것을 말한다. 이러한 가현운동에는 파이현상, 유인(유도)운동, 베타운동, 자동운동 등이 있다.

4. ③ 5. ⑤ 6. ① 7. ④ 정답

8. 다음 중 영화나 TV화면은 무엇을 이용한 것인가?

① 파이현상
② 유인운동
③ 자동운동
④ 유인운동과 자동운동
⑤ 베타운동

해설 일정한 간격으로 전등을 달아놓고 일정한 시간 간격으로 차례로 불을 켰다 껐다 하면 불빛이 움직이는 것으로 지각하는데, 이를 파이현상 또는 섬광운동이라 한다. 이것은 시각상의 지속성(잔상) 때문에 생기는 것으로 이 원리를 이용한 것이 영화이다.

9. 다음 중 움직이는 구름 사이의 달을 볼 때 구름보다 달이 움직이는 것으로 판단하는데 이와 관련이 깊은 것은?

① 자동운동
② 유인운동
③ 가현운동
④ 실제운동
⑤ 파이현상

해설 유인운동은 움직이는 배경과 고정된 전경과의 반전현상 때문에 생긴다.

10. 다음 중 지각에서 자동운동이란 무엇을 뜻하는가?

① 어둠 속에서 정지된 빛점이 움직이는 것으로 보이는 현상
② 운동지각에서 물체의 운동이 중지된 후에도 운동을 보이는 현상
③ 전경과 배경이 저절로 반전을 일으키는 것
④ 자극이 제시됐을 때 뇌세포가 보이는 활동의 일종
⑤ 구름 사이의 달을 볼 때 달이 움직이는 것으로 지각하는 현상

해설 자동운동
암실 내에서 정지된 작은 광점을 응시하면 움직이는 것처럼 보이는 현상

11. 다음 중 맥락이 없기 때문에 생기는 운동착시를 가리켜 무엇이라 하는가?

① 실제운동
② 유인운동
③ 자동운동
④ 운동잔상
⑤ 파이현상

해설 가현운동의 하나인 자동운동이란 어두운 방의 불빛이 정지되어 있는데도 불구하고 불빛이 여러 방향으로 움직이는 것으로 지각되는 것을 말한다. 이는 일종의 운동착시로서 불빛의 위치를 확인할 맥락이 없기 때문에 생기는 현상이다.

정답 8. ① 9. ② 10. ① 11. ③

12. 다음 중 적응의 직접적 대처방법이 아닌 것은?

① 퇴행 ② 철수
③ 포부수준의 수정 ④ 공격적 행동이나 표현
⑤ 회피

해설 스트레스에 대응하는 방법

직접적 대처와 방어적 대처가 있다. 직접적 대처란 불편하고 긴장된 상황을 변화시키기 위해 취하는 행동을 말하는데, 공격적 행동과 표현, 태도 및 포부수준의 수정, 철수 또는 후퇴 등 중 어느 하나를 선택하게 된다. 방어기제라고 불리는 방어적 대처는 스트레스를 일으키는 현실을 무의식적으로 왜곡시킴으로써 자신의 불안이나 좌절을 감소시키려는 심리적 조작이라 할 수 있다.

13. 다음 중 방어기제에 속하지 않는 것은?

① 합리화 ② 승화
③ 퇴행 ④ 부정
⑤ 순응

해설 주요 방어기제

부정, 퇴행, 동일시, 승화, 반동형성, 주지화, 환치(전위), 투사, 억압, 합리화 등이 있다.

14. 다음 중 지능이 낮은 자식을 둔 부모가 자기 자식의 낮은 지능을 믿지 않고 노력을 게을리할 뿐이라고 생각하는 것은?

① 전위 ② 투사
③ 억압 ④ 부정
⑤ 퇴행

해설 부정

불쾌한 외부현실을 지각하거나 직면하기를 거부하는 것이다.

15. 다음 중 자기가 바라고 느끼는 것과 정반대로 감정을 표현하고 행동하는 것과 관련이 깊은 방어적 대처는?

① 반동형성 ② 합리화
③ 승화 ④ 동일시
⑤ 투사

12. ① 13. ⑤ 14. ④ 15. ① 정답

해설 반동형성

자기가 느끼고 바라는 것과는 정반대로 감정을 표현하고 행동하는 것으로서, '부정'의 행동적 형태라고도 볼 수 있다. 일반적으로 반동형성은 자기의 욕구나 감정이 너무나 받아들일 수 없고 무거운 죄의식이 쌓일 때 나타나는 반응양식이다.

16. 자기 자신의 동기나 불편한 감정을 다른 사람에게 돌림으로써 불안 및 죄의식에서 벗어나고자 하는 방어기제는?

① 투사
② 승화
③ 퇴행
④ 부정
⑤ 억압

해설 투사

자기 자신의 동기나 불편한 감정을 다른 사람에게 돌림으로써 불안 및 죄의식에서 벗어나고자 하는 방어기제이다. 투사에는 문제의 소재를 가상적인 원인으로 돌리거나, 개인의 성격적 결함으로 돌리거나, 다른 사람의 책임으로 돌리는 등 세 가지 유형이 있다.

17. 하루 종일 직장상사에게 굽실거리며 기를 펴지 못했다가 집에 돌아와 아내와 자녀에게 지나치게 고함을 치며 짜증을 내는 김씨는 어떤 방어적 대처를 했다고 볼 수 있는가?

① 투사
② 반동형성
③ 전위
④ 합리화
⑤ 승화

해설 전위(치환)

어떤 대상에 대한 강한 감정이나 충동을 덜 위험한 다른 대상에게 표출함으로써 긴장을 완화시키는 방어기제이다.

18. 다음 중 실력이 부족한 학생이 시험에 실패한 후 "출제의 방향을 맞추지 못해 점수가 나쁘게 나왔다"고 변명한다면 어떤 방어기제를 사용한 것인가?

① 주지화
② 합리화
③ 부정
④ 투사
⑤ 반동형성

해설 합리화

사회적으로 용납되지 않는 감정 및 행동에 대해 용납되는 이유를 붙여 자신의 행동을 정당화함으로써 사회적 비난이나 죄의식을 피하려는 방어기제이다.

 정답 16. ① 17. ③ 18. ②

19. 다음 중 이상행동의 기준이 아닌 것은?

① 관습에서 벗어난 행동　② 부적응성
③ 보상적인 행동을 한다.　④ 정신적인 고통을 겪는다.
⑤ 통제력을 잃었거나 예측할 수 없는 행동

해설 이상행동의 기준
①, ②, ④ 이외에도 이해할 수 없거나 이치에 맞지 않는 행동, 통제력을 잃었거나 예측할 수 없는 행동, 어떤 행동이 주위 사람을 불쾌하게 하거나 불편하게 할 경우 등이 해당된다.

20. 심리적 장애는 환자 내부의 정신적 갈등에서 온다고 주장하는 이론은?

① 의학적 접근　② 정신분석학적 접근
③ 행동주의적 접근　④ 인지이론적 접근
⑤ 프로이트식 접근

해설 의학적 접근법에 의하면 심리적 장애는 어떤 신체적 질환에서 오는 증상으로 보고 있으며, 행동주의적 접근에서는 이상심리가 학습의 결과라고 주장한다.

21. 직무수행과 관련된 다양한 정보를 제공하기 위해 직무내용과 그 직무를 수행하도록 요구되는 직무조건을 체계화하고 조직적으로 밝히는 절차는?

① 직무분석　② 직무평가
③ 직무개괄　④ 직무탐색
⑤ 적성검사

해설 직무분석은 직무와 관련된 모든 중요한 정보를 수집하고 이를 직무수행에 요구되는 직무조건으로 적합하게 정리·분석하여 조직적으로 밝히는 절차이다.

22. 다음 중 직무분석의 목적으로 가장 적합한 것은?

① 특정 직무의 내용 또는 성격을 분석해서 그 직무가 요구하는 조직구성원의 지식·능력·숙련·책임 등을 명확히 하는 과정을 말한다.
② 상담을 통하여 전문적인 조언을 받고, 문제해결에 도움을 주는 것을 말한다.
③ 한 개인이 일생동안 직업에 관련된 일련의 활동, 행동, 태도, 가치관 및 열망을 경험하는 것을 말한다.
④ 작업의 수행에 필요한 개선안을 제안하도록 하고 그것을 심사하여 우수한 제안에 대하여 적절한 보상을 하는 것을 말한다.
⑤ 조직 내에서 직무들의 내용과 성질을 고려해 직무들 간의 상대적인 가치를 결정하여 여러 직무들에 대해 서로 다른 임금수준을 결정하는 것을 말한다.

19. ③　20. ③　21. ①　22. ①　정답

해설 직무분석이란 직무의 성격에 관련된 모든 중요한 정보를 수집하고 이들 정보를 적합하게 정리하는 체계적 과정으로 작업조건, 직무수행에 요구되는 지식, 기술, 능력 등의 정보를 활용한다.

23. 직무분석 시 고려하는 작업의 단위 중, 어떤 특정 목적을 달성하기 위해서 하는 노력으로 작업의 기본요소이며 직무분석의 가장 작은 작업 단위는 무엇인가?

① 프로젝트
② 직무
③ 직위
④ 과업
⑤ 직무군

해설 과업(Task, 과제 · 작업)이란 어떤 특정의 목적을 달성하기 위해서 하는 신체적 · 정신적 노력이다. 작업의 기본 요소로서, 직무분석의 가장 작은 작업단위이다.

24. 다음에 제시된 특성을 가진 직무분석기법은?

- 비교적 저렴한 비용으로 시행할 수 있다.
- 짧은 시간 내에 많은 양적 정보를 얻을 수 있다.
- 직무에 대한 어느 정도의 사전지식이 요구된다.
- 직무내용, 수행방법, 수행목적, 수행과정, 자격요건 등에 대한 내용을 포함한다.
- 어떤 직무의 분석에든 상관없이 쓸 수 있도록 기존에 개발되어 있는 표준화된 자료를 사용할 수도 있다.

① 면접법
② 워크샘플링법
③ 질문지법
④ 결정적 사건법
⑤ 관찰법

해설 질문지법은 작업자들에게 설문지를 배부하고 답하게 함으로써 직무에 대한 정보를 획득하는 방법이다. 이 안에는 직무내용, 수행방법, 수행목적, 수행과정, 자격 요건 등에 대한 내용을 포함하며, 분석하려고 하는 직무의 분석에만 사용할 수 있는 설문지를 사전정보에 기초하여 분석자 스스로 만들어 사용하는 방법과 어떤 직무의 분석에는 상관없이 쓸 수 있도록 기존에 개발되어 있는 표준화된 설문지를 사용하거나 제작하여 활용할 수 있다. 시간과 비용이 절약되며 폭넓은 정보를 얻을 수 있는 장점이 있다.

25. 다음 중 직무분석 시에 고려되는 직무 관련 내용이 아닌 것은?

① 리더십
② 직군
③ 과업
④ 직위
⑤ 직종

해설 직무분석 시 포함되는 관련 내용은 과업, 직위, 직무, 직군, 직종 등이 해당된다.

 정답 23. ④ 24. ③ 25. ①

26. 다음 중 직무분석의 방법에 해당하지 않는 것은?

① 관찰지법 ② 투사법
③ 중요사건법 ④ 경험법
⑤ 면접법

해설 직무분석의 방법으로는 면접법, 관찰법, 질문지법, 경험법, 중요사건법 등이 있다.

27. 직무를 수행하는 데 요구되는 작업자의 지식, 기술, 능력 등에 관한 인적 요건들을 알려주기 때문에 선발이나 교육과 같은 인적 자원 관리에 활용되는 것은?

① 직무기술서 ② 작업자기술서
③ 작업표준서 ④ 직무명세서
⑤ 직무평가서

해설 직무명세서는 직무를 성공적으로 수행하는 데 필요한 작업자의 행동, 기능, 능력, 지식 등을 일정한 양식에 기록한 직무의 인적 요건에 초점을 둔 문서로서 모집, 선발, 승진, 이동 및 직무평가에 유용하다.

28. 다음 중 직무명세서에 대한 설명으로 틀린 것은?

① 직무명세서에는 직무수행에 필요한 종업원의 행동, 기능, 능력, 지식 등의 정보가 포함되어 있다.
② 직무명세서는 직무담당자, 직무분석자, 감독자들의 개인적 판단에 의해 작성되기도 하며, 통계적 분석에 의하여 작성되기도 한다.
③ 직무명세서는 직무의 인적 요건에 초점을 둔 것이다.
④ 직무명세서는 직무기술서의 작성과 직무분석 결과에 기반이 되는 자료이다.
⑤ 직무수행자의 자격요건 명세서이다.

해설 직무명세서는 직무분석의 결과에 의하여 직무수행에 필요한 종업원의 행동, 기능, 능력, 지식 등을 일정한 양식에 기록한 문서를 말하며, 직무기술서에서 유추될 수 있으며, 직접 직무분석의 결과에 의하여 작성되기도 한다.

29. 다음에서 역량과 관련된 설명으로 틀린 것은?

① 환경변화에 따라 한 역량이 더 이상 핵심적이지 않은 역량이 될 수 있다.
② 역량모델링은 종업원들이 직무를 수행하는 데 요구되는 인적 요건뿐만 아니라 수행하는 일 자체도 분석한다.
③ 역량 중에서도 타인에 비해 우수하고 경쟁우위를 갖는 핵심적인 특성과 자질을 핵심역량이라 부른다.
④ 핵심역량은 과거보다 현재, 현재보다는 미래지향적이다.
⑤ 핵심적이지 않았던 역량이 변화에 의해 핵심 역량화될 수 있다.

26. ② 27. ④ 28. ④ 29. ② 정답

해설 직무분석에서는 종업원들이 직무를 수행하는 데 요구되는 인적 요건뿐만 아니라 수행하는 일 자체도 분석하지만, 역량모델링은 주로 수행에 요구되는 인적 요건을 찾아내는 데에만 초점을 두고 일 자체에 대한 분석은 고려하지 않는다.

30. 다음 중 직무평가의 방법에 해당하지 않는 것은?

① 경험법 ② 요소비교법
③ 분류법 ④ 서열법
⑤ 점수법

해설 직무평가의 방법에는 요소비교법, 분류법, 서열법, 점수법 등이 있다.

31. 점수법에 의한 직무평가 시 일반적으로 고려되는 평가요소가 아닌 것은?

① 정신적 및 육체적 노력의 정도 ② 신체조건
③ 책임요소 ④ 작업조건
⑤ 숙련도

해설 점수법 평가요소

평가요소			
숙련(250점)	• 지식	• 경험	• 솔선력
노력(75점)	• 육체적 노력	• 정신적 노력	
책임(100점)	• 기기 또는 공정 자재 또는 제품 • 타인의 직무수행		• 타인의 안전
직무조건(75점)	• 작업조건	• 위험성	

32. 다음 중 직무기술서에 일반적으로 포함되는 내용이 아닌 것은?

① 직무가 이루어지는 물리적 · 심리적 · 정서적 환경
② 감독의 형태, 작업의 양과 질에 관한 규정이나 지침
③ 직무를 수행하는 사람에게 요구되는 자격요건
④ 직무에서 사용하는 기계, 도구, 장비, 기타 보조 장비
⑤ 직무분석을 통해 얻어진 직무의 성격과 내용

해설 직무수행에 필요한 자격요건은 직무명세서에 포함되는 내용이다.

 정답 30. ① 31. ② 32. ③

33. 최근 국내 기업에서는 임금 성과급제 또는 연봉제 도입이 확산되고 있다. 공정하고 객관적인 임금수준을 결정하기 위해서 직장 내 여러 직무들 각각이 조직효율성에 기여하는 상대적 가치를 판단하는 과정은?

① 직무분석　② 직무평가
③ 직무수행평가　④ 준거개발
⑤ 직무설계

해설 직무평가는 직무분석에 의하여 작성된 기술서 또는 직무명세서를 기초로 하여 이루어지며, 여러 직무들 각각이 조직의 효율성에 기여하는 상대적 가치를 판단하는 과정이다.

34. 성격검사를 통해 측정할 수 있는 성격 5요인 중, 분명한 목표의식과 계획적인 생활, 높은 의지 및 자제력을 특징지을 수 있는 성격 요인은 다음 중 무엇인가?

① 외향성　② 개방성
③ 호감성　④ 정서적 민감성
⑤ 성실성

해설 성격의 5요인 이론(Big 5 theory of Personality)

- 정서적 민감성 : 정서적으로 불안하고, 긴장하고, 불안정적인 수준
- 외향성 : 사교적이고, 주장 및 자기표현이 강하고, 적극적이고, 말이 많고, 정열적인 경향성
- 개방성 : 상상력이 풍부하고, 호기심이 많고, 지식에 대해 수용적이며, 틀에 박히지 않은 성향
- 호감성 : 협조적이고, 대인관계에 관심이 높고, 관대하고, 함께 지내기 편한 성향
- 성실성 : 목표의식이 분명하고 계획적이며, 의지가 강하고 자제력이 강한 성향

35. 우울을 측정하기 위해 개발된 어떤 검사가 동일인을 대상으로 매달 측정할 때마다 점수의 차이가 크게 나타난다면 다음의 표준화 심리검사의 요건 중 어떤 요소가 결여된 것인가?

① 타당도　② 표준화
③ 객관도　④ 신뢰도
⑤ 성실성

해설 검사를 동일한 사람에게 실시했을 때 검사조건이나 시기에 관계없이 얼마나 점수들이 일관성이 있는지, 비슷한 것을 측정하는 검사 점수와 얼마나 일관성이 있는지를 의미하는 것은 검사의 신뢰도와 관련 있다.

36. 다음 중 동일한 구성개념을 측정하는 A형과 B형의 검사 두 개를 개발하여 이 두 검사를 동일인에게 실시한 뒤 두 번의 검사점수들 간의 상관수치를 계산하여 신뢰도 계수로 삼아 측정하는 것은 어떤 신뢰도인가?

① 동형검사 신뢰도　　② 반분신뢰도
③ 내적합치도　　④ 재검사신뢰도
⑤ 평가자 간 신뢰도

해설 동형검사 신뢰도란 동형검사나 동일검사를 2회 이상 실시하여 구하는 신뢰도를 의미하며 동일검사를 두 번 시행함으로써 발생되는 문제점을 해결하기 위해서 개발된 것이다. 예를 들면 A형과 B형 두 개의 검사를 개발하여 동일인에게 실시한 뒤 두 번의 검사점수들 간의 상관계수를 계산하여 신뢰도 계수로 삼는다.

37. 직무현장에서 직무수행에 필요한 지식, 기술, 능력을 평가하는 검사를 개발할 때, 이 검사의 내용이 실제 직무내용과 얼마나 관련이 있는지를 살펴보기 위해서는 어떤 타당도를 살펴보아야 하는가?

① 내용타당도　　② 변별타당도
③ 구성타당도　　④ 안면타당도
⑤ 수렴타당도

해설 해당 검사가 측정하고자 목표로 하는 내용을 측정하고 있는지에 대한 문제를 다루며, 검사의 문항들이 그 검사가 측정하고자 하는 내용 영역을 얼마나 잘 반영하고 있는지를 의미하는 것은 내용타당도 이다.

38. 해당 검사의 점수가 직무성과나 학점 같은 특정 활동영역의 준거를 얼마나 예측하는지를 설명하는 타당도는?

① 예측타당도　　② 변별타당도
③ 수렴타당도　　④ 안면타당도
⑤ 내용타당도

해설 한 검사가 어떤 미래의 행동특성을 얼마나 정확하게 예언하는지를 나타내는 것은 준거 관련 타당도 중 예측타당도에 속한다.

39. 다음 중 직무수행평가의 목적으로 보기 어려운 것은?

① 종업원을 선발하는 방법의 타당성을 입증하기 위해서
② 직무분석의 기본적 자료를 사용하기 위해

 정답 36. ①　37. ①　38. ①　39. ②

③ 종업원이 보유한 지식, 기술, 능력을 파악하기 위해서
④ 임금과 승진에 대한 평가에 이용하기 위해
⑤ 해고 등에 대한 평가에 이용하기 위해

해설 직무수행평가는 인사선발기준을 타당화시키고, 종업원의 훈련 및 개발의 필요성을 파악하고, 인사결정의 기초자료로 활용하고, 직무설계의 자료로 사용하며, 법적인 방어시스템으로 사용하기 위해서 실시된다.

40. 다음 중 직무수행의 객관적 측정치로 보기 어려운 것은?

① 직무수행 관찰지
② 판매액 지표
③ 결근빈도
④ 불량률 통계
⑤ 생산량

해설 직무수행에 대한 객관적 측정치에는 생산자료(판매액, 생산량, 불량률 등), 인사자료(결근, 지각, 사고 등)가 포함된다. 이는 한 종업원이 직무를 얼마나 잘 수행했는지의 지표로 활용된다.

41. 직무수행평가와 관련된 내용으로 틀린 설명은?

① 임금인상, 승진, 해고에 이르는 조직의 의사결정의 기초자료가 된다.
② 종업원 훈련을 실시한 후 훈련프로그램의 효과측정에 활용된다.
③ 해고 시에 가장 정당성을 보여줄 수 있는 내용을 제공해 준다.
④ 직무수행의 객관적 측정은 상사의 판단에 의한 주관이 개입될 수 있다.
⑤ 직무설계의 중요한 자료가 된다.

해설 개개인의 판단에 의존하기 때문에 평가과정에서의 여러 가지 편파가 발생할 우려가 높은 것은 주관적 측정에 해당된다.

42. 직무수행을 평정하는 여러 기법들 중 다음의 설명에 해당하는 것은 무엇인가?

- 평가자가 사전에 정해진 분포에 맞추어서 종업원들을 분류・평가하는 수행평가기법이다.
- 종업원의 수가 많을 때 유용한 평가방법이다.
- 정상분포의 원리에 기초하고 있고 종업원의 수행이 정상분포를 이루고 있다고 가정한다.
- 분포는 다섯 개 내지는 일곱 개의 범주로 구성되며, 사전에 결정된 백분율을 활용해 종업원들을 분류한다.

① 강제선택법
② 강제할당법
③ 평정척도법
④ 대조법
⑤ 서열법

해설 강제할당법(Forced Distribution Method) : 사전에 정해 놓은 비율에 따라 피고과자를 강제로 할당하는 방법으로 피고과자의 수가 많을 때 서열법의 대안으로 주로 사용한다.

43. 직무수행을 평정하는 여러 기법과 해당 특징이 잘못 짝지어진 것은?

① 서열법 - 종업원의 수가 적고 종업원들의 상대적 서열 이외에 정보가 필요 없을 때 주로 사용된다.

② 중요사건서술법 - 피고과자의 효과적이고 성공적인 업적뿐만 아니라 비효과적이고 실패한 업적까지 구체적인 행위와 예를 기록하였다가 이 기록을 토대로 평가하는 방법이다.

③ 평정척도법 - 직무에 대한 보편적이고 일반적인 행동 기준을 산출하는 것이 목적이다.

④ 균형성과평가제도(BSC) - 성과를 종합적으로 네 가지 측면(재무, 고객, 내부 프로세스, 학습과 성장)에서 평가하는 균형 잡힌 성과측정기록표를 사용한다.

⑤ 행위기준고과법 - 구성원이 실제로 수행하는 구체적인 행위에 근거하여 구성원을 평가함으로써 신뢰도와 평가의 타당성을 높인 고과방법으로 평정척도법의 결점을 시정하기 위한 시도에서 개발된 것이다.

해설 평정척도법은 평가자가 종업원들의 중요한 행동에 대해서 평정을 하도록 하는 수행평정기법이다. 이 방법은 일반적인 태도가 아니라 직무의 성공과 실패에 중요한 특정 직무행동을 통해 직무수행을 평가한다.

44. 직무수행 평가 시 나타나는 평가자의 오류와 그에 해당되는 내용이 잘못된 것은?

① 대비오차(Contrast Errors) - 인사고과에 있어서 고과평정자가 깔끔한 성격인 경우에는 피평정자가 약간만 허술해도 매우 허술하게 생각하는 경향을 말한다. 즉, 고과평정자인 자신과 비교해서 대체로 정반대의 경향으로 평가하는 경향을 의미한다.

② 중심화 경향 - 평가자가 평가에 대한 방법을 잘 이해하지 못했거나 역량이 부족한 경우 나타날 수 있다.

③ 관대화 경향 - 점수를 박하게 주는 평가자는 실제 피평가자의 능력보다 더 낮은 평가를 내리며 이를 부적 관대화라고 부른다.

④ 후광효과 - 한 명의 종업원에 대해 평가를 할 때 두 명 이상의 평가자를 사용하는 방법이 도움이 된다.

⑤ 최근 효과(Recency Effect) - 일반적으로 먼저 주어진 정보보다 나중에 주어진 정보가 사람들의 판단에 더 큰 영향을 주는 경향이 있다. 이를 최근효과라고 한다. 상반기보다는 하반기 실적이 연봉협상에 더 영향을 준다고 하는데 이는 최근효과에 해당한다.

 정답 43. ③ 44. ③

해설 관대화 경향(Leniency Tendency)

인사고과를 할 때 실제의 능력과 성과보다 높게 평가하려는 것으로서 평가결과의 집단분포가 점수가 높은 쪽으로 치우치는 경향을 뜻한다. 첫째, 우수한 사람이 많아 서열을 매기기 곤란하거나, 둘째, 고과평정자가 남달리 부하를 아끼는 경우, 셋째, 나쁜 점수를 주면 상사의 통솔력이 부족하다는 오해를 받을 것을 염려하는 경우에 발생할 수 있다.

45. 다음 중 직무수행평가의 목적으로 보기 어려운 것은?

① 종업원 훈련 및 개발이 필요한 부분을 파악한다.
② 인사결정에 대해서 법적으로 방어할 수 있는 합리적인 기초를 제공한다.
③ 인사선발도구가 타당한지를 판단하는 데 도움이 된다.
④ 조직문화에 대한 진단지표를 제공하는 데 도움이 된다.
⑤ 인사결정의 기초자료로 사용한다.

해설 직무수행평가의 일반적인 목적인 개인의 직무수행 정도를 정확히 측정하는 것이며, 이를 통해 인사선발기준의 타당화, 종업원 훈련 및 개발의 필요성 파악, 인사결정의 기초자료, 직무설계의 자료, 법적 방어시스템 등의 의사결정에 대한 기준을 제공한다.

46. 다음 중 직무수행에 대한 상사의 평가가 갖는 위험성은 무엇인가?

① 피평가자의 개인적 능력과 기능을 더 강조하는 경향이 있다.
② 부하가 상사 앞에서 조직에 대한 충성, 동기 등을 실제보다 포장해서 보이려 하기 때문에 정확한 정보를 확보하기 어려울 수 있다.
③ 친한 사이이거나 경쟁 관계에 있는 사람을 평가할 경우에는 편견이 작용해서 평가가 왜곡될 확률이 있다.
④ 평가에 대한 타당도와 신뢰도가 낮은 경향성이 있다.
⑤ 능률을 높일 수 있는 활로를 열어준다.

해설 상사의 평가 시 부하는 상사 앞에서 조직에 대한 충성, 동기, 열정 등을 실제보다 더 높게 보이려 노력하기 때문에 직무태도에 대한 정확한 정보를 확보하기 어려울 수 있다.

47. 다음 중 집단사고의 위험성 요소로 보기 부적절한 것은?

① 절대로 잘못되지 않는다는 의식이 낙관적이게 하며 위험을 부담하게 한다.
② 경고를 무시하고 기존의 결정안과 모순되는 정보는 깎아내릴 목적으로 합리화한다.
③ 집단 내 전문가나 지배적인 인물도 다수의 의견에 휩쓸려 아이디어가 수용되지 않기도 한다.
④ 집단 외부의 사람들은 사악하고 나약하며 어리석다고 본다.
⑤ 집단의 입장에 반대되는 주장을 하는 성원은 충성심이 부족하다고 몰아붙여 이탈자를 단속한다.

45. ④ 46. ② 47. ③ 정답

해설 집단 의사결정에서는 구성원들 간의 합의를 얻는 것이 무척 중요하지만, 구성원들 간의 만장일치가 이루어졌다 해도 이것이 완전히 자유로운 분위기 속에서 개방적인 토의를 통한 자유의사에 의해 도출된 결론인지 의심스러운 경우가 많다. 예를 들어 의사결정 과정에서 구성원 집단 내에서 동조의 압력이 행사되기도 하고, 지위 및 신분상의 차이에 의한 압력을 받기도 하며, 집단 내 전문가나 지배적인 인물 때문에 개별 구성원들의 생각과 아이디어가 표현·수용되지 않기도 한다.

48. 다음 내용이 설명하는 집단 의사결정 기법은 무엇인가?

- 브레인 스토밍이 리더나 참여자 모두가 문제의 성격을 잘 알고 짧은 시간 안에 토의를 한다면, 이 방법은 지도자 혼자서만 주제를 알고 그 집단에는 문제를 제시하지 않고 장시간 자유롭게 토론하도록 함으로써 문제해결에 접근한다.
- 아이디어 수보다는 질에 치중한다는 점에서 브레인 스토밍과 근본적으로 다르다.
- 리더는 집단 구성원이 토론시간에 상상력을 발휘할 수 있도록 친숙한 것도 다른 시각에서 보도록 하고, 주제로부터 벗어나서 생각하기도 하며, 처음 말했던 내용과는 관계없이 자신들의 느낌을 말하도록 하는 등의 여러 방법을 사용한다.

① 시네틱스 ② 델파이법
③ 명목집단기법 ④ 스토리보딩
⑤ 창의성 측정방법

해설 시네틱스는 집단토의를 한다는 점에서 브레인 스토밍과 같지만 여러 가지 차이점을 지닌다. 브레인 스토밍이 리더나 참여자 모두가 문제의 성격을 잘 알고 짧은 시간 안에 토의를 하지만, 시네틱스는 지도자 혼자서만 주제를 알고 그 집단에는 문제를 제시하지 않고 장시간 자유롭게 토론하도록 함으로써 문제해결에 접근한다. 문제 자체를 구성원들에게 노출시키지 않는 것은 아이디어 산출에 대한 노력을 단념시키지 않고 지속시키기 위함이다. 시네틱스는 아이디어 수보다는 질에 치중한다는 점에서 브레인 스토밍과 근본적으로 다르고, 문제에 대한 새로운 시각을 갖도록 함으로써 심리적 활동의 상호작용을 촉진시키고 사고나 지각의 창조성을 자극한다. 리더는 토론을 실제 문제와 연관시키는 능력이 있어야 하며 토론의 범위를 좁혀가면서 신중하게 결론에 이르도록 이끌 수 있어야 한다.

49. 심리적 건강과 행복감을 증진시킬 수 있는 환경결정요인의 조건이 아닌 것은?

① 개인이 처한 환경에서 일어나는 활동과 사건들을 통제할 수 있는 기회의 여부
② 조직이 종업원에게 일상적이고 단순한 행동만을 하게끔 직무를 제공한다.
③ 환경이 기술의 사용과 개발을 저해하거나 촉진하는 정도
④ 환경이 개인에게 목적이나 도전감을 제공하는지 여부
⑤ 신체적으로 안전한 생활환경은 심리적 건강을 증진시키는 데 도움이 된다.

 정답 48. ① 49. ②

해설 행복감 증진을 위한 환경 요인 중 기술사용의 기회가 있다. 기술사용의 기회란 환경이 기술의 사용과 개발을 저해하거나 촉진하는 정도를 뜻한다. 조직이 종업원에게 너무 일상적이고 단순한 행동만 요구하기 때문에 개인이 이미 가지고 있는 기술을 사용할 수 없는 경우에 종업원들은 기술 사용이 제한됨을 경험한다.

50. 다음 중 심리적 건강의 구성요소로 보기 어려운 것은?

① 열의 ② 포부
③ 자율 ④ 정서적 행복감
⑤ 통합된 기능

해설 심리적 건강의 구성요소 : 정서적 행복감, 역량, 자율, 포부, 통합된 기능

51. 다음 중 직무스트레스의 요인으로 보기 어려운 경우는?

① 업무시간 내내 자신이 업무를 통제하지 못하고 수동적인 행동을 강요받을 때
② 심리적 업무요구가 높고, 직무의 재량권이 낮은 업무
③ 부족한 조명
④ 개인의 포부수준이 높아 동기수준이 높은 경우
⑤ 과도한 경쟁으로 동료 근로자에 대해 신뢰하지 못하는 경우

해설 직무스트레스(Job stress)란 업무상 요구사항이 근로자의 능력이나 자원, 요구와 일치하지 않을 때 생기는 유해한 신체적·정서적 반응을 말한다.

52. 다음 중 스트레스 수준이 증가될 수 있는 조건으로 보기 어려운 것은?

① 사회적 지지가 협소하고 부족한 종업원
② A유형 행동양식 수준이 높은 종업원
③ 내적인 통제를 하는 종업원
④ 자기 효능감의 수준이 낮은 종업원
⑤ 직무에 대해 불만족을 보이며 부정적 측면에 초점을 맞추는 종업원

해설 통제 소재는 개인이 자신에게 일어난 일의 원인이 자신의 통제 내에 있는지 자신의 통제 밖에 있는지에 대한 신념과 판단을 뜻한다. 일반적으로 자신의 성공을 외적으로 귀인하는 사람보다 내적으로 귀인하는 내적 통제자가 직무스트레스에 대한 내성이 강하다. 즉 같은 스트레스 상황에서도 외적 통제자보다 내적 통제자는 자신의 성공이나 결과 달성을 위해서는 스트레스 상황도 자신이 통제할 수 있다고 믿기 때문에 스트레스로 인한 긴장을 덜 경험하게 된다.

50. ① 51. ④ 52. ③ 정답

53. 다음 중 매슬로의 욕구위계이론에서 제시하는 욕구의 위계적인 순서가 그 중요성에 근거해서 올바르게 나열된 것은?

① 생리적 욕구 – 안전욕구 – 소속감에 대한 욕구 – 자기존중의 욕구 – 자아실현의 욕구
② 생리적 욕구 – 소속감에 대한 욕구 – 안전욕구 – 자기존중의 욕구 – 자아실현의 욕구
③ 생리적 욕구 – 자기존중의 욕구 – 안전욕구 – 소속감에 대한 욕구 – 자아실현의 욕구
④ 생리적 욕구 – 소속감에 대한 욕구 – 안전욕구 – 자아실현의 욕구 – 자기존중의 욕구
⑤ 생리적 욕구 – 자기존중의 욕구 – 소속감에 대한 욕구 – 안전욕구 – 자아실현의 욕구

해설 욕구위계이론은 매슬로에 의해 정리된 이론으로 인간의 욕구는 위계적으로 배열되어 있다고 설명하고 있다. 이 이론은 인간의 욕구를 생리적 욕구, 안전의 욕구, 소속감과 사랑의 욕구, 자기존중의 욕구, 자아실현의 욕구의 5단계로 구분하고 있으며, 낮은 수준의 욕구는 인간행동에 근본적인 영향을 미치나 이것이 충족되면 더 높은 수준의 욕구가 동기화된다고 가정한다.

54. 매슬로의 욕구위계이론에서 제시하는 5가지 욕구 중 다음에 해당하는 것은 무엇인가?

- 욕구의 위계상 두 번째로 중요시되는 욕구이다.
- 외부의 위협으로부터 보호받고자 하는 욕구이다.
- 조직에서 신체적인 보호가 보장되고 기본 생계에 대한 보장을 원하는 것은 이 욕구의 표현이다.

① 생리적 욕구
② 자기존중의 욕구
③ 소속감의 욕구
④ 안전욕구
⑤ 자아실현의 욕구

해설 생리적 욕구가 충족된 사람은 위계상 다음 단계인 안전욕구를 추구할 것이다. 이것은 육체적 안전과 심리적 안정에 대한 욕구이며, 외부의 위협으로부터 보호받는 것을 포함한다. 조직에서 신체적인 보호가 보장되고 기본 생계에 대한 보장을 원하는 것은 안전욕구의 표현이라 볼 수 있다.

55. ERG 이론에 대한 설명으로 틀린 것은?

① 사람들이 한 수준에서 욕구가 충족되지 못하면 낮은 수준의 욕구로 되돌아갈 수 있다고 가정한다.
② 매슬로의 욕구위계이론의 영향을 직접적으로 받은 이론이다.
③ 관계욕구는 욕구위계이론에서 자아실현의 욕구에 해당된다.
④ 존재욕구는 욕구위계이론에서 생리적 욕구와 안전의 욕구에 해당된다.
⑤ 성장욕구는 욕구위계이론에서 자아실현의 욕구에 해당된다.

해설 관계욕구는 욕구위계이론에서 소속감과 사랑에 대한 욕구와 자기존중의 욕구에 해당되며, 개인간의 사교와 소속감, 자존감 등을 포함한다.

정답 53. ① 54. ④ 55. ③

56. 2요인 이론에 대한 다음의 설명 중 틀린 것은?
① 개인의 동기를 자극하는 요인을 위생요인과 동기요인으로 설명하고 있다.
② 동기요인이 갖춰져 있지 않을수록 개인의 불만족은 증가하게 된다.
③ 위생요인은 급료, 복지, 작업조건, 경영방침, 동료와의 관계처럼 작업환경적 요인들을 포함한다.
④ 위생요인은 개인의 욕구를 충족시키는 데 있어서 개인의 불만족을 방지해주는 효과를 갖는다.
⑤ 일을 통한 동기부여의 원칙에는 완전하고 자연스러운 작업단위를 제공하는 것이 있다.

해설 동기요인이 갖춰져 있지 않더라도 개인은 불만족하지는 않으나 동기요인이 충분히 갖춰져 있다면 종업원들은 직무에 대한 만족을 경험할 수 있다.

57. 작업에 대한 기대이론에서, 영업사원이 열심히 노력할수록(열심히 전화) 더 좋은 수행(판매량)이 나타난다면 이것은 기대이론의 요소 중 무엇과 가장 관계 있는 것인가?
① 유인가
② 도구성
③ 기대
④ 힘
⑤ 직무성과

해설 기대란 개인의 행동이 자신에게 가져올 결과에 대한 것으로서, 종업원들이 투입하는 노력과 수행 간의 관계에 대한 지각을 의미한다.

58. 작업에 대한 기대이론에서, A근로자와 B근로자가 얻은 성과(100만 원 인센티브)에 대해 갖는 매력의 정도가 각자 다르다면 이는 기대이론의 요소 중 무엇과 가장 관계 있는 것인가?
① 유인가
② 도구성
③ 기대
④ 힘
⑤ 직무성과

해설 유인가(誘引價, Valence)는 개별성과에 대해 종업원들이 느끼는 감정을 말하며 이는 각 성과를 통해서 예상되는 만족인 성과가 지니는 매력의 정도를 의미한다.

59. 기대이론에 대한 설명으로 틀린 내용은?
① 힘은 공식에서 제시되듯 유인가, 도구성, 기대의 곱으로 표현된다.
② 종업원이 자신의 수행에 의해 그 성과를 얻을 수 없다고 생각하면 도구성이 낮게 나타난다.
③ 영업 직무에 비해 조립라인의 직무가 더 높은 기대 수준을 가질 수 있다.
④ 성공적인 프로그램이 되기 위해서는 성과가 종업원들에게 매우 매력적인 것이어야 한다.
⑤ 개인이 노력한 정도와 노력의 결과로부터 얻은 성과에 존재하는 관계에 대한 지각에 기초한 동기이론이다.

56. ② 57. ③ 58. ① 59. ③ 정답

해설 조립라인에서의 직무수행 수준은 라인의 속도에 의해 결정된다. 한 명의 종업원이 아무리 열심히 일하더라도 라인에서 다음 물건이 자신에게 오기 전에는 더 많이 만들어낼 수 없다. 따라서 이 종업원은 개인의 노력과 수행 간에 아무런 관계를 느끼지 못할 것이다. 하지만 영업 직무에서는 높은 기대가 존재한다. 영업실적에 따른 판매량에 따라 급여를 받는 영업사원은 자신이 발로 뛰어가며 전화를 하면서 열심히 노력하면 할수록 더 많은 수행, 판매량이 나타날 것이라고 생각할 수 있다. 따라서 이 종업원은 높은 기대를 지각하고 이 직무에 대해 동기가 높아질 수 있다.

60. 직무동기에 대한 형평이론에서, 불형평을 경험할 때 나타나는 행동에 대한 설명 중 시간급이면서 과다지급인 경우에 나타나는 행동은 다음 중 무엇인가?

① 사람들은 보수에서 손실을 보충하기 위해 더 낮은 품질의 제품을 더 많이 생산하려 노력한다.
② 사람들은 자신의 투입을 증가시킴으로써, 즉 열심히 일함으로써 불형평의 감정을 줄이려 시도한다.
③ 사람들은 성과를 감소시키기 위해 자신들의 노력을 줄일 것이며, 생산량과 품질이 모두 저하될 수 있다.
④ 사람들은 더 열심히 일하거나 더 많은 노력을 함으로써 불형평을 줄이고자 시도한다.
⑤ 사람들은 전보다 더 좋은 품질의 제품을 더 적게 생산하는 방식으로 노력을 한다.

해설 과다지급-시간급일 경우 사람들은 더 열심히 일하거나 더 많은 노력을 함으로써 과다지급에 의해 야기된 불형평을 줄이고자 시도한다. 이럴 경우 사람들은 자신들의 투입을 증가시켜서 불형평의 감정을 줄인다. 그 결과 노력을 더 많이 함으로써 결과물의 양과 질이 향상되리라 기대할 수 있다.

61. 목표설정이론에 대한 설명으로 틀린 것은?

① 수행 도중에 목표와 관련된 피드백이 제공될 때 과업수행은 향상된다.
② 목표에 대한 몰입은 목표 달성이 쉽다고 지각될수록 증가한다.
③ 목표는 개인이 일에 얼마나 많은 노력을 기울여야 하는지를 결정할 때 중요한 지침을 제공한다.
④ 구체적인 목표일수록 개인은 그것을 추구하기 위해 더 많은 노력을 기울이고 목표와 관련된 행동을 한다.
⑤ 어렵게 설정된 목표는 행동의 강도를 높이고 더 오래 행동을 지속하게 만든다.

해설 어려운 목표가 더 높은 수준의 직무수행을 하게끔 만든다. 목표에 대한 몰입은 목표달성에 대한 난이도에 따라 증가한다. 구체적인 목표일수록 개인이 그것을 추구하기 위해 더 많은 노력을 기울일 수 있고, 목표와 더욱 관련된 행동을 한다.

 정답 60. ④ 61. ②

62. 직무동기에 대한 강화이론에서, 휴가를 금지시키거나, 면허를 취소하는 것처럼 바람직한 자극을 철회함으로써 그 행동이 나타날 확률을 감소시키는 것을 무엇이라 하는가?
① 정적 처벌
② 정적 강화
③ 부적 처벌
④ 부적 강화
⑤ 연속 강화

해설 처벌(Punishment)이란 원하지 않는 후속 반응의 빈도를 감소시키는 모든 사건을 말한다. 정적 처벌은 반응 후에 혐오적인 자극을 제공해서 행동이 나타날 확률을 감소키는 것이다. 부적 처벌은 반응 후에 바람직한 자극을 철회함으로써 그 행동이 나타날 확률을 감소시키는 것이다.

63. 직무동기에 대한 강화이론에서 사람들이 고정된 일정한 수의 반응을 한 후에 강화를 받는다면 이것은 어떤 강화 계획을 뜻하는 것인가?
① 고정간격계획
② 고정비율계획
③ 변동간격계획
④ 변동비율계획
⑤ 연속강화계획

해설 고정비율계획(Fixed ratio schedule)은 사람들이 고정된 일정한 수의 반응을 한 후에 강화를 받는 강화계획이다. 매 5번의 반응을 보일 때마다 강화가 주어진다면 고정비율계획이다.

64. 리더십에 대한 특성적 접근에 대한 다음의 설명 중 틀린 것은?
① 리더에게 필요한 특성을 보유했다고 리더로서의 성공이 보장되는 것은 아니다.
② 우수한 리더들은 그들만이 갖는 공통적 특성이 있다고 가정한다.
③ 효과적인 리더는 단호함, 역동적임, 외향성, 용감함, 설득력 같은 리더십과 관련된 특성을 가지고 있다.
④ 리더의 특성은 물론 리더와 부하 간의 상호작용 과정에서 나타는 특징들을 강조한다.
⑤ 리더는 타고나는 것이며 인위적으로 만들어지는 것이 아니라고 생각했던 사람들에 의하여 특성이론(Trait Theory)이 연구되었다.

해설 리더십은 리더와 부하 간의 상호작용 과정에서 발휘될 수밖에 없는데 특성이론은 상호작용 선상에서 리더의 단독적 특성만을 강조하고 있다.

62. ③ 63. ② 64. ④ 정답

65. 경로목표이론에서 설명하는 리더의 행위 종류 중, 부하들에게 자문을 구하고 그들의 제안을 끌어내어 고려하며, 부하들과 정보를 공유하는 리더의 행동은 무엇에 해당하는가?

① 지시적 리더십 ② 후원적 리더십
③ 참여적 리더십 ④ 성취지향적 리더십
⑤ 상황적 리더십

해설 참여적(Participative) 리더십은 부하들에게 자문을 구하고 그들의 제안을 끌어내어 이를 진지하게 고려하며, 부하들과 정보를 공유한다.

66. 리더가 갖는 세력의 종류 중에서 어떤 종업원이 다른 종업원을 존경하고 그를 추종하며 그 사람을 좋아할 수 있는데, 리더의 개인적 자질에 의해 갖게 되는 세력을 무엇이라 하는가?

① 참조세력 ② 전문세력
③ 합법세력 ④ 보상세력
⑤ 정답없음

해설 어떤 종업원은 다른 종업원을 존경하고, 그를 추정하며, 그 사람을 좋아할 수 있다. 이때 다른 종업원은 참조하고 싶은 대상이 된다. 이를 참조세력이라고 하며 참조대상이 되는 사람의 개인적 자질에서 발생한다.

67. 리더-부하 교환이론에 의하면 리더가 부하들을 다르게 대우하고, 그 결과 내집단 구성원이 되게 하는 요소에 해당하지 않는 것은?

① 부서의 일에 대하여 책임을 지려는 부하들의 동기 수준
② 부하들의 능력
③ 리더가 부하들을 신뢰하는 정도
④ 리더의 지지적인 행동
⑤ 정답없음

해설 리더-부하 교환이론(LMX theory)은 부하들의 능력, 리더가 부하들을 신뢰하는 정도, 부서의 일에 대하여 책임을 지려는 부하들의 동기 수준에 대해 리더가 부하들을 서로 다르게 대우한다고 가정한다. 세 가지 속성들을 가지고 있는 부하들은 내집단(in-group) 구성원이 된다.

68. 다음 중 성공적인 변혁적 리더들이 사용하는 요소라 보기 어려운 것은?

① 영감적 동기부여 ② 지적 자극
③ 개인적 배려 ④ 이상화된 영향력
⑤ 강압세력

해설 변혁적 리더들의 요소에는 개인적 배려가 포함된다.

 정답 65. ③ 66. ① 67. ④ 68. ⑤

69. 카리스마적 리더와 관련된 다음의 설명 중 틀린 것은?

① 카리스마적 리더십은 타인들에게 자신감을 주고, 리더의 생각이나 신념을 지지하도록 만드는 개인적인 특성을 리더십으로 간주한다.

② 카리스마적 리더는 부하들이 리더의 장래 비전에 몰입하도록 위기의식과 부정적인 정서를 활용한다.

③ 카리스마적 리더는 부하들에게 지금보다 더 나은 미래에 대한 비전을 제공한다.

④ 카리스마적 리더는 무대연출을 효과적으로 활용한다.

⑤ 카리스마적 리더는 부하들이 리더의 장래 비전에 몰입하도록 위기의식과 긍정적인 정서를 활용한다.

해설 카리스마적 리더는 부하들에게 지금보다 더 나은 미래에 대한 비전을 제공하고, 희망을 고취시키며 부하들이 리더의 장래 비전에 몰입하도록 긍정적인 정서를 사용한다.

70. 변혁적 리더십과 관련된 다음의 설명 중 틀린 것은?

① 부하들로 하여금 집단의 성공에 대한 자신들의 가치와 중요성을 인식하도록 만든다.

② 틀에 박히지 않은 행동을 하며 자신이 주장하는 변화를 공유하도록 사람들을 변화시키는 영웅으로 여겨지기도 한다.

③ 집단으로 하여금 목표를 추구하고 결과를 성취하도록 용기를 불어넣는 과정을 리더십으로 간주한다.

④ 성공적인 리더는 집단이 과거보다 훨씬 더 높은 수준의 수행을 나타낼 수 있도록 동기 부여를 한다.

⑤ 부하들의 본보기가 될 수 있도록 행동하여 부하들로부터 존경과 신뢰를 받는다.

해설 틀에 박히지 않은 행동을 하며 자신이 주장하는 변화를 공유하도록 사람들을 변화시키는 영웅으로 여겨지기도 하는 것은 카리스마적 리더의 특징 중 하나이다.

71. 리더-부하 교환이론에 대한 다음의 설명 중 잘못된 것은?

① 외집단 구성원들은 내집단 구성원에 비해 도전성과 책임이 요구되는 일을 한다.

② 리더와 부하가 서로서로 영향을 미친다고 가정한다.

③ 부하들이 내집단인지 또는 외집단인지에 따라 리더들과 부하들이 사용하는 세력의 유형과 그 강도가 달라진다.

④ 리더는 공식적인 권한을 사용하여 외집단에 영향력을 행사하지만 내집단에는 공식적인 권한을 사용할 필요가 없다.

⑤ 리더와 리더가 이끄는 집단 구성원들 간의 관계의 성질에 기초하고 있는 리더십 이론이다.

69. ② 70. ② 71. ① 정답

해설 내집단 구성원들은 공식적인 직무 이상의 일을 하며 집단의 성공에 중요한 영향을 미치는 과업들을 주로 수행하게 되고, 리더로부터 더 많은 관심과 지원을 받는다. 또한 도전성과 책임이 요구되는 일을 하게 되며, 긍정적인 직무 태도를 가지며 보다 긍정적인 행동을 할 것으로 기대된다.

72. 다음의 특징을 가지는 리더십 이론은 무엇인가?

- 리더로서 집단을 이끌어 가는 리더의 행동을 근거로 해서 리더십을 이해한다.
- 리더가 지닌 안정적인 특성이 아니라 리더가 나타내고 표현하는 구체적인 행동에 초점을 둔다.
- 효과적인 리더는 타고나는 것이 아니라 만들어진다는 전제를 가진다.
- 리더의 행동을 과업지향적 행동과 배려적인 관계지향적 행동으로 구분한다.

① 변혁적 리더십 ② 상황적 관점
③ 영향력 관점 ④ 행동적 관점
⑤ 카리스마적 관점

해설 행동적 관점
- 리더로서 집단을 이끌어 가는 개인이 나타내는 행동을 근거로 해서 리더십을 이해하려는 접근을 뜻한다.
- 리더가 지닌 안정적인 특성이 아니라 리더가 나타내고 표현하는 구체적인 행동에 초점을 두고 리더십을 이해하는 접근이다.
- 효과적인 리더는 타고나는 것이 아니라 만들어진다는 전제에서 출발한다.

73. 다음의 특징을 가지는 직무동기이론은 무엇인가?

- 개인이 노력한 정도와 노력의 결과로부터 얻은 성과에 존재하는 관계에 대한 지각에 기초한다.
- 인간이 합리적이고 객관적이며 미래를 예측하고 이에 걸맞게 행동한다는 인간의 능력을 강조한다.
- 동기 수준을 파악하기 위해 직무성과, 유인가, 도구성, 기대 등의 요소가 사용된다.

① 기대이론 ② 형평이론
③ 2요인이론 ④ ERG이론
⑤ 상황적합이론

해설 기대이론
- 개인이 노력한 정도와 노력의 결과로부터 얻은 성과에 존재하는 관계에 대한 지각에 기초한 동기이론이다.
- 인간이 합리적이고 객관적이며 미래를 예측하고 이에 걸맞게 행동한다는 인간의 능력을 강조한다.
- 종업원들이 언제 어디서 자신의 노력을 기울여야 할지에 대한 인지적 과정에 초점을 둔다.

 정답 72. ④ 73. ①

Chapter

03

산업안전개론

제1절 안전관리의 개념 및 안전보건경영시스템

01 안전과 생산

1. 안전과 위험의 개념

1) 안전관리(안전경영, Safety Management)

기업의 지속 가능한 경영과 생산성 향상을 위하여 재해로부터의 손실(Loss)을 최소화하기 위한 활동으로 사고(Accident)를 사전에 예방하기 위한 예방대책의 추진, 재해의 원인규명 및 재발방지 대책수립 등 인간의 생명과 재산을 보호하기 위한 계획적이고 체계적인 관리를 말한다. 안전관리의 성패는 사업주와 최고 경영자의 안전의식에 좌우된다.

2) 용어의 정의

(1) 사건(Incident)

위험요인이 사고로 발전되었거나 사고로 이어질 뻔했던 원하지 않는 사상(Event)으로서 인적·물적 손실인 상해·질병 및 재산적 손실뿐만 아니라 인적·물적 손실이 발생되지 않는 아차사고를 포함하여 말한다.

(2) 사고(Accident)

불안전한 행동과 불안전한 상태가 원인이 되어 재산상의 손실을 가져오는 사건

(3) 산업재해

근로자가 업무에 관계되는 건설물·설비·원재료·가스·증기·분진 등에 의하거나 작업 또는 그 밖의 업무로 인하여 사망 또는 부상하거나 질병에 걸리는 것을 말한다.

(4) 위험(Hazard)

직·간접적으로 인적, 물적, 환경적 피해를 입히는 원인이 될 수 있는 실제 또는 잠재된 상태

(5) 위험도(Risk)

특정한 위험요인이 위험한 상태로 노출되어 특정한 사건으로 이어질 수 있는 사고의 빈도(가능성)와 사고의 강도(중대성) 조합으로서 위험의 크기 또는 위험의 정도를 말한다.(위험도=발생빈도×발생강도)

(6) 위험성 평가(Risk Assessment)

잠재 위험요인이 사고로 발전할 수 있는 빈도와 피해크기를 평가하고 위험도가 허용될 수 있는 범위인지 여부를 평가하는 체계적인 방법을 말한다.

[위험성 평가]

(7) 아차사고(Near Miss)

무 인명상해(인적 피해) · 무 재산손실(물적 피해) 사고

(8) 업무상 질병

① 근로자가 업무수행 과정에서 유해 · 위험요인을 취급하거나 유해 · 위험요인에 노출된 경력이 있을 것

② 유해 · 위험요인을 취급하거나 유해 · 위험요인에 노출되는 업무시간, 그 업무에 종사한 기간 및 업무환경 등에 비추어 볼 때 근로자의 질병을 유발할 수 있다고 인정될 것

③ 근로자가 유해 · 위험요인에 노출되거나 유해 · 위험요인을 취급한 것이 원인이 되어 그 질병이 발생하였다고 의학적으로 인정될 것

(9) 중대재해

산업재해 중 사망 등 재해의 정도가 심한 것으로서 다음에 정하는 재해 중 하나 이상에 해당되는 재해를 말한다.

① 사망자가 1명 이상 발생한 재해

② 3개월 이상의 요양이 필요한 부상자가 동시에 2명 이상 발생한 재해

③ 부상자 또는 직업성 질병자가 동시에 10명 이상 발생한 재해

(10) 안전 · 보건진단

산업재해를 예방하기 위하여 잠재적 위험성을 발견하고 그 개선대책을 수립할 목적으로 고용노동부장관이 지정하는 자가 하는 조사 · 평가를 말한다.

(11) 작업환경측정

작업환경 실태를 파악하기 위하여 해당 근로자 또는 작업장에 대하여 사업주가 측정계획을 수립한 후 시료(試料)를 채취하고 분석 · 평가하는 것을 말한다.

2. 안전보건관리 제이론

1) 산업재해 발생모델

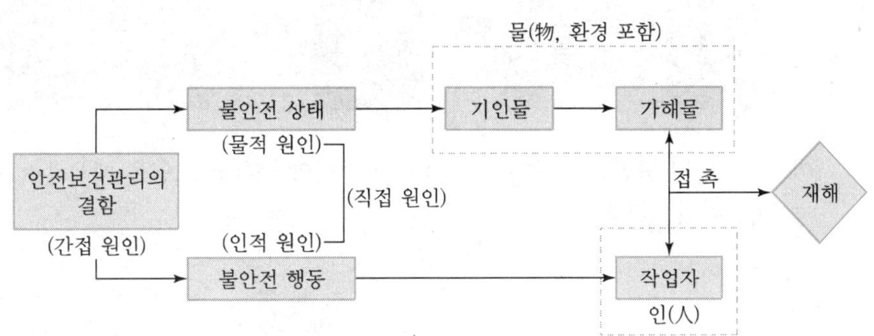

[재해발생의 메커니즘(모델, 구조)]

(1) 불안전한 행동

작업자의 부주의, 실수, 착오, 안전조치 미이행 등

(2) 불안전한 상태

기계 · 설비 결함, 방호장치 결함, 작업환경 결함 등

2) 재해발생의 메커니즘

(1) 하인리히(H. W. Heinrich)의 도미노 이론(사고발생의 연쇄성)

- 1단계 : 사회적 환경 및 유전적 요소(기초 원인)
- 2단계 : 개인의 결함(간접 원인)
- 3단계 : 불안전한 행동 및 불안전한 상태(직접 원인) ⇒ 제거(효과적임)
- 4단계 : 사고
- 5단계 : 재해

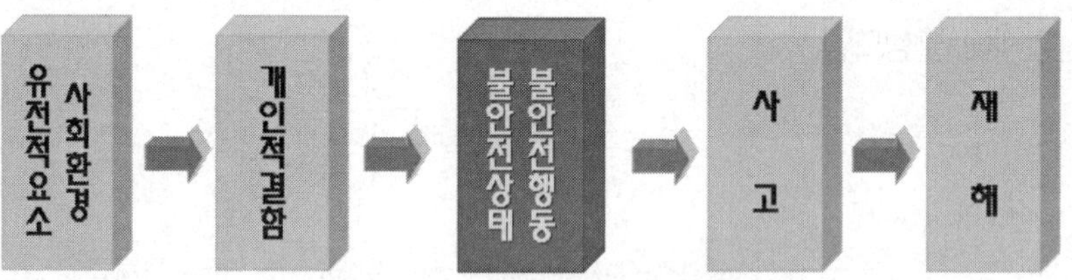

제3의 요인인 불안전한 행동과 불안전한 상태의 중추적 요인을 배제하면 사고와 재해로 이어지지 않는다.

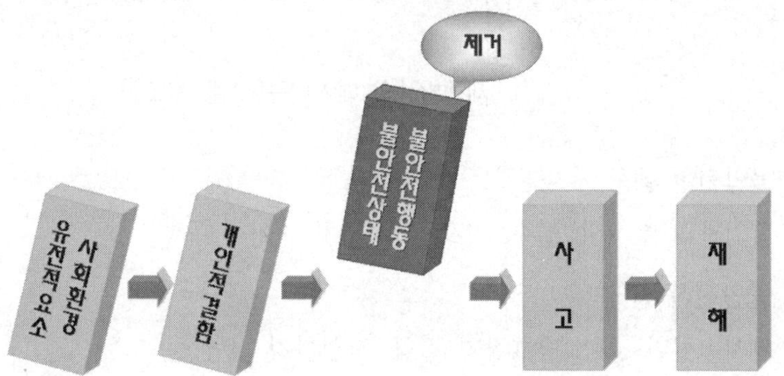

(2) 버드(Frank Bird)의 신도미노이론

- 1단계 : 통제의 부족(관리소홀), 재해발생의 근원적 요인
- 2단계 : 기본 원인(기원), 개인적 또는 과업과 관련된 요인
- 3단계 : 직접 원인(징후), 불안전한 행동 및 불안전한 상태
- 4단계 : 사고(접촉)
- 5단계 : 상해(손해)

3) 재해구성비율

(1) 하인리히의 법칙

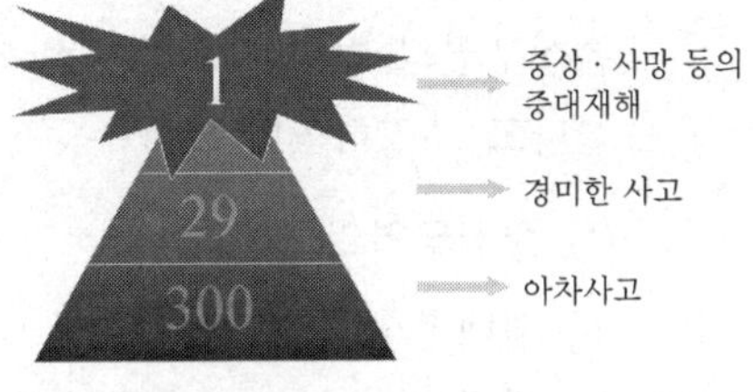

1 : 29 : 300

① 1 : 중상 또는 사망

② 29 : 경상

③ 300 : 무상해사고

330회의 사고 가운데 중상 또는 사망 1회, 경상 29회, 무상해사고 300회의 비율로 사고가 발생

▸ 미국의 안전기사 하인리히가 50,000여 건의 사고조사 기록을 분석하여 발표한 것으로 사망사고가 발생하기 전에 이미 수많은 경상과 무상해 사고가 존재하고 있다는 이론임(사고는 결코 우연에 의해 발생하지 않는다는 것을 설명하는 안전관리의 가장 대표적인 이론)

(2) 버드의 법칙

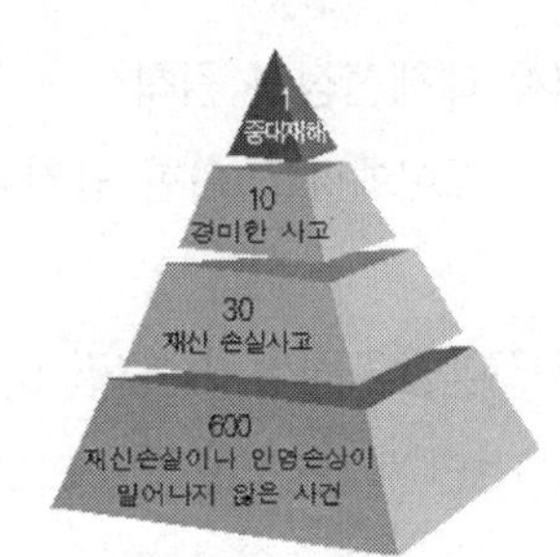

1 : 10 : 30 : 600

① 1 : 중상 또는 폐질

② 10 : 경상(인적, 물적 상해)

③ 30 : 무상해사고(물적 손실 발생)

④ 600 : 무상해, 무사고 고장(위험순간)

(3) 아담스의 이론

① 관리구조

② 작전적 에러

③ 전술적 에러(불안전 행동, 불안전 동작)

④ 사고

⑤ 상해, 손해

(4) 웨버의 이론

① 유전과 환경
② 인간의 실수
③ 불안전한 행동+불안전한 상태
④ 사고
⑤ 상해

4) 재해예방의 4원칙

하인리히는 재해를 예방하기 위한 "재해예방 4원칙"이란 예방이론을 제시하였다. 사고는 손실우연의 법칙에 의하여 반복적으로 발생할 수 있으므로 사고발생 자체를 예방해야 한다고 주장하였다.

(1) 손실우연의 원칙

재해손실은 사고발생 시 사고대상의 조건에 따라 달라지므로, 한 사고의 결과로서 생긴 재해손실은 우연성에 의해서 결정된다.

(2) 원인계기의 원칙

재해발생에는 반드시 원인이 있다.

(3) 예방가능의 원칙

재해는 원칙적으로 원인만 제거하면 예방이 가능하다.

(4) 대책선정의 원칙

재해예방을 위한 안전대책은 반드시 존재한다.

5) 사고예방대책의 기본원리 5단계(사고예방원리 : 하인리히)

(1) 1단계 : 조직(안전관리조직)

① 경영층의 안전목표 설정
② 안전관리 조직(안전관리자 선임 등)
③ 안전활동 및 계획수립

(2) 2단계 : 사실의 발견(현상파악)

① 사고 및 안전활동의 기록 검토
② 작업분석
③ 안전점검, 안전진단
④ 사고조사

⑤ 안전평가
⑥ 각종 안전회의 및 토의
⑦ 근로자의 건의 및 애로 조사

(3) 3단계 : 분석·평가(원인규명)

① 사고조사 결과의 분석
② 불안전상태, 불안전행동 분석
③ 작업공정, 작업형태 분석
④ 교육 및 훈련의 분석
⑤ 안전수칙 및 안전기준 분석

(4) 4단계 : 시정책의 선정

① 기술의 개선
② 인사조정
③ 교육 및 훈련 개선
④ 안전규정 및 수칙의 개선
⑤ 이행의 감독과 제재강화

(5) 5단계 : 시정책의 적용

① 목표 설정
② 3E(기술, 교육, 관리)의 적용

6) 재해원인과 대책을 위한 기법

(1) 4M 분석기법

① 인간(Man) : 잘못된 사용, 오조작, 착오, 실수, 불안심리
② 기계(Machine) : 설계·제작 착오, 재료 피로·열화, 고장, 배치·공사 착오
③ 작업매체(Media) : 작업정보 부족·부적절, 작업환경 불량
④ 관리(Management) : 안전조직 미비, 교육·훈련 부족, 계획 불량, 잘못된 지시

항목	위험요인
Man (인간)	• 미숙련자 등 작업자 특성에 의한 불안전 행동 • 작업에 대한 안전보건 정보의 부적절 • 작업자세, 작업동작의 결함 • 작업방법의 부적절 등 • 휴먼에러(Human error) • 개인 보호구 미착용
Machine (기계)	• 기계 · 설비 구조상의 결함 • 위험 방호장치의 불량 • 위험기계의 본질안전 설계의 부족 • 비상시 또는 비정상 작업 시 안전연동장치 및 경고장치의 결함 • 사용 유틸리티(전기, 압축공기 및 물)의 결함 • 설비를 이용한 운반수단의 결함 등
Media (작업매체)	• 작업공간(작업장 상태 및 구조)의 불량, 부적절한 작업방법 • 가스, 증기, 분진, 퓸 및 미스트 발생 • 산소결핍, 병원체, 방사선, 유해광선, 고온, 저온, 초음파, 소음, 진동, 이상기압 등 • 취급 화학물질에 대한 중독 등
Management (관리)	• 관리조직의 결함 • 규정, 매뉴얼의 미작성 • 안전관리계획의 미흡 • 교육 · 훈련의 부족 • 부하에 대한 감독 · 지도의 결여 • 안전수칙 및 각종 표지판 미게시 • 건강검진 및 사후관리 미흡 • 고혈압 예방 등 건강관리 프로그램 운영

(2) 3E 기법(하비, Harvey)

① 관리적 측면(Enforcement)

안전관리 조직 정비 및 적정인원 배치, 적합한 기준설정 및 각종 수칙의 준수 등

② 기술적 측면(Engineering)

안전설계(안전기준)의 선정, 작업행정의 개선 및 환경설비의 개선

③ 교육적 측면(Education)

안전지식 교육 및 안전교육 실시, 안전훈련 및 경험훈련 실시

(3) TOP 이론(콤페스, P. C. Compes)

① T(Technology) : 기술적 사항으로 불안전한 상태를 지칭

② O(Organization) : 조직적 사항으로 불안전한 조직을 지칭

③ P(Person) : 인적 사항으로 불안전한 행동을 지칭

3. 생산성과 경제적 안전도

안전관리란 생산성의 향상과 손실(Loss)의 최소화를 위하여 행하는 것으로 비능률적 요소인 사고가 발생하지 않는 상태를 유지하기 위한 활동이며 생산성 측면에서는 다음과 같은 효과를 가져온다.

1) 근로자의 사기진작

2) 생산성 향상

3) 사회적 신뢰성 유지 및 확보

4) 비용절감(손실감소)

5) 이윤증대

4. 안전의 가치

인간존중의 이념을 바탕으로 사고를 예방함으로써 근로자의 의욕에 큰 영향을 미치게 되며 생산능력의 향상을 가져오게 된다. 즉, 안전한 작업방법을 시행함으로써 근로자를 보호함은 물론 기업을 효율적으로 운영할 수 있다.

1) 인간존중(안전제일이념)

2) 사회복지

3) 생산성 향상 및 품질향상(안전태도 개선과 안전동기 부여)

4) 기업의 경제적 손실예방(재해로 인한 재산 및 인적 손실예방)

5. 제조물 책임과 안전

1) 제조물 책임의 정의

제조물 책임(PL)이란 제조, 유통, 판매된 제품의 결함으로 인해 발생한 사고에 의해 소비자나 사용자 또는 제3자에게 신체장애나 재산상의 피해를 줄 경우 그 제품을 제조·판매한 자가 법률상 손해배상책임을 지도록 하는 것을 말한다.

단순한 산업구조에서는 제조자와 소비자 사이의 계약관계만을 가지고 책임관계가 성립되었지만, 복잡한 산업구조와 대량생산/대량소비시대에 이르러 판매, 유통단계까지의 책임을 요구하게 되었다. 또한, 소비자의 입증부담을 덜어주기 위해 과실에서 결함으로 입증대상이 변경되었으며, 결함만으로도 손해배상의 책임을 지게 하는 단계까지 발전했다.

2) 제조물 책임법(PL법)의 3가지 기본 법리

(1) 과실책임(Negligence)

주의의무 위반과 같이 소비자에 대한 보호의무를 불이행한 경우 피해자에게 손해배상을 해야 할 의무

(2) 보증책임(Breach of Warranty)

제조자가 제품의 품질에 대하여 명시적, 묵시적 보증을 한 후에 제품의 내용이 사실과 명백히 다른 경우 소비자에게 책임을 짐

(3) 엄격책임(Strict Liability)

제조자가 자사제품이 더 이상 점검되지 않고 사용될 것을 알면서 제품을 시장에 유통시킬 때 그 제품이 인체에 상해를 줄 수 있는 결함이 있는 것으로 입증되는 제조자는 과실유무에 상관없이 불법행위법상의 엄격책임이 있음

3) 결함

"결함"이란 제품의 안전성이 결여된 것을 의미하는데, "제품의 특성", "예견되는 사용형태", "인도된 시기" 등을 고려하여 결함의 유무를 결정한다.

(1) 설계상의 결함

제조업자가 합리적인 대체설계를 채용하였더라면 피해나 위험을 줄이거나 피할 수 있었음에도 대체 설계를 채용하지 아니하여 당해 제조물이 안전하지 못하게 된 경우

(2) 제조상의 결함

제조업자가 제조물에 대한 제조, 가공상의 주의 의무 이행 여부에 불구하고 제조물이 의도한 설계와 다르게 제조, 가공됨으로써 안전하지 못하게 된 경우

(3) 경고 표시상의 결함

제조업자가 합리적인 설명, 지시, 경고, 기타의 표시를 하였더라면 당해 제조물에 의하여 발생될 수 있는 피해나 위험을 줄이거나 피할 수 있었음에도 이를 하지 아니한 경우

02 안전보건관리 체제 및 운용

Section

1. 안전보건관리조직

1) 안전보건조직의 목적

기업 내에서 안전관리조직을 구성하는 목적은 근로자의 안전과 설비의 안전을 확보하여 생산합리화를 기하는 데 있다.

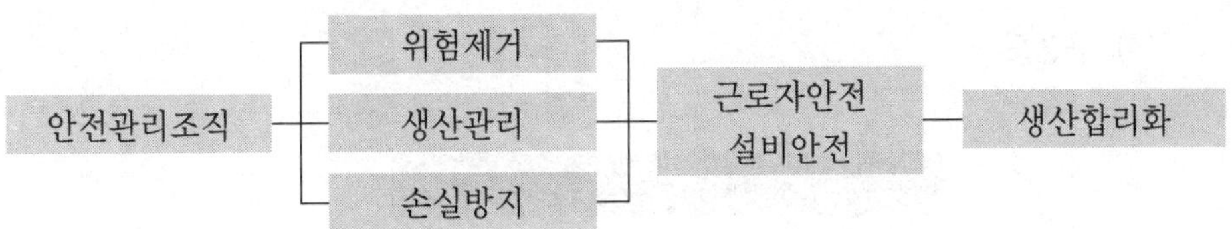

- 안전관리조직의 3대 기능
  - ① 위험제거기능
  - ② 생산관리기능
  - ③ 손실방지기능

위험을 제어(Control)하는 여러 방안 중 가장 우선적으로 고려되어야 하는 사항은?
위험요소의 제거를 위하여 노력하는 것

2) 라인(LINE)형 조직

소규모기업에 적합한 조직으로서 안전관리에 관한 계획에서부터 실시에 이르기까지 모든 안전업무를 생산라인을 통하여 수직적으로 이루어지도록 편성된 조직

안전 관리의 조직형태 중에서 경영자(수뇌부)의 지휘와 명령이 위에서 아래로 하나의 계통이 되어 잘 전달되며 소규모 기업에 적합한 조직은?
라인형 조직

(1) 규모

소규모(100명 이하)

(2) 장점

① 안전에 관한 지시 및 명령계통이 철저함

② 안전대책의 실시가 신속

③ 명령과 보고가 상하관계뿐이므로 간단 명료함

(3) 단점

① 안전에 대한 지식 및 기술축적이 어려움

② 안전에 대한 정보수집 및 신기술 개발이 미흡

③ 라인에 과중한 책임을 지우기 쉽다.

(4) 구성도

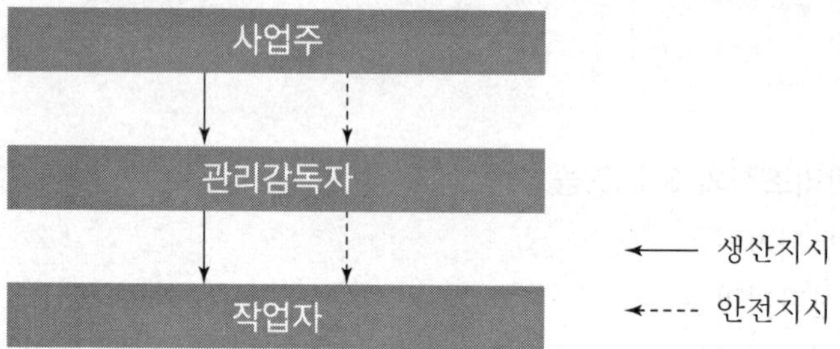

3) 스태프(STAFF)형 조직

중소규모 사업장에 적합한 조직으로서 안전업무를 관장하는 참모(STAFF)를 두고 안전관리에 관한 계획 조정 · 조사 · 검토 · 보고 등의 업무와 현장에 대한 기술지원을 담당하도록 편성된 조직

(1) 규모

중규모(100~1,000명 이하)

(2) 장점

① 사업장 특성에 맞는 전문적인 기술연구가 가능하다.

② 경영자에게 조언과 자문역할을 할 수 있다.

③ 안전정보 수집이 빠르다.

(3) 단점

① 안전지시나 명령이 작업자에게까지 신속 정확하게 전달되지 못함

② 생산부문은 안전에 대한 책임과 권한이 없음

③ 권한다툼이나 조정 때문에 시간과 노력이 소모됨

(4) 구성도

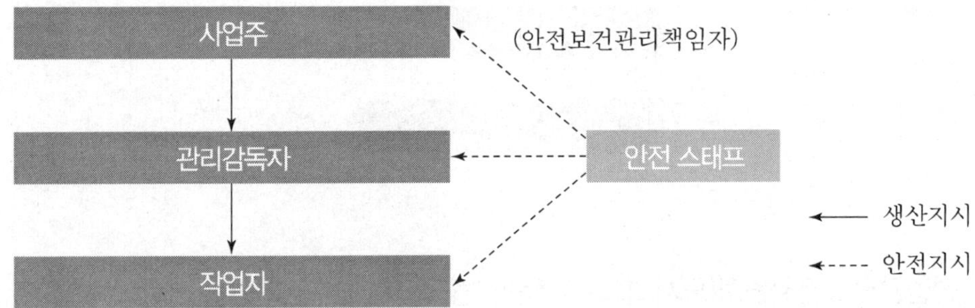

4) 라인 · 스태프(LINE-STAFF)형 조직(직계참모조직)

대규모 사업장에 적합한 조직으로서 라인형과 스태프형의 장점만을 채택한 형태이며 안전 업무를 전담하는 스태프를 두고 생산라인의 각 계층에서도 각 부서장으로 하여금 안전업무를 수행하도록 하여 스태프에서 안전에 관한 사항이 결정되면 라인을 통하여 실천하도록 편성된 조직

(1) 규모

대규모(1,000명 이상)

(2) 장점

① 안전에 대한 기술 및 경험축적이 용이하다.
② 사업장에 맞는 독자적인 안전개선책을 강구할 수 있다.
③ 안전지시나 안전대책이 신속하고 정확하게 하달될 수 있다.

(3) 단점

명령계통과 조언의 권고적 참여가 혼동되기 쉽다.

(4) 구성도

라인-스태프형은 라인과 스태프형의 장점을 절충 조정한 유형으로 라인과 스태프가 협조를 이루어 나갈 수 있고 라인에게는 생산과 안전보건에 관한 책임을 동시에 지우므로 안전보건업무와 생산업무가 균형을 유지할 수 있는 이상적인 조직

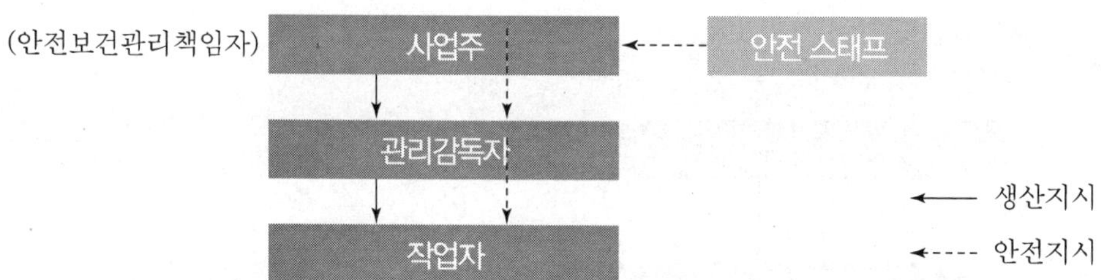

2. 산업안전보건위원회(노사협의체) 등의 법적체제 및 운용방법

1) 산업안전보건위원회 설치대상

〈산업안전보건위원회를 설치 · 운영해야 할 사업의 종류 및 규모〉

사업의 종류	규모
1. 토사석 광업 2. 목재 및 나무제품 제조업 ; 가구 제외 3. 화학물질 및 화학제품 제조업 ; 의약품 제외(세제, 화장품 및 광택제 제조업과 화학섬유 제조업은 제외한다) 4. 비금속 광물제품 제조업 5. 1차 금속 제조업 6. 금속가공제품 제조업 ; 기계 및 가구 제외 7. 자동차 및 트레일러 제조업 8. 기타 기계 및 장비 제조업(사무용 기계 및 장비 제조업은 제외한다) 9. 기타 운송장비 제조업(전투용 차량 제조업은 제외한다)	상시 근로자 50명 이상
10. 농업 11. 어업 12. 소프트웨어 개발 및 공급업 13. 컴퓨터 프로그래밍, 시스템 통합 및 관리업 14. 정보서비스업 15. 금융 및 보험업 16. 임대업 ; 부동산 제외 17. 전문, 과학 및 기술 서비스업(연구개발업은 제외한다) 18. 사업지원 서비스업 19. 사회복지 서비스업	상시 근로자 300명 이상

사업의 종류	규모
20. 건설업	공사금액 120억원 이상(「건설산업기본법 시행령」 별표 1에 따른 토목공사업에 해당하는 공사의 경우에는 150억원 이상)
21. 제1호부터 제20호까지의 사업을 제외한 사업	상시 근로자 100명 이상

2) 구성

(1) 근로자 위원

① 근로자대표

② 근로자대표가 지명하는 1명 이상의 명예산업안전감독관

③ 근로자대표가 지명하는 9명 이내의 해당 사업장의 근로자

(2) 사용자 위원

① 해당 사업의 대표자

② 안전관리자

③ 보건관리자

④ 산업보건의

⑤ 해당 사업의 대표자가 지명하는 9명 이내의 해당 사업장 부서의 장

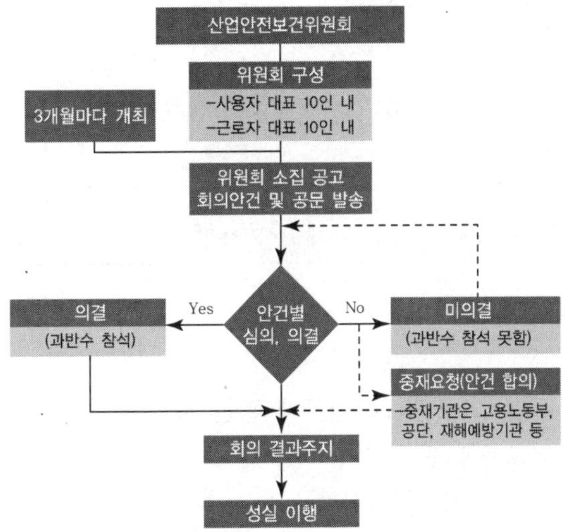

3) 회의결과 등의 주지

(1) 사내방송이나 사내보

(2) 게시 또는 자체 정례조회

(3) 그 밖의 적절한 방법

3. 안전보건경영시스템

안전보건경영시스템이란 사업주가 자율적으로 자사의 산업재해 예방을 위해 안전보건체제를 구축하고 정기적으로 유해 · 위험 정도를 평가하여 잠재 유해 · 위험 요인을 지속적으로 개선하는 등 산업재해예방을 위한 조치사항을 체계적으로 관리하는 제반활동을 말한다.

4. 안전보건관리규정

안전보건관리규정을 작성해야 할 사업의 종류 및 상시근로자 수는 다음과 같다.

사업의 종류	상시근로자 수
1. 농업 2. 어업 3. 소프트웨어 개발 및 공급업 4. 컴퓨터 프로그래밍, 시스템 통합 및 관리업 5. 정보서비스업 6. 금융 및 보험업 7. 임대업 : 부동산 제외 8. 전문, 과학 및 기술 서비스업(연구개발업은 제외한다) 9. 사업지원 서비스업 10. 사회복지 서비스업	300명 이상
11. 제1호부터 제10호까지의 사업을 제외한 사업	100명 이상

1) 작성내용

(1) 안전 · 보건관리조직과 그 직무에 관한 사항

(2) 안전 · 보건교육에 관한 사항

(3) 작업장 안전관리에 관한 사항

(4) 작업장 보건관리에 관한 사항

(5) 사고조사 및 대책 수립에 관한 사항
(6) 그 밖에 안전 · 보건에 관한 사항

2) 작성 시의 유의사항

(1) 규정된 기준은 법정기준을 상회하도록 할 것
(2) 관리자층의 직무와 권한, 근로자에게 강제 또는 요청한 부분을 명확히 할 것
(3) 관계법령의 제 · 개정에 따라 즉시 개정되도록 라인 활용이 쉬운 규정이 되도록 할 것
(4) 작성 또는 개정 시에는 현장의 의견을 충분히 반영할 것
(5) 규정의 내용은 정상 시는 물론 이상 시, 사고 시, 재해발생 시의 조치와 기준에 관해서도 규정할 것

3) 안전보건관리규정의 작성 · 변경 절차

사업주는 안전보건관리규정을 작성하거나 변경할 때에는 산업안전보건위원회의 심의 · 의결을 거쳐야 한다. 다만, 산업안전보건위원회가 설치되어 있지 아니한 사업장의 경우에는 근로자대표의 동의를 얻어야 한다.

5. 안전보건관리계획

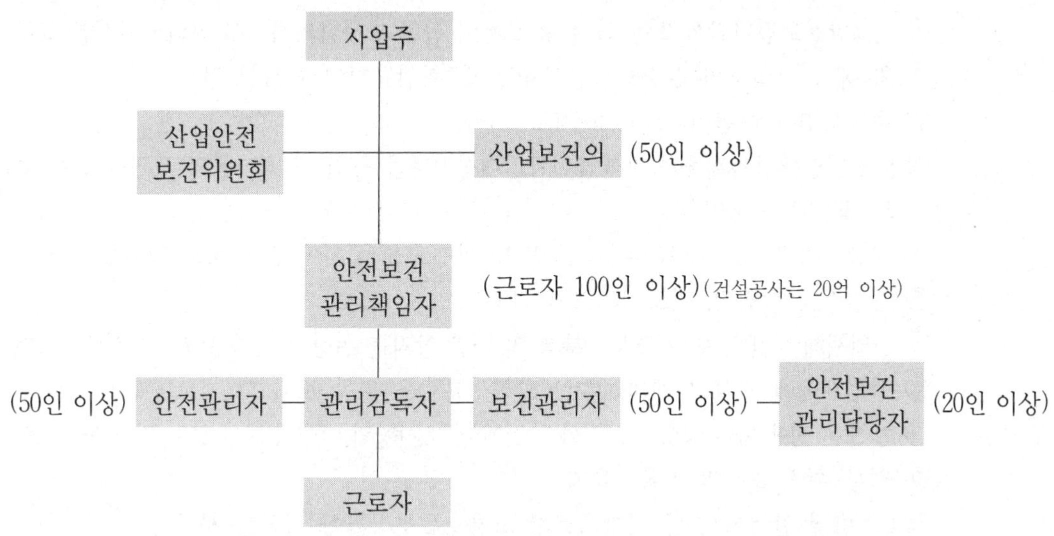

※ 안전(보건)관리자 전담자 선임
- 300인 이상(건설업 120억 이상, 토목공사업 150억 이상)

□ 안전보건총괄책임자

① 같은 장소에서 행하여지는 사업으로서 다음 각 호의 어느 하나에 해당하는 사업 중 대통령령으로 정하는 사업의 사업주는 그 사업의 관리책임자를 안전보건총괄책임자로 지정하여 자신이 사용하는 근로자와 수급인이 사용하는 근로자가 같은 장소에서 작업을 할 때에 생기는 산업재해를 예방하기 위한 업무를 총괄관리하도록 하여야 한다. 이 경우 관리책임자를 두지 아니하여도 되는 사업에서는 그 사업장에서 사업을 총괄관리하는 자를 안전보건총괄책임자로 지정하여야 한다.

1. 사업의 일부를 분리하여 도급을 주어 하는 사업
2. 사업이 전문분야의 공사로 이루어져 시행되는 경우 각 전문분야에 대한 공사의 전부를 도급을 주어 하는 사업

1) 안전관리조직의 구성요건

(1) 생산관리조직의 관리감독자를 안전관리조직에 포함
(2) 사업주 및 안전관리책임자의 자문에 필요한 스태프 기능 수행
(3) 안전관리활동을 심의, 의견청취 수렴하기 위한 안전관리위원회를 둠
(4) 안전관계자에 대한 권한부여 및 시설, 장비, 예산 지원

2) 안전관리자의 직무

(1) 안전관리자의 직무 등

① 산업안전보건위원회 또는 안전 및 보건에 관한 노사협의체에서 심의 · 의결한 업무와 해당 사업장의 안전보건관리규정 및 취업규칙에서 정한 업무
② 위험성평가에 관한 보좌 및 지도 · 조언
③ 안전인증대상기계등과 자율안전확인대상기계등 구입 시 적격품의 선정에 관한 보좌 및 지도 · 조언
④ 해당 사업장 안전교육계획의 수립 및 안전교육 실시에 관한 보좌 및 지도 · 조언
⑤ 사업장 순회점검, 지도 및 조치 건의
⑥ 산업재해 발생의 원인 조사 · 분석 및 재발 방지를 위한 기술적 보좌 및 지도 · 조언
⑦ 산업재해에 관한 통계의 유지 · 관리 · 분석을 위한 보좌 및 지도 · 조언
⑧ 법 또는 법에 따른 명령으로 정한 안전에 관한 사항의 이행에 관한 보좌 및 지도 · 조언
⑨ 업무 수행 내용의 기록 · 유지
⑩ 그 밖에 안전에 관한 사항으로서 고용노동부장관이 정하는 사항

산업안전보건법상 안전관리자의 직무에 해당하는 것은?
해당 사업장 안전교육계획의 수립 및 실시에 관한 보좌 및 지도·조언

□ 안전관리자 등의 증원·교체임명 명령

지방고용노동관서의 장은 다음 각 호의 어느 하나에 해당하는 사유가 발생한 경우에는 사업주에게 안전관리자·보건관리자 또는 안전보건관리담당자를 정수 이상으로 증원하게 하거나 교체하여 임명할 것을 명할 수 있다. 다만, 직업성질병자 발생 당시 사업장에서 해당 화학적 인자를 사용하지 아니하는 경우에는 그러하지 아니하다.

1. 해당 사업장의 연간재해율이 같은 업종의 평균재해율의 2배 이상인 경우
2. 중대재해가 연간 3건 이상 발생한 경우
3. 관리자가 질병이나 그 밖의 사유로 3개월 이상 직무를 수행할 수 없게 된 경우
4. 별표 12의2 제1호에 따른 화학적 인자로 인한 직업성질병자가 연간 3명 이상 발생한 경우. 이 경우 직업성질병자 발생일은 「산업재해보상보험법 시행규칙」 제21조 제1항에 따른 요양급여의 결정일로 한다.

(2) 안전보건관리책임자의 업무

① 산업재해예방계획의 수립에 관한 사항
② 안전보건관리규정의 작성 및 변경에 관한 사항
③ 근로자의 안전·보건교육에 관한 사항
④ 작업환경의 측정 등 작업환경의 점검 및 개선에 관한 사항
⑤ 근로자의 건강진단 등 건강관리에 관한 사항
⑥ 산업재해의 원인조사 및 재발 방지대책 수립에 관한 사항
⑦ 산업재해에 관한 통계의 기록 및 유지에 관한 사항
⑧ 안전·보건과 관련된 안전장치 및 보호구 구입 시의 적격품 여부 확인에 관한 사항
⑨ 근로자의 유해·위험예방조치에 관한 사항으로서 고용노동부령으로 정하는 사항

(3) 관리감독자의 업무내용

① 사업장 내 관리감독자가 지휘·감독하는 작업(이하 이 조에서 "해당 작업"이라 한다)과 관련된 기계·기구 또는 설비의 안전·보건 점검 및 이상 유무의 확인
② 관리감독자에게 소속된 근로자의 작업복·보호구 및 방호장치의 점검과 그 착용·사용에 관한 교육·지도
③ 해당 작업에서 발생한 산업재해에 관한 보고 및 이에 대한 응급조치
④ 해당 작업의 작업장 정리·정돈 및 통로 확보에 대한 확인·감독
⑤ 사업장의 다음 각 목의 어느 하나에 해당하는 사람의 지도·조언에 대한 협조
가. 안전관리자 또는 안전관리전문기관에 위탁한 사업장의 경우에는 그 안전관리전문기관의 해당 사업장 담당자

나. 보건관리자 또는 보건관리전문기관에 위탁한 사업장의 경우에는 그 보건관리 전문기관의 해당 사업장 담당자

다. 안전보건관리담당자 또는 안전관리전문기관 또는 보건관리전문기관에 위탁한 사업장의 경우에는 그 안전관리전문기관 또는 보건관리전문기관의 해당 사업장 담당자

라. 산업보건의

⑥ 위험성평가에 관한 다음 각 목의 업무

가. 유해 · 위험요인의 파악에 대한 참여

나. 개선조치의 시행에 대한 참여

⑦ 그 밖에 해당작업의 안전 및 보건에 관한 사항으로서 고용노동부령으로 정하는 사항

(4) 산업보건의의 직무

① 건강진단 실시결과의 검토 및 그 결과에 따른 작업배치, 작업전환 또는 근로시간의 단축 등 근로자의 건강보호 조치

② 근로자의 건강장해의 원인조사와 재발방지를 위한 의학적 조치

③ 그 밖에 근로자의 건강 유지 및 증진을 위하여 필요한 의학적 조치에 관하여 고용노동부장관이 정하는 사항

(5) 선임대상 및 교육

구분	선임신고	신규교육	보수교육
대상	• 안전관리자 • 보건관리자 • 산업보건의	• 안전보건관리책임자 • 안전관리자 • 보건관리자 • 산업보건의	• 안전보건관리책임자 • 안전관리자 • 보건관리자 • 산업보건의 • 재해예방 전문기관 종사자
기간	선임일로부터 14일 이내	선임일로부터 3개월 이내(단, 보건관리자가 의사인 경우는 1년)	신규교육을 이수한 후 매 2년이 되는 날을 기준으로 전후 3개월 사이
기관	해당 지방고용노동관서	공단, 민간지정교육기관	

3) 도급과 관련된 사항

도급(都給)이란 당사자의 일방이 어느 일을 완성할 것을 약정하고 상대방이 그 일의 결과에 대하여 이에 보수를 지급할 것을 약정하는 것을 말하는데 일을 완성할 것을 약정한 자를 수급인, 완성한 일에 대해서 보수를 지급하기로 약정한 자를 도급인이라고 한다.

(1) 도급사업 시의 안전보건조치

같은 장소에서 행하여지는 사업으로서 대통령령으로 정하는 사업의 사업주는 그가 사용하는 근로자와 그의 수급인이 사용하는 근로자가 같은 장소에서 작업을 할 때에 생기는 산업재해를 예방하기 위한 조치를 하여야 한다.

① 도급인과 수급인을 구성원으로 하는 안전 및 보건에 관한 협의체의 구성 및 운영
② 작업장 순회점검
③ 관계수급인이 근로자에게 안전보건교육을 위한 장소 및 자료의 제공 등 지원
④ 관계수급인이 근로자에게 하는 제29조제3항에 따른 안전보건교육의 실시 확인
⑤ 다음 각 목의 어느 하나의 경우에 대비한 경보체계 운영과 대피방법 등 훈련
- 작업 장소에서 발파작업을 하는 경우
- 작업 장소에서 화재 · 폭발, 토사 · 구축물 등의 붕괴 또는 지진 등이 발생한 경우

⑥ 위생시설 등 고용노동부령으로 정하는 시설의 설치 등을 위하여 필요한 장소의 제공 또는 도급인이 설치한 위생시설 이용의 협조

(2) 안전보건총괄책임자 지정대상 사업

수급인에게 고용된 근로자를 포함한 상시 근로자가 100명(선박 및 보트 건조업, 1차 금속 제조업 및 토사석 광업의 경우에는 50명) 이상인 사업 및 수급인의 공사금액을 포함한 해당 공사의 총공사금액이 20억 원 이상인 건설업을 말한다.

(3) 안전보건총괄책임자의 직무

① 작업의 중지 및 재개
② 도급사업 시의 안전보건조치
③ 수급인의 산업안전보건관리비의 집행감독 및 그 사용에 관한 수급인 간의 협의 · 조정
④ 안전인증대상 기계 · 기구 등과 자율안전확인대상 기계 · 기구 등의 사용 여부 확인
⑤ 위험성평가의 실시에 관한 사항

6. 안전보건 개선계획

1) 안전보건 개선계획서에 포함되어야 할 내용

(1) 시설
(2) 안전보건관리 체제
(3) 안전보건교육
(4) 산업재해예방 및 작업환경의 개선을 위하여 필요한 사항

2) 안전 · 보건진단을 받아 안전보건개선계획을 수립 · 제출하도록 명할 수 있는 사업장

(1) 산업재해율이 같은 업종의 규모별 평균 산업재해율보다 높은 사업장 중 중대재해(사업주가 안전 · 보건조치의무를 이행하지 아니하여 발생한 중대재해만 해당한다) 발생 사업장

(2) 산업재해율이 같은 업종 평균 산업재해발생률의 2배 이상인 사업장

(3) 직업병에 걸린 사람이 연간 2명 이상(상시근로자 1천명 이상 사업장의 경우 3명 이상) 발생한 사업장

(4) 작업환경 불량, 화재 · 폭발 또는 누출사고 등으로 사회적 물의를 일으킨 사업장

(5) (1)부터 (4)까지의 규정에 준하는 사업장으로서 고용노동부장관이 정하는 사업장

7. 유해 · 위험방지계획서

1) 유해 · 위험방지계획서를 제출하여야 할 사업의 종류

전기 계약용량이 300킬로와트(kW) 이상인 다음의 업종으로서 제품생산 공정과 직접적으로 관련된 건설물 · 기계 · 기구 및 설비 등 일체를 설치 · 이전하거나 그 주요구조부를 변경하는 경우

① 금속가공제품(기계 및 가구는 제외) 제조업
② 비금속 광물제품 제조업
③ 기타 기계 및 장비제조업
④ 자동차 및 트레일러 제조업
⑤ 식료품 제조업
⑥ 고무제품 및 플라스틱제품 제조업
⑦ 목재 및 나무제품 제조업
⑧ 기타 제품 제조업
⑨ 1차 금속 제조업
⑩ 가구 제조업
⑪ 화학물질 및 화학제품 제조업
⑫ 반도체 제조업
⑬ 전자부품 제조업

- 제출처 및 제출수량 : 한국산업안전보건공단에 2부 제출
- 제출시기 : 작업시작 15일 전
- 제출서류 : 건축물 각 층 평면도, 기계 · 설비의 개요를 나타내는 서류, 기계설비 배치도면, 원재료 및 제품의 취급 · 제조 등의 작업방법의 개요, 그 밖에 고용노동부장관이 정하는 도면 및 서류

2) 유해 · 위험방지계획서를 제출하여야 할 기계 · 기구 및 설비

① 금속이나 그 밖의 광물의 용해로
② 화학설비
③ 건조설비
④ 가스집합용접장치
⑤ 허가대상 · 관리대상 유해물질 및 분진작업 관련 설비(국소배기장치)

- 제출처 및 제출수량 : 한국산업안전보건공단에 2부 제출
- 제출시기 : 작업시작 15일 전
- 제출서류 : 설치장소의 개요를 나타내는 서류, 설비의 도면, 그 밖에 고용노동부장관이 정하는 도면 및 서류

3) 유해 · 위험방지계획서를 제출하여야 할 건설공사

(1) 지상높이가 31미터 이상인 건축물 또는 인공구조물, 연면적 3만제곱미터 이상인 건축물 또는 연면적 5천제곱미터 이상의 문화 및 집회시설(전시장 및 동물원 · 식물원은 제외한다), 판매시설, 운수시설(고속철도의 역사 및 집배송시설은 제외한다), 종교시설, 의료시설 중 종합병원, 숙박시설 중 관광숙박시설, 지하도상가 또는 냉동 · 냉장창고시설의 건설 · 개조 또는 해체
(2) 연면적 5천제곱미터 이상의 냉동 · 냉장창고시설의 설비공사 및 단열공사
(3) 최대 지간길이가 50미터 이상인 교량건설 등 공사
(4) 터널 건설 등의 공사
(5) 다목적 댐, 발전용 댐 및 저수용량 2천만톤 이상의 용수 전용 댐, 지방상수도 전용 댐 건설 등의 공사
(6) 깊이 10미터 이상인 굴착공사

- 제출처 및 제출수량 : 한국산업안전보건공단에 2부 제출
- 제출시기 : 공사 착공 전
- 제출서류 : 공사개요 및 안전보건관리계획, 작업 공사 종류별 유해 · 위험방지계획

4) 유해 · 위험방지계획서 확인사항

유해 · 위험방지계획서를 제출한 사업주는 해당 건설물 · 기계 · 기구 및 설비의 시운전단계에서 다음 사항에 관하여 한국산업안전보건공단의 확인을 받아야 한다.

(1) 유해 · 위험방지계획서의 내용과 실제공사 내용이 부합하는지 여부
(2) 유해 · 위험방지계획서 변경내용의 적정성
(3) 추가적인 유해 · 위험요인의 존재 여부

Chapter

제2절 기계, 화학설비의 위험관리 개요

Industrial Health

01 기계의 위험 및 안전조건

Section

1. 기계의 위험요인 및 일반적인 안전사항

1) 운동 및 동작에 의한 위험의 분류

(1) 회전동작

플라이 휠, 팬, 풀리, 축 등과 같이 회전운동을 한다.

(2) 횡축동작

운동부와 고정부 사이에 형성되며 작업점 또는 기계적 결합부분에 위험성이 존재한다.

(3) 왕복동작

운동부와 고정부 사이에 위험이 형성되며 운동부 전후좌우에 존재한다.

(4) 진동

가공품이나 기계부품의 진동에 의한 위험이 존재한다.

2) 기계설비의 위험점 분류

(1) 협착점(Squeeze Point)

기계의 왕복운동을 하는 운동부와 고정부 사이에 형성되는 위험점(왕복운동+고정부)

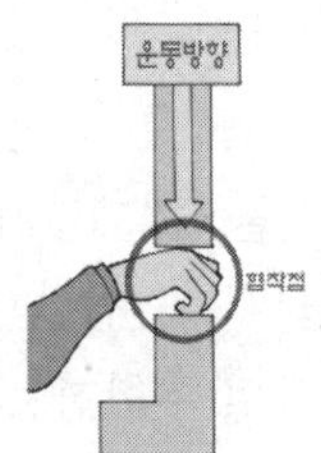

[협착점]

(2) 끼임점(Shear Point)

기계가 회전운동을 하는 부분과 고정부 사이의 위험점이다. 예로서 연삭숫돌과 작업대, 교반기의 교반날개와 몸체사이 및 반복되는 링크기구 등이 있다.(회전 또는 직선운동+고정부)

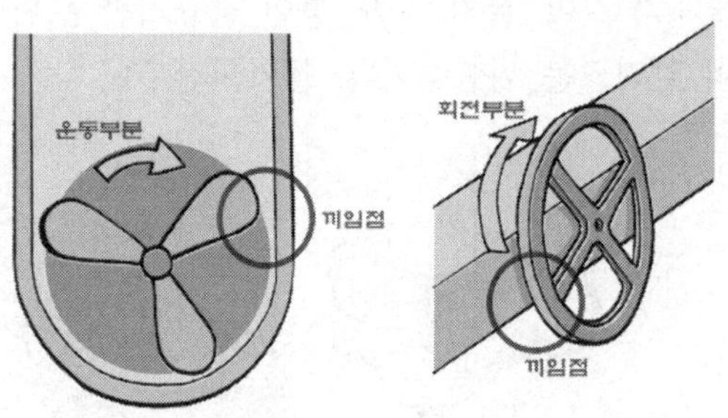

(3) 절단점(Cutting Point)

회전하는 운동부 자체의 위험이나 운동하는 기계부분 자체의 위험에서 초래되는 위험점이다. 예로서 밀링커터와 회전둥근톱날이 있다.(회전운동 자체)

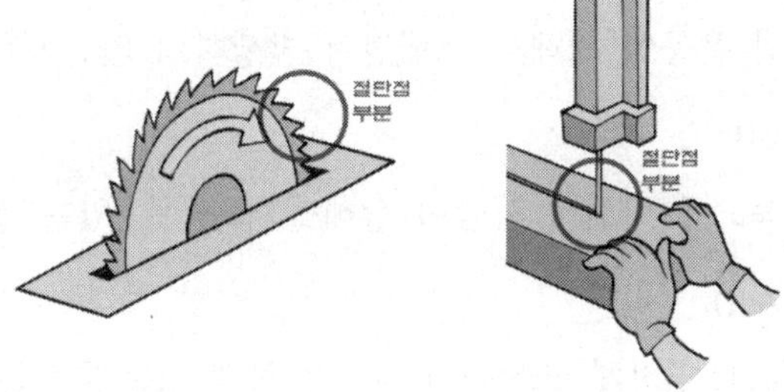

(4) 물림점(Nip Point)

롤, 기어, 압연기와 같이 두 개의 회전체 사이에 신체가 물리는 위험점이다.(회전운동+회전운동)

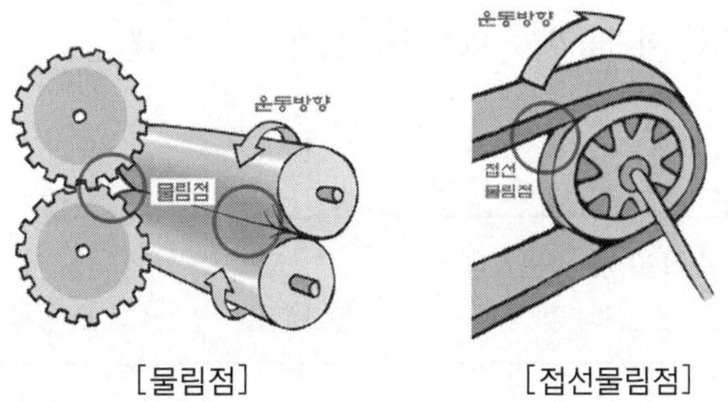

[물림점]　　　　[접선물림점]

(5) 접선물림점(Tangential Nip Point)

회전하는 부분이 접선방향으로 물려 들어가 위험이 만들어지는 위험점이다.(회전운동+접선부)

(6) 회전말림점(Trapping Point)

회전하는 물체의 길이, 굵기, 속도 등이 불규칙한 부위와 돌기 회전부위에 장갑 및 작업복 등이 말려드는 위험점이다.(돌기회전부)

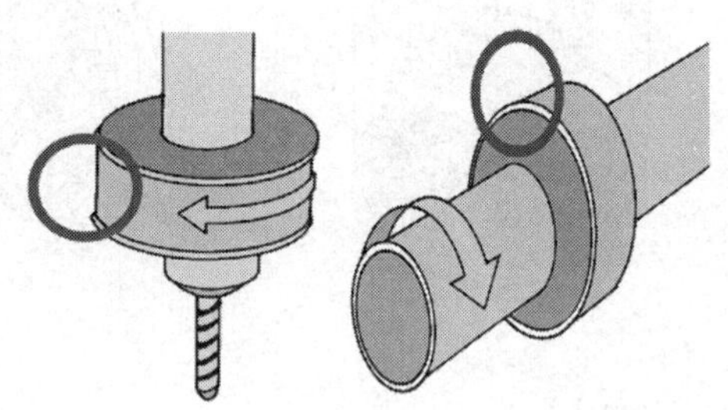

3) 위험점의 5요소

(1) 함정(Trap)

기계 요소의 운동에 의해서 트랩점이 발생하지 않는가?

(2) 충격(Impact)

움직이는 속도에 의해서 사람이 상해를 입을 수 있는 부분은 없는가?

(3) 접촉(Contact)

날카로운 물체, 연마체, 뜨겁거나 차가운 물체 또는 흐르는 전류에 사람이 접촉함으로써 상해를 입을 수 있는 부분은 없는가?

(4) 말림, 얽힘(Entanglement)

가공 중에 기계로부터 기계요소나 가공물이 튀어나올 위험은 없는가?

(5) 튀어나옴(Ejection)

기계요소와 피가공재가 튀어나올 위험이 있는가?

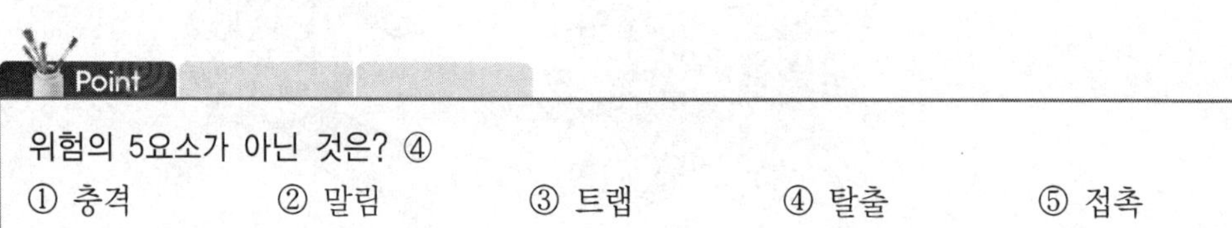

Point

위험의 5요소가 아닌 것은? ④

① 충격 ② 말림 ③ 트랩 ④ 탈출 ⑤ 접촉

4) 기초역학(재료역학)

(1) 피로파괴

기계나 구조물 중에는 피스톤이나 커넥팅 로드 등과 같이 인장과 압축을 되풀이해서 받는 부분이 있는데, 이러한 경우 그 응력이 인장(또는 압축)강도보다 훨씬 작다 하더라도 이것을 오랜 시간에 걸쳐서 연속적으로 되풀이하여 작용시키면 결국엔 파괴되는데, 이 같은 파괴현상을 재료가 "피로"를 일으켰다고 하며 "피로파괴"라 한다.

피로파괴에 영향을 주는 인자로는 치수효과(Size Effect), 노치효과(Notch Effect), 부식(Corrosion), 표면효과 등이 있다.

반복응력을 받는 기계구조부분의 설계에서 허용응력을 결정하기 위한 기초강도는?
피로한도(Fatigue Limit)

(2) 크리프시험

금속이나 합금에 외력이 일정하게 작용할 경우 온도가 높은 상태에서는 시간이 경과함에 따라 연신율이 일정한도 늘어나다가 파괴된다. 금속재료를 고온에서 긴 시간 외력을 걸면 시간이 경과됨에 따라 서서히 변형이 증가하는 현상을 말한다.

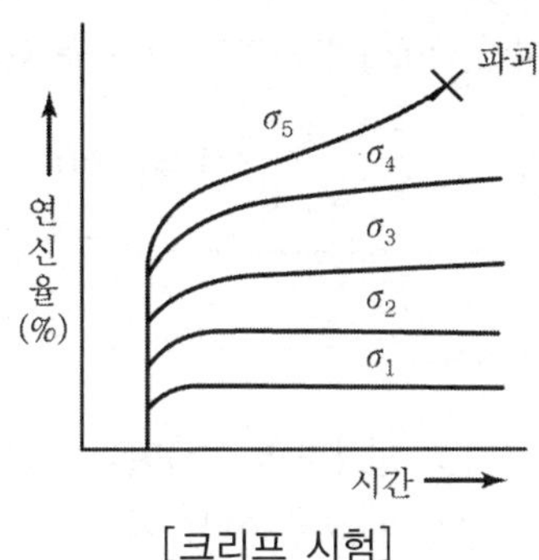

[크리프 시험]

고온에서 정하중을 받게 되는 기계구조 부분의 설계 시 허용응력을 결정하기 위한 기초강도로 고려되는 것은?
크리프강도

(3) 인장시험 및 인장응력

① 인장시험

재료의 항복점, 인장강도, 신장 등을 알 수 있는 시험

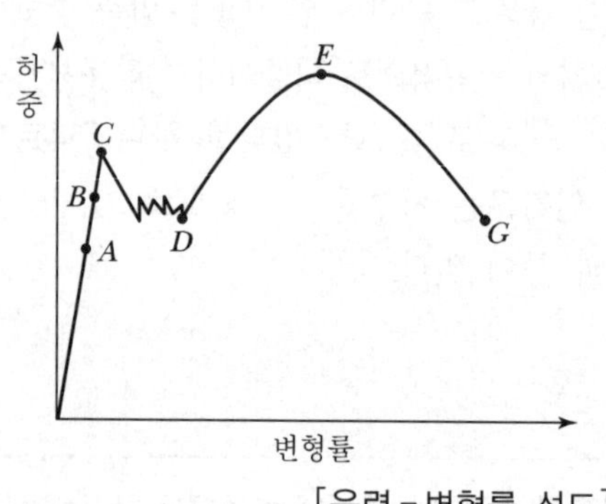

[응력-변형률 선도]

② 인장응력

$$\sigma_t = \frac{\text{인장하중}}{\text{면적}} = \frac{P_t}{A}$$

Point

지름 20mm인 연강봉이 3,140kg의 하중을 받아 늘어난다면 인장응력은?

$$\sigma_t = \frac{\text{인장하중}}{\text{면적}} = \frac{P_t}{A} = \frac{3,140}{\pi \times 20^2/4} = 10\text{kg/mm}^2$$

(4) 열응력

물체는 가열하면 팽창하고 냉각하면 수축한다. 이때 물체에 자유로운 팽창 또는 수축이 불가능하게 장치하면 팽창 또는 수축하고자 하는 만큼 인장 또는 압축응력이 발생하는데, 이와 같이 열에 의해서 생기는 응력을 열응력이라 한다.

그림에서 온도 t_1℃에서 길이 l 인 것이 온도 t_2℃에서 길이 l'로 변하였다면

- 신장량(δ) $= l' - l = \alpha(t_2 - t_1)l = \alpha \Delta t\, l$ (α : 선팽창계수, Δt : 온도의 변화량)
- 변형률(ε) $= \dfrac{\delta}{l} = \dfrac{\alpha(t_2 - t_1)l}{l} = \alpha(t_2 - t_1) = \alpha \Delta t$
- 열응력(σ) $= E\varepsilon = E\alpha(t_2 - t_1) = E\alpha\Delta t$ (E : 세로탄성계수 혹은 종탄성계수)

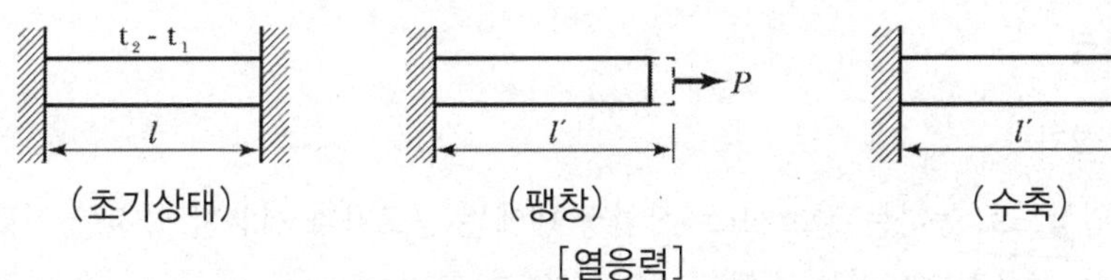

(초기상태) (팽창) (수축)

[열응력]

다음 중에서 열응력에 영향을 주지 않는 것은? ①

① 길이 ② 선팽창계수

③ 종탄성계수 ④ 온도차

⑤ 신장량

(5) 푸아송 비

종변형률(세로변형률) ε과 횡변형률(가로변형률) ε'의 비를 푸아송 비라 하고 ν로 표시한다.(m : 푸아송 수)

$$\nu = \frac{1}{m} = \frac{\varepsilon'}{\varepsilon}$$

여기서, $\varepsilon = \frac{l'-l}{l} \times 100(\%)$ (l : 원래의 길이, l' : 늘어난 길이)

세로변형률 ε은 0.02이고, 재료의 푸아송 수는 3일 때 가로변형률 ε'는?

$\nu = \frac{1}{m} = \frac{\varepsilon'}{\varepsilon}$, $\varepsilon' = \frac{\varepsilon}{m} = \frac{0.02}{3} ≒ 0.0067$

(6) 훅(Hooke)의 법칙

비례한도 이내에서 응력과 변형률은 비례한다. $\sigma = E\varepsilon$

(7) 세로탄성계수(종탄성계수)

$E = \frac{\sigma}{\varepsilon}$, 변형률에 대한 응력의 비는 탄성계수이다.

2. 통행과 통로

1) 통로의 설치

(1) 작업장으로 통하는 장소 또는 작업장 내에는 근로자가 사용할 안전한 통로를 설치하고 항상 사용할 수 있는 상태로 유지하여야 한다.

(2) 통로의 주요 부분에 통로표시를 하고, 근로자가 안전하게 통행할 수 있도록 하여야 한다.

(3) 통로면으로부터 높이 2미터 이내에는 장애물이 없도록 하여야 한다.

2) 작업장 내 통로의 안전

(1) 사다리식 통로의 구조

① 견고한 구조로 할 것

② 심한 손상 · 부식 등이 없는 재료를 사용할 것

③ 발판의 간격은 일정하게 할 것

④ 발판과 벽과의 사이는 15센티미터 이상의 간격을 유지할 것

⑤ 폭은 30센티미터 이상으로 할 것

⑥ 사다리가 넘어지거나 미끄러지는 것을 방지하기 위한 조치를 할 것

⑦ 사다리의 상단은 걸쳐놓은 지점으로부터 60센티미터 이상 올라가도록 할 것

⑧ 사다리식 통로의 길이가 10미터 이상인 경우에는 5미터 이내마다 계단참을 설치할 것

⑨ 사다리식 통로의 기울기는 75도 이하로 할 것. 다만, 고정식 사다리식 통로의 기울기는 90도 이하로 하고, 그 높이가 7미터 이상인 경우에는 바닥으로부터 높이가 2.5미터 되는 지점부터 등받이울을 설치할 것

⑩ 접이식 사다리 기둥은 사용 시 접혀지거나 펼쳐지지 않도록 철물 등을 사용하여 견고하게 조치할 것

(2) 통로의 조명

근로자가 안전하게 통행할 수 있도록 통로에 75럭스 이상의 채광 또는 조명시설을 하여야 한다. 다만, 갱도 또는 상시통행을 하지 아니하는 지하실 등을 통행하는 근로자에게 휴대용 조명기구를 사용하도록 한 경우에는 그러하지 아니하다.

3) 계단의 안전

(1) 계단 및 계단참을 설치하는 경우 매제곱미터당 500킬로그램 이상의 하중에 견딜 수 있는 강도를 가진 구조로 설치하여야 하며, 안전율(안전의 정도를 표시하는 것으로서 재료의 파괴응력도와 허용응력도와의 비율을 말한다)은 4 이상으로 하여야 한다.

(2) 높이가 3미터를 초과하는 계단에 높이 3미터 이내마다 너비 1.2미터 이상의 계단참을 설치하여야 한다.

3. 기계의 안전조건

1) 외형의 안전화

(1) 묻힘형이나 덮개의 설치

① 사업주는 기계의 원동기 · 회전축 · 기어 · 풀리 · 플라이휠 · 벨트 및 체인 등 근로자가 위험에 처할 우려가 있는 부위에 덮개 · 울 · 슬리브 및 건널다리 등을 설치하여야 한다.

② 사업주는 회전축 · 기어 · 풀리 및 플라이휠 등에 부속하는 키 · 핀 등의 기계요소는 묻힘형으로 하거나 해당 부위에 덮개를 설치하여야 한다.

③ 사업주는 벨트의 이음 부분에 돌출된 고정구를 사용하여서는 아니된다.

④ 사업주는 제1항의 건널다리에는 안전난간 및 미끄러지지 아니하는 구조의 발판을 설치하여야 한다.

Point

기계의 원동기, 회전축, 치차, 풀리, 플라이휠 및 벨트 등의 위험으로부터 작업자를 보호하기 위한 방지장치로 적당하지 않은 것은? ②

① 덮개　② 동력차단장치　③ 슬리브
④ 건널다리　⑤ 울

(2) 별실 또는 구획된 장소에 격리

원동기 및 동력전달장치(벨트, 기어, 샤프트, 체인 등)

(3) 안전색채 사용

기계설비의 위험 요소를 쉽게 인지할 수 있도록 주의를 요하는 안전색채를 사용

① 시동단추식 스위치 : 녹색

② 정지단추식 스위치 : 적색

③ 가스배관 : 황색

④ 물배관 : 청색

Point

기계설비의 안전조건 중 외관의 안전성을 향상시키는 조치는? ④
① 고장 발생을 최소화하기 위해 정기점검을 실시하였다.
② 강도의 열화를 생각하여 안전율을 최대로 고려하여 설계하였다.
③ 전압강하, 정전 시의 오동작을 방지하기 위하여 자동제어 장치를 설치하였다.
④ 작업자가 접촉할 우려가 있는 기계의 회전부를 덮개로 씌우고 안전색채를 사용한다.
⑤ 설계 시 재료의 강도를 고려하여 안전성이 높은 재료를 선택하여 설계하였다.

2) 작업의 안전화

작업 중의 안전은 그 기계설비가 자동, 반자동, 수동에 따라서 다르며 기계 또는 설비의 작업환경과 작업방법을 검토하고 작업위험분석을 하여 작업을 표준 작업화할 수 있도록 한다.

3) 작업점의 안전화

작업점이란 일이 물체에 행해지는 점 혹은 일감이 직접 가공되는 부분을 작업점(Point of Operation)이라 하며, 이와 같은 작업점은 특히 위험하므로 방호장치나 자동제어 및 원격장치를 설치할 필요가 있다.

4) 기능상의 안전화

최근 기계는 반자동 또는 자동 제어장치를 갖추고 있어서 에너지 변동에 따라 오동작이 발생하여 주요 문제로 대두되므로 이에 따른 기능의 안전화가 요구되고 있다.
예 전압 강하 시 기계의 자동정지, 안전장치의 일정방식

5) 구조적 안전(강도적 안전화)

(1) 재료 결함
(2) 설계 결함
(3) 가공 결함

기계의 구조적 안전화를 위하여 취해야 할 조치는? ①

① 안전설계 ② 안전장치 ③ 조작의 안전화
④ 안전배치 ⑤ 방호장치

강도적 안전화를 위한 안전조건에 해당되지 않는 것은? ③

① 재료선택 시의 안전화 ② 설계 시의 올바른 강도계산
③ 사용상의 안전화 ④ 가공상의 안전화
⑤ 설계 시 응력, 탄성 계산

6) 안전율

(1) 안전율(Safety Factor), 안전계수

안전율은 응력계산 및 재료의 불균질 등에 대한 부정확을 보충하고 각 부분의 불충분한 안전율과 더불어 경제적 치수결정에 대단히 중요한 것으로서 다음과 같이 표시된다.

$$S = \frac{\text{극한(기초, 인장)강도}}{\text{허용응력}} = \frac{\text{파단(최대)하중}}{\text{안전(정격)하중}} = \frac{\text{항복강도}}{\text{사용응력}}$$

안전율이나 허용응력을 결정하려면 재질, 하중의 성질, 하중과 응력계산의 정확성, 공작방법 및 정밀도, 부품형상 및 사용장소 등을 고려하여야 한다.

- 극한강도가 900MPa, 허용응력이 500MPa일 경우 안전계수(Safety Factor)는?

$$\text{안전계수} = \frac{\text{극한강도}}{\text{허용응력}} = \frac{900}{500} = 1.8$$

- 인장강도가 44kgf/mm^{2}이고 안전계수가 5, 호칭지름이 20mm인 볼트의 안전하중은?

$$\text{파단하중} = \text{인장강도} \times \text{단면적} = 44 \times \frac{\pi \times 20^2}{4} = 13,816$$

$$\text{안전하중} = \frac{\text{파단하중}}{\text{안전계수}} = \frac{13,816}{5} \fallingdotseq 2,763$$

• 연강의 항복강도는 250MPa, 인장강도는 450MPa, 사용응력은 100MPa일 때 안전계수는?

$$\text{안전계수} = \frac{\text{항복강도}}{\text{허용응력}} = \frac{250}{100} = 2.5$$

(2) Cardullo의 안전율

신뢰할 만한 안전율을 얻으려면 이에 영향을 주는 각 인자를 상세하게 분석하여 이것으로 합리적인 값을 결정한다.

$$\text{안전율 } S = a \times b \times c \times d$$

여기서, a : 탄성비, b : 하중계수, c : 충격계수
d : 재료의 결함 등을 보완하기 위한 계수

Point

• 기계의 부품에 작용하는 하중에서 안전율을 가장 작게 취하여야 할 것은? ④

① 반복하중 ② 교번하중
③ 충격하중 ④ 정하중
⑤ 굽힘하중

• 기계부품에 작용하는 하중에서 일반적으로 안전계수를 가장 크게 취하는 것은? ③

① 반복하중 ② 교번하중
③ 충격하중 ④ 정하중
⑤ 굽힘하중

(3) 와이어로프의 안전율

$$\text{안전율} : S = \frac{N \times P}{Q}$$

여기서, N : 로프의 가닥수
P : 와이어로프의 파단하중
Q : 최대사용하중

7) 보전작업의 안전화

(1) 고장예방을 위한 정기 점검
(2) 보전용 통로나 작업장의 확보
(3) 부품교환의 철저화
(4) 분해 시 차트화
(5) 주유방법의 개선

4. 기계설비의 본질적 안전

1) 본질안전조건

근로자가 동작상 과오나 실수를 하여도 재해가 일어나지 않도록 하는 것으로 기계설비에 이상이 발생되어도 안전성이 확보되어 재해나 사고가 발생하지 않도록 설계되는 기본적 개념이다.

2) 풀 프루프(Fool Proof)

(1) 정의

작업자가 기계를 잘못 취급하여 불안전 행동이나 실수를 하여도 기계설비의 안전기능이 작용되어 재해를 방지할 수 있는 기능

(2) 가드의 종류

① 인터로크 가드(Interlock Guard)
② 조절 가드(Adjustable Guard)
③ 고정 가드(Fixed Guard)

풀 프루프의 가드에 해당하지 않는 것은? ②

① 인터로크 가드(Interlock Guard)　② 안내 가드(Guide Guard)
③ 조절 가드(Adjustable Guard)　④ 고정 가드(Fixed Guard)

3) 페일 세이프(Fail Safe)

기계나 그 부품에 고장이나 기능불량이 생겨도 항상 안전하게 작동하는 구조와 기능을 추구하는 본질적 안전

4) 인터로크장치

기계의 각 작동부분 상호 간을 전기적, 기구적, 유공압장치 등으로 연결해서 기계의 각 작동부분이 정상으로 작동하기 위한 조건이 만족되지 않을 경우 자동적으로 그 기계를 작동할 수 없도록 하는 것

02 기계의 방호

Section

1. 방호장치의 종류

1) 격리형 방호장치

작업자가 작업점에 접촉되어 재해를 당하지 않도록 기계설비 외부에 차단벽이나 방호망을 설치하는 것으로 작업장에서 가장 많이 사용하는 방식(덮개)

예 완전 차단형 방호장치, 덮개형 방호장치, 안전 방책

2) 위치제한형 방호장치

조작자의 신체부위가 위험한계 밖에 있도록 기계의 조작장치를 위험구역에서 일정거리 이상 떨어지게 한 방호장치(양수조작식 안전장치)

3) 접근거부형 방호장치

작업자의 신체부위가 위험한계 내로 접근하면 기계의 동작위치에 설치해 놓은 기구가 접근하는 신체부위를 안전한 위치로 되돌리는 것(손쳐내기식 안전장치)

4) 접근반응형 방호장치

작업자의 신체부위가 위험한계로 들어오게 되면 이를 감지하여 작동 중인 기계를 즉시 정지시키거나 스위치가 꺼지도록 하는 기능을 가지고 있다.(광전자식 안전장치)

5) 포집형 방호장치

목재가공기의 반발예방장치와 같이 위험장소에 설치하여 위험원이 비산하거나 튀는 것을 방지하는 등 작업자로부터 위험원을 차단하는 방호장치

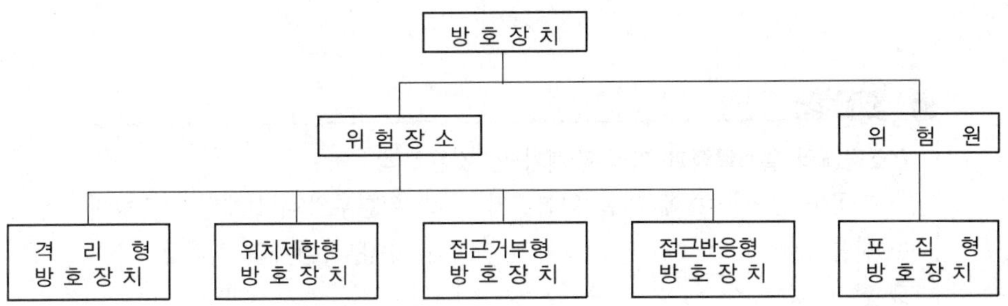

2. 작업점의 방호

1) 방호장치를 설치할 때 고려 사항

(1) 신뢰성
(2) 작업성
(3) 보수성의 용이

Point

안전장치의 선정조건에 해당하는 것은? ③
① 인간과 기계와의 작업의 배분
② 인간과 기계와의 융합
③ 위험을 예지, 방지하는 것
④ 맨-머신 시스템(Man-Machine System) 속에서 기계, 기구의 배치공간
⑤ 생산효율

2) 작업점의 방호방법

작업점과 작업자 사이에 장애물을 설치하여 접근을 방지(차단벽이나 망 등)

3) 동력기계의 표준방호덮개 설치목적

(1) 가공물 등의 낙하에 의한 위험방지
(2) 위험부위와 신체의 접촉방지
(3) 방음이나 집진

Point

방호덮개의 설치목적과 가장 관계가 먼 것은? ④
① 가공물 등의 낙하에 의한 위험방지　② 위험부위와 신체의 접촉방지
③ 방음　④ 주유나 검사의 편리성
⑤ 집진

03 기능적 안전

Section

기계설비에 이상이 있을 때 기계를 급정지시키거나 방호장치가 작동되도록 하는 소극적인 대책과 전기회로를 개선하여 오동작을 방지하거나 별도의 완전한 회로에 의해 정상기능을 찾을 수 있도록 하는 것

1. 소극적 대책

1) 소극적(1차적) 대책

이상 발생 시 기계를 급정지시키거나 방호장치가 작동하도록 하는 대책

2) 유해 위험한 기계 · 기구 등의 방호장치

(1) 유해 또는 위험한 작업을 필요로 하거나 동력에 의해 작동하는 기계기구 : 유해 위험 방지를 위한 방호조치를 할 것
(2) 방호조치하지 않고는 양도, 대여, 설치, 사용하거나 양도, 대여의 목적으로 진열 금지

2. 적극적 대책

1) 적극적(2차적) 대책

회로를 개선하여 오동작을 사전에 방지하거나 또는 별도의 안전한 회로에 의한 정상기능을 찾도록 하는 대책

2) 기능적 안전

(1) Fail-Safe의 기능면에서의 분류

① Fail-Passive : 부품이 고장 났을 경우 통상 기계는 정지하는 방향으로 이동(일반적인 산업기계)

② Fail-Active : 부품이 고장 났을 경우 기계는 경보를 울리는 가운데 짧은 시간 동안 운전가능

③ Fail-Operational : 부품이 고장 나더라도 기계는 추후 보수가 이루어질 때까지 안전한 기능 유지

(2) 기능적 Fail-Safe

철도신호의 경우 고장 발생 시 청색신호가 적색신호로 변경되어 열차가 정지할 수 있도록 해야 하며 신호가 바뀌지 못하고 청색으로 있다면 사고 발생의 원인이 될 수 있으므로 철도신호 고장 시에 반드시 적색신호로 바뀌도록 해주는 제도

(3) Lock System

① Interlock System

② Translock System

③ Intralock System

04 화학적 안전

Section

1. 위험물의 정의

위험물은 다양한 관점에서 정의될 수 있으나 화학적 관점에서 정의하면, 일정 조건에서 화학적 반응에 의해 화재 또는 폭발을 일으킬 수 있는 성질을 가지거나, 인간의 건강을 해칠 수 있는 우려가 있는 물질을 말한다.

1) 위험물의 일반적 성질

(1) 상온, 상압 조건에서 산소, 수소 또는 물과의 반응이 잘 된다.
(2) 반응속도가 다른 물질에 비해 빠르며, 반응 시 대부분 발열반응으로 그 열량 또한 비교적 크다.
(3) 반응시 가연성 가스 또는 유독성 가스를 발생한다.
(4) 보통 화학적으로 불안정하여 다른 물질과의 결합 또는 스스로 분해가 잘 된다.

2) 위험물의 특징

(1) 화재 또는 폭발을 일으킬 수 있는 성질이 다른 물질에 비해 매우 크다.
(2) 발화성 또는 인화성이 강하다.
(3) 외부로부터의 충격이나 마찰, 가열 등에 의하여 화학변화를 일으킬 수 있다.
(4) 다른 물질과 격렬하게 반응하거나 공기 중에서 매우 빠르게 산화되어 폭발할 수 있다.
(5) 화학반응 시 높은 열을 발생하거나, 폭발 및 폭음을 내는 경우가 대부분이다.

2. 「산업안전보건법」상 위험물 분류(안전보건규칙 별표1)

위험물 종류	물질의 구분
폭발성 물질 및 유기과산화물 (별표1 제1호)	가. 질산에스테르류 나. 니트로화합물 다. 니트로소화합물 라. 아조화합물 마. 디아조화합물 바. 하이드라진 유도체 사. 유기과산화물 아. 그 밖에 가목부터 사목까지의 물질과 같은 정도의 폭발의 위험이 있는 물질 자. 가목부터 아목까지의 물질을 함유한 물질

위험물 종류	물질의 구분
물반응성 물질 및 인화성 고체 (별표1 제2호)	가. 리튬 나. 칼륨·나트륨 다. 황 라. 황린 마. 황화인·적린 바. 셀룰로이드류 사. 알킬알루미늄·알킬리튬 아. 마그네슘분말 자. 금속 분말(마그네슘 분말은 제외한다) 차. 알칼리금속(리튬·칼륨 및 나트륨은 제외한다) 카. 유기 금속화합물(알킬알루미늄 및 알킬리튬은 제외한다) 타. 금속의 수소화물 파. 금속의 인화물 하. 칼슘 탄화물·알루미늄 탄화물 거. 그 밖에 가목부터 하목까지의 물질과 같은 정도의 발화성 또는 인화성이 있는 물질 너. 가목부터 거목까지의 물질을 함유한 물질
산화성 액체 및 산화성 고체 (별표1 제3호)	가. 차아염소산 및 그 염류 나. 아염소산 및 그 염류 다. 염소산 및 그 염류 라. 과염소산 및 그 염류 마. 브롬산 및 그 염류 바. 요오드산 및 그 염류 사. 과산화수소 및 무기 과산화물 아. 질산 및 그 염류 자. 과망간산 및 그 염류 차. 중크롬산 및 그 염류 카. 그 밖에 가목부터 차목까지의 물질과 같은 정도의 산화성이 있는 물질 타. 가목부터 카목까지의 물질을 함유한 물질
인화성 액체 (별표1 제4호)	가. 에틸에테르, 가솔린, 아세트알데히드, 산화프로필렌, 그 밖에 인화점이 섭씨 23도 미만이고 초기끓는점이 섭씨 35도 이하인 물질 나. 노르말헥산, 아세톤, 메틸에틸케톤, 메틸알코올, 에틸알코올, 이황화탄소 그 밖에 인화점이 섭씨 23도 미만이고 초기끓는점이 섭씨 35도를 초과하는 물질 다. 크실렌, 아세트산아밀, 등유, 경유, 테레핀유, 이소아밀알코올, 아세트산, 하이드라진 그 밖에 인화점이 섭씨 23도 이상 섭씨 60도 이하인 물질
인화성 가스 (별표1 제5호)	가. 수소 나. 아세틸렌 다. 에틸렌 라. 메탄 마. 에탄 바. 프로판 사. 부탄 아. 영 별표 10에 따른 인화성 가스[인화성 가스란 인화한계 농도의 최저한도가 13퍼센트 이하 또는 최고한도와 최저한도의 차가 12퍼센트 이상인 것으로서 표준압력(101.3kPa)하의 20℃에서 가스 상태인 물질을 말한다]

위험물 종류	물질의 구분
부식성 물질 (별표1 제6호)	가. 부식성 산류 (1) 농도가 20퍼센트 이상인 염산 · 황산 · 질산, 그 밖에 이와 같은 정도 이상의 부식성을 가지는 물질 (2) 농도가 60퍼센트 이상인 인산 · 아세트산 · 불산, 그 밖에 이와 같은 정도 이상의 부식성을 가지는 물질 나. 부식성 염기류 농도가 40퍼센트 이상인 수산화나트륨 · 수산화칼륨, 그 밖에 이와 같은 정도 이상의 부식성을 가지는 염기류
급성 독성 물질 (별표1 제7호)	가. 쥐에 대한 경구투입실험에 의하여 실험동물의 50퍼센트를 사망시킬 수 있는 물질의 양, 즉 LD50(경구, 쥐)이 킬로그램당 300밀리그램-(체중) 이하인 화학물질 나. 쥐 또는 토끼에 대한 경피흡수실험에 의하여 실험동물의 50퍼센트를 사망시킬 수 있는 물질의 양, 즉 LD50(경피, 토끼 또는 쥐)이 킬로그램당 1,000밀리그램-(체중) 이하인 화학물질 다. 쥐에 대한 4시간 동안의 흡입실험에 의하여 실험동물의 50퍼센트를 사망시킬 수 있는 물질의 농도, 즉 가스 LC50(쥐, 4시간 흡입)이 2,500ppm 이하인 화학물질, 증기 LC50(쥐, 4시간 흡입)이 10mg/ℓ 이하인 화학물질, 분진 또는 미스트 1mg/ℓ 이하인 화학물질

- 독성물질의 표현단위

(1) 고체 및 액체 화합물의 독성 표현단위

① LD(Lethal Dose) : 한 마리 동물의 치사량

② MLD(Minimum Lethal Dose) : 실험동물 한 무리(10마리 이상)에서 한 마리가 죽는 최소의 양

만성중독의 판정에 사용되는 지수가 아닌 것은? ④

① TLV　　② VHI

③ 중독지수　　④ MLD

⑤ ED

③ LD50 : 실험동물 한 무리(10마리 이상)에서 50%가 죽는 양

④ LD100 : 실험동물 한 무리(10마리 이상) 전부가 죽는 양

(2) 가스 및 증발하는 화합물의 독성 표현단위

① LC(Lethal Concentration) : 한 마리 동물을 치사시키는 농도

② MLC(Minimum Lethal Concentration) : 실험동물 한 무리(10마리 이상)에서 한 마리가 죽는 최소의 농도

③ LC50 : 실험동물 한 무리(10마리 이상)에서 50%가 죽는 농도

④ LC100 : 실험동물 한 무리(10마리 이상) 전부가 죽는 농도

(3) 고독성물질 기준

경구투여 시 LD50이 25mg/kg 이하인 물질

유해인자의 분류기준 중 고독성물질의 경구투여 시 LD50의 기준은?
25mg/kg

〈독성물질의 정의 기준〉

구분 \ 독성		경구독성 (LD50)	경피독성 (LD50)	흡입독성 (LC50, 4시간)
국제기준		200mg/kg 이하	400mg/kg 이하	2,000mg/m^3 이하
국내	산안법	300mg/kg 이하	1,000mg/kg 이하	2,500ppm 이하
	환경법	200mg/kg 이하	1,000mg/kg 이하	2,500ppm 이하
	고압법	허용농도 5,000ppm 이하		

독성가스에 속하지 않는 것은? ④

① 암모니아 ② 황화수소
③ 포스겐 ④ 질소
⑤ 시안화수소

(4) 각종 가스의 허용농도

구분	CO	Cl_2	F_2	Br_2
허용농도	50ppm	1ppm	0.1ppm	0.1ppm

Point

다음 가스 중 허용농도가 가장 높은 물질은?
CO(CO : 50ppm > Cl_2 : 1ppm > F_2 : 0.1ppm, Br_2 : 0.1ppm)

〈소방법상 위험물 분류〉

구분	성질	특징
제1류	산화성 고체	상온에서 고체. 반응성이 강하고, 열 · 충격 · 마찰 및 다른 약품과 접촉 시 쉽게 분해되며 많은 산소를 방출하여 가연물의 연소를 돕고 폭발할 수도 있다.
제2류	가연성 고체	상온에서 고체. 산화제와 접촉한 상태에서 마찰과 충격을 받으면 급격히 폭발할 수 있는 가연성 · 이연성 물질이다.
제3류	자연발화성 및 금수성 물질	물과 반응하여 발열반응을 하며 가연성 가스를 발생한다. 급격히 발화하는 것으로는 칼륨, 나트륨 등이 있으며 이들은 공기 중에서도 연소되는 가연성 물질이다.
제4류	인화성 액체	상온에서 액체 상태인 가연성 액체보다 낮은 온도에서 액체가 되는 물질로서 대단히 인화하기 쉽고 물보다 가벼우며 물에 잘 녹지 않는다. 인화점, 연소하한계, 착화온도가 낮다. 위험물에서 발생하는 증기는 공기보다 무겁다.
제5류	자기반응성 물질	유기화합물로서 가열 · 충격 · 마찰 등으로 인해 폭발하는 것이 많다. 가연물이면서 산소공급원으로 자기연소성 물질이며, 연소속도가 빠르다. 자연발화를 할 위험이 있다.
제6류	산화성 액체	불연성 물질이지만 산소를 많이 함유하고 있는 강산화제로서 물과 접촉 시 발열하고 물보다 무거우며 물에 잘 녹는다. 부식성 및 유독성인 특징이 있다.

Point

소방법의 위험물과 산업안전보건법의 위험물 분류에서 양쪽에 공통으로 포함되지 않는 것은? ①

① 가연성 가스
② 인화성 액체
③ 산화성 액체
④ 산화성 고체
⑤ 정답 없음

3. 노출기준

1) 정의

유해·위험한 물질이 보통의 건강수준을 가진 사람에게 건강상 나쁜 영향을 미치지 않는 정도의 농도

2) 표시단위

(1) 가스 및 증기 : ppm 또는 mg/m^3
(2) 분진 : mg/m^3(단, 석면은 개/cm^3)
(3) 단위환산 : $mg/l = \frac{체적\% \times 분자량}{24.45}$, $mg/m^3 = \frac{체적\% \times 분자량}{24.45}$

〈주요 물질의 허용농도〉

물질명	화학식	허용농도
포스겐(Phosgen)	$COCl_2$	0.1ppm
염소(Chlorine)	Cl_2	0.5ppm
황화수소(Hydrogen Sulfide)	H_2S	10ppm
암모니아(Ammonia)	NH_3	25ppm

3) 유독물의 종류와 성상

구분	성상	입자의 크기
흄(Fume)	고체 상태의 물질이 액체화된 다음 증기화되고, 증기화된 물질의 응축 및 산화로 인하여 생기는 고체상의 미립자(금속 또는 중금속 등)	0.01~1μm
스모크(Smoke)	유기물의 불완전 연소에 의해 생긴 작은 입자	0.01~1μm
미스트(Mist)	공기 중에 분산된 액체의 작은 입자(기름, 도료, 액상 화학물질 등)	0.1~100μm
분진(Dust)	• 공기 중에 분산된 고체의 작은 입자(연마, 파쇄, 폭발 등에 의해 발생됨. 광물, 곡물, 목재 등) • 유해성 물질의 물리적 특성에서 입자의 크기가 가장 크다.	0.01~500μm
가스(Gas)	상온·상압(25℃, 1atm) 상태에서 기체인 물질	분자상
증기(Vapor)	상온·상압(25℃, 1atm) 상태에서 액체로부터 증발되는 기체	분자상

유해성 물질의 물리적인 특성에서 입자의 크기가 가장 큰 것은?
분진

4) 유해물질의 노출기준

(1) 시간가중 평균 노출기준(TWA ; Time Weighted Average)

매일 8시간씩 일하는 근로자에게 노출되어도 영향을 주지 않는 최고 평균농도

$$\text{TWA환산값} = \frac{C_1T_1 + C_2T_2 + \cdots + C_nT_n}{8}$$

여기서, C : 유해요인의 측정치(단위 : ppm 또는 mg/m³)
T : 유해요인의 발생시간(단위 : 시간)

〈여러 가지 화학물질의 노출기준〉

(고용노동부고시 제2018-62호, 2018.7.30 개정)

유해물질의 명칭		화학식	노출기준			
			TWA		STEL	
국문표기	영문표기		ppm	mg/m³	ppm	mg/m³
톨루엔	Toluene	$C_6H_5CH_3$	50	-	150	-
포름알데히드	Formaldehyde	$HCHO$	0.3	-	-	-
포스겐	Phosgene	$COCl_2$	0.1	-	-	-
시안화수소	Hydrogen cyanide	HCN	-	-	C 4.7	-
벤젠	Benzene	C_6H_6	0.5	-	2.5	-
황화수소	Hydrogen sulfide	H_2S	10	-	15	-
불소	Fluorine	F_2	0.1	-	-	-
황산	Sulfuric acid (Thoracic fraction)	H_2SO_4	-	0.2	-	0.6

톨루엔의 허용기준(8시간) 농도(ppm)는?
50ppm

(2) 단시간 노출기준(STEL ; Short Time Exposure Limit)

근로자가 1회에 15분 동안 유해요인에 노출되는 경우 기준

(3) 최고 노출기준(C ; Ceiling)

근로자가 1일 작업시간 동안 잠시라도 노출되어서는 안 되는 기준

(4) 혼합물인 경우의 노출기준(위험도)

① 오염원이 여러 개인 경우, 각각 물질 간의 유해성이 인체의 서로 다른 부위에 작용한다는 증거가 없는 한 유해작용은 가중되므로, 노출기준은 다음 식에서 산출되는 수치가 1을 초과하지 않아야 한다.

$$\text{위험도 } R = \frac{C_1}{T_1} + \frac{C_2}{T_2} + \cdots\cdots + \frac{C_n}{T_n}$$

여기서, C : 화학물질 각각의 측정치(위험물질에서는 취급 또는 저장량)
T : 화학물질 각각의 노출기준(위험물질에서는 규정수량)

- 위험물질의 경우는 규정수량에 대한 취급 또는 저장량을 적용한다.
- 화학설비에서 혼합 위험물의 R값이 1을 초과할 경우 특수화학설비로 분류된다.

산업안전보건법에서 정한 공정안전보고서 제출대상 업종이 아닌 사업장으로서 위험물질의 1일 취급량이 염소 10,000kg, 수소 20,000kg, 프로판 1,000kg, 톨루엔 2,000kg인 경우 공정안전보고서 제출대상 여부를 판단하기 위한 R값은 얼마인가?

〈유해위험물질의 규정수량〉

유해 · 위험물질명	규정수량(kg)
1. 인화성 가스	취급 : 5,000
	저장 : 200,000
2. 인화성 액체	취급 : 5,000
	저장 : 200,000
3. 염 소	제조 · 취급 · 저장 : 1,500
4. 수 소	제조 · 취급 · 저장 : 5,000

$$R = \frac{10,000}{1,500} + \frac{20,000}{5,000} + \frac{1,000}{2,000} + \frac{2,000}{5,000} = 11.57$$

② TLV(Threshold Limit Value) : 미국 산업위생전문가회의(ACGIH)에서 채택한 허용농도 기준. 매일 8시간씩 일하는 근로자에게 노출되어도 영향을 주지 않는 최고 평균농도

$$\text{혼합물의 노출기준} = \frac{1}{\dfrac{f_1}{TLV_1} + \dfrac{f_2}{TLV_2} + \cdots + \dfrac{f_n}{TLV_n}}$$

여기서, f_n : 화학물질 각각의 측정치(위험물질에서는 취급 또는 저장량)

TLV_n : 화학물질 각각의 노출기준(위험물질에서는 규정수량)

4. 유해화학물질의 유해요인

1) 유해물질

인체에 어떤 경로를 통하여 침입하였을 때 생체기관의 활동에 영향을 주어 장애를 일으키거나 해를 주는 물질을 말한다.

2) 유해한 정도의 고려 요인

(1) 유해물질의 농도와 폭로시간 : 농도가 클수록, 근로자의 접촉시간이 길수록 유해한 정도는 커지게 된다.

(2) 유해지수는 K로 표시하며, Hafer의 법칙으로 다음과 같이 나타낸다.

$$\text{유해지수}(K) = \text{유해물질의 농도} \times \text{노출시간}$$

3) 유해인자의 분류기준

(1) 화학적 인자

(2) 물리적 인자

(3) 생물학적 인자

4) 유해물질 작업장의 관리

(1) 유해물질 취급 작업장의 게시사항(MSDS)

① 대상화학물질의 명칭

② 구성성분의 명칭 및 함유량

③ 안전·보건상의 취급주의 사항

④ 건강 유해성 및 물리적 위험성

⑤ 그 밖에 고용노동부령으로 정하는 사항

㉠ 물리·화학적 특성

㉡ 독성에 관한 정보

㉢ 폭발·화재 시의 대처 방법

㉣ 응급조치 요령

㉤ 그 밖에 고용노동부장관이 정하는 사항

(2) 허가 및 관리 대상 유해물질의 제조 또는 취급작업 시 특별안전보건교육 내용

① 취급물질의 성질 및 상태에 관한 사항

② 유해물질이 인체에 미치는 영향

③ 국소배기장치 및 안전설비에 관한 사항

④ 안전작업방법 및 보호구 사용에 관한 사항

⑤ 그 밖에 안전·보건관리에 필요한 사항

5) 분진의 유해성

(1) 천

(2) 전신중독

(3) 피부, 점막장애

(4) 발암

(5) 진폐

6) 방사선 물질의 유해성

외부 위험 방사선 물질	내부 위험 방사선 물질
x선, γ선, 중성자	α선(매우 심각), β선

(1) 투과력 : α선 < β선 < γ선 < 중성자선

① 200~300rem 조사 시 : 탈모, 경도발적 등

② 450~500rem 조사 시 : 사망

(2) 인체 내 미치는 위험도에 영향을 주는 인자

① 반감기가 길수록 위험성이 작다.

② α입자를 방출하는 핵종일수록 위험성이 크다.
③ 방사선의 에너지가 높을수록 위험성이 크다.
④ 체내에 흡수되기 쉽고 잘 배설되지 않는 것일수록 위험성이 크다.

Point

방사선 물질이 체내에 들어갈 경우 신체에 미치는 위험도에 대한 설명 중 옳지 않은 것은? ①
① 반감기가 길수록 위험성이 크다.
② α입자를 방출하는 핵종일수록 위험성이 크다.
③ 방사선의 에너지가 높을수록 위험성이 크다.
④ 체내에 흡수되기 쉬울수록 위험성이 크다
⑤ 배설되지 않고 축적되기 쉬울수록 위험성이 크다.

7) 중금속의 유해성

(1) 카드뮴 중독

① 이타이이타이 병 : 일본 도야마현 진쯔강 유역에서 1910년 경 발병－폐광에서 흘러나온 카드뮴이 원인
② 허리와 관절에 심한 통증, 골절 등의 증상을 보인다.

(2) 수은 중독

① 미나마타 병 : 1953년 이래 일본 미나마타만 연안에서 발생
② 흡인 시 인체의 구내염과 혈뇨, 손떨림 등의 증상을 일으킨다.

(3) 크롬 화합물(Cr 화합물) 중독

① 크롬 정련 공정에서 발생하는 6가 크롬에 의한 중독
② 비중격천공증을 유발한다.

비중격천공증을 일으키는 물질은?
Cr 화합물

05 위험물, 유해화학물질의 취급 및 안전수칙

Section

1. 위험물의 성질 및 위험성

1) 일반적으로 위험물은 폭발물, 독극물, 인화물, 방사선물질 등 그 종류가 많다.

2) 위험물의 분류

물리적 성질에 따른 분류	가연성 가스, 가연성 액체, 가연성 고체, 가연성 분체
화학적 성질에 따른 분류	폭발성 물질, 산화성 물질, 금수성 물질, 자연발화성 물질

2. 위험물의 저장 및 취급방법

1) 가연성 액체(인화성 액체)

(1) 가연성 액체는 액체의 표면에서 계속적으로 가연성 증기를 발산하여 점화원에 의해 인화·폭발의 위험성이 있다.

(2) 가연성 액체의 위험성은 그 물질의 인화점(Flash Point)에 의해 구분되며, 인화점이 비교적 낮은 가연성 액체를 특히 인화성 액체(Flammable Liquid)라고 부른다.

(3) 가연성 액체는 인화점 이하로 유지되도록 가열을 피해야 한다. 또한 액체나 증기의 누출을 방지하고 정전기 및 화기 등의 점화원에 대해서도 항상 관리해야 한다.

(4) 저장 탱크에 액체 가연성 물질이 인입될 때의 유체의 속도는 API 기준으로 1m/s 이하로 하여야 한다.

저장 탱크에 액체 가연성 물질이 인입될 때의 유체의 속도는 API 기준으로 몇 m/s 이하로 하여야 하는가?
1m/s

2) 가연성 고체

(1) 종이, 목재, 석탄 등 일반 가연물 및 연료류의 일부가 이 부류에 속한다.

(2) 가연성 고체에 의한 화재는 발화온도 이하로 냉각하든가, 공기를 차단시키면 연소를 막을 수 있다.

3) 가연성 분체

(1) 가연성 고체가 분체 또는 액적으로 되어, 공기 중에 분산하여 있는 상태에서 착화시키면 분진폭발을 일으킬 위험이 있다. 이와 같은 상태의 가연성 분체를 폭발성 분진이라고 한다. 공기 중에 분산된 분진으로는 석탄, 유황, 나무, 밀, 합성수지, 금속(알루미늄, 마그네슘, 칼슘실리콘 등의 분말) 등이 있다.

(2) 분진폭발이 발생하려면 공기 중에 적당한 농도로 분체가 분산되어 있어야 한다.

(3) 분진폭발의 위험성은 주로 분진의 폭발한계농도, 발화온도, 최소발화에너지, 연소열 그리고 분진폭발의 최고압력, 압력상승속도 및 분진폭발에 필요한 한계산소농도 등에 의해 정의되고, 분진폭발의 한계농도는 분진의 입자크기와 형상에 의해 형상을 받는다.

(4) 가연성 분체 중 금속분말(칼슘실리콘, 알루미늄, 마그네슘 등)은 다른 분진보다 화재 발생 가능성이 크고 화재 시 화상을 심하게 입는다.

가연성 분체 중 다른 분진보다 화재발생 가능성이 크고 화재 시 화상을 심하게 입는 것은?
칼슘실리콘

4) 폭발성 물질

(1) 폭발성 물질은 가연성 물질인 동시에 산소 함유물질이다.

(2) 자신의 산소를 소비하면서 연소하기 때문에 다른 가연성 물질과 달리 연소속도가 대단히 빠르며, 폭발적이다.

(3) 폭발성 물질은 분해에 의하여 산소가 공급되기 때문에 연소가 격렬하며 그 자체의 분해도 격렬하다.

(4) 니트로셀룰로오스

① 건조한 상태에서는 자연 분해되어 발화할 수 있다.

② 에틸알코올 또는 이소프로필 알코올로서 습면 상태로 보관한다.

질화면(Nitrocellulose)은 저장 · 취급 중에는 에틸알코올 또는 이소프로필알콜로서 습면 상태로 되어 있다. 그 이유를 바르게 설명한 것은?
질화면은 건조상태에서는 자연발열을 일으켜 분해폭발의 위험이 존재하기 때문이다.

5) 산화성 물질

(1) 산화성 물질은 산화성 염류, 무기 과산화물, 산화성 산류, 산화성 액화가스 등으로 구분된다.

(2) 산화성 물질의 분류

산화성 산류	아염소산, 염소산, 과염소산, 브롬산(취소산), 질산, 황산(황과 혼합 시 발화 또는 폭발 위험) 등
산화성 액화가스	아산화질소, 염소, 공기, 산소, 불소 등이 있으며, 산화성 가스에는 아산화질소, 공기, 산소, 이산화염소, 오존, 과산화수소 등
산화성 염류 및 무기과산화물	–

(3) 산화성 물질의 특징

① 일반적으로 자신은 불연성이지만 다른 물질을 산화시킬 수 있는 산소를 대량으로 함유하고 있는 강산화제

② 반응성이 풍부하고 가열, 충격, 마찰 등에 의해 분해하여 산소 방출이 용이

③ 가연물과 화합해 급격한 산화·환원반응에 따른 과격한 연소 및 폭발이 가능

Point

• 혼합할 때 위험성(발화 또는 폭발)이 존재하는 것은? ④

① 황 – 에테르　　② 황 – 아세톤

③ 황 – 케톤　　④ 황 – 황산

⑤ 물 – 수은

• 산화성 물질이 아닌 것은? ④

① KNO_3　　② NH_4ClO_3

③ $K_2Cr_2O_7$　　④ NH_4Cl

⑤ CH_3Li

(4) 산화성 물질의 취급

① 가열, 충격, 마찰, 분해를 촉진하는 약품류와의 접촉을 피한다.

② 환기가 잘 되고 차가운 곳에 저장해야 한다.

③ 내용물이 누출되지 않도록 하며, 조해성이 있는 것은 습기를 피해 용기를 밀폐하는 것이 필요하다.

(5) 산화성 물질 연소의 특징

① 분해에 의해 산소가 공급되기 때문에 연소가 과격하고 위험물 자체의 분해도 격렬하다.

② 소화방법으로는 산화제의 분해를 멈추게 하기 위하여 냉각해서 분해온도 이하로 낮추고, 가연물의 연소도 억제하고 동시에 연소를 방지하는 조치를 강구해야 한다.

(6) 알칼리 금속의 과산화물(과산화칼륨, 과산화나트륨 등)은 물과 반응하여 발열하는 성질(공기 중의 수분에 의해서도 서서히 분해한다)이 있으므로 저장 · 취급 시, 특히 물이나 습기에 접촉되는 것을 방지해야 한다.

Point

산화성 물질의 저장 · 취급에 있어서 고려하여야 할 사항과 가장 거리가 먼 것은? ④
① 가열 · 충격 · 마찰 등 분해를 일으키는 조건을 주지 말 것
② 분해를 촉진하는 약품류와 접촉을 피할 것
③ 내용물이 누출되지 않도록 할 것
④ 습한 곳에 밀폐하여 저장할 것
⑤ 환기가 잘 되고 차가운 곳에 저장할 것

(7) 알칼리 금속의 과산화물에 의한 화재

소화제로 물을 사용할 수 없기 때문에, 다른 가연성 물질과는 같은 장소에 저장하지 말아야 한다.

(8) 황산(H_2SO_4)의 특성

① 경피독성이 강한 유해물질로 피부에 접촉하면 큰 화상을 입는다.

② 물(H_2O)에 용해 시 다량의 열을 발생한다.

③ 묽은 황산(희황산)은 각종 금속과 반응(부식)하여 수소(H_2)가스를 발생한다.

Point

다량의 황산이 가연물과 혼합되어 화재가 발생하였다. 이 소화작업 중 가장 적절치 못한 방법은? ④
① 회로 덮어 질식소화한다.
② 마른 모래로 덮어 질식소화한다.
③ 건조분말로 질식소화한다.
④ 물을 뿌려 냉각소화 및 질식소화를 한다.
⑤ 산소의 공급을 차단하여 공기 중의 산소농도를 한계산소지수 이하로 유지시킨다.

6) 금수성 물질

(1) 공기 중의 습기를 흡수하거나 수분이 접촉했을 때 발화 또는 발열을 일으킬 위험이 있는 물질

(2) 금수성 물질은 수분과 반응하여 가연성 가스를 발생하여 발화하는 것과 발열하는 것이 있다.

(3) 수분과 반응 시

가연성 가스 발생	나트륨, 알루미늄 분말, 인화칼슘(Ca_3P_2) 등
발열 및 접촉한 가연물 발화	생석회(CaO), 무수 염화알루미늄(AlCl), 과산화나트륨(Na_2O_2), 수산화나트륨(NaOH), 삼염화인(PCl_3) 등

Point

다음 중 금수성 물질로 분류되는 것은? ③

① HCl
② NaCl
③ Ca_3P_2
④ $Al(OH)_3$
⑤ P_4S_3

7) 자연발화성 물질

(1) 외부로부터 어떠한 발화원도 없이 물질이 상온의 공기 중에서 자연발열하여 그 열이 오랜 시간 축적되면서 발화점에 도달하여 결과적으로 발화 연소에 이르는 현상을 일으키는 물질

(2) 자연발열의 원인

① 분해열, 산화열, 흡착열, 중합열, 발효열 등

② 공기 중에서 고온과 다습은 자연발화를 촉진하는 효과를 가지게 된다.

※ 공기 중에서 조해성(스스로 공기 중의 수분을 흡수해 분해)을 가지는 물질 : $CuCl_2$, $Cu(NO_3)$, $Zn(NO_3)_2$ 등

(3) 자연발화성 물질의 분류

유류	식물유와 어유 등
금속분말류	아연, 알루미늄, 철, 마그네슘, 망간 등과 이들의 합금으로 된 분말
광물 및 섬유, 고무	황철광, 원면, 고무 및 석탄가루 등
중합반응으로 발열	액화시안화수소, 스티렌, 비닐아세틸렌 등

Point

다음 보기의 물질들이 가지고 있는 공통적인 특징은? ①

[보기] $CuCl_2$, $Cu(NO_3)$, $Zn(NO_3)_2$

① 조해성 ② 풍해성
③ 발화성 ④ 산화성
⑤ 용융성

8) 「위험물안전관리법」상 위험물

(1) 위험물의 정의

① 「위험물안전관리법」상의 위험물은 화재 위험이 큰 것으로서 인화성 또는 발화성 등의 성질을 가진 물품을 말한다.

② 이들 물품은 그 자체가 인화 또는 발화하는 것과, 인화 또는 발화를 촉진하는 것들이 있으며, 이러한 물품들의 일반성질, 화재예방방법 및 소화방법 등의 공통점을 묶어 제1류에서 제6류까지 분류한다.

(2) 위험물의 분류(「위험물안전관리법 시행령」 별표 1)

① 제1류 위험물(산화성 고체)

㉠ 산화성 고체의 정의 : 액체 또는 기체 이외의 고체로서 산화성 또는 충격에 민감한 것

㉡ 제1류 위험물의 종류 : 무기과산화물, 아염소산, 염소산, 과염소산 염류 등

② 제2류 위험물(가연성 고체)

㉠ 가연성 고체의 정의 : 고체로서 화염에 의한 발화의 위험성 또는 인화의 위험성이 있는 것

㉡ 제2류 위험물의 종류 : 황화린, 적린, 유황, 철분, 금속분 등

㉢ 제2류 위험물의 특징

ⓐ 황린은 보통 인 또는 백린이라고도 불리며, 맹독성 물질이다. 자연발화성이 있어서 물속에 보관해야 한다.

ⓑ 황화린은 3황화린(P_4S_3), 5황화린(P_4S_5), 7황화린(P_4S_7)이 있으며, 자연발화성 물질이므로 통풍이 잘되는 냉암소에 보관한다.

ⓒ 적린은 독성이 없고 공기 중에서 자연발화하지 않는다.

ⓓ 황은 황산, 화약, 성냥 등의 제조원료로 사용된다. 황은 산화제, 목탄가루 등과 함께 있으면 약간의 가열, 충격, 마찰에 의해서도 폭발을 일으키므로,

산화제와 격리하여 저장하고, 분말이 비산되지 않도록 주의하고, 정전기의 축적을 방지해야 한다.

ⓔ 마그네슘은 은백색의 경금속으로서, 공기 중에서 습기와 서서히 작용하여 발화한다. 일단 착화하면 발열량이 매우 크며, 고온에서 유황 및 할로겐, 산화제와 접촉하면 매우 격렬하게 발열한다.

Point

마그네슘의 저장 및 취급에 관한 설명으로 틀린 것은? ④

① 산화제와 접촉을 피한다.
② 상온의 물에서는 안정하지만, 고온의 물이나 과열 수증기와 접촉하면 격렬히 반응한다.
③ 분진폭발성이 있으므로 누설되지 않도록 포장한다.
④ 고온에서 유황 및 할로겐과 접촉하면 흡열반응을 한다.
⑤ 불활성 기체하에서 취급하여야 한다.

③ 제3류 위험물(자연발화성 및 금수성 물질)

자연발화성 물질	고체 또는 액체로서 공기 중에서 발화의 위험성이 있는 것
금수성 물질	고체 또는 액체로서 물과 접촉하여 발화하거나 가연성 가스를 발생할 위험성이 있는 것

㉠ 자연발화성 물질 및 금수성 물질의 종류 : 알킬리튬, 유기금속화합물, 금속의 인화물 등

Point

산화성 물질이 아닌 것은? ④

① 질산 및 그 염류
② 염소산 및 그 염류
③ 과염소산 및 그 염류
④ 유기금속화합물
⑤ 황화린

㉡ 공통적 성질

ⓐ 물과 반응 시에 가연성 가스(수소)를 발생시키는 것이 많다.

ⓑ 생석회는 물과 반응하여 발열만을 한다.

㉢ 저장 및 취급방법

ⓐ 저장용기의 부식을 막으며 수분의 접촉을 방지한다.

ⓑ 용기파손이나 누출에 주의한다.

㉣ 소화방법

ⓐ 소량의 초기화재는 건조사에 의해 질식 소화한다.

ⓑ 금속화재는 소화용 특수분말 소화약제($NaCl$, $NH_4H_2PO_4$ 등)로 소화한다.

㉤ 제3류 위험물의 특징

ⓐ 칼륨은 은백색의 무른 금속으로 상온에서 물과 격렬히 반응하여 수소를 발생시키므로 보호액(석유) 속에 저장한다.

Point

위험물질의 저장 및 취급방법이 잘못된 것은? ①

① 칼륨 : 알코올 속에 저장한다.

② 피크르산 : 운반 시 10~20% 물로 젖게 한다.

③ 황린 : 반드시 저장용기 중에는 물을 넣어 보관한다.

④ 니트로셀룰로오스 : 건조상태에 이르면 즉시 습한 상태로 유지시킨다.

⑤ 금속나트륨 : 물과 심하게 반응하므로 습기를 차단한다.

ⓑ 금속나트륨은 화학적 활성이 크고, 물과 심하게 반응하여 수소를 내며 열을 발생시키고, 찬물(냉수)과 반응하기도 쉽다.

Point

찬물(냉수)과 반응하기가 쉬운 물질은? ③

① 구리분말 ② 석면

③ 금속나트륨 ④ 철분말

⑤ 질산나트륨

ⓒ 알킬알루미늄은 알킬기(R^-)와 알루미늄의 화합물로서, 물과 접촉하면 폭발적으로 반응하여 에탄가스를 발생한다. 용기는 밀봉하고 질소 등 불활성 가스를 봉입한다.

ⓓ 금속리튬은 은백색의 고체로 물과는 심하게 발열반응을 하여 수소 가스를 발생시킨다.

ⓔ 금속마그네슘은 은백색의 경금속으로 분말을 수중에서 끓이면 서서히 반응하여 수소를 발생한다.

ⓕ 금속칼슘은 은백색의 고체로 연성이 있고 물과는 발열반응을 하여 수소 가스를 발생시킨다.

ⓖ CaC_2(탄화칼슘, 카바이드)은 백색 결정체로 자신은 불연성이나 물과 반응하여 아세틸렌을 발생시킨다.

Point

물과 반응하여 아세틸렌을 발생시키는 물질은? ④

① Zn
② Mg
③ Zn_3P_2
④ CaC_2
⑤ P

ⓗ 인화칼슘은 인화석회라고도 하며 적갈색의 고체로 수분(H_2O)과 반응하여 유독성 가스인 포스핀 가스를 발생시킨다.

Point

다음 물질 중 수분(H_2O)과 반응하여 유독성 가스인 포스핀이 발생되는 물질은? ③

① 금속나트륨
② 알루미늄 분말
③ 인화칼슘
④ 수소화리튬
⑤ 질산나트륨

ⓘ 산화칼슘은 생석회라고도 하며 자신은 불연성이지만 물과 반응 시 많은 열을 내기 때문에 다른 가연물을 점화시킬 수 있다.

ⓙ 탄화알루미늄은 흰색 또는 황색 결정체이고, 물과 발열 반응하여 메탄가스를 발생시킨다.

ⓚ 수소화물[LiH, NaH, Li(AlH_4), CaH_2 등]은 융점이 높은 무색결정체로 물과 반응하여 쉽게 수소를 발생시킨다.

ⓛ 칼슘실리콘은 외관상 금속 상태이고, 물과 작용하여 수소를 방출하며, 공기 중에서 자연발화의 위험이 있다. 가연성 분체 중 다른 분진보다 화재발생 가능성이 크고 화재 시 화상을 심하게 입을 수 있다.

Point

- 다음 중 금수성 물질이 아닌 것은? ④

① 나트륨 ② 알킬알루미늄
③ 칼륨 ④ 니트로글리세린
⑤ 수소화리튬

- 가연성 분체 중 다른 분진보다 화재발생 가능성이 크고 화재 시 화상을 심하게 입는 것은? ③

① 탄닌 ② 황가루
③ 칼슘실리콘 ④ 폴리에틸렌
⑤ 탄산칼슘

- 물과 반응하여 수소가스를 발생시키지 않는 물질은? ③

① Mg ② Zn
③ Cu ④ Li
⑤ Ba

④ 제4류 위험물(인화성 액체)

㉠ 제4류 위험물 : 액체(제3석유류, 제4석유류 및 동식물유류에 있어서는 1기압과 20℃에서 액상인 것)로서 인화의 위험성이 있는 것

㉡ 제4류 위험물의 종류

물질		지정수량
특수인화물		50리터
제1석유류 (인화점 : 21℃ 미만)	비수용성 액체	200리터
	수용성 액체	400리터
알코올류		400리터
제2석유류 (인화점 : 21℃~70℃)	비수용성 액체	1,000리터
	수용성 액체	2,000리터
제3석유류 (인화점 : 70℃~200℃)	비수용성 액체	2,000리터
	수용성 액체	4,000리터
제4석유류(인화점 : 200℃ 이상)		6,000리터
동식물유류		10,000리터

⑤ 제5류 위험물(자기반응성 물질)

㉠ 자기반응성 물질 : 고체 또는 액체로서 폭발의 위험성 또는 가열분해의 격렬함을 판단하기 위하여 고시로 정하는 시험에서 고시로 정하는 성질과 상태를 나타내는 것

㉡ 제5류 위험물의 종류 : 유기과산화물, 질산에스테르류(니트로글리세린, 니트로글리콜 등), 아조화합물, 디아조화합물 등

※ 하이드라진(Hydrazine, N_2H_4)은 「산업안전보건법」상 폭발성 물질로 분류되지만, 「위험물안전관리법」상에서 분류되지 않는다.

㉢ 일반적 성질

ⓐ 가연성으로서 산소를 함유하므로 자기연소가 용이하다.

ⓑ 연소속도가 극히 빨라 폭발적인 연소를 하며 소화가 곤란하다.

ⓒ 가열, 충격, 마찰 또는 접촉에 의해 착화·폭발이 용이하다.

㉣ 저장 및 취급방법

ⓐ 가열, 마찰, 충격을 피한다.

ⓑ 고온체와의 접근을 피한다.

ⓒ 유기용제와의 접촉을 피한다.

물질에 대한 저장방법으로 잘못된 것은? ②

① 나트륨-석유 속에 저장

② 니트로글리세린-유기용제 속에 저장

③ 적린-냉암소에 격기 저장

④ 질산은 용액-햇빛을 차단하여 저장

⑤ 이황화탄소-통풍이 잘 되는 냉암소에 밀폐보관

㉤ 소화방법

ⓐ 대량의 주수소화가 가능하다.

ⓑ 자기 산소 함유 물질이므로 질식소화는 효과가 없다.

⑥ 제6류 위험물(산화성 액체)

㉠ 제6류 위험물 : 액체로서 산화력의 잠재적인 위험성을 판단하기 위하여 고시로 정하는 시험에서 고시로 정하는 성질과 상태를 나타내는 것

㉡ 제6류 위험물의 종류 : 과염소산, 질산, 과산화수소(36 중량% 이상인 것) 등

3. 가연성 가스취급 시 주의사항

1) 가연성 가스에는 NPT(Normal Temp & Press)에서 기체상태인 가연성 가스(수소, 아세틸렌, 메탄, 프로판 등) 및 가연성 액화가스(LPG, LNG, 액화수소 등)가 있다.
지연성 가스인 산소, 염소, 불소, 산화질소, 이산화질소 등은 가연성 가스(아세틸렌 등)와 공존할 때에는 가스폭발의 위험이 있다.

Point

아세틸렌 압축 시 사용되는 희석제로 적당치 않은 것은? ④
① 메탄　② 질소　③ 일산화탄소　④ 산소　⑤ 에틸렌

2) 가연성 가스 및 증기가 공기 또는 산소와 혼합하여 혼합가스의 조성이 어느 농도 범위에 있을 때, 점화원(발화원)에 의해 발화(착화)하면 화염은 순식간에 혼합가스에 전파하여 가스 폭발을 일으킨다.

3) 가연성 가스 중에는 공기의 공급 없이 분해폭발(폭발상한계 100%)을 일으키는 것이 있는데 이러한 물질로는 아세틸렌, 에틸렌, 산화에틸렌 등이 있으며, 고압일수록 분해폭발을 일으키기 쉽다.

Point

다음의 물질 중에서 폭발상한계가 100%인 것은?
산화에틸렌

(1) 아세틸렌(C_2H_2)의 폭발성

① 화합폭발 : C_2H_2는 Ag(은), Hg(수은), Cu(구리)와 반응하여 폭발성의 금속 아세틸리드를 생성한다.
② 분해폭발 : C_2H_2는 1기압 이상으로 가압하면 분해폭발을 일으킨다.
③ 산화폭발 : C_2H_2는 공기 중에서 산소와 반응하여 연소폭발을 일으킨다.

(2) 아세틸렌(C_2H_2)의 충전

아세틸렌은 가압하면 분해폭발을 하므로 아세톤 등에 침윤시켜 다공성 물질이 들어있는 용기에 충전시킨다.

4) 가연성 가스가 고압상태이기 때문에 발생하는 사고형태로는 가스용기의 파열, 고압가스의 분출 및 그에 따른 폭발성 혼합가스의 폭발, 분출가스의 인화에 의한 화재 등을 들 수 있다.

4. 유해화학물질 취급 시 주의사항

1) 위험물질 등의 제조 등 작업 시의 조치

사업주는 위험물질을 제조 또는 취급하는 경우에 폭발·화재 및 누출을 방지하기 위한 적절한 방호조치를 하지 아니하고 다음의 행위를 해서는 아니 된다.

(1) 폭발성 물질, 유기과산화물을 화기나 그 밖에 점화원이 될 우려가 있는 것에 접근시키거나 가열하거나 마찰시키거나 충격을 가하는 행위

(2) 물반응성 물질, 인화성 고체를 각각 그 특성에 따라 화기나 그 밖에 점화원이 될 우려가 있는 것에 접근시키거나 발화를 촉진하는 물질 또는 물에 접촉시키거나 가열하거나 마찰시키거나 충격을 가하는 행위

(3) 산화성 액체·산화성 고체를 분해가 촉진될 우려가 있는 물질에 접촉시키거나 가열하거나 마찰시키거나 충격을 가하는 행위

(4) 인화성 액체를 화기나 그 밖에 점화원이 될 우려가 있는 것에 접근시키거나 주입 또는 가열하거나 증발시키는 행위

(5) 인화성 가스를 화기나 그 밖에 점화원이 될 우려가 있는 것에 접근시키거나 압축·가열 또는 주입하는 행위

(6) 부식성 물질 또는 급성 독성물질을 누출시키는 등으로 인체에 접촉시키는 행위

(7) 위험물을 제조하거나 취급하는 설비가 있는 장소에 인화성 가스 또는 산화성 액체 및 산화성 고체를 방치하는 행위

2) 유해물질에 대한 안전대책

(1) 유해물질의 제조·사용의 중지, 유해성이 적은 물질로의 전환(대치)

(2) 생산공정 및 작업방법의 개선

(3) 유해물질 취급설비의 밀폐화와 자동화(격리)

(4) 유해한 생산공정의 격리와 원격조작의 채용

(5) 국소배기에 의한 오염물질의 확산방지(환기)

(6) 전체환기에 의한 오염물질의 희석배출

(7) 작업행동의 개선에 의한 2차 발진 등의 방지(교육)

Point

유해물 취급상의 안전조치에 해당되지 않는 것은? ①
① 작업숙련자 배치
② 유해물 발생원의 봉쇄
③ 유해물의 위치, 작업공정의 변경
④ 작업공정의 은폐와 작업장의 격리
⑤ 생산공정 및 작업방법의 개선

06 NFPA에 의한 위험물 표시 및 위험등급 Section

1. 위험 표시

1) 화학물질은 반드시 단독의 성질을 가지는 것만이 아니라, 가연성이면서 유독성인 것도 있다. 따라서 물질의 위험성을 종합적으로 평가하여 근로자에게 이를 정확히 알려주는 것이 매우 중요하다.
2) NFPA(National Fire Protection Association)에서는 위험물의 위험성을 연소위험성(Flammability Hazards), 건강위험성(Health Hazards), 반응위험성(Reactivity Hazards)의 3가지로 구분하고 각각에 대하여 위험이 없는 것은 0, 위험이 가장 큰 것은 4로 하여 5단계로 위험등급을 정하여 표시한다.

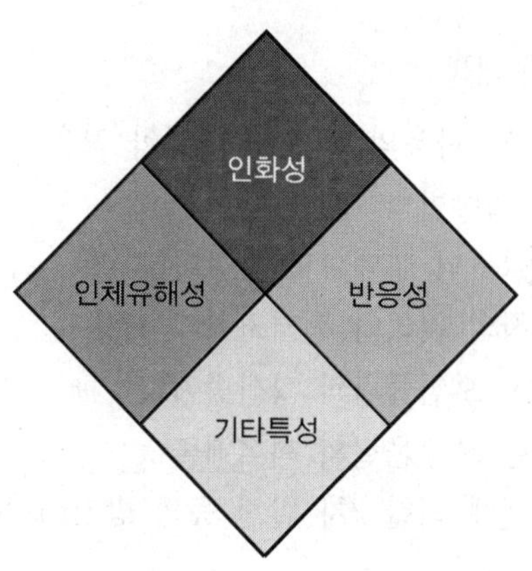

2. 위험 등급

1) 연소위험성(적색)
2) 건강위험성(청색)
3) 반응위험성(황색)
4) 기타 위험성

\	금수성 물질(Do not use water)
OX	산화제(Oxdizer)

Point

다음 그림은 NFPA의 위험성 표시 라벨이다. 황색숫자 3이 나타내는 위험성은?

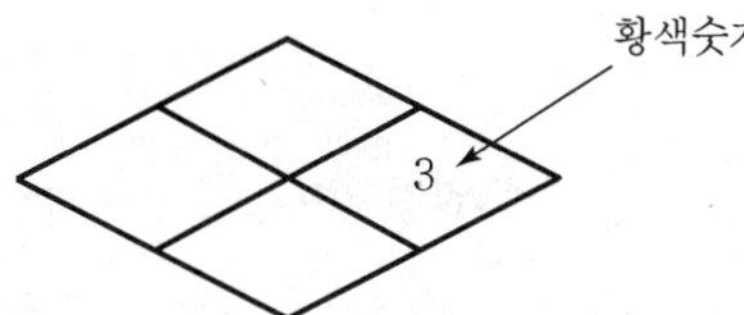

[NFPA의 위험성표시 라벨]

반응위험성

07 화학물질에 대한 정보

Section

1. 화학물질 또는 화학물질 제제를 담은 용기 및 포장에의 경고표지 포함사항

1) 명칭 : 해당 화학물질 또는 화학물질을 함유한 제제의 명칭
2) 그림문자 : 화학물질의 분류에 따라 유해 · 위험의 내용을 나타내는 그림
3) 신호어 : 유해 · 위험의 심각성 정도에 따라 표시하는 "위험" 또는 "경고" 문구
4) 유해 · 위험 문구 : 화학물질의 분류에 따라 유해 · 위험을 알리는 문구
5) 예방조치 문구 : 화학물질에 노출되거나 부적절한 저장 · 취급 등으로 발생하는 유해 · 위험을 방지하기 위하여 알리는 주요 유의사항
6) 공급자 정보 : 화학물질 또는 화학물질을 함유한 제제의 제조자 또는 공급자의 이름 및 전화번호 등

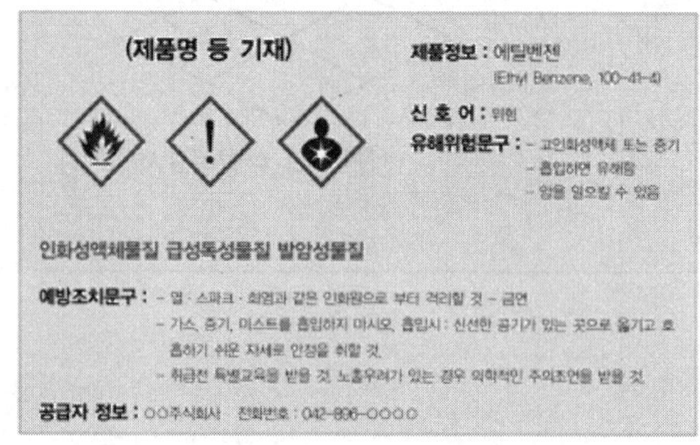

[화학물질에 대한 경고표지의 예]

유해물질의 안전취급을 위한 각종 사항 중 적당하지 않은 것은? ②

① 명칭, 성분, 함유량 및 저장, 취급방법 등을 표시한다.
② 유해그림의 바탕색은 빨강으로 하고 제조금지 물질의 경우는 노란색 바탕으로 한다.
③ 용기 또는 포장의 겉면 중에 잘 보이는 곳에 표시한다.
④ 인체에 미치는 영향, 제조자의 주소 및 성명 등을 기입한다.
⑤ 주요 유의사항을 담은 예방문구를 표시한다.

2. 물질안전보건자료(MSDS)

1) 물질안전보건자료에 포함되어야 할 사항

화학물질 및 화학물질을 함유한 제제(대통령령으로 정하는 제제는 제외) 중 고용노동부령으로 정하는 분류기준에 해당하는 화학물질 및 화학물질을 함유한 제제를 양도하거나 제공받는 자에게 다음의 사항을 모두 기재한 자료(물질안전보건자료)를 고용노동부령으로 정하는 방법에 따라 작성하여 제공하여야 한다. 이 경우 고용노동부장관은 고용노동부령으로 물질안전보건자료의 기재사항이나 작성 방법을 정할 때 「화학물질관리법」과 관련된 사항에 대하여는 환경부장관과 협의하여야 한다.

① 대상화학물질의 명칭
② 구성성분의 명칭 및 함유량
③ 안전·보건상의 취급주의 사항
④ 건강 유해성 및 물리적 위험성
⑤ 그 밖에 고용노동부령으로 정하는 사항

2) 물질안전보건자료에 포함하지 않아도 되는 사항

(1) 영업비밀로서 보호할 가치가 있다고 인정되는 화학물질(그 정보가 영업비밀임을 물질안전보건자료에 분명하게 밝혀야 함)
(2) (1)의 화학물질을 함유한 제제(화학물질의 구성성분 및 함유량)

Point

사업주가 사용하는 화학물질에 대한 물질안전보건자료를 작성하여 근로자가 쉽게 볼 수 있는 장소에 게시 또는 비치하여야 하는 사항에 해당되지 않는 것은? ①

① 제조업자의 명칭
② 인체 및 환경에 미치는 영향
③ 안전, 보건상의 취급주의 사항
④ 화학물질의 명칭, 성분 및 함유량
⑤ 건강 유해성 및 물리적 위험성

3) MSDS 작성·비치 등의 적용대상 물질

(1) 물리적 위험성 물질 : 폭발성 물질, 인화성 물질, 산화성 물질, 자기반응성 물질 등
(2) 건강 유해성 물질 : 급성 독성 물질, 피부 부식성 또는 자극성 물질 등
(3) 환경유해물질 : 수생 환경 유해성 물질

4) 물질안전보건자료(MSDS) 작성 · 비치 대상 제외 제제

(1) 「원자력안전법」에 따른 방사성물질
(2) 「약사법」에 따른 의약품 · 의약외품
(3) 「화장품법」에 따른 화장품
(4) 「마약류 관리에 관한 법률」에 따른 마약 및 향정신성의약품
(5) 「농약관리법」에 따른 농약
(6) 「사료관리법」에 따른 사료
(7) 「비료관리법」에 따른 비료
(8) 「식품위생법」에 따른 식품 및 식품첨가물
(9) 「총포 · 도검 · 화약류의 안전관리에 관한 법률」에 따른 화약류
(10) 「폐기물관리법」에 따른 폐기물
(11) 「의료기기법」 제2조 제1항에 따른 의료기기
(12) 제1호부터 제11호까지 외의 제제로서 주로 일반 소비자의 생활용으로 제공되는 제제
(13) 그 밖에 고용노동부장관이 독성 · 폭발성 등으로 인한 위해의 정도가 적다고 인정하여 고시하는 제제

Point

산업안전보건법상 물질안전보건자료의 작성 · 비치 제외 대상이 아닌 것은? ④
① 원자력법에 의한 방사선 물질
② 농약관리법에 의한 농약
③ 비료관리법에 의한 비료
④ 관세법에 의해 수입되는 유기용제
⑤ 폐기물관리법에 따른 폐기물

5) 화학물질 용기 표면에 표시하여야 할 사항

(1) 화학물질의 명칭
(2) 일차적인 인체 유해성에 대한 그림문자(심벌) 및 신호어
(3) 생산 제품명(화학물질명)과 위해성을 알 수 있는 구성 성분에 관한 정보
(4) 화학물질의 분류에 의한 유해 · 위험 문구
(5) 화재 · 폭발 · 누출사고 등에 대처하기 위한 안전한 사용의 지침
(6) 인체 노출방지 및 개인보호구에 대한 권고사항
(7) 법적인 요구조건

(8) 화학물질 제조자와 공급자에 대한 정보
(9) 화학물질 사용에 대한 만기일자
(10) 기타 화학물질 관리에 필요한 정보

08 국소배기장치 Section

1. 국소배기장치의 정의

유해물의 그 발생원(source)에 되도록 가까운 장소(part)에서 동력에 의해 흡인배출하는 장치이다. 국소배기장치는 후드(hood), 덕트(duct), 공기정화장치(air cleaner equipment), 송풍기(fan), 배기덕트(exhaust dust) 및 배기구(air outlet)의 각 부분으로 구성되어 있다.

2. 국소배기장치의 구성

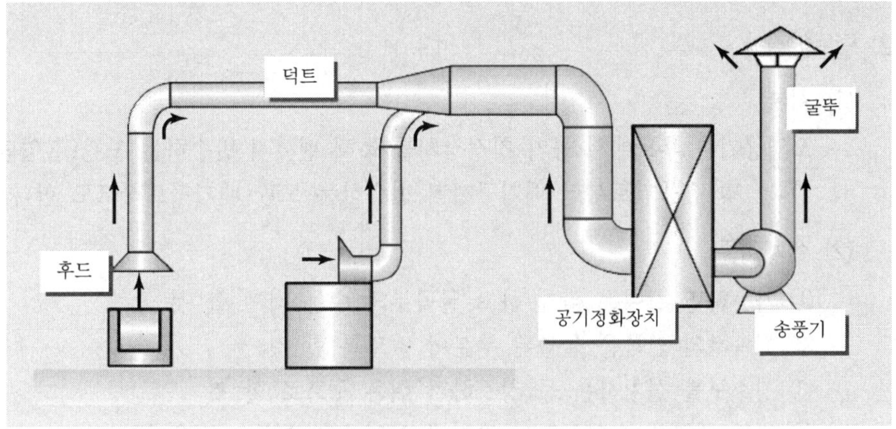

1) 후드(Hood)

(1) 기능

오염물(contaminant)의 발생원을 되도록 포위하도록 설치된 국소배기장치의 입구부이다.

(2) 설치기준

① 유해물질이 발생하는 곳마다 설치

② 유해인자 발생형태, 비중, 작업방법 등을 고려하여 해당 분진 등의 발산원을 제어할 수 있는 구조로 설치할 것

③ 후드 형식은 가능한 포위식 또는 부스식 후드를 설치할 것

④ 외부식 또는 리시버식 후드는 해당 분진의 발산원에서 가장 가까운 곳에 설치할 것

⑤ 후드의 개구면적을 크게 하지 않을 것

유기용제 사용 사업장의 국소배기장치의 설치상 유의할 점 중 틀린 것은? ②

① 유기용제 증기의 발산원마다 따로 설치할 것

② 외부식 후드는 유기용제 증기 발산원에서 가장 먼 곳에 설치할 것

③ 작업방법과 증기발생 상황에 따라 당해 유기용제의 증기를 흡인하기에 적당한 형식과 크기로 할 것

④ 가능한 한 국소배기 장치의 덕트길이는 짧게 하고 굴곡부의 수는 적게 한다.

⑤ 후드의 개구면적을 가능한 한 적게 할 것

2) 덕트(Duct)

(1) 기능

오염공기를 후드에서 공기 청정장치를 통해 팬까지 반송하는 도관(흡입덕트라고도 한다) 및 송풍기로부터 배기구까지 반송하는 도관(배기덕트라고도 한다)

(2) 설치기준

① 가능하면 길이는 짧게 하고 굴곡부의 수는 적게 할 것

② 접속부의 안쪽은 돌출된 부분이 없도록 할 것

③ 청소구를 설치하는 등 청소하기 쉬운 구조로 할 것

④ 덕트 내부에 오염물질이 쌓이지 않도록 이송속도를 유지할 것

⑤ 연결 부위 등은 외부공기가 들어오지 않도록 할 것

[덕트 설치의 예]

3) 공기정화장치

후드 흡입덕트에 수립된 오염공기를 외기에 방출하기 전에 정화하는 장치이다. 이 장치는 분진을 제거하기 위한 제진장치와 가스, 증기를 제거하기 위한 배출가스 처리장치로 구별된다.

4) 배풍기(송풍기)

국소배기장치에 공기정화장치를 설치하는 경우 정화 후의 공기가 통하는 위치에 배풍기를 설치하여야 한다. 다만, 빨아들인 물질로 인하여 폭발할 우려가 없고 배풍기의 날개가 부식될 우려가 없는 경우에는 정화 전의 공기가 통하는 위치에 배풍기를 설치할 수 있다.

5) 배기구

분진 등을 배출하기 위하여 설치하는 국소배기장치(공기정화장치가 설치된 이동식 국소배기장치 제외)의 배기구를 직접 외기로 향하도록 개방하여 실외에 설치하는 등 배출되는 분진 등이 작업장으로 재유입되지 않는 구조로 하여야 한다.

제3절 전기, 건설작업의 위험관리 개요

01 전기의 위험성

1. 감전재해

1) 감전(感電, Electric Shock)

인체의 일부 또는 전체에 전류가 흐르는 현상을 말하며 이에 의해 인체가 받게 되는 충격을 전격(電擊, Electric Shock)이라고 한다.

2) 감전(전격)에 의한 재해

인체의 일부 또는 전체에 전류가 흘렀을 때 인체 내에서 일어나는 생리적인 현상으로 근육의 수축, 호흡곤란, 심실세동 등으로 부상·사망하거나 추락·전도 등의 2차적 재해가 일어나는 것을 말한다.

2. 감전의 위험요소

1) 전격의 위험을 결정하는 주된 인자

(1) 통전전류의 크기(가장 근본적인 원인이며 감전피해의 위험도에 가장 큰 영향을 미침)
(2) 통전시간
(3) 통전경로
(4) 전원의 종류(교류 또는 직류)
(5) 주파수 및 파형
(6) 전격인가위상(심장 맥동주기의 어느 위상에서의 통전여부)

심장의 맥동주기	구성
심장의 맥동주기 H R T P P Q S Q	① P : 심방수축에 따른 파형 ② Q－R－S파 : 심실수축에 따른 파형 ③ T파 : 심실의 수축 종료 후 심실의 휴식 시 발생하는 파형 ④ H－R : 심장의 맥동주기
• 전격이 인가되면 심실세동을 일으키는 확률이 가장 크고 위험한 부분 : 심실이 수축종료하는 T파 부분	

(7) 기타 간접적으로는 인체저항과 전압의 크기 등이 관계함

2) 통전경로별 위험도

통전경로	위험도	통전경로	위험도
왼손－가슴	1.5	왼손－등	0.7
오른손－가슴	1.3	한손 또는 양손－앉아 있는 자리	0.7
왼손－한발 또는 양발	1.0	왼손－오른손	0.4
양손－양발	1.0	오른손－등	0.3
오른손－한발 또는 양발	0.8	※ 숫자가 클수록 위험도가 높아짐	

3. 통전전류의 세기 및 그에 따른 영향

1) 통전전류와 인체반응

통전전류 구분	전격의 영향	통전전류(교류) 값
최소감지전류	고통을 느끼지 않으면서 짜릿하게 전기가 흐르는 것을 감지할 수 있는 최소전류	상용주파수 60Hz에서 성인남자의 경우 1mA
고통한계전류	통전전류가 최소감지전류보다 커지면 어느 순간부터 고통을 느끼게 되지만 이것을 참을 수 있는 전류	상용주파수 60Hz에서 7～8mA
가수전류 (이탈전류)	인체가 자력으로 이탈 가능한 전류 (마비한계전류라고 하는 경우도 있음)	상용주파수 60Hz에서 10～15mA ▶ 최저가수전류치 －남자 : 9mA －여자 : 6mA

통전전류 구분	전격의 영향	통전전류(교류) 값
불수전류 (교착전류)	통전전류가 고통한계전류보다 커지면 인체 각부의 근육이 수축현상을 일으키고 신경이 마비되어 신체를 자유로이 움직일 수 없는 전류 (인체가 자력으로 이탈 불가능한 전류)	상용주파수 60Hz에서 20~50mA
심실세동전류 (치사전류)	심근의 미세한 진동으로 혈액을 송출하는 펌프의 기능이 장애를 받는 현상을 심실세동이라 하며 이때의 전류	$I=\frac{165}{\sqrt{T}}$[mA] I : 심실세동전류(mA) T : 통전 시간(s)

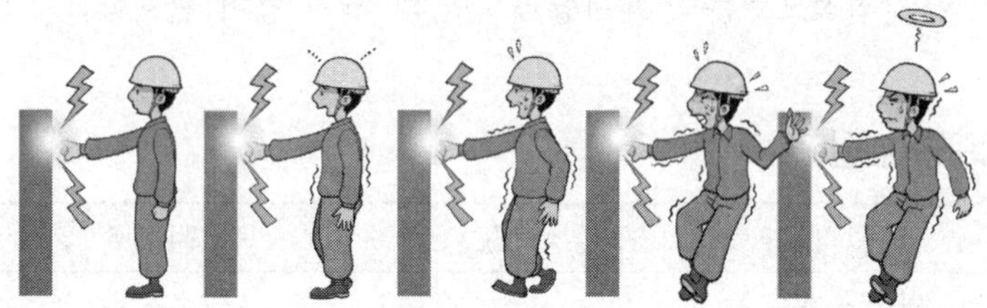

1mA	5mA	10mA	15mA	50~100mA
약간 느낄 정도	경련을 일으킨다.	불편해진다. (통증)	격렬한 경련을 일으킨다.	심실세동으로 사망위험

2) 심실세동전류

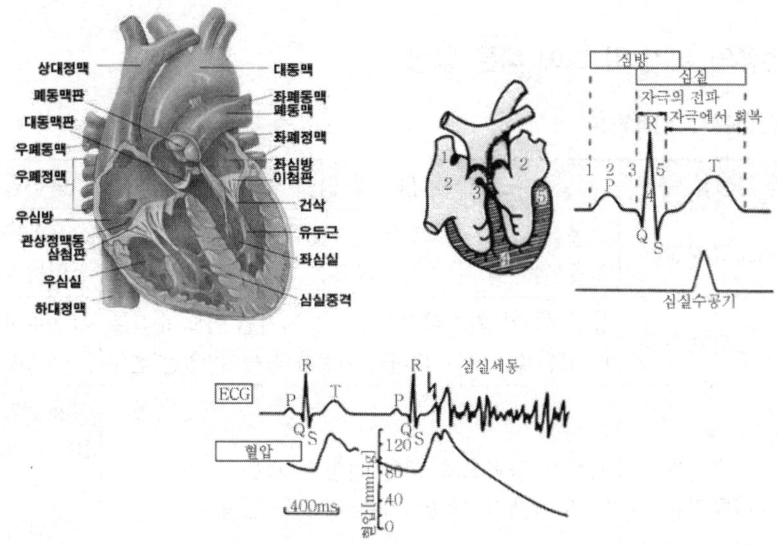

[심전도(ECG)와 심실세동의 발생]

(1) 통전전류가 더욱 증가되면 전류의 일부가 심장부분을 흐르게 된다. 이렇게 되면 심장이 정상적인 맥동을 하지 못하며 불규칙적으로 세동하게 되어 결국 혈액의 순환에 큰 장애를 가져오게 되며 이에 따라 산소의 공급 중지로 인해 뇌에 치명적인 손상을 입게 된다. 이와 같이 심근의 미세한 진동으로 혈액을 송출하는 펌프의 기능이 장애를 받는 현상을 심실세동이라 하며 이때의 전류를 심실세동전류라 한다.

(2) 심실세동상태가 되면 전류를 제거하여도 자연적으로는 건강을 회복하지 못하며 그대로 방치하여 두면 수분 내에 사망

(3) 심실세동전류와 통전시간과의 관계

$$I=\frac{165}{\sqrt{T}}[\mathrm{mA}](\frac{1}{120}\sim 5\text{초})$$

여기서, 전류 I는 1,000명 중 5명 정도가 심실세동을 일으키는 값

3) 위험한계에너지

심실세동을 일으키는 위험한 전기에너지

인체의 전기저항 R을 500[Ω]으로 보면

$$W=I^2RT=\left(\frac{165}{\sqrt{T}}\times 10^{-3}\right)^2\times 500T=(165^2\times 10^{-6})\times 500$$

$$=13.6[\mathrm{W-sec}]=13.6[\mathrm{J}]$$

$$=13.6\times 0.24[\mathrm{cal}]=3.3[\mathrm{cal}]$$

즉, 13.6[W]의 전력이 1sec간 공급되는 아주 미약한 전기에너지이지만 인체에 직접 가해지면 생명을 위험할 정도로 위험한 상태가 됨

02 전기설비 및 기기

Section

1. 배전반 및 분전반

1) 전기사용 장소에서 임시 분전반을 설치하여 반드시 콘센트에서 플러그로 전원을 인출
2) 분기회로에는 감전보호용 지락과 과부하 겸용의 누전차단기를 설치
3) 충전부가 노출되지 않도록 내부 보호판을 설치하고 콘센트에 220V, 380V 등의 전압을 표시
4) 철제 분전함의 외함은 반드시 접지 실시
5) 외함에 회로도 및 회로명, 점검일지를 비치하고 주 1회 이상 절연 및 접지상태 등을 점검
6) 분전함 Door에 시건장치를 하고 "취급자 외 조작금지" 표지를 부착

2. 개폐기

개폐기는 전로의 개폐에만 사용되고, 통전상태에서 차단능력이 없음

1) 개폐기의 시설

(1) 전로에 개폐기를 시설하는 경우에는 그곳의 각 극에 설치하여야 한다.
(2) 고압용 또는 특별고압용의 개폐기는 그 작동에 따라 그 개폐상태를 표시하는 장치가 되어 있는 것이어야 한다.(그 개폐상태를 쉽게 확인할 수 있는 것은 제외)
(3) 고압용 또는 특별고압용 개폐기로서 중력 등에 의하여 자연히 작동할 우려가 있는 것은 자물쇠 장치, 기타 이를 방지하는 장치를 시설하여야 한다.
(4) 고압용 또는 특별고압용의 개폐기로서 부하전류를 차단하기 위한 것이 아닌 개폐기는 부하전류가 통하고 있을 경우에는 개로할 수 없도록 시설하여야 한다.(개폐기를 조작하는 곳의 보기 쉬운 위치에 부하전류의 유무를 표시한 장치 또는 전화기 기타의 지령장치를 시설하거나 터블렛 등을 사용함으로써 부하전류가 통하고 있을 때에 개로조작을 방지하기 위한 조치를 하는 경우는 제외)

2) 개폐기의 부착장소

(1) 퓨즈의 전원측
(2) 인입구 및 고장점검 회로
(3) 평소 부하 전류를 단속하는 장소

3) 개폐기 부착 시 유의사항

(1) 기구나 전선 등에 직접 닿지 않도록 할 것

(2) 나이프 스위치나 콘센트 등의 커버가 부서지지 않도록 할 것

(3) 나이프 스위치에는 규정된 퓨즈를 사용할 것

(4) 전자식 개폐기는 반드시 용량에 맞는 것을 선택할 것

4) 개폐기의 종류

(1) 주상유입개폐기(PCS ; Primary Cutout Switch 또는 COS ; Cut Out Switch)

① 고압컷아웃스위치라 부르고 있는 기기로서 주로 3kV 또는 6kV용 300kVA까지 용량의 1차 측 개폐기로 사용하고 있음

② 개폐의 표시가 되어 있는 고압개폐기

③ 배전선로의 개폐, 고장구간의 구분, 타 계통으로의 변환, 접지사고의 차단 및 콘덴서의 개폐 등에 사용

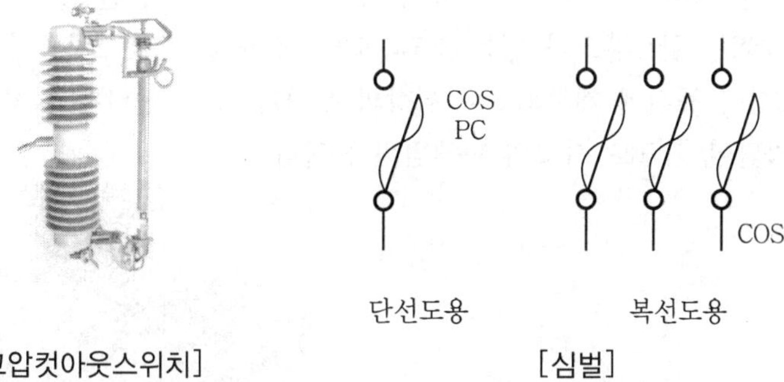

[고압컷아웃스위치] [심벌]

(2) 단로기(DS ; Disconnection Switch)

① 단로기는 개폐기의 일종으로 수용가 구내 인입구에 설치하여 무부하 상태의 전로를 개폐하는 역할을 하거나 차단기, 변압기, 피뢰기 등 고전압 기기의 1차 측에 설치하여 기기를 점검, 수리할 때 전원으로부터 이들 기기를 분리하기 위해 사용한다.

② 다른 개폐기가 전류 개폐 기능을 가지고 있는 반면에, 단로기는 전압 개폐 기능(부하전류 차단 능력 없음)만 가진다. 그러므로 부하전류가 흐르는 상태에서 차단(개방)하면 매우 위험하며 반드시 무부하 상태에서 개폐해야 한다.

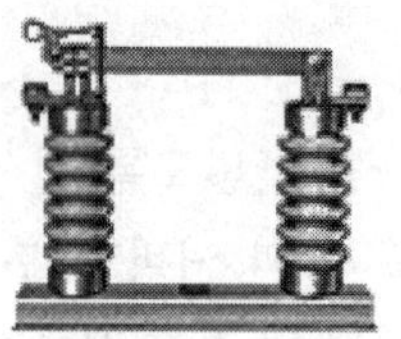

[단로기]

③ 단로기 및 차단기의 투입, 개방 시의 조작순서

- 전원 투입 시 : 단로기를 투입한 후에 차단기 투입(㉠ ▸ ㉡ ▸ ㉢)
- 전원 개방 시 : 차단기를 개방한 후에 단로기 개방(㉢ ▸ ㉡ ▸ ㉠)

(3) 부하개폐기(LBS : Load Breaker Switch)

① 수변전설비의 인입구 개폐기로 많이 사용되며 부하전류를 개폐할 수는 있으나, 고장전류는 차단할 수 없어 전력퓨즈를 함께 사용한다.

② LBS는 한류퓨즈가 있는 것과 한류퓨즈가 없는 것 2종류가 있다.

③ 3상이 동시에 개로되므로 결상의 우려가 없고, 단락사고 시 한류퓨즈가 고속도 차단이 되므로 사고의 피해범위가 작다.

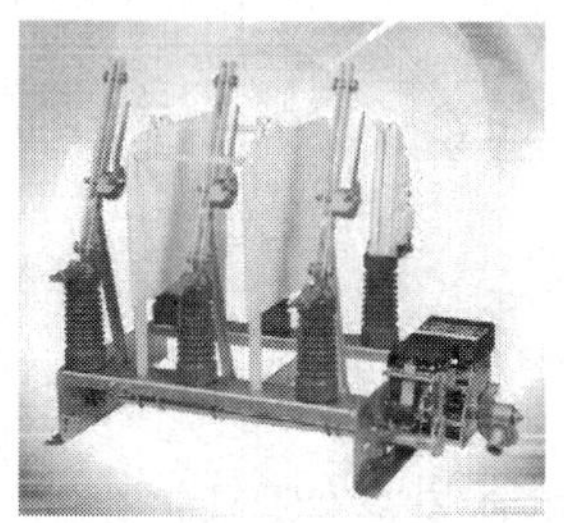

[부하개폐기]

(4) 자동개폐기(AS ; Automatic Switch)

① 전자개폐기 : 전동기의 기동과 정지에 많이 사용, 과부하 보호용으로 적합

② 압력개폐기 : 압력의 변화에 따라 작동(옥내 급수용, 배수용에 적합)

③ 시한개폐기 : 옥외의 신호 회로에 사용(Time Switch)

④ 스냅개폐기 : 전열기, 전등 점멸, 소형 전동기의 기동, 정지 등에 사용

(5) 저압개폐기(스위치 내에 퓨즈 삽입)
① 안전개폐기(Cutout Switch) : 배전반 인입구 및 분기 개폐기
② 커버개폐기(Cover knife Switch) : 저압회로에 많이 사용
③ 칼날형개폐기(Knife Switch) : 저압회로의 배전반 등에서 사용(정격전압 250V)
④ 박스개폐기(Box Switch) : 전동기 회로용

3. 과전류 차단기

1) 차단기의 개요

(1) 정상상태의 전로를 투입, 차단하고 단락과 같은 이상상태의 전로도 일정시간 개폐할 수 있도록 설계된 개폐장치
(2) 차단기는 전선로에 전류가 흐르고 있는 상태에서 그 선로를 개폐하며, 차단기 부하측에서 과부하, 단락 및 지락사고가 발생했을 때 각종 계전기와의 조합으로 신속히 선로를 차단하는 역할

2) 과전류의 종류

(1) 단락전류 (2) 과부하전류 (3) 과도전류

3) 차단기의 종류

차단기의 종류	사용장소
배선용 차단기(MCCB), 기중차단기(ACB)	저압전기설비
• 종래 : 유입차단기(OCB) • 최근 : 진공차단기(VCB), 가스차단기(GCB)	변전소 및 자가용 고압 및 특고압 전기설비
공기차단기(ABB), 가스차단기(GCB)	특고압 및 대전류 차단용량을 필요로 하는 대규모 전기설비

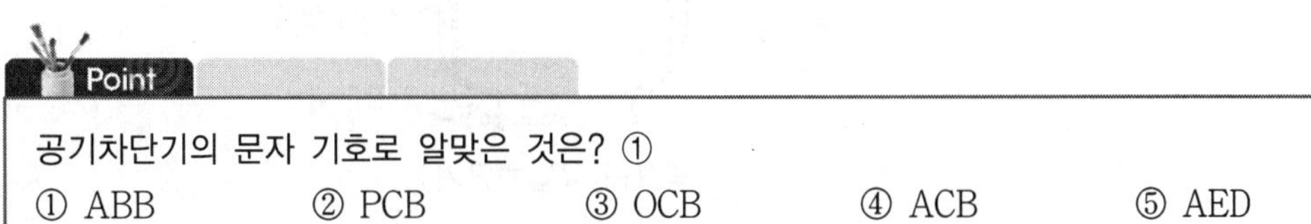

공기차단기의 문자 기호로 알맞은 것은? ①
① ABB ② PCB ③ OCB ④ ACB ⑤ AED

• 정격전류에 따른 배선용 차단기의 동작시간

정격전류[A]	동작시간(분)		
	100% 전류	125% 전류	200% 전류
30 이하	연속 통전	60 이내	2
30 초과~50 이하		60 이내	4
50 초과~100 이하		120 이내	6
100 초과~225 이하		120 이내	8
225 초과~400 이하		120 이내	10
401 초과~600 이하		120 이내	12
600 초과~800 이하		120 이내	14

4) 차단기의 소호원리

구분	진공차단기 (VCB)	유입차단기 (OCB)	가스차단기 (GCB)	공기차단기 (ABB)	자기차단기 (MBB)	기중차단기 (ACB)
소호원리	10-4Torr 이하의 진공 상태에서의 높은 절연특성과 Arc 확대에 의한 소호	절연유의 절연성능과 발생 GAS 압력 및 냉각효과에 의한 소호	SF_6가스의 높은 절연성능과 소호성능을 이용	별도 설치한 압축공기 장치를 통해 Arc를 분산, 냉각시켜 소호	아크와 차단전류에 의해서 만들어진 자계 사이의 전자력에 의해서 소호	공기 중에서 자연소호

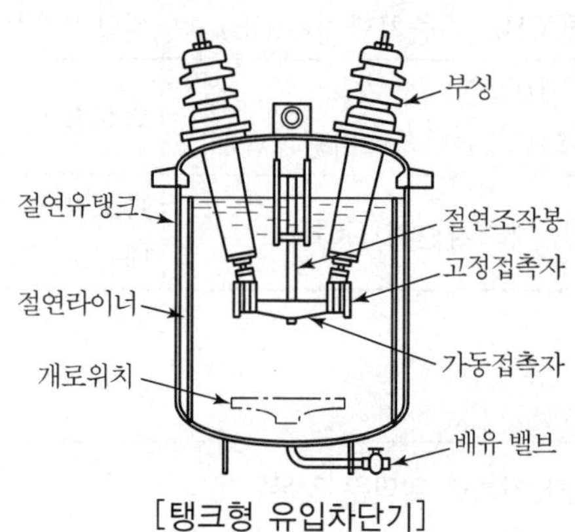

[탱크형 유입차단기]

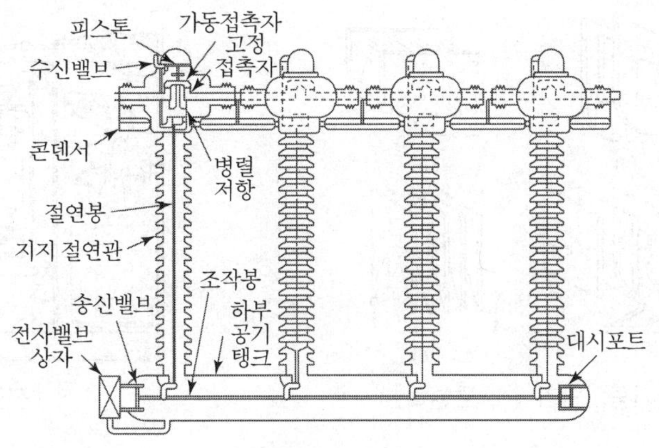

[공기차단기]

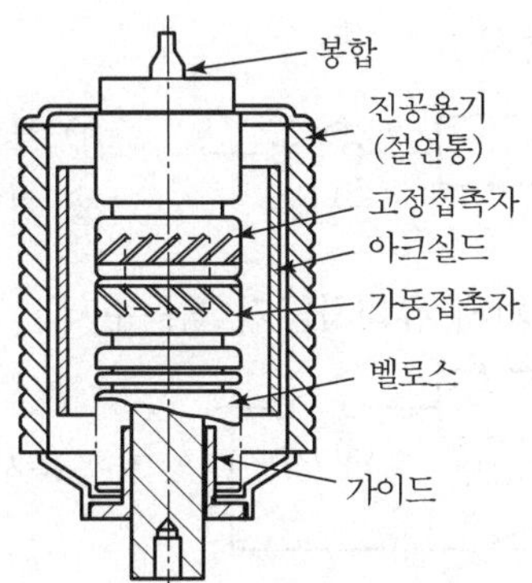

[진공차단기의 소호장치]

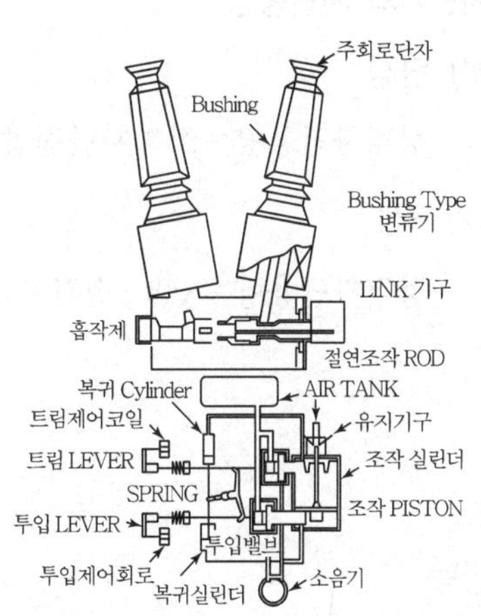

[가스차단기의 외관과 구조]

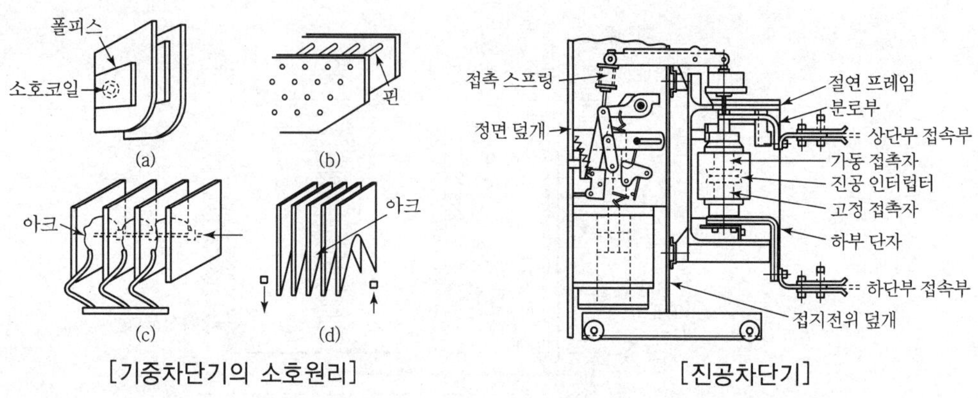

[기중차단기의 소호원리]　　[진공차단기]

5) 유입차단기의 작동(투입 및 차단)순서

(1) 유입차단기 작동순서

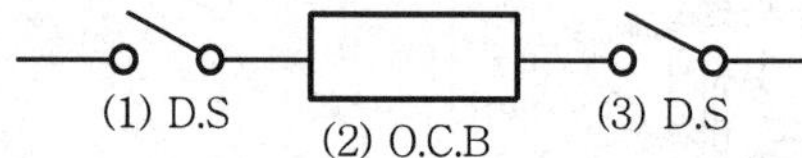

① 투입순서 : (3) - (1) - (2)
② 차단순서 : (2) - (3) - (1)

(2) 바이패스 회로 설치시 유입차단기 작동순서

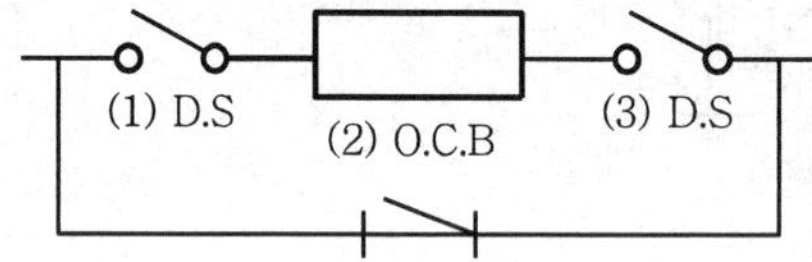

작동순서 : (4)투입, (2)-(3)-(1) 차단

6) 차단기의 차단용량

(1) 단상

정격차단용량 = 정격차단전압×정격차단전류

(2) 3상

정격차단용량 = $\sqrt{3}$×정격차단전압×정격차단전류

4. 퓨즈

1) 성능

용단특성, 단시간 허용특성, 전차단 특성

2) 역할

부하전류를 안전하게 통전(과전류 차단하여 전로나 기기보호)

3) 규격

(1) 저압용 Fuse

① 정격전류의 1.1배의 전류에 견딜 것

② 정격전류의 1.6배 및 2배의 전류를 통한 경우

정격전류[A]	용단시간(분)	
	A종 : 정격전류×1.35 B종 : 정격전류×1.6	정격전류×2(200%)
1～30	60	2
31～60	60	4
61～100	120	6
101～200	120	8
201～400	180	10
401～600	240	12
600 초과	240	20

※ A종 퓨즈 : 110～135[%], B종 퓨즈 : 130～160[%]

※ A종은 정격의 110[%], B종은 정격의 130[%]의 전류로 용단되지 않을 것

(2) 고압용 Fuse

① 포장퓨즈 : 정격전류의 1.3배에 견디고, 2배의 전류에 120분 안에 용단

② 비포장퓨즈 : 정격전류의 1.25배에 견디고, 2배의 전류에 2분 안에 용단

Point

전로에 과전류가 흐를 때 자동적으로 전로를 차단하는 장치들에 대한 설명으로 옳지 않은 것은? ①

① 과전류차단기로 시설하는 퓨즈 중 고압전로에 사용되는 비포장 퓨즈는 정격전류의 1.25배의 전류에 견디고 2배의 전류에는 120분 안에 용단되어야 한다.

② 과전류차단기로서 저압전로에 사용되는 배선용 차단기는 정격전류의 1배의 전류로 자동적으로 동작하지 않아야 한다.

③ 과전류차단기로서 저압전로에 사용되는 퓨즈는 수평으로 붙인 경우 정격전류의 1.1배의 전류에 견디어야 한다.

④ 과전류차단기로 시설하는 퓨즈 중 고압전로에 사용되는 포장 퓨즈는 정격전류의 1.3배의 전류에 견디고 2배의 전류에는 120분 안에 용단되어야 한다.

⑤ 과전류차단기로 시설하는 퓨즈 중 고압전로에 사용되는 비포장 퓨즈는 정격전류의 1.25배의 전류에 견디고 2배의 전류에는 2분 안에 용단되어야 한다.

4) 퓨즈의 합금 조성성분과 용융점

합금 조성성분	용융점
납(Pb)	327[℃]
주석(Sn)	232[℃]
아연(Zn)	419[℃]
알루미늄(Al)	660[℃]

Point

Fuse에 관한 설명이 잘못된 것은?
Cadmium을 첨가한 합금(퓨즈의 합금 조성성분 : 납, 주석, 아연, 알루미늄)

4-1. 전력퓨즈

1) 역할과 기능

① 전력퓨즈는 고압 및 특별고압 선로와 기기의 단락보호용이다.(단락전류의 차단이 주목적)

② 전력퓨즈의 역할
- 부하전류를 안전하게 통전한다.
- 일정치 이상의 과전류(단락전류)를 차단하여 전선로나 기기를 보호한다.

2) 전력퓨즈의 종류

(1) 한류퓨즈

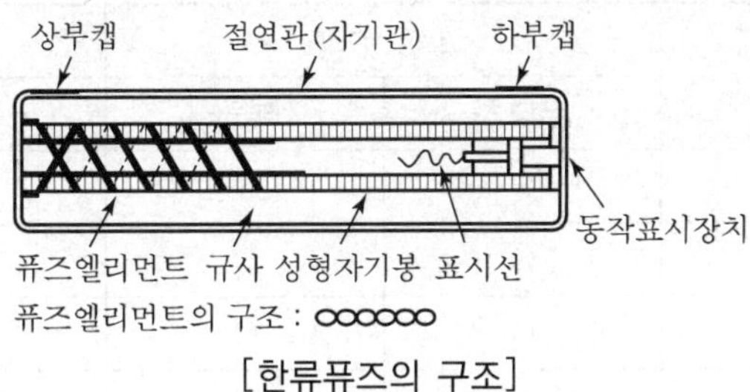

[한류퓨즈의 구조]

(2) 비한류 퓨즈

[비한류 퓨즈의 구조]

3) 전력퓨즈의 장단점

장점	단점
① 가격이 싸고 소형 경량이다.	① 재투입 불가능, 과도전류에 용단되기 쉽다.
② 변성기나 계전기가 필요 없다.	② 동작시간 · 전류특성을 계전기처럼 자유롭게 조정 불가능
③ 한류퓨즈는 차단 시 무소음, 무방출	③ 한류퓨즈는 녹아도 차단하지 못하는 전류범위가 있다.
④ 소형으로 큰 차단용량을 갖는다.	④ 비보호 영역이 있고 한류형은 차단 시 고전압을 발생
⑤ 보수가 간단, 고속도 차단	⑤ 사용 중 열화하여 동작하면 결상을 일으킴
⑥ 현저한 한류특성이 있다.	⑥ 고임피던스 중성점 접지식에서는 지락보호 불가능

Point

전력퓨즈의 장점이 아닌 것은?
재투입 가능

4) 전력개폐장치의 기능 비교

구분	회로분리		사고차단	
	무부하	부하	과부하	단락
퓨 즈	○	×	×	○
차단기	○	○	○	○
개폐기	○	○	○	×
단로기	○	×	×	×
전자접촉기	○	○	○	×

5. 보호계전기

1) 기능

보호계전기는 정확성, 신속성, 선택성의 3요소를 갖추고 발전기, 변압기, 모선, 선로 및 기타 전력계통의 구성요소를 항상 감시하여 고장 나거나 계통의 운전에 이상이 있을 때는 즉시 이를 검출 동작하여 고장부분을 분리시킴으로써 전력 공급지장을 방지하고 고장기기나 시설의 손상을 최소한으로 억제하는 기능을 갖는다.

2) 구비조건

(1) 사고범위의 국한과 공급의 확보
(2) 보호의 중첩과 협조
(3) 후비보호 기능의 구비
(4) 재폐로에 의한 계통 및 공급의 안정화

3) 보호계전기의 종류

보호계전기	용도
과전류계전기 (50 순시형, 51 교류한시 過電流繼電器 : Over Current Relay)	전류의 크기가 일정치 이상으로 되었을 때 동작하는 계전기이며 특별히 지락사고 시 지락전류의 크기에 응동하도록 한 것을 지락과전류계전기라 하고 일반 과전류계전기를 OCR(Over Current Relay), 지락과전류계전기를 OCGR(64 Over Current Ground Relay)이라 함
과전류계전기 (50 순시형, 51 교류한시 過電流繼電器 : Over Current Relay)	전류의 크기가 일정치 이상으로 되었을 때 동작하는 계전기이며 특별히 지락사고 시 지락전류의 크기에 응동하도록 한 것을 지락과전류계전기라 하고 일반 과전류계전기를 OCR(Over Current Relay), 지락과전류계전기를 OCGR(64 Over Current Ground Relay)이라 함
과전압계전기 (59 過電壓繼電器 : Over Voltage Relay)	전압의 크기가 일정치 이상으로 되었을 때 동작하는 계전기이며 지락사고 시 발생되는 영상전압의 크기에 응동하도록 한 것을 특히 지락과전압계전기라 하고 각각 OVR(Over Voltage Relay) 및 OVGR(64 Over Voltage Ground Relay)이라 함
차동계전기 (差動繼電器 : Differential Realy ; DR)	피보호설비(또는 구간)에 유입하는 어떤 입력의 크기와 유출되는 출력의 크기 간의 차이가 일정치 이상이 되면 동작하는 계전기를 일괄하여 차동계전기라 하며 전류차동계전기, 비율차동계전기, 전압차동계전기 등이 있다.
비율차동계전기 (比率差動繼電器 : Ratio Differential Realy : RDR)	총입력전류와 총출력전류 간의 차이가 총입력전류에 대하여 일정비율 이상으로 되었을 때 동작하는 계전기이며 많은 전력기기들의 주된 보호계전기로 사용된다.(주변압기나 발전기 보호용)

※ 보호계전기의 응동 : 보호계전기에 전기적 입력의 변화, 가령 크기나 위상의 변화를 주었을 때 계전기의 동작기구가 작동하여 접점을 개로 또는 폐로하여 이를 출력으로 꺼낼 수 있는 것을 말함

6. 변압기 절연유

1) 절연유의 조건

(1) 절연내력이 클 것
(2) 절연재료 및 금속에 화학작용을 일으키지 않을 것
(3) 인화점이 높고 응고점이 낮을 것
(4) 점도가 낮고(유동성이 풍부), 비열이 커서 냉각효과가 클 것
(5) 저온에서도 석출물이 생기거나 산화하지 않을 것

Point

변압기 절연유에 요구되는 조건 중 옳지 않은 것은?
점도가 클 것 ➡ 점도가 낮을 것

2) 종류

(1) 66kV급 이상 : 1종광유 4호
(2) 66kV 미만 : 1종광유 2호

3) 보호장치

(1) 3,000kVA 미만 : 콘서베이터형
(2) 3,000kVA 초과 : 질소봉입형

4) 절연유의 열화원인

(1) 수분흡수에 따른 산화 작용
(2) 금속접촉
(3) 절연재료
(4) 직사광선
(5) 이종 절연유의 혼합 등

5) 열화 판정시험

(1) 절연파괴 시험법 : 신 유(30kV 10분), 사용 유(25kV 10분)
(2) 산가 시험법 : 신 유 염가(0.2 정도), 불량(0.4 이상)

6) 여과방법

(1) 원심분리기법, 여과지법, 전기적 여과지법, 흡착법, 화학적 방법 등이 있다.
(2) 1,000kVA 이하 변압기는 활선여과가 가능함

03 전기작업안전

Section

1. 감전사고에 대한 방지대책

1) 전기설비의 점검 철저
2) 전기기기 및 설비의 정비
3) 전기기기 및 설비의 위험부에 위험표시
4) 설비의 필요부분에 보호접지의 실시
5) 충전부가 노출된 부분에는 절연방호구를 사용
6) 고전압 선로 및 충전부에 근접하여 작업하는 작업자에게는 보호구를 착용시킬 것
7) 유자격자 이외는 전기기계 및 기구에 전기적인 접촉 금지
8) 관리감독자는 작업에 대한 안전교육 시행
9) 사고발생 시의 처리순서를 미리 작성하여 둘 것

Point

감전사고의 예방대책이 아닌 것은? ③
① 전기설비의 점검을 철저히 할 것
② 설비가 필요한 부분에 보호접지 시설을 할 것
③ 전기기기에 화상주의 표시를 할 것
④ 노출충전부에 절연방호구를 사용할 것
⑤ 충전부에 근접하여 작업하는 자에게는 보호구를 착용시킬 것

1-1. 전기기계 · 기구에 의한 감전사고에 대한 방지대책

1) 직접접촉에 의한 감전방지대책

(1) 충전부가 노출되지 않도록 폐쇄형 외함이 있는 구조로 할 것
(2) 충전부에 충분한 절연효과가 있는 방호망 또는 절연덮개를 설치할 것
(3) 충전부는 내구성이 있는 절연물로 완전히 덮어 감쌀 것
(4) 발전소 · 변전소 및 개폐소 등 구획되어 있는 장소로서 관계근로자가 아닌 사람의 출입이 금지되는 장소에 충전부를 설치하고, 위험표시 등의 방법으로 방호를 강화할 것
(5) 전주 위 및 철탑 위 등 격리되어 있는 장소로서 관계근로자가 아닌 사람이 접근할 우려가 없는 장소에 충전부를 설치할 것

Point

직접접촉에 의한 감전방지 방법이 아닌 것은? ③
① 충전부가 노출되지 않도록 폐쇄형 외함구조로 할 것
② 충전부에 방호망 또는 절연덮개를 설치할 것
③ 충전부는 출입이 용이한 장소에 설치할 것
④ 충전부는 내구성이 있는 절연물로 감쌀 것
⑤ 충전부에 방책 또는 절연 칸막이 등을 설치할 것

2) 간접접촉(누전)에 의한 감전방지대책

(1) 안전전압(산업안전보건법에서 30[V]로 규정) 이하 전원의 기기 사용

(2) 보호접지

• 접지(기계 · 기구의 철대 및 금속제 외함)를 요하는 기계 · 기구

사용전압의 구분	접지공사	접지저항[Ω]	접지선의 굵기
400V 미만의 저압용의 것	제3종	100Ω 이하	공칭단면적 2.5mm² 이상의 연동선
400V 이상의 저압용의 것	특별제3종	10Ω 이하	공칭단면적 2.5mm² 이상의 연동선
고압용 또는 특고압용의 것	제1종	10Ω 이하	공칭단면적 6mm² 이상의 연동선

Point

감전사고의 방지대책으로 적합하지 않은 것은? ③

① 전로의 절연
② 충전부의 격리
③ 충전부의 접지
④ 고장전로의 신속 차단
⑤ 누전차단기 설치

(3) 누전차단기의 설치

누전차단기는 누전을 자동적으로 검출하여 누전전류가 감도전류 이상이 되면 전원을 자동으로 차단하는 장치를 말하며 교류 600[V] 이하의 저압 전로에서 감전화재 및 전기기계·기구의 손상 등을 방지하기 위해 사용

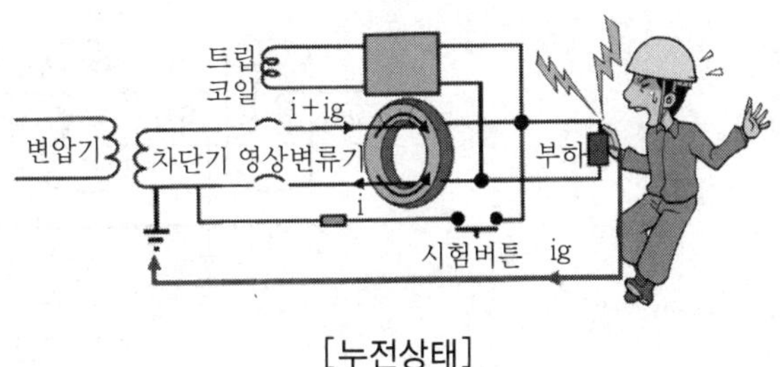

[누전상태]

(4) 이중절연기기의 사용

(5) 비접지식 전로의 채용

① 저압배전선로는 일반적으로 고압을 저압으로 변환시키는 변압기의 일단이 제2종 접지되어 누전 시에 작업자가 접촉하게 되면 감전사고가 발생하게 되므로 변압기의 저압 측을 비접지식 전로로 할 경우 기기가 누전된다 하더라도 전기회로가 구성되지 않기 때문에 안전하다.

- 인체의 감전사고 방지책으로서 가장 좋은 방법

② 비접지식 전로는 선로의 길이가 길지 않고 용량이 적은 3[kVA] 이하인 전로에서 안정적으로 사용할 수 있다.

절연변압기(2차전압 300[V] 3[kVA] 이하) 혼촉방지판 부착변압기

고압 저압 고압 저압

(a) 절연변압기 (b) 혼촉방지판 부착변압기

[비접지식 전로]

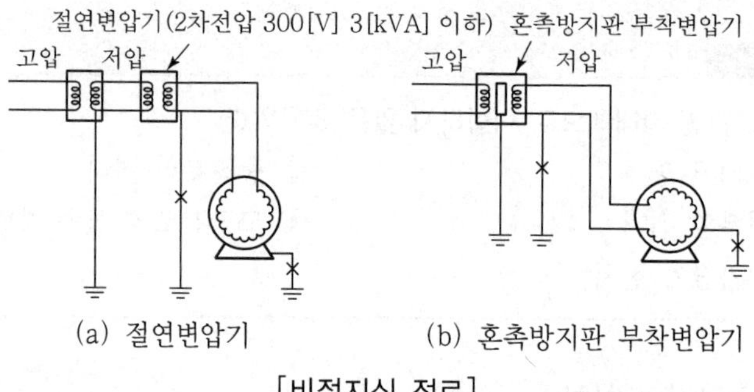

(a) 절연변압기 (b) 혼촉방지판 부착변압기

[비접지식 전로]

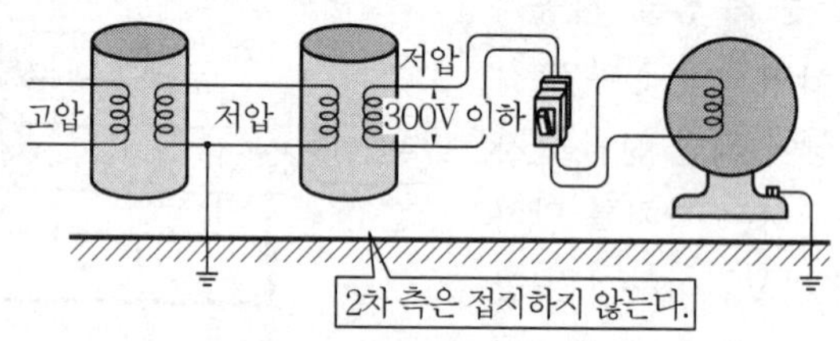

[절연변압기 사용]

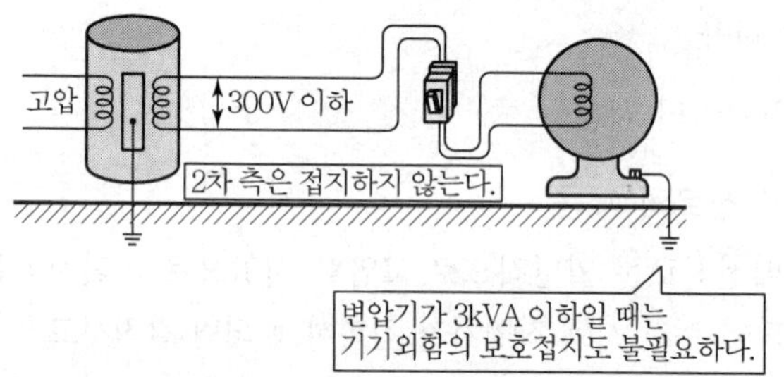

[혼촉방지판 부착변압기]

3) 전기기계 · 기구 조작 시 등의 안전조치

(1) 전기기계 · 기구의 조작부분을 점검하거나 보수하는 경우에는 전기기계 · 기구로부터 폭 70cm 이상의 작업공간을 확보하여야 한다. 다만 작업공간의 확보가 곤란한 때에는 절연용 보호구를 착용

(2) 전기적 불꽃 또는 아크에 의한 화상의 우려가 있는 고압 이상의 충전전로 작업에는 방염처리된 작업복 또는 난연성능을 가진 작업복을 착용

전기기계 · 기구 조작 시 등의 안전조치에 관한 사항으로 옳지 않은 것은? ②

① 감전 또는 오조작에 의한 위험을 방지하기 위하여 당해 전기기계 · 기구의 조작부분은 150Lux 이상의 조도가 유지되도록 하여야 한다.

② 전기기계 · 기구의 조작부분을 점검하거나 보수하는 경우에는 전기기계 · 기구로부터 폭 50cm 이상의 작업공간을 확보하여야 한다.

③ 전기적 불꽃 또는 아크에 의한 화상의 우려가 높은 600V 이상 전압의 충전전로작업에는 방염처리된 작업복 또는 난연성능을 가진 작업복을 착용하여야 한다.

④ 전기기계 · 기구의 조작부분에 대한 점검 또는 보수를 하기 위한 작업공간의 확보가 곤란한 때에는 절연용 보호구를 착용하여야 한다.

⑤ 정전으로 인해 기계 · 설비의 갑작스러운 정지로 화재 · 폭발이 일어날 우려가 있는 경우에는 비상전력이 공급되도록 조치를 하여야 한다.

1-2. 배선 등에 의한 감전사고에 대한 방지대책

1) 배선 등의 절연피복 및 접속

(1) 절연전선에는 전기용품 및 생활용품 안전관리법의 적용을 받은 것을 제외하고는 규격에 적합한 고압 절연전선, 600V 폴리에틸렌절연전선, 600V 불소수지절연전선, 600V 고무절연전선 또는 옥외용 비닐절연전선을 사용하여야 한다.

전선의 종류	주요용도
옥외용 비닐 절연전선(OW)	저압가공 배전선로에서 사용
인입용 비닐절연전선(DV)	저압가공 인입선에 사용
600V 비닐절연전선(IV)	습기, 물기가 많은 곳, 금속관 공사용
옥외용 가교 폴리에틸렌 절연전선(OC)	고압가공 전선로에 사용

(2) 전선을 서로 접속하는 때에는 해당 전선의 절연성능 이상으로 절연될 수 있도록 충분히 피복하거나 적합한 접속기구를 사용하여야 한다.

<table>
<tr><th colspan="2">전로의 사용전압의 구분</th><th>절연저항치</th></tr>
<tr><td rowspan="3">400V
미만인 것</td><td>대지전압이 150V 이하인 경우</td><td>0.1MΩ</td></tr>
<tr><td>대지전압이 150V를 넘고 300V 이하인 경우</td><td>0.2MΩ</td></tr>
<tr><td>사용전압이 300V를 넘고 400V 미만인 경우</td><td>0.3MΩ</td></tr>
<tr><td colspan="2">400V 이상인 것</td><td>0.4MΩ</td></tr>
</table>

2) 습윤한 장소의 이동전선

물 등의 도전성이 높은 액체가 있는 습윤한 장소에서 근로자가 작업 중에나 통행하면서 이동전선 및 이에 부속하는 접속기구에 접촉할 우려가 있는 경우에는 충분한 절연효과가 있는 것을 사용하여야 한다.

3) 통로바닥에서의 전선

통로바닥에서의 전선 또는 이동전선을 설치 및 사용금지(차량이나 그 밖의 물체의 통과 등으로 인하여 전선의 절연피복이 손상될 우려가 없거나 손상되지 않도록 적절한 조치를 한 경우 제외)

4) 꽂음접속기의 설치 · 사용 시 준수사항

(1) 서로 다른 전압의 꽂음접속기는 상호 접속되지 아니한 구조의 것을 사용할 것
(2) 습윤한 장소에 사용되는 꽂음접속기는 방수형 등 그 장소에 적합한 것을 사용할 것
(3) 근로자가 해당 꽂음접속기를 접속시킬 경우에는 땀 등으로 젖은 손으로 취급하지 않도록 할 것
(4) 해당 꽂음접속기에 잠금장치가 있을 경우에는 접속 후 잠그고 사용할 것

꽂음접속기의 설치 · 사용 시 준수사항이 아닌 것은? ①
① 서로 다른 전압의 꽂음접속기는 상호 접속되는 구조의 것을 사용할 것
② 습윤한 장소에 사용되는 꽂음접속기는 방수형 등 해당 장소에 적합한 것을 사용할 것
③ 근로자가 해당 꽂음접속기를 접속시킬 경우에는 땀 등에 의하여 젖은 손으로 취급하지 않도록 할 것
④ 해당 꽂음접속기에 잠금장치가 있을 경우에는 접속 후 잠그고 사용할 것
⑤ 모두 정답

1-3. 전기설비의 점검사항

1) 발전소 · 변전소 · 개폐소 또는 이에 준하는 곳의 시설

(1) 울타리 · 담 등을 시설할 것

① 울타리 · 담 등의 높이는 2m 이상으로 하고 지표면과 울타리 · 담 등의 하단 사이의

간격은 15cm 이하로 할 것

② 울타리 · 담 등과 고압 및 특별고압의 충전부분이 접근하는 경우에는 울타리 · 담 등의 높이와 울타리 · 담 등으로부터 충전부분까지 거리의 합계는 다음 표에서 정한 값 이상으로 할 것

사용 전압의 구분	울타리 · 담 등의 높이와 울타리 · 담 등으로부터 충전부분까지의 거리의 합계
35,000V 이하	5m
35,000V를 넘고 160,000V 이하	6m
160,000V를 넘는 것	6m에 160,000V를 넘는 10,000V 또는 그 단수마다 12cm를 더한 값

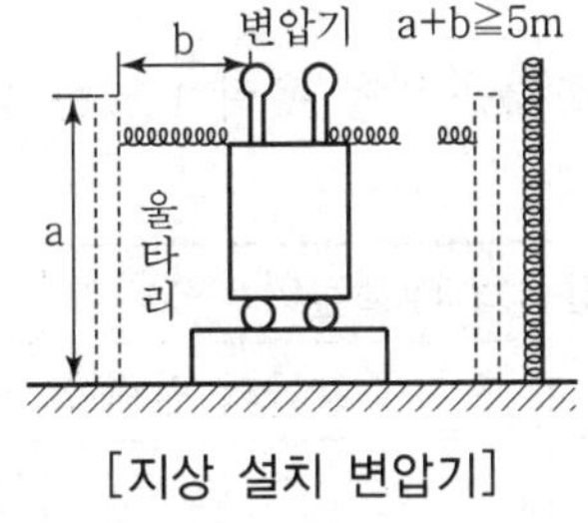

[지상 설치 변압기]

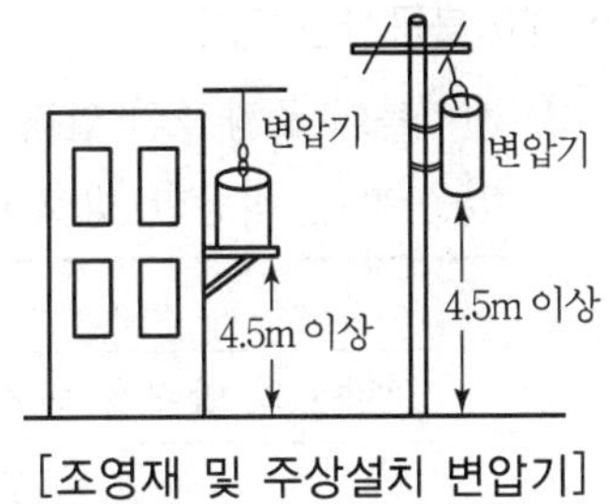

[조영재 및 주상설치 변압기]

(2) 출입구에는 출입금지의 표시를 할 것

(3) 출입구에는 자물쇠장치 기타 적당한 장치를 할 것

2) 아크를 발생시키는 기구와 목재의 벽 또는 천장과의 이격거리

아크를 발생시키는 기구	이격거리
개폐기, 차단기	고압용의 것은 1m 이상
피뢰기, 기타 유사한 기구	특별고압용의 것은 2m 이상

3) 고압옥내배선

(1) 애자사용 공사인 경우

① 사람이 접촉할 우려가 없도록 배선

② 전선은 2.6mm 이상의 연동선과 같은 세기를 가지는 굵기의 고압절연선과 특별고압 절연전선 또는 인하용 고압절연전선 사용

③ 전선의 지지점 간 거리는 6m 이하가 되는지, 또 조영재의 면을 따라 붙이는 가설된 경우에 2m 이상마다 견고하게 지지

④ 전선의 상호간격은 8m 이상 이격되어 있으며, 조영재와의 이격거리는 5cm 이상 유지

⑤ 전선이 조영재를 관통하는 경우 그 부분의 전선마다 난연성 및 내수성의 절연관(애관)으로 보호

⑥ 고압옥내배선이 저압옥내배선과 쉽게 식별할 수 있게 시설

⑦ 고압옥내배선이 다른 고압옥내배선 또는 저압옥내배선 및 수도관 등과 접근이나 교차하는 경우에는 이격거리를 15cm 이상 유지

⑧ 전선의 절연피복 부분에는 손상을 입은 곳이 없으며 전선접속부분은 적절하게 절연처리, 또 말단부분의 처리는 안전하게 처리

(2) 케이블공사인 경우

① 케이블이 중량물의 압력 또는 기계적 충격을 받을 우려가 있는 장소에 시설되어 있을 때는 적당한 방호장치 시설

저압 및 고압선의 매설깊이	
중량물의 압력을 받지 않는 장소	중량물의 압력을 받는 장소
60cm 이상	120cm 이상

• 지중전선로를 관로식 또는 암거식에 의하여 시설하는 경우에는 견고하고, 차량 기타 중량물의 압력에 견디는 콤바인 덕트 케이블이 적합

② 케이블을 조영재의 연하에 배선할 때는 지지점 간의 거리가 2m 이하이고 또한 견고하게 지지

③ 케이블의 방호장치 및 전선의 접속기 등의 금속부분에는 제1종 접지공사 실시

④ 케이블이 저압옥내배선 및 수도관과 접근 또는 교차하는 경우에는 이격거리가 15cm 이상 유지

⑤ 케이블의 단말은 안전하게 처리

4) 저압옥내배선

저압옥내배선은 지름 1.6mm의 연동선이거나 이와 동등 이상의 세기 및 굵기의 것 또는 단면적이 1mm^2 이상의 미네랄 인슐레이션 케이블 사용

(1) 저압옥내배선의 시설장소에 적합한 공사방법

시설장소의 구분 \ 사용전압구분		400V 이하인 것	400V 이상인 것	참고
전개된 장소	건조한 장소	애자사용공사, 목재몰드공사, 합성수지몰드공사, 금속몰드공사, 금속덕트공사 또는 버스덕트공사	애자사용공사, 금속덕트공사 또는 버스덕트공사	※ 애자사용공사인 경우 전선과 조영재 사이의 이격거리 ① 사용전압이 400V 미만인 경우에는 2.5cm 이상 ② 400V 이상인 경우에는 4.5cm(건조한 장소에 시설하는 경우에는 2.5cm) 이상일 것
	기타의 장소	애자사용공사	애자사용공사	
점검할 수 있는 은폐장소	건조한 장소	애자사용공사, 목재몰드공사, 합성덕트공사, 금속몰드공사, 금속덕트공사 또는 버스덕트공사	애자사용공사, 금속덕트공사 또는 버스덕트공사	
	기타의 장소	애자사용공사	애자사용공사	
점검할 수 없는 은폐장소	건조한 장소	셀룰러덕트공사 또는 플로어덕트공사	애자사용공사	

(2) 저압옥내배선에 사용된 전선의 허용전류는 부하의 용량 등에 적합한 굵기의 전선 사용

(3) 옥내배선에 적합한 절연전선 사용

5) 분전반 · 배전반 · 개폐기 등

(1) 분전반 · 배전반 · 개폐기 등의 정격치가 적합한 것 사용(설계도면과 대조하면서 점검)

(2) 분전반 · 배전반 등은 견고하게 고정

(3) 단자와 전선의 접속부분은 견고하게 조임

(4) 전선의 피복에 손상을 입은 곳은 없으며 단말처리는 안전하게 처리

(5) 전등분전반인 경우는 단상 3선식에서 중성선에 퓨즈의 사용 없이 전선으로 직결처리

(6) 분전반이나 배전반이 옥외에 시설되어 있는 경우 방수형 또는 방수구조로 된 것 사용

(7) 분전반 및 배전반 등의 금속제 외함에는 사용전압에 따르는 접지공사(400V 미만은 제3종접지공사, 400V 이상의 저압용의 것은 특별제3종접지공사) 실시

6) 전등시설

(1) 백열전등이 옥내에 시설되어 있는 경우는 대지전압이 150V 이하인 회로에서 사용

(2) 공장 등에서는 다음과 같이 시설되어 있으며 300V 이하에서 사용할 수 있으므로 다음 사항을 점검

① 기구 및 전로는 사람이 쉽게 접촉할 우려가 없어야 함

② 백열전등 및 방전등용 안정기는 옥내배선과 직접 접속하여 사용

③ 백열전등의 소켓에는 키나 그 외의 점멸기구가 없을 것

(3) 조명기구는 견고하게 시설

(4) 옥외에서 사용하는 조명기구는 방수형이나 방수함 내에 내장되어 시설

(5) 작업장에서의 이동형 백열전등은 방폭구조

7) 전동기 설비

(1) 전동기의 설치장소는 원칙적으로 점검하기 쉬운 장소에 설치

(2) 전동기는 기초콘크리트에 견고하게 고정

(3) 전동기는 조작하는 개폐기 등은 취급자가 조작하기 쉬운 장소이며, 전동기가 사람의 눈에 발견되기 쉬운 장소에 설치

(4) 고압전동기의 경우는 사람이 쉽게 접촉될 우려가 없도록 주위에 철망 또는 울타리 등을 시설

(5) 전동기의 주위에 인간공학을 고려한 작업공간을 확보

(6) 전동기 및 제어반 등에는 사용전압에 따르는 접지공사를 외함이나 철대에 견고하게 시설

(7) 전동기에 접속된 전선의 시공상태가 적절하며 단자는 견고하게 조임

8) 전로의 절연저항 및 절연내력

(1) 저압전로의 절연저항

전로의 사용전압의 구분		절연저항치
400V 미만인 것	대지전압이 150V 이하인 경우	0.1MΩ 이상
	대지전압이 150V를 넘고 300V 이하인 경우	0.2MΩ 이상
	사용전압이 300V를 넘고 400V 미만인 경우	0.3MΩ 이상
400V 이상인 것		0.4MΩ 이상

(2) 저압전선로 중 절연부분의 전선과 대지 간의 절연저항은 사용전압에 대한 누설전류가 최대 공급전류의 1/2,000이 넘지 않도록 유지해야 한다.

300[A]의 전류가 흐르는 저압 가공전선로의 한 선에서 허용 가능한 누설전류는 얼마인가?

$$누설전류=300(A)\times\frac{1}{2,000}=0.15(A)$$

1-4. 교류아크 용접기의 감전방지대책

1) 교류아크 용접작업의 안전

교류아크 용접작업 중에 발생하는 감전사고는 주로 출력 측 회로에서 발생하고 있으며, 특히 무부하일 때 그 위험도는 더욱 증가하나, 안정된 아크를 발생시키기 위해서는 어느 정도 이상의 무부하전압이 필요하다. 아크를 발생시키지 않는 상태의 출력 측 전압을 무부하전압이라고 하고, 이 무부하전압이 높을 경우 아크가 안정되고 용접작업이 용이하지만 무부하 전압이 높아지게 되면 전격에 대한 위험성이 증가하므로 이러한 재해를 방지하기 위해 교류 아크 용접기에 자동전격방지장치(이하 전격방지장치)를 설치하여 전격의 위험을 방지하고 있다.

2) 자동전격방지장치

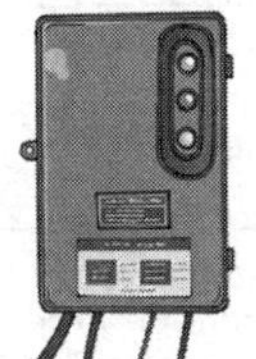

[전격방지장치]

(1) 전격방지장치의 기능

전격방지장치라 불리는 교류아크 용접기의 안전장치는 용접기의 1차 측 또는 2차 측에 부착시켜 용접기의 주회로를 제어하는 기능을 보유함으로써 용접봉의 조작, 모재에의 접촉 또는 분리에 따라, 원칙적으로 용접을 할 때에만 용접기의 주회로를 폐로(ON)시키고, 용접을 행하지 않을 때에는 용접기 주회를 개로(OFF)시켜 용접기 2차(출력) 측의 무부하전압(보통 60~95[V])을 안전전압(25~30[V] 이하 : 산안법 25V 이하)으로 저하시켜 용접기 무부하 시(용접을 행하지 않을 시)에 작업자가 용접봉과 모재 사이에 접촉함으로써 발생하는 감전의 위험을 방지(용접작업중단 직후부터 다음 아크

발생 시까지 유지)하고, 아울러 용접기 무부하 시 전력손실을 격감시키는 2가지 기능을 보유한 것이다.(용접선의 수명증가와는 무관함)

(2) 전격방지장치의 구성 및 동작원리

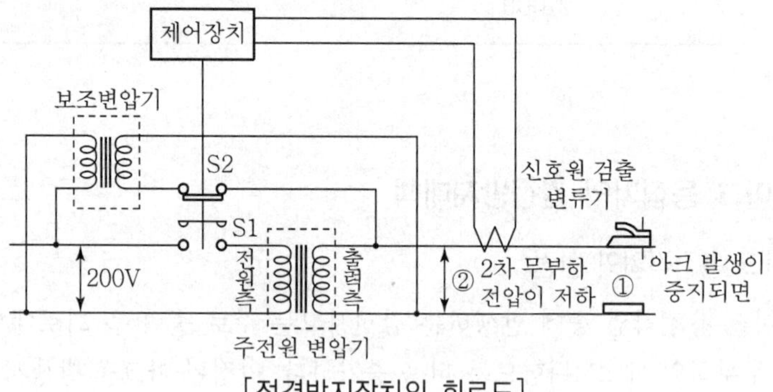

[전격방지장치의 회로도]

① 용접상태와 용접휴지상태를 감지하는 감지부
② 감지신호를 제어부로 보내기 위한 신호증폭부
③ 증폭된 신호를 받아서 주제어장치를 개폐하도록 제어하는 제어부 및 주제어장치의 크게 4가지 부분으로 구성

Point

자동전격방지장치의 주요 구성품은?
보조변압기, 주회로변압기, 제어장치

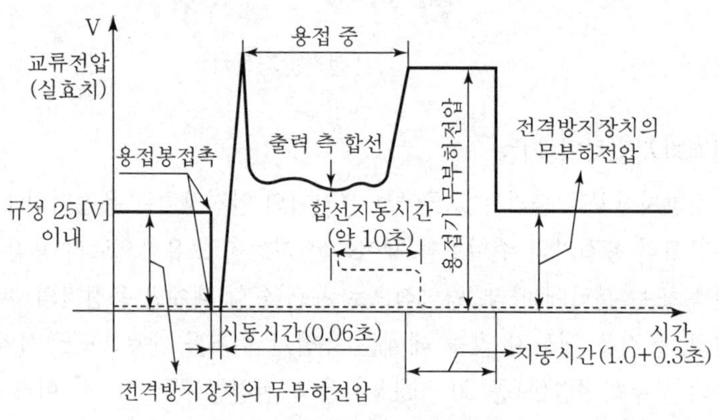

[전격방지장치의 동작특성]

- 시동시간 : 용접봉이 모재에 접촉하고 나서 주제어장치의 주접점이 폐로되어 용접기 2차 측에 순간적인 높은 전압(용접기 2차 무부하전압)을 유지시켜 아크를 발생시키는 데까지 소요되는 시간(0.06초 이내)
- 지동시간 : 시동시간과 반대되는 개념으로 용접봉을 모재로부터 분리시킨 후 주접점이 개로되어 용접기 2차 측의 무부하전압이 전격방지장치의 무부하전압(25V 이하)으로 될 때까지의 시간
  [접점(Magnet)방식 : 1±0.3초, 무접점(SCR, TRIAC)방식 : 1초 이내]
- 시동감도 : 용접봉을 모재에 접촉시켜 아크를 시동시킬 때 전격방지장치가 동작할 수 있는 용접기의 2차 측의 최대저항으로 Ω 단위로 표시
  [용접봉과 모재 사이의 접촉저항]
- $\text{정격사용률} = \dfrac{\text{아크발생시간}}{\text{아크발생시간} + \text{무부하시간}}$
- $\text{허용사용률} = \dfrac{(\text{정격2차전류})^2}{(\text{실제용접전류})^2} \times \text{정격사용률}$
- ■ 300A의 용접기를 200A로 사용할 경우의 허용사용률
  $= \left(\dfrac{300}{200}\right)^2 \times 50(\text{정격사용률}) = 112\%$

3) 교류아크용접기의 사고방지 대책

(1) 감전사고의 방지대책

① 자동전격방지장치의 사용

② 절연 용접봉 홀더의 사용

③ 적정한 케이블의 사용

용접기 출력 측 회로의 배선에는 일반적으로 캡타이어 케이블 및 용접용 케이블이 쓰이지만 출력 측 케이블은 일반적으로 기름에 의해 쉽게 손상되므로 클로로프렌 캡타이어 케이블을 사용하는 것이 좋다.

또한 아크 전류의 크기에 따른 굵기의 케이블을 사용하여야 한다.

용접기에 사용하고 있는 용품 중 잘못 사용되고 있는 것은? ②

① 습윤장소와 2m 이상 고소작업 시에 자동전격방지기를 부착한 후 작업에 임하고 있다.

② 교류 아크용접기 홀더는 절연이 잘 되어 있으며, 2차 측 전선은 적정한 1종 캡타이어케이블을 사용하고 있다.

③ 터미널은 케이블 커넥터로 접속한 후 충전부는 절연테이프로 테이핑 처리만 하였다.
④ 홀더는 KS규정인 것만 사용하고 있지만 자동전격 방지기는 한국산업안전보건공단 검정필을 사용한다.
⑤ 출력 측 케이블을 클로로프렌 캡타이어 재질의 케이블로 사용하였다.

④ 2차 측 공통선의 연결

2차 측 전로 중 피용접모재와 공통선의 단자를 연결하는 데에는 용접용 케이블이나 캡타이어 케이블을 사용하여야 하며, 이를 사용하지 않고 철근을 연결하여 사용하면 전력손실과 감전위험이 커질 뿐만 아니라 용접부분에 전력이 집중되지 않으므로 용접하기도 어렵게 된다.

⑤ 절연장갑의 사용

⑥ 기타

㉠ 케이블 커넥터 : 커넥터는 충전부가 고무 등의 절연물로 완전히 덮인 것을 사용하여야 하며, 작업바닥에 물이 고일 우려가 있을 경우에는 방수형으로 되어 있는 것을 사용하여야 한다.

㉡ 용접기 단자와 케이블의 접속 : 접속단자 부분은 충전부분이 노출되어 있는 경우 감전의 위험이 있을 뿐만 아니라 그 사이에 금속 등이 접촉하여 단락사고가 일어나서 용접기를 파손시킬 위험이 뒤따르므로 완전하게 절연하여야 한다.

㉢ 접지 : 용접기 외함 및 피용접모재에는 제3종 접지공사를 실시해야 하는데, 접지선의 공칭단면적은 2.5mm^2 이상의 연동선으로 하면 되지만 수시로 이동해야 하기 때문에 고장 시 안전하게 전류를 흘릴 수 있도록 충분한 굵기의 연동선을 사용하는 것이 바람직하다. 접지를 하지 않으면 모재나 정반의 대지전위가 상승해서 감전의 위험이 있다. 또한 접지는 반드시 직접 접지를 하여야 하며 건물의 철골 등에 접지해서는 안 된다.

교류아크용접기에 대한 안전조치사항 중 거리가 먼 것은? ②

① 용접기 외함 접지
② 용접 중 절연화 착용
③ 자동전격 방지기 설치
④ 1차 측에 과전류 차단기 설치
⑤ 누전차단기 작동상태 점검

교류아크 용접작업 시에 감전방지를 위한 안전대책과 가장 관계가 먼 것은? ④
① 전원 측에 누전차단기 설치 ② 용접기의 외함 접지
③ 자동전격 방지장치 부착 ④ 절연용 방호구 사용
⑤ 과전류 차단기 설치

(2) 기타 재해 방지대책

재해의 구분		보호구
눈	아크에 의한 장애 (가시광선, 적외선, 자외선)	차광보호구(보호안경과 보호면)
피부	화상	가죽제품의 장갑, 앞치마, 각반, 안전화
용접흄 및 가스(CO_2, H_2O)		방진마스크, 방독마스크, 송기마스크

1-5. 정전작업의 안전

정전전로에서의 전기작업
① 사업주는 근로자가 노출된 충전부 또는 그 부근에서 작업함으로써 감전될 우려가 있는 경우에는 작업에 들어가기 전에 해당 전로를 차단하여야 한다. 다만, 다음 각 호의 경우에는 그러하지 아니하다. 1. 생명유지장치, 비상경보설비, 폭발위험장소의 환기설비, 비상조명설비 등의 장치·설비의 가동이 중지되어 사고의 위험이 증가되는 경우 2. 기기의 설계상 또는 작동상 제한으로 전로차단이 불가능한 경우 3. 감전, 아크 등으로 인한 화상, 화재·폭발의 위험이 없는 것으로 확인된 경우 ② 제1항의 전로 차단은 다음 각 호의 절차에 따라 시행하여야 한다. 1. 전기기기 등에 공급되는 모든 전원을 관련 도면, 배선도 등으로 확인할 것 2. 전원을 차단한 후 각 단로기 등을 개방하고 확인할 것 3. 차단장치나 단로기 등에 잠금장치 및 꼬리표를 부착할 것 4. 개로된 전로에서 유도전압 또는 전기에너지가 축적되어 근로자에게 전기위험을 끼칠 수 있는 전기기기 등은 접촉하기 전에 잔류전하를 완전히 방전시킬 것 5. 검전기를 이용하여 작업 대상 기기가 충전되었는지를 확인할 것 6. 전기기기 등이 다른 노출 충전부와의 접촉, 유도 또는 예비동력원의 역송전 등으로 전압이 발생할 우려가 있는 경우에는 충분한 용량을 가진 단락 접지기구를 이용하여 접지할 것

정전전로에서의 전기작업
③ 사업주는 제1항 각 호 외의 부분 본문에 따른 작업 중 또는 작업을 마친 후 전원을 공급하는 경우에는 작업에 종사하는 근로자 또는 그 인근에서 작업하거나 정전된 전기기기 등(고정 설치된 것으로 한정한다)과 접촉할 우려가 있는 근로자에게 감전의 위험이 없도록 다음 각 호의 사항을 준수하여야 한다. 1. 작업기구, 단락 접지기구 등을 제거하고 전기기기 등이 안전하게 통전될 수 있는지를 확인할 것 2. 모든 작업자가 작업이 완료된 전기기기 등에서 떨어져 있는지를 확인할 것 3. 잠금장치와 꼬리표는 설치한 근로자가 직접 철거할 것 4. 모든 이상 유무를 확인한 후 전기기기 등의 전원을 투입할 것

Point

정전작업시 올바른 작업순서?
개폐기시건장치 ▸ 잔류전하방전 ▸ 전로검진 ▸ 단락접지설치 ▸ 작업

※ 단락접지를 하는 이유

전로가 정전된 경우에도 오통전, 다른 전로와의 접촉(혼촉) 또는 다른 전로에서의 유도작용 및 비상용 발전기의 가동 등으로 정전전로가 갑자기 충전되는 경우가 있으므로 이에 따른 감전위험을 제거하기 위해 작업개소에 근접한 지점에 충분한 용량을 갖는 단락접지기구를 사용하여 정전전로를 단락접지하는 것이 필요하다.(3상3선식 전선로의 보수를 위하여 정전작업 시에는 3선을 단락접지)

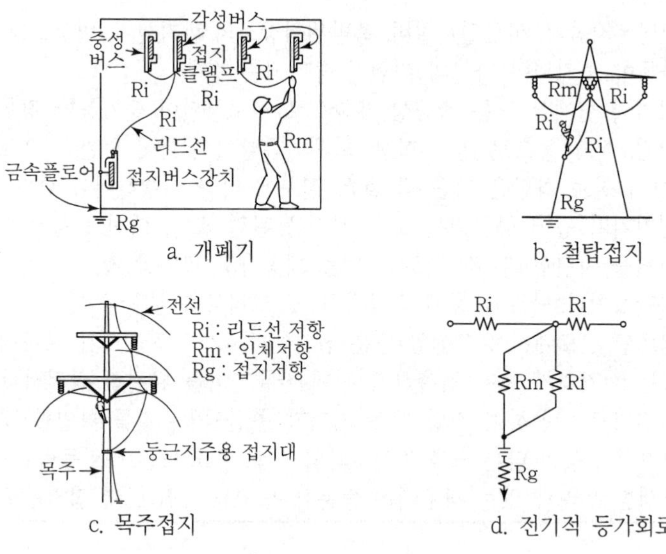

[단락접지의 예]

1) 오조작 방지

고압 또는 특별고압 전선로에서 고압 또는 특별고압용이나 단로기, 선로개폐기 등의 개폐기로 부하전류 차단용이 아닌 것 등 부하전류를 차단하기 위한 것이 아닌 개폐기는 오조작에 의하여 부하전류를 차단하여 아크발생에 따른 재해가 발생하지 않도록 다음과 같은 조치를 강구하여야 한다.

(1) 무부하 상태를 표시하는 파일럿 램프 설치[해당 전로가 무부하(無負荷)임을 확인한 후에 조작하도록 주의 표지판 등을 설치. 다만, 그 단로기 등에 전로가 무부하로 되지 아니하면 개로·폐로할 수 없도록 하는 연동장치를 설치한 경우에는 제외]

(2) 전선로의 계통을 판별하기 위하여 더블릿 시설

(3) 개폐기에 전선로가 무부하 상태가 아니면 개로할 수가 없도록 인터로크 장치 설치

오조작 방지조치로 부적합한 것은?
절연용 방호구 사용 ➡ 개폐기에 전선로가 무부하 상태가 아니면 개로할 수가 없도록 인터로크 장치 설치

2) 정전절차

국제사회안전협회(ISSA)에서 제시하는 정전작업의 5대 안전수칙

- 첫째 : 작업 전 전원차단
- 둘째 : 전원투입의 방지
- 셋째 : 작업장소의 무전압 여부 확인
- 넷째 : 단락접지
- 다섯째 : 작업장소의 보호

1-6. 활선 및 활선근접작업의 안전

충전전로에서의 전기작업
① 사업주는 근로자가 충전전로를 취급하거나 그 인근에서 작업하는 경우에는 다음 각 호의 조치를 하여야 한다. 1. 충전전로를 정전시키는 경우에는 「산업안전보건기준에 관한 규칙」 제319조에 따른 조치를 할 것 2. 충전전로를 방호, 차폐하거나 절연 등의 조치를 하는 경우에는 근로자의 신체가 전로와 직접 접촉하거나 도전재료, 공구 또는 기기를 통하여 간접 접촉되지 않도록 할 것 3. 충전전로를 취급하는 근로자에게 그 작업에 적합한 절연용 보호구를 착용시킬 것

충전전로에서의 전기작업

4. 충전전로에 근접한 장소에서 전기작업을 하는 경우에는 해당 전압에 적합한 절연용 방호구를 설치할 것. 다만, 저압인 경우에는 해당 전기작업자가 절연용 보호구를 착용하되, 충전전로에 접촉할 우려가 없는 경우에는 절연용 방호구를 설치하지 아니할 수 있다.
5. 고압 및 특별고압의 전로에서 전기작업을 하는 근로자에게 활선작업용 기구 및 장치를 사용하도록 할 것
6. 근로자가 절연용 방호구의 설치 · 해체작업을 하는 경우에는 절연용 보호구를 착용하거나 활선작업용 기구 및 장치를 사용하도록 할 것
7. 유자격자가 아닌 근로자가 충전전로 인근의 높은 곳에서 작업할 때에 근로자의 몸 또는 긴 도전성 물체가 방호되지 않은 충전전로에서 대지전압이 50킬로볼트 이하인 경우에는 300센티미터 이내로, 대지전압이 50킬로볼트를 넘는 경우에는 10킬로볼트당 10센티미터씩 더한 거리 이내로 각각 접근할 수 없도록 할 것
8. 유자격자가 충전전로 인근에서 작업하는 경우에는 다음 각 목의 경우를 제외하고는 노출 충전부에 다음 표에 제시된 접근한계거리 이내로 접근하거나 절연 손잡이가 없는 도전체에 접근할 수 없도록 할 것
   가. 근로자가 노출 충전부로부터 절연된 경우 또는 해당 전압에 적합한 절연장갑을 착용한 경우
   나. 노출 충전부가 다른 전위를 갖는 도전체 또는 근로자와 절연된 경우
   다. 근로자가 다른 전위를 갖는 모든 도전체로부터 절연된 경우

충전전로의 선간전압 (단위 : 킬로볼트)	충전전로에 대한 접근 한계거리 (단위 : 센티미터)
0.3 이하	접촉금지
0.3 초과 0.75 이하	30
0.75 초과 2 이하	45
2 초과 15 이하	60
15 초과 37 이하	90
37 초과 88 이하	110
88 초과 121 이하	130
121 초과 145 이하	150
145 초과 169 이하	170
169 초과 242 이하	230
242 초과 362 이하	380
362 초과 550 이하	550
550 초과 800 이하	790

② 사업주는 절연이 되지 않은 충전부나 그 인근에 근로자가 접근하는 것을 막거나 제한할 필요가 있는 경우에는 방책을 설치하고 근로자가 쉽게 알아볼 수 있도록 하여야 한다. 다만, 전기와 접촉할 위험이 있는 경우에는 도전성이 있는 금속제 방책을 사용하거나, 제1항의 표에 정한 접근 한계거리 이내에 설치해서는 아니 된다.

③ 사업주는 제2항의 조치가 곤란한 경우에는 근로자를 감전위험에서 보호하기 위하여 사전에 위험을 경고하는 감시인을 배치하여야 한다.

1) 활선작업 시의 안전거리

(1) 안전거리

충전부위에 대하여 인체부위가 통전 및 정전유도에 대한 보호조치를 하지 않고서는 이 이내에 접근해서는 안 되는 거리를 말하며 날씨와 눈어림치를 감안하여 충분한 거리를 유지하여야 한다.

(2) 활선작업거리

활선장구를 사용할 경우 활선장구의 충전부 접촉점과 작업원의 손으로 잡은 부분과의 최소 한계거리를 말하며, 작업원은 항상 이 거리 이상을 유지하여야 하며 동시에 충전부와 인체부위와는 안전거리 이상을 유지하여야 한다.

충전부 선로전압[KV]	안전거리[cm]	활선작업거리[cm]
3.3~6.6	20	60
11.4	20	60
22~22.9	30	75
66	75	95
154	160	160
345	350	350

1-7. 전선로에 근접한 전기작업안전

충전전로 인근에서 차량 · 기계장치 작업
① 사업주는 충전전로 인근에서 차량, 기계장치 등(이하 이 조에서 "차량 등"이라 한다)의 작업이 있는 경우에는 차량 등을 충전전로의 충전부로부터 300센티미터 이상 이격시켜 유지시키되, 대지전압이 50킬로볼트를 넘는 경우 이격시켜 유지하여야 하는 거리(이하 이 조에서 "이격거리"라 한다)는 10킬로볼트 증가할 때마다 10센티미터씩 증가시켜야 한다. 다만, 차량 등의 높이를 낮춘 상태에서 이동하는 경우에는 이격거리를 120센티미터 이상(대지전압이 50킬로볼트를 넘는 경우에는 10킬로볼트 증가할 때마다 이격거리를 10센티미터씩 증가)으로 할 수 있다. ② 제1항에도 불구하고 충전전로의 전압에 적합한 절연용 방호구 등을 설치한 경우에는 이격거리를 절연용 방호구 앞면까지로 할 수 있으며, 차량 등의 가공 붐대의 버킷이나 끝부분 등이 충전전로의 전압에 적합하게 절연되어 있고 유자격자가 작업을 수행하는 경우에는 붐대의 절연되지 않은 부분과 충전전로 간의 이격거리는 접근 한계거리까지로 할 수 있다. ③ 사업주는 다음 각 호의 경우를 제외하고는 근로자가 차량 등의 그 어느 부분과도 접촉하지 않도록 방책을 설치하거나 감시인 배치 등의 조치를 하여야 한다.

충전전로 인근에서 차량 · 기계장치 작업
1. 근로자가 해당 전압에 적합한 절연용 보호구 등을 착용하거나 사용하는 경우 2. 차량 등의 절연되지 않은 부분이 접근 한계거리 이내로 접근하지 않도록 하는 경우 ④ 사업주는 충전전로 인근에서 접지된 차량 등이 충전전로와 접촉할 우려가 있을 경우에는 지상의 근로자가 접지점에 접촉하지 않도록 조치하여야 한다.

Point

충전전로에 접근된 장소에서 시설물, 건설, 해체, 점검, 수리 또는 이동식 크레인, 콘크리트 펌프카, 항타기, 항발기 등 작업 시 감전 위험방지 조치 중 부적당한 것은?
절연용 보호구 착용 ➡ 절연용 방호구 설치

1) 근접작업 시의 이격거리

전로의 전압		이격거리[m]
저압	교류 600V 이하 직류 750V 이하	1
고압	교류 600V 초과 7kV 이하 직류 750V 초과 7kV 이하	1.2
특별 고압	7kV 초과	2.0 (60[kV] 이상에서는 10[kV] 단수마다 0.2[m]씩 증가)

2) 가공전선로의 시설기준

• 저고압 가공전선의 높이

시설 구분	높이
도로를 횡단하는 경우	지표상 6m 이상(농로 기타 교통이 번잡하지 아니한 도로 및 횡단보도교 제외)
철도 또는 궤도를 횡단하는 경우	궤조면상(軌條面上) 6.5m 이상
횡단보도교의 위에 시설하는 경우	• 저압 가공전선은 그 노면상 3.5m 이상 • 고압 가공전선은 그 노면상 3.5m 이상

2. 감전사고 시의 응급조치

1) 전격에 의한 인체상해

전격에 의한 인체상해는 통전전류와 시간 그리고 통전경로에 따라 크게는 사망에서부터 넓은 창상 적게는 좁쌀만한 작은 상처자국을 남기게 된다. 또한 감전 시 생성된 열에 의해서 피부조직의 손상을 초래하는 경우도 있으며, 피부의 손상은 50℃ 이상에서 세포의 단백질이 변질되고 80℃에 이르면 피부세포가 파괴된다.

- 전류에 의해 생기는 열량 Q는 전류의 세기 I의 제곱과, 도체의 전기저항 R와, 전류를 통한 시간 t에 비례한다.[열량(Q) = $0.24I^2RT$]
- 전격현상의 메커니즘
  ① 심실세동에 의한 혈액 순환기능 상실
  ② 호흡중추신경 마비에 따른 호흡중기
  ③ 흉부수축에 의한 질식

Point

상용주파수(60Hz)에 의해 감전되어 사망에 이르는 현상에서 특히 주된 원인이 아닌 것은? ②
① 심실세동에 의한 혈액순환의 손실
② 뇌의 호흡 중추기능의 정지
③ 흉부 수축에 의한 질식
④ 심실세동에 의한 혈액순환기능 손실과 전격에 의한 추락

(1) 감전사

① 심장 · 호흡의 정지(심장사)　② 뇌사
③ 출혈사

(2) 감전지연사

① 전기화상　② 급성신부전
③ 패혈증　④ 소화기 합병증
⑤ 2차적 출혈　⑥ 암의 발생

(3) 감전에 의한 국소증상

① 피부의 광성변화　② 표피박탈
③ 전문　④ 전류반점
⑤ 감전성 궤양

(4) 감전 후유증

① 심근경색

② 뇌의 파손 또는 경색(연화)에 의한 운동 및 언어 등의 장애

2) 감전사고 시의 응급조치

(1) 개요

감전쇼크에 의하여 호흡이 정지되었을 경우 혈액 중의 산소함유량이 약 1분 이내에 감소하기 시작하여 산소결핍현상이 나타나기 시작한다. 그러므로 단시간 내에 인공호흡 등 응급조치를 실시할 경우 감전사망자의 95% 이상 소생시킬 수 있음(1분 이내 95%, 3분 이내 75%, 4분 이내 50%, 5분 이내이면 25%로 크게 감소)

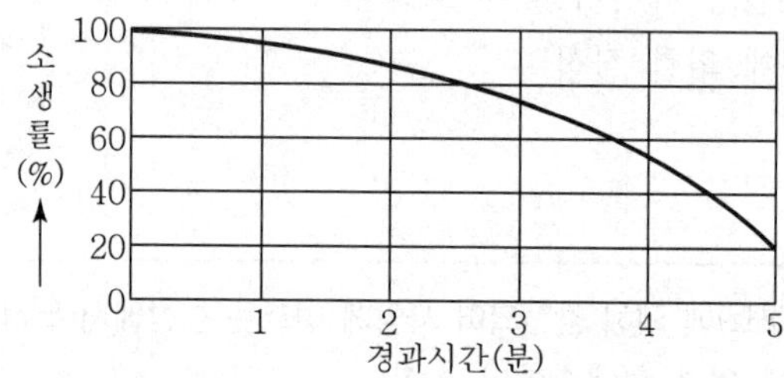

[감전사고 후 응급조치 개시시간에 따른 소생률]

(2) 응급조치 요령

① 전원을 차단하고 피재자를 위험지역에서 신속히 대피(2차 재해예방)

② 피재자의 상태 확인

㉠ 의식, 호흡, 맥박의 상태확인

㉡ 높은 곳에서 추락한 경우 : 출혈의 상태, 골절의 이상 유무 확인

㉢ 관찰 결과 의식이 없거나 호흡 및 심장이 정지해 있거나 출혈이 심할 경우 관찰을 중지하고 곧 필요한 응급조치

Point

감전사고에 의한 응급조치에서 재해자의 중요한 관찰사항이 아닌 것은? ④

① 의식의 상태
② 맥박의 상태
③ 호흡의 상태
④ 유입점과 유출점의 상태
⑤ 출혈의 상태

③ 응급조치

응급조치순서	응급조치 요령
기도확보	• 입속의 이물질 제거 • 호흡이 쉽도록 아래턱을 들어 올리고 머리를 뒤로 젖혀서 기도를 확보
↓	
인공호흡	• 구강대 구강법 • 닐센법과 샤우엘법
↓	
심장마사지	• 인공호흡과 동시에 실시

작업장 내에서 불의의 감전사고가 발생하였을 때 가장 우선적으로 응급조치해야 할 사항 중 잘못된 것은? ①

① 전격을 받아 실신하였을 때는 즉시 재해자를 병원에 구급조치 해야 한다.
② 우선적으로 재해자를 접촉되어 있는 충전부로부터 분리시킨다.
③ 제3자는 즉시 가까운 스위치를 개방하여 전류의 흐름을 중단시킨다.
④ 전격에 의해 실신했을 때 그곳에서 즉시 인공호흡을 행하는 것이 급선무이다.
⑤ 인공호흡과 흉부압박을 번갈아가며 실시한다.

(3) 인공호흡

① 구강대 구강법

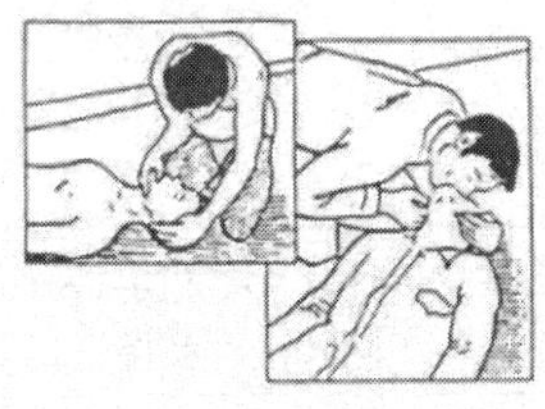

구강대 구강법 처치 시 주의사항

- 구강대 구강법은 모든 사람이 쉽게 행할 수 있으므로 환자를 발견하면 그곳에서 곧바로 실시
- 우선 인공호흡을 실시하고 다른 사람은 구급차나 의사를 부른다.
- 추락 등에 의해 출혈이 심한 경우 지혈을 한 후 인공호흡을 실시
- 구급차가 도착할 때까지 환자가 소생하지 않을 때는 구급차로 후송하면서 계속 인공호흡 실시

② 닐센법 및 샤우엘법

닐센법	샤우엘법
①팔을 올리기 위한 준비 ②팔을 올리기 ③등을 누르기 위한 준비 ④등누르기	

(4) 심장마사지(인공호흡과 동시에 실시)

1인이 실시하는 경우	2인이 실시하는 경우	
		① 심장마사지 15회 정도와 인공호흡 2회를 교대로 연속적으로 실시 ② 심장마사지와 인공호흡을 2명이 분담하여 5 : 1의 비율로 실시

(5) 전기화상 사고 시의 응급조치

① 불이 붙은 곳은 물, 소화용 담요 등을 이용하여 소화하거나 급한 경우에는 피재자를 굴리면서 소화한다.

② 상처에 달라붙지 않은 의복은 모두 벗긴다.

③ 세균감염으로부터 보호하기 위하여 화상부위에 화상용 붕대를 감는다.

④ 화상을 사지에만 입었을 경우 통증이 줄어들도록 약 10분간 화상부위를 물에 담그거나 물을 뿌릴 수 있다.

⑤ 상처부위에 파우더, 향유, 기름 등을 발라서는 안 된다.

⑥ 진정, 진통제는 의사의 처방에 의하지 않고는 사용하지 말아야 한다.

⑦ 의식이 있는 환자에게는 물이나 차를 조금씩 먹이되 알코올은 삼가야 하며 구토증 환자에게는 물 · 차 등의 취식을 금해야 한다.

⑧ 피재자를 담요 등으로 감싸되 상처부위가 닿지 않도록 한다.

(6) 전기분야에서의 화상의 분류

화상의 구분	증상	응급조치
1도	피부가 붉어지는 정도	식용유, 바세린, 아연화연고 등을 엷게 도포하고 냉각한다.
2도	붉어진 피부 위에 물집이 생김	수포가 터지지 않도록 하고 붕산연고를 바른 가제를 붙이고 의사의 치료를 받는다.
3도	표피 및 피하조직까지 장해가 미침	붕산연고나 유류를 바르고 즉시 의사의 치료를 받는다.
4도	탄화된다.	화상부위가 넓고 피부뿐만 아니라 근육, 심줄, 뼈까지 변화가 미치므로 즉시 의사의 치료를 받는다.

04 건설안전 일반

1. 건설공사 재해분석

1) 개요

(1) 건설공사는 아파트, 빌딩, 주택 등 건축구조물 공사와 터널, 교량, 댐 등 토목구조물을 시공하는 것으로 대부분의 공사가 옥외공사이며 고소작업, 동시 복합적인 작업의 형태로 이루어지므로 산업재해가 지속적으로 발생하고 있다.

(2) 또한 최근에는 구조물이 고층화, 대형화, 복잡화됨에 따라 새로운 유형의 산업재해가 발생하고 있으므로 사전에 충분한 유해위험요인에 대한 평가 및 대책이 이루어져야 한다.

2) 재해발생 형태

(1) 추락 : 작업발판, 비계, 개구부 등 단부에서 떨어짐
(2) 전도 : 사다리, 말비계, 건설기계 등의 전도로 인한 재해
(3) 협착 : 건설 장비(차량) 작업 중 근로자와 장비의 충돌·협착으로 인한 재해
(4) 낙하·비래 : 건설용 자재, 공구, 콘크리트 비산물 등의 낙하·비래
(5) 붕괴(도괴) : 거푸집동바리, 비계, 토사의 붕괴 또는 도괴에 의한 재해

(6) 감전 : 가공전로 접촉, 전기기계·기구의 누전에 의한 감전
(7) 화재(폭발) : 용접작업 중 불티비산 등에 의한 화재·폭발
(8) 기타 : 산소결핍에 의한 질식, 유해물질에 의한 중독, 뇌심혈관계 질환 등

2. 지반의 조사

1) 정의

지반조사란 지질 및 지층에 관한 조사를 실시하여 토층분포상태, 지하수위, 투수계수, 지반의 지지력을 확인하여 구조물의 설계 · 시공에 필요한 자료를 구하는 것이다.

2) 지반조사의 종류

(1) 지하탐사법

① 터파보기(Test Pit) : 굴착 깊이 = 1.5~3m, 삽으로 지반의 구멍을 거리간격 5~10m로 실제 굴착, 얕고 경미한 건물에 이용

② 탐사간(짚어보기) : ∅9mm의 철봉을 지중에 관입하여 지반의 단단한 상태를 판단

③ 물리적 탐사 : 탄성파, 음파, 전기저항 등을 이용하여 지반의 구성층 판단

(2) Sounding 시험(원위치 시험)

로드(Rod) 선단에 콘, 샘플러, 저항날개 등의 저항체를 지중에 삽입하여 관입, 회전, 인발하여 저항력에 의해 흙의 성질을 판단하는 원위치 시험법

① 표준관입시험(Standard Penetration Test)

현 위치에서 직접 흙(주로 사질지반)의 다짐상태를 판단하는 시험으로 무게 63.5kg인 추를 76cm 높이에서 자유낙하시켜 샘플러를 30cm 관입시키는 데 필요한 타격 횟수 N을 구하는 시험, N치가 클수록 토질이 밀실

N값	모래지반 상대밀도	N값	점토지반 점착력
0~4	몹시 느슨	0~2	아주 연약
4~10	느슨	2~4	연약
10~30	보통	4~8	보통
30~50	조밀	8~15	강한 점착력
50 이상	대단히 조밀	15~30	매우 강한 점착력
		30 이상	견고(경질)

② 콘관입시험(Cone Penetration Test)

로드 선단에 부착된 Cone(콘)을 지중 관입하여 지반 경연정도로 지반상태를 판단, 주로 연약한 점성토 지반에 적용

③ 베인시험(Vane Test)

회전 Rod가 부착된 Vane(구형)을 지중에 관입 · 회전시켜 흙의 전단강도, 흙 Moment를 측정하는 시험으로 깊이 10m 미만의 연약한 점토질 지반의 시험에 주로 적용

④ 스웨덴식 사운딩시험(Swedish Sounding Test)
로드 선단에 Screw Point를 부착하여 침하와 회전시켰을 때의 관입량을 측정하는 시험으로 거의 모든 토질에 적용가능하며 굴착 깊이 H=30m까지 가능

Point

- 표준관입시험에서 N값이 50 이상일 때 모래의 상대밀도는 어떤 상태인가?
  대단히 조밀하다.
- 토질시험 중 연약한 점질토 지반의 점착력을 판별하기 위하여 실시하는 현장시험은?
  베인테스트(Vane Test)

(3) 보링(Boring)

보링이란 굴착용 기계를 이용하여 지반을 천공하여 토사를 채취하고 지반의 토층분포, 층상, 구성 상태를 판단하는 것이다

① 오거보링(Auger Boring)
② 수세식 보링(Wash Boring)
③ 충격식 보링(Percussion Boring)
④ 회전식 보링(Rotary Boring)

(4) Sampling(시료채취)

샘플링이란 흙이 가지고 있는 물리적 · 역학적 특성을 규명하기 위해 시료를 채취하는 것으로 교란정도에 따라 교란시료 채취와 불교란시료 채취로 나눌 수 있다.

① 불교란시료 : 토질이 자연상태로 흩어지지 않게 채취
② 교란시료 : 토질이 흐트러진 상태로 채취

3. 토질시험방법

1) 정의

토질시험이란 흙의 물리적 성질과 역학적 성질을 알기 위하여 주로 실내에서 행하는 시험으로 크게 물리적 시험과 역학적 시험으로 나눌 수 있다.

2) 물리적 시험

(1) 비중시험 : 흙입자의 비중 측정

(2) 함수량시험 : 흙에 포함되어 있는 수분의 양을 측정

(3) 입도시험 : 흙입자의 혼합상태를 파악

(4) 액성 · 소성 · 수축 한계시험 : 함수비 변화에 따른 흙의 공학적 성질을 측정

※ 아터버그 한계(Atterberg Limits) : 흙의 성질을 나타내기 위한 지수를 일컫는다. 흙은 함수비에 따라서 고체, 반고체, 소성, 액체 등의 네 가지 상태로 존재한다. 각 상태마다 흙의 연경도와 거동이 달라지며 따라서 공학적 특성도 마찬가지로 다르게 된다. 각각의 상태 사이의 경계는 흙의 거동 변화에 수축한계(W_s), 소성한계(W_p), 액성한계(W_L)로 구분한다.

① 소성지수(I_p) : 흙이 소성상태로 존재할 수 있는 함수비의 범위
($I_p = W_L - W_P$)

② 수축지수(I_s) : 흙이 반고체상태로 존재할 수 있는 함수비의 범위
($I_s = W_p - W_s$)

③ 액성지수(I_L) : 흙이 자연상태에서 함유하고 있는 함수비의 정도
(W_n : 자연함수비)

$$I_L = \frac{W_n - W_p}{W_L - W_p} = \frac{W_n - W_p}{I_p}$$

여기서, W_s : 수축한계, W_p : 소성한계, W_L : 액성한계

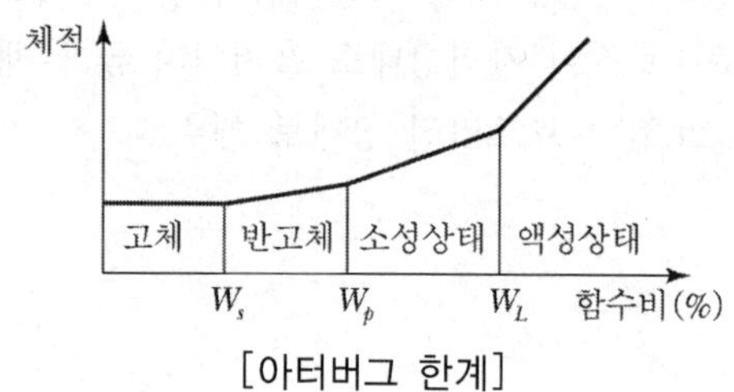

[아터버그 한계]

Point

- 흙의 액성한계 W_L=48%, 소성한계 W_p=26%일 때 소성지수 I_p는?
  소성지수 $I_p = W_L - W_P$이므로 48−26=22%

• 흙의 연경도에서 소성상태와 액성상태 사이의 한계를 무엇이라 하는가?
액성한계

(5) 밀도시험 : 지반의 다짐도 판정

3) 역학적 시험

(1) 투수시험 : 지하수위, 투수계수 측정
(2) 압밀시험 : 점성토의 침하량 및 침하속도 계산
(3) 전단시험 : 직접전단시험, 간접전단시험, 흙의 전단저항 측정
(4) 표준관입시험 : 흙의 지내력 판단, 사질토 적용
(5) 다짐시험 : 공학적 목적으로 흙의 성질을 개선하는 방법(흙의 단위중량, 전단강도 증가)
(6) 지반 지지력(지내력)시험 : 평판재하시험, 말뚝박기시험, 말뚝재하시험

흙에 관한 전단시험의 종류가 아닌 것은? ⑤
① 직접전단시험
② 일축압축시험
③ 삼축압축시험
④ 표준관입시험
⑤ CBR시험

4. 토공계획

1) 토공사 사전조사

계획 및 설계 시 충분한 지반조사와 지하매설물 및 인접 구조물에 대한 사전조사를 실시하여 안전성을 확보

2) 사전 조사해야 할 사항

(1) 토질 및 지반조사

① 주변에 기 절토된 경사면의 실태조사
② 토질구성(표토, 토질, 암질) 및 토질구조(지층의 경사, 지층, 파쇄대의 분포)
③ 사운딩(Sounding) : 표준관입시험, 콘관입시험, 베인테스트

④ 시추(Boring) : 오거, 수세식, 회전식, 충격식 보링, N치 및 K치
⑤ 물리적 탐사(Geophysical Exploration)

(2) 지하 매설물 조사

① 매설물의 종류 : Gas관, 상수도관, 통신, 전력케이블 등
② 매설깊이
③ 지지방법 등에 대한 조사

(3) 기존 구조물 인접작업 시

① 기존 구조물의 기초상태 조사
② 지질조건 및 구조 형태 등에 대한 조사

3) 시공계획

(1) 시공기면

시공지반의 계획고를 말하며 F.L로 표시한다.

(2) 시공기면 결정 시 고려사항

① 토공량이 최소가 되도록 하며 절토량과 성토량을 균형시킬 것
② 유용토는 가까운 곳에 토취장, 토사장을 두고 운반거리를 짧게 할 것
③ 연약지반, 산사태, 낙석 위험지역은 가능한 한 피할 것
④ 암석 굴착은 적게 할 것
⑤ 비탈면 등은 흙의 안정을 고려할 것
⑥ 용지보상이나 지상물 보상이 최소가 되도록 할 것

5. 지반의 이상현상 및 안전대책

1) 히빙(Heaving)

(1) 정의

히빙이란 연약한 점토지반을 굴착할 때 흙막이벽 배면 흙의 중량이 굴착저면 이하의 흙보다 중량이 클 경우 굴착저면 이하의 지지력보다 크게 되어 흙막이 배면에 있는 흙이 안으로 밀려들어 굴착저면이 솟아오르는 현상

(2) 지반조건

연약한 점토지반, 굴착저면 하부의 피압수

(3) 피해

① 흙막이의 전면적 파괴
② 흙막이 주변 지반침하로 인한 지하매설물 파괴

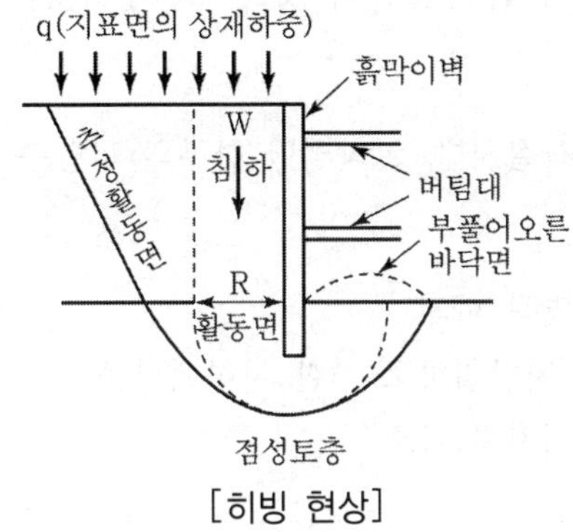

[히빙 현상]

(4) 안전대책

① 흙막이벽의 근입장 깊이를 경질지반까지 연장
② 굴착주변의 상재하중을 제거
③ 시멘트, 약액주입공법 등으로 Grouting 실시
④ Well Point, Deep Well 공법으로 지하수위 저하
⑤ 굴착방식을 개선(Island Cut, Caisson 공법 등)

Point

• 히빙현상이 잘 발생하는 토질지반은? ①

① 연약한 점토지반 ② 연약한 사질토지반
③ 견고한 점토지반 ④ 견고한 사질토지반
⑤ 견고한 유기질토지반

• 히빙에 대한 대책으로 올바르지 않은 것은? ③

① 굴착배면의 상재하중 등 토압을 경감시킨다.
② 시트파일 등의 근입심도를 검토한다.
③ 굴착저면에 토사 등 인공중력을 감소시킨다.
④ 굴착주변을 웰 포인트 공법과 병행한다.
⑤ Island Cut 굴착 방식으로 개선한다.

2) 보일링(Boiling)

(1) 정의

투수성이 좋은 사질토 지반을 굴착할 때 흙막이벽 배면의 지하수위가 굴착저면보다 높을 때 굴착저면 위로 모래와 지하수가 솟아오르는 현상

(2) 지반조건

투수성이 좋은 사질지반, 굴착저면 하부의 피압수

(3) 피해

① 흙막이의 전면적 파괴
② 흙막이 주변 지반침하로 인한 지하매설물 파괴
③ 굴착저면의 지지력 감소

(4) 안전대책

① 흙막이벽의 근입장 깊이를 경질지반까지 연장
② 차수성이 높은 흙막이 설치(지하연속벽, Sheet Pile 등)
③ 시멘트, 약액주입공법 등으로 Grouting 실시
④ Well Point, Deep Well 공법으로 지하수위 저하
⑤ 굴착토를 즉시 원상태로 매립

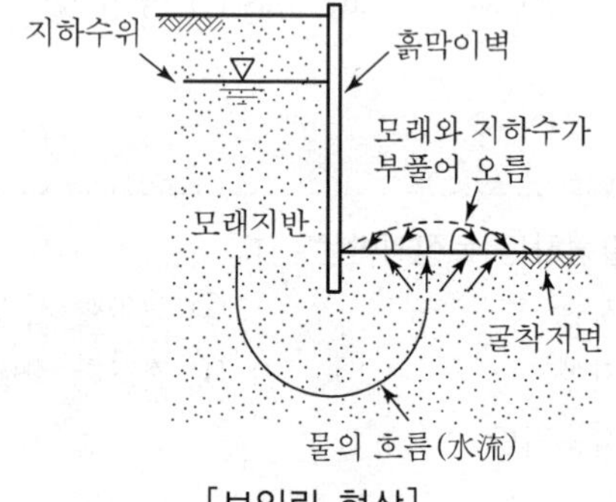

[보일링 현상]

Point

• 보일링 현상이 잘 발생하는 토질지반은?
투수성이 좋은 사질토 지반

• 지반의 보일링 현상의 직접적인 원인은 어느 것인가? ①
① 굴착부와 배면부의 지하수위의 수두차
② 굴착부와 배면부의 흙의 중량차
③ 굴착부와 배면부의 흙의 함수비차
④ 굴착부와 배면부의 흙의 토압차
⑤ 굴착부와 배면부의 온도차

3) 연약지반의 개량공법

(1) 연약지반의 정의

① 연약지반이란 점토나 실트와 같은 미세한 입자의 흙이나 간극이 큰 유기질토 또는 이탄토, 느슨한 모래 등으로 이루어진 토층으로 구성
② 지하수위가 높고 제체 및 구조물의 안정과 침하문제를 발생시키는 지반

(2) 점성토 연약지반 개량공법

① 치환공법 : 연약지반을 양질의 흙으로 치환하는 공법으로 굴착, 활동, 폭파 치환
② 재하공법(압밀공법)
㉠ 프리로딩공법(Pre-Loading) : 사전에 성토를 미리하여 흙의 전단강도를 증가
㉡ 압성토공법(Surcharge) : 측방에 압성토하여 압밀에 의해 강도증가
㉢ 사면선단 재하공법 : 성토한 비탈면 옆부분을 덧붙임하여 비탈면 끝의 전단강도를 증가
③ 탈수공법 : 연약지반에 모래말뚝, 페이퍼드레인, 팩을 설치하여 물을 배제시켜 압밀을 촉진하는 것으로 샌드드레인, 페이퍼드레인, 팩드레인공법
④ 배수공법 : 중력배수(집수정, Deep Well), 강제배수(Well Point, 진공 Deep Well)
⑤ 고결공법 : 생석회 말뚝공법, 동결공법, 소결공법

Point

• 연약지반 처리공법 중 재하공법에 속하지 않는 것은? ④
① 여성토(Pre-Loading) 공법
② 압성토(Sur-Charge) 공법
③ 사면선단재하공법
④ 폭파치환 공법
⑤ 지하수위 저감공법

• 연약한 점토지반의 개량공법으로 적당치 않은 것은? ④

① 샌드드레인공법 ② 프리로딩공법
③ 페이퍼드레인공법 ④ 바이브로플로테이션공법
⑤ 동다짐공법

(3) 사질토 연약지반 개량공법

① 진동다짐공법(Vibro Floatation) : 봉상진동기를 이용, 진동과 물다짐을 병용
② 동다짐(압밀)공법 : 무거운 추를 자유낙하시켜 지반충격으로 다짐효과
③ 약액주입공법 : 지반 내 화학약액(LW, Bentonite, Hydro)을 주입하여 지반고결
④ 폭파다짐공법 : 인공지진을 발생시켜 모래지반을 다짐
⑤ 전기충격공법 : 지반 속에서 고압방전을 일으켜 발생하는 충격력으로 지반 다짐
⑥ 모래다짐말뚝공법 : 충격, 진동 타입에 의해 모래를 압입시켜 모래 말뚝을 형성하여 다짐에 의한 지지력을 향상

Point

• 다음의 연약지반 개량공법 중에서 사질토 지반을 강화하는 공법은 어느 것인가?
다짐말뚝공법

• 다음 중 연약지반 처리공법이 아닌 것은? ③

① 폭파치환공법 ② 샌드드레인공법
③ 우물통공법 ④ 모래다짐말뚝공법
⑤ 굴착치환공법

05 공정계획 및 안전성 심사

Section

1. 안전관리 계획

- 안전관리계획 작성 내용
  (1) 입지 및 환경조건 : 주변교통, 부지상황, 매설물 등의 현황
  (2) 안전관리 중점 목표 : 착공에서 준공까지 각 단계의 중점목표를 결정
  (3) 공정, 공종별 위험요소 판단 : 공정, 공종별 유해위험요소를 판단하여 대책수립
  (4) 안전관리조직 : 원활한 안전활동, 안전관리의 확립을 위해 필요한 조직
  (5) 안전행사계획 : 일일, 주간, 월간계획
  (6) 긴급연락망 : 긴급사태 발생 시 연락할 경찰서, 소방서, 발주처, 병원 등의 연락처 게시

공사현장 안전관리계획 작성 시 고려사항과 거리가 먼 것은? ④

① 입지 및 환경조건
② 안전관리 중점 목표
③ 공정, 공종별 위험요소 판단
④ 공사 성과의 분석 및 개선방법
⑤ 안전관리 조직 구성

2. 건설재해 예방대책

1) 안전을 고려한 설계
2) 무리가 없는 공정계획
3) 안전관리 체제 확립
4) 작업지시 단계에서 안전사항 철저 지시
5) 작업원의 안전의식 강화
6) 안전보호구 착용
7) 작업자 이외 출입금지
8) 악천후 시 작업중지
9) 고소작업 시 방호조치
10) 건설기계의 충돌·협착 방지
11) 거푸집동바리 및 비계 등 가설구조물의 붕괴·도괴 방지
12) 낙하·비래에 의한 위험방지
13) 전기기계·기구의 감전예방 조치

3. 건설공사의 안전관리

1) 지반굴착 시 위험방지

(1) 사전 지반조사 항목(안전보건규칙 제38조)

① 형상 · 지질 및 지층의 상태
② 균열 · 함수(含水) · 용수 및 동결의 유무 또는 상태
③ 매설물 등의 유무 또는 상태
④ 지반의 지하수위 상태

Point

지반굴착 시 미리 주변지반에 대해 조사해야 할 사항이 아닌 것은? ④
① 형상, 지질 및 지층의 상태
② 균열, 함수, 용수의 유무 및 동결의 유무 또는 상태
③ 매설물 등의 유무 또는 상태
④ 흙막이 지보공 상태
⑤ 지반의 지하수위 상태

(2) 굴착면의 기울기 기준

구분	지반의 종류	기울기
보통흙	습지	1 : 1~1 : 1.5
	건지	1 : 0.5~1 : 1
암반	풍화암	1 : 1.0
	연암	1 : 1.0
	경암	1 : 0.5

※ 굴착면의 기울기 기준에 관한 문제는 거의 매회 출제되므로 기울기 기준은 반드시 암기

2) 발파 작업 시 위험방지

(1) 발파의 작업기준

① 얼어붙은 다이너마이트는 화기에 접근시키거나 그 밖의 고열물에 직접 접촉시키는 등 위험한 방법으로 융해되지 않도록 할 것
② 화약 또는 폭약을 장전하는 경우에는 그 부근에서 화기의 사용 또는 흡연을 하지 않도록 할 것

③ 장전구는 마찰・충격・정전기 등에 의한 폭발이 발생할 위험이 없는 안전한 것을 사용할 것
④ 발파공의 충진재료는 점토・모래 등 발화성 또는 인화성의 위험이 없는 재료를 사용할 것
⑤ 점화 후 장전된 화약류가 폭발하지 아니한 경우 또는 장전된 화약류의 폭발 여부를 확인하기 곤란한 경우에는 다음 각 목의 사항을 따를 것
㉠ 전기뇌관에 의한 경우에는 발파모선을 점화기에서 떼어 그 끝을 단락시켜 놓는 등 재점화되지 않도록 조치하고 그때부터 5분 이상 경과한 후가 아니면 화약류의 장전장소에 접근시키지 않도록 할 것
㉡ 전기뇌관 외의 것에 의한 경우에는 점화한 때부터 15분 이상 경과한 후가 아니면 화약류의 장전장소에 접근시키지 않도록 할 것
⑥ 전기뇌관에 의한 발파의 경우에는 점화하기 전에 화약류를 장전한 장소로부터 30m 이상 떨어진 안전한 장소에서 전선에 대하여 저항측정 및 도통시험을 할 것
⑦ 발파모선은 적당한 치수 및 용량의 절연된 도전선을 사용하여야 한다.
⑧ 점화는 충분한 용량을 갖는 발파기를 사용하고 규정된 스위치를 반드시 사용하여야 한다.
⑨ 발파 후 즉시 발파모선을 발파기로부터 분리하고 그 단부를 절연시킨 후 재점화가 되지 않도록 하여야 한다.

Point

• 다음 중 발파공의 충전재료로 부적당한 것은? ④

① 점토 ② 모래
③ 비발화성 물질 ④ 인화성 물질
⑤ 비인화성 물질

• 다음 중 터널공사의 전기발파작업에 대한 설명 중 옳지 않은 것은? ④

① 점화는 충분한 허용량을 갖는 발파기를 사용한다.
② 발파 후 즉시 발파모선을 발파기로부터 분리하고 그 단부를 절연시킨다.
③ 전선의 도통시험은 화약장전 장소로부터 최소 30m 이상 떨어진 장소에서 행한다.
④ 발파모선은 고무 등으로 절연된 전선 20m 이상의 것을 사용한다.
⑤ 전기뇌관의 경우에는 재점화 조치를 취한 뒤 최소 5분이 지난 후 접근한다.

(2) 발파 후 안전조치

① 전기발파 직후 발파모선을 점화기(발파기)로부터 떼어내어 재점화되지 않도록 하고 5분 이상 경과한 후에 발파장소에 접근

② 도화선 발파직후 15분 이상 경과한 후에 발파장소에 접근

③ 터널에서 발파 후의 유독가스 및 낙석의 붕괴위험성을 확인 후 발파장소에 접근

④ 발파 시 사용된 전선, 도화선, 기타 기구, 기재 등은 확실히 회수

⑤ 불발화약류가 있을 때는 물을 유입시키거나 기타 안전한 방법으로 화약류를 회수

⑥ 불발화약류의 회수가 불가능할 경우에는 불발공에 평행되게 구멍을 뚫고 발파를 하는데 불발공과 새로 뚫는 구멍의 위치와의 거리는 기계 뚫기는 60cm 이상, 인력으로 뚫을 때는 30cm 이상

⑦ 발파 후 처리에 있어 불발화약류가 섞일 우려가 있으므로 이를 확인

(3) 발파허용 진동치

구분	문화재	주택 · 아파트	상가	철골 콘크리트 빌딩 및 상가
건물기초에서의 허용진동치(cm/sec)	0.2	0.5	1.0	1.0~4.0

3) 충전전로에서의 감전 위험방지

(1) 전압의 구분

① 저압 : 750V 이하 직류전압 또는 600V 이하의 교류전압

② 고압 : 750V 초과 7,000V 이하의 직류전압 또는 600V 초과 7,000V 이하의 교류전압

③ 특별고압 : 7,000V를 초과하는 직 · 교류전압

(2) 충전전로에서의 전기작업

① 충전전로를 정전시키는 경우에는 감전 위험 방지를 위한 조치를 할 것

② 충전전로를 방호, 차폐 또는 절연 등의 조치를 하는 경우에는 근로자의 신체가 전로와 직접 접촉하거나 도전재료, 공구 또는 기기를 통하여 간접 접촉되지 않도록 할 것

③ 충전전로를 취급하는 근로자에게 절연용 보호구를 착용시킬 것

④ 충전전로에 근접하는 장소에서 전기작업을 하는 경우에는 해당 전압에 적합한 절연용 방호구를 설치할 것. 다만, 저압인 경우에는 해당 전기작업자가 절연용 보호구를 착용하되, 충전전로에 접촉할 우려가 없는 경우에는 절연용 방호구를 설치하지 아니할 수 있다.

⑤ 고압 및 특별고압의 전로에서 전기작업을 하는 근로자에게 활선작업용 기구 및 장치를 사용하도록 할 것
⑥ 근로자가 절연용 방호구의 설치·해체작업을 하는 경우에는 절연용 보호구를 착용하거나 활선작업용 기구 및 장치를 사용하도록 할 것
⑦ 유자격자가 아닌 근로자가 충전전로 인근의 높은 곳에서 작업할 때에 근로자의 몸 또는 긴 도전성 물체가 방호되지 않은 충전전로에서 대지전압이 50kV 이하인 경우에는 300cm 이내로, 대지전압이 50kV를 넘는 경우에는 10kV당 10cm씩 더한 거리 이내로 각각 접근할 수 없도록 할 것
⑧ 유자격자가 충전전로 인근에서 작업하는 경우에는 다음 각 목의 경우를 제외하고는 노출 충전부에 다음 표에 제시된 접근한계거리 이내로 접근하거나 절연 손잡이가 없는 도전체가 접근할 수 없도록 할 것
㉠ 근로자가 노출 충전부로부터 절연된 경우 또는 해당 전압에 적합한 절연장갑을 착용한 경우
㉡ 노출 충전부가 다른 전위를 갖는 도전체 또는 근로자와 절연된 경우
㉢ 근로자가 다른 전위를 갖는 모든 도전체로부터 절연된 경우

충전전로의 선간전압(단위 : kV)	충전전로에 대한 접근 한계거리(단위 : cm)
0.3 이하	접촉금지
0.3 초과 0.75 이하	30
0.75 초과 2 이하	45
2 초과 15 이하	60
15 초과 37 이하	90
37 초과 88 이하	110
88 초과 121 이하	130
121 초과 145 이하	150
145 초과 169 이하	170
169 초과 242 이하	230
242 초과 362 이하	380
362 초과 550 이하	550
550 초과 800 이하	790

4) 잠함 내 굴착작업 위험방지

(1) 잠함 또는 우물통의 급격한 침하로 인한 위험방지

① 침하관계도에 따라 굴착방법 및 재하량 등을 정할 것

② 바닥으로부터 천장 또는 보까지의 높이는 1.8m 이상으로 할 것

Point

잠함 또는 우물통의 내부에서 굴착작업을 할 때 급격한 침하로 인한 위험방지를 위해 준수하여야 할 사항은?
바닥으로부터 천장 또는 보까지의 높이가 1.8m 이상으로 할 것

(2) 잠함 등 내부에서의 작업

① 산소 결핍 우려가 있는 경우에는 산소의 농도를 측정하는 사람을 지명하여 측정하도록 할 것

② 근로자가 안전하게 오르내리기 위한 설비를 설치할 것

③ 굴착 깊이가 20m를 초과하는 경우에는 해당 작업장소와 외부와의 연락을 위한 통신설비 등을 설치할 것

④ 산소농도 측정결과 산소의 결핍이 인정되거나 굴착 깊이가 20m를 초과하는 경우에는 송기를 위한 설비를 설치하여 필요한 양의 공기를 공급

(3) 잠함 등 내부에서 굴착작업의 금지

① 승강설비, 통신설비, 송기설비에 고장이 있는 경우

② 잠함 등의 내부에 많은 양의 물 등이 스며들 우려가 있는 경우

06 건설업 산업안전보건관리비

Section

1. 건설업 산업안전보건관리비의 계상 및 사용

1) 정의(고용노동부고시)

(1) 건설업 산업안전보건관리비 : 건설사업장과 건설업체 본사 안전전담부서에서 산업재해의 예방을 위하여 법령에 규정된 사항의 이행에 필요한 비용

(2) 안전관리비 대상액이란 「예정가격 작성기준」(기획재정부 계약예규)과 「지방자치단체 입찰 및 계약집행기준」(행정안전부 예규)의 공사원가계산서 구성항목 중 직접재료비, 간접재료비와 직접노무비를 합한 금액(발주자가 재료를 제공할 경우에는 해당 비용을 포함한 금액)

2) 적용범위

(1) 「산업재해보상보험법」에 따라 「산업재해보상보험법」의 적용을 받는 공사 중 총공사금액 4천만 원 이상인 공사에 적용

(2) 「전기공사업법」에 따른 전기공사(저압·고압 또는 특별고압작업) 및 「정보통신공사업법」에 따른 정보통신공사(지하맨홀, 관로 또는 통신주 작업)로서 단가계약에 의하여 행하는 공사에 대하여는 총계약금액을 기준으로 이를 적용

3) 계상기준

(1) 대상액이 5억 원 미만 또는 50억 원 이상일 경우 : 대상액×계상기준표의 비율(%)

(2) 대상액이 5억 원 이상 50억 원 미만일 경우 : 대상액×계상기준표의 비율(X)+기초액(C)

(3) 대상액이 구분되어 있지 않은 경우 : 도급계약 또는 자체사업계획상의 총공사금액의 70%를 대상액으로 하여 안전관리비를 계상

(4) 발주자가 재료를 제공하거나 물품이 완제품의 형태로 제작 또는 납품되어 설치되는 경우 : ① 해당 재료비 또는 완제품의 가액을 대상액에 포함시킬 경우의 안전관리비는 ② 해당 재료비 또는 완제품의 가액을 포함시키지 않은 대상액을 기준으로 계상한 안전관리비의 1.2배를 초과할 수 없다. 즉, ①과 ②를 비교하여 작은 값으로 계상

【별표 1】 (개정, 2018.10.5.)

〈공사종류 및 규모별 안전관리비 계상기준표〉

(단위 : 원)

구분 공사종류	대상액 5억 원 미만인 경우 적용 비율(%)	대상액 5억 원 이상 50억 원 미만인 경우		대상액 50억 원 이상인 경우 적용 비율(%)	영 별표 5에 따른 보건관리자 선임 대상 건설공사의 적용비율(%)
		적용 비율(%)	기초액		
일반건설공사(갑)	2.93%	1.86%	5,349,000원	1.97%	2.15%
일반건설공사(을)	3.09%	1.99%	5,499,000원	2.10%	2.29%
중 건 설 공 사	3.43%	2.35%	5,400,000원	2.44%	2.66%
철도 · 궤도신설공사	2.45%	1.57%	4,411,000원	1.66%	1.81%
특수 및 기타 건설공사	1.85%	1.20%	3,250,000원	1.27%	1.38%

Point

대상액이 50억 원 이상일 때 계상기준에 맞지 않는 것은? ④

① 일반 건설공사(갑) : 1.97%
② 일반 건설공사(을) : 2.10%
③ 중건설공사 : 2.44%
④ 철도, 궤도신설공사 : 2.45%
⑤ 특수 및 기타 건설공사 : 1.27%

2. 건설업 산업안전보건관리비의 사용기준

1) 사용기준

(1) 수급인 또는 자기공사자는 안전관리비를 항목별 사용기준에 따라 건설사업장에서 근무하는 근로자의 산업재해 및 건강장해 예방을 위한 목적으로만 사용하여야 한다.

항목	사용기준
1. 안전관리자 등의 인건비 및 각종 업무 수당 등	가. 전담 안전 · 보건관리자의 인건비, 업무수행 출장비(지방고용노동관서에 선임 보고한 날 이후 발생한 비용에 한정한다) 및 건설용리프트의 운전자 인건비. 다만, 유해 · 위험방지계획서 대상으로 공사금액이 50억 원 이상 120억 원 미만(「건설산업기본법 시행령」 별표 1에 따른 토목공사업에 속하는 공사의 경우 150억 원 미만)인 공사현장에 선임된 안전관리자가 겸직하는 경우 해당 안전관리자 인건비의 50퍼센트를 초과하지 않는 범위 내에서 사용 가능

항목	사용기준
	나. 공사장 내에서 양중기·건설기계 등의 움직임으로 인한 위험으로부터 주변 작업자를 보호하기 위한 유도자 또는 신호자의 인건비나 비계 설치 또는 해체, 고소작업대 작업 시 낙하물 위험예방을 위한 하부통제, 화기작업 시 화재감시 등 공사현장의 특성에 따라 근로자 보호만을 목적으로 배치된 유도자 및 신호자 또는 감시자의 인건비 다. 산업안전보건법에 해당하는 작업을 직접 지휘·감독하는 직·조·반장 등 관리감독자의 직위에 있는 자가 산업안전보건법에서 정하는 업무를 수행하는 경우에 지급하는 업무수당(월 급여액의 10퍼센트 이내)
2. 안전시설비 등	법·영·규칙 및 고시에서 규정하거나 그에 준하여 필요로 하는 각종 안전표지·경보 및 유도시설, 감시 시설, 방호장치, 안전·보건시설 및 그 설치비용(시설의 설치·보수·해체 시 발생하는 인건비 등 경비를 포함한다)
3. 개인보호구 및 안전장구 구입비 등	각종 개인 보호장구의 구입·수리·관리 등에 소요되는 비용, 안전보건 관계자 식별용 의복 및 제1호의 안전·보건관리자 및 안전보건보조원 전용 업무용 기기에 소요되는 비용(근로자가 작업에 필요한 안전화·안전대·안전모를 직접 구입·사용하는 경우 지급하는 보상금을 포함한다)
4. 사업장의 안전·보건 진단비 등	법·영·규칙 및 고시에서 규정하거나 자율적으로 외부전문가 또는 전문기관을 활용하여 실시하는 각종 진단, 검사, 심사, 시험, 자문, 작업환경측정, 유해·위험방지계획서의 작성·심사·확인에 소요되는 비용, 자체적으로 실시하기 위한 작업환경 측정장비 등의 구입·수리·관리 등에 소요되는 비용과 전담 안전·보건관리자용 안전순찰차량의 유류비·수리비·보험료 등의 비용
5. 안전보건 교육비 및 행사비 등	법·영·규칙 및 고시에서 규정하거나 그에 준하여 필요로 하는 각종 안전보건교육에 소요되는 비용(현장 내 교육장 설치비용을 포함한다), 안전보건관계자의 교육비, 자료 수집비 및 안전기원제·안전보건행사에 소요되는 비용(기초안전보건교육에 소요되는 교육비·출장비·수당을 포함한다. 단, 수당은 교육에 소요되는 시간의 임금을 초과할 수 없다)
6. 근로자의 건강관리비 등	법·영·규칙 및 고시에서 규정하거나 그에 준하여 필요로 하는 각종 근로자의 건강관리에 소요되는 비용 및 작업의 특성에 따라 근로자 건강 보호를 위해 소요되는 비용
7. 기술지도비	재해예방전문지도기관에 지급하는 기술지도 비용
8. 본사 사용비	안전만을 전담으로 하는 별도 조직(이하 "안전전담부서"라 한다)을 갖춘 건설업체의 본사에서 사용하는 제1호부터 제7호까지의 사용항목과 본사 안전전담부서의 안전전담직원 인건비·업무수행 출장비(계상된 안전관리비의 5퍼센트를 초과할 수 없다)

(2) 사용내역에 해당한다 할지라도 안전관리비로 사용할 수 없는 경우

① 공사 도급내역서상에 반영되어 있는 경우

② 다른 법령에서 의무사항으로 규정하고 있는 경우

③ 작업방법 변경, 시설 설치 등이 근로자의 안전 · 보건을 일부 향상시킬 수 있는 경우라도 시공이나 작업을 용이하게 하기 위한 목적이 포함된 경우

④ 환경관리, 민원 또는 수방대비 등 다른 목적이 포함된 경우

⑤ 근로자의 근무여건 개선, 복리 · 후생 증진, 사기진작 등의 목적이 포함된 경우

(3) 수급인 또는 자기공사자는 공사진척에 따른 안전관리비 사용기준에서 정하는 기준에 따라 안전관리비를 사용하되, 발주자 또는 감리원은 해당 공사의 특성 등을 고려하여 사용기준을 달리 정할 수 있다.

〈공사진척에 따른 안전관리비 사용기준〉

공정률	50% 이상 70% 미만	70% 이상 90% 미만	90% 이상
사용기준	50% 이상	70% 이상	90% 이상

Point

공정률이 80%인 건설현장의 경우 공사 진척에 따른 산업안전보건관리비 최소 사용기준은 몇 %이상인가? ③

① 30% ② 50% ③ 70% ④ 80% ⑤ 90%

2) 재해예방전문지도기관의 지도를 받아 안전관리비를 사용해야 하는 사업

(1) 공사금액 3억 원(전기공사업법에 의한 전기공사 및 정보통신공사업법에 의한 정보통신공사는 1억 원) 이상 120억 원(토목공사는 150억 원) 미만인 공사를 행하는 자는 산업안전보건관리비를 사용하고자 하는 경우에는 미리 그 사용방법 · 재해예방조치 등에 관하여 재해예방전문지도기관의 기술지도를 받아야 한다.

(2) 기술지도에서 제외되는 공사

① 공사기간이 3개월 미만인 공사

② 육지와 연결되지 아니한 섬지역(제주특별자치도는 제외)에서 이루어지는 공사

③ 안전관리자 자격을 가진 자를 선임하여 안전관리자의 직무만을 전담하도록 하는 공사

④ 유해 · 위험방지계획서를 제출하여야 하는 공사

Point

재해예방전문 지도기관의 기술지도 대상 제외 사업장이 아닌 것은? ①
① 공사기간이 6월 미만인 건설공사
② 전국 도서지방(제주도 제외)에서 행하는 공사
③ 유해·위험방지 계획서 제출 대상공사
④ 유자격 전담 안전관리자를 선임한 공사
⑤ 모두 정답

3. 건설업 산업안전보건관리비의 항목별 사용내역 및 기준

〈안전관리비의 항목별 사용불가 내역〉

항목	사용불가 내역
1. 안전관리자 등의 인건비 및 각종 업무 수당 등	가. 안전·보건관리자의 인건비 등 1) 안전·보건관리자의 업무를 전담하지 않는 경우(유해·위험방지계획서 제출 대상 건설공사에 배치하는 안전관리자가 다른 업무와 겸직하는 경우의 인건비는 제외한다) 2) 지방고용노동관서에 선임 신고하지 아니한 경우 3) 산업안전보건법령상에서 정한 자격을 갖추지 아니한 경우 ※ 선임의무가 없는 경우에도 실제 선임·신고한 경우에는 사용할 수 있음(법상 의무 선임자 수를 초과하여 선임·신고한 경우, 도급인이 선임하였으나 하도급 업체에서 추가 선임·신고한 경우, 재해예방전문기관의 기술지도를 받고 있으면서 추가 선임·신고한 경우를 포함한다) 나. 유도자 또는 신호자의 인건비 1) 시공, 민원, 교통, 환경관리 등 다른 목적을 포함하는 등 아래 세목의 인건비 가) 공사 도급내역서에 유도자 또는 신호자 인건비가 반영된 경우 나) 타워크레인 등 양중기를 사용할 경우 자재운반을 위한 유도 또는 신호의 경우 다) 원활한 공사수행을 위하여 사업장 주변 교통정리, 민원 및 환경관리 등의 목적이 포함되어 있는 경우 ※ 도로 확·포장 공사 등에서 차량의 원활한 흐름을 위한 유도자 또는 신호자, 공사현장 진·출입로 등에서 차량의 원활한 흐름 또는 교통 통제를 위한 교통정리 신호수 등

항목	사용불가 내역
	다. 안전 · 보건보조원의 인건비 1) 전담 안전 · 보건관리자가 선임되지 아니한 현장의 경우 2) 보조원이 안전 · 보건관리업무 외의 업무를 겸임하는 경우 3) 경비원, 청소원, 폐자재 처리원 등 산업안전 · 보건과 무관하거나 사무보조원(안전보건관리자의 사무를 보조하는 경우를 포함한다)의 인건비
2. 안전시설비 등	원활한 공사수행을 위해 공사현장에 설치하는 시설물, 장치, 자재, 안내 · 주의 · 경고 표지 등과 공사 수행 도구 · 시설이 안전장치와 일체형인 경우 등에 해당하는 경우 그에 소요되는 구입 · 수리 및 설치 · 해체 비용 등 가. 원활한 공사수행을 위한 가설시설, 장치, 도구, 자재 등 1) 외부인 출입금지, 공사장 경계표시를 위한 가설울타리 2) 각종 비계, 작업발판, 가설계단 · 통로, 사다리 등 ※ 안전발판, 안전통로, 안전계단 등과 같이 명칭에 관계없이 공사수행에 필요한 가시설들은 사용 불가 - 다만, 비계 · 통로 · 계단에 추가 설치하는 추락방지용 안전난간, 사다리 전도방지장치, 틀비계에 별도로 설치하는 안전난간 · 사다리, 통로의 낙하물방호선반 등은 사용 가능함 3) 절토부 및 성토부 등의 토사유실 방지를 위한 설비 4) 작업장 간 상호 연락, 작업 상황 파악 등 통신수단으로 활용되는 통신시설 · 설비 5) 공사 목적물의 품질 확보 또는 건설장비 자체의 운행 감시, 공사 진척상황 확인, 방법 등의 목적을 가진 CCTV 등 감시용 장비 나. 소음 · 환경관련 민원예방, 교통통제 등을 위한 각종 시설물, 표지 1) 건설현장 소음방지를 위한 방음시설, 분진망 등 먼지 · 분진 비산 방지시설 등 2) 도로 확 · 포장공사, 관로공사, 도심지 공사 등에서 공사차량 외의 차량유도, 안내 · 주의 · 경고 등을 목적으로 하는 교통안전시설물 ※ 공사안내 · 경고 표지판, 차량유도등 · 점멸등, 라바콘, 현장경계펜스, PE드럼 등 다. 기계 · 기구 등과 일체형 안전장치의 구입비용 ※ 기성제품에 부착된 안전장치 고장 시 수리 및 교체비용은 사용 가능 1) 기성제품에 부착된 안전장치 ※ 톱날과 일체식으로 제작된 목재가공용 둥근톱의 톱날접촉예방장치, 플러그와 접지 시설이 일체식으로 제작된 접지형플러그 등 2) 공사수행용 시설과 일체형인 안전시설 라. 동일 시공업체 소속의 타 현장에서 사용한 안전시설물을 전용하여 사용할 때의 자재비(운반비는 안전관리비로 사용할 수 있다)

항목	사용불가 내역
3. 개인보호구 및 안전장구 구입비 등	근로자 재해나 건강장해 예방 목적이 아닌 근로자 식별, 복리·후생적 근무여건 개선·향상, 사기 진작, 원활한 공사수행을 목적으로 하는 다음 장구의 구입·수리·관리 등에 소요되는 비용 가. 안전·보건관리자가 선임되지 않은 현장에서 안전·보건업무를 담당하는 현장관계자용 무전기, 카메라, 컴퓨터, 프린터 등 업무용 기기 나. 근로자 보호 목적으로 보기 어려운 피복, 장구, 용품 등 1) 작업복, 방한복, 면장갑, 코팅장갑 등 2) 근로자에게 일률적으로 지급하는 보냉·보온장구(핫팩, 장갑, 아이스조끼, 아이스팩 등을 말한다) 구입비 ※ 다만, 혹한·혹서에 장기간 노출로 인해 건강장해는 일으킬 우려가 있는 경우 특정 근로자에게 지급하는 기능성 보호 장구는 사용 가능함 3) 감리원이나 외부에서 방문하는 인사에게 지급하는 보호구
4. 사업장의 안전진단비	다른 법 적용사항이거나 건축물 등의 구조안전, 품질관리 등을 목적으로 하는 등의 다음과 같은 점검 등에 소요되는 비용 가. 「건설기술진흥법」, 「건설기계관리법」 등 다른 법령에 따른 가설구조물 등의 구조검토, 안전점검 및 검사, 차량계 건설기계의 신규등록·정기·구조변경·수시·확인검사 등 나. 「전기사업법」에 따른 전기안전대행 등 다. 「환경법」에 따른 외부 환경 소음 및 분진 측정 등 라. 민원 처리 목적의 소음 및 분진 측정 등 소요비용 마. 매설물 탐지, 계측, 지하수 개발, 지질조사, 구조안전검토 비용 등 공사 수행 또는 건축물 등의 안전 등을 주된 목적으로 하는 경우 바. 공사도급내역서에 포함된 진단비용 사. 안전순찰차량(자전거, 오토바이를 포함한다) 구입·임차 비용 ※ 안전·보건관리자를 선임·신고하지 않은 사업장에서 사용하는 안전순찰차량의 유류비, 수리비, 보험료 또한 사용할 수 없음
5. 안전보건교육비 및 행사비 등	산업안전보건법령에 따른 안전보건교육, 안전의식 고취를 위한 행사와 무관한 다음과 같은 항목에 소요되는 비용 가. 해당 현장과 별개 지역의 장소에 설치하는 교육장의 설치·해체·운영비용 ※ 다만, 교육장소 부족, 교육환경 열악 등의 부득이한 사유로 해당 현장 내에 교육장 설치 등이 곤란하여 현장 인근지역의 교육장 설치 등에 소요되는 비용은 사용 가능 나. 교육장 대지 구입비용 다. 교육장 운영과 관련이 없는 태극기, 회사기, 전화기, 냉장고 등 비품 구입비 라. 안전관리 활동 기여도와 관계없이 지급하는 다음과 같은 포상금(품) 1) 일정 인원에 대한 할당 또는 순번제 방식으로 지급하는 경우

항목	사용불가 내역
	2) 단순히 근로자가 일정기간 사고를 당하지 아니하였다는 이유로 지급하는 경우 3) 무재해 달성만을 이유로 전 근로자에게 일률적으로 지급하는 경우 4) 안전관리 활동 기여도와 무관하게 관리사원 등 특정 근로자, 직원에게만 지급하는 경우 마. 근로자 재해예방 등과 직접 관련이 없는 안전정보 교류 및 자료수집 등에 소요되는 비용 1) 신문 구독 비용 ※ 다만, 안전보건 등 산업재해 예방에 관한 전문적, 기술적 정보를 60% 이상 제공하는 간행물 구독에 소요되는 비용은 사용 가능 2) 안전관리 활동을 홍보하기 위한 광고비용 3) 정보교류를 위한 모임의 참가회비가 적립의 성격을 가지는 경우 바. 사회통념에 맞지 않는 안전보건 행사비, 안전기원제 행사비 1) 현장 외부에서 진행하는 안전기원제 2) 사회통념상 과도하게 지급되는 의식 행사비(기도비용 등을 말한다) 3) 준공식 등 무재해 기원과 관계없는 행사 4) 산업안전보건의식 고취와 무관한 회식비 사. 「산업안전보건법」에 따른 안전보건교육 강사 자격을 갖추지 않은 자가 실시한 산업안전보건 교육비용
6. 근로자의 건강관리비 등	근무여건 개선, 복리 · 후생 증진 등의 목적을 가지는 다음과 같은 항목에 소요되는 비용 가. 복리후생 등 목적의 시설 · 기구 · 약품 등 1) 간식 · 중식 등 휴식 시간에 사용하는 휴게시설, 탈의실, 이동식 화장실, 세면 · 샤워시설 ※ 분진 · 유해물질사용 · 석면해체제거 작업장에 설치하는 탈의실, 세면 · 샤워시설 설치비용은 사용 가능 2) 근로자를 위한 급수시설, 정수기 · 제빙기, 자외선차단용품(로션, 토시 등을 말한다) ※ 작업장 방역 및 소독비, 방충비 및 근로자 탈수방지를 위한 소금정제비용은 사용 가능 3) 혹서 · 혹한기에 근로자 건강 증진을 위한 보양식 · 보약 구입비용 ※ 작업 중 혹한 · 혹서 등으로부터 근로자를 보호하기 위한 간이 휴게시설 설치 · 해체 · 유지비용은 사용 가능 4) 체력단련을 위한 시설 및 운동 기구 등 5) 병 · 의원 등에 지불하는 진료비, 암 검사비, 국민건강보험 제공비용 등 ※ 다만, 해열제, 소화제 등 구급약품 및 구급용구 등의 구입비용은 사용 가능

항목	사용불가 내역
	나. 파상풍, 독감 등 예방을 위한 접종 및 약품(신종플루 예방접종 비용을 포함한다) 다. 기숙사 또는 현장사무실 내의 휴게시설 설치·해체·유지비, 기숙사 방역 및 소독·방충비용 라. 다른 법에 따라 의무적으로 실시해야 하는 건강검진 비용 등
7. 건설재해예방 기술지도비	–
8. 본사 사용비	가. 본사에 제7조 제4항의 기준에 따른 안전보건관리만을 전담하는 부서가 조직되어 있지 않은 경우 나. 전담부서에 소속된 직원이 안전보건관리 외의 다른 업무를 병행하는 경우

• 건설업 산업안전보건관리비로 사용할 수 없는 것은? ②

① 건설용 리프트의 운전자 인건비
② 차량의 원활한 흐름 또는 교통통제를 위한 교통정리·신호수의 인건비
③ 안전 보조원의 인건비
④ 방진설비, 방음설비를 위한 시설비
⑤ 건설재해예방 기술지도비

• 안전관리비 사용항목 중 안전시설비에 해당되는 것은? ①

① 암석방호세트
② 비계상부의 안전 작업발판
③ 철골작업의 가설계단 시설
④ 외부출입금지를 위한 가설울타리
⑤ 통로의 낙하물 방호 선반

07 사전안전성 검토(유해 · 위험방지계획서)

Section

1. 유해 · 위험방지계획서 제출대상 건설공사

1) 목적

건설공사 시공 중에 나타날 수 있는 추락, 낙하, 감전 등 재해위험에 대해 공사 착공 전에 설계도, 안전조치계획 등을 검토하여 유해 · 위험요소에 대한 안전 보건상의 조치를 강구하여 근로자의 안전 · 보건을 확보하기 위함

2) 제출대상 공사

(1) 지상높이가 31m 이상인 건축물 또는 인공구조물, 연면적 30,000m² 이상인 건축물 또는 연면적 5,000m² 이상의 문화 및 집회시설(전시장 및 동물원 · 식물원은 제외한다), 판매시설, 운수시설(고속철도의 역사 및 집배송시설은 제외한다), 종교시설, 의료시설 중 종합병원, 숙박시설 중 관광숙박시설, 지하도상가 또는 냉동 · 냉장창고시설의 건설 · 개조 또는 해체(이하 "건설 등"이라 한다)

(2) 연면적 5,000m² 이상의 냉동 · 냉장창고시설의 설비공사 및 단열공사

(3) 최대지간 길이가 50m 이상인 교량건설 등 공사

(4) 터널건설 등의 공사

(5) 다목적 댐, 발전용 댐 및 저수용량 2천만톤 이상의 용수전용 댐, 지방상수도 전용댐 건설 등의 공사

(6) 깊이가 10m 이상인 굴착공사

Point

- 유해 · 위험방지계획서 제출대상 사업 규모에 해당되지 않는 것은? ③
  ① 터널건설 공사
  ② 깊이가 15미터인 굴착공사
  ③ 지상높이가 25미터인 건축물 건설 공사
  ④ 최대지간길이가 55미터인 교량건설공사
  ⑤ 저수용량 2천만톤 이상의 용수전용 댐 공사

- 교량건설 공사의 경우 유해 · 위험방지계획서를 제출해야 하는 기준은?
  최대지간 길이가 50m 이상인 교량건설공사

3) 작성 및 제출

(1) 제출시기

유해 · 위험방지계획서 작성 대상공사를 착공하려고 하는 사업주는 일정한 자격을 갖춘 자의 의견을 들은 후 동 계획서를 작성하여 공사착공 전일까지 한국산업안전보건공단 관할 지역본부 및 지사에 2부를 제출

유해 · 위험방지계획서 제출기준일이 맞는 것은?
당해 공사착공 전일까지

(2) 검토의견 자격 요건

① 건설안전분야 산업안전지도사
② 건설안전기술사 또는 토목 · 건축분야 기술사
③ 건설안전산업기사 이상으로서 건설안전관련 실무경력 7년(기사는 5년) 이상

2. 유해 · 위험방지계획서의 확인사항

1) 확인시기

(1) 건설공사 중 6개월 이내마다 공단의 확인을 받아야 함
(2) 자체심사 및 확인업체의 사업주는 해당 공사 준공 시까지 6개월 이내마다 자체확인을 실시

2) 확인사항

(1) 유해 · 위험방지계획서의 내용과 실제공사 내용과의 부합 여부
(2) 유해 · 위험방지계획서 변경내용의 적정성
(3) 추가적인 유해 · 위험요인의 존재 여부

3. 제출 시 첨부서류

1) 공사 개요 및 안전보건관리계획

(1) 공사 개요서(별지 제45호서식)
(2) 공사현장의 주변 현황 및 주변과의 관계를 나타내는 도면(매설물 현황을 포함한다)
(3) 건설물, 사용 기계설비 등의 배치를 나타내는 도면
(4) 전체 공정표
(5) 산업안전보건관리비 사용계획(별지 제46호서식)
(6) 안전관리 조직표
(7) 재해 발생 위험 시 연락 및 대피방법

유해 · 위험방지계획서 제출 시 첨부서류가 아닌 것은? ④
① 공사현장의 주변상황 및 주변과의 관계를 나타내는 도면
② 공사개요서
③ 전체공정표
④ 작업인부의 배치를 나타내는 도면 및 서류
⑤ 산업안전보건관리비 사용계획

2) 작업공사 종류별 유해·위험방지계획

(1) 산업안전보건법령에 따른 건축물, 인공구조물 건설 등의 공사

작업공사 종류	주요 작성대상	첨부서류
1. 가설공사 2. 구조물공사 3. 마감공사 4. 기계 설비공사 5. 해체공사	가. 비계 조립 및 해체 작업(외부비계 및 높이 3미터 이상 내부비계만 해당한다) 나. 높이 4미터를 초과하는 거푸집동바리[동바리가 없는 공법(무지주공법으로 데크플레이트, 호리빔 등)과 옹벽 등 벽체를 포함한다] 조립 및 해체작업 또는 비탈면 슬라브의 거푸집동바리 조립 및 해체 작업 다. 작업발판 일체형 거푸집 조립 및 해체 작업 라. 철골 및 PC(Precast Concrete) 조립 작업 마. 양중기 설치·연장·해체 작업 및 천공·항타 작업 바. 밀폐공간 내 작업 사. 해체 작업 아. 우레탄폼 등 단열재 작업[(취급장소와 인접한 장소에서 이루어지는 화기(火器) 작업을 포함한다] 자. 같은 장소(출입구를 공동으로 이용하는 장소를 말한다)에서 둘 이상의 공정이 동시에 진행되는 작업	1. 해당 작업공사 종류별 작업 개요 및 재해예방 계획 2. 위험물질의 종류별 사용량과 저장·보관 및 사용 시의 안전작업계획 [비고] 1. 바목의 작업에 대한 유해·위험방지계획에는 질식·화재 및 폭발 예방 계획이 포함되어야 한다. 2. 각 목의 작업과정에서 통풍이나 환기가 충분하지 않거나 가연성 물질이 있는 건축물 내부나 설비 내부에서 단열재 취급·용접·용단 등과 같은 화기작업이 포함되어 있는 경우에는 세부계획이 포함되어야 한다.

대상 공사	작업 공사 종류	주요 작성대상	첨부 서류
산업안전보건법령에 따른 건축물, 인공 구조물 건설 등의 공사	1. 가설공사 2. 구조물공사 3. 마감공사 4. 기계 설비공사 5. 해체공사	가. 비계 조립 및 해체 작업(외부비계 및 높이 3미터 이상 내부비계만 해당한다) 나. 높이 4미터를 초과하는 거푸집동바리[동바리가 없는 공법(무지주공법으로 데크플레이트, 호리빔 등)과 옹벽 등 벽체를 포함한다] 조립 및 해체작업 또는 비탈면 슬라브의 거푸집동바리 조립 및 해체 작업	1. 해당 작업공사 종류별 작업개요 및 재해예방 계획 2. 위험물질의 종류별 사용량과 저장·보관 및 사용 시의 안전작업계획 [비고] 1. 바목의 작업에 대한 유해·위험방지계획에는 질식·화재 및 폭발 예방 계획이 포함되어야 한다.

대상 공사	작업 공사 종류	주요 작성대상	첨부 서류
		다. 작업발판 일체형 거푸집 조립 및 해체 작업 라. 철골 및 PC(Precast Concrete) 조립 작업 마. 양중기 설치 · 연장 · 해체 작업 및 천공 · 항타 작업 바. 밀폐공간 내 작업 사. 해체 작업 아. 우레탄폼 등 단열재 작업 [(취급장소와 인접한 장소에서 이루어지는 화기(火器) 작업을 포함한다] 자. 같은 장소(출입구를 공동으로 이용하는 장소를 말한다)에서 둘 이상의 공정이 동시에 진행되는 작업	2. 각 목의 작업과정에서 통풍이나 환기가 충분하지 않거나 가연성 물질이 있는 건축물 내부나 설비 내부에서 단열재 취급 · 용접 · 용단 등과 같은 화기작업이 포함되어 있는 경우에는 세부계획이 포함되어야 한다.
산업안전보건법령에 따른 냉동 · 냉장창고 시설의 설비공사 및 단열공사	1. 가설공사 2. 단열공사 3. 기계 설비공사	가. 밀폐공간 내 작업 나. 우레탄폼 등 단열재 작업 (취급장소와 인접한 곳에서 이루어지는 화기 작업을 포함한다) 다. 설비 작업 라. 같은 장소(출입구를 공동으로 이용하는 장소를 말한다)에서 둘 이상의 공정이 동시에 진행되는 작업	1. 해당 작업공사 종류별 작업개요 및 재해예방 계획 2. 위험물질의 종류별 사용량과 저장 · 보관 및 사용 시의 안전작업계획 [비고] 1. 가목의 작업에 대한 유해 · 위험방지계획에는 질식 · 화재 및 폭발 예방계획이 포함되어야 한다. 2. 각 목의 작업과정에서 통풍이나 환기가 충분하지 않거나 가연성 물질이 있는 건축물 내부나 설비 내부에서 단열재 취급 · 용접 · 용단 등과 같은 화기작업이 포함되어 있는 경우에는 세부계획이 포함되어야 한다.

대상 공사	작업 공사 종류	주요 작성대상	첨부 서류
산업안전보건법령에 따른 교량 건설 등의 공사	1. 가설공사 2. 하부공 공사 3. 상부공 공사	가. 하부공 작업 1) 작업발판 일체형 거푸집 조립 및 해체 작업 2) 양중기 설치·연장·해체 작업 및 천공·항타 작업 3) 교대·교각 기초 및 벽체 철근조립 작업 4) 해상·하상 굴착 및 기초 작업 나. 상부공 작업 가) 상부공 가설작업[압출공법(ILM), 캔틸레버공법(FCM), 동바리설치공법(FSM), 이동지보공법(MSS), 프리캐스트 세그먼트 가설공법(PSM) 등을 포함한다] 나) 양중기 설치·연장·해체 작업 다) 상부슬라브 거푸집 동바리 조립 및 해체(특수작업대를 포함한다) 작업	1. 해당 작업공사 종류별 작업개요 및 재해예방 계획 2. 위험물질의 종류별 사용량과 저장·보관 및 사용 시의 안전작업계획
산업안전보건법령에 따른 터널 건설 등의 공사	1. 가설공사 2. 굴착 및 발파 공사 3. 구조물공사	가. 터널굴진공법(NATM) 1) 굴진(갱구부, 본선, 수직갱, 수직구 등을 말한다) 및 막장 내 붕괴·낙석방지 계획 2) 화약 취급 및 발파 작업 3) 환기 작업 4) 작업대(굴진, 방수, 철근, 콘크리트 타설을 포함한다) 사용 작업	1. 해당 작업공사 종류별 작업개요 및 재해예방 계획 2. 위험물질의 종류별 사용량과 저장·보관 및 사용 시의 안전작업계획 [비고] 1. 나목의 작업에 대한 유해·위험방지계획에는 굴진(갱구부, 본선, 수직갱, 수직구 등을 말한다) 및 막장 내 붕괴·낙석방지 계획이 포함되어야 한다.

대상 공사	작업 공사 종류	주요 작성대상	첨부 서류
		나. 기타 터널공법[(TBM)공법, 쉴드(Shield)공법, 추진(Front Jacking)공법, 침매공법 등을 포함한다] 1) 환기 작업 2) 막장 내 기계 · 설비 유지 · 보수 작업	
댐 건설 등의 공사	1. 가설공사 2. 굴착 및 발파 공사 3. 댐 축조공사	가. 굴착 및 발파 작업 나. 댐 축조[가(假)체절 작업을 포함한다] 작업 1) 기초처리 작업 2) 둑 비탈면 처리 작업 3) 본체 축조 관련 장비 작업(흙쌓기 및 다짐만 해당한다) 4) 작업발판 일체형 거푸집 조립 및 해체 작업(콘크리트 댐만 해당한다)	1. 해당 작업공사 종류별 작업개요 및 재해예방 계획 2. 위험물질의 종류별 사용량과 저장 · 보관 및 사용 시의 안전작업계획
굴착공사	1. 가설공사 2. 굴착 및 발파 공사 3. 흙막이 지보공(支保工) 공사	가. 흙막이 가시설 조립 및 해체 작업(복공작업을 포함한다) 나. 굴착 및 발파 작업 다. 양중기 설치 · 연장 · 해체 작업 및 천공 · 항타 작업	1. 해당 작업공사 종류별 작업개요 및 재해예방 계획 2. 위험물질의 종류별 사용량과 저장 · 보관 및 사용 시의 안전작업계획

[비고] 작업 공사 종류란의 공사에서 이루어지는 작업으로서 주요 작성대상란에 포함되지 않은 작업에 대해서도 유해 · 위험방지계획를 작성하고, 첨부서류란의 해당 서류를 첨부하여야 한다.

(2) 냉동 · 냉장창고시설의 설비공사 및 단열공사

작업공사 종류	주요 작성대상	첨부서류
1. 가설공사 2. 단열공사 3. 기계 설비공사	가. 밀폐공간 내 작업 나. 우레탄폼 등 단열재 작업(취급장소와 인접한 곳에서 이루어지는 화기작업을 포함한다) 다. 설비 작업 라. 같은 장소(출입구를 공동으로 이용하는 장소를 말한다)에서 둘 이상의 공정이 동시에 진행되는 작업	1. 해당 작업공사 종류별 작업개요 및 재해예방 계획 2. 위험물질의 종류별 사용량과 저장 · 보관 및 사용 시의 안전작업계획 (비고) 1. 가목의 작업에 대한 유해 · 위험방지계획에는 질식 · 화재 및 폭발 예방계획이 포함되어야 한다. 2. 각 목의 작업과정에서 통풍이나 환기가 충분하지 않거나 가연성 물질이 있는 건축물 내부나 설비 내부에서 단열재 취급 · 용접 · 용단 등과 같은 화기작업이 포함되어 있는 경우에는 세부계획이 포함되어야 한다.

(3) 교량 건설 등의 공사

작업공사 종류	주요 작성대상	첨부서류
1. 가설공사 2. 하부공 공사 3. 상부공 공사	가. 하부공 작업 1) 작업발판 일체형 거푸집 조립 및 해체 작업 2) 양중기 설치 · 연장 · 해체 작업 및 천공 · 항타 작업 3) 교대 · 교각 기초 및 벽체 철근조립 작업 4) 해상 · 하상 굴착 및 기초 작업 나. 상부공 작업 가) 상부공 가설작업[압출공법(ILM), 캔틸레버공법(FCM), 동바리설치공법(FSM), 이동지보공법(MSS), 프리캐스트 세그먼트 가설공법(PSM) 등을 포함한다] 나) 양중기 설치 · 연장 · 해체 작업 다) 상부슬라브 거푸집동바리 조립 및 해체(특수작업대를 포함한다) 작업	1. 해당 작업공사 종류별 작업개요 및 재해예방 계획 2. 위험물질의 종류별 사용량과 저장 · 보관 및 사용 시의 안전작업계획

(4) 터널 건설 등의 공사

작업공사 종류	주요 작성대상	첨부서류
1. 가설공사 2. 굴착 및 발파 공사 3. 구조물공사	가. 터널굴진공법(NATM) 1) 굴진(갱구부, 본선, 수직갱, 수직구 등을 말한다) 및 막장내 붕괴 · 낙석방지 계획 2) 화약 취급 및 발파 작업 3) 환기 작업 4) 작업대(굴진, 방수, 철근, 콘크리트 타설을 포함한다) 사용 작업 나. 기타 터널공법[(TBM)공법, 쉴드(Shield) 공법, 추진(Front Jacking)공법, 침매공법 등을 포함한다] 1) 환기 작업 2) 막장 내 기계 · 설비 유지 · 보수 작업	1. 해당 작업공사 종류별 작업개요 및 재해예방 계획 2. 위험물질의 종류별 사용량과 저장 · 보관 및 사용 시의 안전작업계획 (비고) 1. 나목의 작업에 대한 유해 · 위험방지계획에는 굴진(갱구부, 본선, 수직갱, 수직구 등을 말한다) 및 막장 내 붕괴 · 낙석 방지 계획이 포함되어야 한다.

(5) 댐 건설 등의 공사

작업공사 종류	주요 작성대상	첨부서류
1. 가설공사 2. 굴착 및 발파 공사 3. 댐 축조공사	가. 굴착 및 발파 작업 나. 댐 축조[가(假)체절 작업을 포함한다] 작업 1) 기초처리 작업 2) 둑 비탈면 처리 작업 3) 본체 축조 관련 장비 작업(흙쌓기 및 다짐만 해당한다) 4) 작업발판 일체형 거푸집 조립 및 해체 작업(콘크리트 댐만 해당한다)	1. 해당 작업공사 종류별 작업개요 및 재해예방 계획 2. 위험물질의 종류별 사용량과 저장 · 보관 및 사용 시의 안전작업계획

(6) 굴착공사

작업공사 종류	주요 작성대상	첨부서류
1. 가설공사 2. 굴착 및 발파 공사 3. 흙막이 지보공(支保工) 공사	가. 흙막이 가시설 조립 및 해체 작업(복공작업을 포함한다) 나. 굴착 및 발파 작업 다. 양중기 설치 · 연장 · 해체 작업 및 천공 · 항타 작업	1. 해당 작업공사 종류별 작업개요 및 재해예방 계획 2. 위험물질의 종류별 사용량과 저장 · 보관 및 사용 시의 안전작업계획

[비고] 작업 공사 종류란의 공사에서 이루어지는 작업으로서 주요 작성대상란에 포함되지 않은 작업에 대해서도 유해 · 위험방지계획을 작성하고, 첨부서류란의 해당 서류를 첨부하여야 한다.

08 건설공구

Section

1. 석재가공 공구

1) 석재가공

석재가공이란 채취된 원석의 규격화 가공을 비롯하여 이를 판재로 할석하는 작업 그리고 표면가공까지를 포함한 것을 말한다.

2) 석재가공 순서

(1) 혹두기 : 쇠메로 치거나 손잡이 있는 날메로 거칠게 가공하는 단계
(2) 정다듬 : 섬세하게 튀어나온 부분을 정으로 가공하는 단계
(3) 도드락다듬 : 정다듬하고 난 약간 거친 면을 고기 다지듯이 도드락 망치로 두드리는 것
(4) 잔다듬 : 정다듬한 면을 양날망치로 쪼아 표면을 더욱 평탄하게 다듬는 것
(5) 물갈기 : 잔다듬한 면을 숫돌 등으로 간 다음, 광택을 내는 것

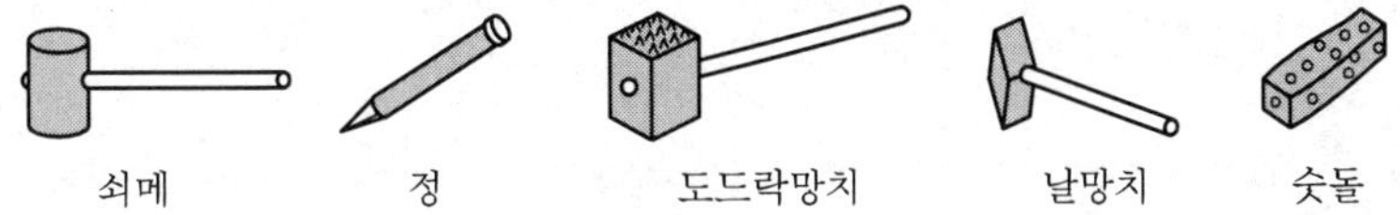

다듬순서 : 혹두기(쇠메나 망치) – 정다듬(정) – 도드락다듬(도드락망치) – 잔다듬(날망치(양날망치)) – 물갈기

3) 수공구의 종류

(1) 원석할석기
(2) 다이아몬드 원형 절단기
(3) 전동톱
(4) 망치
(5) 정
(6) 양날망치
(7) 도드락망치

2. 철근가공 공구 등

1) 철선작두 : 철선을 필요한 길이나 크기로 사용하기 위해 끊는 기구
2) 철선가위 : 철선을 필요한 치수로 절단하는 것으로 철선을 자르는 기구
3) 철근절단기 : 철근을 필요한 치수로 절단하는 기계로 핸드형, 이동형 등이 있다.

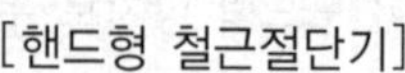
[핸드형 철근절단기]

[이동형 철근절단기]

[철근밴딩기]

4) 철근굽히기 : 철근을 필요한 치수 또는 형태로 굽힐 때 사용하는 기계

09 건설장비

Section

1. 굴삭장비

1) 파워셔블(Power Shovel)

(1) 개요

파워셔블은 셔블계 굴삭기의 기본 장치로서 버킷의 작동이 삽을 사용하는 방법과 같이 굴삭한다.

(2) 특성

① 굴삭기가 위치한 지면보다 높은 곳을 굴삭하는 데 적합
② 비교적 단단한 토질의 굴삭도 가능하며 적재, 석산 작업에 편리
③ 크기는 버킷과 디퍼의 크기에 따라 결정한다.

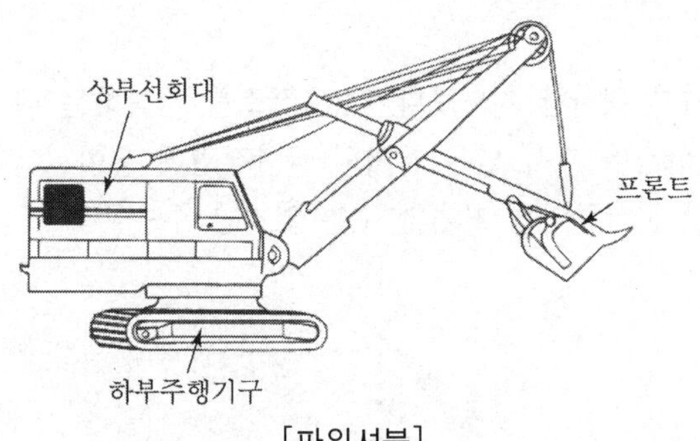

[파워셔블]

2) 드래그 셔블(Drag Shovel)(백호 : Back Hoe)

(1) 개요

굴삭기가 위치한 지면보다 낮은 곳을 굴삭하는 데 적합하고 단단한 토질의 굴삭이 가능하다. Trench, Ditch, 배관작업 등에 편리하다. 사면절취, 끝손질, 배관작업 등에 편리하다.

(2) 특성

① 동력 전달이 유압 배관으로 되어 있어 구조가 간단하고 정비가 쉽다.
② 비교적 경량, 이동과 운반이 편리하고, 협소한 장소에서 선취와 작업이 가능
③ 우선 조작이 부드럽고 사이클 타임이 짧아서 작업능률이 좋음
④ 주행 또는 굴삭기에 충격을 받아도 흡수가 되어서 과부하로 인한 기계의 손상이 최소화

기계가 위치한 지면보다 낮은 장소를 굴착하는 데 적합하고 비교적 굳은 지반의 토질에서도 사용 가능한 장비는?
백호(Back hoe)

3) 드래그라인(Drag Line)

(1) 개요

와이어로프에 의하여 고정된 버킷을 지면에 따라 끌어당기면서 굴삭하는 방식으로서 높은 붐을 이용하므로 작업 반경이 크고 지반이 불량하여 기계 자체가 들어갈 수 없는 장소에서 굴삭작업이 가능하나 단단하게 다져진 토질에는 적합하지 않다.

(2) 특성

① 굴삭기가 위치한 지면보다 낮은 장소를 굴삭하는 데 사용

② 작업 반경이 커서 넓은 지역의 굴삭작업에 용이

③ 정확한 굴삭작업을 기대할 수는 없지만 수중굴삭 및 모래 채취 등에 많이 이용

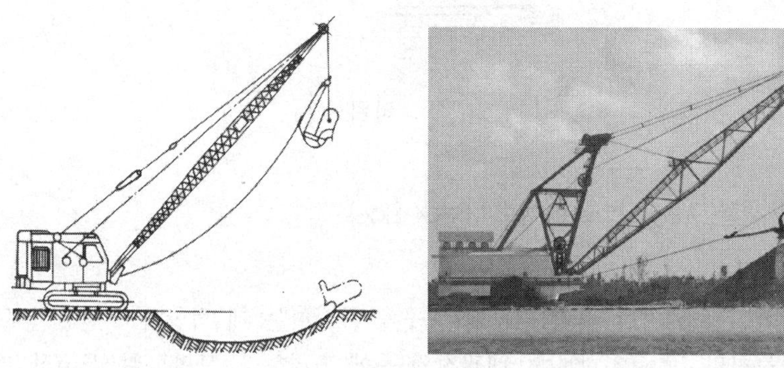

[드래그라인]

4) 클램셸(Clamshell)

(1) 개요

굴삭기가 위치한 지면보다 낮은 곳을 굴삭하는 데 적합하고 좁은 장소의 깊은 굴삭에 효과적이다. 정확한 굴삭과 단단한 지반작업은 어렵지만 수중굴삭, 교량기초, 건축물 지하실 공사 등에 쓰인다. 그랩 버킷(Grab Bucket)은 양개식의 구조로서 와이어로프를 달아서 조작한다.

(2) 특성

① 기계 위치와 굴삭 지반의 높이 등에 관계없이 고저에 대하여 작업이 가능

② 정확한 굴삭이 불가능

③ 능력은 크레인의 기울기 각도의 한계각 중량의 75%가 일반적인 한계

④ 사이클 타임이 길어 작업능률이 떨어짐

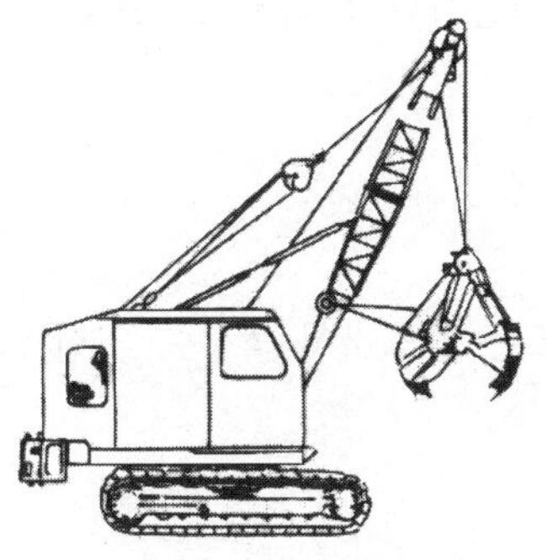

[클램셸]

• 건설기계 중에서 굴착기계가 아닌 것은? ④
① 드래그 라인
② 파워셔블
③ 클램셸
④ 소일콤팩터
⑤ 드래그 셔블

• 수중굴착 및 구조물의 기초바닥, 잠함 등과 같은 협소하고 깊은 범위의 굴착과 호퍼작업에 가장 적합한 건설장비는? ①
① 클램셸(Clam Shell)
② 파워셔블(Power Shovel)
③ 불도저(Bulldozer)
④ 항타기(Pile Driver)
⑤ 드래그 셔블

• 굴착과 싣기를 동시에 할 수 있는 토공기계가 아닌 것은? ④
① 트랙터 셔블(Tractor Shovel)
② 백호(Back hoe)
③ 파워 셔블(Power Shovel)
④ 모터 그레이더(Motor Grader)
⑤ 버킷 도저(Bucket dozer)

2. 운반장비

1) 스크레이퍼

(1) 개요

대량 토공작업을 위한 기계로서 굴삭, 싣기, 운반, 부설(敷設) 등 4가지 작업을 일관하여 연속작업을 할 수 있을 뿐만 아니라 대단위 대량 운반이 용이하고 운반 속도가 빠르며 비교적 운반 거리가 장거리에도 적합하다. 따라서 댐, 도로 등 대단위 공사에 적합하다.

(2) 분류

① 자주식 : Motor Scraper

② 피견인식 : Towed Scraper(트랙터 또는 불도저에 의하여 견인)

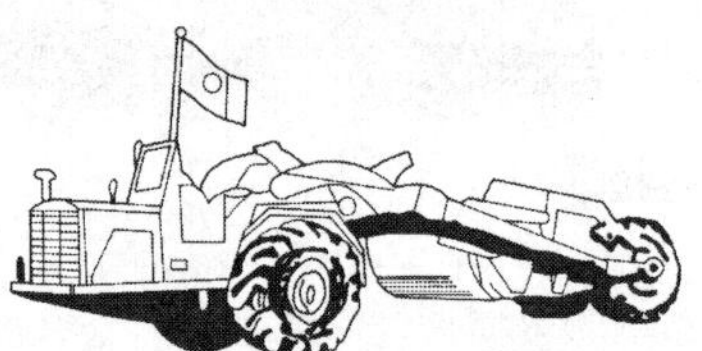

[자주식 모터 스크레이퍼]

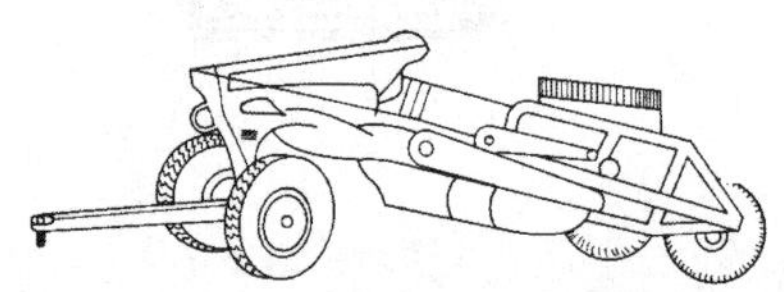

[피견인식 스크레이퍼]

(3) 용도

굴착(Digging), 싣기(Loading), 운반(Hauling), 하역(Dumping)

Point

굴착, 싣기, 운반, 흙깔기 등의 작업을 하나의 기계로서 연속적으로 행할 수 있으며 비행장과 같이 대규모 정지작업에 적합한 차량계 건설기계는? ④

① 항타기(Pile Driver) ② 로더(Loader)
③ 불도저(Buldozer) ④ 스크레이퍼(Scraper)
⑤ 클램셸

3. 다짐장비

1) 롤러(Roller)

(1) 개요

다짐기계는 공극이 있는 토사나 쇄석 등에 진동이나 충격 등으로 힘을 가하여 지지력을 높이기 위한 기계로 도로의 기초나 구조물의 기초 다짐에 사용한다.

(2) 분류

① 탠덤 롤러(Tandem Roller)

2축 탠덤 롤러는 앞쪽에 단일 큰 직경 구동 롤과 뒤쪽에 단일 틸러 롤을 가지고 있다. 3축 탠덤 롤러는 앞쪽에 단일 큰 직경 구동 롤과 뒤쪽에 2개의 작은 직경 틸러 롤을 가지고 있으며 두꺼운 흙을 다지는 데 적합하나 단단한 각재를 다지는 데는 부적당하다.

[2축 탠덤 롤러] [3축 탠덤 롤러]

② 머캐덤 롤러(Macadam Roller)
앞쪽 1개의 조향륜과 뒤쪽 2개의 구동을 가진 자주식이며 아스팔트 포장의 초기 다짐, 함수량이 적은 토사를 얇게 다질 때 유효하다.

[머캐덤 롤러]

③ 타이어 롤러(Tire Roller)
전륜에 3~5개, 후륜에 4~6개의 고무 타이어를 달고 자중(15~25톤)으로 자주식 또는 피견인식으로 주행하며 Rockfill Dam, 도로, 비행장 등 대규모의 토공에 적합하다.

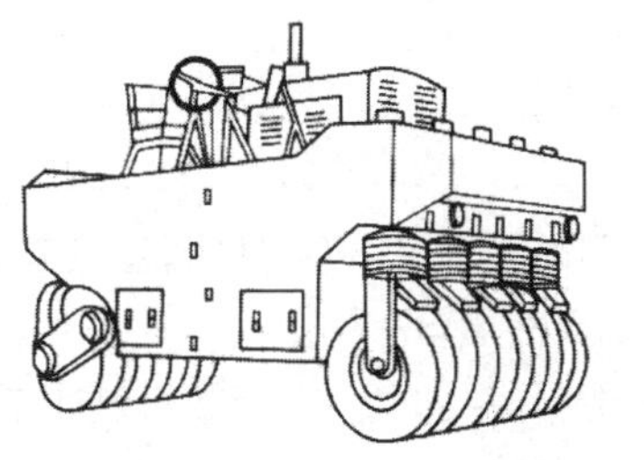

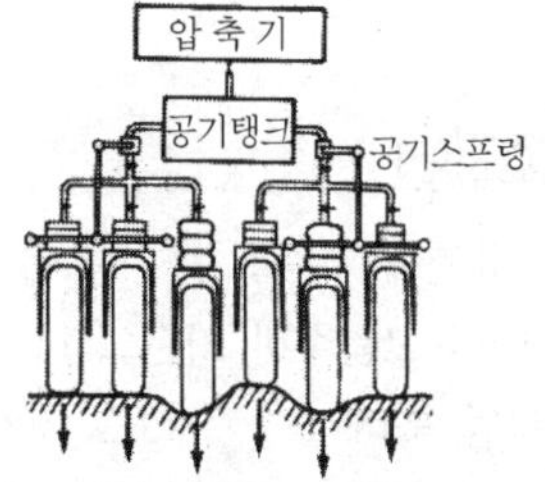

[타이어 롤러]

④ 진동 롤러(Vibration Roller)

자기 추진 진동 롤러는 도로 경사지 기초와 모서리의 건설에 사용하는 진흙, 바위, 부서진 돌 알맹이 등의 다지기 또는 안정된 흙, 자갈, 흙 시멘트와 아스팔트 콘크리트 등의 다지기에 가장 효과적이고 경제적으로 사용할 수 있다.

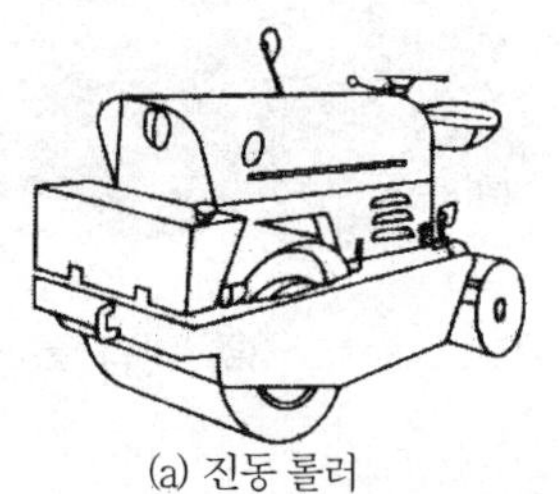
(a) 진동 롤러

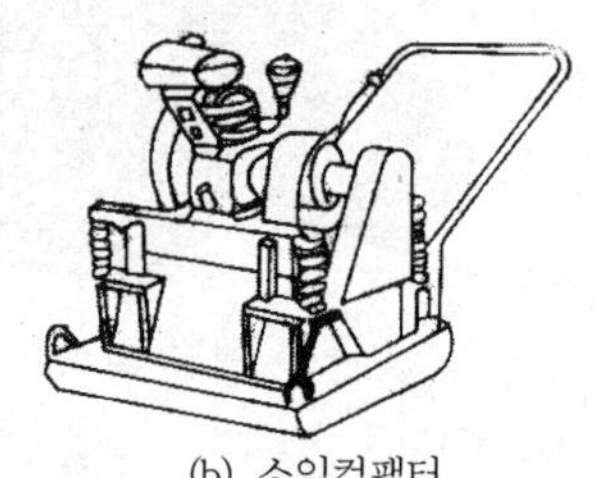
(b) 소일컴팩터

[진동 롤러]

⑤ 탬핑 롤러(Tamping Roller)

롤러 드럼의 표면에 양의 발굽과 같은 형의 돌기물이 붙어 있어 Sheep Foot Roller라고도 하며 흙 속의 과잉 수압은 돌기물의 바깥쪽에 압축, 제거되어 성토 다짐질에 좋다. 종류로는 자주식과 피견인식이 있으며 탬핑 롤러에는 Sheep Foot Roller, Grid Roller가 있다.

[탬핑 롤러]

Point

철륜 표면에 다수의 돌기를 붙여 접지면적을 작게 하여 접지압을 증가시킨 롤러로서 깊은 다짐이나 고함수비 지반의 다짐에 이용되는 롤러는? ④

① 탠덤 롤러　② 로드 롤러　③ 타이어 롤러
④ 탬핑 롤러　⑤ 머캐덤 롤러

10 안전수칙

Section

1. 차량계 건설기계의 안전수칙

1) 차량계 건설기계의 종류

(1) 정의

차량계 건설기계란 동력원을 사용하여 특정되지 아니한 장소로 스스로 이동할 수 있는 건설기계

(2) 종류

① 도저형 건설기계(불도저, 스트레이트도저, 틸트도저, 앵글도저, 버킷도저 등)
② 모터그레이더
③ 로더(포크 등 부착물 종류에 따른 용도 변경 형식을 포함한다)
④ 스크레이퍼
⑤ 크레인형 굴착기계(크램셸, 드래그라인 등)
⑥ 굴삭기(브레이커, 크러셔, 드릴 등 부착물 종류에 따른 용도 변경형식을 포함한다.)
⑦ 항타기 및 항발기
⑧ 천공용 건설기계(어스드릴, 어스오거, 크롤러드릴, 점보드릴 등)
⑨ 지반압밀침하용 건설기계(샌드드레인머신, 페이퍼드레인머신, 팩드레인머신 등)
⑩ 지반다짐용 건설기계(타이어롤러, 머캐덤롤러, 탠덤롤러 등)
⑪ 준설용 건설기계(버킷준설선, 그래브준설선, 펌프준설선 등)
⑫ 콘크리트 펌프카
⑬ 덤프트럭
⑭ 콘크리트 믹서 트럭
⑮ 도로포장용 건설기계(아스팔트 살포기, 콘크리트 살포기, 아스팔트 피니셔, 콘크리트 피니셔 등)
⑯ ①부터 ⑮까지와 유사한 구조 또는 기능을 갖는 건설기계로서 건설작업에 사용하는 것

Point

차량계 건설기계에 포함되지 않는 것은? ④

① 불도저	② 스크레이퍼	③ 항타기
④ 타워크레인	⑤ 트랙터 셔블	

2) 차량계 건설기계의 작업계획서 내용(안전보건규칙 별표 4)

(1) 사용하는 차량계 건설기계의 종류 및 성능
(2) 차량계 건설기계의 운행경로
(3) 차량계 건설기계에 의한 작업방법

Point

차량계 건설기계의 작업계획서에 포함되어야 할 사항으로 적합하지 않은 것은? ④

① 차량계 건설기계의 운행경로
② 차량계 건설기계의 종류
③ 차량계 건설기계의 작업방법
④ 차량계 건설기계의 작업장소의 지형
⑤ 차량계 건설기계의 성능

3) 차량계 건설기계의 안전수칙

(1) 미리 작업장소의 지형 및 지반상태 등에 적합한 제한속도를 정하고(최고속도가 10km/h 이하인 것을 제외) 운전자로 하여금 이를 준수하도록 하여야 한다.
(2) 차량계 건설기계가 넘어지거나 굴러 떨어짐으로써 근로자가 위험해질 우려가 있는 경우에는 유도하는 사람을 배치하고 지반의 부동침하방지, 갓길의 붕괴방지 및 도로 폭의 유지 등 필요한 조치를 하여야 한다.
(3) 운전 중인 당해 차량계 건설기계에 접촉되어 근로자에게 위험을 미칠 우려가 있는 장소에 근로자를 출입시켜서는 아니 된다.
(4) 유도자를 배치한 경우에는 일정한 신호방법을 정하여 신호하도록 하여야 하며, 차량계 건설기계의 운전자는 그 신호에 따라야 한다.
(5) 운전자가 운전위치를 이탈하는 경우에는 당해 운전자로 하여금 버킷 · 디퍼 등 작업장치를 지면에 내려두고 원동기를 정지시키고 브레이크를 거는 등 이탈을 방지하기 위한 조치를 하여야 한다.
(6) 차량계 건설기계가 넘어지거나 붕괴될 위험 또는 붐(Boom) · 암 등 작업장치가 파괴될 위험을 방지하기 위하여 당해 기계에 대한 구조 및 사용상의 안전도 및 최대사용하중을 준수하여야 한다.
(7) 차량계 건설기계의 붐 · 암 등을 올리고 그 밑에서 수리 · 점검작업 등을 하는 경우에는 붐 · 암 등이 갑자기 내려오므로써 발생하는 위험을 방지하기 위하여 해당 작업에 종사하는 근로자에게 안전지주 또는 안전블록 등을 사용하도록 하여야 한다.

Point

미리 작업장소의 지형 및 지반상태 등에 적합한 제한속도를 정하지 않아도 되는 차량계 건설기계의 속도 기준은?
최고속도가 10km/h 이하

4) 헤드가드

(1) 헤드가드 구비 작업장소
암석이 떨어질 우려가 있는 등 위험한 장소

(2) 헤드가드를 갖추어야 하는 차량계 건설기계
① 불도저
② 트랙터
③ 셔블(Shovel)
④ 로더(Loader)
⑤ 파워 셔블(Power Shovel)
⑥ 드래그 셔블(Darg Shovel)

Point

위험이 발생할 수 있는 장소에서 헤드가드를 갖추어야 하는 장비가 아닌 것은? ④
① 불도저 ② 셔블
③ 트랙터 ④ 리프트
⑤ 드래그 셔블

2. 항타기 · 항발기의 안전수칙

1) 도괴 등의 방지준수사항

(1) 연약한 지반에 설치하는 경우에는 각부나 가대의 침하를 방지하기 위하여 깔판 · 깔목 등을 사용할 것
(2) 시설 또는 가설물 등에 설치하는 경우에는 그 내력을 확인하고 내력이 부족하면 그 내력을 보강할 것

(3) 각부나 가대가 미끄러질 우려가 있는 경우에는 말뚝 또는 쐐기 등을 사용하여 각부나 가대를 고정시킬 것

(4) 궤도 또는 차로 이동하는 항타기 또는 항발기에 대해서는 불시에 이동하는 것을 방지하기 위하여 레일 클램프 및 쐐기 등으로 고정시킬 것

(5) 버팀대만으로 상단부분을 안정시키는 경우에는 버팀대는 3개 이상으로 하고 그 하단부분은 견고한 버팀 · 말뚝 또는 철골 등으로 고정시킬 것

(6) 버팀줄만으로 상단부분을 안정시키는 경우에는 버팀줄을 3개 이상으로 하고 같은 간격으로 배치할 것

(7) 평형추를 사용하여 안정시키는 경우에는 평형추의 이동을 방지하기 위하여 가대에 견고하게 부착시킬 것

Point

차량계 건설기계의 사용에 의한 위험의 방지를 위한 사항에 대한 설명으로 옳지 않은 것은? ④

① 암석의 낙하 등에 의한 위험이 예상될 때 차량용 건설기계인 불도저, 로더, 트랙터 등에 견고한 헤드가드를 갖추어야 한다.

② 차량계 건설기계로 작업 시 전도 또는 전락 등에 의한 근로자의 위험을 방지하기 위한 노견의 붕괴방지, 지반침하방지 조치를 해야 한다.

③ 차량계 건설기계의 붐, 암 등을 올리고 그 밑에서 수리 · 점검작업을 할 때 안전지주 또는 안전블록을 사용해야 한다.

④ 항타기 및 항발기 사용 시 버팀대만으로 상단부분을 안정시키는 때에는 2개 이상으로 하고 그 하단 부분을 고정시켜야 한다.

⑤ 차량계 건설기계를 사용하여 작업을 하는 경우 승차석이 아닌 위치에 근로자를 탑승시켜서는 안 된다.

2) 권상용 와이어로프의 준수사항

(1) 사용금지조건

① 이음매가 있는 것

② 와이어로프의 한 꼬임(스트랜드)에서 끊어진 소선[素線, 필러(pillar)선은 제외한다]의 수가 10% 이상(비자전로프의 경우에는 끊어진 소선의 수가 와이어로프 호칭지름의 6배 길이 이내에서 4개 이상이거나 호칭지름 30배 길이 이내에서 8개 이상)인 것

③ 지름의 감소가 공칭지름의 7%를 초과하는 것

④ 꼬인 것
⑤ 심하게 변형되거나 부식된 것
⑥ 열과 전기충격에 의해 손상된 것

(2) 안전계수 조건

와이어로프의 안전계수가 5 이상이 아니면 이를 사용해서는 안 된다.

(3) 사용 시 준수사항

① 권상용 와이어로프는 추 또는 해머가 최저의 위치에 있을 때 또는 널말뚝을 빼내기 시작할 때를 기준으로 권상장치의 드럼에 적어도 2회 감기고 남을 수 있는 충분한 길이일 것
② 권상용 와이어로프는 권상장치의 드럼에 클램프·클립 등을 사용하여 견고하게 고정할 것
③ 항타기의 권상용 와이어로프에 있어서 추·해머 등과의 연결은 클램프·클립 등을 사용하여 견고하게 할 것

권상용 와이어로프는 추 또는 해머가 최저의 위치에 있는 경우 또는 널말뚝을 빼어내기 시작한 경우를 기준으로 하여 권상장치의 드럼에 최소한 몇 회 감기고 남을 수 있는 길이어야 하는가?
2회

(4) 도르래의 부착 등

① 사업주는 항타기나 항발기에 도르래나 도르래 뭉치를 부착하는 경우에는 부착부가 받는 하중에 의하여 파괴될 우려가 없는 브라켓·샤클 및 와이어로프 등으로 견고하게 부착하여야 한다.
② 사업주는 항타기 또는 항발기의 권상장치의 드럼축과 권상장치로부터 첫 번째 도르래의 축과의 거리를 권상장치의 드럼폭의 15배 이상으로 하여야 한다.
③ 제2항의 도르래는 권상장치의 드럼의 중심을 지나야 하며 축과 수직면상에 있어야 한다.
④ 항타기나 항발기의 구조상 권상용 와이어로프가 꼬일 우려가 없는 경우에는 제2항과 제3항을 적용하지 아니한다.

항타기 또는 항발기의 권상장치의 드럼축과 권상장치로부터 첫 번째 도르래의 축과의 거리는 권상장치의 드럼폭의 최소 몇 배 이상으로 하여야 하는가?
15배

(5) 조립 시 점검사항

① 본체 연결부의 풀림 또는 손상의 유무
② 권상용 와이어로프 · 드럼 및 도르래 부착상태의 이상 유무
③ 권상장치의 브레이크 및 쐐기장치 기능의 이상 유무
④ 권상기의 설치상태의 이상 유무
⑤ 버팀의 방법 및 고정상태의 이상 유무

• 항타기 및 항발기에 대한 설명으로 잘못된 것은? ④

① 도괴방지를 위해 시설 또는 가설물 등에 설치하는 때에는 그 내력을 확인하고 내력이 부족한 때에는 그 내력을 보강해야 한다.
② 와이어로프의 한 꼬임에서 끊어진 소선(필러선을 제외한다)의 수가 10% 이상인 것은 권상용 와이어로프로 사용을 금한다.
③ 지름 감소가 호칭 지름의 7%를 초과하는 것은 권상용 와이어로프로 사용을 금한다.
④ 권상용 와이어로프의 안전계수가 4 이상이 아니면 이를 사용하여서는 안 된다.
⑤ 도르래를 부착하는 경우에는 권상장치의 드럼축과 권상장치로부터 첫 번째 도르래의 축 간의 거리를 권상장치 드럼폭의 15배 이상으로 하여야 한다.

• 항타기 또는 항발기를 조립하는 때에 점검하여야 할 기준사항이 아닌 것은? ①

① 과부하방지장치의 이상유무
② 권상장치의 브레이크 및 쐐기장치 기능의 이상유무
③ 본체 연결부의 풀림 또는 손상유무
④ 버팀방법 및 고정상태의 이상유무
⑤ 권상용 와이어로프 · 드럼 및 도르래 부착상태의 이상 유무

제4절 안전보건경영시스템 개요

01 시스템 위험분석 및 관리

1. 시스템의 정의

1) 요소의 집합에 의해 구성되고
2) System 상호 간의 관계를 유지하면서
3) 정해진 조건 아래서
4) 어떤 목적을 위하여 작용하는 집합체

2. 시스템의 안전성 확보방법

1) 위험상태의 존재 최소화
2) 안전장치의 채용
3) 경보 장치의 채택
4) 특수 수단 개발과 표식 등의 규격화
5) 중복(Redundancy)설계
6) 부품의 단순화와 표준화
7) 인간공학적 설계와 보전성 설계

3. 시스템 위험성의 분류

1) 범주(Category) Ⅰ, 파국(Catastrophic)
   인원의 사망 또는 중상, 완전한 시스템의 손상을 일으킴
2) 범주(Category) Ⅱ, 위험(Critical)
   인원의 상해 또는 주요 시스템의 생존을 위해 즉시 시정조치가 필요
3) 범주(Category) Ⅲ, 한계(Marginal)
   인원이 상해 또는 중대한 시스템의 손상 없이 배제 또는 제거 가능
4) 범주(Category) Ⅳ, 무시(Negligible)
   인원의 손상이나 시스템의 손상에 이르지 않음

4. 작업위험분석 및 표준화

1) 작업표준의 목적

(1) 작업의 효율화
(2) 위험요인의 제거
(3) 손실요인의 제거

2) 작업표준의 작성절차

(1) 작업의 분류정리
(2) 작업분해
(3) 작업분석 및 연구토의(동작순서와 급소를 정함)
(4) 작업표준안 작성
(5) 작업표준의 제정

3) 작업표준의 구비조건

(1) 작업의 실정에 적합할 것
(2) 표현은 구체적으로 나타낼 것
(3) 이상 시의 조치기준에 대해 정해둘 것
(4) 좋은 작업의 표준일 것
(5) 생산성과 품질의 특성에 적합할 것
(6) 다른 규정 등에 위배되지 않을 것

4) 작업표준 개정 시의 검토사항

(1) 작업목적이 충분히 달성되고 있는가
(2) 생산흐름에 애로가 없는가
(3) 직장의 정리정돈 상태는 좋은가
(4) 작업속도는 적당한가
(5) 위험물 등의 취급장소는 일정한가

5) 작업개선의 4단계(표준 작업을 작성하기 위한 TWI 과정의 개선 4단계)

(1) 제1단계 : 작업분해
(2) 제2단계 : 요소작업의 세부내용 검토

(3) 제3단계 : 작업분석
(4) 제4단계 : 새로운 방법 적용

6) 작업분석(새로운 작업방법의 개발원칙) E. C. R. S

(1) 제거(Eliminate)
(2) 결합(Combine)
(3) 재조정(Rearrange)
(4) 단순화(Simplify)

5. 동작경제의 3원칙

1) 신체 사용에 관한 원칙

① 두 손의 동작은 같이 시작하고 같이 끝나도록 한다.
② 휴식시간을 제외하고는 양손이 동시에 쉬지 않도록 한다.
③ 두 팔의 동작은 동시에 서로 반대방향으로 대칭적으로 움직이도록 한다.
④ 손과 신체의 동작은 작업을 원만하게 처리할 수 있는 범위 내에서 가장 낮은 동작등급을 사용하도록 한다.
⑤ 가능한 한 관성(momentum)을 이용하여 작업을 하도록 하되 작업자가 관성을 억제하여야 하는 경우에는 발생되는 관성을 최소한으로 줄인다.
⑥ 손의 동작은 부드럽고 연속적인 동작이 되도록 하며 방향이 갑작스럽게 크게 바뀌는 모양의 직선동작은 피하도록 한다.
⑦ 탄도동작(ballistic movement)은 제한되거나 통제된 동작보다 더 신속하고 용이하며 정확하다.(탄도동작의 예로 숙련된 목수가 망치로 못을 박을 때 망치 궤적이 수평선상의 직선이 아니고 포물선을 그리면서 작업을 하는 동작을 들 수 있다.)
⑧ 가능하면 쉽고 자연스러운 리듬이 작업동작에 생기도록 작업을 배치한다.
⑨ 눈의 초점을 모아야 작업을 할 수 있는 경우는 가능하면 없애고 이것이 불가피할 경우에는 눈의 초점이 모아지는 서로 다른 두 작업지침 간의 거리를 짧게 한다.

2) 작업장 배치에 관한 원칙

① 모든 공구나 재료는 정해진 위치에 있도록 한다.
② 공구, 재료 및 제어장치는 사용위치에 가까이 두도록 한다.(정상작업영역, 최대작업영역)
③ 중력이송원리를 이용한 부품상자(gravity feed bath)나 용기를 이용하여 부품을 부품사용장소에 가까이 보낼 수 있도록 한다.
④ 가능하다면 낙하식 운반(drop delivery)방법을 사용한다.

⑤ 공구나 재료는 작업동작이 원활하게 수행되도록 그 위치를 정해준다.
⑥ 작업자가 잘 보면서 작업을 할 수 있도록 적절한 조명을 비추어 준다.
⑦ 작업자가 작업 중 자세의 변경, 즉 앉거나 서는 것을 임의로 할 수 있도록 작업대와 의자높이가 조정되도록 한다.
⑧ 작업자가 좋은 자세를 취할 수 있도록 높이가 조절되는 좋은 디자인의 의자를 제공한다.

3) 공구 및 설비 설계(디자인)에 관한 원칙

① 치구나 족답장치(foot-operated device)를 효과적으로 사용할 수 있는 작업에서는 이러한 장치를 사용하여 양손이 다른 일을 할 수 있도록 한다.
② 가능하면 공구 기능을 결합하여 사용하도록 한다.
③ 공구와 자세는 가능한 한 사용하기 쉽도록 미리 위치를 잡아준다.(pre-position)
④ (타자 칠 때와 같이) 각 손가락이 서로 다른 작업을 할 때에는 작업량을 각 손가락의 능력에 맞게 분배해야 한다.
⑤ 레버(lever), 핸들 그리고 제어장치는 작업자가 몸의 자세를 크게 바꾸지 않더라도 조작하기 쉽도록 배열한다.

02 시스템 위험분석기법

Section

1. PHA(예비위험 분석, Preliminary Hazards Analysis)

시스템 내의 위험요소가 얼마나 위험상태에 있는가를 평가하는 시스템안전프로그램의 최초단계의 분석방식(정성적)

PHA에 의한 위험등급

Class-1 : 파국
Class-2 : 중대
Class-3 : 한계
Class-4 : 무시가능

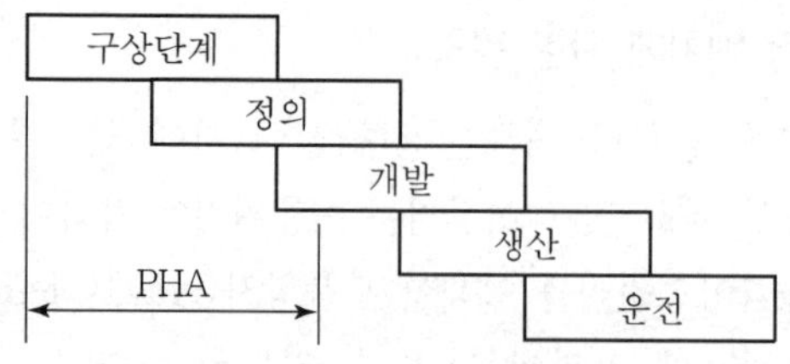

[시스템 수명 주기에서의 PHA]

2. FHA(결함위험분석, Fault Hazards Analysis)

분업에 의해 여럿이 분담 설계한 서브시스템 간의 인터페이스를 조정하여 각각의 서브시스템 및 전체 시스템에 악영향을 미치지 않게 하기 위한 분석방법

1) FHA의 기재사항

(1) 구성요소 명칭
(2) 구성요소 위험방식
(3) 시스템 작동방식
(4) 서브시스템에서의 위험영향
(5) 서브시스템, 대표적 시스템 위험영향
(6) 환경적 요인
(7) 위험영향을 받을 수 있는 2차 요인
(8) 위험수준
(9) 위험관리

프로그램 : 시스템 :

·1 구성요소 명칭	·2 구성요소 위험방식	·3 시스템 작동방식	· 4 서브시스템에서 위험영향	·5 서브시스템, 대표적 시스템 위험영향	·6 환경적 요인	· 7 위험영향을 받을 수 있는 2차 요인	·8 위험수준	·9 위험관리

3. FMEA(고장형태와 영향분석법, Failure Mode and Effect Analysis)

시스템에 영향을 미치는 모든 요소의 고장을 형태별로 분석하고 그 고장이 미치는 영향을 분석하는 방법으로 치명도 해석(CA)을 추가할 수 있음(귀납적, 정성적)

1) 특징

(1) FTA보다 서식이 간단하고 적은 노력으로 분석이 가능
(2) 논리성이 부족하고, 특히 각 요소 간의 영향을 분석하기 어렵기 때문에 동시에 두 가지 이상의 요소가 고장 날 경우에 분석이 곤란함
(3) 요소가 물체로 한정되어 있기 때문에 인적 원인을 분석하는 데는 곤란함

2) 시스템에 영향을 미치는 고장형태

(1) 폐로 또는 폐쇄된 고장
(2) 개로 또는 개방된 고장
(3) 기동 및 정지의 고장
(4) 운전계속의 고장
(5) 오동작

3) 순서

(1) 1단계 : 대상시스템의 분석

① 기본방침의 결정
② 시스템의 구성 및 기능의 확인
③ 분석레벨의 결정
④ 기능별 블록도와 신뢰성 블록도 작성

(2) 2단계 : 고장형태와 그 영향의 해석

① 고장형태의 예측과 설정
② 고장형에 대한 추정원인 열거
③ 상위 아이템의 고장영향의 검토
④ 고장등급의 평가

(3) 3단계 : 치명도 해석과 그 개선책의 검토

① 치명도 해석
② 해석결과의 정리 및 설계개선으로 제안

4) 고장등급의 결정

(1) 고장 평점법

$$C = (C_1 \times C_2 \times C_3 \times C_4 \times C_5)^{\frac{1}{5}}$$

여기서, C_1 : 기능적 고장의 영향의 중요도
C_2 : 영향을 미치는 시스템의 범위
C_3 : 고장발생의 빈도
C_4 : 고장방지의 가능성
C_5 : 신규 설계의 정도

(2) 고장등급의 결정

① 고장등급 Ⅰ(치명고장) : 임무수행 불능, 인명손실(설계변경 필요)

② 고장등급 Ⅱ(중대고장) : 임무의 중대부분 미달성(설계의 재검토 필요)

③ 고장등급 Ⅲ(경미고장) : 임무의 일부 미달성(설계변경 불필요)

④ 고장등급 Ⅳ(미소고장) : 영향 없음(설계변경 불필요)

5) FMEA 서식

1. 항목	2. 기능	3. 고장의 형태	4. 고장반응 시간	5. 사명 또는 운용단계	6. 고장의 영향			7. 고장의 발견방식	8. 시정활동	9. 위험성 분류	10. 소견

(1) 고장의 영향분류

영향	발생확률
실제의 손실	$\beta=1.00$
예상되는 손실	$0.10 \leq \beta < 1.00$
가능한 손실	$0 < \beta < 0.10$
영향 없음	$\beta=0$

(2) FMEA의 위험성 분류의 표시

① Category 1 : 생명 또는 가옥의 상실

② Category 2 : 사명(작업) 수행의 실패

③ Category 3 : 활동의 지연

④ Category 4 : 영향 없음

4. ETA(Event Tree Analysis)

정량적, 귀납적 기법으로 DT에서 변천해 온 것으로 설비의 설계, 심사, 제작, 검사, 보전, 운전, 안전대책의 과정에서 그 대응조치가 성공인가 실패인가를 확대해 가는 과정을 검토

5. CA(Criticality Analysis, 위험성 분석법)

고장이 직접 시스템의 손해와 인원의 사상에 연결되는 높은 위험도를 가지는 경우에 위험도를 가져오는 요소 또는 고장의 형태에 따른 분석(정량적 분석)

> 위험분석기법 중 높은 고장 등급을 갖고 고장모드가 기기 전체의 고장에 어느 정도 영향을 주는가를 정량적으로 평가하는 해석기법은?
> CA

6. THERP(인간 과오율 추정법, Techanique of Human Error Rate Prediction)

확률론적 안전기법으로서 인간의 과오에 기인된 사고원인을 분석하기 위하여 100만 운전시간 당 과오도수를 기본 과오율로 하여 인간의 기본 과오율을 평가하는 기법

1) 인간 실수율(HEP) 예측기법
2) 사건들을 일련의 Binary 의사결정 분기들로 모형화해서 예측
3) 나무를 통한 각 경로의 확률 계산

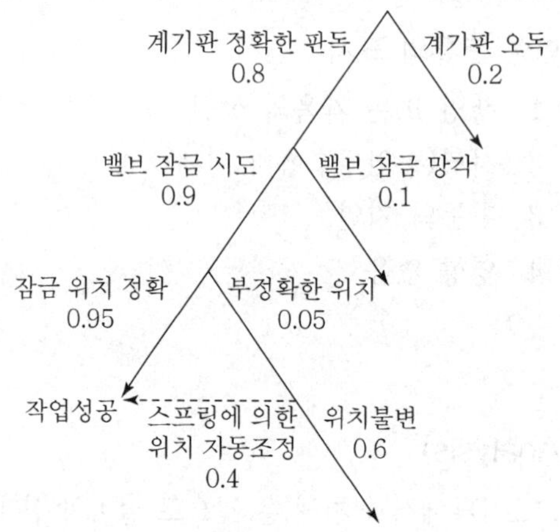

[THERP의 Tree 작성과 확률계산]

7. MORT(Management Oversight and Risk Tree)

FTA와 같은 논리기법을 이용하여 관리, 설계, 생산, 보전 등에 대해서 광범위하게 안전성을 확보하기 위한 기법(원자력 산업에 이용, 미국의 W. G. Johnson에 의해 개발)

1970년 이후 미국의 W. G. Johnson에 의해 개발된 최신 시스템 안전 프로그램으로서 원자력 산업의 고도 안전달성을 위해 개발된 분석기법이다. 관리, 설계, 생산, 보전 등 광범위한 안전을 도모하기 위하여 개발된 분석기법은?
MORT

8. FTA(결함수분석법, Fault Tree Analysis)

기계, 설비 또는 Man-machine 시스템의 고장이나 재해의 발생요인을 논리적 도표에 의하여 분석하는 정량적, 연역적 기법

9. O&SHA(Operation and Support Hazard Analysis)

시스템의 모든 사용단계에서 생산, 보전, 시험, 저장, 구조 훈련 및 폐기 등에 사용되는 인원, 순서, 설비에 대한 위험을 평가하고 안전요건을 결정하기 위한 해석방법(운영 및 지원 위험해석)

생산, 보전, 시험, 운반, 저장, 비상탈출 등에 사용되는 인원, 설비에 관하여 위험을 동정(同定)하고 제어하며, 그들의 안전요건을 결정하기 위하여 실시하는 분석기법은?
운용 및 지원 위험분석(O&SHA)

10. DT(Decision Tree)

요소의 신뢰도를 이용하여 시스템의 신뢰도를 나타내는 시스템 모델의 하나로 귀납적이고 정량적인 분석방법

11. 위험성 및 운전성 검토(Hazard and Operability Study)

1) 위험 및 운전성 검토(HAZOP)

각각의 장비에 대해 잠재된 위험이나 기능저하, 운전, 잘못 등과 전체로서의 시설에 결과적으로 미칠 수 있는 영향 등을 평가하기 위해서 공정이나 설계도 등에 체계적이고 비판적인 검토를 행하는 것을 말한다.

2) 위험 및 운전성 검토의 성패를 좌우하는 요인

(1) 팀의 기술능력과 통찰력
(2) 사용된 도면, 자료 등의 정확성
(3) 발견된 위험의 심각성을 평가할 때 팀의 균형감각 유지 능력
(4) 이상(Deviation), 원인(Cause), 결과(Consequence)들을 발견하기 위해 상상력을 동원하는 데 보조수단으로 사용할 수 있는 팀의 능력

3) 위험 및 운전성 검토절차

(1) 1단계 : 목적의 범위 결정
(2) 2단계 : 검토팀의 선정
(3) 3단계 : 검토 준비
(4) 4단계 : 검토 실시
(5) 5단계 : 후속조치 후 결과기록

4) 위험 및 운전성 검토목적

(1) 기존시설(기계설비 등)의 안전도 향상
(2) 설비 구입 여부 결정
(3) 설계의 검사
(4) 작업수칙의 검토
(5) 공장 건설 여부와 건설장소의 결정

5) 위험 및 운전성 검토 시 고려해야 할 위험의 형태

(1) 공장 및 기계설비에 대한 위험
(2) 작업 중인 인원 및 일반대중에 대한 위험
(3) 제품 품질에 대한 위험
(4) 환경에 대한 위험

6) 위험을 억제하기 위한 일반적인 조치사항

(1) 공정의 변경(원료, 방법 등)
(2) 공정 조건의 변경(압력, 온도 등)
(3) 설계 외형의 변경
(4) 작업방법의 변경
위험 및 운전성 검토를 수행하기 가장 좋은 시점은 설계완료 단계로서 설계가 상당히 구체화된 시점이다.

7) 유인어(Guide Words)

간단한 용어로서 창조적 사고를 유도하고 자극하여 이상을 발견하고 의도를 한정하기 위하여 사용되는 것

(1) NO 또는 NOT : 설계의도의 완전한 부정
(2) MORE 또는 LESS : 양(압력, 반응, 온도 등)의 증가 또는 감소
(3) AS WELL AS : 성질상의 증가(설계의도와 운전조건이 어떤 부가적인 행위)와 함께 일어남
(4) PART OF : 일부변경, 성질상의 감소(어떤 의도는 성취되나 어떤 의도는 성취되지 않음)
(5) REVERSE : 설계의도의 논리적인 역
(6) OTHER THAN : 완전한 대체(통상 운전과 다르게 되는 상태)

03 안전성 평가의 개요 Section

1. 정의

설비나 제품의 제조, 사용 등에 있어 안전성을 사전에 평가하고 적절한 대책을 강구하기 위한 평가행위

2. 안전성 평가의 종류

1) 테크놀로지 어세스먼트(Technology Assessment) : 기술 개발과정에서의 효율성과 위험성을 종합적으로 분석, 판단하는 프로세스
2) 세이프티 어세스먼트(Safety Assessment) : 인적, 물적 손실을 방지하기 위한 설비 전 공정에 걸친 안전성 평가
3) 리스크 어세스먼트(Risk Assessment) : 생산활동에 지장을 줄 수 있는 리스크(Risk)를 파악하고 제거하는 활동
4) 휴먼 어세스먼트(Human Assessment)

3. 안전성 평가 6단계

1) 제1단계 : 관계자료의 정비검토
   (1) 입지조건
   (2) 화학설비 배치도
   (3) 제조공정 개요
   (4) 공정 계통도
   (5) 안전설비의 종류와 설치장소

2) 제2단계 : 정성적 평가(안전확보를 위한 기본적인 자료의 검토)
   (1) 설계관계 : 공장 내 배치, 소방설비 등
   (2) 운전관계 : 원재료, 운송, 저장 등

3) 제3단계 : 정량적 평가(재해중복 또는 가능성이 높은 것에 대한 위험도 평가)
   (1) 평가항목(5가지 항목)
      ① 물질 ② 온도 ③ 압력 ④ 용량 ⑤ 조작
   (2) 화학설비 정량평가 등급
      ① 위험등급Ⅰ : 합산점수 16점 이상
      ② 위험등급Ⅱ : 합산점수 11~15점
      ③ 위험등급Ⅲ : 합산점수 10점 이하

4) 제4단계 : 안전대책

(1) 설비대책 : 10종류의 안전장치 및 방재 장치에 관해서 대책을 세운다.

(2) 관리적 대책 : 인원배치, 교육훈련 등에 관해서 대책을 세운다.

5) 제5단계 : 재해정보에 의한 재평가

6) 제6단계 : FTA에 의한 재평가

위험등급 I (16점 이상)에 해당하는 화학설비에 대해 FTA에 의한 재평가 실시

4. 안전성 평가 4가지 기법

1) 위험의 예측평가(Layout의 검토)
2) 체크리스트(Check-list)에 의한 방법
3) 고장형태와 영향분석법(FMEA법)
4) 결함수분석법(FTA법)

5. 기계, 설비의 레이아웃(Layout)의 원칙

1) 이동거리를 단축하고 기계배치를 집중화한다.
2) 인력활동이나 운반작업을 기계화한다.
3) 중복부분을 제거한다.
4) 인간과 기계의 흐름을 라인화한다.

6. 화학설비의 안전성 평가

1) 화학설비 정량평가 위험등급 I 일 때의 인원배치

(1) 긴급 시 동시에 다른 장소에서 작업을 행할 수 있는 충분한 인원을 배치

(2) 법정 자격자를 복수로 배치하고 관리 밀도가 높은 인원배치

2) 화학설비 안전성평가에서 제2단계 정성적 평가 시 입지 조건에 대한 주요 진단항목

(1) 지평은 적절한가, 지반은 연약하지 않은가, 배수는 적당한가?
(2) 지진, 태풍 등에 대한 준비는 충분한가?
(3) 물, 전기, 가스 등의 사용설비는 충분히 확보되어 있는가?
(4) 철도, 공항, 시가지, 공공시설에 관한 안전을 고려하고 있는가?
(5) 긴급 시에 소방서, 병원 등의 방제 구급기관의 지원체제는 확보되어 있는가?

04 신뢰도 및 안전도 계산

Section

1. 신뢰도

체계 혹은 부품이 주어진 운용조건하에서 의도되는 사용기간 중에 의도한 목적에 만족스럽게 작동할 확률

2. 기계의 신뢰도

$$R = e^{-\lambda t} = e^{-t/t_0}$$

여기서, λ : 고장률, t : 가동시간, t_0 : 평균수명

[1시간 가동 시 고장발생확률이 0.004일 경우]

1) 평균고장간격(MTBF) $=1/\lambda=1/0.004=250$(hr)
2) 10시간 가동 시 신뢰도 : $R(t)=e^{-\lambda t}=e^{-0.004\times 10}=e^{-0.04}$
3) 고장 발생확률 : $F(t)=1-R(t)$

Point

어떤 전자기기의 수명은 지수분포를 따르며, 그 평균수명은 10,000시간이라고 한다. 이 기기를 연속적으로 사용할 경우 10,000시간 동안 고장 없이 작동할 확률은?

$R=e^{-\lambda t}=e^{-t/t_0}=e^{-10,000/10,000}=e^{-1}$ (λ: 고장률, t: 가동시간, t_0: 평균수명)

3. 고장률의 유형

1) 초기고장(감소형)

제조가 불량하거거나 생산과정에서 품질관리가 안 되어 생기는 고장

(1) 디버깅(Debugging) 기간 : 결함을 찾아내어 고장률을 안정시키는 기간

(2) 번인(Burn-in) 기간 : 장시간 움직여보고 그동안에 고장난 것을 제거시키는 기간

2) 우발고장(일정형)

실제 사용하는 상태에서 발생하는 고장으로 예측할 수 없는 랜덤의 간격으로 생기는 고장

신뢰도 : $R(t)=e^{-\lambda t}$

(평균고장시간 t_0인 요소가 t 시간 동안 고장을 일으키지 않을 확률)

3) 마모고장(증가형)

설비 또는 장치가 수명을 다하여 생기는 고장

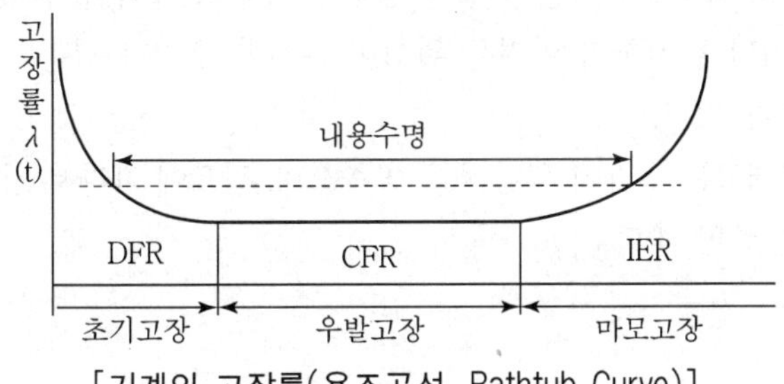

[기계의 고장률(욕조곡선, Bathtub Curve)]

4. 인간기계 통제 시스템의 유형 4가지

1) Fail Safe
2) Lock System
3) 작업자 제어장치
4) 비상 제어장치

5. Lock System의 종류

1) Interlock System : 기계 설계 시 불안전한 요소에 대하여 통제를 가한다.

2) Intralock System : 인간의 불안전한 요소에 대하여 통제를 가한다.
3) Translock System : Interlock과 Intralock 사이에 두어 불안전한 요소에 대하여 통제를 가한다.

인 간		기 계
Intralock system	Translock system	Interlock system

6. 백업 시스템

1) 인간이 작업하고 있을 때에 발생하는 위험 등에 대해서 경고를 발하여 지원하는 시스템을 말한다.
2) 구체적으로 경보장치, 감시장치, 감시인 등을 말한다.
3) 공동작업의 경우나 작업자가 언제나 위치를 이동하면서 작업을 하는 경우에도 백업의 필요유무를 검토하면 된다.
4) 비정상 작업의 작업지휘자는 백업을 겸하고 있다고 생각할 수 있지만 외부로부터 침입해 오는 위험, 기타 감지하기 어려운 위험이 존재할 우려가 있는 경우는 특히 백업시스템을 구비할 필요가 있다.
5) 백업에 의한 경고는 청각에 의한 호소가 좋으며, 필요에 따라서 점멸 램프 등 시각에 호소하는 것을 병용하면 좋다.

7. 시스템 안전관리업무를 수행하기 위한 내용

1) 다른 시스템 프로그램 영역과의 조정
2) 시스템 안전에 필요한 사람의 동일성의 식별
3) 시스템 안전에 대한 목표를 유효하게 실현하기 위한 프로그램의 해석검토
4) 안전활동의 계획 조직 및 관리

8. 인간에 대한 Monitoring 방식

1) 셀프 모니터링(Self Monitoring) 방법(자기감지) : 자극, 고통, 피로, 권태, 이상감각 등의 지각에 의해서 자신의 상태를 알고 행동하는 감시방법이다. 이것은 그 결과를 동작자 자신이나 또는 모니터링 센터(Monitoring Center)에 전달하는 두 가지 경우가 있다.

2) 생리학적 모니터링(Monitoring) 방법 : 맥박수, 체온, 호흡 속도, 혈압, 뇌파 등으로 인간 자체의 상태를 생리적으로 모니터링하는 방법이다.
3) 비주얼 모니터링(Visual Monitoring) 방법(시각적 감지) : 작업자의 태도를 보고 작업자의 상태를 파악하는 방법이다.(졸리는 상태는 생리학적으로 분석하는 것보다 태도를 보고 상태를 파악하는 것이 쉽고 정확하다.)
4) 반응에 의한 모니터링(Monitoring) 방법 : 자극(청각 또는 시각에 의한 자극)을 가하여 이에 대한 반응을 보고 정상 또는 비정상을 판단하는 방법이다.
5) 환경의 모니터링(Monitoring) 방법 : 간접적인 감시방법으로서 환경조건의 개선으로 인체의 안락과 기분을 좋게 하여 장상작업을 할 수 있도록 만드는 방법이다.

9. Fail Safe 정의 및 기능면 3단계

1) 정의

(1) 기계나 그 부품에 고장이나 기능불량이 생겨도 항상 안전을 유지하는 구조와 기능
(2) 인간 또는 기계의 과오나 오작동이 있어도 사고 및 재해가 발생하지 않도록 2중, 3중으로 안전장치를 한 시스템

2) Fail Safe의 종류

(1) 다경로 하중구조
(2) 하중경감구조
(3) 교대구조
(4) 중복구조

3) Fail Safe의 기능분류

(1) Fail passive(자동감지) : 부품이 고장나면 통상 정지하는 방향으로 이동
(2) Fail active(자동제어) : 부품이 고장 나면 기계는 경보를 울리며 짧은 시간 동안 운전이 가능
(3) Fail operational(차단 및 조정) : 부품에 고장이 있더라도 추후 보수가 있을 때까지 안전한 기능을 유지

4) Fail safe의 예

(1) 승강기 정전 시 마그네틱 브레이크가 작동하여 운전을 정지시키는 경우와 정격속도 이상의 주행 시 조속기가 작동하여 긴급정지시키는 것

(2) 석유난로가 일정각도 이상 기울어지면 자동적으로 불이 꺼지도록 소화기구를 내장시킨 것

(3) 한쪽 밸브 고장 시 다른 쪽 브레이크의 압축공기를 배출시켜 급정지되도록 한 것

10. 풀 프루프(Fool Proof)

1) 정의

기계장치 설계단계에서 안전화를 도모하는 것으로 근로자가 기계 등의 취급을 잘못해도 사고로 연결되는 일이 없도록 하는 안전기구 즉, 인간과오(Human Error)를 방지하기 위한 것

2) Fool Proof의 예

(1) 가드

(2) 록(Lock, 시건) 장치

(3) 오버런 기구

11. 리던던시(Redundancy)의 정의 및 종류

1) 정의

시스템 일부에 고장이 나더라도 전체가 고장이 나지 않도록 기능적인 부분을 부가해서 신뢰도를 향상시키는 중복설계

2) 종류

(1) 병렬 리던던시(Redundancy)

(2) 대기 리던던시

(3) M out of N 리던던시

(4) 스페어에 의한 교환

(5) Fail Safe

05 보호구 및 안전보건표지

Section

1. 보호구의 개요

보호구란 산업재해 예방을 위해 작업자 개인이 착용하고 작업하는 것으로서 유해・위험상황에 따라 발생할 수 있는 재해를 예방하거나 그 유해・위험의 영향이나 재해의 정도를 감소시키기 위한 것을 말한다.

보호구에 완전히 의존하여 기계・기구 설비의 보완이나 작업환경 개선을 소홀히 해서는 안 되며, 보호구는 어디까지나 보조수단으로 사용함을 원칙으로 해야 한다.

1) 보호구가 갖추어야 할 구비요건

(1) 착용이 간편할 것
(2) 작업에 방해를 주지 않을 것
(3) 유해・위험요소에 대한 방호가 확실할 것
(4) 재료의 품질이 우수할 것
(5) 외관상 보기가 좋을 것
(6) 구조 및 표면가공이 우수할 것

2) 보호구 선정 시 유의사항

(1) 사용목적에 적합할 것
(2) 의무(자율)안전인증을 받고 성능이 보장되는 것
(3) 작업에 방해가 되지 않을 것
(4) 착용이 쉽고 크기 등이 사용자에게 편리할 것

2. 보호구의 종류

1) 안전인증 대상 보호구

(1) 추락 및 감전 위험방지용 안전모
(2) 안전화
(3) 안전장갑
(4) 방진마스크
(5) 방독마스크
(6) 송기마스크
(7) 전동식 호흡보호구
(8) 보호복
(9) 안전대
(10) 차광(遮光) 및 비산물(飛散物) 위험방지용 보안경
(11) 용접용 보안면
(12) 방음용 귀마개 또는 귀덮개

2) 자율안전확인 대상 보호구

(1) 안전모(추락 및 감전 위험방지용 안전모 제외)
(2) 보안경(차광 및 비산물 위험방지용 보안경 제외)
(3) 보안면(용접용 보안면 제외)

3) 안전인증의 표시

의무인증, 자율안전확인신고 표시	(의무인증이 아닌)임의인증 표시
KCs	S

3. 보호구의 성능기준 및 시험방법

1) 안전모

(1) 안전모의 구조

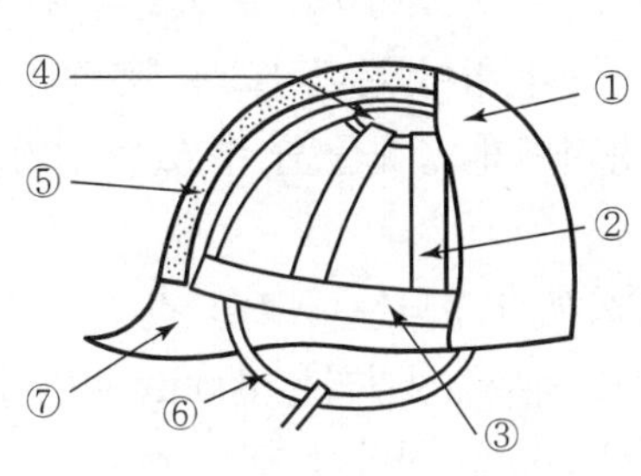

번호	명칭	
①	모체	
②	착장체	머리받침끈
③		머리고정대
④		머리받침고리
⑤	충격흡수재	
⑥	턱끈	
⑦	챙(차양)	

(2) 의무안전인증대상 안전모의 종류 및 사용구분

종류 (기호)	사용구분	비고
AB	물체의 낙하 또는 비래 및 추락에 의한 위험을 방지 또는 경감시키기 위한 것	
AE	물체의 낙하 또는 비래에 의한 위험을 방지 또는 경감하고, 머리부위 감전에 의한 위험을 방지하기 위한 것	내전압성 (주 1)
ABE	물체의 낙하 또는 비래 및 추락에 의한 위험을 방지 또는 경감하고, 머리부위 감전에 의한 위험을 방지하기 위한 것	내전압성

(주 1) 내전압성이란 7,000V 이하의 전압에 견디는 것을 말한다.

(3) 안전모의 구비조건

① 일반구조

㉠ 안전모는 모체, 착장체(머리고정대, 머리받침고리, 머리받침끈) 및 턱끈을 가질 것

㉡ 착장체의 머리고정대는 착용자의 머리부위에 적합하도록 조절할 수 있을 것

㉢ 착장체의 구조는 착용자의 머리에 균등한 힘이 분배되도록 할 것

㉣ 모체, 착장체 등 안전모의 부품은 착용자에게 상해를 줄 수 있는 날카로운 모서리 등이 없을 것

㉤ 턱끈은 사용 중 탈락되지 않도록 확실히 고정되는 구조일 것

㉥ 안전모의 착용높이는 85mm 이상이고 외부수직거리는 80mm 미만일 것

㉦ 안전모의 내부수직거리는 25mm 이상 50mm 미만일 것

㉧ 안전모의 수평간격은 5mm 이상일 것

㉨ 머리받침끈이 섬유인 경우에는 각각의 폭은 15mm 이상이어야 하며, 교차되는 끈의 폭의 합은 72mm 이상일 것

㉩ 턱끈의 폭은 10mm 이상일 것

㉪ 안전모의 모체, 착장체를 포함한 질량은 440g을 초과하지 않을 것

② AB종 안전모는 일반구조 조건에 적합해야 하고 충격흡수재를 가져야 하며, 리벳(Rivet) 등 기타 돌출부가 모체의 표면에서 5mm 이상 돌출되지 않아야 한다.

③ AE종 안전모는 일반구조 조건에 적합해야 하고 금속제의 부품을 사용하지 않고, 착장체는 모체의 내외면을 관통하는 구멍을 뚫지 않고 붙일 수 있는 구조로서 모체의 내외면을 관통하는 구멍 핀홀 등이 없어야 한다.

④ ABE종 안전모는 상기 ②, ③의 조건에 적합해야 한다.

(4) 성능시험방법

① 내관통성시험

② 내전압성시험

③ 내수성시험

④ 난연성시험

⑤ 충격흡수성시험

항목	시험성능기준
내관통성	AE, ABE종 안전모는 관통거리가 9.5mm 이하이고, AB종 안전모는 관통거리가 11.1mm 이하이어야 한다.
충격흡수성	최고전달충격력이 4,450N을 초과해서는 안 되며, 모체와 착장체의 기능이 상실되지 않아야 한다.
내전압성	AE, ABE종 안전모는 교류 20kV에서 1분간 절연파괴 없이 견뎌야 하고, 이때 누설되는 충전전류는 10mA 이하이어야 한다.
내 수 성	AE, ABE종 안전모는 질량증가율이 1% 미만이어야 한다.
난 연 성	모체가 불꽃을 내며 5초 이상 연소되지 않아야 한다.
턱끈풀림	150N 이상 250N 이하에서 턱끈이 풀려야 한다.

2) 안전화

(1) 안전화의 명칭

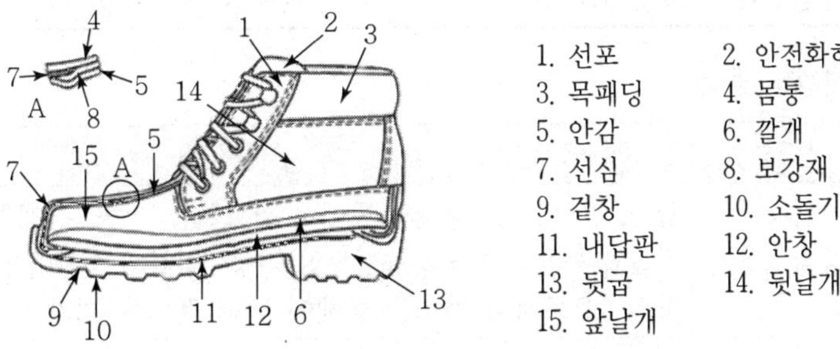

[가죽제 안전화 각 부분의 명칭]

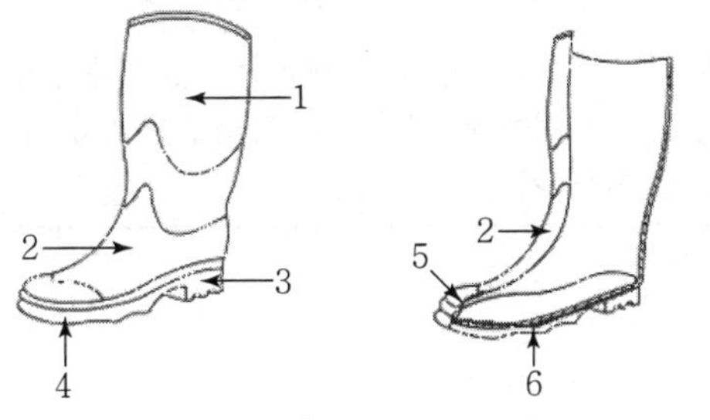

[고무제 안전화 각 부분의 명칭]

(2) 안전화의 종류

종류	성능구분
가죽제 안전화	• 물체의 낙하, 충격 또는 날카로운 물체에 의한 찔림 위험으로부터 발을 보호하기 위한 것 • 성능시험 : 내답발성, 내압박, 충격, 박리
고무제 안전화	• 물체의 낙하, 충격 또는 날카로운 물체에 의한 찔림 위험으로부터 발을 보호하고 내수성 또는 내화학성을 겸한 것 • 성능시험 : 압박, 충격, 침수
정전기 안전화	물체의 낙하, 충격 또는 날카로운 물체에 의한 찔림 위험으로부터 발을 보호하고 정전기의 인체대전을 방지하기 위한 것
발등 안전화	물체의 낙하, 충격 또는 날카로운 물체에 의한 찔림 위험으로부터 발 및 발등을 보호하기 위한 것
절연화	물체의 낙하, 충격 또는 날카로운 물체에 의한 찔림 위험으로부터 발을 보호하고 저압의 전기에 의한 감전을 방지하기 위한 것
절연장화	고압에 의한 감전을 방지 및 방수를 겸한 것

(3) 안전화의 등급

등급	사용장소
중작업용	광업, 건설업 및 철광업 등에서 원료취급, 가공, 강재취급 및 강재 운반, 건설업 등에서 중량물 운반작업, 가공대상물의 중량이 큰 물체를 취급하는 작업장으로서 날카로운 물체에 의해 찔릴 우려가 있는 장소
보통 작업용	기계공업, 금속가공업, 운반, 건축업 등 공구 가공품을 손으로 취급하는 작업 및 차량 사업장, 기계 등을 운전 · 조작하는 일반작업장으로서 날카로운 물체에 의해 찔릴 우려가 있는 장소
경작업용	금속 선별, 전기제품 조립, 화학제품 선별, 반응장치 운전, 식품 가공업 등 비교적 경량의 물체를 취급하는 작업장으로서 날카로운 물체에 의해 찔릴 우려가 있는 장소

(4) 안전화의 몸통 높이에 따른 구분

단위 : mm

몸통 높이(h)		
단화	중단화	장화
113 미만	113 이상	178 이상

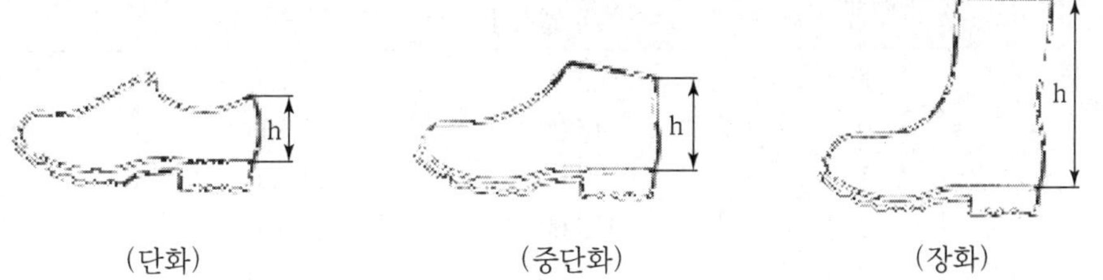

(단화) (중단화) (장화)

[안전화 몸통 높이에 따른 구분]

(5) 가죽제 발보호안전화의 일반구조

① 착용감이 좋고 작업에 편리할 것
② 견고하며 마무리가 확실하고 형상은 균형이 있을 것
③ 선심의 내측은 헝겊으로 싸고 후단부의 내측은 보강할 것
④ 발가락 끝부분에 선심을 넣어 압박 및 충격으로부터 발가락을 보호할 것

3) 내전압용 절연장갑

(1) 일반구조

① 절연장갑은 고무로 제조하여야 하며 핀홀(Pin Hole), 균열, 기포 등의 물리적인 변형이 없어야 한다.

② 여러 색상의 층들로 제조된 합성 절연장갑이 마모되는 경우에는 그 아래에 다른 색상의 층이 나타나야 한다.

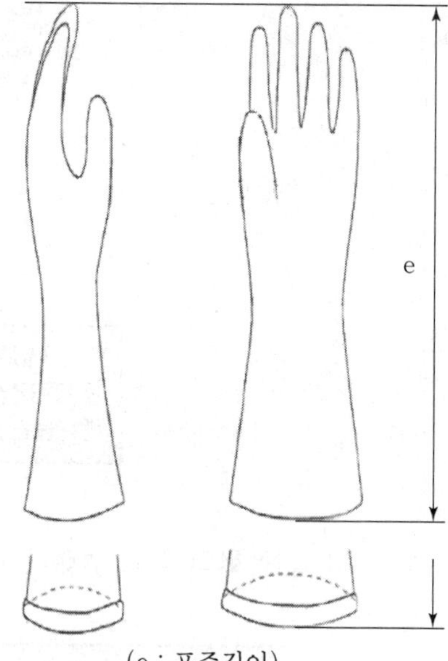

(e : 표준길이)

(2) 절연장갑의 등급 및 색상

등급	최대사용전압		비고
	교류(V, 실효값)	직류(V)	
00	500	750	갈색
0	1,000	1,500	빨간색
1	7,500	11,250	흰색
2	17,000	25,500	노란색
3	26,500	39,750	녹색
4	36,000	54,000	등색

(3) 고무의 최대 두께

등급	두께(mm)	비고
00	0.50 이하	
0	1.00 이하	
1	1.50 이하	
2	2.30 이하	
3	2.90 이하	
4	3.60 이하	

(4) 절연내력

<table>
<tr><td rowspan="7">절연내력</td><td colspan="3" rowspan="2">최소내전압 시험
(실효치, kV)</td><td>00 등급</td><td>0 등급</td><td>1 등급</td><td>2 등급</td><td>3 등급</td><td>4 등급</td></tr>
<tr><td>5</td><td>10</td><td>20</td><td>30</td><td>30</td><td>40</td></tr>
<tr><td rowspan="5">누설전류
시험
(실효값
mA)</td><td colspan="2">시험전압
(실효치, kV)</td><td>2.5</td><td>5</td><td>10</td><td>20</td><td>30</td><td>40</td></tr>
<tr><td rowspan="4">표준
길이
(mm)</td><td>460</td><td>미적용</td><td>18 이하</td><td>18 이하</td><td>18 이하</td><td>18 이하</td><td>18 이하</td></tr>
<tr><td>410</td><td>미적용</td><td>16 이하</td><td>16 이하</td><td>16 이하</td><td>16 이하</td><td>16 이하</td></tr>
<tr><td>360</td><td>14 이하</td><td>14 이하</td><td>14 이하</td><td>14 이하</td><td>14 이하</td><td>미적용</td></tr>
<tr><td>270</td><td>12 이하</td><td>12 이하</td><td>미적용</td><td>미적용</td><td>미적용</td><td>미적용</td></tr>
</table>

4) 유기화합물용 안전장갑

(1) 일반구조 및 재료

① 안전장갑에 사용되는 재료와 부품은 착용자에게 해로운 영향을 주지 않아야 한다.

② 안전장갑은 착용 및 조작이 용이하고, 착용상태에서 작업을 행하는 데 지장이 없어야 한다.

③ 안전장갑은 육안을 통해 확인한 결과 찢어진 곳, 터진 곳, 구멍난 곳이 없어야 한다.

(2) 안전인증 유기화합물용 안전장갑에는 안전인증의 표시에 따른 표시 외에 다음 내용을 추가로 표시해야 한다.

① 안전장갑의 치수

② 보관·사용 및 세척상의 주의사항

③ 안전장갑을 표시하는 화학물질 보호성능표시 및 제품 사용에 대한 설명

[화학물질 보호성능 표시]

5) 방진마스크

(1) 방진마스크의 등급 및 사용장소

<table>
<tr><th>등급</th><th>특급</th><th>1급</th><th>2급</th></tr>
<tr><td rowspan="2">사용장소</td><td>• 베릴륨 등과 같이 독성이 강한 물질들을 함유한 분진 등 발생장소
• 석면 취급장소</td><td>• 특급마스크 착용장소를 제외한 분진 등 발생장소
• 금속퓸 등과 같이 열적으로 생기는 분진 등 발생장소
• 기계적으로 생기는 분진 등 발생장소(규소 등과 같이 2급 방진마스크를 착용하여도 무방한 경우는 제외한다.)</td><td>• 특급 및 1급 마스크 착용장소를 제외한 분진 등 발생장소</td></tr>
<tr><td colspan="3">배기밸브가 없는 안면부 여과식 마스크는 특급 및 1급 장소에 사용해서는 안 된다.</td></tr>
</table>

〈여과재 분진 등 포집효율〉

형태 및 등급		염화나트륨(NaCl) 및 파라핀 오일(Paraffin oil) 시험(%)
분리식	특 급	99.95 이상
	1 급	94.0 이상
	2 급	80.0 이상
안면부 여과식	특 급	99.0 이상
	1 급	94.0 이상
	2 급	80.0 이상

(2) 안면부 누설률

형태 및 등급		누설률(%)
분리식	전면형	0.05 이하
	반면형	5 이하
안면부 여과식	특 급	5 이하
	1 급	11 이하
	2 급	25 이하

(3) 전면형 방진마스크의 항목별 유효시야

형태		시야(%)	
		유효시야	겹침시야
전동식 전면형	1 안식	70 이상	80 이상
	2 안식	70 이상	20 이상

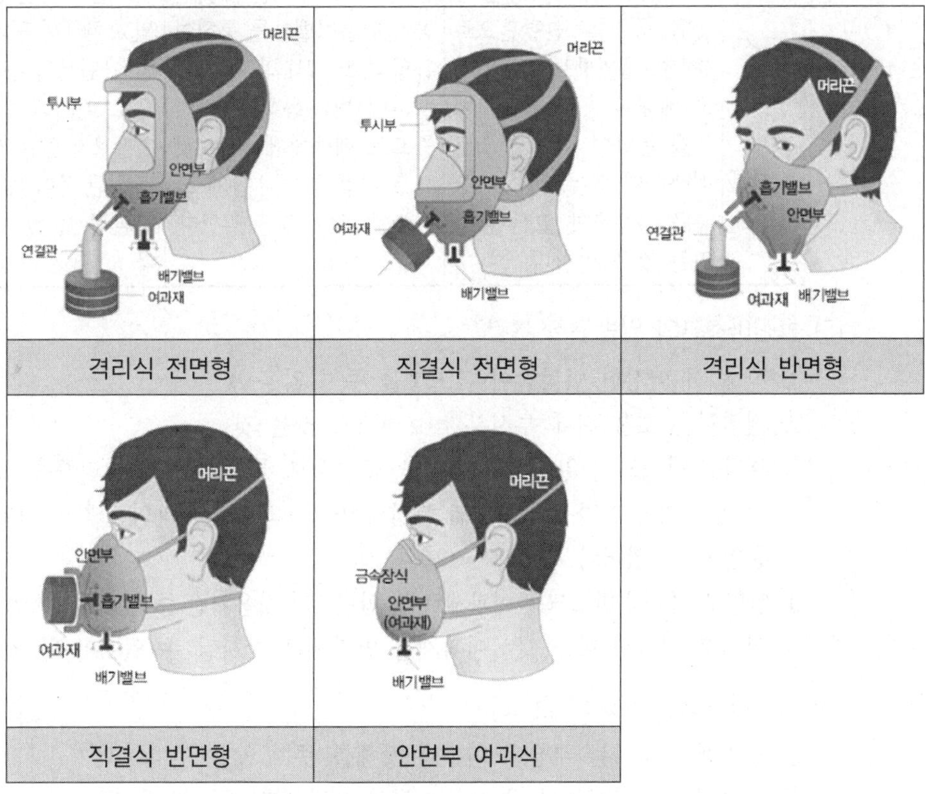

격리식 전면형	직결식 전면형	격리식 반면형
직결식 반면형	안면부 여과식	

(4) 방진마스크의 형태별 구조분류

형태	분리식		안면부 여과식
	격리식	직결식	
구조분류	안면부, 여과재, 연결관, 흡기밸브, 배기밸브 및 머리끈으로 구성되며 여과재에 의해 분진 등이 제거된 깨끗한 공기를 연결관으로 통하여 흡기밸브로 흡입되고 체내의 공기는 배기밸브를 통하여 외기 중으로 배출하게 되는 것으로 부품을 자유롭게 교환할 수 있는 것을 말한다.	안면부, 여과재, 흡기밸브, 배기밸브 및 머리끈으로 구성되며 여과재에 의해 분진 등이 제거된 깨끗한 공기가 흡기밸브를 통하여 흡입되고 체내의 공기는 배기밸브를 통하여 외기 중으로 배출하게 되는 것으로 부품을 자유롭게 교환할 수 있는 것을 말한다.	여과재로 된 안면부와 머리끈으로 구성되며 여과재인 안면부에 의해 분진 등을 여과한 깨끗한 공기가 흡입되고 체내의 공기는 여과재인 안면부를 통해 외기 중으로 배기되는 것으로(배기밸브가 있는 것은 배기밸브를 통하여 배출) 부품이 교환될 수 없는 것을 말한다.

(5) 방진마스크의 일반구조 조건

① 착용 시 이상한 압박감이나 고통을 주지 않을 것
② 전면형은 호흡 시에 투시부가 흐려지지 않을 것
③ 분리식 마스크에 있어서는 여과재, 흡기밸브, 배기밸브 및 머리끈을 쉽게 교환할 수 있고 착용자 자신이 안면과 분리식 마스크의 안면부와의 밀착성 여부를 수시로 확인할 수 있어야 할 것
④ 안면부 여과식 마스크는 여과재로 된 안면부가 사용기간 중 심하게 변형되지 않을 것
⑤ 안면부 여과식 마스크는 여과재를 안면에 밀착시킬 수 있어야 할 것

(6) 방진마스크의 재료 조건

① 안면에 밀착하는 부분은 피부에 장해를 주지 않을 것
② 여과재는 여과성능이 우수하고 인체에 장해를 주지 않을 것
③ 방진마스크에 사용하는 금속부품은 내식성을 갖거나 부식방지를 위한 조치가 되어 있을 것
④ 전면형의 경우 사용할 때 충격을 받을 수 있는 부품은 충격 시에 마찰 스파크가 발생되어 가연성의 가스혼합물을 점화시킬 수 있는 알루미늄, 마그네슘, 티타늄 또는 이의 합금을 사용하지 않을 것
⑤ 반면형의 경우 사용할 때 충격을 받을 수 있는 부품은 충격 시에 마찰 스파크가 발생되어 가연성의 가스혼합물을 점화시킬 수 있는 알루미늄, 마그네슘, 티타늄 또는 이의 합금을 최소한 사용할 것

(7) 방진마스크 선정기준(구비조건)

① 분진포집효율(여과효율)이 좋을 것
② 흡기, 배기저항이 낮을 것
③ 사용적이 적을 것
④ 중량이 가벼울 것
⑤ 시야가 넓을 것
⑥ 안면 밀착성이 좋을 것

6) 방독마스크

(1) 방독마스크의 종류

종류	시험가스
유기화합물용	시클로헥산(C_6H_{12})
할로겐용	염소가스 또는 증기(Cl_2)
황화수소용	황화수소가스(H_2S)
시안화수소용	시안화수소가스(HCN)
아황산용	아황산가스(SO_2)
암모니아용	암모니아가스(NH_3)

(2) 방독마스크의 등급

등급	사용 장소
고농도	가스 또는 증기의 농도가 100분의 2(암모니아에 있어서는 100분의 3) 이하의 대기 중에서 사용하는 것
중농도	가스 또는 증기의 농도가 100분의 1(암모니아에 있어서는 100분의 1.5) 이하의 대기 중에서 사용하는 것
저농도 및 최저농도	가스 또는 증기의 농도가 100분의 0.1 이하의 대기 중에서 사용하는 것으로서 긴급용이 아닌 것

비고 : 방독마스크는 산소농도가 18% 이상인 장소에서 사용하여야 하고, 고농도와 중농도에서 사용하는 방독마스크는 전면형(격리식, 직결식)을 사용해야 한다.

(3) 방독마스크의 형태 및 구조

형태		구조
격리식	전면형	정화통, 연결관, 흡기밸브, 안면부, 배기밸브 및 머리끈으로 구성되고, 정화통에 의해 가스 또는 증기를 여과한 청정공기를 연결관을 통하여 흡입하고 배기는 배기밸브를 통하여 외기 중으로 배출하는 것으로 안면부 전체를 덮는 구조
	반면형	정화통, 연결관, 흡기밸브, 안면부, 배기밸브 및 머리끈으로 구성되고, 정화통에 의해 가스 또는 증기를 여과한 청정공기를 연결관을 통하여 흡입하고 배기는 배기밸브를 통하여 외기 중으로 배출하는 것으로 코 및 입부분을 덮는 구조
직결식	전면형	정화통, 흡기밸브, 안면부, 배기밸브 및 머리끈으로 구성되고, 정화통에 의해 가스 또는 증기를 여과한 청정공기를 흡기밸브를 통하여 흡입하고 배기는 배기밸브를 통하여 외기 중으로 배출하는 것으로 정화통이 직접 연결된 상태로 안면부 전체를 덮는 구조
	반면형	정화통, 흡기밸브, 안면부, 배기밸브 및 머리끈으로 구성되고, 정화통에 의해 가스 또는 증기를 여과한 청정공기를 흡기밸브를 통하여 흡입하고 배기는 배기밸브를 통하여 외기 중으로 배출하는 것으로 안면부와 정화통이 직접 연결된 상태로 코 및 입부분을 덮는 구조

(4) 방독마스크의 일반구조 조건

① 착용 시 이상한 압박감이나 고통을 주지 않을 것

② 착용자의 얼굴과 방독마스크의 내면 사이의 공간이 너무 크지 않을 것

③ 전면형은 호흡 시에 투시부가 흐려지지 않을 것

④ 격리식 및 직결식 방독마스크에 있어서는 정화통 · 흡기밸브 · 배기밸브 및 머리끈을 쉽게 교환할 수 있고, 착용자 자신이 스스로 안면과 방독마스크 안면부와의 밀착성 여부를 수시로 확인할 수 있을 것

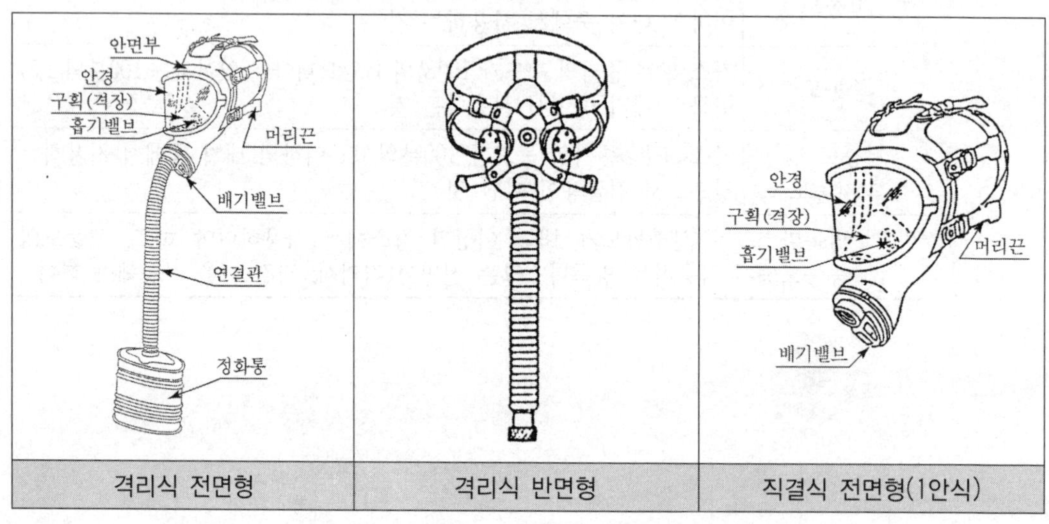

격리식 전면형	격리식 반면형	직결식 전면형(1안식)

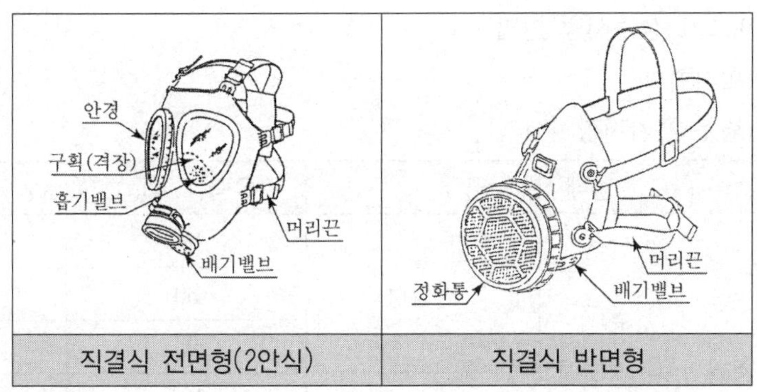

직결식 전면형(2안식) | 직결식 반면형

(5) 방독마스크의 재료조건

① 안면에 밀착하는 부분은 피부에 장해를 주지 않을 것

② 흡착제는 흡착성능이 우수하고 인체에 장해를 주지 않을 것

③ 방독마스크에 사용하는 금속부품은 부식되지 않을 것

④ 방독마스크를 사용할 때 충격을 받을 수 있는 부품은 충격 시에 마찰 스파크가 발생되어 가연성의 가스혼합물을 점화시킬 수 있는 알루미늄, 마그네슘, 티타늄 또는 이의 합금으로 만들지 말 것

(6) 방독마스크 표시사항

안전인증 방독마스크에는 다음 내용을 표시해야 한다.

① 파과곡선도

② 사용시간 기록카드

③ 정화통의 외부측면의 표시색

<table>
<tr><th>종류</th><th>표시 색</th></tr>
<tr><td>유기화합물용 정화통</td><td>갈색</td></tr>
<tr><td>할로겐용 정화통</td><td rowspan="3">회색</td></tr>
<tr><td>황화수소용 정화통</td></tr>
<tr><td>시안화수소용 정화통</td></tr>
<tr><td>아황산용 정화통</td><td>노란색</td></tr>
<tr><td>암모니아용(유기가스) 정화통</td><td>녹색</td></tr>
<tr><td>복합용 및 겸용의 정화통</td><td>• 복합용의 경우 : 해당가스 모두 표시(2층 분리)
• 겸용의 경우 : 백색과 해당가스 모두 표시(2층 분리)</td></tr>
</table>

④ 사용상의 주의사항

(7) 방독마스크 성능시험 방법

① 기밀시험

② 안면부 흡기저항시험

형태 및 등급		유량(ℓ/min)	차압(Pa)
격리식 및 직결식	전면형	160	250 이하
		30	50 이하
		95	150 이하
	반면형	160	200 이하
		30	50 이하
		95	130 이하

③ 안면부 배기저항시험

형 태	유량(ℓ/min)	차압(Pa)
격리식 및 직결식	160	300 이하

7) 송기마스크

(1) 송기마스크의 종류 및 등급

종류	등급		구분
호스 마스크	폐력흡인형		안면부
	송풍기형	전 동	안면부, 페이스실드, 후드
		수 동	안면부
에어라인마스크	일정유량형		안면부, 페이스실드, 후드
	디맨드형		안면부
	압력디맨드형		안면부
복합식 에어라인마스크	디맨드형		안면부
	압력디맨드형		안면부

(2) 송기마스크의 종류에 따른 형상 및 사용범위

종류	등급	형상 및 사용범위
호스 마스크	폐력 흡인형	호스의 끝을 신선한 공기 중에 고정시키고 호스, 안면부를 통하여 착용자가 자신의 폐력으로 공기를 흡입하는 구조로서, 호스는 원칙적으로 안지름 19mm 이상, 길이 10m 이하이어야 한다.
	송풍기형	전동 또는 수동의 송풍기를 신선한 공기 중에 고정시키고 호스, 안면부 등을 통하여 송기하는 구조로서, 송기풍량의 조절을 위한 유량조절장치(수동 송풍기를 사용하는 경우는 공기조절 주머니도 가능) 및 송풍기에는 교환이 가능한 필터를 구비하여야 하며, 안면부를 통해 송기하는 것은 송풍기가 사고로 정지된 경우에도 착용자가 자기 폐력으로 호흡할 수 있는 것이어야 한다.
에어 라인 마스크	일정 유량형	압축 공기관, 고압 공기용기 및 공기압축기 등으로부터 중압호스, 안면부 등을 통하여 압축공기를 착용자에게 송기하는 구조로서, 중간에 송기 풍량을 조절하기 위한 유량조절장치를 갖추고 압축공기 중의 분진, 기름미스트 등을 여과하기 위한 여과장치를 구비한 것이어야 한다.
	디맨드형 및 압력 디맨드형	일정 유량형과 같은 구조로서 공급밸브를 갖추고 착용자의 호흡량에 따라 안면부 내로 송기하는 것이어야 한다.
복합식 에어 라인 마스크	디맨드형 및 압력 디맨드형	보통의 상태에서는 디맨드형 또는 압력디맨드형으로 사용할 수 있으며, 급기의 중단 등 긴급 시 또는 작업상 필요시에는 보유한 고압공기용기에서 급기를 받아 공기호흡기로서 사용할 수 있는 구조로서, 고압공기용기 및 폐지밸브는 KS P 8155(공기 호흡기)의 규정에 의한 것이어야 한다.

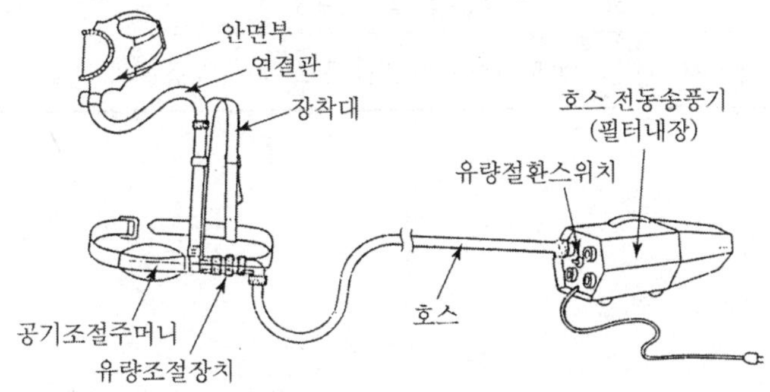

[전동 송풍기형 호스 마스크]

8) 전동식 호흡보호구

(1) 전동식 호흡보호구의 분류

분류	사용구분
전동식 방진마스크	분진 등이 호흡기를 통하여 체내에 유입되는 것을 방지하기 위하여 고효율 여과재를 전동장치에 부착하여 사용하는 것
전동식 방독마스크	유해물질 및 분진 등이 호흡기를 통하여 체내에 유입되는 것을 방지하기 위하여 고효율 정화통 및 여과재를 전동장치에 부착하여 사용하는 것
전동식 후드 및 전동식 보안면	유해물질 및 분진 등이 호흡기를 통하여 체내에 유입되는 것을 방지하기 위하여 고효율 정화통 및 여과재를 전동장치에 부착하여 사용함과 동시에 머리, 안면부, 목, 어깨부분까지 보호하기 위해 사용하는 것

(2) 전동식 방진마스크의 형태 및 구조

형태	구조
전동식 전면형	전동기, 여과재, 호흡호스, 안면부, 흡기밸브, 배기밸브 및 머리끈으로 구성되며 허리 또는 어깨에 부착한 전동기의 구동에 의해 분진 등이 여과된 깨끗한 공기가 호흡호스를 통하여 흡기밸브로 공급하고 호흡에 의한 공기 및 여분의 공기는 배기밸브를 통하여 외기 중으로 배출하게 되는 것으로 안면부 전체를 덮는 구조
전동식 반면형	전동기, 여과재, 호흡호스, 안면부, 흡기밸브, 배기밸브 및 머리끈으로 구성되며 허리 또는 어깨에 부착한 전동기의 구동에 의해 분진 등이 여과된 깨끗한 공기가 호흡호스를 통하여 흡기밸브로 공급하고 호흡에 의한 공기 및 여분의 공기는 배기밸브를 통하여 외기 중으로 배출하게 되는 것으로 코 및 입 부분을 덮는 구조
사용조건	산소농도 18% 이상인 장소에서 사용해야 한다.

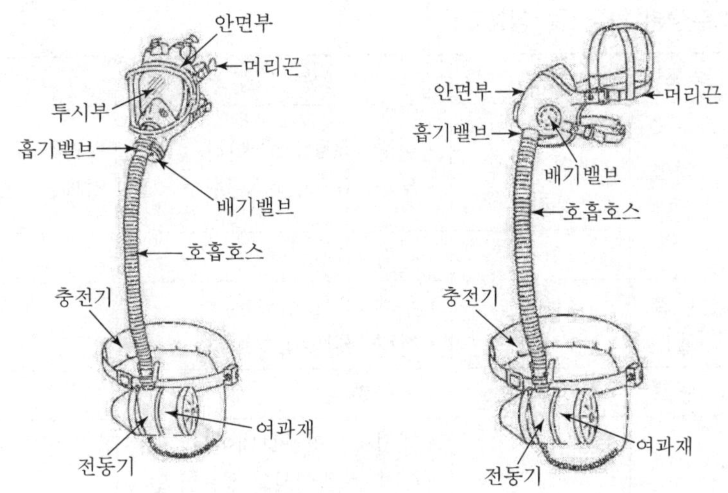

9) 보호복

(1) 방열복의 종류 및 질량

종류	착용 부위	질량(kg)
방열상의	상체	3.0 이하
방열하의	하체	2.0 이하
방열일체복	몸체(상・하체)	4.3 이하
방열장갑	손	0.5 이하
방열두건	머리	2.0 이하

   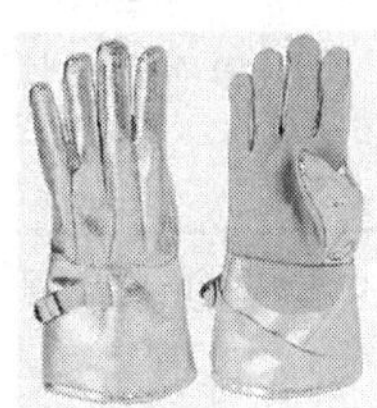 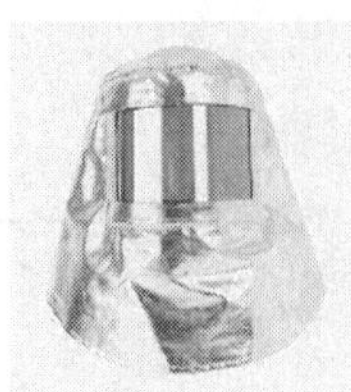

(2) 부품별 용도 및 성능기준

부품별	용도	성능 기준	적용대상
내열 원단	겉감용 및 방열장갑의 등감용	• 질량 : 500g/m^2 이하 • 두께 : 0.70mm 이하	방열상의 · 방열하의 · 방열일체복 · 방열장갑 · 방열두건
	안감	• 질량 : 330g/m^2 이하	〃
내열 펠트	누빔 중간층용	• 두께 : 0.1mm 이하 • 질량 : 300g/m^2 이하	〃
면포	안감용	• 고급면	〃
안면 렌즈	안면 보호용	• 재질 : 폴리카보네이트 또는 이와 동등 이상의 성능이 있는 것에 산화동이나 알루미늄 또는 이와 동등 이상의 것을 증착하거나 도금필름을 접착한 것 • 두께 : 3.0mm 이상	방열두건

10) 안전대

(1) 안전대의 종류

종류	사용구분
벨트식 안전그네식	U자 걸이용
	1개 걸이용
	안전블록
	추락방지대

※ 추락방지대 및 안전블록은 안전그네식에만 적용함

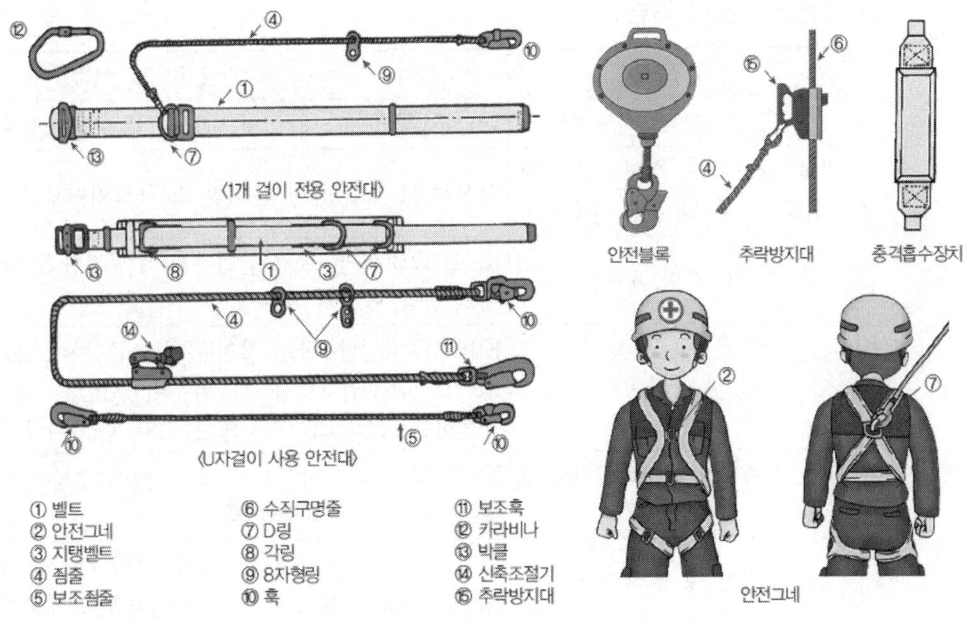

[안전대의 종류 및 부품]

(2) 안전대의 일반구조

① 벨트 또는 지탱벨트에 D링 또는 각 링과의 부착은 벨트 또는 지탱벨트와 같은 재료를 사용하여 견고하게 봉합할 것(U자걸이 안전대에 한함)

② 벨트 또는 안전그네에 버클과의 부착은 벨트 또는 안전그네의 한쪽 끝을 꺾어 돌려 버클을 꺾어 돌린 부분을 봉합사로 견고하게 봉합할 것

③ 죔줄 또는 보조죔줄 및 수직구명줄에 D링과 훅 또는 카라비너(이하 "D링 등"이라 한다.)와의 부착은 죔줄 또는 보조죔줄 및 수직구명줄을 D링 등에 통과시켜 꺾어 돌린 후 그 끝을 3회 이상 얽어매는 방법(풀림방지장치의 일종) 또는 이와 동등 이상의 확실한 방법으로 할 것

④ 지탱벨트 및 죔줄, 수직구명줄 또는 보조죔줄에 심블(Thimble) 등의 마모방지장치가 되어 있을 것

⑤ 죔줄의 모든 금속 구성품은 내식성을 갖거나 부식방지 처리를 할 것

⑥ 벨트의 조임 및 조절 부품은 저절로 풀리거나 열리지 않을 것

⑦ 안전그네는 골반 부분과 어깨에 위치하는 띠를 가져야 하고, 사용자에게 잘 맞게 조절할 수 있을 것

⑧ 안전대에 사용하는 죔줄은 충격흡수장치가 부착될 것. 다만 U자걸이, 추락방지대 및 안전블록에는 해당하지 않는다.

(3) 안전대 부품의 재료

부품	재료
벨트, 안전그네, 지탱벨트	나일론, 폴리에스테르 및 비닐론 등의 합성섬유
죔줄, 보조죔줄, 수직구명줄 및 D링 등 부착부분의 봉합사	합성섬유(로프, 웨빙 등) 및 스틸(와이어로프 등)
링류(D링, 각링, 8자형 링)	KS D 3503(일반구조용 압연강재)에 규정한 SS400 또는 이와 동등 이상의 재료
훅 및 카라비너	KS D 3503(일반구조용 압연강재)에 규정한 SS400 또는 KS D 6763(알루미늄 및 알루미늄합금봉 및 선)에 규정하는 A2017BE-T4 또는 이와 동등 이상의 재료
버클, 신축조절기, 추락방지대 및 안전블록	KS D 3512(냉간 압연강판 및 강재)에 규정하는 SCP1 또는 이와 동등 이상의 재료
신축조절기 및 추락방지대의 누름금속	KS D 3503(일반구조용 압연강재)에 규정한 SS400 또는 KS D 6759(알루미늄 및 알루미늄합금 압출형재)에 규정하는 A2014-T6 또는 이와 동등 이상의 재료
훅, 신축조절기의 스프링	KS D 3509에 규정한 스프링용 스테인리스강선 또는 이와 동등 이상의 재료

11) 차광 및 비산물 위험방지용 보안경

(1) 사용구분에 따른 차광보안경의 종류

종류	사용구분
자외선용	자외선이 발생하는 장소
적외선용	적외선이 발생하는 장소
복합용	자외선 및 적외선이 발생하는 장소
용접용	산소용접작업 등과 같이 자외선, 적외선 및 강렬한 가시광선이 발생하는 장소

(2) 보안경의 종류

① 차광안경 : 고글형, 스펙터클형, 프론트형

② 유리보호안경

③ 플라스틱 보호안경

④ 도수렌즈 보호안경

12) 용접용 보안면

• 용접용 보안면의 형태

형태	구조
헬멧형	안전모나 착용자의 머리에 지지대나 헤드밴드 등을 이용하여 적정위치에 고정, 사용하는 형태(자동용접필터형, 일반용접필터형)
핸드실드형	손에 들고 이용하는 보안면으로 적절한 필터를 장착하여 눈 및 안면을 보호하는 형태

13) 방음용 귀마개 또는 귀덮개

(1) 방음용 귀마개 또는 귀덮개의 종류 · 등급

종류	등급	기호	성능	비고
귀마개	1종	EP-1	저음부터 고음까지 차음하는 것	귀마개의 경우 재사용 여부를 제조특성으로 표기
	2종	EP-2	주로 고음을 차음하고 저음(회화음영역)은 차음하지 않는 것	
귀덮개	-	EM		

[귀덮개의 종류]

(2) 소음의 특징

① A-특성(A-Weighting) : 소음레벨

소음레벨은 $20\log_{10}$(음압의 실효치/기준음압)로 정의되는 값을 말하며 단위는 dB로 표시한다. 단, 기준음압은 정현파 1kHz에서 최소가청음

② C-특성(C-Weighting) : 음압레벨

음압레벨은 $20\log_{10}$(대상이 되는 음압/기준음압)로 정의되는 값을 말함

예상문제 및 해설

산업안전개론

1. 안전보건관리의 조직형태 중 경영자의 지휘와 명령이 위에서 아래로 하나의 계통이 되어 신속히 전달되며 100명 이하의 소규모 기업에 적합한 유형은?

① Staff 조직
② Line 조직
③ Project 조직
④ Line-staff 조직
⑤ Round 조직

해설 Line(직계)형 조직은 안전에 관한 지시나 조치가 신속하고 철저하며, 100명 미만의 소규모 기업에 적합하다.

2. 다음 중 스태프형 안전조직에 있어 스태프의 주된 역할이 아닌 것은?

① 안전관리 계획안의 작성
② 정보수집과 주지, 활용
③ 실시계획의 추진
④ 기업의 제도적 기본방침 시달
⑤ 현장에 대한 기술지원 담당

해설 기업의 제도적 기본방침 시달은 스태프의 주된 역할이 아니다.
스태프(STAFF)형 조직 : 중소규모사업장에 적합한 조직으로서 안전업무를 관장하는 참모(STAFF)를 두고 안전관리에 관한 계획·조정·조사·검토·보고 등의 업무와 현장에 대한 기술지원을 담당하도록 편성된 조직(100~1,000명 이하)

3. 다음 중 안전보건관리규정에 반드시 포함되어야 할 사항으로 볼 수 없는 것은?

① 작업장 보건관리
② 안전·보건 교육
③ 재해코스트 분석방법
④ 사고 조사 및 대책 수립
⑤ 안전·보건 관리조직과 그 직무

해설 안전보건관리규정 작성내용
(1) 안전·보건관리조직과 그 직무에 관한 사항
(2) 안전·보건교육에 관한 사항
(3) 작업장 안전관리에 관한 사항
(4) 작업장 보건관리에 관한 사항
(5) 사고조사 및 대책수립에 관한 사항

 정답 1. ② 2. ④ 3. ③

4. 하인리히 재해코스트 중 직접비로 볼 수 없는 것은?
① 치료비 ② 재해급여
③ 생산손실비 ④ 장의비
⑤ 유족보상비

해설 직접비 : 법령으로 정한 피해자에게 지급되는 산재보험비
1. 휴업보상비 2. 장해보상비 3. 요양보상비 4. 유족보상비 5. 장의비

5. 위험을 제어(Control)하는 방법 중 가장 우선적으로 고려되어야 하는 사항은?
① 개인용 보호장비를 지급하여 사용하게 한다.
② 근본적 위험요소의 제거를 위하여 노력한다.
③ 안전의식 고취를 위한 안전교육을 실시한다.
④ 위험을 줄이기 위하여 보다 개선된 기술과 방법을 도입한다.
⑤ 작업에 따른 주의사항을 알리고 위험표지를 부착한다.

해설 위험을 제어하는 방법 중 가장 우선적으로 고려되어야 할 사항은 근본적 위험요소의 제거를 위해 노력하는 것이다.

6. 산업안전보건법상 산업안전보건위원회의 사용자위원에 해당되지 않는 사람은?
① 안전관리자 ② 당해 사업장 부서의 장
③ 산업보건의 ④ 명예산업안전감독관
⑤ 보건관리자

해설 명예산업안전감독관은 근로자위원에 해당

7. 다음 중 "Near Accident"에 대한 내용으로 가장 적절한 것은?
① 사고가 일어난 인접지역
② 사망사고가 발생한 중대재해
③ 사고가 일어난 지점에 계속 사고가 발생하는 지역
④ 사고가 일어나더라도 손실을 전혀 수반하지 않는 재해
⑤ 사고가 발생하여 신체적 손상을 수반한 재해

해설 아차사고(Near miss, Near accident) : 무 인명상해(인적 피해)·무 재산손실(물적 피해) 사고

4. ③ 5. ② 6. ④ 7. ④ 정답

8. 다음 중 산업안전보건위원회에 관한 설명으로 틀린 것은?

① 안전관리자, 보건관리자는 사용자위원에 해당한다.
② 상시 근로자 100인 이상을 사용하는 사업장에 설치, 운영한다.
③ 회의는 정기회의와 임시회의로 구분하되, 정기회의는 6월마다 위원장이 소집한다.
④ 위원장은 근로자위원과 사용자위원 중 각 1인을 공동위원장으로 선출할 수 있다.
⑤ 명예산업안전감독관이 임명되어 있을 경우, 명예산업안전감독관은 근로자위원에 해당한다.

해설 회의는 정기회의와 임시회의로 구분하되, 정기회의는 분기마다 위원장이 소집하며, 임시회의는 위원장이 필요하다고 인정할 때에 소집한다.

9. 산업안전보건법상 사업 내 안전 · 보건교육에서 근로자 정기 안전 · 보건교육의 교육내용에 해당하지 않는 것은?(단, 그 밖에 안전 · 보건관리에 필요한 사항은 제외한다)

① 산업보건 및 직업병 예방에 관한 사항
② 재해발생 시 응급처치에 관한 사항
③ 보호구 및 안전장치 취급과 사용에 관한 사항
④ 산업재해보상보험 제도에 관한 사항
⑤ 기계 · 기구 또는 설비의 안전 · 보건점검에 관한 사항

해설 기계 · 기구 또는 설비의 안전 · 보건점검에 관한 사항은 관리감독자의 정기교육 내용이다.

10. 버드(Bird)의 재해구성비율에 따를 경우 40명의 경상재해자가 발생하였을 경우 중상의 재해자는 몇 명 정도가 발생하겠는가?

① 1명　　② 2명
③ 4명　　④ 10명
⑤ 20명

해설 버드의 재해구성 비율
중상 또는 폐질 1, 경상(물적 또는 인적상해) 10, 무상해사고(물적 손실) 30, 무상해무사고 고장(위험순간) 600의 비율로 사고가 발생한다.

 정답 8. ③　9. ⑤　10. ③

11. 다음 중 산업안전보건법상 근로자에 대한 일반건강진단의 실시 시기가 올바르게 연결된 것은?

① 사무직에 종사하는 근로자 : 1년에 1회 이상
② 사무직에 종사하는 근로자 : 2년에 1회 이상
③ 사무직 외의 업무에 종사하는 근로자 : 3월에 1회 이상
④ 사무직 외의 업무에 종사하는 근로자 : 6월에 1회 이상
④ 사무직 외의 업무에 종사하는 근로자 : 2년에 1회 이상

해설 산업안전보건법에 의하면 사무업무에 종사하는 근로자에 대하여는 2년에 1회 이상 일반건강진단을 실시하여야 한다.

12. 다음 중 산업안전보건법상 '화학물질 취급장소에서의 유해 · 위험 경고'에 사용되는 안전 · 보건표지의 색도 기준으로 옳은 것은?

① 5Y 8.5/12
② 2.5Y 8/12
③ 7.5PB 2.5/7.5
④ 5G 5.5/6
⑤ N9.5

해설 안전보건표지의 색도기준 및 용도

색채	색도기준	용도	사용례
빨간색	7.5R 4/14	금지	정지신호, 소화설비 및 그 장소, 유해행위의 금지
		경고	화학물질 취급장소에서의 유해 · 위험 경고
노란색	5Y 8.5/12	경고	화학물질 취급장소에서의 유해 · 위험 경고 이외의 위험 경고, 주의표지 또는 기계방호물
파란색	2.5PB 4/10	지시	특정 행위의 지시 및 사실의 고지
녹색	2.5G 4/10	안내	비상구 및 피난소, 사람 또는 차량의 통행표지
흰색	N9.5		파란색 또는 녹색에 대한 보조색
검은색	N0.5		문자 및 빨간색 또는 노란색에 대한 보조색

13. 다음 중 재해의 원인을 설명한 4M의 내용이 잘못 연결된 것은?

① Man : 동료, 상사
② Man : 실수, 불안한 심리
③ Machine : 설비의 고장, 결함
④ Media : 작업정보, 작업환경
⑤ Management : 작업방법, 인간관계

해설 4M 분석기법

1. 인간(Man) : 잘못 사용, 오조작, 착오, 실수, 불안심리
2. 기계(Machine) : 설계 · 제작 착오, 재료 피로 · 열화, 고장, 배치 · 공사 착오

3. 작업매체(Media) : 작업정보 부족 · 부적절, 협조 미흡, 작업환경 불량, 불안전한 접촉
4. 관리(Management) : 안전조직 미비, 교육 · 훈련 부족, 오판단, 계획 불량, 잘못된 지시

14. 산업안전보건법상 사업 내 안전보건 · 교육 중 근로자 정기 안전 · 보건교육의 교육 내용에 해당되지 않는 것은?

① 산업보건 및 직업병 예방에 관한 사항
② 건강증진 및 질병 예방에 관한 사항
③ 유해 · 위험 작업환경 관리에 관한 사항
④ 표준안전작업방법 및 지도 요령에 관한 사항
⑤ 산업안전 및 사고 예방에 관한 사항

해설 표준안전작업방법 및 지도 요령에 관한 사항은 관리감독자 정기안전 · 보건교육 내용이다.

[근로자 정기안전 · 보건교육]
1. 산업안전 및 사고 예방에 관한 사항
2. 산업보건 및 직업병 예방에 관한 사항
3. 건강증진 및 질병 예방에 관한 사항
4. 유해 · 위험 작업환경 관리에 관한 사항
5. 「산업안전보건법」 및 일반관리에 관한 사항

15. 다음 중 산업안전보건법상 중대재해(Major Accident)에 해당되지 않는 것은?

① 3개월 이상의 요양을 요하는 부상자가 동시에 2명 이상 발생한 재해
② 직업성 질병자가 동시에 5명 이상 발생한 재해
③ 부상자가 동시에 10명 이상 발생한 재해
④ 사망자가 1명 이상 발생한 재해
⑤ 사망 등 재해 정도가 심한 것으로서 고용노동부령으로 정하는 재해

해설 중대재해
사망자가 1명 이상 발생한 재해, 3개월 이상의 요양을 요하는 부상자가 동시에 2명 이상 발생한 재해, 부상자 또는 직업성 질병자가 동시에 10명 이상 발생한 재해를 말한다.

16. 하인리히의 사고예방대책 기본원리 5단계에서 제1단계에서 실시하는 내용과 가장 거리가 먼 것은?

① 안전관리규정의 작성
② 문제점의 발견
③ 책임과 권한의 부여
④ 안전관리조직의 편성
⑤ 안전목표 설정

 정답 14. ④ 15. ② 16. ②

해설 사고예방원리(하인리히) 1단계 : 조직
1. 경영층의 안전목표 설정
2. 안전관리 조직(안전관리자 선임 등)
3. 안전활동 및 계획수립

17. 다음 중 산업안전보건법상 금지표지의 종류에 해당하지 않는 것은?
① 금연
② 출입금지
③ 차량통행금지
④ 적재금지
⑤ 보행금지

해설 적재금지는 안전·보건 표지의 종류가 아님

18. 작업자가 보행 중 바닥에 미끄러지면서 상자에 머리를 부딪쳐 머리에 상해를 입었다면 이때 기인물에 해당하는 것은?
① 바닥
② 상자
③ 전도
④ 머리
⑤ 보행

해설 기인물 : 바닥, 가해물 : 상자, 발생형태 : 미끄러짐(전도)

19. 다음 중 재해사례연구의 순서를 올바르게 나열한 것은?
① 재해상황 파악 → 문제점 발견 → 사실 확인 → 근본 문제점 결정 → 대책 수립
② 문제점 발견 → 재해상황 파악 → 사실 확인 → 근본 문제점 결정 → 대책 수립
③ 재해상황 파악 → 사실 확인 → 문제점 발견 → 근본 문제점 결정 → 대책 수립
④ 문제점 발견 → 재해상황 파악 → 대책수립 → 근본 문제점 결정 → 사실 확인
⑤ 재해상황 파악 → 문제점 발견 → 사실 확인 → 근본 문제점 결정 → 대책 수립

해설 재해사례연구 단계 : 재해상황의 파악 - 사실 확인(1단계) - 문제점 발견(2단계) - 근본문제점 결정(3단계) - 대책 수립(4단계)

20. 다음 중 재해조사 시 유의사항에 관한 설명으로 틀린 것은?
① 사실을 있는 그대로 수집한다.
② 공정성을 도모하기 위하여 재해조사는 2인 이상이 실시한다.

17. ④ 18. ① 19. ③ 20. ③ 정답

③ 기계설비에 관한 재해요인만 직접적으로 도출한다.
④ 목격자의 증언 등 사실 이외의 추측의 말은 참고로만 한다.
⑤ 책임추궁보다는 재발방지를 우선으로 한다.

해설 재해조사 시 유의사항
1. 사실을 수집한다.
2. 객관적인 입장에서 공정하게 조사하며 조사는 2인 이상이 한다.
3. 책임추궁보다는 재발방지를 우선으로 한다.
4. 조사는 신속하게 행하고 긴급 조치하여 2차 재해의 방지를 도모한다.
5. 피해자에 대한 구급조치를 우선한다.
6. 사람, 기계 설비 등의 재해요인을 모두 도출한다.

21. 재해분석도구 가운데 재해발생의 유형을 어골상으로 분류하여 분석하는 것은?
① 파레토도 ② 특성요인도
③ 관리도 ④ 클로즈분석
⑤ 간트차트

해설 특성요인도 : 특성과 요인관계를 도표로 하여 어골상으로 세분화한 분석법

22. 다음 중 산업안전보건법상 안전관리자의 업무가 아닌 것은?
① 사업장 순회점검 · 지도 및 조치의 건의
② 해당 사업장 안전교육계획의 수립 및 실시
③ 산업재해발생의 원인 조사 및 재발방지를 위한 기술적 지도 · 조언
④ 해당 작업의 작업장 정리 · 정돈 및 통로 확보에 대한 확인 · 감독
⑤ 안전인증대상 기계 · 기구 등 구입 시 적격품의 선정

해설 안전관리자의 업무
1. 산업안전보건위원회 또는 안전 · 보건에 관한 노사협의체에서 심의 · 의결한 직무와 해당 사업장의 안전보건관리규정 및 취업규칙에서 정한 직무
2. 안전인증대상 기계 · 기구 등과 자율안전확인대상 기계 · 기구 등 구입 시 적격품의 선정
3. 해당 사업장 안전교육계획의 수립 및 실시
4. 사업장 순회점검 · 지도 및 조치의 건의
5. 산업재해발생의 원인조사 및 재발방지를 위한 기술적 지도 · 조언
6. 산업재해에 관한 통계의 유지 · 관리를 위한 지도 · 조언(안전분야로 한정한다)
7. 법 또는 법에 따른 명령이나 안전보건관리규정 및 취업규칙 중 안전에 관한 사항을 위반한 근로자에 대한 조치의 건의
8. 업무수행내용의 기록유지

 정답 21. ② 22. ④

23. 다음 중 산업안전보건법상 사업 내 안전 · 보건교육에 있어 관리감독자 정기안전 · 보건교육의 교육내용이 아닌 것은?

① 작업 개시 전 점검에 관한 사항
② 유해 · 위험 작업환경 관리에 관한 사항
③ 표준안전작업방법 및 지도 요령에 관한 사항
④ 작업공정의 유해 · 위험과 재해 예방대책에 관한 사항
⑤ 산업보건 및 직업병 예방에 관한 사항

해설 관리감독자 정기 안전 · 보건교육

1. 작업공정의 유해 · 위험과 재해 예방대책에 관한 사항
2. 표준안전작업방법 및 지도 요령에 관한 사항
3. 관리감독자의 역할과 임무에 관한 사항
4. 산업보건 및 직업병 예방에 관한 사항
5. 유해 · 위험 작업환경 관리에 관한 사항
6. 「산업안전보건법」 및 일반관리에 관한 사항

24. 다음 [그림]과 같은 안전관리 조직의 특징으로 잘못된 것은?

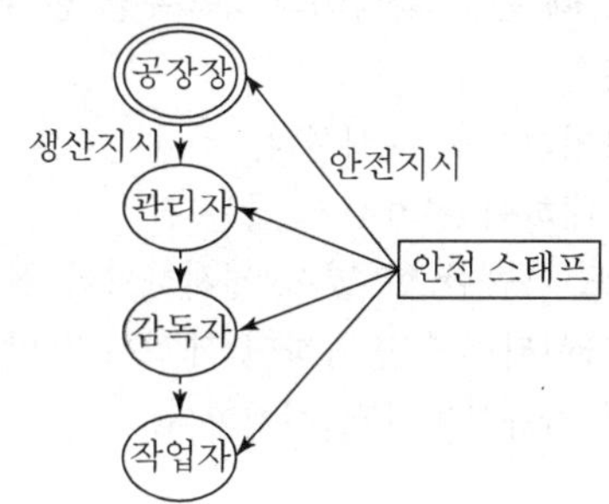

① 1,000명 이상의 대규모 사업장에 적합하다.
② 생산부문은 안전에 대한 책임과 권한이 없다.
③ 사업장의 특수성에 적합한 기술연구를 전문적으로 할 수 있다.
④ 권한다툼이나 조정 때문에 통제수속이 복잡해지며 시간과 노력이 소모된다.
⑤ 지휘와 명령의 통일성을 유지하기 어렵다.

해설 스태프 조직

중소규모사업장에 적합한 조직으로서 안전업무를 관장하는 참모(STAFF)를 두고 안전관리에 관한 계획 조정 · 조사 · 검토 · 보고 등의 업무와 현장에 대한 기술지원을 담당하도록 편성된 조직

25. 산업안전보건법상 안전 · 보건표지에 있어 경고표지의 종류 중 기본모형이 다른 것은?

① 매달린 물체경고 ② 폭발성 물질경고
③ 고압전기 경고 ④ 방사선 물질경고
⑤ 레이저광선 경고

해설 폭발성물질경고 : 마름모형태

26. 아담스(Edward Adams)의 사고연쇄반응이론 5단계에서 불안전행동 및 불안전상태는 어느 단계에 해당되는가?

① 제1단계 : 관리구조 ② 제2단계 : 작전적 에러
③ 제3단계 : 전술적 에러 ④ 제4단계 : 사고
⑤ 제5단계 : 상해, 손해

해설 불안전행동이나 불안전상태는 전술적 에러에 해당된다.

27. 위험예지훈련을 실시할 때 현상 파악이나 대책수립 단계에서 시행하는 BS(Brain storming) 원칙에 어긋나는 것은?

① 자유롭게 본인의 아이디어를 제시한다.
② 타인의 아이디어에 대하여 평가하지 않는다.
③ 사소한 아이디어라도 가능한 한 많이 제시하도록 한다.
④ 기존 또는 타인의 아이디어를 변형하여 제시하지 않는다.
⑤ 틀에 구애받지 않고 자유분방하게 진행한다.

해설 브레인 스토밍

1. 비판금지 : "좋다, 나쁘다" 등의 비평을 하지 않는다.
2. 자유분방 : 자유로운 분위기에서 발표한다.
3. 대량발언 : 무엇이든지 좋으니 많이 발언한다.
4. 수정발언 : 자유자재로 변하는 아이디어를 개발한다.(타인 의견의 수정발언)

28. 다음 중 산업안전보건법상 안전검사 대상 유해 · 위험 기계에 해당하지 않는 것은?

① 프레스 ② 압력용기
③ 곤돌라 ④ 지게차
⑤ 리프트

 정답 25. ② 26. ③ 27. ④ 28. ④

해설 안전검사 대상 유해 · 위험기계 등(산업안전보건법 시행령 제28조의6)

1. 프레스
2. 전단기
3. 크레인(2톤 이상)
4. 리프트
5. 압력용기
6. 곤돌라 등 12종

29. 다음 중 산업안전보건법상 사업 내 안전 · 보건교육의 교육대상별 교육내용에 있어 관리감독자 정기 안전 · 보건교육에 해당하는 것은?

① 산업보건 및 직업병 예방에 관한 사항
② 건강증진 및 질병 예방에 관한 사항
③ 작업 개시 전 점검에 관한 사항
④ 사고 발생 시 긴급조치에 관한 사항
⑤ 산업재해보상보험 제도에 관한 사항

해설 관리감독자 정기 안전 · 보건교육

1. 작업공정의 유해 · 위험과 재해 예방대책에 관한 사항
2. 표준안전작업방법 및 지도 요령에 관한 사항
3. 관리감독자의 역할과 임무에 관한 사항
4. 산업보건 및 직업병 예방에 관한 사항
5. 유해 · 위험 작업환경 관리에 관한 사항
6. 「산업안전보건법」 및 일반관리에 관한 사항

30. 하인리히의 재해발생 이론은 다음과 같이 표현할 수 있다. 이때 α가 의미하는 것으로 가장 적절한 것은?

재해의 발생 = 물적 불안전상태 + 인적 불안전행동 + α = 설비적 결함 + 관리적 결함 + α

① 노출된 위험의 상태
② 재해의 직접원인
③ 재해의 간접원인
④ 잠재된 위험의 상태
⑤ 심리적 결함

해설 하인리히의 도미노 이론에 의하면 α는 잠재된 위험의 상태를 의미하는 것이라 볼 수 있다.

31. 다음 중 Line형 안전관리 조직의 특징으로 옳은 것은?

① 경영자의 자문역할을 한다.
② 안전에 관한 기술의 축적이 용이하다.
③ 안전에 관한 지시나 조치가 신속하고, 철저하다.
④ 안전에 관한 응급조치, 통제수단이 복잡하다.
⑤ 100명 이상의 중규모 조직에 적합하다.

해설 line(직계)형 조직은 안전에 관한 지시나 조치가 신속하고 철저하며, 100명 미만의 소규모 기업에 적합하다.

32. 기계나 기구 또는 설비를 신설 및 변경하거나 고장에 의한 수리 등을 할 경우에 행하는 부정기적 점검을 말하며, 일정 규모 이상의 강풍 · 폭우 · 지진 등의 기상이변이 있은 후에도 실시하는 점검을 무엇이라 하는가?

① 일상점검 ② 정기점검
③ 특별점검 ④ 수시점검
⑤ 기능점검

해설 특별점검은 기계 기구의 신설 및 변경 시 고장, 수리 등에 의해 부정기적으로 실시하는 점검으로 안전강조기간 등에 실시하는 점검을 말한다.

33. 작업현장에서 그때 그 장소의 상황에 즉시 즉응하여 실시하는 위험예지활동을 무엇이라고 하는가?

① 시나리오 역할연기훈련 ② 자문자답 위험예지훈련
③ TBM 위험예지훈련 ④ 1인 위험예지훈련
⑤ 삼각 위험예지훈련

해설 TBM(Tool Box Meeting)
개업개시 전, 종료 후 같은 작업원 5~6명이 리더를 중심으로 둘러앉아(또는 서서) 3~5분에 걸쳐 작업 중 발생할 수 있는 위험을 예측하고 사전에 점검하여 대책을 수립하는 등 단시간 내에 의논하는 문제해결 기법

※ TBM 실시요령
1. 작업시작 전, 중식 후, 작업종료 후 짧은 시간을 활용하여 실시
2. 때와 장소에 구애됨이 없이 같은 작업원끼리 5~7인 정도가 모여서 공구나 기계 앞에서 행한다.
3. 일방적인 명령이나 지시가 아니라 잠재위험에 대해 같이 생각하고 해결
4. TBM의 특징은 모두가 "이렇게 하자" "이렇게 한다"라고 합의하고 실행

 정답 31. ③ 32. ③ 33. ③

34. 다음 중 재해예방 4원칙에 관한 설명으로 틀린 것은?
① 재해의 발생에는 반드시 원인이 존재한다.
② 재해의 발생과 손실의 발생은 우연적이다.
③ 재해예방을 위한 가능한 안전대책은 반드시 존재한다.
④ 재해는 원인 제거가 불가능하므로 예방만이 최우선이다.
⑤ 재해의 원인 제거가 가능하다면 재해 예방이 가능하다.

해설 재해예방의 4원칙
1. 손실우연의 원칙 : 재해손실은 사고발생 시 사고대상의 조건에 따라 달라지므로 한 사고의 결과로서 생긴 재해손실은 우연성에 의해서 결정
2. 원인연계의 원칙 : 재해발생은 반드시 원인이 있음
3. 예방가능의 원칙 : 재해는 원칙적으로 원인만 제거하면 예방이 가능
4. 대책 선정의 원칙 : 재해예방을 위한 가능한 안전대책은 반드시 존재

35. 다음 중 재해발생 시 긴급처리의 조치순서로 가장 적절한 것은?
① 기계정지 – 현장보존 – 피해자 구조 – 관계자 통보
② 현장보존 – 관계자통보 – 기계정지 – 피해자 구조
③ 피해자 구조 – 현장보존 – 기계정지 – 관계자 통보
④ 기계정지 – 피해자 구조 – 관계자 통보 – 현장보존
⑤ 관계자 통보 – 피해자 구조 – 기계정지 – 현장보존

해설 재해발생 시의 조치사항
1. 긴급처리
 1) 피재기계의 정지 및 피해확산 방지
 2) 피재자의 응급조치
 3) 관계자에게 통보
 4) 2차 재해방지
 5) 현장보존
2. 재해조사
3. 원인강구 : 원인분석(사람, 물체, 관리)
4. 대책수립
5. 대책실시계획
6. 실시
7. 평가

36. 다음 중 하인리히의 재해손실비 계산에 있어 간접손실비 항목에 속하지 않는 것은?
① 부상자의 시간 손실
② 기계, 공구, 재료, 그 밖의 재산 손실
③ 근로자의 제3자에게 신체적 상해를 입혔을 때의 손실
④ 관리감독자가 재해의 원인조사를 하는 데 따른 시간 손실
⑤ 재해 목격자의 근로의욕 저하에 따른 생산손실

34. ④ 35. ④ 36. ③ 정답

해설 근로자의 제3자에게 신체적 상해를 입혔을 때의 손실은 직접 손실비이다.

[재해코스트]
1. 직접비 : 법령으로 정한 산재 보상비
 1) 휴업 보상비 2) 장해보상비
 3) 요양 보상비 4) 장의비
 5) 유족 보상비 6) 상병보상연금 등
2. 간접비 : 직접비 이외의 손실비
 1) 인적손실 : 본인 및 제 3자에 관한 것을 포함한 시간손실
 2) 물적손실 : 기계, 공구, 재료, 시설의 복구에 소비된 시간손실 및 재산손실
 3) 생산손실 : 생산감소, 생산중단, 판매감소 등에 의한 손실

37. 산업안전보건법에 따른 안전 · 보건표지의 제작에 있어 안전 · 보건표지 속의 그림 또는 부호의 크기는 안전 · 보건표지의 크기와 비례하여야 하며, 안전 · 보건표지 전체 규격의 몇 % 이상이 되어야 하는가?

① 10% ② 20%
③ 30% ④ 40%
⑤ 50%

해설 안전보건표지 속의 그림 또는 부호의 크기(시행규칙 제9조 제3항)
안전보건표지의 크기와 비례하여야 하며, 안전보건표지 전체 규격의 30% 이상이 되어야 한다.

38. 산업안전보건법상 사업장에서 보존하는 서류 중 2년간 보존해야 하는 서류에 해당하는 것은?(단, 고용노동부장관이 필요하다고 인정하는 경우는 제외한다)

① 건강진단에 관한 서류
② 노사협의체의 회의록
③ 작업환경측정에 관한 서류
④ 안전관리자, 보건관리자의 선임에 관한 서류
⑤ 산업재해 발생기록

해설 산업재해 발생기록, 건강진단에 관한 서류, 작업환경측정에 관한 서류, 안전관리자 · 보건관리자 선임에 관한 서류는 3년, 노사협의체 회의록은 2년간 보존하여야 한다.

 정답 37. ③ 38. ②

39. 다음 중 통계에 의한 재해원인 분석방법으로 볼 수 없는 것은?

① 파레토도　　② 위험분포도
③ 특성요인도　　④ 클로즈분석
⑤ 관리도

해설 통계에 의한 재해분석방법

1. 파레토도　　2. 특성요인도
3. 클로즈(close)분석　　4. 관리도

40. A사업장에서 58건의 경상해가 발생하였다면 하인리히의 재해구성비율을 적용할 때 이 사업장의 재해구성비율을 올바르게 나열한 것은?

① 2 : 58 : 600　　② 3 : 58 : 660
③ 6 : 58 : 330　　④ 10 : 58 : 600
⑤ 15 : 58 : 300

해설 하인리히의 재해구성비율

사망 및 중상 : 경상 : 무상해사고=1 : 29 : 300이므로 2배씩 곱하면 2 : 58 : 600이 된다.

41. 안전 조직 중 직계–참모(Line–Staff)형 조직에 관한 설명으로 옳은 것은?

① 안전스태프는 안전에 관한 기획 · 입안 · 조사 · 검토 및 연구를 행한다.
② 500인 미만의 중규모 사업장에 적합하다.
③ 명령과 보고가 상하관계뿐이므로 간단명료하다.
④ 생산부문은 안전에 대한 책임과 권한이 없다.
⑤ 권한다툼이나 조정 때문에 통제수속이 복잡해지며 시간과 노력이 소모된다.

해설 라인 · 스태프(LINE–STAFF)형 조직(직계참모조직)

대규모사업장에 적합한 조직으로서 라인형과 스태프형의 장점만을 채택한 형태이며 안전업무를 전담하는 스태프를 두고 생산라인의 각 계층에서도 각 부서장으로 하여금 안전업무를 수행케 하여 스태프에서 안전에 관한 사항이 결정되면 라인을 통하여 실천하도록 편성된 조직

42. 재해발생 시의 조치순서 중 재해조사 단계에서 실시하는 내용으로 옳은 것은?

① 현장보존　　② 관계자에게 통보
③ 잠재위험요인의 색출　　④ 피재자의 응급조치
⑤ 피재기계의 정지

39. ②　40. ①　41. ①　42. ③ 정답

해설 재해발생 시의 조치사항

1. 긴급처리
   1) 피재기계의 정지 및 피해확산 방지
   2) 피재자의 응급조치
   3) 관계자에게 통보
   4) 2차 재해방지
   5) 현장보존
2. 재해조사(잠재위험요인의 색출)
3. 원인강구 : 원인분석(사람, 물체, 관리)
4. 대책수립
5. 대책실시계획
6. 실시
7. 평가

43. 산업안전보건법에 따라 안전관리자를 정수 이상으로 증원하거나 교체하여 임명할 것을 명할 수 있는 경우가 아닌 것은?

① 중대재해가 연간 5건 발생할 경우
② 안전관리자가 질병으로 인하여 3개월 동안 직무를 수행할 수 없게 된 경우
③ 안전관리자가 질병 외의 사유로 인하여 6개월 동안 직무를 수행할 수 없게 된 경우
④ 해당 사업장의 연간재해율이 전체 평균재해율 이상인 경우
⑤ 화학적 인자로 인한 직업성 질병자가 연간 3명 이상 발생한 경우

해설 안전관리자 등의 증원 · 교체임명 명령

1. 해당 사업장의 연간재해율이 같은 업종의 평균재해율의 2배 이상인 경우
2. 중대재해가 연간 3건 이상 발생한 경우
3. 관리자가 질병이나 그 밖의 사유로 3개월 이상 직무를 수행할 수 없게 된 경우
4. 화학적 인자로 인한 직업성 질병자가 연간 3명 이상 발생한 경우. 이 경우 직업성 질병자 발생일은 「산업안전보건법 시행규칙」에 따른 요양급여의 결정일로 한다.

44. AE형 또는 ABE형 안전모에 있어 내전압성이란 얼마 이하의 전압에 견디는 것을 말하는가?

① 750V
② 1,000V
③ 3,000V
④ 5,000V
⑤ 7,000V

해설 내전압성이란 7,000V 이하의 전압에 견디는 것을 말한다.

 정답 43. ④ 44. ⑤

45. 다음 중 산업안전보건법상 안전 · 보건표지의 색채와 색도기준이 잘못 연결된 것은?(단, 색도기준은 KS에 따른 색의 3속성에 의한 표시방법에 따른다)

① 빨간색 - 7.5R 4/14
② 노란색 - 5Y 8.5/12
③ 파란색 - 2.5PB 4/10
④ 흰색 - N0.5
⑤ 녹색 - 2.5G 4/10

해설 안전보건표지의 색도기준 및 용도

색채	색도기준	용도	사용례
빨간색	7.5R 4/14	금지	정지신호, 소화설비 및 그 장소, 유해행위의 금지
		경고	화학물질 취급장소에서의 유해 · 위험 경고
노란색	5Y 8.5/12	경고	화학물질 취급장소에서의 유해 · 위험 경고, 이외의 위험 경고, 주의표지 또는 기계방호물
파란색	2.5PB 4/10	지시	특정 행위의 지시 및 사실의 고지
녹색	2.5G 4/10	안내	비상구 및 피난소, 사람 또는 차량의 통행표지
흰색	N9.5		파란색 또는 녹색에 대한 보조색
검은색	N0.5		문자 및 빨간색 또는 노란색에 대한 보조색

46. 다음 중 산업안전보건법상 안전검사 대상 유해 · 위험 기계에 해당하지 않는 것은?

① 곤돌라
② 압력용기
③ 리프트
④ 아크용접기
⑤ 프레스

해설 안전검사 대상 유해 · 위험기계 등

1. 프레스
2. 전단기
3. 크레인(2톤 이상)
4. 리프트
5. 압력용기
6. 곤돌라 등 12종

47. 산업재해의 원인으로 간접적 원인에 해당되지 않는 것은?

① 기술적 원인
② 물적 원인
③ 관리적 원인
④ 교육적 원인
⑤ 정신적 원인

해설 산업재해의 간접원인 : 기술적 원인, 관리적 원인, 교육적 원인, 정신적 원인, 신체적 원인

48. 다음 중 산업재해통계에 있어서 고려해야 될 사항으로 틀린 것은?

① 산업재해통계는 안전 활동을 추진하기 위한 정밀자료이며 중요한 안전활동 수단이다.
② 산업재해통계를 기반으로 안전조건이나 상태를 추측해서는 안 된다.
③ 산업재해통계 그 자체보다는 재해통계에 나타난 경향과 성질의 활용을 중요시해야 된다.
④ 이용 및 활용가치가 없는 산업재해통계는 그 작성에 따른 시간과 경비의 낭비임을 인지하여야 한다.
⑤ 재해통계는 구체적으로 표시되고 그 내용은 용이하게 이해될 수 있어야 한다.

해설 산업재해통계는 안전활동을 추진하기 위한 정밀자료이기보다는 기초자료로 활용되어야 한다.

재해통계 작성 시 유의점

1. 활용목적을 수행할 수 있도록 충분한 내용이 포함되어야 한다.
2. 재해통계는 구체적으로 표시되고 그 내용은 용이하게 이해되며 이용할 수 있을 것
3. 재해통계는 항목내용 등 재해요소가 정확히 파악될 수 있도록 예방대책이 수립될 것
4. 재해통계는 정량적으로 정확하게 수치적으로 표시되어야 한다.

49. 다음 중 안전인증대상 안전모의 성능기준 항목이 아닌 것은?

① 내열성 ② 턱끈 풀림
③ 내관통성 ④ 충격흡수성
⑤ 내수성

해설 안전모의 성능시험 항목
내관통성시험, 내전압성시험, 내수성시험, 난연성시험, 충격흡수성시험, 턱끈 풀림

50. 산업안전보건법상 산업안전보건위원회의 사용자위원에 해당되지 않는 사람은?(단, 해당위원이 사업장에 선임되어 있는 경우에 한한다.)

① 안전관리자 ② 보건관리자
③ 산업보건의 ④ 명예산업안전감독관
⑤ 부서의 장

해설 명예산업안전감독관은 근로자위원에 해당한다.

 정답 48. ① 49. ① 50. ④

51. 산업안전보건법상 사업 내 안전 · 보건교육의 교육시간에 관한 설명으로 옳은 것은?

① 사무직에 종사하는 근로자의 정기교육은 매분기 3시간 이상이다.
② 관리감독자의 지위에 있는 사람의 정기교육은 연간 8시간 이상이다.
③ 일용근로자의 작업내용 변경 시의 교육은 2시간 이상이다.
④ 일용근로자를 제외한 근로자의 채용 시의 교육은 4시간 이상이다.
⑤ 일용근로자 채용 시 교육은 4시간 이상이다.

해설 산업안전 · 보건 관련 교육과정별 교육시간

<table>
<tr><th>교육과정</th><th colspan="2">교육대상</th><th>교육시간</th></tr>
<tr><td rowspan="4">가. 정기교육</td><td colspan="2">사무직 종사 근로자</td><td>매분기 3시간 이상</td></tr>
<tr><td rowspan="2">사무직 종사 근로자 외의 근로자</td><td>판매업무에 직접 종사하는 근로자</td><td>매분기 3시간 이상</td></tr>
<tr><td>판매업무에 직접 종사하는 근로자 외의 근로자</td><td>매분기 6시간 이상</td></tr>
<tr><td colspan="2">관리감독자의 지위에 있는 사람</td><td>연간 16시간 이상</td></tr>
<tr><td rowspan="2">나. 채용 시의 교육</td><td colspan="2">일용근로자</td><td>1시간 이상</td></tr>
<tr><td colspan="2">일용근로자를 제외한 근로자</td><td>8시간 이상</td></tr>
<tr><td rowspan="2">다. 작업내용 변경 시의 교육</td><td colspan="2">일용근로자</td><td>1시간 이상</td></tr>
<tr><td colspan="2">일용근로자를 제외한 근로자</td><td>2시간 이상</td></tr>
<tr><td rowspan="2">라. 특별교육</td><td colspan="2">별표 8의2 제1호라목 각 호의 어느 하나에 해당하는 작업에 종사하는 일용근로자</td><td>2시간 이상</td></tr>
<tr><td colspan="2">별표 8의2 제1호라목 각 호의 어느 하나에 해당하는 작업에 종사하는 일용근로자를 제외한 근로자</td><td>-16시간 이상(최초 작업에 종사하기 전 4시간 이상 실시하고 12시간은 3개월 이내에서 분할하여 실시가능)
-단기간 작업 또는 간헐적 작업인 경우에는 2시간 이상</td></tr>
<tr><td>마. 건설업 기초안전 · 보건교육</td><td colspan="2">건설 일용근로자</td><td>4시간</td></tr>
</table>

52. 다음 중 정기점검에 관한 설명으로 가장 적합한 것은?

① 안전강조기간, 방화점검기간에 실시하는 점검
② 사고 발생 이후 곧바로 외부 전문가에 의하여 실시하는 점검
③ 작업자에 의해 매일 작업 전 · 중 · 후에 해당 작업설비에 대하여 수시로 실시하는 점검
④ 기계, 기구, 시설 등에 대하여 주, 월 또는 분기 등 지정된 날짜에 실시하는 점검
⑤ 기계 이상발견 후 즉시 실시하는 점검

51. ① 52. ④ 정답

해설 안전점검의 종류

(1) 일상점검(수시점검) : 작업 전 · 중 · 후 수시로 점검하는 점검
(2) 정기점검 : 정해진 기간에 정기적으로 실시하는 점검
(3) 특별점검 : 기계 · 기구의 신설 및 변경 시 고장, 수리 등에 의해 부정기적으로 실시하는 점검으로 안전강조기간 등에 실시하는 점검
(4) 임시점검 : 이상 발견 시 또는 재해 발생 시 임시로 실시하는 점검

53. 산업안전보건법상 안전 · 보건표지에 있어 경고표지의 종류 중 기본모형이 다른 것은?

① 몸균형 상실 경고
② 부식성 물질 경고
③ 레이저광선 경고
④ 낙하물 경고
⑤ 방사선 물질 경고

해설 ② 폭발성 물질경고 : 마름모 형태
①, ③, ④, ⑤ : 삼각형 형태

54. 다음 중 산업재해의 발생 원인에 있어 간접적 원인에 해당되지 않는 것은?

① 물적 원인
② 기술적 원인
③ 정신적 원인
④ 교육적 원인
⑤ 관리적 원인

해설 물적 원인은 직접적인 원인이다.

55. 다음 중 방독마스크의 종류와 시험가스가 잘못 연결된 것은?

① 할로겐용 : 수소가스(H_2)
② 암모니아용 : 암모니아가스(NH_3)
③ 유기화합물용 : 시클로헥산(C_6H_{12})
④ 시안화수소용 : 시안화수소가스(HCN)
⑤ 아황산용 : 아황산가스(SO_2)

해설 방독마스크의 종류 및 시험가스

종류	시험가스
유기화합물용	시클로헥산(C_6H_{12})
할로겐용	염소가스 또는 증기(Cl_2)
황화수소용	황화수소가스(H_2S)
시안화수소용	시안화수소가스(HCN)
아황산용	아황산가스(SO_2)
암모니아용	암모니아가스(NH_3)

 정답 53. ② 54. ① 55. ①

56. 다음 중 하인리히의 재해 손실비용 산정에 있어서 1 : 4의 비율은 각각 무엇을 의미하는가?

① 치료비의 보상비의 비율 ② 급료와 손해보상의 비율
③ 직접 손실비와 간접 손실비의 비율 ④ 보험지급비와 비보험손실비의 비율
⑤ 간접비용과 총 재해비용의 비율

해설 하인리히 방식
총 재해코스트 = 직접비 + 간접비
직접비 : 간접비 = 1 : 4이다.

57. 산업안전보건법령상 안전인증 절연장갑에 안전인증 표시 외에 추가로 표시하여야 하는 내용 중 등급별 색상의 연결이 옳은 것은?

① 00등급 : 갈색 ② 0등급 : 흰색
③ 1등급 : 노란색 ④ 2등급 : 빨간색
⑤ 3등급 : 파란색

해설 절연장갑의 등급 및 색상

등급	최대사용전압		비고
	교류(V, 실효값)	직류(V)	
00	500	750	갈색
0	1,000	1,500	빨간색
1	7,500	11,250	흰색
2	17,000	25,500	노란색
3	26,500	39,750	녹색
4	36,000	54,000	등색

58. 다음 중 산업안전보건법령상 안전인증대상 기계·기구 및 설비, 방호장치에 해당하지 않는 것은?

① 롤러기
② 압력용기
③ 동력식 수동대패용 칼날 접촉 방지장치
④ 방폭구조(防爆構造) 전기기계·기구 및 부품
⑤ 곤돌라

해설 동력식 수동대패용 칼날 접촉 방지장치는 자율안전확인대상 기계·기구의 방호장치이다.

59. 다음 중 산업안전보건법령상 안전 · 보건표지의 색채와 사용사례가 잘못 연결된 것은?

① 노란색 – 정지신호, 소화설비 및 그 장소

② 파란색 – 특정 행위의 지시 및 사실의 고지

③ 빨간색 – 화학물질 취급 장소에서의 위해 · 위험 경고

④ 녹색 – 비상구 및 피난소, 사람 또는 차량의 통행표지

⑤ 검은색- 문자 및 빨간색 또는 노란색에 대한 보조색

해설 안전보건표지의 색도기준 및 용도

색채	색도기준	용도	사용예
빨간색	7.5R 4/14	금지	정지신호, 소화설비 및 그 장소, 유해행위의 금지
		경고	화학물질 취급장소에서의 유해 · 위험 경고
노란색	5Y 8.5/12	경고	화학물질 취급장소에서의 유해 · 위험 경고, 이외의 위험 경고, 주의표지 또는 기계방호물
파란색	2.5PB 4/10	지시	특정 행위의 지시 및 사실의 고지
녹색	2.5G 4/10	안내	비상구 및 피난소, 사람 또는 차량의 통행표지
흰색	N9.5		파란색 또는 녹색에 대한 보조색
검은색	N0.5		문자 및 빨간색 또는 노란색에 대한 보조색

60. 다음 중 정량적 자료를 정성적 판독의 근거로 사용하는 경우로 볼 수 없는 것은?

① 미리 정해 놓은 몇 개의 한계범위에 기초하여 변수의 상태나 조건을 판정할 때

② 목표로 하는 어떤 범위의 값을 유지할 때

③ 변화 경향이나 변화율을 조사하고자 할 때

④ 세부 형태를 확대하여 동일한 시각을 유지해 주어야 할 때

⑤ 변화의 추세를 관찰하고자 할 때

해설 정량적 자료를 정성적 판독의 근거로 사용하는 경우

1. 변수의 상태나 조건이 미리 정해 놓은 몇 개의 범위 중 어디에 속하는가를 판정할 때
2. 바람직한 어떤 범위의 값을 대략 유지하고자 할 때
3. 변화 추세나 변화율을 관찰하고자 할 때

 정답 59. ① 60. ④

61. 다음 중 고장형태와 영향분석(FMEA)에 관한 설명으로 틀린 것은?

① 각 요소가 영향의 해석이 가능하기 때문에 동시에 2가지 이상의 요소가 고장 나는 경우에 적합하다.
② 해석영역이 물체에 한정되기 때문에 인적 원인 해석이 곤란하다.
③ 양식이 간단하여 특별한 훈련 없이 해석이 가능하다.
④ 시스템 해석의 기법은 정성적, 귀납적 분석법 등에 사용한다.
⑤ 기계부품의 고장이 기계 전체에 미치는 영향을 예측하는 해석방법이다.

해설 FMEA
각 요소 간의 영향을 분석하기 어렵기 때문에 동시에 두 가지 이상의 요소가 고장 날 경우에 분석이 곤란함

62. 발생확률이 각각 0.05, 0.08인 두 결함사상이 AND 조합으로 연결된 시스템을 FTA로 분석하였을 때 이 시스템의 신뢰도는 약 얼마인가?

① 0.004 ② 0.126
③ 0.874 ④ 0.996
⑤ 0.9996

해설 AND gate는 직렬연결이므로 FTA에서의 고장확률은 $0.05 \times 0.08 = 0.004$이다.
따라서 시스템의 신뢰도는 $1 - 0.004 = 0.996$이다.

63. 다음 중 기계 또는 설비에 이상이나 오동작이 발생하여도 안전사고를 발생시키지 않도록 2중 또는 3중으로 통제를 가하도록 한 체계에 속하지 않는 것은?

① 다경로하중구조 ② 하중경감구조
③ 교대구조 ④ 격리구조
⑤ 중복구조

해설 Fail Safe의 종류
(1) 다경로 하중구조 (2) 하중경감구조
(3) 교대구조 (4) 중복구조

64. 다음 중 예비위험분석(PHA)의 목적으로 가장 적절한 것은?

① 시스템의 구상단계에서 시스템 고유의 위험상태를 식별하여 예상되는 위험수준을 결정하기 위한 것이다.
② 시스템에서 사고위험성이 정해진 수준 이하에 있는 것을 확인하기 위한 것이다.

61. ① 62. ④ 63. ④ 64. ① 정답

③ 시스템 내의 사고의 발생을 허용레벨까지 줄이고 어떠한 안전상의 필요사항을 결정하기 위한 것이다.
④ 시스템의 모든 사용단계에서 모든 작업에 사용되는 인원 및 설비 등에 관한 위험을 분석하기 위한 것이다.
⑤ 시스템에서 인간의 과오를 정량적으로 평가하기 위한 기법이다.

해설 PHA(예비사고 분석) : 시스템 내의 위험요소가 얼마나 위험상태에 있는가를 평가하는 시스템안전프로그램의 최초단계의 분석방식(정성적)

65. 결함수분석(FTA)에 의한 재해사례의 연구 순서가 다음과 같을 때 올바른 순서대로 나열한 것은?

㉠ FT(Fault Tree)도 작성	㉡ 개선안 실시계획
㉢ 톱 사상의 선정	㉣ 사상마다 재해원인 및 요인 규명
㉤ 개선계획 작성	

① ㉣ → ㉤ → ㉢ → ㉠ → ㉡
② ㉡ → ㉣ → ㉢ → ㉤ → ㉠
③ ㉢ → ㉣ → ㉠ → ㉤ → ㉡
④ ㉤ → ㉢ → ㉡ → ㉠ → ㉣
⑤ ㉣ → ㉢ → ㉤ → ㉠ → ㉡

해설 FTA에 의한 재해사례연구순서
1. Top 사상의 선정
2. 사상마다의 재해원인 규명
3. FT도의 작성
4. 개선계획의 작성
5. 개선안 실시계획

66. 다음 중 최소 컷셋(Minimal cut sets)에 관한 설명으로 옳은 것은?
① 컷셋 중에 타 컷셋을 포함하고 있는 것을 배제하고 남은 컷셋들을 의미한다.
② 어느 고장이나 에러를 일으키지 않으면 재해가 일어나지 않는다는 것이다.
③ 기본사상이 일어났을 때 정상사상(Top event)을 일으키는 기본사상의 집합이다.
④ 기본사상이 일어나지 않을 때 정상사상(Top event)이 일어나지 않는 기본사상의 집합이다.
⑤ 시스템의 신뢰성을 나타낸다.

해설 미니멀 컷셋과 미니멀 패스셋
1. 미니멀 컷셋 : 컷이란 그 속에 포함되어 있는 모든 기본사상이 일어났을 때 정상사상을 일으키는 기본사상의 집합을 말하며 미니멀 컷셋은 정상사상을 일으키기 위한 필요 최소한의 컷을 말한다.(시스템의 위험성 또는 안전성을 말함)
2. 미니멀 패스셋 : 패스란 그 속에 포함되어 있는 기본사상이 일어나지 않을 때 처음으로 정상사상이 일어나지 않는 기본사상의 집합으로서 미니멀 패스셋는 그 필요한 최소한의 컷을 말한다.(시스템의 신뢰성을 말함)

 정답 65. ③ 66. ③

67. FT도에 사용되는 다음 게이트의 명칭은?

① 억제 게이트
② 부정 게이트
③ 배타적 OR게이트
④ 우선적 AND 게이트
⑤ 조합 AND 게이트

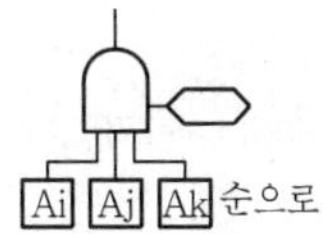

해설 수정 게이트 설명

기호	명칭	설명
Ai Aj Ak 순으로	우선적 AND 게이트	입력사상 중 어떤 현상이 다른 현상보다 먼저 일어날 경우에만 출력사상이 발생
Ai, Aj, Ak / Ai Aj Ak	조합 AND 게이트	3개 이상의 입력현상 중 2개가 일어나면 출력현상이 발생
위험지속 시간	위험지속 AND 게이트	입력현상이 생겨서 어떤 일정한 기간이 지속될 때에 출력이 생긴다.
동시발생 안 한다.	배타적 OR 게이트	OR 게이트지만 2개 또는 2 이상의 입력이 동시에 존재하는 경우에는 생기지 않는다.

68. 다음 중 Fitts의 법칙에 관한 설명으로 옳은 것은?

① 표적이 크고 이동거리가 길수록 이동시간이 증가한다.
② 표적이 작고 이동거리가 길수록 이동시간이 증가한다.
③ 표적이 크고 이동거리가 작을수록 이동시간이 증가한다.
④ 표적이 작고 이동거리가 작을수록 이동시간이 증가한다.
⑤ 표적이 크고 이동거리가 길수록 이동시간이 감소한다.

해설 피츠(Fitts)의 법칙
인간의 손이나 발을 이동시켜 조작장치를 조작하는 데 걸리는 시간을 표적까지의 거리와 표적 크기의 함수로 나타내는 모형. 표적이 작고 이동거리가 길수록 이동시간이 증가한다.

69. 다음 중 조작상의 과오로 기기의 일부에 고장이 발생하는 경우, 이 부분의 고장으로 인하여 사고가 발생하는 것을 방지하도록 설계하는 방법은?

① 신뢰성 설계
② 페일세이프(Fail Safe) 설계
③ 풀 프루프(Fool Proof) 설계
④ 사고 방지(Accident Proof) 설계
⑤ 근원적 안전설계

해설 페일세이프(Fail Safe)

기계나 그 부품에 고장이나 기능불량이 생겨도 항상 안전하게 작동하는 구조와 기능을 추구하는 본질적 안전

70. 다음 중 FTA에서 시스템의 기능을 살리는 데 필요한 최소요인의 집합을 무엇이라 하는가?

① Critical Set
② Minimal Gate
③ Minimal Path
④ Boolean Indicated Cut Set
⑤ cut set

해설 미니멀 패스란 그 속에 포함되어 있는 기본사상이 일어나지 않을 때 처음으로 정상사상이 일어나지 않는 최소한의 기본사상을 말한다.

71. 다음 중 안전성 평가의 기본원칙 6단계 과정에 해당되지 않는 것은?

① 작업 조건의 분석
② 정성적 평가
③ 안전대책
④ 관계자료의 정성검토
⑤ FTA에 의한 재평가

해설 안전성 평가 6단계

1. 제1단계 : 관계자료의 정비검토
2. 제2단계 : 정성적 평가
3. 제3단계 : 정량적 평가
4. 제4단계 : 안전대책
5. 제5단계 : 재해정보에 의한 재평가
6. 제6단계 : FTA에 의한 재평가

72. 자동차는 타이어가 4개인 하나의 시스템으로 볼 수 있다. 타이어 1개가 파열될 확률이 0.01이라면 이 자동차의 신뢰도는 약 얼마인가?

① 0.91
② 0.93
③ 0.96
④ 0.98
⑤ 0.99

정답 69. ② 70. ③ 71. ① 72. ③

해설 1. 타이어 1개의 신뢰도 = 1 − 0.01 = 0.99
2. 자동차 타이어는 4개가 직렬로 연결되어 있으므로 자동차 신뢰도 R은 다음과 같이 구한다.
$R = 0.99 \times 0.99 \times 0.99 \times 0.99 = 0.96$

73. 다음 중 사고원인 가운데 인간의 과오에 인해 기인된 원인분석, 확률을 계산함으로써 제품의 결함을 감소시키고, 인간공학적 대책을 수립하는 데 사용되는 분석기법은?

① CA ② FMEA
③ THERP ④ MORT
⑤ HAZOP

해설 THERP(인간 과오율 추정법)
확률론적 안전기법으로서 인간의 과오에 기인된 사고원인을 분석하기 위하여 100만 운전시간당 과오도수를 기본 과오율로 하여 인간의 기본 과오율을 평가하는 기법
1. 인간 실수율(HEP) 예측 기법
2. 사건들을 일련의 Binary 의사결정 분기들로 모형화해서 예측
3. 나무를 통한 각 경로의 확률 계산

74. 다음 중 HAZOP 기법에서 사용하는 가이드워드와 그 의미가 잘못 연결된 것은?

① Part of : 성질상의 감소
② More/Less : 정량적인 증가 또는 감소
③ No/Not : 설계 의도의 완전한 부정
④ Other than : 기타 환경적인 요인
⑤ As WELL AS : 성질상의 증가(설계의도와 운전조건이 어떤 부가적인 행위)와 함께 일어남

해설 유인어(Guide Words) : 간단한 용어로서 창조적 사고를 유도하고 자극하여 이상을 발견하고 의도를 한정하기 위하여 사용되는 것
1. NO 또는 NOT : 설계의도의 완전한 부정
2. MORE 또는 LESS : 양(압력, 반응, 온도 등)의 증가 또는 감소
3. AS WELL AS : 성질상의 증가(설계의도와 운전조건이 어떤 부가적인 행위)와 함께 일어남
4. PART OF : 일부변경, 성질상의 감소(어떤 의도는 성취되나 어떤 의도는 성취되지 않음)
5. REVERSE : 설계의도의 논리적인 역
6. OTHER THAN : 완전한 대체(통상 운전과 다르게 되는 상태)

73. ③ 74. ④ 정답

75. 다음 중 정량적 분석에 사용하는 시스템 위험분석 기법은?

① 사건수분석(ETA) ② 결함위험분석(FHA)
③ 예비위험분석(PHA) ④ 고장형태와 영향분석(FMEA)
⑤ 위험요소 및 운전성검토(HAZOP)

해설 ETA(Event Tree Analysis : 사상수 분석법)
1. Decision tree를 재해사고의 분석에 이용한 경우의 분석법이다.
2. ETA의 특징 : 귀납적, 정량적인 분석방법

76. 다음 중 결함수분석(FTA)에 관한 설명과 가장 거리가 먼 것은?

① 연역적 방법이다.
② 바텀-업(Bottom-Up) 방식이다.
③ 기능적 결함의 원인을 분석하는 데 용이하다.
④ 계량적 데이터가 축적되면 정량적 분석이 가능하다.
⑤ 비전문가도 짧은 훈련으로 사용할 수 있다.

해설 결함수분석법(FTA)의 특징
1 Top down 형식(연역적)
2. 정량적 해석기법(컴퓨터 처리가 가능)
3. 논리기호를 사용한 특정사상에 대한 해석
4. 비전문가도 짧은 훈련으로 사용할 수 있다.

77. 일정한 고장률을 가진 어떤 기계의 고장률이 시간당 0.0004일때 10시간 이내에 고장을 일으킬 확률은?

① $1+e^{0.4}$ ② $1+e^{0.04}$
③ $1-e^{-0.004}$ ④ $1-e^{0.04}$
⑤ $1-e^{-0.00004}$

해설 $F(t)=1-R(t)=1-e^{-\lambda t}=1-e^{-0.0004\times 10}=1-e^{-0.004}$

78. FT도에 사용하는 기호에서 3개의 입력현상 중 임의의 시간에 2개가 발생하면 출력이 생기는 기호의 명칭은?

① 우선적 AND 게이트 ② 조합 AND 게이트
③ 억제 게이트 ④ 배타적 OR 게이트
⑤ 위험지속 AND 게이트

 정답 75. ① 76. ② 77. ③ 78. ②

해설 수정 게이트 설명

기호	명칭	설명
Ai Aj Ak 순으로	우선적 AND 게이트	입력사상 중 어떤 현상이 다른 현상보다 먼저 일어날 경우에만 출력사상이 발생
Ai, Aj, Ak / Ai Aj Ak	조합 AND 게이트	3개 이상의 입력현상 중 2개가 일어나면 출력현상이 발생
동시발생 안 한다.	배타적 OR 게이트	OR 게이트지만 2개 또는 2 이상의 입력이 동시에 존재하는 경우에는 생기지 않는다.

79. 각 부품의 신뢰도가 R인 다음과 같은 시스템의 전체 신뢰도는?

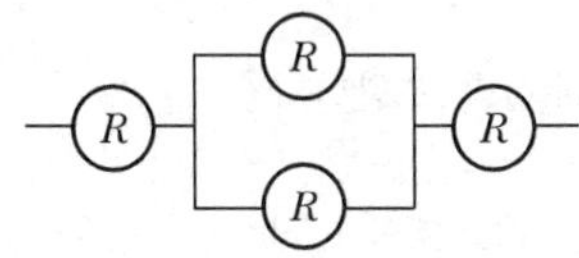

① R^4
② $2R-R$
③ $2R-R^2$
④ $2R^2-R^3$
⑤ $2R^3-R^4$

해설 신뢰도 $= R\times[1-(1-R)(1-R)]\times R = R\times[1-(1-2R+R^2)]\times R$
$= R\times[2R-R^2]\times R = 2R^3-R^4$

80. 다음 중 산업안전보건법령상 승강기의 종류에 해당하지 않는 것은?

① 리프트
② 에스컬레이터
③ 화물용 승강기
④ 인화공용 승강기
⑤ 승용 승강기

해설 승강기의 종류

(1) 승용승강기 : 사람의 수직 수송을 주목적으로 하는 승강기를 말한다.
(2) 인화공용 승강기 : 사람과 화물의 수직 수송을 주목적으로 하되, 화물을 싣고 내리는 데 필요한 인원과 운전자만의 탑승이 허용되는 승강기를 말한다.
(3) 화물용 승강기 : 화물의 수송을 주목적으로 하며 사람의 탑승이 금지되는 승강기를 말한다.
(4) 에스컬레이터 : 동력에 의하여 운전되는 것으로서 사람을 운반하는 연속계단이나 보도상태의 승강기를 말한다.

79. ⑤ 80. ① 정답

81. 산업안전보건법령에 따라 타워크레인을 와이어로프로 지지하는 경우, 와이어로프의 설치각도는 수평면에서 몇 도 이내로 해야 하는가?

① 30° ② 45°
③ 60° ④ 75°
⑤ 90°

해설 타워크레인을 와이어로프로 지지하는 경우 와이어로프 설치각도는 수평면과 60도 이내로 하여야 한다.

82. 다음 중 산업안전보건법령상 양중기에 해당하지 않는 것은?

① 곤돌라 ② 이동식 크레인
③ 최대하중 0.2톤의 승강기 ④ 적재하중 0.5톤의 이삿짐운반용 리프트
⑤ 호이스트를 포함한 크레인

해설 양중기의 종류
1. 크레인[호이스트(Hoist)를 포함한다.]
2. 이동식 크레인
3. 리프트(이삿짐운반용 리프트의 경우에는 적재하중이 0.1톤 이상인 것으로 한정한다)
4. 곤돌라
5. 승강기(최대하중이 0.25톤 이상인 것으로 한정한다)

83. 산업안전보건법령에 따라 산업용 로봇을 운전하는 경우에 근로자가 로봇에 부딪칠 위험이 있을 때에는 안전매트 및 높이 얼마 이상의 방책을 설치하는 등 위험을 방지하기 위하여 필요한 조치를 하여야 하는가?

① 1.0m 이상 ② 1.2m 이상
③ 1.5m 이상 ④ 1.8m 이상
⑤ 2.0m 이상

해설 운전 중 위험방지
사업주는 로봇의 운전으로 인하여 근로자에게 발생할 수 있는 부상 등의 위험을 방지하기 위하여 높이 1.8미터 이상의 울타리(로봇의 가동범위 등을 고려하여 높이로 인한 위험성이 없는 경우에는 높이를 그 이하로 조절할 수 있다)를 설치하여야 하며, 컨베이어 시스템의 설치 등으로 울타리를 설치할 수 없는 일부 구간에 대해서는 안전매트 또는 광전자식 방호장치 등 감응형(感應形) 방호장치를 설치하여야 한다.

 정답 81. ③ 82. ③ 83. ④

84. 원동기, 풀리, 기어 등 근로자에게 위험을 미칠 우려가 있는 부위에 설치하는 위험방지 장치가 아닌 것은?

① 덮개　　② 슬리브
③ 건널다리　　④ 램
⑤ 울

해설 기계의 원동기 · 회전축 · 기어 · 풀리 · 플라이휠 · 벨트 및 체인 등 근로자가 위험에 처할 우려가 있는 부위에 덮개, 슬리브, 램, 울 등을 설치하여야 한다.

85. 방호장치를 설치할 때 중요한 것은 기계의 위험점으로부터 방호장치까지의 거리이다. 위험한 기계의 동작을 제동시키는 데 필요한 총소요시간을 t(초)라고 할 때, 안전거리(S)의 산출식으로 옳은 것은?

① $S=1.0t$mm　　② $S=1.6t$m
③ $S=2.4t$m　　④ $S=2.8t$mm
⑤ $S=3.2t$m

해설 광전자식 방호장치의 설치방법

$D=1,600(T_c+T_s)(\text{mm})=1.6(T_c+T_s)(\text{m})=1.6t(\text{m})$

여기서, D : 안전거리(mm)

T_c : 손이 광선을 차단한 직후로부터 급정지기구가 작동개시하기까지의 시간(초)

T_s : 급정지기구가 작동을 개시한 때로부터 슬라이드가 정지할 때까지의 시간(초)

86. 다음 중 산업안전보건법상 컨베이어에 설치하는 방호장치가 아닌 것은?

① 비상정지장치　　② 역전방지장치
③ 잠금장치　　④ 건널다리
⑤ 덮개 또는 울

해설 컨베이어 안전장치의 종류

1. 비상정지장치
   컨베이어 등에 해당 근로자의 신체의 일부가 말려드는 등 근로자가 위험해질 우려가 있는 경우 및 비상시에는 즉시 컨베이어 등의 운전을 정지시킬 수 있는 장치를 설치하여야 한다.
2. 덮개 또는 울
   컨베이어 등으로부터 화물의 낙하로 근로자가 위험에 처할 우려가 있는 경우에 해당 컨베이어 등에 덮개 또는 울을 설치하는 등 낙하방지를 위한 조치를 하여야 한다.
3. 건널다리
   운전 중인 컨베이어 등의 위로 근로자를 넘어가도록 하는 경우에는 위험을 방지하기 위하여 건널다리를 설치하는 등 필요한 조치를 하여야 한다.

84. ③　85. ②　86. ③ 정답

4. 역전방지장치

컨베이어 · 이송용 롤러 등을 사용하는 경우에는 정전 · 전압강하 등에 따른 화물 또는 운반구의 이탈 및 역주행을 방지하는 장치를 갖추어야 한다. 역전방지장치 형식으로는 롤러식, 라쳇식, 전기브레이크가 있다.

87. 다음 중 산업안전보건법상 크레인에 전용 탑승설비를 설치하고 근로자를 달아 올린 상태에서 작업에 종사시킬 경우 근로자의 추락 위험을 방지하기 위하여 실시해야 할 조치사항으로 적합하지 않은 것은?

① 승차석 외의 탑승 제한
② 안전대나 구명줄의 설치
③ 탑승설비의 하강시 동력하강방법을 사용
④ 탑승설비가 뒤집히거나 떨어지지 않도록 필요한 조치
⑤ 안전난간의 설치

해설 안전보건규칙(탑승의 제한)

사업주는 크레인을 사용하여 근로자를 운반하거나 근로자를 달아 올린 상태에서 작업에 종사시켜서는 아니 된다. 다만, 크레인에 전용 탑승설비를 설치하고 추락 위험을 방지하기 위하여 다음 각 호의 조치를 한 경우에는 그러하지 아니하다.

1. 탑승설비가 뒤집히거나 떨어지지 않도록 필요한 조치를 할 것
2. 안전대나 구명줄을 설치하고, 안전난간을 설치할 수 있는 구조인 경우에는 안전난간을 설치할 것
3. 탑승설비를 하강시킬 때에는 동력하강방법으로 할 것

88. 다음 중 기계설비에서 반대로 회전하는 두 개의 회전체가 맞닿는 사이에 발생하는 위험점을 무엇이라 하는가?

① 협착점(squeeze point)
② 물림점(Nip point)
③ 접선물림점(tangential point)
④ 회전말림점(trapping point)
⑤ 절단점(Cutting point)

해설 물림점

롤, 기어, 압연기와 같이 두 개의 회전체 사이에 신체가 물리는 위험점 형성

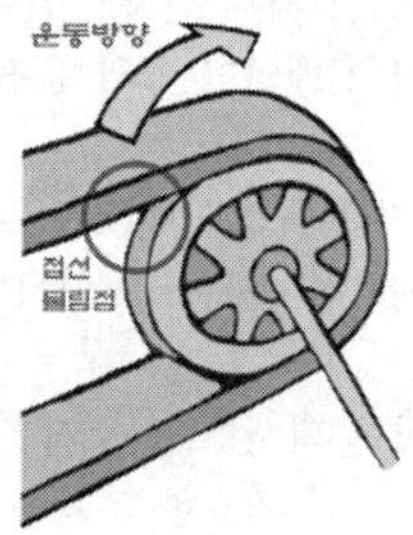

 정답 87. ① 88. ②

89. 다음 중 산업안전보건법상 승강기의 종류에 해당하지 않는 것은?

① 승용승강기
② 리프트
③ 에스컬레이터
④ 화물용 승강기
⑤ 인화공용승강기

해설 승강기의 종류

(1) 승용승강기 : 사람의 수직 수송을 주목적으로 하는 승강기를 말한다.
(2) 인화공용승강기 : 사람과 화물의 수직 수송을 주목적으로 하되, 화물을 싣고 내리는 데 필요한 인원과 운전자만의 탑승이 허용되는 승강기를 말한다.
(3) 화물용 승강기 : 화물의 수송을 주목적으로 하며 사람의 탑승이 금지되는 승강기를 말한다.
(4) 에스컬레이터 : 동력에 의하여 운전되는 것으로서 사람을 운반하는 연속계단이나 보도상태의 승강기를 말한다.

90. 다음 중 밀링작업의 안전조치에 대한 사항으로 적절하지 않은 것은?

① 절삭중의 칩 제거는 칩 브레이크로 한다.
② 가공품을 측정할 때에는 기계를 정지시킨다.
③ 일감을 풀어내거나 고정할 때에는 기계를 정지시킨다.
④ 상하, 좌우 이송장치의 핸들을 사용 후 풀어놓는다.
⑤ 강력절삭을 할 때에는 일감을 바이스에 깊게 물릴 것

해설 밀링작업 시 안전대책

1. 밀링커터에 작업복의 소매나 작업모가 말려 들어가지 않도록 할 것
2. 칩은 기계를 정지시킨 다음에 브러시로 제거할 것
3. 일감, 커터 및 부속장치 등을 제거할 때 시동레버를 건드리지 않도록 할 것
4. 상하 이송장치의 핸들은 사용 후, 반드시 빼둘 것
5. 일감 또는 부속장치 등을 설치하거나 제거시킬 때, 또는 일감을 측정할 때에는 반드시 정지시킨 다음에 측정할 것
6. 커터를 교환할 때는 반드시 테이블 위에 목재를 받쳐 놓을 것
7. 커터는 될 수 있는 한 칼럼에 가깝게 설치할 것
8. 테이블이나 암 위에 공구나 커터 등을 올려놓지 않고 공구대 위에 놓을 것
9. 가공 중에는 손으로 가공면을 점검하지 말 것
10. 강력절삭을 할 때는 일감을 바이스에 깊게 물릴 것
11. 면장갑을 끼지 말 것
12. 밀링작업에서 생기는 칩은 가늘고 예리하며 부상을 입히기 쉬우므로 보안경을 착용할 것

89. ② 90. ① 정답

91. 다음 중 산업용 로봇작업을 수행할 때의 안전조치사항과 가장 거리가 먼 것은?

① 자동운전 중에는 안전방책의 출입구에 안전플러그를 사용한 인터로크가 작동하여야 한다.
② 액추에이터의 잔압 제거 시에는 사전에 안전블록 등으로 강하방지를 한 후 잔압을 제거한다.
③ 로봇의 교시작업을 수행할 때에는 머니퓰레이터의 속도를 빠르게 한다.
④ 작업개시 전에 외부전선의 피복손상, 비상정지장치를 반드시 검사한다.
⑤ 해당 작업에 종사하고 있는 근로자가 아닌 사람이 로봇 기동스위치 등을 조작할 수 없게 하여야 한다.

해설 로봇의 교시작업을 수행할 때에는 머니퓰레이터의 속도를 천천히 한다.

산업용 로봇의 작동범위에서 해당 로봇에 대하여 교시 등의 작업을 하는 경우에는 해당 로봇의 예기치 못한 작동 또는 오조작에 의한 위험을 방지하기 위하여 다음 각 호의 조치를 하여야 한다. 다만, 로봇의 구동원을 차단하고 작업을 하는 경우에는 제2호와 제3호의 조치를 하지 아니할 수 있다.

1. 다음 각 목의 사항에 관한 지침을 정하고 그 지침에 따라 작업을 시킬 것
   가. 로봇의 조작방법 및 순서
   나. 작업 중 머니퓰레이터의 속도
   다. 2명 이상의 근로자에게 작업을 시킬 경우의 신호방법
   라. 이상을 발견한 때의 조치
   마. 이상을 발견하여 로봇의 운전을 정지시킨 후 이를 재가동시킬 경우의 조치
   바. 그 밖의 로봇의 예기치 못한 작동 또는 오조작에 의한 위험을 방지하기 위하여 필요한 조치
2. 작업에 종사하고 있는 근로자 또는 그 근로자를 감시하는 사람은 이상을 발견한 때에는 즉시 로봇의 운전을 정지시키기 위한 조치를 할 것
3. 작업을 하고 있는 동안 로봇의 기동스위치 등에 작업 중이라는 표시를 하는 등 작업에 종사하고 있는 근로자가 아닌 사람이 해당 스위치 등을 조작할 수 없도록 필요한 조치를 할 것

92. 다음 중 안전계수를 나타내는 식으로 옳은 것은?

① $\dfrac{\text{허용응력}}{\text{기초강도}}$　　② $\dfrac{\text{최대설계응력}}{\text{극한강도}}$

③ $\dfrac{\text{안전하중}}{\text{파단하중}}$　　④ $\dfrac{\text{파괴하중}}{\text{최대사용하중}}$

⑤ $\dfrac{\text{안전하중}}{\text{극한강도}}$

해설 안전율(Safety Factor), 안전계수

안전율은 응력계산 및 재료의 불균질 등에 대한 부정확을 보충하고 각 부분의 불충분한 안전율과 더불어 경제적 치수결정에 대단히 중요한 것으로서 다음과 같이 표시된다.

$$S=\frac{\text{극한(최대,인장)강도}}{\text{허용응력}}=\frac{\text{파단(최대)하중}}{\text{사용(정격)하중}}$$

 정답 91. ③　92. ④

93. 산업안전보건법에 따라 사업주는 근로자가 안전하게 통행할 수 있도록 통로에 얼마 이상의 채광 또는 조명시설을 하여야 하는가?

① 50럭스 ② 75럭스
③ 90럭스 ④ 100럭스
⑤ 120럭스

해설 통로의 조명
사업주는 근로자가 안전하게 통행할 수 있도록 통로에 75럭스 이상의 채광 또는 조명시설을 하여야 한다. 다만, 갱도 또는 상시 통행을 하지 아니하는 지하실 등을 통행하는 근로자에게 휴대용 조명기구를 사용하도록 한 경우에는 그러하지 아니하다.

94. 기능의 안전화 방안 중 근원적 안전대책에 해당하는 것은?

① 기계의 이상을 확인하고 급정지시켰다.
② 원활한 작동을 위해 급유를 하였다.
③ 회로를 개선하여 오동작을 방지하도록 하였다.
④ 기계의 볼트 및 너트가 이완되지 않도록 다시 조립하였다.
⑤ 기계의 배치를 수정한다.

해설 회로를 개선하여 오동작을 방지하도록 한 것은 근원적 안전대책이다.

95. 다음 중 산업안전보건법상 지게차의 헤드가드에 관한 설명으로 틀린 것은?

① 강도는 지게차의 최대하중의 1.5배 값의 등분포정하중(等分布靜荷重)에 견딜 수 있을 것
② 상부틀의 각 개구의 폭이 16cm 미만일 것
③ 상부틀의 각 개구의 길이가 16cm 미만일 것
④ 운전자가 앉아서 조작하는 방식의 지게차의 경우에는 운전자의 좌석 윗면에서 헤드가드의 상부틀 아랫면까지의 높이가 1m 이상일 것
⑤ 운전자가 서서 조작하는 방식의 지게차의 경우에는 운전석의 바닥면에서 헤드가드의 상부틀 하면까지의 높이가 2m 이상일 것

해설 헤드가드(Head Guard)

1) 강도는 지게차의 최대하중의 2배의 값(4톤을 넘는 것에 대하여서는 4톤으로 한다)의 등분포정하중에 견딜 수 있는 것일 것
2) 상부틀의 각 개구의 폭 또는 길이가 16센티미터 미만일 것
3) 운전자가 앉아서 조작하는 방식의 지게차의 경우에는 운전자의 좌석 윗면에서 헤드가드의 상부틀 아랫면까지의 높이가 1미터 이상일 것
4) 운전자가 서서 조작하는 방식의 지게차의 경우에는 운전석의 바닥면에서 헤드가드의 상부틀 하면까지의 높이가 2미터 이상일 것

93. ② 94. ③ 95. ① 정답

96. 산업용 로봇의 작동범위 내에서 교시 등의 작업을 하는 경우, 작업시작 전 점검사항에 해당하지 않는 것은?

① 외부 전선의 피복 또는 외장의 손상 유무
② 머니퓰레이터 작동의 이상 유무
③ 제동장치의 기능
④ 압력방출장치의 기능
⑤ 비상정지장치의 기능

해설 작업시작 전 점검사항(로봇의 작동범위 내에서 그 로봇에 관하여 교시 등의 작업을 하는 때)

(1) 외부전선의 피복 또는 외장의 손상유무
(2) 머니퓰레이터(Manipulator) 작동의 이상유무
(3) 제동장치 및 비상정지장치의 기능

97. 옥내에 통로를 설치할 때 통로면으로부터 높이 얼마 이내에 장애물이 없어야 하는가?

① 1.5m
② 1.8m
③ 2.0m
④ 2.5m
⑤ 3.0m

해설 통로의 설치

(1) 작업장으로 통하는 장소 또는 작업장 내에는 근로자가 사용하기 위한 안전한 통로를 설치하고 항상 사용 가능한 상태로 유지하여야 한다.
(2) 통로의 주요 부분에는 통로표시를 하고, 근로자가 안전하게 통행할 수 있도록 하여야 한다.
(3) 통로면으로부터 높이 2미터 이내에는 장애물이 없도록 하여야 한다.

98. 산업안전보건법상 롤러기에 사용하는 급정지장치 중 작업자의 무릎으로 조작하는 것의 위치로 옳은 것은?

① 밑면에서 0.2m 이상 0.4m 이하
② 밑면에서 0.4m 이상 0.6m 이하
③ 밑면에서 0.8m 이상 1.1m 이하
④ 밑면에서 1.1m 이상 1.5m 이하
④ 밑면에서 1.8m 이하

해설 급정지장치 조작부의 위치

급정지장치 조작부의 종류	위치	비고
손으로 조작(로프식)하는 것	밑면으로부터 1.8m 이하	위치는 급정지장치 조작부의 중심점을 기준으로 한다.
복부로 조작하는 것	밑면으로부터 0.8m 이상 1.1m 이하	
무릎으로 조작하는 것	밑면으로부터 0.4m 이상 0.6m 이하	

 정답 96. ④ 97. ③ 98. ②

99. 산업안전보건법상 프레스 작업시작 전 점검해야 할 사항에 해당하는 것은?

① 언로드 밸브의 기능
② 하역장치 및 유압장치 기능
③ 권과방지장치 및 그 밖의 경보장치의 기능
④ 1행정 1정지기구 · 급정지장치 및 비상정지장치의 기능
⑤ 양화장치의 작동상태

해설 작업시작 전의 점검사항

1. 클러치 및 브레이크의 기능
2. 크랭크축 · 플라이휠 · 슬라이드 · 연결봉 및 연결 나사의 풀림 유무
3. 1행정 1정지기구 · 급정지장치 및 비상정지장치의 기능
4. 슬라이드 또는 칼날에 의한 위험방지 기구의 기능
5. 프레스의 금형 및 고정볼트 상태
6. 방호장치의 기능
7. 전단기의 칼날 및 테이블의 상태

100. 산업안전보건법령에 따라 보일러의 안전한 가동을 위하여 보일러 규격에 맞는 압력방출장치를 압력방출장치가 2개 이상 설치된 경우에는 최고사용압력 이하에서 1개가 작동되고, 다른 압력방출장치는 얼마 이하에서 작동되도록 부착하여야 하는가?

① 최저사용압력 1.0배
② 최저사용압력 1.03배
③ 최저사용압력 1.05배
④ 최고사용압력 1.03배
⑤ 최고사용압력 1.05배

해설 압력방출장치(안전밸브)의 설치

사업주는 보일러의 안전한 가동을 위하여 보일러 규격에 맞는 압력방출장치를 1개 또는 2개 이상 설치하고 최고사용압력 이하에서 작동되도록 하여야 한다. 다만, 압력방출장치가 2개 이상 설치된 경우에는 최고사용압력 이하에서 1개가 작동되고, 다른 압력방출장치는 최고사용압력 1.05배 이하에서 작동되도록 부착하여야 한다.

101. 산업안전보건법령에 따라 산업용 로봇을 운전하는 경우에 근로자가 로봇에 부딪칠 위험이 있을 때에는 안전매트 및 높이 얼마 이상의 방책을 설치하는 등 위험을 방지하기 위하여 필요한 조치를 하여야 하는가?

① 1.0m 이상
② 1.5m 이상
③ 1.8m 이상
④ 2.0m 이상
⑤ 2.5m 이상

해설 운전 중 위험방지

로봇을 운전하는 경우에 근로자가 로봇에 부딪칠 위험이 있을 때에는 안전매트 및 높이 1.8미터 이상의 방책을 설치하는 등 위험을 방지하기 위하여 필요한 조치를 하여야 한다.

102. 다음 중 가공기계에 주로 쓰이는 풀 프루프(Pool Proof)의 형태가 아닌 것은?

① 금형의 가드
② 사출기의 인터로크 장치
③ 카메라의 이중촬영방지기구
④ 압력용기의 파열판
⑤ 승강기의 과부하 경보장치

해설 풀 프루프(Fool Proof)

기계장치 설계단계에서 안전화를 도모하는 것으로 근로자가 기계 등의 취급을 잘못해도 사고로 연결되는 일이 없도록 하는 안전기구를 풀 프루프라 한다. 즉, 인간과오(Human Error)를 방지하기 위한 것이다.

103. 다음 중 위치제한형 방호장치에 해당되는 프레스 방호장치는?

① 수인식 방호장치
② 광전자식 방호장치
③ 양수조작식 방호장치
④ 손쳐내기식 방호장치
⑤ 게이트가드식 방호장치

해설 위치제한형 방호장치

조작자의 신체부위가 위험한계 밖에 있도록 기계의 조작장치를 위험구역에서 일정거리 이상 떨어지게 한 방호장치(양수조작식 안전장치)

104. 다음 중 기계설비의 작업능률과 안전을 위한 배치의 3단계를 올바른 순서대로 나열한 것은?

① 지역배치 → 건물배치 → 기계배치
② 건물배치 → 지역배치 → 기계배치
③ 기계배치 → 건물배치 → 지역배치
④ 지역배치 → 기계배치 → 건물배치
⑤ 건물배치 → 기계배치 → 지역배치

해설 기계설비의 작업능률과 안전을 위한 배치의 3단계

지역배치 → 건물배치 → 기계배치

정답 102. ④ 103. ③ 104. ①

105. 다음 중 산업안전보건법령상 안전인증대상 방호장치에 해당하지 않는 것은?

① 산업용 로봇 안전매트
② 압력용기 압력방출용 파열판
③ 압력용기 압력방출용 안전밸브
④ 방폭구조 전기기계·기구 및 부품
⑤ 보일러 압력방출용 안전밸브

해설 안전인증대상 방호장치

1. 프레스 및 전단기 방호장치
2. 양중기용 과부하방지장치
3. 보일러 압력방출용 안전밸브
4. 압력용기 압력방출용 안전밸브
5. 압력용기 압력방출용 파열판
6. 절연용 방호구 및 활선작업용 기구
7. 방폭구조 전기기계·기구 및 부품
8. 추락·낙하 및 붕괴 등의 위험 방지 및 보호에 필요한 가설기자재로서 고용노동부장관이 정하여 고시하는 것

106. 프레스기의 안전대책 중 손을 금형 사이에 집어넣을 수 없도록 하는 본질적 안전화를 위한 방식(No-hand In Die)에 해당하는 것은?

① 수인식
② 광전자식
③ 방호울식
④ 손쳐내기식
⑤ 가드식

해설 No-hand In Die 방식(금형 안에 손이 들어가지 않는 구조)은 안전울 설치, 안전금형, 자동화 또는 전용 프레스가 있다.

107. 다음 중 설비의 일반적인 고장형태에 있어 마모고장과 가장 거리가 먼 것은?

① 부품, 부재의 마모
② 열화에 생기는 고장
③ 부품, 부재의 반복피로
④ 순간적 외력에 의한 파손
⑤ 설비의 수명이 다하여 생기는 고장

해설 1. 초기고장(감소형) : 제조가 불량하거나 생산과정에서 품질관리가 되지 않아 생기는 고장
2. 우발고장(일정형) : 실제 사용하는 상태에서 발생하는 고장으로 예측할 수 없는 랜덤의 간격으로 생기는 고장
3. 마모고장(증가형) : 설비 또는 장치가 수명을 다하여 생기는 고장

∴ 순간적 외력에 의한 파손은 우발고장에 해당한다고 볼 수 있다.

105. ① 106. ③ 107. ④ 정답

108. 다음 중 전격의 위험을 가장 잘 설명하고 있는 것은?

① 통전전류가 크고, 주파수가 높고, 장시간 흐를수록 위험하다.
② 통전전압이 높고, 주파수가 높고, 인체저항이 낮을수록 위험하다.
③ 통전전류가 크고, 장시간 흐르고, 인체의 주요한 부분을 흐를수록 위험하다.
④ 통전전압이 높고, 주파수가 낮고, 인체저항이 높을수록 위험하다.
⑤ 통전전압이 높고, 인체저항이 높고, 인체의 주요한 부분을 흐를수록 위험하다.

해설 통전전류가 크고, 장시간 흐르고, 인체의 주요한 부분을 흐를수록 전격의 위험이 크다.

109. 이동하여 사용하는 전기기계기구의 금속제 외함 등에 제1종 접지공사를 하는 경우, 접지선 중 가요성을 요하는 부분의 접지선 종류와 단면적의 기준으로 옳은 것은?

① 다심코드, 0.75mm² 이상
② 다심 캡타이어 케이블, 1.5mm² 이상
③ 다심 캡타이어 케이블, 2.5mm² 이상
④ 3종 클로로프렌 캡타이어 케이블, 4mm² 이상
⑤ 3종 클로로프렌 캡타이어 케이블, 10mm² 이상

해설 접지선 중 가요성을 요하는 부분의 접지선 종류와 단면적의 기준

접지공사의 종류	접지선의 종류	접지선의 단면적
제1종 접지공사 및 제2종 접지공사	3종 및 4종 클로로프렌캡타이어케이블, 3종 및 4종 클로로설포네이트 폴리에틸렌 캡타이어 케이블의 일심 또는 다심 캡타이어 케이블의 차폐 기타의 금속체	10mm²
제3종 접지공사 및 특별 제3종 접지공사	다심 코드 또는 다심 캡타이어 케이블의 일심	0.75mm²
	다심 코드 및 다심 캡타이어 케이블의 일심 이외의 가요성이 있는 연동연선	1.5mm²

110. 전기기기, 설비 및 전선로 등의 충전 유무를 확인하기 위한 장비는 어느 것인가?

① 위상검출기
② 디스콘 스위치
③ COS
④ 저압 및 고압용 검전기
⑤ 열선풍속계

해설 검전기 : 정전작업 착수 전 작업하고자 하는 설비(전로)의 정전 여부를 확인

 정답 108. ③ 109. ⑤ 110. ④

111. 감전자에 대한 중요한 관찰 사항 중 옳지 않은 것은?

① 인체를 통과한 전류의 크기가 50mA를 넘었는지 알아본다.
② 골절된 곳이 있는지 살펴본다.
③ 출혈이 있는지 살펴본다.
④ 입술과 피부의 색깔, 체온의 상태, 전기출입부의 상태 등을 알아본다.
⑤ 의식이 있는지 확인한다.

해설 응급조치 요령(순서)

1. 전원을 차단하고 피재자를 위험지역에서 신속히 대피(2차 재해예방)
2. 피재자의 상태 확인
   1) 의식, 호흡, 맥박의 상태확인
   2) 높은 곳에서 추락한 경우 : 출혈의 상태, 골절의 이상 유무 확인
   3) 관찰 결과 의식이 없거나 호흡 및 심장이 정지해 있거나 출혈이 심할 경우 관찰을 중지하고 곧 필요한 응급조치
3. 응급조치

112. 판이나 접지봉을 땅속에 묻어 접지저항값이 규정값에 도달하지 않을 때 이를 저하시키는 방법 중 잘못된 것은?

① 심타법
② 병렬법
③ 약품법
④ 직렬법
⑤ 다중접지법

해설 접지저항 저감법

물리적 저감법	화학적 저감법
① 접지극의 병렬 접속 ② 접지극의 치수 확대 ③ 접지봉 심타법 ④ 매설지선 및 평판접지극 사용 ⑤ 메시(Mesh)공법 ⑥ 다중접지 시드 ⑦ 보링공법 등	① 저감제의 종류 -비반응형 : 염 황산암모니아 분말, 벤토나이트 -반응형 : 화이트아스론, 티코겔 ② 저감제의 조건 -저감효과가 크고 저감효과가 영속적일 것 -접지극의 부식이 안 될 것 -공해가 없을 것 -경제적이고 공법이 용이할 것

113. 정전기의 발생원인 설명 중 맞는 것은?

① 정전기 발생은 처음 접촉, 분리 시 최소가 된다.
② 물질 표면이 오염된 표면일 경우 정전기 발생이 커진다.
③ 접촉면적이 작을수록 정전기 발생량이 크다.

④ 분리속도가 빠르면 정전기 발생이 작아진다.
⑤ 압력이 감소할수록 발생량이 크다.

해설 정전기 발생은 처음 접촉 분리 시 최대가 되고 접촉면적이 크고 압력 증가 시 발생량이 크며, 분리속도가 빠르면 발생량은 커진다.

114. 전기화재 발생원인 3요건으로 거리가 먼 것은?

① 발화원
② 내화물
③ 착화물
④ 출화의 경과

해설 화재발생 시 조사해야 할 사항(전기 화재의 원인) : 발화원, 착화물, 출화의 경과(발화형태)

115. 산업안전보건법상 가공전선의 충전전로에 접근된 장소에서 시설물, 건설, 해체, 점검, 수리 또는 이동식 크레인, 콘트리트 펌프카, 항타기, 항발기 등 작업 시 감전 위험방지 조치사항으로 옳지 않은 것은?

① 당해 충전전로 이설
② 게이트 방호장치 해체
③ 절연용 방호구 설치
④ 감시인을 두고 작업을 감시토록 조치
⑤ 감전방지용 방책 설치

해설 가공전선이나 전기기계 · 기구의 충전전로에 접근하는 장소에서 시설물의 건설 · 해체 · 점검 · 수리 및 도장 등의 작업 또는 이에 부수하는 작업 및 항타기 · 항발기 · 콘크리트 펌프카 · 이동식 크레인 · 모터카 · 멀티플타이탬퍼 등을 사용하는 작업을 하는 경우 작업자가 충전전로에 신체 등이 접촉하거나 접근함으로 인한 감전의 위험을 방지하기 위하여 다음과 같은 조치를 하여야 함

1. 작업 착수 전 당해 전선로를 이설할 것
2. 감전의 위험을 방지하기 위한 방책을 설치할 것
   - 터널식 방호갠트리, 방호망, 게이트 방호장치, 출입금지 울타리 등
3. 당해 충전전로에 절연용 방호구를 설치할 것
4. 위의 1.~3.항에 해당하는 조치를 하는 것이 현저히 곤란할 경우에는 감시인을 두고 작업을 감시하도록 할 것

116. 전선로를 정전시키고 보수작업을 할 때 유도전압이나 오통전으로 인한 재해를 방지하기 위한 안전조치는?

① 보호구를 착용한다.
② 단락접지를 시행한다.
③ 방호구를 사용한다.
④ 검전기로 확인한다.
⑤ 누전차단기를 설치한다.

 정답 114. ② 115. ② 116. ②

해설 단락접지를 하는 이유

전로가 정전된 경우에도 오통전, 다른 전로와의 접촉 또는 다른 전로에서의 유도작용 및 비상용 발전기의 가동 등으로 정전전로가 갑자기 충전되는 경우가 있으므로 이에 따른 감전위험을 제거하기 위해 작업개소에 근접한 지점에 충분한 용량을 갖는 단락접지기구를 사용하여 정전전로를 단락 접지하는 것이 필요하다.

117. 활선 작업 시 필요한 보호구 중 가장 거리가 먼 것은?

① 내전압 고무장갑 ② 안전화
③ 대전방지용 구두 ④ 안전모
⑤ 절연복

해설 절연용 보호구의 종류

1. 전기 안전모(절연모)
2. 절연고무장갑(절연장갑)
3. 절연고무장화
4. 절연복(절연 상의 및 하의, 어깨받이 등) 및 절연화
5. 도전성 작업복 및 작업화 등

118. 전기기기의 케이스를 전폐구조로 하며 접합 면에는 일정치 이상의 깊이를 갖는 패킹을 하여 분진이 용기 내로 침입하지 못하도록 한 구조는?

① 보통방진 방폭구조 ② 분진특수 방폭구조
③ 특수방진 방폭구조 ④ 분진 방폭구조
⑤ 밀폐공간 방폭구조

해설 분진에 대한 방폭구조

방폭구조(Ex) 종류	구조의 원리
특수방진 방폭구조 (SDP)	전폐구조로 접합 면 깊이를 일정치 이상으로 하거나 접합 면에 일정치 이상의 깊이를 갖는 패킹을 사용하여 분진이 용기 내에 침입하지 않도록 한 구조
보통방진 방폭구조 (DP)	전폐구조로 접합 면 깊이를 일정치 이상으로 하거나 접합 면에 패킹을 사용하여 분진이 침입하기 어렵게 한 구조
분진특수 방폭구조 (XDP)	SDP 및 DP 이외의 구조로 분진방폭성능이 있는 것이 시험, 기타 방법에 의하여 확인된 구조

117. ③ 118. ③ 정답

119. 다음 중 감전사고 방지대책으로 옳지 않은 것은?

① 설비의 필요한 부분에 보호접지 실시
② 노출된 충전부에 통전망 설치
③ 안전전압 이하의 전기기기 사용
④ 전기기기 및 설비의 정비
⑤ 유자격자 외 전기 접촉 금지

해설 감전사고에 대한 방지대책

1. 전기설비의 점검 철저
2. 전기기기 및 설비의 정비
3. 전기기기 및 설비의 위험부에 위험표시
4. 설비의 필요부분에 보호접지의 실시
5. 충전부가 노출된 부분에는 절연방호구를 사용
6. 고전압 선로 및 충전부에 근접하여 작업하는 작업자에게는 보호구를 착용시킬 것
7. 유자격자 이외는 전기기계 및 기구에 전기적인 접촉금지
8. 관리감독자는 작업에 대한 안전교육 시행
9. 사고발생 시의 처리순서를 미리 작성하여 둘 것

120. 최소 감지전류를 설명한 것이다. 옳은 것은?(단, 건강한 성인 남녀인 경우이며, 교류 60[Hz] 정형파이다)

① 남녀 모두 직류 5.2[mA]이며, 교류(평균치) 1.1[mA]이다.
② 남자의 경우 직류 5.2[mA]이며, 교류(실효치) 1.1[mA]이다.
③ 남녀 모두 직류 3.5[mA]이며, 교류(실효치) 1.1[mA]이다.
④ 여자의 경우 직류 3.5[mA]이며, 교류(평균치) 0.7[mA]이다.
⑤ 여자의 경우 직류 5.2[mA]이며, 교류(실효치) 0.7[mA]이다.

해설 통전전류와 전격영향

통전전류 구분	전격의 영향	직류[mA]		교류(실효치)[mA]	
		남	여	남	여
최소 감지전류	고통을 느끼지 않으면서 짜릿하게 전기가 흐르는 것을 감지할 수 있는 최소 전류	5.2	3.5	1.1	0.7

 정답 119. ② 120. ②

121. 다음 중 정전기에 대한 설명으로 가장 알맞은 것은?

① 전하의 공간적 이동이 적고, 그것에 의한 자계의 효과가 전계의 효과에 비해 매우 큰 전기
② 전하의 공간적 이동이 적고, 그것에 의한 자계의 효과가 무시할 정도의 적은 전기
③ 전하의 공간적 이동이 적고, 그것에 의한 전계의 효과와 자계의 효과가 서로 비슷한 전기
④ 전하의 공간적 이동이 크고, 그것에 의한 자계의 효과와 전계의 효과를 서로 비교할 수 없는 전기
⑤ 전하의 공간적 이동이 크고, 그것에 의한 자계의 효과와 전계의 효과가 서로 비슷한 정도의 전기

해설 정전기의 정의

구분	정의
문자적 정의(협의의 정의)	공간의 모든 장소에서 전하의 이동이 전혀 없는 전기
구체적 정의(광의의 정의)	전하의 공간적 이동이 적고 그 전류에 의한 자계의 효과가 정전기 자체가 보유하고 있는 전계의 효과에 비해 무시할 수 있을 만큼 적은 전기

122. 가스폭발위험이 있는 "0"종 장소에 전기기계 · 기구를 사용할 때 요구되는 방폭구조는?

① 내압 방폭구조
② 압력 방폭구조
③ 유입 방폭구조
④ 몰드 방폭구조
⑤ 본질안전 방폭구조

해설 0종 장소에 사용되는 방폭구조

1. 본질안전 방폭구조(ia)
2. 그 밖에 관련 공인 인증기관이 0종 장소에서 사용이 가능한 방폭구조로 인증한 방폭구조

123. 폭발성 가스의 발화온도가 450℃를 초과하는 가스의 발화도 등급은?

① G_1
② G_2
③ G_3
④ G_4
⑤ G_5

해설 폭발성 가스의 발화점에 따른 분류에 의해 발화온도가 450℃를 초과하는 가스의 발화도 등급은 G_1

124. 다음 중 위험물질에 대한 저장방법으로 적절하지 않은 것은?
① 탄화칼슘은 물속에 저장한다.
② 벤젠은 산화성 물질과 격리시킨다.
③ 금속나트륨은 석유 속에 저장한다.
④ 질산은 통풍이 잘 되는 곳에 보관하고 물기와의 접촉을 금지한다.
⑤ 이황화탄소는 물속에 저장한다.

해설 탄화칼슘(CaC_2 : 카바이트)은 물과 반응하면 아세틸렌(C_2H_2)가스를 발생시켜 화재 · 폭발의 위험이 있다.

125. 다음 중 산업안전보건법상 공정안전보고서의 제출대상이 아닌 것은?
① 원유정제처리업
② 석유정제물 재처리업
③ 화약 및 불꽃제품 제조업
④ 복합비료의 단순혼합 제조업
⑤ 화학 살균제 등 농약 원제 제조업

해설 복합비료의 단순혼합 제조업은 공정안전보고서 제출대상에 포함되지 않는다.

126. 다음 중 산업안전보건법상 공정안전보고서에 포함되어야 할 사항과 가장 거리가 먼 것은?
① 공정안전자료
② 비상조치계획
③ 평균안전율
④ 공정위험성 평가서
⑤ 안전운전계획

해설 평균안전율은 공정안전보고서의 내용이 아니다.

127. 다음 중 물질안전보건자료(MSDS)의 작성 · 비치대상에서 제외되는 물질이 아닌 것은?(단, 해당하는 관계 법령의 명칭은 생략한다)
① 화장품
② 사료
③ 플라스틱 원료
④ 폐기물
⑤ 식품 및 식품첨가물

해설 플라스틱 원료는 물질안전보건자료의 작성 · 비치대상이다.

 정답 124. ① 125. ④ 126. ③ 127. ③

128. 다음 중 관의 지름을 변경하고자 할 때 필요한 관 부속품은?

① Reducer　　② Elbow
③ Plug　　④ Valve
⑤ Nipple

해설 관로의 크기를 바꿀 때는 축소관(Reducer), 부싱(Bushing) 등의 부속을 사용한다.

용도	관 부속품
관로를 연결할 때	플랜지(Flange), 유니언(Union), 커플링(Coupling), 니플(Nipple), 소켓(Socket)
관로의 방향을 변경할 때	엘보(Elbow), Y자관(Y-branch), 티(Tee), 십자관(Cross)
관의 지름을 변경할 때	리듀서(Reducer), 부싱(Bushing)
가지관을 설치할 때	티(Tee), Y자관(Y-branch), 십자관(Cross)
유로를 차단할 때	플러그(Plug), 캡(Cap), 밸브(Valve)
유량을 조절할 때	밸브(Valve)

129. 화재의 방지대책을 예방(豫防), 국한(局限), 소화(消火), 피난(避難)의 4가지 대책으로 분류할 때 다음 중 예방대책에 해당되는 것은?

① 발화원 제거　　② 일정한 공지의 확보
③ 가연물의 직접(直接) 방지　　④ 건물 및 설비의 불연성화(不燃性化)
⑤ 소화장구 비치

해설 화재의 3요소 중 발화원을 제거하는 것은 화재를 근본적으로 예방할 수 있는 방법으로, 예방대책에 해당한다.

130. 다음 중 분해폭발의 위험성이 있는 아세틸렌의 용제로 가장 적절한 것은?

① 에테르　　② 에틸알코올
③ 아세톤　　④ 아세트알데히드
⑤ 메탄올

해설 아세틸렌은 폭발 위험이 있어 아세톤 등에 침전하여 다공성 물질이 있는 용기에 충전한다.

131. 산업안전보건법상 부식성 물질 중 부식성 산류에 해당하는 물질과 기준농도가 올바르게 연결된 것은?

① 염산 : 15% 이상　　② 황산 : 10% 이상

128. ①　129. ①　130. ③　131. ④ 정답

③ 질산 : 15% 이상 ④ 아세트산 : 60% 이상
⑤ 불산 : 20% 이상

해설 산업안전보건법상 부식성 물질 중 아세트산 60% 이상이 부식성 산류로 정의된다.

[부식성 물질 – 안전보건규칙 별표1 제6호]

구분	물질
부식성 산류	• 농도가 20퍼센트 이상인 염산(HCl), 황산(H_2SO_4), 질산(HNO_3), 그 밖에 이와 같은 정도 이상의 부식성을 가지는 물질 • 농도가 60퍼센트 이상인 인산, 아세트산, 불산, 그 밖에 이와 같은 정도 이상의 부식성을 가지는 물질
부식성 염기류	농도가 40퍼센트 이상인 수산화나트륨, 수산화칼륨, 그 밖에 이와 같은 정도 이상의 부식성을 가지는 염기류

132. 다음 중 산업안전보건법에 따라 안지름 150mm 이상의 압력용기, 정변위 압축기 등에 대해서 과압에 따른 폭발을 방지하기 위하여 설치하여야 하는 방호장치는?

① 역화방지기 ② 안전밸브
③ 감지기 ④ 체크밸브
⑤ 파열판

해설 문제의 설명은 안전밸브의 설치위치에 대한 것이다.

안전밸브의 설치위치

1. 압력용기(안지름이 150밀리미터 이하인 압력용기는 제외하며, 압력 용기 중 관형 열교환기의 경우에는 관의 파열로 인하여 상승한 압력이 압력용기의 최고사용압력을 초과할 우려가 있는 경우만 해당한다)
2. 정변위 압축기
3. 정변위 펌프(토출축에 차단밸브가 설치된 것만 해당한다)
4. 배관(2개 이상의 밸브에 의하여 차단되어 대기온도에서 액체의 열팽창에 의하여 파열될 우려가 있는 것으로 한정한다)
5. 그 밖의 화학설비 및 그 부속설비로서 해당 설비의 최고사용압력을 초과할 우려가 있는 것

133. 고압(高壓)의 공기 중에서 장시간 작업하는 경우에 발생하는 잠함병(潛函病) 또는 잠수병(潛水病)은 다음 중 어떤 물질에 의하여 중독현상이 일어나 발생하는가?

① 질소 ② 황화수소
③ 일산화탄소 ④ 이산화탄소
⑤ 암모니아

 정답 132. ② 133. ①

해설 잠함병은 잠수병, 감압증이라고도 하며 대기압 이상의 높은 기압하에서 장시간 작업한 사람이 갑자기 감압하면 체내에 용해되었던 질소(N_2)가 기포로 되어 혈관 색전, 파열 등으로 신체장해를 가져오게 된다.

134. 다음 중 물질안전보건자료(MSDS)의 작성 · 비치대상에서 제외되는 물질이 아닌 것은?(단, 해당하는 관계 법령의 명칭은 생략한다)

① 방사선 물질
② 농약
③ 플라스틱 원료
④ 비료
⑤ 폐기물

해설 플라스틱 원료는 물질안전보건자료의 작성 · 비치대상이다.

물질안전보건자료(MSDS) 작성 · 비치 등의 제외 대상 물질(산업안전보건법 시행령 제32조의2)

1. 「원자력안전법」에 따른 방사선 물질
2. 「약사법」에 따른 의약품 · 의약외품
3. 「화장품법」에 따른 화장품
4. 「마약류 관리에 관한 법률」에 따른 마약 및 향정신성 의약품
5. 「농약관리법」에 따른 농약
6. 「사료관리법」에 따른 사료
7. 「비료관리법」에 따른 비료
8. 「식품위생법」에 따른 식품 및 식품첨가물
9. 「총포 · 도검 · 화약류 등의 안전관리에 관한 법률」에 따른 화약류
10. 「폐기물관리법」에 따른 폐기물
11. 「의료기기법」 제2조 제1항에 따른 의료기기
12. 제1호부터 제11호까지 외의 제제로서 주로 일반 소비자의 생활용으로 제공되는 제제
13. 그 밖에 고용노동부장관이 독성 · 폭발성 등으로 인한 위해의 정도가 적다고 인정하여 고시하는 제제

135. 다음 중 산업안전보건법령상 위험물질의 종류에 있어 인화성 가스에 해당하지 않는 것은?

① 수소
② 부탄
③ 에틸렌
④ 암모니아
⑤ 프로판

해설 암모니아는 산업안전보건법령상 위험물질에 해당하지 않는다.

136. 다음 중 가연성 가스이며 독성 가스에 해당하는 것은?

① 수소
② 프로판
③ 산소
④ 일산화탄소
⑤ 부탄

해설 일산화탄소는 산소보다 혈액 중 헤모글로빈과의 반응성이 좋아 중독현상을 일으킬 수 있는 독성 가스이며, 공기 중 연소범위가 12.5~74vol%인 가연성 가스이기도 하다.

137. 다음 중 전기설비에 의한 화재에 사용할 수 없는 소화기의 종류는?

① 포소화기
② 이산화탄소소화기
③ 할로겐화합물소화기
④ 무상수(霧狀水)소화기
⑤ 분말소화기

해설 포소화기의 소화약제는 물을 다량 함유하고 있어, 전기설비에 의한 화재에는 누전, 감전 등의 위험이 있어 사용이 적절치 않다.

138. 산업안전보건법령상 물질안전보건자료를 작성할 때에 혼합물로 된 제품들이 각각의 제품을 대표하여 하나의 물질안전보건자료를 작성할 수 있는 충족 요건 중 각 구성성분의 함량변화는 얼마 이하이어야 하는가?

① 5%
② 10%
③ 15%
④ 20%
⑤ 30%

해설 화학물질의 분류 · 표시 및 물질안전보건자료에 관한 기준(고용노동부고시 제2016-19호) 제12조(혼합물의 유해성 · 위험성 결정)에 의하면, 혼합물로 된 제품들이 다음 각 호의 요건을 충족하는 경우에는 각각의 제품을 대표하여 하나의 물질안전보건자료를 작성할 수 있다.

1. 혼합물로 된 제품의 구성성분이 같을 것
2. 각 구성성분의 함량변화가 10퍼센트(%) 이하일 것
3. 비슷한 유해성을 가질 것

139. 다음 중 공정안전보고서에 포함하여야 할 공정안전자료의 세부내용이 아닌 것은?

① 유해 · 위험설비의 목록 및 사양
② 방폭지역 구분도 및 전기단선도
③ 유해 · 위험물질에 대한 물질안전보건자료

 정답 136. ④ 137. ① 138. ② 139. ④

④ 설비점검 · 검사 및 보수계획, 유지계획 및 지침서
⑤ 각종 건물 · 설비의 배치도

해설 설비점검 · 검사 및 보수계획, 유지계획 및 지침서는 공정안전자료의 세부내용이 아니다.

공정안전자료의 세부내용
1. 취급 · 저장하고 있거나 취급 · 저장하려는 유해 · 위험물질의 종류 및 수량
2. 유해 · 위험물질에 대한 물질안전보건자료
3. 유해 · 위험설비의 목록 및 사양
4. 유해 · 위험설비의 운전방법을 알 수 있는 공정도면
5. 각종 건물 · 설비의 배치도
6. 폭발위험장소 구분도 및 전기단선도
7. 위험설비의 안전설계 · 제작 및 설치 관련 지침서

140. 다음 중 화학물질 및 물리적 인자의 노출기준에 있어 유해물질대상에 대한 노출기준의 표시단위가 잘못 연결된 것은?

① 분진 : ppm
② 증기 : ppm
③ 가스 : mg/m^3
④ 고온 : 습구흑구온도지수
⑤ 석면 : 개/cm^3

해설 분진의 노출기준 표시단위는 mg/m^3이다.

141. 미국소방협회(NFPA)의 위험표시라벨에서 황색 숫자는 어떠한 위험성을 나타내는가?

① 건강위험성
② 화재위험성
③ 반응위험성
④ 기타 위험성
⑤ 폭발위험성

해설 오른쪽의 황색 숫자는 반응위험성을 나타낸다.

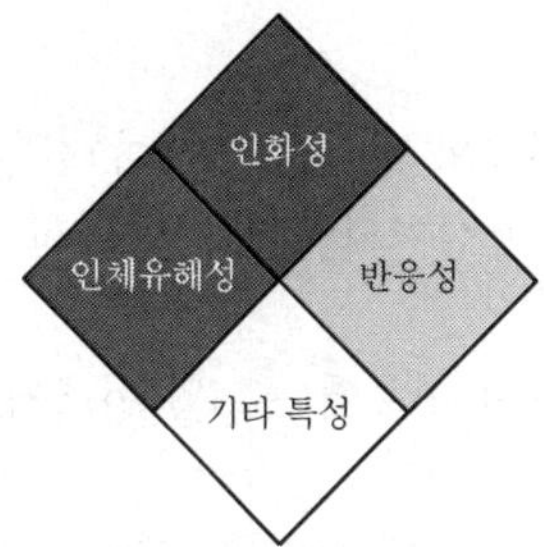

• 인화성 : 빨간색
• 인체유해성 : 파란색
• 반응성 : 노란색
• 기타 특성 : 흰색

142. 산업안전보건법에 의한 공정안전보고서에 포함되어야 하는 내용 중 공정안전자료의 세부내용에 해당하지 않는 것은?

① 안전운전지침서
② 각종 건물 · 설비의 배치도
③ 유해 · 위험설비의 목록 및 사양
④ 위험설비의 안전설계 · 제작 및 설치관련 지침서
⑤ 폭발위험장소 구분도 및 전기단선도

해설 안전운전지침서는 공정안전자료의 세부내용이 아니다.

공정안전자료의 세부내용
1. 취급 · 저장하고 있거나 취급 · 저장하려는 유해 · 위험물질의 종류 및 수량
2. 유해 · 위험물질에 대한 물질안전보건자료
3. 유해 · 위험설비의 목록 및 사양
4. 유해 · 위험설비의 운전방법을 알 수 있는 공정도면
5. 각종 건물 · 설비의 배치도
6. 폭발위험장소 구분도 및 전기단선도
7. 위험설비의 안전설계 · 제작 및 설치 관련 지침서

143. 산업안전보건법에 따라 유해 · 위험설비의 설치 · 이전 또는 주요 구조부분의 변경 공사 시 공정안전보고서의 제출시기는 착공일 며칠 전까지 관련기관에 제출하여야 하는가?

① 15일 ② 30일
③ 45일 ④ 60일
⑤ 90일

해설 유해 · 위험설비의 설치 · 이전 또는 주요 구조부분의 변경공사의 착공일 30일 전까지 공정안전보고서를 2부 작성하여 공단에 제출하여야 한다.

144. 공정안전보고서에 관한 설명으로 옳지 않은 것은?

① 공정안전보고서를 작성할 때에는 산업안전보건위원회의 심의를 거쳐야 한다.
② 공정안전보고서를 작성할 때에 산업안전보건위원회가 설치되어 있지 아니한 사업장의 경우에는 근로자대표의 의견을 들어야 한다.
③ 공정안전보고서의 내용을 변경하여야 할 사유가 발생한 경우에는 14일 이내에 고용노동부장관의 승인을 받은 후 이를 보완하여야 한다.
④ 고용노동부장관은 정하는 바에 따라 공정안전보고서의 이행 상태를 정기적으로 평가하고, 그 결과에 따른 보완 상태가 불량한 사업장의 사업주에게는 공정안전보고서를 다시 제출하도록 명할 수 있다.

 정답 142. ① 143. ② 144. ③

⑤ 제출한 공정안전보고서의 내용이 적합하다고 통보받기 전에는 관련 설비를 가동하여서는 안 된다.

해설 공정안전보고서의 내용을 변경하여야 할 사유가 발생한 경우에는 지체 없이 이를 보완하여 고용노동부장관의 확인을 받아야 한다.

145. 굴착작업 시 굴착 깊이가 최소 몇 m 이상인 경우 사다리, 계단 등 승강설비를 설치하여야 하는가?

① 0.5m
② 1.5m
③ 2.5m
④ 3.5m
⑤ 4.5m

해설 굴착 깊이가 1.5m 이상인 경우 적어도 30m 간격 이내로 사다리, 계단 등 승강설비를 설치하여야 한다.

146. 안전난간의 구조 및 설치요건에 대한 기준으로 옳지 않은 것은?

① 상부난간대는 바닥면·발판 또는 경사로의 표면으로부터 90cm 이상 지점에 설치할 것
② 발끝막이판은 바닥면 등으로부터 10cm 이상의 높이를 유지할 것
③ 난간대는 지름 1.5cm 이상의 금속제 파이프나 그 이상의 강도를 가진 재료일 것
④ 안전난간은 구조적으로 가장 취약한 지점에서 가장 취약한 방향으로 작용하는 100kg 이상의 하중에 견딜 수 있는 튼튼한 구조일 것
⑤ 상부난간대와 중간난간대는 난간 길이 전체에 걸쳐 바닥면 등과 평행을 유지할 것

해설 안전난간의 난간대는 지름 2.7cm 이상의 금속제 파이프나 그 이상의 강도를 가진 재료이어야 한다.

147. 가설통로를 설치하는 경우 경사는 최대 몇 도 이하로 하여야 하는가?

① 20
② 25
③ 30
④ 35
⑤ 40

해설 가설통로의 경사는 30° 이하로 하여야 한다.

148. 취급 · 운반의 원칙으로 옳지 않은 것은?
① 운반작업을 집중하여 시킬 것
② 곡선 운반을 할 것
③ 생산을 최고로 하는 운반을 생각할 것
④ 최대한 시간과 경비를 절약할 수 있는 방법을 고려할 것
⑤ 연속 운반을 할 것

해설 곡선 운반이 아니라 직선 운반을 하여야 한다.
취급 · 운반의 5원칙
1. 직선 운반을 할 것
2. 연속 운반을 할 것
3. 운반작업을 집중화시킬 것
4. 생산을 최고로 하는 운반을 생각할 것
5. 최대한 시간과 경비를 절약할 수 있는 운반방법을 고려할 것

149. 다음은 굴착공사표준안전작업지침에 따른 트렌치 굴착 시 준수사항이다. ( ) 안에 들어갈 내용으로 옳은 것은?

굴착폭은 작업 및 대피가 용이하도록 충분한 넓이를 확보하여야 하며, 굴착깊이가 2m 이상일 경우에는 ( ) 이상의 폭으로 한다.

① 0.5m ② 1.0m
③ 1.5m ④ 2.0m
⑤ 2.5m

해설 굴착폭은 작업 및 대피가 용이하도록 충분한 넓이를 확보하여야 하며, 굴착깊이가 2미터 이상일 경우에는 1미터 이상의 폭으로 하여야 한다.

150. 다음 중 산업안전보건법령상 철골작업을 중지하여야 하는 기준으로 옳은 것은?
① 풍속이 초당 1m 이상인 경우
② 강우량이 시간당 1cm 이상인 경우
③ 강설량이 시간당 1cm 이상인 경우
④ 10분간 평균풍속이 초당 5m 이상인 경우
⑤ 진도 3.0 이상의 지진이 발생한 경우

해설 강설량이 시간당 1cm 이상인 경우 작업을 중지하여야 한다. 철골작업 시 작업의 제한 기준은 다음과 같다.

정답 148. ② 149. ② 150. ③

[철골작업 시 작업의 제한 기준]

구분	내용
강풍	풍속이 초당 10m 이상인 경우
강우	강우량이 시간당 1mm 이상인 경우
강설	강설량이 시간당 1cm 이상인 경우

151. 중량물 운반 시 크레인에 매달아 올릴 수 있는 최대하중으로부터 달아올리기 기구의 중량에 상당하는 하중을 제외한 하중은?

① 정격하중 ② 적재하중
③ 임계하중 ④ 작업하중
⑤ 최대하중

해설 정격하중이란 크레인의 권상하중에서 훅, 그래브 또는 버킷 등 달기기구의 중량에 상당하는 하중을 뺀 하중을 말하며, 권상하중이란 크레인이 들어올릴 수 있는 최대의 하중을 말한다.

152. 그물코 크기가 가로, 세로 각각 10센티미터인 매듭방망 방망사의 신품에 대해 등속인장강도 시험을 하였을 경우 그 강도가 최소 얼마 이상이어야 하는가?

① 135kg ② 150kg
③ 200kg ④ 220kg
⑤ 240kg

해설 그물코 10cm, 매듭방망의 신품 인장강도는 200kg이다.

[추락방지망의 인장강도]

( ) : 폐기기준 인장강도

그물코의 크기 (단위 : cm)	방망의 종류(단위 : kgf)	
	매듭 없는 방망	매듭방망
10	240(150)	200(135)
5	–	110(60)

153. 추락자를 보호할 수 있는 설비로서 작업대 설치가 어렵거나 개구부 주위로 난간 설치가 어려운 곳에 설치하는 재해방지설비는 무엇인가?

① 작업발판 ② 비계
③ 석면포 ④ 추락방호망
⑤ 고소작업대

해설 작업발판 설치가 어렵거나 개구부 주위로 난간 설치가 어려운 곳에는 추락방호망을 설치하거나 안전대를 착용하여 추락에 대한 방호조치를 하여야 한다.

154. 다음 중 백호(Back hoe)의 운행방법으로 적절하지 않은 것은?

① 경사로나 연약지반에서는 무한궤도식보다는 타이어식이 안전하다.
③ 작업계획서를 작성하고 계획에 따라 작업을 실시하여야 한다.
③ 작업장소의 지형 및 지반상태 등에 적합한 제한속도를 정하고 운전자로 하여금 이를 준수하도록 하여야 한다.
④ 작업 중 승차석 외의 위치에 근로자를 탑승시켜서는 안 된다.
⑤ 작업 장소의 지형 및 지반 상태 등에 적합한 운행 제한속도를 정하여야 한다.

해설 주행방식에 따라 무한궤도식과 타이어식으로 분류하는데 무한궤도식 백호는 작업 시 안전성이 더 높고 타이어식은 기동성이 더 높다.

155. 다음 중 건물 해체용 기구가 아닌 것은?

① 압쇄기
② 스크레이퍼
③ 잭
④ 철해머
⑤ 핸드브레이커

해설 스크레이퍼는 대량 토공 작업을 위한 토공기계로서 굴삭, 운반, 부설(敷設), 다짐 등 4가지 작업을 일관하여 연속 작업을 할 수 있다.

156. 유해 · 위험 방지를 위하여 방호조치가 필요한 기계 · 기구에 해당하지 않는 것은?

① 프레스
② 목재가공용 둥근톱
③ 크레인
④ 덤프트럭
⑤ 곤돌라

해설 덤프트럭은 차량계 하역운반기계이다. 산업안전보건법 시행령에 따라 유해 · 위험방지를 위하여 방호조치가 필요한 기계 · 기구는 다음과 같다.

1. 프레스 또는 전단기
2. 아세틸렌용접장치 또는 가스집합용접장치
3. 방폭용 전기기계 · 기구
4. 교류아크 용접기
5. 크레인
6. 승강기
7. 곤돌라
8. 리프트
9. 압력용기
10. 보일러

 정답 154. ① 155. ② 156. ④

11. 롤러기
12. 연삭기
13. 목재 가공용 둥근톱
14. 동력식 수동대패
15. 복합동작을 할 수 있는 산업용 로봇
16. 정전 및 활선작업에 필요한 절연용 기구
17. 추락 및 붕괴 등의 위험이 있는 장소에 설치하기 위한 가설 기자재로서 고용노동부장관이 정하여 고시하는 것

157. 작업장 출입구 설치 시 준수해야 할 사항으로 옳지 않은 것은?

① 출입구의 위치·수 및 크기가 작업장의 용도와 특성에 적합하도록 할 것
② 주목적이 하역운반기계용인 출입구에는 보행자용 출입구를 따로 설치하지 않을 것
③ 출입구에 문을 설치하는 경우에는 근로자가 쉽게 열고 닫을 수 있도록 할 것
④ 계단이 출입구와 바로 연결된 경우에는 작업자의 안전한 통행을 위하여 그 사이에 1.2m 이상 거리를 두거나 안내표지 또는 비상벨 등을 설치할 것
⑤ 하역운반기계의 통로와 인접하여 있는 출입구의 경우에는 비상등 등 경보장치를 설치할 것

해설 하역운반기계용인 출입구에는 보행자용 출입구를 따로 설치하여 하역운반기계와 근로자(보행자)가 충돌하는 것을 방지하여야 한다.

158. 다음 설명에서 제시된 산업안전보건법에서 말하는 고용노동부령으로 정하는 공사에 해당하지 않는 것은?

건설업 중 고용노동부령으로 정하는 공사를 착공하려는 사업주는 고용노동부령으로 정하는 자격을 갖춘 자의 의견을 들은 후 이 법 또는 이 법에 따른 명령에서 정하는 유해·위험방지계획서를 작성하여 고용노동부령으로 정하는 바에 따라 고용노동부장관에게 제출하여야 한다.

① 지상높이가 31m인 건축물의 건설·개조 또는 해체
② 최대 지간길이가 50m인 교량 건설 등의 공사
③ 깊이가 8m인 굴착공사
④ 터널 건설공사
⑤ 다목적 댐 건설 등의 공사

해설 지상높이가 10m 이상인 굴착공사가 유해·위험방지계획서 제출대상이다. 제출대상 공사는 다음과 같다.

1. 지상높이가 31m 이상인 건축물 또는 인공구조물, 연면적 30,000m^2 이상인 건축물 또는 연면적 5,000m^2 이상의 문화 및 집회시설(전시장 및 동물원·식물원은 제외한다), 판매시설, 운수시설(고속철도의 역사 및 집배송시설은 제외한다), 종교시설, 의료시설 중 종합병원, 숙박시설 중 관광숙박시설, 지하도상가 또는 냉동·냉장창고시설의 건설·개조 또는 해체(이하 "건설 등"이라 한다)
2. 연면적 5,000m^2 이상의 냉동·냉장창고시설의 설비공사 및 단열공사

157. ② 158. ③ 정답

3. 최대지간 길이가 50m 이상인 교량건설 등 공사
4. 터널건설 등의 공사
5. 다목적 댐, 발전용 댐 및 저수용량 2천만톤 이상의 용수전용 댐, 지방상수도 전용댐 건설 등의 공사
6. 깊이가 10m 이상인 굴착공사

159. 작업장에 계단 및 계단참을 설치하는 때에는 기준상으로 매 제곱미터당 최소 몇 킬로그램 이상의 하중에 견딜 수 있는 강도를 가진 구조로 설치하여야 하는가?

① 200 ② 300
③ 400 ④ 500
⑤ 600

해설 계단 및 계단참을 설치하는 경우에는 500kg/m^2 이상의 하중에 견딜 수 있는 강도를 가진 구조이어야 한다.

160. 가설통로의 설치기준으로 옳지 않은 것은?

① 경사는 30° 이하로 할 것
② 경사가 15°를 초과하는 때에는 미끄러지지 아니하는 구조로 할 것
③ 추락의 위험이 있는 장소에는 안전난간을 설치할 것
④ 건설공사에 사용하는 높이 8m 이상의 비계다리에는 7m 이내마다 계단참을 설치할 것
⑤ 수직갱에 가설된 통로의 길이가 15m 이상인 때에는 12m 이내마다 계단참을 설치할 것

해설 가설통로의 설치기준

1. 견고한 구조로 할 것
2. 경사는 30° 이하로 할 것. 다만, 계단을 설치하거나 높이 2m 미만의 가설통로로서 튼튼한 손잡이를 설치한 경우에는 그러하지 아니하다.
3. 경사가 15°를 초과하는 경우에는 미끄러지지 아니하는 구조로 할 것
4. 추락할 위험이 있는 장소에는 안전난간을 설치할 것. 다만, 작업상 부득이한 경우에는 필요한 부분만 임시로 해체할 수 있다.
5. 수직갱에 가설된 통로의 길이가 15m 이상인 경우에는 10m 이내마다 계단참을 설치할 것
6. 건설공사에 사용하는 높이 8m 이상인 비계다리에는 7m 이내마다 계단참을 설치할 것

 정답 159. ④ 160. ⑤

161. 다음 중 터널 굴착 작업 시 시공계획에 포함되어야 할 사항으로 거리가 먼 것은?

① 굴착 방법
② 터널지보공 및 복공의 시공방법
③ 환기 또는 조명시설의 설치방법
④ 계기의 이상 유무 점검
⑤ 용수의 처리방법

해설 터널 시공계획의 포함사항은 다음과 같다.

1. 굴착의 방법
2. 터널지보공 및 복공의 시공방법과 용수의 처리방법
3. 환기 또는 조명시설을 하는 때에는 그 방법

162. 셔블계 굴착기의 작업안전대책으로 옳지 않은 것은?

① 항상 뒤쪽의 카운터웨이트의 회전반경을 측정한 후 작업에 임한다.
② 작업 시에는 항상 사람의 접근에 특별히 주의한다.
③ 유압계통 분리 시에는 붐을 지면에 놓고 엔진을 정지시킨 후 유압을 제거한다.
④ 장비의 주차 시는 굴착작업장에 주차하고 버킷은 지면에서 띄워 놓도록 한다.
⑤ 운전석을 이탈하는 경우에는 시동키를 운전대에서 분리시켜야 한다.

해설 장비의 주차 시 버킷은 지면에 놓아야 한다.

163. 가설통로를 설치하는 경우의 준수사항 기준으로 옳지 않은 것은?

① 건설공사에 사용하는 높이 8m 이상의 비계다리에는 5m 이내마다 계단참을 설치할 것
② 수직갱에 가설된 통로의 길이가 15m 이상인 때에는 10m 이내마다 계단참을 설치할 것
③ 경사가 15°를 초과하는 경우에는 미끄러지지 아니하는 구조로 할 것
④ 추락할 위험이 있는 장소에는 안전난간을 설치할 것
⑤ 견고한 구조로 할 것

해설 높이 8m 이상인 비계다리에는 7m 이내마다 계단참을 설치하여야 한다. 가설통로의 설치기준은 다음과 같다.

1. 견고한 구조로 할 것
2. 경사는 30° 이하로 할 것. 다만, 계단을 설치하거나 높이 2m 미만의 가설통로로서 튼튼한 손잡이를 설치한 경우에는 그러하지 아니하다.
3. 경사가 15°를 초과하는 경우에는 미끄러지지 아니하는 구조로 할 것
4. 추락할 위험이 있는 장소에는 안전난간을 설치할 것. 다만, 작업상 부득이한 경우에는 필요한 부분만 임시로 해체할 수 있다.
5. 수직갱에 가설된 통로의 길이가 15m 이상인 경우에는 10m 이내마다 계단참을 설치할 것
6. 건설공사에 사용하는 높이 8m 이상인 비계다리에는 7m 이내마다 계단참을 설치할 것

161. ④ 162. ④ 163. ① 정답

164. 다음 중 건설공사 유해 · 위험방지계획서 제출대상 공사가 아닌 것은?

① 지상높이가 50m인 건축물 또는 인공구조물 건설공사
② 연면적이 3,000m²인 냉동 · 냉장창고시설의 설비공사
③ 최대지간길이가 60m인 교량 건설공사
④ 터널 건설공사
⑤ 깊이가 10m 이상인 굴착공사

해설 연면적이 5,000m² 이상의 냉동 · 냉장창고시설의 설비공사 및 단열공사가 제출대상이다. 제출대상 공사(산업안전보건법 시행규칙 제120조 제2항)는 다음과 같다.

1. 지상높이가 31m 이상인 건축물 또는 인공구조물, 연면적 30,000m² 이상인 건축물 또는 연면적 5,000m² 이상의 문화 및 집회시설(전시장 및 동물원 · 식물원은 제외한다), 판매시설, 운수시설(고속철도의 역사 및 집배송시설은 제외한다), 종교시설, 의료시설 중 종합병원, 숙박시설 중 관광숙박시설, 지하도상가 또는 냉동 · 냉장창고시설의 건설 · 개조 또는 해체(이하 "건설 등"이라 한다)
2. 연면적 5,000m² 이상의 냉동 · 냉장창고시설의 설비공사 및 단열공사
3. 최대 지간길이가 50m 이상인 교량건설 등 공사
4. 터널건설 등의 공사
5. 다목적 댐, 발전용 댐 및 저수용량 2천만톤 이상의 용수 전용 댐, 지방상수도 전용 댐 건설 등의 공사
6. 깊이 10m 이상인 굴착공사

165. 추락에 의한 위험 방지를 위하여 설치하는 안전방망의 경우 작업면으로부터 망의 설치지점까지의 수직거리가 최대 몇 미터를 초과하지 않도록 설치하는가?

① 3m　　② 5m
③ 7m　　④ 8m
⑤ 10m

해설 안전보건규칙 제42조(추락의 방지)의 내용으로 안전방망의 설치위치는 가능하면 작업면으로부터 가까운 지점에 설치하여야 하며, 작업면으로부터 망의 설치지점까지의 수직거리는 10미터를 초과하지 아니하여야 한다.

166. 높이 또는 깊이 2m 이상의 추락할 위험이 있는 장소에서의 작업에 필수적으로 지급되어야 하는 보호구는?

① 안전대　　② 보안경
③ 보안면　　④ 방열복
⑤ 방진마스크

정답 164. ②　165. ⑤　166. ①

해설 안전보건규칙 제32조(보호구의 지급 등)에 따라 사업주는 근로자에게 작업조건에 맞는 보호구를 지급하고 착용하도록 하여야 하는데 높이 또는 깊이 2m 이상의 추락할 위험이 있는 장소에서 작업을 하는 근로자에게는 안전대를 지급하여야 한다.

167. 안전계수가 4이고 2,000kg/cm²의 인장강도를 갖는 강선의 최대허용응력은?

① 500kg/cm² ② 750kg/cm²
③ 1,000kg/cm² ④ 1,500kg/cm²
⑤ 2,000kg/cm²

해설 안전율(Safety Factor), 안전계수
안전율은 응력계산 및 재료의 불균질 등에 대한 부정확을 보충하고 각 부분의 불충분한 안전율과 더불어 경제적 치수결정에 대단히 중요한 것으로서 다음과 같이 표시된다.

$$S = \frac{\text{극한(최대,인장)강도}}{\text{허용응력}} = \frac{\text{파단(최대)하중}}{\text{안전(정격)하중}}$$

168. 차량계 건설기계를 사용하여 작업을 하는 때에 작업계획에 포함되지 않아도 되는 사항은?

① 사용하는 차량계 건설기계의 종류
② 사용하는 차량계 건설기계의 능력
③ 차량계 건설기계의 운행경로
④ 차량계 건설기계에 의한 작업방법
⑤ 차량계 건설기계 사용 시 유도자 배치 위치

해설 차량계건설기계의 작업계획 포함내용은 다음과 같다.
1. 사용하는 차량계 건설기계의 종류 및 능력
2. 차량계 건설기계의 운행경로
3. 차량계 건설기계에 의한 작업방법

169. 이동식 비계를 조립하여 작업을 하는 경우에 작업발판의 최대적재하중은 몇 kg을 초과하지 않도록 해야 하는가?

① 150kg ② 200kg
③ 250kg ④ 300kg
⑤ 350kg

해설 이동식 비계 작업발판의 최대적재하중은 250kg이다.

Chapter

부록 04

사업장 위험성평가에 관한 지침

[시행 2020. 1. 16.] [고용노동부고시 제2020-53호, 2020. 1. 14., 일부개정.]

제1장 총칙

제1조(목적) 이 고시는 「산업안전보건법」 제36조에 따라 사업주가 스스로 사업장의 유해·위험요인에 대한 실태를 파악하고 이를 평가하여 관리·개선하는 등 필요한 조치를 할 수 있도록 지원하기 위하여 위험성평가 방법, 절차, 시기 등에 대한 기준을 제시하고, 위험성평가 활성화를 위한 시책의 운영 및 지원사업 등 그 밖에 필요한 사항을 규정함을 목적으로 한다.

제2조(적용범위) 이 고시는 위험성평가를 실시하는 모든 사업장에 적용한다.

제3조(정의) ① 이 고시에서 사용하는 용어의 뜻은 다음과 같다.

1. "위험성평가"란 유해·위험요인을 파악하고 해당 유해·위험요인에 의한 부상 또는 질병의 발생 가능성(빈도)과 중대성(강도)을 추정·결정하고 감소대책을 수립하여 실행하는 일련의 과정을 말한다.
2. "유해·위험요인"이란 유해·위험을 일으킬 잠재적 가능성이 있는 것의 고유한 특징이나 속성을 말한다.
3. "유해·위험요인 파악"이란 유해요인과 위험요인을 찾아내는 과정을 말한다.
4. "위험성"이란 유해·위험요인이 부상 또는 질병으로 이어질 수 있는 가능성(빈도)과 중대성(강도)을 조합한 것을 의미한다.
5. "위험성 추정"이란 유해·위험요인별로 부상 또는 질병으로 이어질 수 있는 가능성과 중대성의 크기를 각각 추정하여 위험성의 크기를 산출하는 것을 말한다.
6. "위험성 결정"이란 유해·위험요인별로 추정한 위험성의 크기가 허용 가능한 범위인지 여부를 판단하는 것을 말한다.
7. "위험성 감소대책 수립 및 실행"이란 위험성 결정 결과 허용 불가능한 위험성을 합리적으로 실천 가능한 범위에서 가능한 한 낮은 수준으로 감소시키기 위한 대책을 수립하고 실행하는 것을 말한다.
8. "기록"이란 사업장에서 위험성평가 활동을 수행한 근거와 그 결과를 문서로 작성하여 보존하는 것을 말한다.

② 그 밖에 이 고시에서 사용하는 용어의 뜻은 이 고시에 특별히 정한 것이 없으면 「산업안전보건법」(이하 "법"이라 한다), 같은 법 시행령(이하 "영"이라 한다), 같은 법 시행규칙(이하 "규칙"이라 한다) 및 「산업안전보건기준에 관한 규칙」(이하 "안전보건규칙"이라 한다)에서 정하는 바에 따른다.

제4조(정부의 책무) ① 고용노동부장관(이하 "장관"이라 한다)은 사업장 위험성평가가 효과적으로 추진되도록 하기 위하여 다음 각 호의 사항을 강구하여야 한다.

1. 정책의 수립 · 집행 · 조정 · 홍보
2. 위험성평가 기법의 연구 · 개발 및 보급
3. 사업장 위험성평가 활성화 시책의 운영
4. 위험성평가 실시의 지원
5. 조사 및 통계의 유지 · 관리
6. 그 밖에 위험성평가에 관한 정책의 수립 및 추진

② 장관은 제1항 각 호의 사항 중 필요한 사항을 한국산업안전보건공단(이하 "공단"이라 한다)으로 하여금 수행하게 할 수 있다.

제2장 사업장 위험성평가

제5조(위험성평가 실시주체) ① 사업주는 스스로 사업장의 유해 · 위험요인을 파악하기 위해 근로자를 참여시켜 실태를 파악하고 이를 평가하여 관리 개선하는 등 위험성평가를 실시하여야 한다.

② 법 제63조에 따른 작업의 일부 또는 전부를 도급에 의하여 행하는 사업의 경우는 도급을 준 도급인(이하 "도급사업주"라 한다)과 도급을 받은 수급인(이하 "수급사업주"라 한다)은 각각 제1항에 따른 위험성평가를 실시하여야 한다.

③ 제2항에 따른 도급사업주는 수급사업주가 실시한 위험성평가 결과를 검토하여 도급사업주가 개선할 사항이 있는 경우 이를 개선하여야 한다.

제6조(근로자 참여) 사업주는 위험성평가를 실시할 때, 다음 각 호의 어느 하나에 해당하는 경우 법 제36조제2항에 따라 해당 작업에 종사하는 근로자를 참여시켜야 한다.

1. 관리감독자가 해당 작업의 유해 · 위험요인을 파악하는 경우
2. 사업주가 위험성 감소대책을 수립하는 경우
3. 위험성평가 결과 위험성 감소대책 이행여부를 확인하는 경우

제7조(위험성평가의 방법) ① 사업주는 다음과 같은 방법으로 위험성평가를 실시하여야 한다.

1. 안전보건관리책임자 등 해당 사업장에서 사업의 실시를 총괄 관리하는 사람에게 위험성평가의 실시를 총괄 관리하게 할 것
2. 사업장의 안전관리자, 보건관리자 등이 위험성평가의 실시에 관하여 안전보건관리책임자를 보좌하고 지도 · 조언하게 할 것
3. 관리감독자가 유해 · 위험요인을 파악하고 그 결과에 따라 개선조치를 시행하게 할 것
4. 기계 · 기구, 설비 등과 관련된 위험성평가에는 해당 기계 · 기구, 설비 등에 전문 지식을 갖춘 사람을 참여하게 할 것

5. 안전·보건관리자의 선임의무가 없는 경우에는 제2호에 따른 업무를 수행할 사람을 지정하는 등 그 밖에 위험성평가를 위한 체제를 구축할 것

② 사업주는 제1항에서 정하고 있는 자에 대해 위험성평가를 실시하기 위한 필요한 교육을 실시하여야 한다. 이 경우 위험성평가에 대해 외부에서 교육을 받았거나, 관련학문을 전공하여 관련 지식이 풍부한 경우에는 필요한 부분만 교육을 실시하거나 교육을 생략할 수 있다.

③ 사업주가 위험성평가를 실시하는 경우에는 산업안전·보건 전문가 또는 전문기관의 컨설팅을 받을 수 있다.

④ 사업주가 다음 각 호의 어느 하나에 해당하는 제도를 이행한 경우에는 그 부분에 대하여 이 고시에 따른 위험성평가를 실시한 것으로 본다.

1. 위험성평가 방법을 적용한 안전·보건진단(법 제47조)
2. 공정안전보고서(법 제44조). 다만, 공정안전보고서의 내용 중 공정위험성 평가서가 최대 4년 범위 이내에서 정기적으로 작성된 경우에 한한다.
3. 근골격계부담작업 유해요인조사(안전보건규칙 제657조부터 제662조까지)
4. 그 밖에 법과 이 법에 따른 명령에서 정하는 위험성평가 관련 제도

제8조(위험성평가의 절차) 사업주는 위험성평가를 다음의 절차에 따라 실시하여야 한다. 다만, 상시근로자수 20명 미만 사업장(총 공사금액 20억원 미만의 건설공사)의 경우에는 다음 각 호중 제3호를 생략할 수 있다.

1. 평가대상의 선정 등 사전준비
2. 근로자의 작업과 관계되는 유해·위험요인의 파악
3. 파악된 유해·위험요인별 위험성의 추정
4. 추정한 위험성이 허용 가능한 위험성인지 여부의 결정
5. 위험성 감소대책의 수립 및 실행
6. 위험성평가 실시내용 및 결과에 관한 기록

제9조(사전준비) ① 사업주는 위험성평가를 효과적으로 실시하기 위하여 최초 위험성평가시 다음 각 호의 사항이 포함된 위험성평가 실시규정을 작성하고, 지속적으로 관리하여야 한다.

1. 평가의 목적 및 방법
2. 평가담당자 및 책임자의 역할
3. 평가시기 및 절차
4. 주지방법 및 유의사항
5. 결과의 기록·보존

② 위험성평가는 과거에 산업재해가 발생한 작업, 위험한 일이 발생한 작업 등 근로자의 근로에 관계되는 유해·위험요인에 의한 부상 또는 질병의 발생이 합리적으로 예견 가능한 것은 모두 위험성평가의 대상으로 한다. 다만, 매우 경미한 부상 또는 질병만을 초래할 것으로 명백히 예상되는 것에 대해서는 대상에서 제외할 수 있다.

③ 사업주는 다음 각 호의 사업장 안전보건정보를 사전에 조사하여 위험성평가에 활용하여야 한다.

1. 작업표준, 작업절차 등에 관한 정보
2. 기계 · 기구, 설비 등의 사양서, 물질안전보건자료(MSDS) 등의 유해 · 위험요인에 관한 정보
3. 기계 · 기구, 설비 등의 공정 흐름과 작업 주변의 환경에 관한 정보
4. 법 제63조에 따른 작업을 하는 경우로서 같은 장소에서 사업의 일부 또는 전부를 도급을 주어 행하는 작업이 있는 경우 혼재 작업의 위험성 및 작업 상황 등에 관한 정보
5. 재해사례, 재해통계 등에 관한 정보
6. 작업환경측정결과, 근로자 건강진단결과에 관한 정보
7. 그 밖에 위험성평가에 참고가 되는 자료 등

제10조(유해 · 위험요인 파악) 사업주는 유해 · 위험요인을 파악할 때 업종, 규모 등 사업장 실정에 따라 다음 각 호의 방법 중 어느 하나 이상의 방법을 사용하여야 한다. 이 경우 특별한 사정이 없으면 제1호에 의한 방법을 포함하여야 한다.

1. 사업장 순회점검에 의한 방법
2. 청취조사에 의한 방법
3. 안전보건 자료에 의한 방법
4. 안전보건 체크리스트에 의한 방법
5. 그 밖에 사업장의 특성에 적합한 방법

제11조(위험성 추정) ① 사업주는 유해 · 위험요인을 파악하여 사업장 특성에 따라 부상 또는 질병으로 이어질 수 있는 가능성 및 중대성의 크기를 추정하고 다음 각 호의 어느 하나의 방법으로 위험성을 추정하여야 한다.

1. 가능성과 중대성을 행렬을 이용하여 조합하는 방법
2. 가능성과 중대성을 곱하는 방법
3. 가능성과 중대성을 더하는 방법
4. 그 밖에 사업장의 특성에 적합한 방법

② 제1항에 따라 위험성을 추정할 경우에는 다음에서 정하는 사항을 유의하여야 한다.

1. 예상되는 부상 또는 질병의 대상자 및 내용을 명확하게 예측할 것
2. 최악의 상황에서 가장 큰 부상 또는 질병의 중대성을 추정할 것
3. 부상 또는 질병의 중대성은 부상이나 질병 등의 종류에 관계없이 공통의 척도를 사용하는 것이 바람직하며, 기본적으로 부상 또는 질병에 의한 요양기간 또는 근로손실 일수 등을 척도로 사용할 것
4. 유해성이 입증되어 있지 않은 경우에도 일정한 근거가 있는 경우에는 그 근거를 기초로 하여 유해성이 존재하는 것으로 추정할 것
5. 기계 · 기구, 설비, 작업 등의 특성과 부상 또는 질병의 유형을 고려할 것

제12조(위험성 결정) ① 사업주는 제11조에 따른 유해·위험요인별 위험성 추정 결과(제8조 단서에 따라 같은 조 제3호를 생략한 경우에는 제10조에 따른 유해·위험요인 파악결과를 말한다)와 사업장 자체적으로 설정한 허용 가능한 위험성 기준(「산업안전보건법」에서 정한 기준 이상으로 정하여야 한다)을 비교하여 해당 유해·위험요인별 위험성의 크기가 허용 가능한지 여부를 판단하여야 한다.

② 제1항에 따른 허용 가능한 위험성의 기준은 위험성 결정을 하기 전에 사업장 자체적으로 설정해 두어야 한다.

제13조(위험성 감소대책 수립 및 실행) ① 사업주는 제12조에 따라 위험성을 결정한 결과 허용 가능한 위험성이 아니라고 판단되는 경우에는 위험성의 크기, 영향을 받는 근로자 수 및 다음 각 호의 순서를 고려하여 위험성 감소를 위한 대책을 수립하여 실행하여야 한다. 이 경우 법령에서 정하는 사항과 그 밖에 근로자의 위험 또는 건강장해를 방지하기 위하여 필요한 조치를 반영하여야 한다.

1. 위험한 작업의 폐지·변경, 유해·위험물질 대체 등의 조치 또는 설계나 계획 단계에서 위험성을 제거 또는 저감하는 조치
2. 연동장치, 환기장치 설치 등의 공학적 대책
3. 사업장 작업절차서 정비 등의 관리적 대책
4. 개인용 보호구의 사용

② 사업주는 위험성 감소대책을 실행한 후 해당 공정 또는 작업의 위험성의 크기가 사전에 자체 설정한 허용 가능한 위험성의 범위인지를 확인하여야 한다.

③ 제2항에 따른 확인 결과, 위험성이 자체 설정한 허용 가능한 위험성 수준으로 내려오지 않는 경우에는 허용 가능한 위험성 수준이 될 때까지 추가의 감소대책을 수립·실행하여야 한다.

④ 사업주는 중대재해, 중대산업사고 또는 심각한 질병이 발생할 우려가 있는 위험성으로서 제1항에 따라 수립한 위험성 감소대책의 실행에 많은 시간이 필요한 경우에는 즉시 잠정적인 조치를 강구하여야 한다.

⑤ 사업주는 위험성평가를 종료한 후 남아 있는 유해·위험요인에 대해서는 게시, 주지 등의 방법으로 근로자에게 알려야 한다.

제14조(기록 및 보존) ① 규칙 제37조제1항제4호에 따른 “그 밖에 위험성평가의 실시내용을 확인하기 위하여 필요한 사항으로서 고용노동부장관이 정하여 고시하는 사항”이란 다음 각 호에 관한 사항을 말한다.

1. 위험성평가를 위해 사전조사 한 안전보건정보
2. 그 밖에 사업장에서 필요하다고 정한 사항

② 시행규칙 제37조제2항의 기록의 최소 보존기한은 제15조에 따른 실시 시기별 위험성평가를 완료한 날부터 기산한다.

제15조(위험성평가의 실시 시기) ① 위험성평가는 최초평가 및 수시평가, 정기평가로 구분하여 실시하여야 한다. 이 경우 최초평가 및 정기평가는 전체 작업을 대상으로 한다.

② 수시평가는 다음 각 호의 어느 하나에 해당하는 계획이 있는 경우에는 해당 계획의 실행을 착수하기 전에 실시하여야 한다. 다만, 제5호에 해당하는 경우에는 재해발생 작업을 대상으로 작업을 재개하기 전에 실시하여야 한다.

1. 사업장 건설물의 설치 · 이전 · 변경 또는 해체
2. 기계 · 기구, 설비, 원재료 등의 신규 도입 또는 변경
3. 건설물, 기계 · 기구, 설비 등의 정비 또는 보수(주기적 · 반복적 작업으로서 정기평가를 실시한 경우에는 제외)
4. 작업방법 또는 작업절차의 신규 도입 또는 변경
5. 중대산업사고 또는 산업재해(휴업 이상의 요양을 요하는 경우에 한정한다) 발생
6. 그 밖에 사업주가 필요하다고 판단한 경우

③ 정기평가는 최초평가 후 매년 정기적으로 실시한다. 이 경우 다음의 사항을 고려하여야 한다.

1. 기계 · 기구, 설비 등의 기간 경과에 의한 성능 저하
2. 근로자의 교체 등에 수반하는 안전 · 보건과 관련되는 지식 또는 경험의 변화
3. 안전 · 보건과 관련되는 새로운 지식의 습득
4. 현재 수립되어 있는 위험성 감소대책의 유효성 등

제3장 위험성평가 인정

제16조(인정의 신청) ① 장관은 소규모 사업장의 위험성평가를 활성화하기 위하여 위험성평가 우수사업장에 대해 인정해 주는 제도를 운영할 수 있다. 이 경우 인정을 신청할 수 있는 사업장은 다음 각 호와 같다.

1. 상시 근로자 수 100명 미만 사업장(건설공사를 제외한다). 이 경우 법 제63조에 따른 작업의 일부 또는 전부를 도급에 의하여 행하는 사업의 경우는 도급사업주의 사업장(이하 "도급사업장"이라 한다)과 수급사업주의 사업장(이하 "수급사업장"이라 한다) 각각의 근로자수를 이 규정에 의한 상시 근로자 수로 본다.
2. 총 공사금액 120억원(토목공사는 150억원) 미만의 건설공사

② 제2장에 따른 위험성평가를 실시한 사업장으로서 해당 사업장을 제1항의 위험성평가 우수사업장으로 인정을 받고자 하는 사업주는 별지 제1호서식의 위험성평가 인정신청서를 해당 사업장을 관할하는 공단 광역본부장 · 지역본부장 · 지사장에게 제출하여야 한다.

③ 제2항에 따른 인정신청은 위험성평가 인정을 받고자 하는 단위 사업장(또는 건설공사)으로 한다. 다만, 다음 각 호의 어느 하나에 해당하는 사업장은 인정신청을 할 수 없다.

1. 제22조에 따라 인정이 취소된 날부터 1년이 경과하지 아니한 사업장
2. 최근 1년 이내에 제22조제1항 각 호(제1호 및 제5호를 제외한다)의 어느 하나에 해당하는 사유가 있는 사업장

④ 법 제63조에 따른 작업의 일부 또는 전부를 도급에 의하여 행하는 사업장의 경우에는 도급사업장의 사업주가 수급사업장을 일괄하여 인정을 신청하여야 한다. 이 경우 인정신청에 포함하는 해당 수급사업장 명단을 신청서에 기재(건설공사를 제외한다)하여야 한다.

⑤ 제4항에도 불구하고 수급사업장이 제19조에 따른 인정을 별도로 받았거나, 법 제17조에 따른 안전관리자 또는 같은 법 제18조에 따른 보건관리자 선임대상인 경우에는 제4항에 따른 인정신청에서 해당 수급사업장을 제외할 수 있다.

제17조(인정심사) ① 공단은 위험성평가 인정신청서를 제출한 사업장에 대하여는 다음에서 정하는 항목을 심사(이하 "인정심사"라 한다)하여야 한다.

1. 사업주의 관심도
2. 위험성평가 실행수준
3. 구성원의 참여 및 이해 수준
4. 재해발생 수준

② 공단 광역본부장 · 지역본부장 · 지사장은 소속 직원으로 하여금 사업장을 방문하여 제1항의 인정심사(이하 "현장심사"라 한다)를 하도록 하여야 한다. 이 경우 현장심사는 현장심사 전일을 기준으로 최초인정은 최근 1년, 최초인정 후 다시 인정(이하 "재인정"이라 한다)하는 것은 최근 3년 이내에 실시한 위험성평가를 대상으로 한다. 다만, 인정사업장 사후심사를 위하여 제21조제3항에 따른 현장심사를 실시한 것은 제외할 수 있다.

③ 제2항에 따른 현장심사 결과는 제18조에 따른 인정심사위원회에 보고하여야 하며, 인정심사위원회는 현장심사 결과 등으로 인정심사를 하여야 한다.

④ 제16조제4항에 따른 도급사업장의 인정심사는 도급사업장과 인정을 신청한 수급사업장(건설공사의 수급사업장은 제외한다)에 대하여 각각 실시하여야 한다. 이 경우 도급사업장의 인정심사는 사업장 내의 모든 수급사업장을 포함한 사업장 전체를 종합적으로 실시하여야 한다.

⑤ 인정심사의 세부항목 및 배점 등 인정심사에 관하여 필요한 사항은 공단 이사장이 정한다. 이 경우 사업장의 업종별, 규모별 특성 등을 고려하여 심사기준을 달리 정할 수 있다.

제18조(인정심사위원회의 구성·운영) ① 공단은 위험성평가 인정과 관련한 다음 각 호의 사항을 심의 · 의결하기 위하여 각 광역본부 · 지역본부 · 지사에 위험성평가 인정심사위원회를 두어야 한다.

1. 인정 여부의 결정
2. 인정취소 여부의 결정
3. 인정과 관련한 이의신청에 대한 심사 및 결정
4. 심사항목 및 심사기준의 개정 건의
5. 그 밖에 인정 업무와 관련하여 위원장이 회의에 부치는 사항

② 인정심사위원회는 공단 광역본부장 · 지역본부장 · 지사장을 위원장으로 하고, 관할 지방고용노동관서 산재예방지도과장(산재예방지도과가 설치되지 않은 관서는 근로개선지도과장)을 당연직 위원으로 하여 10명 이내의 내 · 외부 위원으로 구성하여야 한다.

③ 그 밖에 인정심사위원회의 구성 및 운영에 관하여 필요한 사항은 공단 이사장이 정한다.

제19조(위험성평가의 인정) ① 공단은 인정신청 사업장에 대한 현장심사를 완료한 날부터 1개월 이내에 인정심사위원회의 심의 · 의결을 거쳐 인정 여부를 결정하여야 한다. 이 경우 다음의 기준을 충족하는 경우에만 인정을 결정하여야 한다.

1. 제2장에서 정한 방법, 절차 등에 따라 위험성평가 업무를 수행한 사업장
2. 현장심사 결과 제17조제1항 각 호의 평가점수가 100점 만점에 50점을 미달하는 항목이 없고 종합점수가 100점 만점에 70점 이상인 사업장

② 인정심사위원회는 제1항의 인정 기준을 충족하는 사업장의 경우에도 인정심사위원회를 개최하는 날을 기준으로 최근 1년 이내에 제22조제1항 각 호에 해당하는 사유가 있는 사업장에 대하여는 인정하지 아니 한다.

③ 공단은 제1항에 따라 인정을 결정한 사업장에 대해서는 별지 제2호서식의 인정서를 발급하여야 한다. 이 경우 제17조제4항에 따른 인정심사를 한 경우에는 인정심사 기준을 만족하는 도급사업장과 수급사업장에 대해 각각 인정서를 발급하여야 한다.

④ 위험성평가 인정 사업장의 유효기간은 제1항에 따른 인정이 결정된 날부터 3년으로 한다. 다만, 제22조에 따라 인정이 취소된 경우에는 인정취소 사유 발생일 전날까지로 한다.

⑤ 위험성평가 인정을 받은 사업장 중 사업이 법인격을 갖추어 사업장관리번호가 변경되었으나 다음 각 호의 사항을 증명하는 서류를 공단에 제출하여 동일 사업장임을 인정받을 경우 변경 후 사업장을 위험성평가 인정 사업장으로 한다. 이 경우 인정기간의 만료일은 변경 전 사업장의 인정기간 만료일로 한다.

1. 변경 전 · 후 사업장의 소재지가 동일할 것
2. 변경 전 사업의 사업주가 변경 후 사업의 대표이사가 되었을 것
3. 변경 전 사업과 변경 후 사업간 시설 · 인력 · 자금 등에 대한 권리 · 의무의 전부를 포괄적으로 양도 · 양수하였을 것

제20조(재인정) ① 사업주는 제19조제4항 본문에 따른 인정 유효기간이 만료되어 재인정을 받으려는 경우에는 제16조제2항에 따른 인정신청서를 제출하여야 한다. 이 경우 인정신청서 제출은 유효기간 만료일 3개월 전부터 할 수 있다.

② 제1항에 따른 재인정을 신청한 사업장에 대한 심사 등은 제16조부터 제19조까지의 규정에 따라 처리한다.

③ 재인정 심사의 범위는 직전 인정 또는 사후심사와 관련한 현장심사 다음 날부터 재인정신청에 따른 현장심사 전일까지 실시한 정기평가 및 수시평가를 그 대상으로 한다.

④ 재인정 사업장의 인정 유효기간은 제19조제4항에 따른다. 이 경우, 재인정 사업장의 인정 유효기간은 이전 위험성평가 인정 유효기간의 만료일 다음날부터 새로 계산한다.

제21조(인정사업장 사후심사) ① 공단은 제19조제3항 및 제20조에 따라 인정을 받은 사업장이 위험성평가를 효과적으로 유지하고 있는지 확인하기 위하여 매년 인정사업장의 20퍼센트 범위에서 사후심사를 할 수 있다.

② 제1항에 따른 사후심사는 다음 각 호의 어느 하나에 해당하는 사업장으로 인정심사위원회에서 사후심사가 필요하다고 결정한 사업장을 대상으로 한다. 이 경우 제1호에 해당하는 사업장은 특별한 사정이 없는 한 대상에 포함하여야 한다.

1. 공사가 진행 중인 건설공사. 다만, 사후심사일 현재 잔여공사기간이 3개월 미만인 건설공사는 제외할 수 있다.
2. 제19조제1항제2호 및 제20조제2항에 따른 종합점수가 100점 만점에 80점 미만인 사업장으로 사후심사가 필요하다고 판단되는 사업장
3. 그 밖에 무작위 추출 방식에 의하여 선정한 사업장(건설공사를 제외한 연간 사후심사 사업장의 50퍼센트 이상을 선정한다)

③ 사후심사는 직전 현장심사를 받은 이후에 사업장에서 실시한 위험성평가에 대해 현장심사를 하는 것으로 하며, 해당 사업장이 제19조에 따른 인정 기준을 유지하는지 여부를 심사하여야 한다.

제22조(인정의 취소) ① 위험성평가 인정사업장에서 인정 유효기간 중에 다음 각 호의 어느 하나에 해당하는 사업장은 인정을 취소하여야 한다.

1. 거짓 또는 부정한 방법으로 인정을 받은 사업장
2. 직·간접적인 법령 위반에 기인하여 다음의 중대재해가 발생한 사업장(규칙 제2조)
   가. 사망재해
   나. 3개월 이상 요양을 요하는 부상자가 동시에 2명 이상 발생
   다. 부상자 또는 직업성질병자가 동시에 10명 이상 발생
3. 근로자의 부상(3일 이상의 휴업)을 동반한 중대산업사고 발생사업장
4. 법 제10조에 따른 산업재해 발생건수, 재해율 또는 그 순위 등이 공표된 사업장(영 제10조제1항제1호 및 제5호에 한정한다)
5. 제21조에 따른 사후심사 결과, 제19조에 의한 인정기준을 충족하지 못한 사업장
6. 사업주가 자진하여 인정 취소를 요청한 사업장
7. 그 밖에 인정취소가 필요하다고 공단 광역본부장·지역본부장 또는 지사장이 인정한 사업장

② 공단은 제1항에 해당하는 사업장에 대해서는 인정심사위원회에 상정하여 인정취소 여부를 결정하여야 한다. 이 경우 해당 사업장에는 소명의 기회를 부여하여야 한다.

③ 제2항에 따라 인정취소 사유가 발생한 날을 인정취소일로 본다.

제23조(위험성평가 지원사업) ① 장관은 사업장의 위험성평가를 지원하기 위하여 공단 이사장으로 하여금 다음 각 호의 위험성평가 사업을 추진하게 할 수 있다.

1. 추진기법 및 모델, 기술자료 등의 개발 · 보급
2. 우수 사업장 발굴 및 홍보
3. 사업장 관계자에 대한 교육
4. 사업장 컨설팅
5. 전문가 양성
6. 지원시스템 구축 · 운영
7. 인정제도의 운영
8. 그 밖에 위험성평가 추진에 관한 사항

② 공단 이사장은 제1항에 따른 사업을 추진하는 경우 고용노동부와 협의하여 추진하고 추진결과 및 성과를 분석하여 매년 1회 이상 장관에게 보고하여야 한다.

제24조(위험성평가 교육지원) ① 공단은 제21조제1항에 따라 사업장의 위험성평가를 지원하기 위하여 다음 각 호의 교육과정을 개설하여 운영할 수 있다.

1. 사업주 교육
2. 평가담당자 교육
3. 전문가 양성 교육

② 공단은 제1항에 따른 교육과정을 광역본부 · 지역본부 · 지사 또는 산업안전보건교육원(이하 "교육원"이라 한다)에 개설하여 운영하여야 한다.

③ 제1항제2호 및 제3호에 따른 평가담당자 교육을 수료한 근로자에 대해서는 해당 시기에 사업주가 실시해야 하는 관리감독자 교육을 수료한 시간만큼 실시한 것으로 본다.

제25조(위험성평가 컨설팅지원) ① 공단은 근로자 수 50명 미만 소규모 사업장(건설업의 경우 전년도에 공시한 시공능력 평가액 순위가 200위 초과인 종합건설업체 본사 또는 총 공사금액 120억원(토목공사는 150억원)미만인 건설공사를 말한다)의 사업주로부터 제5조제3항에 따른 컨설팅지원을 요청받은 경우에 위험성평가 실시에 대한 컨설팅지원을 할 수 있다.

② 제1항에 따른 공단의 컨설팅지원을 받으려는 사업주는 사업장 관할의 공단 광역본부장 · 지역본부장 · 지사장에게 지원 신청을 하여야 한다.

③ 제2항에도 불구하고 공단 광역본부장 · 지역본부 · 지사장은 재해예방을 위하여 필요하다고 판단되는 사업장을 직접 선정하여 컨설팅을 지원할 수 있다.

제4장 지원사업의 추진 등

제26조(지원 신청 등) ① 제24조에 따른 교육지원 및 제25조에 따른 컨설팅지원의 신청은 별지 제3호 서식에 따른다. 다만, 제24조제1항제3호에 따른 교육의 신청 및 비용 등은 교육원이 정하는 바에 따른다.

② 교육기관의장은 제1항에 따른 교육신청자에 대하여 교육을 실시한 경우에는 별지 제4호서식 또는 별지 제5호서식에 따른 교육확인서를 발급하여야 한다.

③ 공단은 예산이 허용하는 범위에서 사업장이 제24조에 따른 교육지원과 제25조에 따른 컨설팅지원을 민간기관에 위탁하고 그 비용을 지급할 수 있으며, 이에 필요한 지원 대상, 비용지급 방법 및 기관 관리 등 세부적인 사항은 공단 이사장이 정할 수 있다.

④ 공단은 사업주가 위험성평가 감소대책의 실행을 위하여 해당 시설 및 기기 등에 대하여 「산업재해예방시설자금 융자 및 보조업무처리규칙」에 따라 보조금 또는 융자금을 신청한 경우에는 우선하여 지원할 수 있다.

⑤ 공단은 제19조에 따른 위험성평가 인정 또는 제20조에 따른 재인정, 제22조에 따른 인정 취소를 결정한 경우에는 결정일부터 3일 이내에 인정일 또는 재인정일, 인정취소일 및 사업장명, 소재지, 업종, 근로자 수, 인정 유효기간 등의 현황을 지방고용노동관서 산재예방지도과(산재예방지도과가 설치되지 않은 관서는 근로개선지도과)로 보고하여야 한다. 다만, 위험성평가 지원시스템 또는 그 밖의 방법으로 지방고용노동관서에서 인정사업장 현황을 실시간으로 파악할 수 있는 경우에는 그러하지 아니한다.

제27조(인정사업장 등에 대한 혜택) ① 장관은 위험성평가 인정사업장에 대하여는 제19조 및 제20조에 따른 인정 유효기간 동안 사업장 안전보건 감독을 유예할 수 있다.

② 제1항에 따라 유예하는 안전보건 감독은 「근로감독관 집무규정(산업안전보건)」 제10조제2항에 따른 기획감독 대상 중 장관이 별도로 지정한 사업장으로 한정한다.

③ 장관은 위험성평가를 실시하였거나, 위험성평가를 실시하고 인정을 받은 사업장에 대해서는 정부 포상 또는 표창의 우선 추천 및 그 밖의 혜택을 부여할 수 있다.

제28조(재검토기한) 고용노동부장관은 이 고시에 대하여 2020년 1월 1일 기준으로 매3년이 되는 시점(매 3년째의 12월 31일까지를 말한다)마다 그 타당성을 검토하여 개선 등의 조치를 하여야 한다.

Chapter 05

부록 : 기출문제

산업보건지도사 2013년 기출문제

Actual Test

1. 테일러(Taylor)의 과학적 관리법(Scientific Management)에 관한 설명으로 옳은 것만을 모두 고른 것은?

ㄱ. 부품을 표준화하고, 작업이 동시에 시작하여 동시에 끝나므로 동시관리라고도 한다. ㄴ. 과업 중심의 관리로 인간의 심리적·사회적 측면에 대한 문제의식이 부족하다. ㄷ. 동일작업에 대하여 과업을 달성하는 경우 고임금, 달성하지 못하는 경우에는 저임금을 지급한다. ㄹ. 작업을 전문화하고 전문화된 작업마다 직장(Foreman)을 두어 관리하게 한다. ㅁ. 작업환경에 관계없이 작업자의 동기부여가 작업능률을 증가시키는 결과를 보여주었다.

① ㄱ, ㅁ ② ㄷ, ㄹ
③ ㄴ, ㄷ, ㄹ ④ ㄴ, ㄹ, ㅁ
⑤ ㄱ, ㄷ, ㄹ, ㅁ

2. 재고의 기능에 따른 분류에 관한 설명으로 옳지 않은 것은?
① 안전재고 : 제품 수요, 리드타임 등의 불확실한 수요에 대비하기 위한 재고
② 분리재고 : 공정을 기준으로 공정 전·후의 재고로 분리될 경우의 재고
③ 파이프라인 재고 : 공장에서 물류센터, 물류센터에서 대리점 등으로 이동 중에 있는 재고
④ 투기재고 : 원자재 고갈, 가격인상 등에 대비하여 미리 확보해 두는 재고
⑤ 완충재고 : 생산계획에 따라 주기적인 주문으로 주문기간 동안 존재하는 재고

3. 생산시스템에 관한 설명으로 옳지 않은 것은?
① 모듈생산시스템(MPS ; Modular Production System)은 단납기화 요구강화와 원가절감을 위하여 부품 또는 단위의 조합에 따라 고객의 다양한 주문에 대응하는 생산 시스템이다.
② 자재소요계획(MRP ; Material Requirements Planning)은 주일정계획(기준생산일정)을 기초로 하여 완제품 생산에 필요한 자재 및 구성부품의 종류, 수량 시기 등을 계획하는 시스템이다.
③ 적시생산시스템(JIT ; Just In Time)은 제품생산에 요구되는 부품 등 자재를 필요한 시기에 필요한 수량만큼 적기에 생산, 조달하여 낭비요소를 근본적으로 제거하려는 생산 시스템이다.

④ 유연생산시스템(FMS ; Flexible Manufacturing System)은 CAD, CAM 및 MRP 등의 기술을 도입, 생산 설비를 빠르게 전환하여 소품종 대량생산을 효율적으로 행하는 시스템이다.
⑤ 셀생산시스템(CMS ; Cellular Manufacturing System)은 숙련된 작업자가 컨베이어라인 없는 셀(Cell) 내부에서 전체공정을 책임지고 완수하는 사람 중심의 자율생산시스템이다.

4. 프로젝트 관리에 활용되는 PERT(Program Evaluation & Review Technique)와 CPM(Critical Path Method)의 설명으로 옳은 것은?
① PERT는 개개의 활동에 대해 낙관적 시간치, 최빈 시간치, 비관적 시간치를 추정한 후 그들이 정규분포를 이룬다고 가정하여 평균기대 시간치를 구한다.
② CPM은 프로젝트의 완성시간을 앞당기기 위해 최소비용법을 활용하여 주공정상에 위치하는 작업들의 비용관계를 분석하여 소요시간을 줄인다.
③ 과거자료나 경험을 기초로 한 PERT는 활동중심의 확정적 시간을 사용하고, 불확실한 작업을 기초로 한 CPM은 단계중심의 확률적 시간 추정치를 사용한다.
④ PERT/CPM은 활동의 전후 관계를 명확히 하고 체계적인 일정 및 예상통제로 효율적 진도관리를 위해 간트(Gantt)차트와 같은 도식적 기법을 활용한다.
⑤ PERT/CPM은 TQM(Total Quality Management)과 연계되어 있어 제품 및 서비스에 대한 고객만족 프로세스를 지향하는 프로젝트 관리도구로 적합하다.

5. 직무와 관련된 설명으로 옳은 것은?
① 직무충실화는 허쯔버그(F. Herzberg)가 2요인 이론을 직무에 구체적으로 적용하기 위하여 제창한 것이다.
② 직무분석에는 서열법, 분류법, 점수법, 요소비교법 등의 방법들이 활용된다.
③ 직무기술서에는 직무수행에 요구되는 기능, 지식, 육체적 능력과 교육수준이 기술되어 있다.
④ 직무명세서에는 직무가치와 직무확대에 대한 구체적인 지침이 제시되어 있다.
⑤ 직무평가의 1차적 목적은 직무기술서나 직무명세서를 작성하는 것이며, 2차적으로는 조직, 인사관리를 위한 자료를 제공하는 것이다.

6. 커뮤니케이션과 의사결정에 관한 설명으로 옳은 것은?
① 암묵지를 체계적, 조직적으로 형식지화한다고 하여도 의사결정의 가치창출 수준은 높아지지 않는다.
② 커뮤니케이션 효과를 높이기 위하여 메시지 전달자는 공식 서신, 전자우편, 전화, 직접 대면 등 다양한 방식 중 한 가지 방식에 집중할 필요가 있다.
③ 커뮤니케이션의 문제상황이 복잡한 경우 공식적인 수치와 공식적 서신이 소통방식으로 적합하다.

 정답 4. ② 5. ① 6. ⑤

④ 공식적인 서신과 공식적인 수치는 대면적 의사소통에 비하여 의미 있는 정보를 전달할 잠재력이 높다.
⑤ 제한된 합리성이론에 따르면 '의사결정자가 현 상태에 만족한다면 새로운 대안 모색에 나서지 않는다'라고 한다.

7. 임금관리 공정성에 관한 설명으로 옳은 것은?
① 내부공정성은 노동시장에서 지불되는 임금액에 대비한 구성원의 임금에 대한 공평성 지각을 의미한다.
② 외부공정성은 단일 조직 내에서 직무 또는 스킬의 상대적 가치에 임금 수준이 비례하는 정도를 의미한다.
③ 직무급에서는 직무의 중요도와 난이도 평가, 역량급에서는 직무에 필요한 역량 기준에 따른 역량 평가에 따라 임금수준이 결정된다.
④ 개인공정성은 다양한 직무 각 개인의 특질, 교육정도, 동료들과의 인화력, 업무 몰입수준 등과 같은 개인적 특성이 임금에 반영되는 정도를 의미한다.
⑤ 조직은 조직구성원에 대한 면접조사를 통하여 자사 임금수준의 내부, 외부 공정성 수준을 평가할 수 있다.

8. 막스 베버(M. Weber)가 제시한 관료제의 특징은?
① 조직의 활동을 합리적으로 조정하기 위해서는 업무처리를 위한 절차가 명확하게 규정되어야 한다.
② 조직구성원 간 의사소통의 활성화를 위해 수평적 조직구조를 선호한다.
③ 환경에 대한 적절한 대응을 위해 조직구성원 간의 정보공유를 중시한다.
④ '기계적 관료제'라 불리며 복잡한 환경의 대규모 조직에 효과적이다.
⑤ 하급자는 상급자의 감독과 통제하에 놓이게 되나 성과 평가를 할 때에는 하급자도 상급자의 평가과정에 참여한다.

9. BSC(Balanced Score Card)에 관한 설명으로 옳지 않은 것은?
① 내부 프로세스 관점과 학습 및 성장 관점도 평가의 주요 관점이다.
② 재무적 관점 이외에 고객관점도 평가의 주요 관점이다.
③ 로버트 카플란(R. Kaplan)과 노턴(D. Norton)이 제안한 성과평가방식이다.
④ 균형 잡힌 성과 측정을 위한 것으로 대개 재무와 비재무지표, 결과와 과정, 내부와 외부, 노와 사 간의 균형을 추구하는 도구이다.
⑤ 전략 모니터링 또는 전략 실행을 관리하기 위한 도구로 활용하는 경우에는 성과평가 결과를 보상에 연계시키지 않는 것이 바람직하다는 견해가 있다.

7. ③ 8. ① 9. ④ 정답

10. A과장은 근무평정을 할 때 자신의 부하직원 B가 평소 성실하다는 이유로 자신이 직접 관찰하지 않아서 잘 모르는 B의 창의성, 도덕성, 기획력 등을 모두 높게 평가하였다. 이러한 경우 A과장은 어떤 평정오류를 범하고 있는가?

① 관대화오류
② 후광오류
③ 엄격화오류
④ 중앙집중오류
⑤ 대비오류

11. 직무만족의 선행변인에 관한 설명으로 옳은 것은?

① 통제소재에서 내재론자들은 외재론자들보다 자신들의 직무에 대해 더 만족한다.
② 직무특성과 직무만족 간의 상관은 질문지로 측정한 연구에서는 나타나지 않았다.
③ 집단주의적 아시아 문화권에서는 직무특성과 직무만족 간에 상관이 높은 것으로 나타났다.
④ 급여만족은 분배공정성보다 절차공정성이 더 밀접한 관련이 있다.
⑤ 직무특성 차원과 직무만족 간의 상관을 산출해 본 결과 직무만족과 가장 낮은 상관을 나타내는 직무특성은 기술 다양성이었다.

12. 사회적 권력(Social Power)의 유형에 대한 설명으로 옳지 않은 것은?

① 합법권력 : 상사의 직책에 고유하게 내재하는 권력
② 강압권력 : 상사가 징계 해고 등 부하를 처벌할 수 있는 능력
③ 보상권력 : 상사가 부하에게 수당, 승진 등 보상해 줄 수 있는 능력
④ 전문권력 : 상사가 보유하고 있는 지식과 전문기술 등에 근거하는 능력
⑤ 참조권력 : 상사가 부하에게 규범과 명확한 지침을 전달하고, 문제발생 시 도움을 줄 수 있는 능력

13. 와르(Warr)의 정신건강 구성요소에 대한 설명으로 옳지 않은 것은?

① 정서적 행복감 : 쾌감과 각성이라는 두 가지 독립된 차원을 가지고 있다.
② 결단 : 환경적 영향력에 저항하고 자신의 의견이나 행동을 결정할 수 있는 개인의 능력을 의미한다.
③ 역량 : 생활에서 당면하는 문제들을 효과적으로 다룰 수 있는 충분한 심리적 자원을 가지고 있는 정도를 의미한다.
④ 포부 : 포부수준이 높다는 것은 동기수준과 관계가 있으며, 새로운 기회를 적극적으로 탐색하고, 목표 달성을 위하여 도전하는 것을 의미한다.
⑤ 통합된 기능 : 목표달성이 어려울 때 느끼는 긴장감과 그렇지 않을 때 느끼는 이완감 사이에 조화로운 균형을 유지할 수 있는 정도를 의미한다.

 정답 10. ② 11. ① 12. ⑤ 13. ②

14. 직무분석에 대한 설명으로 옳지 않은 것은?
① 특정직무에 대한 훈련 프로그램을 개발하기 위해서는 직무의 속성과 요구하는 기술을 알아야 한다.
② 효과적인 수행을 하기 위한 직무나 작업장을 설계하는 데 도움을 준다.
③ 작업시 시간과 노력의 낭비를 줄일 수 있고 안전저해요소나 위험요소를 발견할 수 있다.
④ 특정직무에 대한 직무분석을 하는 기법으로 면접법, 질문지법, 관찰법, 행동기법, 중대사건기법, 투사기법 등이 있다.
⑤ 과업수행에 사용되는 도구, 기구, 수행목적, 요구되는 교육훈련, 임금수준 및 안전저해요소 등에 대한 정보가 포함되어 있다.

15. 호프스테드(Hofstede)의 문화 간 차이를 이해하는 4가지 차원에 속하지 않는 것은?
① 불확실성 회피
② 개인주의 – 집합주의
③ 남성성 – 여성성
④ 신뢰 – 불신
⑤ 세력 차이

16. 작업장 스트레스의 대처방안 중 조직차원의 기법에 해당하는 것만을 모두 고른 것은?

ㄱ. 바이오 피드백
ㄴ. 작업 과부하의 제거
ㄷ. 사회적 지지의 제공
ㄹ. 이완훈련
ㅁ. 조직분위기 개선

① ㄱ, ㄴ, ㄷ
② ㄱ, ㄷ, ㄹ
③ ㄴ, ㄷ, ㅁ
④ ㄴ, ㄹ, ㅁ
⑤ ㄷ, ㄹ, ㅁ

17. 심리검사 결과를 분석할 때 상관계수를 이용하여 검증하는 타당도(Validity)를 모두 고른 것은?

ㄱ. 구성 타당도
ㄴ. 내용 타당도
ㄷ. 준거 관련 타당도
ㄹ. 수렴 타당도
ㅁ. 확산 타당도

① ㄱ, ㄴ, ㄹ
② ㄱ, ㄴ, ㅁ
③ ㄷ, ㄹ, ㅁ
④ ㄱ, ㄴ, ㄷ, ㄹ
⑤ ㄱ, ㄷ, ㄹ, ㅁ

14. ④ 15. ④ 16. ③ 17. ⑤ 정답

18. 작업자의 수행을 평가할 때 평가자에 의한 관대화 오류가 가장 많이 발생할 수 있는 방법은?
① 종업원 순위법
② 강제배분법
③ 도식적 평정법
④ 정신운동능력 평정법
⑤ 행동기준 평정법

19. 방음용 귀마개 또는 귀덮개에 관한 설명으로 옳은 것은?
① 최저음압수준이란 헤르츠 수준을 감지할 수 있는 최저 헤르츠 수준을 말한다.
② 백색소음이란 20~20,000Hz의 가청범위 전체에 걸쳐 단속적으로 균일하게 분포된 주파수를 갖는 소음을 말한다.
③ 귀마개 1종은 주로 고음을 차음하고 저음은 차음하지 않는 것이다.
④ 일반적으로 귀덮개보다는 귀마개가 차음 효과가 높다.
⑤ 귀마개 또는 귀덮개에는 안전인증의 표시 외에 일회용 또는 재사용 여부, 세척 및 소독방법 등 사용상의 주의사항을 추가로 표시해야 한다.

20. 시스템의 신뢰성 설계에 관한 설명으로 옳은 것은?
① 강건설계(Robust design)는 대체성을 가진 별개의 부품을 확보하여 시스템의 신뢰도를 높일 수 있다.
② 손상허용설계는 부품에 손상이 있어도 보전작업으로 검출하여 안전성이 보존될 수 있도록 배려하는 설계이다.
③ 풀 프루프(fool-proof)는 기계가 고장이 나더라도 안전장치가 작동해 항상 안전하게 작동하는 시스템을 말하며, 예를 들어 교통신호와 같이 고장 시에는 상시 빨간 신호가 되는 것과 같은 시스템이다.
④ 페일 세이프(fail-safe)는 인간이 오동작을 해도 방지되는 시스템을 말하며, 예를 들어 세탁기의 탈수장치와 같이 덮개를 열면 정지되는 시스템이다.
⑤ 인간공학적 설계라는 것은 부품의 설계방법, 작업방법, 작업환경의 설정 등을 기계의 능력이나 한계에 적합하게 설정하는 설계이다.

 정답 18. ③ 19. ⑤ 20. ②

21. 위험성평가의 절차를 순서대로 옳게 나열한 것은?

ㄱ. 위험요인 도출	ㄴ. 평가 대상 공정 선정
ㄷ. 개선대책 수립	ㄹ. 위험도 계산
ㅁ. 위험도 평가	

① ㄱ → ㄴ → ㄷ → ㄹ → ㅁ
② ㄴ → ㄱ → ㄷ → ㄹ → ㅁ
③ ㄱ → ㄹ → ㄴ → ㅁ → ㄷ
④ ㄹ → ㅁ → ㄴ → ㄱ → ㄷ
⑤ ㄴ → ㄱ → ㄹ → ㅁ → ㄷ

22. 다음 중 안전보건경영시스템의 도입 전 고려 사항이 아닌 것은?
① 전사적 측면에서는 조직의 경영에 실질적으로 도움이 되고, 이행할 수 있는 안전보건경영체제를 구축하는 것이 중요하다는 인식이 우선되어야 한다.
② 안전보건방침 승인 및 계층별, 부서별 책임과 권한을 부여하고 안전보건목표를 정하여야 한다.
③ 최고경영자는 각 부서 간의 안전보건경영체제 업무를 적절히 배분하고, 각 부서들이 솔선해서 협조할 수 있는 분위기를 만들어야 한다.
④ 조직원의 적극적인 동참을 유도할 수 있는 제도가 있어야 하며, 적절한 포상으로 직원의 사기를 진작할 수 있어야 한다.
⑤ 안전보건경영에 대한 추진 · 이행의 핵심은 전담부서, 전담요원의 숫자가 중요한 것이 아니라 조직 전체의 의식향상과 각 부서장의 업무수행에 대한 전문화가 필요하다.

23. 다음 중 기계설비의 안전조건으로 옳지 않은 것은?
① 제작의 안전성 : 기계설비는 제작에 있어 안전성이 확보되도록 하여야 한다.
② 외관의 안전성 : 기계설비의 외관은 기계적 재해예방을 위한 기본적인 안전조건이다.
③ 구조의 안전성 : 기계설비는 충분한 강도와 구조적 안전성을 유지하는 것이 기본 조건이다.
④ 작업의 안전성 : 기계설비는 작업 중 사고를 막기 위한 인간의 특성을 고려한 설계가 되어야 한다.
⑤ 보전의 안전성 : 기계설비의 고장 · 수리 등 긴급 보전작업이 안전하게 이행될 수 있도록 하여야 한다.

21. ⑤ 22. ② 23. ① 정답

24. 다음 중 지게차에 의한 운반작업에 대한 설명으로 옳지 않은 것은?

① 지게차를 주차장에 세워 두고 운전석을 떠날 때에는 짧은 시간이라도 제동장치를 완전하게 작동시킨 후 포크를 최하단까지 내려 원동기를 정지시킨다.

② 지게차의 운전자가 변경되었을 때 작업계획서를 작성하여야 한다.

③ 짐을 싣고 이동하는 동안의 포크 높이는 지면으로부터 15~20cm의 위치가 적당하다.

④ 짐을 싣고 언덕길을 오를 때나 내려 올 때에는 속도를 줄여서 상하 방향으로 전진 운전을 한다.

⑤ 짐을 싣고 이동할 때에는 짐이 운전자의 시야를 가리지 않도록 한다.

25. 사고예방대책 기본원리 5단계 중에서 제2단계인 사실의 발견(현상파악)의 내용으로 옳은 것은?

① 안전활동 방침 및 안전계획수립 및 조직을 통한 안전활동을 전개한다.

② 사고보고서 및 인적 · 물적 조건을 분석한다.

③ 안전회의 및 토의를 실시하고 근로자의 의견을 수렴한다.

④ 작업공정을 분석하고, 기술적 · 관리적인 개선사항을 점검한다.

⑤ 교육훈련 분석 등을 통하여 사고의 직 · 간접 원인을 규명한다.

 정답 24. ④ 25. ③

산업보건지도사 2014년 기출문제

Actual Test

1. 관찰 및 측정이 가능하고 직무와 관련된 피평가자의 행동을 평가기준으로 하는 행동기준고과법(BARS ; Behaviorally Anchored Rating Scales)의 개발 절차를 순서대로 옳게 나열한 것은?
   ① 행동기준고과법 개발위원회 구성 → 중요사건의 열거 → 중요사건의 범주화 → 중요사건의 재분류 → 중요사건의 등급화 → 확정 및 실시
   ② 행동기준고과법 개발위원회 구성 → 중요사건의 열거 → 중요사건의 범주화 → 중요사건의 등급화 → 중요사건의 재분류 → 확정 및 실시
   ③ 행동기준고과법 개발위원회 구성 → 중요사건의 열거 → 중요사건의 등급화 → 중요사건의 재분류 → 중요사건의 범주화 → 확정 및 실시
   ④ 행동기준고과법 개발위원회 구성 → 중요사건의 열거 → 중요사건의 등급화 → 중요사건의 범주화 → 중요사건의 재분류 → 확정 및 실시
   ⑤ 행동기준고과법 개발위원회 구성 → 중요사건의 열거 → 중요사건의 재분류 → 중요사건의 범주화 → 중요사건의 등급화 → 확정 및 실시

2. 카플란(Kaplan)과 노턴(Norton)에 의해 개발된 균형성과표(BSC ; Balanced Score Card)의 운용체계는 4가지 관점에서 파생되는 핵심성공요인(KPI ; Key Performance Indicators)들의 유기적 인과관계로 구성되는데, 4가지 관점으로 모두 옳은 것은?
   ① 재무적 관점, 고객 관점, 외부 경쟁환경 관점, 학습・성장 관점
   ② 재무적 관점, 고객 관점, 내부 프로세스 관점, 학습・성장 관점
   ③ 재무적 관점, 자재 관점, 외부 경쟁환경 관점, 학습・성장 관점
   ④ 재무적 관점, 고객 관점, 외부 경쟁환경 관점, 직무표준 관점
   ⑤ 재무적 관점, 자재 관점, 내부 프로세스 관점, 직무표준 관점

3. 도요타생산방식(TPS ; Toyota Production System)에서 낭비를 철저하게 제거하기 위한 방법으로 활용된 적시생산시스템(JIT ; Just In Time)에 관한 설명으로 옳은 것만을 모두 고른 것은?

ㄱ. 기본적 요소는 간판(kanban)방식, 생산의 평준화, 생산준비시간의 단축과 대로트화, 작업표준화, 설비배치와 단일기능공제도이다.

ㄴ. 오릭키(Orlicky)에 의하여 개발된 자재관리 및 재고통제기법으로, 종속 수요품의 소요량과 소요시기를 결정하기 위한 시스템이다.
ㄷ. 자동화, 작업자의 라인정지 권한 부여, 안돈(andon), 오작동 방지, 5S의 활성화로 일관성 있는 고품질을 달성하고 있는 시스템이다.
ㄹ. 고객 주문에 의해 생산이 시작되며, 부품의 생산과 공급이 후속 공정의 필요에 의해 결정되는 풀(pull)시스템의 자재흐름 체계이다.
ㅁ. 생산준비비용(주문비용)과 재고유지비용의 균형점에서 로트 크기(lot size)를 결정하며, 로트 크기가 큰 것을 추구하는 시스템이다.

① ㄱ, ㄹ ② ㄴ, ㅁ
③ ㄷ, ㄹ ④ ㄱ, ㄷ, ㄹ
⑤ ㄴ, ㄷ, ㅁ

4. 혁신적인 품질개선을 목적으로 개발된 기업 경영전략인 6시그마 프로젝트 수행단계(DMAIC)에 관한 설명으로 옳지 않은 것은?
① 정의(define) : 문제점을 찾아내는 첫 단계
② 측정(measurement) : 문제 수준을 계량화하는 단계
③ 통합(integration) : 원인과 대책을 통합하는 단계
④ 분석(analysis) : 상태 파악과 원인분석을 하는 단계
⑤ 관리(control) : 관리계획을 실행하는 단계

5. 생산시스템을 설계하고 계획, 통제하는 초기단계로 총괄생산계획(APP ; Aggregate Production Planning), 주생산일정계획(MPS ; Master Production Schedule), 자재소요계획(MRP ; Material Requirement Planning) 등에 기초자료로 활용되는 수요예측(demand forecasting) 방법에 관한 설명으로 옳지 않은 것은?
① 패널법(panel consensus)은 다양한 계층의 지식과 경험을 기초로 하고, 관련 예측정보를 공유한다.
② 소비자조사법(market research method)은 설문지 및 전화에 의한 조사, 시험판매 등을 활용하여 예측한다.
③ 단순이동평균법(simple moving average method)의 예측값은 과거 n기간 동안 실제 수요의 산술평균을 활용한다.
④ 시계열분해법(time series method)은 시계열을 4가지 구성요소로 분해하여 수요를 예측하는 방법이다.
⑤ 델파이법(delphi method)은 설득력 있는 특정인에 의해 예측결과가 영향을 받는 장점이 존재한다.

 정답 4. ③ 5. ⑤

6. 단체교섭의 절차에 관한 설명으로 옳지 않은 것은?
① 노사 간의 교섭안을 차례로 제시하고 대응하며 양측의 요구사항을 수시로 수정해야 협상이 가능하다.
② 노사 간의 교섭과정에서 끝까지 타협이 안 된다면 정부나 제3자의 조정 및 중재가 필요하다.
③ 노사 간의 협상내용이 타결되면 단체협약서를 작성하고 협약내용을 관리할 필요가 있다.
④ 사용자가 파업근로자 대신 임시직을 채용하거나 비조합원들을 파업 장소로 이동시켜 대체할 수 있다.
⑤ 노사 간의 협상이 결렬되면 양측은 서로에 대해 파업과 직장폐쇄 등으로 실력을 행사할 수 있다.

7. 기능별 조직과 프로젝트(project) 팀조직을 결합시킨 형태의 조직으로, 1명의 직원이 2명 이상의 상사로부터 명령을 받을 수 있어 명령통일의 원칙(principle of unity command)에 혼란을 겪을 수 있는 조직구조는?
① 매트릭스 조직
② 사업부제 조직
③ 네트워크 조직
④ 가상네트워크 조직
⑤ 가상 조직

8. 리더십 이론에 관한 설명으로 옳은 것은?
① 행동이론 중 미시간 대학의 연구에서 직무 중심 리더는 부하의 인간적 측면에 관심을 갖고, 종업원 중심 리더는 부하의 업무에 관심을 갖고 있다는 것을 규명하였다.
② 상황이론 중 경로-목표 이론에서는 리더행동을 지시적 리더십, 지원적 리더십, 참여적 리더십, 성취지향적 리더십으로 분류하였다.
③ 특성이론에서는 여러 특성을 가진 리더가 모든 상황에서 효과적이라고 주장하였다.
④ 행동이론 중 오하이오 주립대학의 연구에서 배려하는 리더와 부하 사이의 관계는 상호신뢰를 형성하기가 어렵다는 것을 규명하였다.
⑤ 상황이론 중 규범모형은 기본적으로 부하들이 의사결정에 참여하는 정도가 상황의 특성에 맞게 달라질 필요가 없다고 가정하였다.

9. 조직문화의 순기능에 관한 설명으로 옳지 않은 것은?
① 조직구성원들에게 일체감을 조성한다.
② 조직구성원들의 생각과 행동지침이나 규범을 제공한다.
③ 조직의 안정성과 계속성을 갖게 한다.
④ 조직구성원들에게 획일성을 갖게 한다.
⑤ 조직구성원들의 태도와 행동을 통제하는 기제(mechanism) 기능을 한다.

6. ④ 7. ① 8. ② 9. ④ 정답

10. "신입사원 선발시험점수(예측점수)와 업무성과(준거점수)의 상관계수가 0.4이다."의 설명으로 옳은 것은?

① 선발시험점수가 업무성과 변량의 16%를 설명한다.
② 입사 지원자의 16%가 합격할 것이다.
③ 선발시험점수가 업무성과 변량의 40%를 설명한다.
④ 입사 지원자의 40%가 합격할 것이다.
⑤ 입사 지원자의 선발시험점수가 40점 이상일 경우 합격한다.

11. 동일한 길이의 두 선분에서 양쪽 끝 화살표의 방향이 달라짐에 따라 선분의 길이가 서로 다르게 지각되는 착시 현상은?

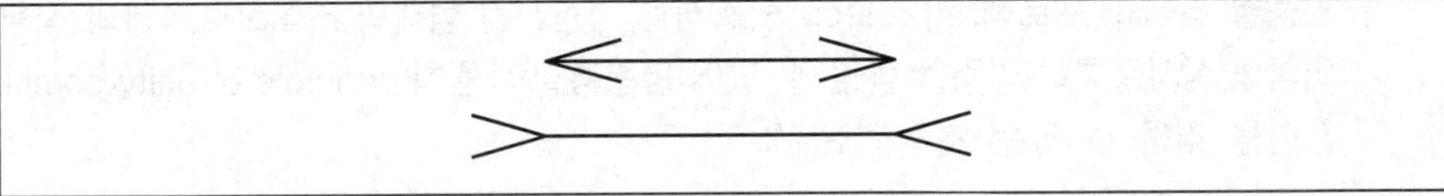

① 뮬러-라이어 착시
② 유도운동 착시
③ 파이 운동 착시
④ 자동운동 착시
⑤ 스트로보스코픽 운동 착시

12. 선발도구의 효과성에 관한 설명으로 옳은 것만을 모두 고른 것은?

ㄱ. 선발률이 1 이상이 되어야 선발도구의 사용에 의미가 있다.
ㄴ. 선발도구의 타당도가 높을수록 선발도구의 효과성은 증가한다.
ㄷ. 선발률이 낮을수록 선발도구의 효과성 가치는 작아진다.
ㄹ. 기초율이 100%라면 새로운 선발도구의 사용은 의미가 없다.
ㅁ. 선발도구의 효과성을 이해하는 데 중요한 개념은 기초율, 선발률, 타당도이다.

① ㄱ, ㄴ
② ㄱ, ㄹ
③ ㄴ, ㄷ, ㅁ
④ ㄴ, ㄹ, ㅁ
⑤ ㄷ, ㄹ, ㅁ

13. 효과적인 팀 수행을 위해서 공유된 정신모델(shared mental model)을 구축하고자 할 때, 주의해야 하는 잠재적 · 부정적 측면인 집단사고(groupthink)에 관한 설명으로 옳지 않은 것은?

① 집단사고의 예로는 1960년대에 미국이 쿠바의 피그만을 침공한 것과 1980년대에 우주왕복선 챌린저호의 폭발사고가 있다.

정답 10. ① 11. ① 12. ④ 13. ③

② 팀 구성원들은 만장일치로 의견을 도출해야 한다는 환상을 가지고 있다.
③ 자신이 속한 집단에 대한 강한 사회적 정체성을 느끼는 팀에서는 일어나지 않는다.
④ 팀 안에서 반대 의견을 표출하기가 힘들다.
⑤ 선택 가능한 대안들을 충분히 고려하지 않고 선택적으로 정보처리를 하는 데서 발생한다.

14. 브룸(Vroom)은 직무동기의 힘을 3가지 인지적 요소들에 의한 함수관계로 정의하였다. 다음 공식의 a와 b에 들어갈 요소를 순서대로 나열한 것은?

$$\text{직무동기의 힘} = \text{기대} \times \sum_{1}^{n}(a \times b)$$

① 기대, 유인가
② 기대, 도구성
③ 공정성, 유인가
④ 공정성, 도구성
⑤ 유인가, 도구성

15. 교대근무의 부정적 효과에 관한 설명으로 옳지 않은 것은?
① 야간작업은 멜라토닌 생성·조절을 방해하여 면역체계를 약화시킨다.
② 순환적 야간근무보다 고정적 야간근무가 신체·심리적 건강을 더 위협한다.
③ 교대작업은 배우자나 자녀와의 여가생활을 어렵게 하여 사회적 문제를 유발할 수 있다.
④ 순행적 교대근무보다 역행적 교대근무가 적응하기 더 어렵다.
⑤ 야간조명은 자연광선 효과를 대신할 수 없고, 낮잠은 밤에 자는 것과 같은 효과를 나타내지 못한다.

16. 직장 내 안전사고와 관련된 요인에 관한 설명으로 옳지 않은 것은?
① 일을 수행하는 데 안전을 위한 단계를 지켜야 한다는 종업원의 공유된 지각이 필요하다.
② 성격 5요인(Big-five) 중에서 성실성은 안전사고와 관련된다.
③ 직무만족이 높을수록 안전사고가 감소한다.
④ 일과 무관한 개인적 스트레스 요인은 안전사고에 영향을 주지 않는다.
⑤ 시간급보다 생산성에 따라 급여를 받는 능률급은 안전을 더 저해하는 요인으로 작용할 수 있다.

17. 작업스트레스에 관한 설명으로 옳은 것은?

① 급하고 의욕이 강한 A유형 성격의 사람들은 스트레스 조절능력이 강해서 느긋하고 이완된 B유형의 사람들과 비교하여 심장질환에 걸릴 확률이 절반 정도로 낮다.

② 스트레스 출처에 대한 이해가능성, 예측가능성, 통제가능성 중에서 스트레스 완화효과가 가장 큰 것은 예측가능성이다.

③ 내적 통제형의 사람들은 자신들의 스트레스 출처에 대해 직접적인 영향력을 행사하려고 하지 않고 그냥 견딘다.

④ 공항에서 근무하는 소방관의 경우 한 건의 화재도 없이 몇 주 동안 대기근무만 하였을 때 스트레스가 없다.

⑤ 작업스트레스는 역할 과부하에서 주로 발생하며, 역할들 간의 갈등으로는 발생하지 않는다.

18. 일과 가정 간의 관계를 설명하는 3가지 기본 모델을 모두 고른 것은?

> ㄱ. 파급모델(spillover model)
> ㄴ. 과학자-실무자 모델(scientist-practitioner model)
> ㄷ. 보충모델(compensation model)
> ㄹ. 유인-선발-이탈 모델(attraction-selection-attrition model)
> ㅁ. 분리모델(segmentation model)

① ㄱ, ㄴ, ㄷ
② ㄱ, ㄷ, ㄹ
③ ㄱ, ㄷ, ㅁ
④ ㄴ, ㄷ, ㄹ
⑤ ㄴ, ㄹ, ㅁ

19. 풀 프루프(fool proof)가 적용된 기계 · 기구에 해당되지 않는 것은?

① 카메라의 이중촬영 방지기구
② 프레스기의 양수조작식 방호장치
③ 압력용기의 안전밸브
④ 사출성형기의 인터로크(interlock)식 가드
⑤ 산업용 로봇의 작업장(안전울) 안전플러그

정답 17. ② 18. ③ 19. ③

20. 사업장 위험성평가에 관한 지침상 '위험성 추정'을 하는 방법으로 옳은 것을 모두 고른 것은?

> ㄱ. 위험성을 추정함에 있어 가능성과 중대성을 행렬을 이용하여 조합하는 방법, 가능성과 중대성을 곱하는 방법 등을 사용할 수 있다.
> ㄴ. 예상되는 부상 또는 질병의 대상자 및 내용을 명확하게 예측하고, 최악의 상황에서 가장 크 부상 또는 질병의 중대성을 추정한다.
> ㄷ. 부상 또는 질병의 중대성은 부상이나 질병 등의 종류에 관계없이 공통의 척도를 사용하는 것이 바람직하며, 기본적으로 재해발생건수를 척도로 사용한다.
> ㄹ. 유해성이 입증되어 있지 않은 경우에도 일정한 근거가 있는 경우에는 그 근거를 기초로 하여 유해성이 존재하는 것으로 추정한다.

① ㄱ, ㄴ
② ㄱ, ㄷ
③ ㄱ, ㄴ, ㄷ
④ ㄱ, ㄴ, ㄹ
⑤ ㄱ, ㄷ, ㄹ

21. 심실세동에 관한 설명으로 옳지 않은 것은?

① 전류의 일부가 심장부분으로 흐르게 되어 심장이 정상적인 맥동을 하지 못하는 현상이다.
② 심실세동으로 인한 불규칙한 맥동에서 전류를 제거하면 거의 정상으로 되돌아온다.
③ 심실세동 전류값은 통정시간과 연관성이 높다.
④ 심실세동 극대점 이상의 전류에서는 심실세동을 일으킬 확률이 감소한다.
⑤ 심실세동에 의한 사망위험은 저전압에서 비교적 작은 전류가 흐르는 경우가 큰 전류가 흐르는 경우보다 크다.

22. 사업장의 안전보건경영체제 구축을 위하여 안전보건경영방침을 수립하여야 한다. 안전보건경영방침에 포함되지 않아도 되는 것은?

① 위험성평가의 방법 및 범위
② 모든 근로자의 안전보건을 확보하기 위한 지속적인 개선 및 실행 의지
③ 조직의 안전보건 위험 특성과 조직 규모의 적합
④ 법적 요구사항 준수 의지
⑤ 경영자의 안전보건경영철학

20. ⑤ 21. ⑤ 22. ① 정답

23. 보호구의 성능기준 및 사용에 관한 설명으로 옳은 것은?

① 안전모의 종류 중 AE형은 물체의 낙하 또는 비래에 의한 위험을 경감하고, 머리 부위 감전에 의한 위험을 방지하기 위한 것으로 6,000V 이상의 전압에 견디는 내전압성을 갖는 것을 말한다.

② 내절연용 절연장갑의 종류에서 가장 낮은 등급(00등급)의 최대사용전압은 교류, 직류 모두 750V 이하이다.

③ 유기화합물용 방독마스크의 정화통 외부 측면의 표시 색은 노란색으로 표시하여야 한다.

④ 추락방지대란 신체지지 목적으로 전신에 착용하는 것으로서 상체 등 일부분만 지지하는 것은 제외한다.

⑤ 1종 방음용 귀마개는 저음부터 고음까지 차음하는 것으로서 차음성능은 중심 주파수 1,000Hz에서 20dB 이상의 차음치를 가져야 한다.

24. 방호장치가 미설치된 프레스에서 작업 중에 3개월 이상의 요양이 필요한 1명의 부상자가 발생하였다. 이 상황에 대한 설명으로 옳은 것은?

① 산업안전보건법상 중대재해 조사대상이며, 원인을 분석하여 대책을 수립하여야 한다.

② 하인리히(H. W. Heinrich)의 도미노 이론에 의하면 4단계인 사고를 제거하면 예방할 수 있는 재해이다.

③ 버드(Frank Bird)의 신도미노 이론에서 5단계인 상해를 제거하면 예방할 수 있는 재해이다.

④ 발생된 사고가 인적 손실이 수반되므로 '아차사고'라 할 수 있다.

⑤ 작업 전 프레스의 이상 여부와 방호장치를 점검하면 예방할 수 있는 재해이다.

25. 산업안전보건법령상 사업장의 위험성평가에 관한 설명으로 옳은 것은?

① 위험성평가는 사업주가 스스로 사업장의 유해 · 위험요인을 찾아내어 위험성을 결정하고 이를 평가 · 관리 · 개선하는 자율적 제도이다.

② 위험성평가는 사업주가 직접 참여하여 실시하고 위험성평가 실시의 총괄관리를 위힘하여서는 아니 된다.

③ 사업주는 위험성평가를 효과적으로 실시하기 위하여 '사전조사서'를 작성하여야 한다.

④ 위험성평가는 최초평가, 수시평가 및 정기평가로 구분하여 실시하는데, 정기평가는 최초평가 후 매년 정기적으로 실시해야 한다.

⑤ 허용 가능한 위험성의 기준은 예산의 범위, 사업장의 특성 등을 고려하여 위험성 결정을 한 후에 사업장 자체적으로 설정해 두어야 한다.

 정답 23. ② 24. ④ 25. ④

산업보건지도사 2015년 기출문제

1. A기업에서는 평가등급을 5단계로 구분하고 가능한 정규분포를 이루도록 등급별 기준인원을 정하였으나, 평가자에 의하여 다음의 표와 같은 결과가 나타났다. 이와 같은 평가결과의 분포도상의 오류는?(단, 평가등급의 상위순서는 A, B, C, D, E등급의 순이다.)

평가등급	A등급	B등급	C등급	D등급	E등급
기준인원	1명	2명	4명	2명	1명
평가결과	5명	3명	2명	0명	0명

① 논리적 오류
② 대비오류
③ 관대화 경향
④ 중심화 경향
⑤ 가혹화 경향

2. 조직구조에 관한 설명으로 옳지 않은 것은?

① 가상네트워크 조직은 협력업체와의 갈등 해결 및 관계 유지에 상대적으로 적은 시간이 필요하다.
② 기능별 조직은 각 기능부서의 효율성이 중요할 때 적합하다.
③ 매트릭스 조직은 이중보고체계로 인하여 종업원들이 혼란을 느낄 수 있다.
④ 사업부제 조직은 2개 이상의 이질적인 제품으로 서로 다른 시장을 공략할 경우에 적합한 조직구조이다.
⑤ 라인스텝 조직은 명령 전달과 통제기능을 담당하는 라인과 관리자를 지원하는 스텝으로 구성된다.

3. 인적 자원 관리에서 이루어지는 기능 또는 활동에 관한 설명으로 옳은 것은?

① 직접보상은 유급휴가, 연금, 보험, 학자금지원 등이 있다.
② 직무평가는 구성원들의 목표치와 실적을 비교하여 기여도를 판단하는 활동이다.
③ 현장직무교육은 직무순환제, 도제제도, 멘토링 등이 있다.
④ 직무분석은 장래의 인적 자원 수요를 파악하여 인력의 확보와 배치, 활용을 위한 계획을 수립하는 것이다.
⑤ 직무기술서의 작성은 직무를 성공적으로 수행하는 데 필요한 작업자의 지식과 특성, 능력 등을 문서로 만드는 것이다.

1. ③ 2. ① 3. ③ 정답

4. 조직문화에 관한 설명으로 옳은 것을 모두 고른 것은?

ㄱ. 조직문화는 일반적으로 빠르고 쉽게 변화한다.
ㄴ. 파스칼과 아토스(R. Pascale and A. Athos)는 조직문화의 구성요소로 7가지를 제시하고 그 가운데 공유가치가 가장 핵심적인 의미를 갖는다고 주장하였다.
ㄷ. 딜과 케네디(T. Deal and A. Kennedy)는 위험추구성향과 결과에 대한 피드백 기간이라는 2개의 기준에 의해 조직문화유형을 합의문화, 개발문화, 계층문화, 합리문화로 구분하고 있다.
ㄹ. 샤인(E. Schein)에 의하면 기업의 성장기에는 소집단 또는 부서별 하위문화가 형성되며, 조직문화의 여러 요소들이 제도화된다.
ㅁ. 호프스테드(G. Hofstede)에 의하면 불확실성 회피성향이 강한 사회의 구성원들은 미래에 대한 예측 불가능성을 줄이기 위해 더 많은 규칙과 규범을 제정하려는 노력을 기울인다.

① ㄱ, ㄴ, ㄹ
② ㄴ, ㄷ, ㄹ
③ ㄴ, ㄷ, ㅁ
④ ㄴ, ㄹ, ㅁ
⑤ ㄷ, ㄹ, ㅁ

5. 생산시스템에 관한 설명으로 옳지 않은 것은?

① VMI는 공급자주도형 재고관리를 뜻한다.
② MRP는 자재소요량계획으로 제품생산에 필요한 부품의 투입시점과 투입량을 관리하는 시스템이다.
③ ERP는 조직의 자금, 회계, 구매, 생산, 판매 등의 업무흐름을 통합관리하는 정보시스템이다.
④ SCM은 부품 공급업체와 생산업체 그리고 고객에 이르는 제반 거래 참여자들이 정보를 공유함으로써 고객의 요구에 민첩하게 대응하도록 지원하는 것이다.
⑤ BPR은 낭비나 비능률을 점진적이고 지속적으로 개선하는 기능 중심의 경영관리기법이다.

6. 인형을 판매하는 A사는 경제적 주문량(EOQ) 모형을 이용하여 재고정책을 수립하려고 한다. 다음과 같은 조건일 때 1회의 경제적 주문량은?

• 연간 수요량	20,000개
• 1회 주문비용	5,000원
• 연간 단위당 재고유지비용	50원
• 개당 제품가격	10,000원

① 1,000개
② 2,000개
③ 3,000개
④ 3,500개
⑤ 4,000개

 정답 4. ④ 5. ⑤ 6. ②

7. 동기부여이론에 관한 설명으로 옳지 않은 것은?
① 데시(E. Deci)의 인지평가이론에 의하면 외재적 보상이 주어지면 내재적 동기가 증가된다.
② 로크(E. Locke)의 목표설정이론에 의하면 목표가 종업원들의 동기유발에 영향을 미치며, 피드백이 주어지지 않을 때보다는 피드백이 주어질 때 성과가 높다.
③ 알더퍼(C. Alderfer)의 ERG 이론은 매슬로(A. Maslow)의 욕구단계이론과 달리 좌절-퇴행 개념을 도입하였다.
④ 브룸(V. Vroom)의 기대이론에 의하면 종업원의 직무수행 성과를 정확하고 공정하게 측정하는 것은 수단성을 높이는 방법이다.
⑤ 아담스(J. Adams)의 공정성 이론에 의하면 종업원은 자신과 준거집단이나 준거인물의 투입과 산출 비율을 비교하여 불공정하다고 지각하게 될 때 공정성을 이루는 방향으로 동기유발된다.

8. 단체교섭의 방식에 관한 설명으로 옳지 않은 것은?
① 기업별 교섭은 특정 기업 또는 사업장 단위로 조직된 노동조합이 단체교섭의 당사자가 되어 기업주 또는 사용자와 교섭하는 방식이다.
② 공동교섭은 상부 단체인 산업별·직업별 노동조합이 하부 단체인 기업별 노조나 기업단위의 노조지부와 공동으로 지역적 사용자와 교섭하는 방식이다.
③ 대각선 교섭은 전국적 또는 지역적인 산업별 노동조합이 각각의 개별 기업과 교섭하는 방식이다.
④ 통일교섭은 전국적 또는 지역적인 산업별 또는 직업별 노동조합과 이에 대응하는 전국적 또는 지역적인 사용자와 교섭하는 방식이다.
⑤ 집단교섭은 여러 개의 노동조합 지부가 공동으로 이에 대응하는 여러 개의 기업들과 집단적으로 교섭하는 방식이다.

9. 제품생애주기(Product Life Cycle)에 관한 설명으로 옳지 않은 것은?
① 도입기는 고객의 요구에 따라 잦은 설계변경이 있을 수 있으므로 공정의 유연성이 필요하다.
② 쇠퇴기는 제품이 진부화되어 매출이 줄어든다.
③ 성장기는 수요가 증가하므로 공정 중심의 생산시스템에서 제품 중심으로 변경하여 생산능력을 크게 확장시켜야 한다.
④ 성숙기는 성장기에 비하여 이익 수준이 낮다.
⑤ 성장기는 도입기에 비하여 마케팅 역할이 크게 요구되는 시기이다.

7. ① 8. ② 9. ④ 정답

10. 작업장에서 사고와 질병을 유발하는 위해요인에 관한 설명으로 옳은 것은?

① 5요인 성격 특질과 사고의 관계를 보면, 성실성이 낮은 사람이 높은 사람보다 사고를 일으킬 가능성이 더 낮다.

② 소리의 수준이 10dB까지 증가하면 소리의 크기는 10배 증가하며, 20dB까지 증가하면 20배 증가한다.

③ 컴퓨터 자판 작업이나 타이핑 작업을 많이 하는 사람들은 수근관 증후군(carpal tunnel syndrome)의 위험성이 높다.

④ 직장에서 소음에 대한 노출은 청각 손상에 영향을 주지만 심장혈관계 질병과는 관련이 없다.

⑤ 사회복지기관과 병원은 직장 폭력이 발생할 위험성이 가장 적은 장소이다.

11. 심리검사에 관한 설명으로 옳은 것을 모두 고른 것은?

ㄱ. 성격형 정직성 검사는 생산적 행동을 예측하는 것으로 밝혀진 성격 특성을 평가한다. ㄴ. 속도 검사는 시간제한이 있으며, 배정된 시간 내에 모든 문항을 끝낼 수 없도록 설계한다. ㄷ. 정신운동능력 검사는 물체를 조작하고 도구를 사용하는 능력을 평가한다. ㄹ. 정서지능 평가에는 특질 유형의 검사와 정보처리 유형의 검사 등이 있다. ㅁ. 생활사 검사는 직무수행을 예측하지만 응답자의 거짓반응은 예방하기 어렵다.

① ㄱ, ㄴ, ㄹ　　② ㄱ, ㄷ, ㄹ

③ ㄱ, ㄹ, ㅁ　　④ ㄴ, ㄷ, ㄹ

⑤ ㄴ, ㄷ, ㅁ

12. 직무스트레스 요인에 관한 설명으로 옳지 않은 것은?

① 역할 내 갈등은 직무상 요구가 여럿일 때 발생한다.

② 역할 모호성은 상사가 명확한 지침과 방향성을 제시하지 못하는 경우에 유발된다.

③ 작업부하는 업무 요구량에 관한 것으로 직접 유형과 간접 유형이 있다.

④ 요구-통제 모형에 의하면 통제력은 요구의 부정적 효과를 줄이거나 완충해 주는 역할을 한다.

⑤ 대인관계 갈등과 타인과의 소원한 관계는 다양한 스트레스 반응을 유발할 수 있다.

13. 인사선발에 관한 설명으로 옳은 것은?

① 선발검사의 효용성을 증가시키는 가장 중요한 요소는 검사 신뢰도이다.

② 인사선발에서 기초율이란 지원자들 중에서 우수한 지원자의 비율을 말한다.

③ 잘못된 불합격자(false negative)란 검사에서 불합격점을 받아서 떨어뜨렸고, 채용하였더라도 불만족스러운 직무수행을 나타냈을 사람이다.

 정답 10. ③ 11. ④ 12. ③ 13. ⑤

④ 인사선발에서 예측변인의 합격점이란 선발된 사람들 중에서 우수와 비우수 수행자를 구분하는 기준이다.
⑤ 선발률과 예측변인의 가치 간의 관계는 선발률이 낮을수록 예측변인의 가치가 더 커진다.

14. 인간의 정보처리 능력에 관한 설명으로 옳지 않은 것은?
① 경로용량은 절대식별에 근거하여 정보를 신뢰성 있게 전달할 수 있는 최대용량이다.
② 단일 자극이 아니라 여러 차원을 조합하여 사용하는 경우에는 정보전달의 신뢰성이 감소한다.
③ 절대식별이란 특정 부류에 속하는 신호가 단독으로 제시되었을 때 이를 식별할 수 있는 능력이다.
④ 인간의 정보처리 능력은 단기기억에 대한 처리 능력을 의미하며, 절대식별 능력으로 조사한다.
⑤ 밀러(Miller)에 의하면 인간의 절대적 판단에 의한 단일 자극의 판별범위는 보통 5~9가지이다.

15. 소음의 영향에 관한 설명으로 옳지 않은 것은?
① 의미 있는 소음이 의미 없는 소음보다 작업능률 저해 효과가 더 크게 나타난다.
② 강력한 소음에 노출된 직후에 일시적으로 청력이 저하되는 것을 일시성 청력손실이라 하며, 휴식하면 회복된다.
③ 초기 소음성 청력손실은 대화 범주 이상의 주파수에서 생겨 대화에 장애를 느끼지 못하다가 이후에 다른 주파수까지 진행된다.
④ 소음 작업장에서 전화벨 소리가 잘 안 들리고, 작업지시 내용 등을 알아듣기 어려운 현상을 은폐효과(masking effect)라고 한다.
⑤ 일시적 청력 손실은 300~3,000Hz 사이에서 가장 많이 발생하며, 3,000Hz 부근의 음에 대한 청력 저하가 가장 심하다.

16. 집단 의사결정에 관한 설명으로 옳지 않은 것은?
① 팀의 혁신을 촉진할 수 있는 최적의 상황은 과업에 대한 구성원 간의 갈등이 중간 정도일 때다.
② 집단극화는 집단 구성원의 소수가 모험적인 선택을 할 때 이를 따르는 상황에서 발생한다.
③ 집단사고는 개별 구성원의 생각으로는 좋지 않다고 생각하는 결정을 집단이 선택할 때 나타나는 현상이다.
④ 집단사고는 집단 응집성, 강력한 리더, 집단의 고립, 순응에 대한 압력 때문에 나타난다.
⑤ 집단사고를 예방하기 위해서 다양한 사회적 배경을 가진 집단 구성원이 있는 것이 좋다.

14. ② 15. ⑤ 16. ② 정답

17. 행위적 관점에서 분류한 휴먼에러의 유형에 해당하는 것은?
① 순서 오류(sequence error)
② 피드백 오류(feedback error)
③ 입력 오류(input error)
④ 의사결정 오류(decision making error)
⑤ 출력 오류(output error)

18. 직무분석을 위한 정보를 수집하는 방법의 장점과 한계에 관한 설명으로 옳은 것을 모두 고른 것은?

ㄱ. 관찰의 장점은 동일한 직무를 수행하는 재직자 간의 차이를 보여준다는 것이다.
ㄴ. 면접의 장점은 직무에 대해 다양한 관점을 얻는다는 것이다.
ㄷ. 질문지의 장점은 직무에 대해 매우 세부적인 내용을 얻을 수 있다는 것이다.
ㄹ. 질문지의 한계는 직무가 수행되는 상황을 무시한다는 것이다.
ㅁ. 직접수행의 한계는 분석가에게 폭넓은 훈련이 필요하다는 것이다.

① ㄱ, ㄷ, ㄹ
② ㄴ, ㄷ, ㄹ
③ ㄴ, ㄷ, ㅁ
④ ㄴ, ㄹ, ㅁ
⑤ ㄷ, ㄹ, ㅁ

19. 전격현상의 위험을 결정하는 직접적인 원인을 모두 고른 것은?

ㄱ. 통전 전류의 크기
ㄴ. 통전 전압의 크기
ㄷ. 통전 경로
ㄹ. 전원의 종류
ㅁ. 인체 저항

① ㄱ, ㄴ
② ㄱ, ㅁ
③ ㄱ, ㄴ, ㄷ
④ ㄱ, ㄷ, ㄹ
⑤ ㄱ, ㄷ, ㄹ, ㅁ

20. 사업주가 실시하는 단계별 위험성평가 추진절차와 그 내용이 잘못 연결된 것은?
① 1단계 사전준비 - 평가시기 및 절차
② 2단계 유해 · 위험요인 파악 - 청취에 의한 방법
③ 3단계 위험성 추정 - 가능성 및 중대성의 크기 추정
④ 4단계 위험성 결정 - 위험성 크기의 허용 가능여부 판단
⑤ 5단계 위험성 감소대책 수립 및 실행 - 사업장 순회점검에 의한 방법

정답 17. ① 18. ③ 19. ④ 20. ⑤

21. KOSHA 18001에 따라 일반 사업장의 안전보건경영체제를 구축하고자 할 때 안전보건 교육 및 훈련 계획 수립에 포함되어야 할 사항이 아닌 것은?

① 근로자의 업무 또는 작업이 안전보건에 미치는 영향과 결과
② 위험성평가 관리(방법, 절차 등)와 현장위험요인 관리 및 현장분야 운영 관련
③ 비상시 대응절차 및 규정된 대응절차로부터 벗어날 때 발생할 수 있는 이차적 피해
④ 위험성평가 결과, 개선내용 및 잔여 위험요인과 그 대책
⑤ 안전보건 방침, 안전보건경영체제상 수행하여야 할 안전보건활동과 담당자의 역할 및 책임

22. 방독마스크의 등급에 따른 사용장소에 관한 설명으로 옳지 않은 것은?

① 저농도 방독마스크는 가스 또는 증기의 농도가 100분의 0.5 이하의 대기 중에서 사용하는 것으로서 긴급용이 아닌 것이다.
② 중농도 방독마스크는 가스 또는 증기의 농도가 100분의 1 이하의 대기 중에서 사용하는 것이다.
③ 고농도 방독마스크는 가스 또는 증기의 농도가 100분의 2 이하의 대기 중에서 사용하는 것이다.
④ 고농도와 중농도에서 사용하는 방독마스크는 전면형을 사용해야 한다.
⑤ 방독마스크는 산소농도가 18% 이상인 장소에서 사용하여야 한다.

23. A 사업장에서 당해 연도 사고건수는 총 990건으로 확인되었다. 하인리히(Heinrich)의 재해구성 비율에 의해 추정되는 인적재해(사망, 중상, 경상) 건수는?

① 3 ② 33
③ 87 ④ 90
⑤ 900

24. 개인보호구 사용 및 관리에 관한 권장사항의 내용으로 옳은 것은?

① 보호구의 지급주기는 작업 특성과 실태, 작업 환경의 정도, 보호구별 특성에 따라 사업장 실정에 적합하게 정한다.
② AB형 안전모는 감전에 의한 위험을 방지 또는 경감시키기 위한 것이다.
③ 비계의 조립 · 해체 작업을 할 때는 추락방지를 위한 목적으로 벨트식 안전대의 착용이 권장된다.
④ 안전대 사용 시 "안전거리＝죔줄 길이－걸이설비 높이＋감속거리"로 산출한다.
⑤ 방음보호구 선택 시 활동이 많은 작업은 귀덮개, 활동이 적은 작업은 귀마개 착용을 권장된다.

25. 다음 중 사용자가 잘못 조작하더라도 사고나 재해가 발생하지 않도록 하는 기계 · 기구의 안전장치가 아닌 것은?

① 회전부 덮개가 완전히 닫히면 정상 작동하고, 덮개가 열리면 작동이 멈추는 장치
② 양손으로 동시에 조작해야 정상 작동하는 프레스 기계
③ 양쪽의 비행기 엔진 중 하나가 고장 나더라도 정상적으로 비행할 수 있는 병렬시스템
④ 작동이 중지되어도 일정 시간 동안 고열부 차단 덮개가 열리지 않는 기계
⑤ 일반 제품과 다른 고전압용 기계 설비의 플러그 모양

정답 25. ③

산업보건지도사 2016년 기출문제

1. 인간관계론의 호손실험에 관한 설명으로 옳지 않은 것은?
① 종업원의 작업능률에 영향을 미치는 요인을 연구하였다.
② 조명실험은 실험집단과 통제집단을 나누어 진행하였다.
③ 작업능률 향상을 위해서는 작업장에서 물리적 작업조건 변화가 가장 중요하다는 것을 확인하였다.
④ 면접조사를 통해 종업원의 감정이 작업에 어떻게 작용하는가를 파악하였다.
⑤ 작업능률은 비공식 조직과 밀접한 관련이 있다는 것을 발견하였다.

2. 노사관계에 관한 설명으로 옳은 것은?
① 숍(shop) 제도는 노동조합의 규모와 통제력을 좌우할 수 있다.
② 체크오프(check off) 제도는 노동조합비의 개별 납부제도를 의미한다.
③ 경영참가방법 중 종업원 지주제도는 의사결정 참가의 한 방법이다.
④ 준법투쟁은 사용자 측 쟁위행위의 한 방법이다.
⑤ 우리나라 노동조합의 주요 형태는 직종별 노동조합이다.

3. 조직문화에 관한 설명으로 옳지 않은 것은?
① 조직사회화란 신입사원이 회사에 대하여 학습하고 조직문화를 이해하기 위한 다양한 활동이다.
② 조직의 핵심가치가 더 강조되고 공유되고 있는 강한 문화(strong culture)가 조직에 끼치는 잠재적 역기능을 무시해서는 안 된다.
③ 조직문화는 하루아침에 갑자기 형성된 것이 아니고 한 번 생기면 쉽게 없어지지 않는다.
④ 창업자의 행동이 역할모델로 작용하여 구성원들이 그런 행동을 받아들이고 창업자의 신념, 가치를 외부화(externalization)한다.
⑤ 구성원 모두가 공동으로 소유하고 있는 가치관과 이념, 조직의 기본목적 등 조직체 전반에 관한 믿음과 신념을 공유가치라 한다.

1. ③ 2. ① 3. ④ 정답

4. 기술과 조직구조에 관한 설명으로 옳은 것을 모두 고른 것은?

ㄱ. 모든 조직은 한 가지 이상의 기술을 가지고 있다.
ㄴ. 비일상적 활동에 관여하는 조직은 기계적 구조를, 일상적 활동에 관여하는 조직은 유기적 구조를 선호한다.
ㄷ. 조직구조의 영향요인으로 기술에 대하여 최초로 관심을 가진 학자는 우드워드(J. Woodward)이다.
ㄹ. 톰슨(J. Thompson)은 기술유형을 체계적으로 분류한 학자로 중개형 기술, 연속형 기술, 집중형 기술로 유형화했다.
ㅁ. 여러 가지 기술을 구별하는 공통적인 주제는 일상성의 정도(degree of routineness)이다.

① ㄱ, ㄴ
② ㄷ, ㄹ
③ ㄴ, ㄷ, ㄹ
④ ㄷ, ㄹ, ㅁ
⑤ ㄱ, ㄷ, ㄹ, ㅁ

5. 생산시스템은 투입, 변환, 산출, 통제, 피드백의 5가지 구성요소로 설명할 수 있다. 생산시스템에 관한 설명으로 옳지 않은 것은?

① 변환은 제조공정의 경우 고정비와 관련성이 크다.
② 투입은 생산시스템에서 재화나 서비스를 창출하기 위해 여러 가지 요소를 입력하는 것이다.
③ 변환은 여러 생산자원들을 효용성 있는 제품 또는 서비스로 바꾸는 것이다.
④ 산출에서는 유형의 재화 또는 무형의 서비스가 창출된다.
⑤ 피드백은 산출의 결과가 초기에 설정한 목표와 차이가 있는지를 비교하고 또한 목표를 달성할 수 있도록 배려하는 것이다.

6. ERP 시스템의 특징에 관한 설명으로 옳지 않은 것은?

① 수주에서 출하까지의 공급망과 생산, 마케팅, 인사, 재무 등 기업의 모든 기간 업무를 지원하는 통합시스템이다.
② 하나의 시스템으로 하나의 생산 · 재고거점을 관리하므로 정보의 분석과 피드백 기능의 최적화를 실현한다.
③ EDI(Electronic Data Interchange), CALS(Commerce At Light Speed), 인터넷 등으로 연결시스템을 확립하여 기업 간 자원 활용의 최적화를 추구한다.
④ 대부분의 ERP 시스템은 특정 하드웨어 업체에 의존하지 않는 오픈 클라이언트 서버시스템 형태를 채택하고 있다.
⑤ 단위별 응용프로그램이 서로 통합, 연결되어 중복업무를 배제하고 실시간 정보 관리체계를 구축할 수 있다.

 정답 4. ⑤ 5. ⑤ 6. ②

7. 6시그마 품질혁신 활동에 관한 설명으로 옳지 않은 것은?
① 모토롤라사의 빌 스미스(Bill Smith)라는 경영간부의 착상으로 시작되었다.
② 6시그마 활동을 도입하는 조직은 규격 공차가 표준편차(시그마)의 6배라는 우수한 품질수준을 추구한다.
③ DPMO란 100만 기회당 부적합이 발생되는 건수를 뜻하는 용어로 시그마 수준과 1 대 1로 대응되는 값으로 변환될 수 있다.
④ 6시그마 수준의 공정이란 치우침이 없을 경우 부적합품률이 10억 개에 2개 정도로 추정되는 품질수준이란 뜻이다.
⑤ 6시그마 활동을 효과적으로 실행하기 위해 블랙벨트(BB) 등의 조직원을 육성하여 프로젝트 활동을 수행하게 한다.

8. JIT(Just In Time) 시스템의 특징에 관한 설명으로 옳은 것은?
① 수요 예측을 통해 생산의 평준화를 실현한다.
② 팔리는 만큼만 만드는 Push 생산방식이다.
③ 숙련공을 육성하기 위해 작업자의 전문화를 추구한다.
④ Fool proof 시스템을 활용하여 오류를 방지한다.
⑤ 설비 배치를 U라인으로 구성하여 준비교체 횟수를 최소화한다.

9. 카플란(R. Kaplan)과 노턴(D. Norton)이 주창한 BSC(Balance Score Card)에 관한 설명으로 옳은 것은?
① 균형성과표로 생산, 영업, 설계, 관리부문의 균형적 성장을 추구하기 위한 목적으로 활용된다.
② 객관적인 성과 측정이 중요하므로 정성적 지표는 사용하지 않는다.
③ 핵심성과지표(KPI)는 비재무적 요소를 배제하여 책임소재의 인과관계가 명확한 평가가 이루어지도록 한다.
④ 기업문화와 비전에 입각하여 BSC를 설정하므로 최고경영자가 교체되어도 지속적으로 유지된다.
⑤ BSC의 실행을 위해서는 관리자들이 조직에서 어느 개인, 어느 부서가 어떤 지표의 달성에 책임을 지는지 확인하여야 한다.

10. 심리평가에서 검사의 신뢰도와 타당도의 상호관계에 관한 설명으로 옳은 것은?
① 타당도가 높으면 신뢰도는 반드시 높다.
② 타당도가 낮으면 신뢰도는 반드시 낮다.
③ 신뢰도가 낮아도 타당도는 높을 수 있다.
④ 신뢰도가 높아야 타당도가 높게 나온다.
⑤ 신뢰도와 타당도는 직접적인 상호관계가 없다.

7. ② 8. ④ 9. ⑤ 10. ① 정답

11. 종업원은 흔히 투입과 이로부터 얻게 되는 성과를 다른 종업원과 비교하게 된다. 그 결과, 과소보상으로 인한 불형평 상태가 지각되었을 때, 아담스의 형평이론에서 예측하는 종업원의 후속 반응에 관한 설명으로 옳지 않은 것은?

① 현재의 상황을 형평 상태로 되돌리기 위하여 자신의 투입을 낮출 것이다.
② 자신의 성과를 높이기 위하여 조직의 원칙에 반하는 비윤리적 행동도 불사할 수 있다.
③ 자신과 타인의 투입-성과 간 불형평 상태에 어떤 요인이 영향을 주었을 거라는 등 해당 상황을 왜곡하여 해석하기도 한다.
④ 애초에 비교 대상이 되었던 타인을 다른 비교 대상으로 교체할 수 있다.
⑤ 개인의 '형평민감성'이 높고 낮음에 관계없이 형평 상태로 되돌리려는 행동에서 차이가 없다.

12. 조직 내 종업원들에게 요구되는 바람직한 특성이나 성공적인 수행을 예측해 주는 '인적 특성이나 자질'을 찾아내는 과정은?

① 작업자 지향 절차
② 기능적 직무분석
③ 역량모델링
④ 과업 지향적 절차
⑤ 연관분석

13. 영업 1팀의 A팀장은 팀원들의 직무수행을 긍정적으로 평가하는 것으로 유명하다. 영업 1팀의 팀원들은 실제 직무수행 수준보다 언제나 높은 평가를 받는다. 한편 영업 2팀의 B팀장은 대부분 팀원을 보통 수준으로 평가한다. 특히 B팀장 자신이 잘 모르는 영역 평가에서 이러한 현상이 두드러진다. 직무수행 평가 패턴에서 A팀장과 B팀장이 각각 범하고 있는 오류(또는 편향)를 순서대로(A, B) 옳게 나열한 것은?

ㄱ. 후광오류
ㄴ. 관대화 오류
ㄷ. 엄격화 오류
ㄹ. 중앙집중오류
ㅁ. 자기본위적 편향

① ㄱ, ㄷ
② ㄱ, ㄹ
③ ㄴ, ㄷ
④ ㄴ, ㄹ
⑤ ㄴ, ㅁ

14. 다음 설명에 해당하는 용어는?

대부분의 중요한 의사결정은 집단적 토의를 거치기 마련이다. 이 과정에서 구성원들은 타인의 영향을 받거나 상황, 압력 등에 따라 본인의 원래 태도에 비하여 더욱 모험적이거나 보수적인 방향으로 변화될 가능성이 있다.

 정답 11. ⑤ 12. ③ 13. ④ 14. ②

① 집단사고 ② 집단극화
③ 동조 ④ 사회적 촉진
⑤ 복종

15. 산업현장에서 운영되고 있는 팀(team)의 유형에 관한 설명으로 옳지 않은 것은?

① 전술적 팀(tactical team) : 수행절차가 명확히 정의된 계획을 수행할 목적으로 하며, 경찰 특공대 팀이 대표적임
② 문제해결 팀(problem-solving team) : 특별한 문제나 이슈를 해결할 목적으로 구성되며, 질병통제센터의 진단 팀이 대표적임
③ 창의적 팀(creative team) : 포괄적 목표를 가지고 가능성과 대안을 탐색할 목적으로 구성되며, IBM의 PC 설계 팀이 대표적임
④ 특수 팀(ad hoc team) : 조직에서 일상적이지 않고 비전형적인 문제를 해결할 목적으로 구성되며, 팀의 임무를 완수한 후 해체됨
⑤ 다중 팀(multi-team) : 개인과 조직시스템 사이를 조정(moderating)하는 메타(meta)적 성격을 갖고 있음

16. 인사선발에서 활발하게 사용되는 성격 측정 분야의 하나로 5요인(Big 5) 성격모델이 있다. 성격의 5요인에 해당되지 않는 것은?

① 성실성(conscientiousness)
② 외향성(extraversion)
③ 신경성(neuroticism)
④ 직관성(immediacy)
⑤ 경험에 대한 개방성(openness to experience)

17. 소음에 관한 설명으로 옳은 것을 모두 고른 것은?

> ㄱ. 소음의 크기 지각은 소음의 주파수와 관련이 없다.
> ㄴ. 8시간 근무를 기준으로 작업장 평균 소음 크기가 60dB이면 청력손실의 위험이 있다.
> ㄷ. 큰 소음에 반복적으로 노출되면 일시적으로 청지각의 임계값이 변할 수 있다.
> ㄹ. 소음원과 작업자 사이에 차단벽을 설치하는 것은 효과적인 소음 통제방법이다.
> ㅁ. 한여름에는 전동 공구 작업자에게 귀마개를 착용하지 않도록 한다.

① ㄱ, ㄴ ② ㄴ, ㄷ
③ ㄷ, ㄹ ④ ㄱ, ㄹ, ㅁ
⑤ ㄴ, ㄷ, ㄹ

18. 주의(attention)에 관한 설명으로 옳은 것은?

① 용량의 제한이 없기 때문에 한 번에 여러 과제를 동시에 수행할 수 있다.

② 많은 사람들 가운데 오직 한 사람의 목소리에만 주의를 기울일 수 있는 것은 선택주의(selective attention) 덕분이다.

③ 선택된 자극의 여러 속성을 통합하고 처리하기 위해 분할주의(divided attention)가 필요하다.

④ 운전하면서 친구와 대화하기처럼 두 과제 모두를 성공적으로 수행하기 위해서는 초점주의(focused attention)가 필요하다.

⑤ 무덤덤한 여러 얼굴 가운데 유일하게 화난 얼굴은 의식하지 않아도 쉽게 눈에 띄는데, 이는 무주의 맹시(inattentional blindness) 때문이다.

19. 안전보건 경영시스템에서 성공을 거두기 위해 필요한 5가지 요소가 아닌 것은?

① 안전보건경영 추진을 위한 최고경영자의 리더십 개발

② 안전보건경영 추진을 위한 조직의 개발

③ 효율적인 안전보건 경영정책 개발

④ 안전보건정책의 계획수립, 측정 및 기술개발

⑤ 안전보건정책의 성과검토

20. 제조물책임법이 미치는 영향 중 부정적인 영향이 아닌 것은?

① 기업의 이미지 저하

② 신제품 개발의 지연

③ 기업의 책임 분산

④ 소송 증가에 따른 기업 경영 악화 초래

⑤ 제조 원가의 상승

21. 산업안전보건법령상 위험한 작업을 필요로 하는 기계 · 기구 및 설비를 설치 · 이전하는 경우에 사업주가 유해 · 위험방지계획서를 작성하여 고용노동부장관에게 제출하여야 하는 기계 · 기구 및 설비에 해당하지 않는 것은?

① 금속이나 그 밖의 광물의 용해로

② 고압 송전 및 배선 설비

③ 화학설비

④ 건조설비

⑤ 가스집합 용접장치

정답 18. ② 19. ① 20. ③ 21. ②

22. 안전관리의 PDCA Cycle에 관한 설명으로 옳지 않은 것은?
① P단계는 추진방법을 계획하고 교육 · 훈련을 하는 단계이다.
② D단계는 계획에 대한 준비와 실행을 하는 단계이다.
③ C단계는 실행 결과를 목표와 비교하여 실행결과를 평가하는 단계이다.
④ A단계는 평가결과에 대한 보완을 통해 목표를 달성하는 단계이다.
⑤ PDCA Cycle은 지속적으로 되풀이하는 유지개선의 사고방식이다.

23. 다음에서 설명하는 기법은?

공장의 운전과 유지절차가 설계목적과 기준에 부합되는지를 확인하는 기법으로서 전문적인 지식과 책임을 가진 조직에 의해 행하여진다. 이 기법은 운전원, 관리책임자, 현장기술자, 안전관리자 등과의 인터뷰를 포함하여 정상 운전 중인 공장의 운전조건, 운전절차, 유지상태 및 제반사항을 검토조직에서 여러 각도로 철저하게 검사하는 방법이다.

① 위험과 운전분석기법
② 예비위험 분석기법
③ 상대위험 순위결정기법
④ 안정성 검토기법
⑤ 인간오류 분석기법

24. 위험성평가를 시행하는 방법에 관한 설명으로 옳지 않은 것은?
① 정성적 방법은 위험요소가 존재하는지를 찾아낸다.
② 정량적 방법은 위험요소를 확률적으로 분석 · 평가한다.
③ 정성적 평가는 비교적 쉽고, 빠른 결과를 도출할 수 있다.
④ 정성적 평가는 기술수준지식 및 경험에 따라 주관적인 평가로 치우치기 쉬운 단점이 있다.
⑤ 정량적 평가는 주관적이고 정량화된 결과를 도출할 수 있고 신뢰성도 확보된다.

25. 추락 및 감전 위험방지용 안전모의 성능 시험 항목으로 옳지 않은 것은?
① 내관통성 시험
② 충격흡수성 시험
③ 내전압성 시험
④ 내수성 시험
⑤ 내화성 시험

22. ① 23. ④ 24. ⑤ 25. ⑤ 정답

산업보건지도사 2017년 기출문제

1. 파스칼(R. Pascale)과 애토스(A. Athos)의 7S 조직문화 구성요소 중 가장 핵심적인 요소는?

① 전략 ② 공유가치
③ 구성원 ④ 제도 · 절차
⑤ 관리스타일

2. 상황적합적 조직구조이론에 관한 설명으로 옳지 않은 것은?

① 우드워드(J. Woodward)는 기술을 단위생산기술, 대량생산기술, 연속공정기술로 나누었는데, 대량생산에는 기계적 조직구조가 적합하고, 연속공정에는 유기적 조직구조가 적합하다고 주장하였다.
② 번즈(T. Burns)와 스탈커(G. Stalker)는 안정적인 환경에서는 기계적인 조직이, 불확실한 환경에서는 유기적인 조직이 효과적이라고 주장하였다.
③ 톰슨(J. Thompson)은 기술을 단위작업 간의 상호의존성에 따라 중개형, 장치형, 집약형으로 유형화하고, 이에 적합한 조직구조와 조정형태를 제시하였다.
④ 페로우(C. Perrow)는 기술을 다양성 차원과 분석 가능성 차원을 기준으로 일상적 기술, 공학적 기술, 장인기술, 비일상적 기술로 유형화하였다.
⑤ 블라우(P. Blau), 차일드(J. Child)는 환경의 불확실성을 상황변수로 연구하였다.

3. 인사고과에 관한 설명으로 옳은 것을 모두 고른 것은?

ㄱ. 캐플런(R. Kaplan)과 노턴(D. Norton)이 주장한 균형성과표(BSC)의 4가지 핵심 관점은 재무관점, 고객관점, 외부환경관점, 학습 · 성장관점이다.
ㄴ. 목표관리법(MBO)의 단점 중 하나는 권한위임이 이루어지기 어렵다는 것이다.
ㄷ. 체크리스트법(대조법)은 평가자로 하여금 피평가자의 성과, 능력, 태도 등을 구체적으로 기술한 단어나 문장을 선택하게 하는 인사고과법이다.
ㄹ. 대부분의 전통적인 인사고과법과는 달리, 종합평가법 혹은 평가센터법(ACM)은 미래의 잠재능력을 파악할 수 있는 인사고과법이다.
ㅁ. 행동기준평가법(BARS)은 척도설정 및 기준행동의 기술 - 중요과업의 선정 - 과업행동의 평가 순으로 이루어진다.

 정답 1. ② 2. ⑤ 3. ②

① ㄱ, ㅁ
② ㄷ, ㄹ
③ ㄱ, ㄴ, ㄷ
④ ㄷ, ㄹ, ㅁ
⑤ ㄱ, ㄷ, ㄹ, ㅁ

4. 프로젝트 활동의 단축비용이 단축일수에 따라 비례적으로 증가한다고 할 때, 정상활동으로 가능한 프로젝트 완료일을 최소의 비용으로 하루 앞당기기 위해 속성으로 진행되어야 할 활동은?

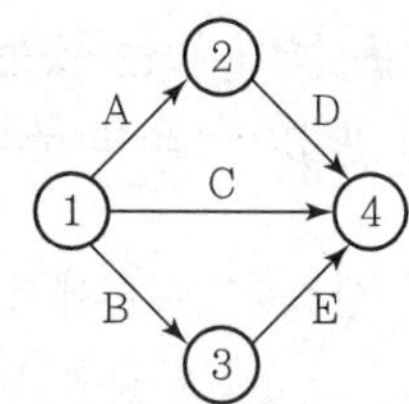

활동	직전 선행활동	활동시간(일)		활동비용(만 원)	
		정상	속성	정상	속성
A	–	7	5	100	130
B	–	5	4	100	130
C	–	12	10	100	140
D	A	6	5	100	150
E	B	9	7	100	150

① A
② B
③ C
④ D
⑤ E

5. 경력개발에 관한 설명으로 옳은 것은?

① 경력 정체기에 접어들은 종업원들이 보여주는 반응유형은 방어형, 절망형, 성과미달형, 이상형으로 구분된다.
② 샤인(E. Schein)은 개인의 경력욕구 유형을 관리지향, 기술-기능지향, 안전지향 등 세 가지로 구분하였다.
③ 홀(D. Hall)의 경력단계 모델에서 중년의 위기가 나타나는 단계는 확립단계이다.
④ 이중 경력경로(dual-career path)는 개인이 조직에서 경험하는 직무들이 수평적뿐만 아니라 수직적으로 배열되어 있는 경우이다.
⑤ 경력욕구는 조직이 개인에게 기대하는 행동인 경력역할과 개인 자신이 추구하려고 하는 경력방향에 의해 결정된다.

4. ⑤ 5. ① 정답

6. 경영참가제도에 관한 설명으로 옳지 않은 것은?

① 경영참가제도는 단체교섭과 더불어 노사관계의 양대 축을 형성하고 있다.
② 독일은 노사공동결정제를 실시하고 있다.
③ 스캔론 플랜(Scanlon plan)은 경영참가제도 중 자본참가의 한 유형이다.
④ 종업원지주제(ESOP)는 원래 안정주주의 확보라는 기업방어적인 측면에서 시작되었다.
⑤ 정치적인 측면에서 볼 때 경영참가제도의 목적은 산업민주주의를 실현하는 데 있다.

7. 동기부여이론에 관한 설명으로 옳지 않은 것은?

① 동기부여이론을 내용이론과 과정이론으로 구분할 때 알더퍼(C. Alderfer)의 ERG이론은 내용이론이다.
② 맥클랜드(D. McClelland)의 성취동기이론에서 성취욕구를 측정하기에 가장 적합한 것은 TAT(주제통각검사)이다.
③ 허쯔버그(F. Herzberg)의 이요인이론에 따르면, 동기유발이 되기 위해서는 동기요인은 충족시키고, 위생요인은 제거해 주어야 한다.
④ 브룸(V. Vroom)의 기대이론은 기대감, 수단성, 유의성에 의해 노력의 강도가 결정되는데 이들 중 하나라도 0이면 동기부여가 안 된다고 한다.
⑤ 아담스(J. Adams)는 페스팅거(L. Festinger)의 인지부조화 이론을 동기유발과 연관시켜서 공정성 이론을 체계화하였다.

8. 수요예측을 위한 시계열분석에 관한 설명으로 옳지 않은 것은?

① 시계열분석은 장래의 수요를 예측하는 방법으로, 종속변수인 수요의 과거 패턴이 미래에도 그대로 지속된다는 가정에 근거를 두고 있다.
② 전기수요법은 가장 최근의 수요로 다음 기간의 수요를 예측하는 기법으로, 수요가 안정적일 경우 효율적으로 사용할 수 있다.
③ 이동평균법은 우연변동만이 크게 작용하는 경우 유용한 기법으로, 가장 최근 n기간 데이터를 산술평균하거나 가중평균하여 다음 기간의 수요를 예측할 수 있다.
④ 추세분석법은 과거 자료에 뚜렷한 증가 또는 감소의 추세가 있는 경우, 과거 수요와 추세선 상 예측치 간 오차의 합을 최소화하는 직선 추세선을 구하여 미래의 수요를 예측할 수 있다.
⑤ 지수평활법은 추세나 계절변동을 모두 포함하여 분석할 수 있으나, 평활상수를 작게 하여도 최근 수요 데이터의 가중치를 과거 수요 데이터의 가중치보다 작게 부과할 수 없다.

 정답 6. ③ 7. ③ 8. ④

9. 하우 리(H. Lee)가 제안한 공급사슬 전략 중 수요의 불확실성이 낮고 공급의 불확실성이 높은 경우 필요한 전략은?
① 효율적 공급사슬
② 반응적 공급사슬
③ 민첩한 공급사슬
④ 위험회피 공급사슬
⑤ 지속가능 공급사슬

10. 심리평가에서 신뢰도와 타당도에 관한 설명으로 옳은 것은?
① 내적일치 신뢰도(internal consistency reliability)를 알아보기 위해서는 동일한 속성을 측정하기 위한 검사를 두 가지 다른 형태로 만들어 사람들에게 두 가지형 모두를 실시한다.
② 다양한 신뢰도 측정방법들은 모두 유사한 의미를 지니고 있기 때문에 서로 바꾸어서 사용해도 된다.
③ 검사-재검사 신뢰도(test-retest reliability)는 두 번의 검사 시간간격이 길수록 높아진다.
④ 준거 관련 타당도 중 동시 타당도(concurrent validity)와 예측 타당도(predictive validity) 간의 중요한 차이는 예측변인과 준거자료를 수집하는 시점 간 시간간격이다.
⑤ 검사가 학문적으로 받아들여지기 위해 바람직한 신뢰도 계수와 타당도 계수는 .70~.80의 범위에 존재한다.

11. 개인의 수행을 판단하기 위해 사용되는 준거의 특성 중 실제준거가 개념준거 전체를 나타내지 못하는 정도를 의미하는 것은?
① 준거 결핍(criterion deficiency)
② 준거 오염(criterion contamination)
③ 준거 불일치(criterion discordance)
④ 준거 적절성(criterion relevance)
⑤ 준거 복잡성(criterion composite)

12. 직업 스트레스 모델 중 다양한 직무요구에 대해 종업원들의 외적 요인(조직의 지원, 의사결정 과정에 대한 참여)과 내적 요인(자신의 업무요구에 대한 종업원의 정신적 접근방법)이 개인적으로 직면하는 스트레스 요인에 완충 역할을 한다는 것은?
① 자원보존(Conservation of Resources, COR) 이론
② 요구-통제 모델(Demands-Control Model)
③ 요구-자원 모델(Demands-Resources Model)
④ 사람-환경 적합 모델(Person-Environment Fit Model)
⑤ 노력-보상 불균형 모델(Effort-Reward Imbalance Model)

9. ④ 10. ④ 11. ① 12. ③ 정답

13. 작업동기이론에 관한 설명으로 옳지 않은 것은?

① 기대이론(expectancy theory)은 다른 사람들 간의 동기의 정도를 예측하는 것보다는 한 사람이 서로 다양한 과업에 기울이는 노력의 수준을 예측하는 데 유용하다.

② 형평이론(equity theory)에 따르면 개인마다 형평에 대한 선호도에 차이가 있으며, 이러한 형평 민감성은 사람들이 불형평에 직면하였을 때 어떤 행동을 취할지를 예측한다.

③ 목표설정이론(goal-setting theory)에 따르면 목표가 어려울수록 수행은 더욱 좋아질 가능성이 크지만, 직무가 복잡하고 목표의 수가 다수인 경우에는 수행이 낮아진다.

④ 자기조절이론(self-regulation theory)에서는 개인이 행위의 주체로서 목표를 달성하기 위하여 주도적인 역할을 한다고 주장한다.

⑤ 자기결정이론(self-determination theory)은 자기효능감이 긍정적인 결과를 초래할지 아니면 부정적인 결과를 초래할지에 대한 문제를 이해하는 데 도움을 주는 이론이다.

14. 조직 내 팀에 관한 설명으로 옳지 않은 것을 모두 고른 것은?

ㄱ. 터크만(B. Tuckman)의 팀 생애주기는 형성(forming) - 규범형성(norming) - 격동(storming) - 수행(performing) - 해체(adjourning)의 순이다.
ㄴ. 집단사고는 효과적인 팀 수행을 위하여 공유된 정신모델을 구축할 때 잠재적으로 나타나는 부정적인 면이다.
ㄷ. 집단극화는 개별구성원의 생각으로는 좋지 않다고 생각하는 결정을 집단이 선택할 때 나타나는 현상이다.
ㄹ. 무임승차(free riding)나 무용성 지각(felt dispensability)은 팀에서 개인에게 개별적인 인센티브를 주지 않음으로써 일어날 수 있는 사회적 태만이다.
ㅁ. 마크(M. Marks)가 제안한 팀 과정의 3요인 모형은 전환과정, 실행과정, 대인과정으로 구성되어 있다.

① ㄱ, ㄴ
② ㄱ, ㄷ
③ ㄱ, ㄷ, ㅁ
④ ㄷ, ㄹ, ㅁ
⑤ ㄱ, ㄴ, ㄷ, ㄹ

 정답 13. ⑤ 14. ②

15. 반생산적 업무행동(CWB)에 관한 설명으로 옳지 않은 것은?

① 반생산적 업무행동의 사람기반 원인에는 성실성(conscientiousness), 특성분노(trait anger), 자기통제력(self control), 자기애적 성향(narcissism) 등이 있다.

② 반생산적 업무행동의 주된 상황기반 원인에는 규범, 스트레스에 대한 정서적 반응, 외적 통제소재, 불공정성 등이 있다.

③ 조직의 재산이나 조직 성원의 일을 의도적으로 파괴하거나 손상을 입히는 반생산적 업무행동은 심각성, 반복 가능성, 가시성에 따라 구분된다.

④ 사회적 폄하(social undermining)는 버릇없거나 의욕을 떨어뜨리는 행동으로 직장에서 용수철 효과(spiraling effect)처럼 작용하는 반생산적 업무행동이다.

⑤ 직장폭력과 공격을 유발하는 중요한 예측치는 조직에서 일어난 일이 얼마나 중요하게 인식되는가를 의미하는 유발성 지각(perceived provocation)이다.

16. 인간지각 특성에 관한 설명으로 옳지 않은 것은?

① 평행한 직선들이 평행하게 보이지 않는 방향착시는 가현운동에 의한 착시의 일종이다.

② 선택, 조직, 해석의 세 가지 지각과정 중 게슈탈트 지각 원리들이 나타나는 것은 조직 과정이다.

③ 전체적인 맥락에서 문자나 그림 등의 빠진 부분을 채워서 보는 지각 원리는 폐쇄성(closure)이다.

④ 일반적으로 감시하는 대상이 많아지면 주의의 폭은 넓어지고 깊이는 얕아진다.

⑤ 주의력의 특성으로는 선택성, 방향성, 변동성이 있다.

17. 휴먼에러(human error)에 관한 설명으로 옳은 것은?

① 리즌(J. Reason)의 휴먼에러 분류는 행위의 결과만을 보고 분류하므로 에러 분류가 비교적 쉽고 빠른 장점이 있다.

② 지식기반 착오(knowledge based mistake)는 무의식적 행동 관례 및 저장된 행동 양상에 의해 제어되는 것이다.

③ 라스무센(J. Rasmussen)은 인간의 불완전한 행동을 의도적인 경우와 비의도적인 경우로 구분하여 에러 유형을 분류하였다.

④ 누락오류, 작위오류, 시간오류, 순서오류는 원인적 분류에 해당하는 휴먼에러이다.

⑤ 스웨인(A. Swain)은 휴먼에러를 작업 완수에 필요한 행동과 불필요한 행동을 하는 과정에서 나타나는 에러로 나누었다.

15. ④ 16. ① 17. ⑤ 정답

18. 작업환경과 건강에 관한 설명으로 옳은 것을 모두 고른 것은?

> ㄱ. 안전한 절차, 실행, 행동을 관리자가 장려하고 보상한다는 종업원의 공유된 지각을 조직지지 지각(perceived organizational support)이라 한다.
> ㄴ. 레이노 증후군(Raynaud's syndrome)이란 진동이나 추위, 심리적 변화 등으로 인해 나타나는 말초혈관 운동의 장애로 손가락이 창백해지고 통증을 느끼는 증상을 말한다.
> ㄷ. 눈부심의 불쾌감은 배경의 휘도가 클수록, 광원의 크기가 작을수록 감소하게 된다.
> ㄹ. VDT(Visual Display Terminal) 증후군은 컴퓨터의 키보드나 마우스를 오래 사용하는 작업자에게 발생하는 반복긴장성 손상의 대표적인 질환이다.

① ㄱ, ㄴ
② ㄴ, ㄷ
③ ㄱ, ㄷ, ㄹ
④ ㄴ, ㄷ, ㄹ
⑤ ㄱ, ㄴ, ㄷ, ㄹ

19. 전기화재의 발생원인이 아닌 것은?

① 누전
② 과전류
③ 단열압축
④ 절연파괴
⑤ 전기스파크

20. 산업안전보건기준에 관한 규칙상 안전난간의 구조 및 설치요건에 관한 설명으로 옳지 않은 것은?

① 상부 난간대는 바닥면 · 발판 또는 경사로의 표면(이하 "바닥면 등"이라 한다.)으로부터 90센티미터 이상 지점에 설치할 것
② 상부 난간대와 중간 난간대는 난간 길이 전체에 걸쳐 바닥면 등과 평행을 유지할 것
③ 안전난간은 구조적으로 가장 취약한 지점에서 가장 취약한 방향으로 작용하는 100킬로그램 이상의 하중에 견딜 수 있는 튼튼한 구조일 것
④ 발끝막이판은 바닥면 등으로부터 5센티미터 높이를 유지할 것. 다만, 물체가 떨어지거나 날아올 위험이 없거나 그 위험을 방지할 수 있는 망을 설치하는 등 필요한 예방 조치를 한 장소는 제외할 것
⑤ 난간대는 지름 2.7센티미터 이상의 금속제 파이프나 그 이상의 강도가 있는 재료일 것

21. 재해예방의 4원칙에 해당하지 않는 것은?

① 시행착오의 원칙
② 예방가능의 원칙
③ 손실우연의 원칙
④ 대책선정의 원칙
⑤ 원인계기(연계)의 원칙

 정답 18. 전항 정답 19. ③ 20. ④ 21. ①

22. 산업안전보건법령상 유해인자별 노출농도의 허용기준으로 옳지 않은 것은?

① 디메틸포름아미드 : 시간가중평균값(TWA) 10ppm
② 2-브로모프로판 : 시간가중평균값(TWA) 5ppm
③ 이황화탄소 : 시간가중평균값(TWA) 1ppm
④ 포름알데히드 : 시간가중평균값(TWA) 0.3ppm
⑤ 노말헥산 : 시간가중평균값(TWA) 50ppm

23. 다음에서 설명하는 것은?

> 옥외의 가스 저장탱크지역의 화재발생 시 저장탱크가 가열되어 탱크 내 액체부분은 급격히 증발하고 가스부분은 온도상승과 비례하여 탱크 내 압력의 급격한 상승을 초래하게 된다. 탱크가 계속 가열되면 용기 강도는 저하되고 내부압력은 상승하여 어느 시점이 되면 저장탱크의 설계압력을 초과하게 되고 탱크가 파괴되어 급격한 폭발현상을 일으킨다.

① 보일오버
② 슬롭오버
③ 증기운폭발
④ 블레비
⑤ 백드래프트

24. 산업안전보건기준에 관한 규칙상 가설통로의 구조에 관한 설명으로 옳지 않은 것은?

① 경사는 30도 이하로 할 것. 다만, 계단을 설치하거나 높이 2미터 미만의 가설통로로서 튼튼한 손잡이를 설치한 경우에는 그러하지 아니하다.
② 경사가 15도를 초과하는 경우에는 미끄러지지 아니하는 구조로 할 것
③ 수직갱에 가설된 통로의 길이가 15미터 이상인 경우에는 15미터마다 계단참을 설치할 것
④ 견고한 구조로 할 것
⑤ 추락할 위험이 있는 장소에는 안전난간을 설치할 것. 다만, 작업상 부득이한 경우에는 필요한 부분만 임시로 해체할 수 있다.

25. 방진마스크에 관한 설명으로 옳지 않은 것은?

① "전면형 방진마스크"란 분진 등으로부터 안면부 전체(입, 코, 눈)를 덮을 수 있는 구조의 방진마스크를 말한다.
② 산소농도 18% 이상인 장소에서 사용하여야 한다.
③ "반면형 방진마스크"란 분진 등으로부터 안면부의 입과 코를 덮을 수 있는 구조의 방진마스크를 말한다.
④ 방진마스크는 쉽게 착용되어야 하고 착용하였을 때 안면부가 안면에 밀착되어 공기가 새지 않아야 한다.
⑤ 석면 취급 장소에서는 2급 방진마스크를 사용해야 한다.

22. ② 23. ④ 24. ③ 25. ⑤ 정답

산업보건지도사 2018년 기출문제

1. 해크만(J. Hackman)과 올드햄(G. Oldham)이 제시한 직무특성모델(job characteristic model)에서 5가지 핵심직무차원(core job dimensions)에 포함되지 않는 것은?

① 기술다양성(skill variety)
② 성장욕구(growth need)
③ 과업정체성(task identity)
④ 자율성(autonomy)
⑤ 피드백(feedback)

2. 직무급(job-based pay)에 관한 설명으로 옳은 것을 모두 고른 것은?

ㄱ. 동일 노동 동일 임금의 원칙(equal pay for equal work)이 적용된다. ㄴ. 직무를 평가하고 임금을 산정하는 절차가 간단하다. ㄷ. 유능한 인력을 확보하고 활용하는 것이 가능하다. ㄹ. 직무의 상대적 가치를 기준으로 하여 임금을 결정한다. ㅁ. 직무를 중심으로 한 합리적인 인적자원 관리가 가능하게 됨으로써 인건비의 효율성을 증대시킬 수 있다.

① ㄱ, ㄴ, ㄷ
② ㄷ, ㄹ, ㅁ
③ ㄱ, ㄴ, ㄹ, ㅁ
④ ㄱ, ㄷ, ㄹ, ㅁ
⑤ ㄱ, ㄴ, ㄷ, ㄹ, ㅁ

3. 홍길동이 A회사에 입사한 후 3년이 지났다. 홍길동이 그 동안 있었던 승진자들을 살펴보니 모두 뛰어난 업적을 보인 사람들이었다. 이에 홍길동은 자신도 뛰어난 성과를 보여 승진하겠다는 결심을 하고 지속적으로 열심히 노력하였다. 이 경우 홍길동과 관련된 학습이론은?

① 사회적 학습(social learning)
② 조직적 학습(organizational learning)
③ 고전적 조건화(classical conditioning)
④ 작동적 조건화(operant conditioning)
⑤ 액션 러닝(action learning)

 정답 1. ② 2. ④ 3. ①

4. 허쯔버그(F. Herzberg)가 제시한 2요인이론(two factor theory)에서 동기부여 요인(motivators)에 포함되지 않는 것은?

① 성취(achievement)
② 임금(wage)
③ 책임(responsibility)
④ 성장(growth)
⑤ 인정(recognition)

5. 사업부제 조직구조(divisional structure)에 관한 설명으로 옳지 않은 것은?

① 각 사업부는 사업영역에 대해 독자적인 권한과 책임을 보유하고 있어 독립적인 이익센터(profit center)로서 기능할 수 있다.
② 각 사업부들이 경영상의 책임단위가 됨으로써 본사의 최고경영층은 일상적인 업무로부터 벗어나 전사적인 차원의 문제에 집중할 수 있다.
③ 각 사업부 간에 기능의 중복현상이 발생하지 않는다.
④ 각 사업부마다 시장특성에 적합한 제품과 서비스를 생산하고 판매할 수 있게 됨으로써 시장세분화에 따른 제품차별화가 용이하다.
⑤ 각 사업부의 이해관계를 중시하는 사업부 이기주의로 인하여 사업부 간의 협조가 원활하지 못할 수 있다.

6. 6시그마 경영은 모토로라(Motorola)사에서 혁신적인 품질개선을 목적으로 시작된 기업경영 전략이다. 6시그마 경영과 과거의 품질경영을 비교 설명한 것으로 옳은 것은?

① 과거의 품질경영방식은 전체 최적화였으나 6시그마 경영은 부분 최적화라고 할 수 있다.
② 과거의 품질경영 계획대상은 공장 내 모든 프로세스였으나 6시그마 경영은 문제점이 발생한 곳 중심이라고 할 수 있다.
③ 과거의 품질경영 교육은 체계적이고 의무적이었으나 6시그마 경영은 자발적 참여를 중시한다.
④ 과거의 품질경영 관리단계는 DMAIC를 사용하였으나 6시그마 경영은 PDCA cycle을 사용한다.
⑤ 과거의 품질경영 방침결정은 하의상달방식이었으나 6시그마 경영은 상의하달방식으로 이루어진다.

7. ABC 재고관리에 관한 설명으로 옳지 않은 것은?

① 자재 및 재고자산의 차별관리방법이며, A등급, B등급, C등급으로 구분된다.
② 품목의 중요도를 결정하고, 품목의 상대적 중요도에 따라 통제를 달리하는 재고관리시스템이다.
③ 파레토 분석(Pareto Analysis) 결과에 따라 품목을 등급으로 나누어 분류한다.
④ 일반적으로 A등급에 속하는 품목의 수가 C등급에 속하는 품목의 수보다 많다.
⑤ 각 등급별 재고 통제수준은 A등급은 엄격하게, B등급은 중간 정도로, C등급은 느슨하게 한다.

4. ② 5. ③ 6. ⑤ 7. ④ 정답

8. 수요예측을 위한 시계열 분석에서 변동에 해당하지 않는 것은?

① 추세변동(trend variation) : 자료의 추이가 점진적, 장기적으로 증가 또는 감소하는 변동
② 계절변동(seasonal variation) : 월, 계절에 따라 증가 또는 감소하는 변동
③ 위치변동(locational variation) : 지역의 차이에 따라 증가 또는 감소하는 변동
④ 순환변동(cyclical variation) : 경기순환과 같은 요인으로 인한 변동
⑤ 불규칙변동(irregular variation) : 돌발사건, 전쟁 등으로 인한 변동

9. 설비배치계획의 일반적 단계에 해당하지 않는 것은?

① 구성계획(construct plan)
② 세부배치계획(detailed layout plan)
③ 전반배치(general overall layout)
④ 설치(installation)
⑤ 위치(location) 결정

10. 심리평가에서 평가센터(assessment center)에 관한 설명으로 옳지 않은 것은?

① 신규채용을 위하여 입사 지원자들을 평가하거나 또는 승진 결정 등을 위하여 현재 종업원들을 평가하는 데 사용할 수 있다.
② 관리 직무에 요구되는 단일수행 차원에 대해 피평가자들을 평가한다.
③ 기본적인 평가방식은 집단 내 다른 사람들의 수행과 비교하여 개인의 수행을 평가하는 것이다.
④ 평가도구로는 구두발표, 서류함 기법, 역할수행 등이 있다.
⑤ 다수의 평가자들이 피평가자들을 평가한다.

11. 목표설정 이론(goal setting theory)에서 종업원의 직무수행을 향상시킬 수 있는 요인들을 모두 고른 것은?

ㄱ. 도전적인 목표	ㄴ. 구체적인 목표
ㄷ. 종업원의 목표 수용	ㄹ. 목표 달성 과정에 대한 피드백

① ㄱ, ㄹ
② ㄴ, ㄷ
③ ㄱ, ㄴ, ㄹ
④ ㄴ, ㄷ, ㄹ
⑤ ㄱ, ㄴ, ㄷ, ㄹ

 정답 8. ③ 9. ① 10. ② 11. ⑤

12. 인사선발에 관한 설명으로 옳은 것은?

① 올바른 합격자(true positive)란 검사에서 합격점을 받아서 채용되었지만 채용된 후에는 불만족스러운 직무수행을 나타내는 사람이다.

② 잘못된 합격자(false positive)란 검사에서 불합격점을 받아서 떨어뜨렸지만 채용하였다면 만족스러운 직무수행을 나타냈을 사람이다.

③ 올바른 불합격자(true negative)란 검사에서 불합격점을 받아서 떨어뜨렸고 채용하였더라도 불만족스러운 직무수행을 나타냈을 사람이다.

④ 잘못된 불합격자(false negative)란 검사에서 합격점을 받아서 채용되었고 채용된 후에도 만족스러운 직무수행을 나타내는 사람이다.

⑤ 인사선발 과정의 궁극적인 목적은 올바른 합격자와 잘못된 불합격자를 최대한 늘리고 올바른 불합격자와 잘못된 합격자를 줄이는 것이다.

13. 심리평가에서 타당도와 신뢰도에 관한 설명으로 옳지 않은 것은?

① 구성타당도(construct validity)는 검사문항들이 검사용도에 적절한지에 대하여 검사를 받는 사람들이 느끼는 정도다.

② 내용타당도(content validity)는 검사의 문항들이 측정해야 할 내용들을 충분히 반영한 정도다.

③ 검사-재검사 신뢰도(test-retest reliability)는 검사를 반복해서 실시했을 때 얻어지는 검사 점수의 안정성을 나타내는 정도다.

④ 평가자 간 신뢰도(inter-rater reliability)는 두 명 이상의 평가자들로부터의 평가가 일치하는 정도다.

⑤ 내적 일치 신뢰도(internal-consistency reliability)는 검사 내 문항들 간의 동질성을 나타내는 정도다.

14. 인사평가 시기가 되자 홍길동 부장은 매우 우수한 성과를 보인 이순신 사원을 평가하고, 다음 차례로 이몽룡 사원을 평가하였다. 이때 이몽룡 사원은 평균적인 성과를 보였음에도 불구하고, 평균 이하의 평가를 받았다. 홍길동 부장의 평가에서 발생한 오류는?

① 후광 오류

② 관대화 오류

③ 중앙집중화 오류

④ 대비 오류

⑤ 엄격화 오류

15. 인간정보처리(human information processing) 이론에서 정보량과 관련된 설명이다. 다음 중 옳지 않은 것은?

① 인간정보처리이론에서 사용하는 정보 측정단위는 비트(bit)다.
② 힉-하이만 법칙(Hick-Hyman law)은 선택반응시간과 자극 정보량 사이의 선형함수 관계로 나타난다.
③ 자극-반응실험에서 인간에게 입력되는 정보량(자극 정보량)과 출력되는 정보량(반응 정보량)은 동일하다고 가정한다.
④ 정보란 불확실성을 감소시켜 주는 지식이나 소식을 의미한다.
⑤ 자극-반응실험에서 전달된(transmitted) 정보량을 계산하기 위해서는 소음(noise) 정보량과 손실(loss) 정보량도 고려해야 한다.

16. 하인리히(H. Heinrich)의 연쇄성 이론에 관한 설명으로 옳지 않은 것은?

① 연쇄성 이론은 도미노 이론이라고 불리기도 한다.
② 사고를 예방하는 방법은 연쇄적으로 발생하는 사고원인들 중에서 어떤 원인을 제거하여 연쇄적인 반응을 막는 것이다.
③ 연쇄성 이론에 의하면 5개의 도미노가 있다.
④ 사고 발생의 직접적인 원인은 불안전한 행동과 불안전한 상태다.
⑤ 연쇄성 이론에서 첫 번째 도미노는 개인적 결함이다.

17. 작업장의 적절한 조명수준을 결정하려고 한다. 다음 중 옳은 것을 모두 고른 것은?

ㄱ. 직접조명은 간접조명보다 조도는 높으나 눈부심이 일어나기 쉽다. ㄴ. 정밀 조립작업을 수행할 경우에는 일반 사무작업을 할 때보다 권장조도가 높다. ㄷ. 40세 이하의 작업자보다 55세 이상의 작업자가 작업할 때 권장조도가 높다. ㄹ. 작업환경에서 조명의 색상은 작업자의 건강이나 생산성과 무관하다. ㅁ. 표면 반사율이 높을수록 조도를 높여야 한다.

① ㄱ, ㄴ
② ㄱ, ㄴ, ㄷ
③ ㄱ, ㄷ, ㅁ
④ ㄴ, ㄷ, ㄹ
⑤ ㄱ, ㄴ, ㄷ, ㄹ, ㅁ

정답 15. ③ 16. ⑤ 17. ②

18. 소리와 소음에 관한 설명으로 옳은 것은?

① 인간의 가청주파수 영역은 20,000Hz~30,000Hz이다.

② 인간이 지각한(perceived) 음의 크기는 음의 세기(dB)와 항상 정비례한다.

③ 강력한 소음에 노출된 직후에 발생하는 일시적 청력손실은 휴식을 취하더라도 회복되지 않는다.

④ 우리나라 소음노출기준은 소음강도 90dB(A)에 8시간 노출될 때를 허용기준선으로 정하고 있다.

⑤ 소음노출지수가 100% 이상이어야 소음으로부터 안전한 작업장이다.

19. 일반적으로 재해가 발생하였을 때 재해조사를 실시하게 된다. 재해조사를 할 때 유의사항으로 옳지 않은 것은?

① 재해발생 현장의 사실을 수집한다.

② 사람과 기계설비 양면의 재해요인을 모두 도출한다.

③ 2차 재해의 예방을 위해 보호구를 착용한다.

④ 목격자의 증언을 배제하고 주관적으로 조사에 임한다.

⑤ 조사는 신속하게 실시하고, 피재 설비를 정지시켜 2차 재해의 방지를 도모한다.

20. 전기설비기술기준상 대지전압이 220V일 경우 저압 절연전선의 절연저항값은 최소 몇 MΩ 이상으로 하여야 하는가?

① 0.1 ② 0.2

③ 0.3 ④ 0.4

⑤ 0.5

21. 위험성평가에 사용되는 용어의 설명이다. 제시된 내용과 일치하는 용어에 해당하는 것은?

유해 · 위험별로 추정한 위험성의 크기가 허용 가능한 범위인지 여부를 판단하는 것

① 위험성

② 위험성 추정

③ 위험성 결정

④ 유해 · 위험요인 파악

⑤ 위험성 감소대책 수립 및 실행

22. K사는 세계 곳곳에 생산 공장을 두고 있는 글로벌 기업이다. 각 생산 공장에 적용 가능한 안전보건경영시스템을 조사하고자 한다. 국내 · 외에 존재하는 안전보건경영시스템 관련 규격명과 제정한 국가의 연결이 옳지 않은 것은?

① ISRS(International Safety Rating System) - 노르웨이
② KOSHA(Korea Occupational Safety & Health Agency) 18001 - 한국
③ HS(G)65(Successful Health and Safety Management) - 영국
④ VPP(Voluntary Protection Program) - 미국
⑤ Work Safe Plan - 독일

23. ABE형 안전모의 성능 시험항목에 해당되는 것을 모두 고른 것은?

ㄱ. 내수성 시험	ㄴ. 내관통성 시험
ㄷ. 내열성 시험	ㄹ. 충격흡수성 시험
ㅁ. 내전압성 시험	ㅂ. 내약품성 시험

① ㄱ, ㄴ, ㄷ
② ㄴ, ㄹ, ㅂ
③ ㄱ, ㄴ, ㄹ, ㅁ
④ ㄱ, ㄹ, ㅁ, ㅂ
⑤ ㄴ, ㄷ, ㄹ, ㅁ

24. 위험성평가의 방법과 절차에 관한 설명으로 옳지 않은 것은?

① 상시근로자 수 20명 미만 사업장(총 공사금액 20억 원 미만의 건설공사)의 경우 위험성평가 절차 중 위험성 추정을 생략할 수 있다.
② 위험성평가를 수행한 기록물은 3년 이상 보존하고, 최초평가 기록은 영구 보존하는 것을 권장한다.
③ 위험성평가는 사업장의 작업 · 공정에 대하여 지속적 · 정기적으로 실시하고, 공정 · 설비 변경 등 새로운 위험이 발생할 경우에도 실시한다.
④ 위험성평가는 최초평가, 특별평가, 수시평가로 나누며, 최초평가는 위험성평가를 사업장에 도입하여 처음 실시하는 것이다.
⑤ 정상작업뿐 아니라 비정상작업의 경우(계획적 비정상작업, 예측 가능한 긴급 작업)에도 위험성평가를 실시할 필요가 있다.

 정답 22. ⑤ 23. ③ 24. ④

25. 안전장치에 관한 설명으로 옳은 것을 모두 고른 것은?

ㄱ. 고전압용 기계 설비의 플러그 모양이 일반 제품과 다른 것은 트립(trip)기구 안전장치에 해당된다.
ㄴ. 정전이 되어도 일정 시간 긴급 발전을 해서 제어기가 작동하도록 하는 장치는 페일-패시브(fail-passive) 안전장치에 해당된다.
ㄷ. 회전부 덮개가 완전히 닫히지 않으면 정상 작동하지 않는 장치는 인터로크(interlock) 안전장치에 해당된다.

① ㄱ
② ㄷ
③ ㄱ, ㄴ
④ ㄴ, ㄷ
⑤ ㄱ, ㄴ, ㄷ

Industrial Health
Industrial Health
Industrial Health
Industrial Health
Industrial Health

Actual Test

산업보건지도사 2019년 기출문제

1. 직무관리에 관한 설명으로 옳지 않은 것은?
① 직무분석이란 직무의 내용을 체계적으로 분석하여 인사관리에 필요한 직무정보를 제공하는 과정이다.
② 직무설계는 직무 담당자의 업무 동기 및 생산성 향상 등을 목표로 한다.
③ 직무충실화는 작업자의 권한과 책임을 확대하는 직무설계방법이다.
④ 핵심직무특성 중 과업중요성은 직무담당자가 다양한 기술과 지식 등을 활용하도록 직무설계를 해야 한다는 것을 말한다.
⑤ 직무평가는 직무의 상대적 가치를 평가하는 활동이며, 직무평가 결과는 직무급의 산정에 활용된다.

2. 노동조합에 관한 설명으로 옳지 않은 것은?
① 직종별 노동조합은 산업이나 기업에 관계없이 같은 직업이나 직종 종사자들에 의해 결성된다.
② 산업별 노동조합은 기업과 직종을 초월하여 산업을 중심으로 결성된다.
③ 산업별 노동조합은 직종 간, 회사 간 이해의 조정이 용이하지 않다.
④ 기업별 노동조합은 동일 기업에 근무하는 근로자들에 의해 결성된다.
⑤ 기업별 노동조합에서는 근로자의 직종이나 숙련 정도를 고려하여 가입이 결정된다.

3. 조직구조 유형에 관한 설명으로 옳지 않은 것은?
① 기능별 구조는 부서 간 협력과 조정이 용이하지 않고 환경변화에 대한 대응이 느리다.
② 사업별 구조는 기능 간 조정이 용이하다.
③ 사업별 구조는 전문적인 지식과 기술의 축적이 용이하다.
④ 매트릭스 구조에서는 보고체계의 혼선이 야기될 가능성이 높다.
⑤ 매트릭스 구조는 여러 제품라인에 걸쳐 인적자원을 유연하게 활용하거나 공유할 수 있다.

 정답 1. ④ 2. ⑤ 3. ③

4. JIT(Just-In-Time) 생산방식의 특징으로 옳지 않은 것은?
① 간판(kanban)을 이용한 푸시(push) 시스템
② 생산준비시간 단축과 소(小)로트 생산
③ U자형 라인 등 유연한 설비배치
④ 여러 설비를 다룰 수 있는 다기능 작업자 활용
⑤ 불필요한 재고와 과잉생산 배제

5. 매슬로(A. Maslow)의 욕구단계이론 중 자아실현욕구를 조직행동에 적용한 것은?
① 도전적 과업 및 창의적 역할 부여
② 타인의 인정 및 칭찬
③ 화해와 친목분위기 조성 및 우호적인 작업팀 결성
④ 안전한 작업조건 조성 및 고용 보장
⑤ 냉난방 시설 및 사내식당 운영

6. 품질개선 도구와 그 주된 용도의 연결이 옳지 않은 것은?
① 체크시트(check sheet) : 품질 데이터의 정리와 기록
② 히스토그램(histogram) : 중심위치 및 분포 파악
③ 파레토도(Pareto diagram) : 우연변동에 따른 공정의 관리상태 판단
④ 특성요인도(cause and effect diagram) : 결과에 영향을 미치는 다양한 원인들을 정리
⑤ 산점도(scatter plot) : 두 변수 간의 관계를 파악

7. 공장의 설비배치에 관한 설명으로 옳은 것을 모두 고른 것은?

ㄱ. 제품별 배치(product layout)는 연속, 대량 생산에 적합한 방식이다.
ㄴ. 제품별 배치를 적용하면 공정의 유연성이 높아진다는 장점이 있다.
ㄷ. 공정별 배치(process layout)는 범용설비를 제품의 종류에 따라 배치한다.
ㄹ. 고정위치형 배치(fixed position layout)는 주로 항공기 제조, 조선, 토목건축 현장에서 찾아볼 수 있다.
ㅁ. 셀형 배치(cellular layout)는 다품종 소량생산에서 유연성과 효율성을 동시에 추구할 수 있다.

① ㄱ, ㅁ
② ㄱ, ㄹ, ㅁ
③ ㄴ, ㄷ, ㄹ
④ ㄱ, ㄴ, ㄹ, ㅁ
⑤ ㄱ, ㄷ, ㄹ, ㅁ

4. ① 5. ① 6. ③ 7. ② 정답

8. 어떤 프로젝트의 PERT(Program Evaluation and Review Technique) 네트워크와 활동소요 시간이 다음과 같을 때, 옳지 않은 설명은?

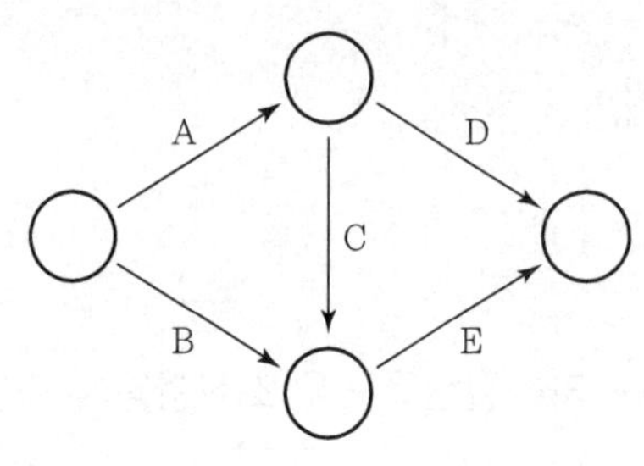

활동	소요시간(日)
A	10
B	17
C	10
D	7
E	8
계	52

① 주 경로(critical path)는 A-C-E이다.
② 프로젝트를 완료하는 데에는 적어도 28일이 필요하다.
③ 활동 D의 여유시간은 1일이다.
④ 활동 E의 소요시간이 증가해도 주 경로는 변하지 않는다.
⑤ 활동 A의 소요시간을 5일만큼 단축시킨다면 프로젝트 완료시간도 5일만큼 단축된다.

9. 리더십 이론의 설명으로 옳은 것을 모두 고른 것은?

ㄱ. 블레이크(R. Blake)와 머튼(J. Mouton)의 리더십 관리격자 모형에 의하면 일(생산)에 대한 관심과 사람에 대한 관심이 모두 높은 리더가 이상적 리더이다.
ㄴ. 피들러(F. Fiedler)의 리더십상황이론에 의하면 상황이 호의적일 때 인간중심형 리더가 과업지향형 리더보다 효과적인 리더이다.
ㄷ. 리더-부하 교환이론(leader-member exchange theory)에 의하면 효율적인 리더는 믿을 만한 부하들을 내집단(in-group)으로 구분하여, 그들에게 더 많은 정보를 제공하고, 경력개발 지원 등의 특별한 대우를 한다.
ㄹ. 변혁적 리더는 예외적인 사항에 대해 개입하고, 부하가 좋은 성과를 내도록 하기 위해 보상시스템을 잘 설계한다.
ㅁ. 카리스마 리더는 강한 자기 확신, 인상관리, 매력적인 비전 제시 등을 특징으로 한다.

① ㄱ, ㄴ, ㄹ
② ㄱ, ㄷ, ㅁ
③ ㄴ, ㄷ, ㄹ
④ ㄱ, ㄴ, ㄷ, ㅁ
⑤ ㄱ, ㄷ, ㄹ, ㅁ

 정답 8. ⑤ 9. ②

10. 산업심리학의 연구방법에 관한 설명으로 옳지 않은 것은?
① 관찰법 : 행동표본을 관찰하여 주요 현상들을 찾아 기술하는 방법이다.
② 사례연구법 : 한 개인이나 대상을 심층 조사하는 방법이다.
③ 설문조사법 : 설문지 혹은 질문지를 구성하여 연구하는 방법이다.
④ 실험법 : 원인이 되는 종속변인과 결과가 되는 독립변인의 인과관계를 살펴보는 방법이다.
⑤ 심리검사법 : 인간의 지능, 성격, 적성 및 성과를 측정하고 정보를 제공하는 방법이다.

11. 일-가정 갈등(work-family conflict)에 관한 설명으로 옳지 않은 것은?
① 일과 가정의 요구가 서로 충돌하여 발생한다.
② 장시간 근무나 과도한 업무량은 일-가정 갈등을 유발하는 주요한 원인이 될 수 있다.
③ 적은 시간에 많은 것을 해내기를 원하는 경향이 강한 사람은 더 많은 일-가정 갈등을 경험한다.
④ 직장은 일-가정 갈등을 감소시키는 데 중요한 역할을 담당하지 않는다.
⑤ 돌봐 주어야 할 어린 자녀가 많을수록 더 많은 일-가정 갈등을 경험한다.

12. 인간의 정보처리 방식 중 정보의 한 가지 측면에만 초점을 맞추고 다른 측면은 무시하는 것은?
① 선택적 주의(selective attention)
② 분할 주의(divided attention)
③ 도식(schema)
④ 기능적 고착(functional fixedness)
⑤ 분위기 가설(atmosphere hypothesis)

13. 다음에 해당하는 갈등 해결방식은?

근로자가 동료나 관리자와 같은 제3자에게 갈등에 대해 언급하여, 자신과 갈등하는 대상을 직접 만나지 않고 저절로 갈등이 해결되는 것을 희망한다.

① 순응하기 방식(accommodating style)
② 협력하기 방식(collaborating style)
③ 회피하기 방식(avoiding style)
④ 강요하기 방식(forcing style)
⑤ 타협하기 방식(compromising style)

10. ④ 11. ④ 12. ① 13. ③ 정답

14. 직무분석에 관한 설명으로 옳은 것을 모두 고른 것은?

> ㄱ. 직무분석 접근 방법은 크게 과업 중심(task-oriented)과 작업자 중심(worker-oriented)으로 분류할 수 있다.
> ㄴ. 기업에서 필요로 하는 업무의 특성과 근로자의 자질을 파악할 수 있다.
> ㄷ. 해당 직무를 수행하는 근로자들에게 필요한 교육훈련을 계획하고 실시할 수 있다.
> ㄹ. 근로자에게 유용하고 공정한 수행 평가를 실시하기 위한 준거(criterion)를 획득할 수 있다.

① ㄱ, ㄴ
② ㄴ, ㄷ
③ ㄴ, ㄹ
④ ㄱ, ㄷ, ㄹ
⑤ ㄱ, ㄴ, ㄷ, ㄹ

15. 조명과 직무환경에 관한 설명으로 옳지 않은 것은?

① 조도는 어떤 물체나 표면에 도달하는 빛의 양을 말한다.
② 동일한 환경에서 직접조명은 간접조명보다 더 밝게 보이도록 하며, 눈부심과 눈의 피로도를 줄여준다.
③ 눈부심은 시각 정보 처리의 효율을 떨어트리고, 눈의 피로도를 증가시킨다.
④ 작업장에 조명을 설치할 때에는 빛의 밝기뿐만 아니라 빛의 배분도 고려해야 한다.
⑤ 최적의 밝기는 작업자의 연령에 따라서 달라진다.

16. 다음 중 인간의 정보처리와 표시장치의 양립성(compatibility)에 관한 내용으로 옳은 것을 모두 고른 것은?

> ㄱ. 양립성은 인간의 인지기능과 기계의 표시장치가 어느 정도 일치하는가를 말한다.
> ㄴ. 양립성이 향상되면 입력과 반응의 오류율이 감소한다.
> ㄷ. 양립성이 감소하면 사용자의 학습시간은 줄어들지만, 위험은 증가한다.
> ㄹ. 양립성이 향상되면 표시장치의 일관성은 감소한다.

① ㄱ, ㄴ
② ㄴ, ㄷ
③ ㄷ, ㄹ
④ ㄱ, ㄴ, ㄹ
⑤ ㄱ, ㄴ, ㄷ, ㄹ

정답 14. ⑤ 15. ② 16. ①

17. 다음 그림에서 평행한 두 선분은 동일한 길이임에도 불구하고 위의 선분이 더 길어 보인다. 이러한 현상을 나타내는 용어는?

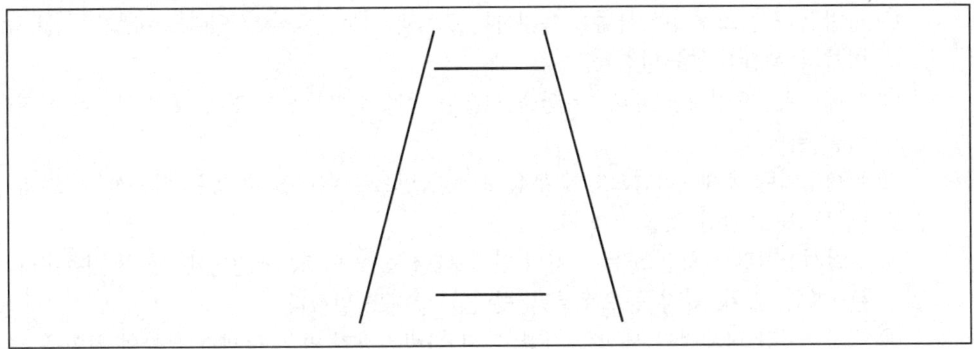

① 포겐도르프(Poggendorf) 착시현상
② 뮬러-라이어(Müller-Lyer) 착시현상
③ 폰조(Ponzo) 착시현상
④ 티체너(Titchener) 착시현상
⑤ 죌너(Zöllner) 착시현상

18. 다음 중 산업재해이론과 그 내용의 연결이 옳지 않은 것은?

① 하인리히(H. Heinrich)의 도미노 이론 : 사고를 촉발시키는 도미노 중에서 불안전상태와 불안전행동을 가장 중요한 것으로 본다.
② 버드(F. Bird)의 수정된 도미노 이론 : 하인리히(H. Heinrich)의 도미노 이론을 수정한 이론으로, 사고 발생의 근본적 원인을 관리 부족이라고 본다.
③ 아담스(E. Adams)의 사고연쇄반응 이론 : 불안전행동과 불안전상태를 유발하거나 방치하는 오류는 재해의 직접적인 원인이다.
④ 리즌(J. Reason)의 스위스 치즈 모델 : 스위스 치즈 조각들에 뚫려 있는 구멍들이 모두 관통되는 것처럼 모든 요소의 불안전이 겹쳐져서 산업재해가 발생한다는 이론이다.
⑤ 하돈(W. Haddon)의 매트릭스 모델 : 작업자의 긴장 수준이 지나치게 높을 때, 사고가 일어나기 쉽고 작업 수행의 질도 떨어지게 된다는 것이 핵심이다.

19. 안전보건경영시스템 인증기준(KOSHA 18001)에서 사용하는 주요 용어의 정의로 옳지 않은 것은?

① 사업장 또는 조직이란 사업을 운영하는 조직과 기능을 갖추고 있는 회사, 기업, 연구소 또는 이들의 복합집단을 말한다.

② 유해 · 위험요인이란 유해 · 위험을 일으킬 잠재적 가능성이 있는 것의 고유한 특징이나 속성을 말한다.

③ 위험성이란 유해 · 위험요인이 부상 또는 질병으로 이어질 수 있는 가능성(빈도)과 중대성(강도)을 조합한 것을 말한다.

④ 관찰사항이란 사업장 또는 조직의 안전보건활동이 안전보건경영체제상의 기준이나 작업표준, 지침, 절차, 규정 등으로부터 벗어난 상태를 말한다.

⑤ 예방조치란 잠재적인 부적합 사항, 기타 바람직하지 않은 잠재적 상황의 원인을 제거하여 발생을 방지하기 위한 조치를 말한다.

20. 제조업 등 유해 · 위험방지계획서 제출 · 심사 · 확인에 관한 고시에서 규정하고 있는 유해 · 위험방지계획서 제출 대상으로 옳은 것은?

① 금속 또는 비금속광물을 해당 물질의 녹는점 이상으로 가열하여 용해하는 노(爐)로서 용량이 3톤 이상인 것

② 열원기준으로 연료의 최대소비량이 시간당 30킬로그램 이상인 건조설비

③ 열원기준으로 정격소비전력이 30킬로와트 이상인 건조설비

④ 유해물질로부터 나오는 가스 · 증기 또는 분진의 발산원을 밀폐 · 제거하기 위해 배풍량이 분당 50세제곱미터인 이동식 국소배기장치

⑤ 용접 · 용단용으로 사용하기 위하여 2개의 인화성 가스 저장 용기를 상호 간에 도관으로 연결한 이동식 가스집합장치로부터 용접 토치까지의 일관 설비로서 인화성 가스 집합량이 500킬로그램인 가스집합 용접장치

21. 산업안전보건기준에 관한 규칙상 악천후 및 강풍 시 작업 중지에 관한 내용이다. ( )에 들어갈 내용으로 옳은 것은?

사업주는 순간풍속이 초당 (ㄱ)미터를 초과하는 경우 타워크레인의 설치 · 수리 · 점검 또는 해체작업을 중지하여야 하며, 순간풍속이 초당 (ㄴ)미터를 초과하는 경우에는 타워크레인의 운전작업을 중지하여야 한다.

① ㄱ : 5, ㄴ : 5
② ㄱ : 8, ㄴ : 10
③ ㄱ : 10, ㄴ : 10
④ ㄱ : 10, ㄴ : 12
⑤ ㄱ : 10, ㄴ : 15

 정답 19. ④ 20. ① 21. ⑤

22. 제조물 책임법상 제조물의 결함에 해당하는 것을 모두 고른 것은?

ㄱ. 제조상의 결함	ㄴ. 설계상의 결함
ㄷ. 표시상의 결함	ㄹ. 원가 공개 결함

① ㄱ
② ㄴ, ㄹ
③ ㄷ, ㄹ
④ ㄱ, ㄴ, ㄷ
⑤ ㄱ, ㄴ, ㄷ, ㄹ

23. 보호구 안전인증의 추락 및 감전 위험방지용 안전모의 성능기준에 관한 내용으로 안전모의 시험성능기준의 항목이 아닌 것은?

① 내관통성
② 충격흡수성
③ 부식성
④ 내전압성
⑤ 난연성

24. 다음과 같은 특징을 가지고 있는 위험성평가 기법은?

- 사업장에서 위험성과 운전성을 체계적으로 분석 · 평가한다.
- 가이드워드에 의해 위험요소를 도출하는 것이 고유한 특성이다.
- 토론에 의해 위험요소를 도출한다.
- 공정의 설계의도에서 이탈을 찾아낸다.

① FMEA
② HAZOP
③ FTA
④ Checklist
⑤ PHA

25. 사업장 위험성평가에 관한 지침에서 명시하고 있는 위험성 감소대책 수립 시 우선적으로 고려해야 할 사항을 순서대로 옳게 나열한 것은?

ㄱ. 개인용 보호구의 사용
ㄴ. 사업장 작업절차서 정비 등의 관리적 대책
ㄷ. 위험한 작업의 폐지 · 변경, 유해 · 위험물질 대체 등의 조치 또는 설계나 계획 단계에서 위험성을 제거 또는 저감하는 조치
ㄹ. 연동장치, 환기장치 설치 등의 공학적 대책

① ㄱ → ㄴ → ㄷ → ㄹ
② ㄱ → ㄴ → ㄹ → ㄷ
③ ㄴ → ㄱ → ㄹ → ㄷ
④ ㄷ → ㄹ → ㄱ → ㄴ
⑤ ㄷ → ㄹ → ㄴ → ㄱ

22. ④ 23. ③ 24. ② 25. ⑤ 정답

산업보건지도사 2020년 기출문제

1. 인사평가 방법에 관한 설명으로 옳지 않은 것은?

① 서열(ranking)법은 등위를 부여해 평가하는 방법으로, 평가 비용과 시간을 절약할 수 있다.
② 평정척도(rating scale)법은 평가 항목에 대해 리커트(Likert) 척도 등을 이용해 평가한다.
③ BARS(Behaviorally Anchored Rating Scale) 평가법은 성과 관련 주요 행동에 대한 수행정도로 평가한다.
④ MBO(Management by Objectives) 평가법은 상급자와 합의하여 설정한 목표 대비 실적으로 평가한다.
⑤ BSC(Balanced Score Card) 평가법은 연간 재무적 성과 결과를 중심으로 평가한다.

2. 노사관계에 관한 설명으로 옳지 않은 것은?

① 우리나라에서 단체협약은 1년을 초과하는 유효기간을 정할 수 없다.
② 1935년 미국의 와그너법(Wagner Act)은 부당노동행위를 방지하기 위하여 제정되었다.
③ 유니온 숍제는 비조합원이 고용된 이후, 일정기간 이후에 조합에 가입하는 형태이다.
④ 우리나라에서 임금교섭은 조합 수 기준으로 기업별 교섭형태가 가장 많다.
⑤ 직장폐쇄는 사용자측의 대항행위에 해당한다.

3. 조직문화 중 안전문화에 관한 설명으로 옳은 것은?

① 안전문화 수준은 조직구성원이 느끼는 안전 분위기나 안전풍토(safety climayte)에 대한 설문으로 평가할 수 있다.
② 안전문화는 TMI(Three Mile Island) 원자력발전소 사고 관련 국제원자력기구(IAEA) 보고서에 의해 그 중요성이 널리 알려졌다.
③ 브래들리 커브(Bradley Curve) 모델은 기업의 안전문화 수준을 병적-수동적-계산적-능동적-생산적 5단계로 구분하고 있다.
④ Mohamed가 제시한 안전풍토의 요인들은 재해율이나 보호구 착용률과 같이 구체적이어서 안전문화 수준을 계량화하기 쉽다.
⑤ Pascale의 7S모델은 안전문화의 구성요인으로 Safety, Strategy, Structure, System, Staff, Skill, Style을 제시하고 있다.

 정답 1. ⑤ 2. ① 3. ①

4. 동기부여 이론에 관한 설명으로 옳은 것을 모두 고른 것은?

ㄱ. 매슬로우(A.Maslow)의 욕구 5단계 이론에서 가장 상위계층의 욕구는 자기가 원하는 집단에 소속되어 우의와 애정을 갖고자 하는 사회적 욕구이다.
ㄴ. 허츠버그(F. Herzberg)의 2요인 이론에서 급여와 복리후생은 동기요인에 해당한다.
ㄷ. 맥그리거(D. McGregor)의 X이론에 의하면 사람은 엄격한 지시・명령으로 통제되어야 조직목표를 달성할 수 있다.
ㄹ. 맥클랜드(D. McClelland)는 주제통각시험(TAT)을 이용하여 사람의 욕구를 성취욕구, 권력욕구, 친교욕구로 구분하였다.

① ㄱ, ㄴ
② ㄱ, ㄹ
③ ㄷ, ㄹ
④ ㄱ, ㄴ, ㄷ
⑤ ㄴ, ㄷ, ㄹ

5. 리더십(leadership)에 관한 설명으로 옳은 것은?

① 리더십 행동이론에서 리더의 행동은 상황이나 조건에 의해 결정된다고 본다.
② 리더십 특성이론에서 좋은 리더는 리더십 행동에 대한 훈련에 의해 육성될 수 있다고 본다.
③ 리더십 상황이론에서 리더십은 리더와 부하 직원들 간의 상호작용에 따라 달라질 수 있다고 본다.
④ 헤드십(headship)은 조직 구성원에 의해 선출된 관리자가 발휘하기 쉬운 리더십을 의미한다.
⑤ 헤드십은 최고경영자의 민주적인 리더십을 의미한다.

6. 수요예측 방법에 관한 설명으로 옳은 것은?

① 델파이 방법은 일반 소비자를 대상으로 하는 정량적 수요예측 방법이다.
② 이동평균법은 과거 수요예측치의 평균으로 예측한다.
③ 시계열분석법의 변동요인에 추세(trend)는 포함되지 않는다.
④ 단순회귀분석법에서 수요량 예측은 최대자승법을 이용한다.
⑤ 지수평활법은 과거 실제 수요량과 예측치 간의 오차에 대해 지수적 가중치를 반영해 예측한다.

4. ③ 5. ③ 6. ⑤ 정답

7. 재고관리에 관한 설명으로 옳지 않은 것은?

① 경제적주문량(EOQ) 모형에서 재고유지비용은 주문량에 비례한다.
② 신문판매원문제(newsboyproblem)는 확정적 재고모형에 해당한다.
③ 고정주문량 모형은 재고수준이 미리 정해진 재주문점에 도달할 경우 일정량을 주문하는 방식이다.
④ ABC 재고관리는 재고의 품목수와 재고금액에 따라 중요도를 결정하고 재고관리를 차별적으로 적용하는 기법이다.
⑤ 재고로 인한 금융비용, 창고보관료, 자재취급비용, 보험료는 재고유지비용에 해당한다.

8. 품질경영기법에 관한 설명으로 옳지 않은 것은?

① SERVQUAL 모형은 서비스 품질수준을 측정하고 평가하는 데 이용될 수 있다.
② TQM은 고객의 입장에서 품질을 정의하고 조직 내의 모든 구성원이 참여하여 품질을 향상하고자 하는 기법이다.
③ HACCP은 식품의 품질 및 위생을 생산부터 유통단계를 거쳐 최종 소비될 때까지 합리적이고 철저하게 관리하기 위하여 도입되었다.
④ 6시그마 기법에서는 품질특성치가 허용한계에서 멀어질수록 품질비용이 증가하는 손실함수 개념을 도입하고 있다.
⑤ ISO 9000 시리즈는 표준화된 품질의 필요성을 인식하여 제정되었으며 제3자(인증기관)가 심사하여 인증하는 제도이다.

9. 식음료 제조업체의 공급망관리팀 팀장인 홍길동은 유통단계에서 최종 소비자의 주문량 변동이 소매상, 도매상, 제조업체로 갈수록 증폭되는 현상을 발견하였다. 이에 관한 설명으로 옳지 않은 것은?

① 공급사슬 상류로 갈수록 주문의 변동이 증폭되는 현상을 채찍효과(bullwhipeffect)라고 한다.
② 유통업체의 할인 이벤트 등으로 가격 변동이 클 경우 주문량 변동이 감소할 것이다.
③ 제조업체와 유통업체의 협력적 수요예측시스템은 주문량 변동이 감소하는 데 기여할 것이다.
④ 공급사슬의 정보공유가 지연될수록 주문량 변동은 증가할 것이다.
⑤ 공급사슬의 리드타임(leadtime)이 길수록 주문량 변동은 증가할 것이다.

정답 7. ② 8. ④ 9. ②

10. 스트레스의 작용과 대응에 관한 설명으로 옳지 않은 것은?

① A유형이 B유형 성격의 사람에 비해 스트레스에 더 취약하다.
② Selye가 구분한 스트레스 3단계 중에서 2단계는 저항단계이다.
③ 스트레스 관련 정보수집, 시간관리, 구체적 목표의 수립은 문제중심적 대처 방법이다.
④ 자신의 사건을 예측할 수 있고, 통제 가능하다고 지각하면 스트레스를 덜 받는다.
⑤ 긴장(각성) 수준이 높을수록 수행 수준은 선형적으로 감소한다.

11. 김부장은 직원의 직무수행을 평가하기 위해 평정척도를 이용하였다. 금년부터는 평정오류를 줄이기 위한 방법으로 '종업원비교법'을 도입하고자 한다. 이때 제거 가능한 오류(a)와 여전히 존재하는 오류(b)를 옳게 짝지은 것은?

① a : 후광오류, b : 중앙집중오류
② a : 후광오류, b : 관대화오류
③ a : 중앙집중오류, b : 관대화오류
④ a : 관대화오류, b : 중앙집중오류
⑤ a : 중앙집중오류, b : 후광오류

12. 인사담당자인 김부장은 신입사원채용을 위해 적절한 심리검사를 활용하고자 한다. 심리검사에 관한 설명으로 옳지 않은 것은?

① 다른 조건이 모두 동일하다면 검사의 문항수는 내적 일관성의 정도에 영향을 미치지 않는다.
② 반분 신뢰도(split－halfreliability)는 검사의 내적 일관성 정도를 보여주는 지표이다.
③ 안면 타당도(facevalidity)는 검사문항들이 외관상 특정 검사의 문항으로 적절하게 보이는 정도를 의미한다.
④ 준거 타당도(criterionvalidity)에는 동시 타당도(concurrentvalidity)와 예측 타당도(predictivevalidity)가 있다.
⑤ 동형검사신뢰도(equivalent-formreliability)는 동일한 구성개념을 측정하는 두 독립적인 검사를 하나의 집단에 실시하여 측정한다.

13. 다음에 설명하는 용어는?

> 응집력이 높은 조직에서 모든 구성원들이 하나의 의견에 동의하려는 욕구가 매우 강해, 대안적인 행동방식을 객관적이고 타당하게 평가하지 못함으로써 궁극적으로 비합리적이고 비현실적인 의사결정을 하게 되는 현상이다.

① 집단사고(groupthink)
② 사회적 태만(socialloafing)
③ 집단극화(grouppolarization)
④ 사회적 촉진(socialfacilitation)
⑤ 남만큼만하기효과(suckereffect)

14. 용접공이 작업 중에 보호안경을 쓰지 않으면 시력손상을 입는 산업재해가 발생한다. 용접공의 행동특성을 ABC행동이론(선행사건, 행동, 결과)에 근거하여 기술한 내용으로 옳은 것을 모두 고른 것은?

> ㄱ. 보호안경을 착용하지 않으면 편리하다는 확실한 결과를 얻을 수 있다.
> ㄴ. 보호안경 착용으로 나타나는 예방효과는 안전행동에 결정적인 영향을 미친다.
> ㄷ. 미래의 불확실한 이득(시력보호)으로 보호안경의 착용행위를 증가시키는 것은 어렵다.
> ㄹ. 모범적인 보호안경 착용자에게 공개적인 인센티브를 제공하여 위험행동을 감소하도록 유도한다.

① ㄱ, ㄷ
② ㄴ, ㄹ
③ ㄱ, ㄷ, ㄹ
④ ㄴ, ㄷ, ㄹ
⑤ ㄱ, ㄴ, ㄷ, ㄹ

15. 휴먼에러 발생 원인을 설명하는 모델 중, 주로 익숙하지 않은 문제를 해결할 때 사용하는 모델이며 지름길을 사용하지 않고 상황파악, 정보수집, 의사결정, 실행의 모든 단계를 순차적으로 실행하는 방법은?

① 위반행동 모델(violationbehaviormodel)
② 숙련기반행동 모델(skill-basedbehaviormodel)
③ 규칙기반행동 모델(rule-basedbehaviormodel)
④ 지식기반행동 모델(knowledge-basedbehaviormodel)
⑤ 일반화 에러 모형(genericerrormodelingsystem)

정답 13. ① 14. ①, ②, ③, ④, ⑤ 15. ④

16. 소음의 특성과 청력손실에 관한 설명으로 옳지 않은 것은?
① 0dB 청력수준은 20대 정상청력을 근거로 산출된 최소역치수준이다.
② 소음성 난청은 달팽이관의 유모세포 손상에 따른 영구적 청력손실이다.
③ 소음성 난청은 주로 1,000Hz 주변의 청력손실로부터 시작된다.
④ 소음작업이란 1일 8시간 작업을 기준으로 85dBA 이상의 소음이 발생하는 작업이다.
⑤ 중이염 등으로 고막이나 이소골이 손상된 경우 기도와 골도청력에 차이가 발생할 수 있다.

17. 인간의 정보처리과정에 관한 설명으로 옳은 것을 모두 고른 것은?

ㄱ. 단기기억의 용량은 덩이 만들기(chunking)를 통해 확장할 수 있다.
ㄴ. 감각기억에 있는 정보를 단기기억으로 이전하기 위해서는 주의가 필요하다.
ㄷ. 신호검출이론(signal-detectiontheory)에서 누락(miss)은 신호가 없는데도 있다고 잘못 판단하는 경우이다.
ㄹ. Weber의 법칙에 따르면 10kg의 물체에 대한 무게 변화감지역(JND)이 1kg의 물체에 대한 무게 변화감지역보다 더 크다.

① ㄴ, ㄷ
② ㄱ, ㄴ, ㄹ
③ ㄱ, ㄷ, ㄹ
④ ㄴ, ㄷ, ㄹ
⑤ ㄱ, ㄴ, ㄷ, ㄹ

18. 어떤 가설을 받아들이고 나면 다른 가능성은 검토하지도 않고 그 가설을 지지하는 증거만을 탐색해서 받아들이는 현상에 해당하는 것은?
① 대표성 어림법(representativenessheuristic)
② 가용성 어림법(availabilityheuristic)
③ 과잉확신(overconfidence)
④ 확증 편향(confirmationbias)
⑤ 사후확신 편향(hindsightbias)

19. 안전율 결정인자가 아닌 것은?
① 기계설비의 제작비용
② 응력계산의 정확도
③ 다듬질면의 거칠기
④ 재료의 균질성에 대한 신뢰도
⑤ 불연속 부분의 존재

16. ③ 17. ② 18. ④ 19. ① 정답

20. 인체의 전기저항에 관한 설명으로 옳은 것을 모두 고른 것은?

ㄱ. 인체 피부의 전기저항은 같은 크기의 전류가 흐를 때 접촉면적이 커지면 감소한다.
ㄴ. 인체 전기저항은 전압 인가 시간이 길어지면 감소한다.
ㄷ. 인체 내부조직의 전기저항은 전압이 증가하여도 거의 일정하다.
ㄹ. 인체 피부의 전기저항은 물에 젖은 경우 1/25 정도 감소한다.

① ㄱ, ㄴ
② ㄴ, ㄷ
③ ㄱ, ㄴ, ㄷ
④ ㄴ, ㄷ, ㄹ
⑤ ㄱ, ㄴ, ㄷ, ㄹ

21. 하인리히(Heinrich)의 사고예방대책 기본원리 5단계에서 재해조사 분석, 안전성 진단 및 작업환경 측정은 몇 단계에서 실시하는가?

① 1단계
② 2단계
③ 3단계
④ 4단계
⑤ 5단계

22. 근로자 개인보호구 구비조건에 관한 설명으로 옳은 것을 모두 고른 것은?

ㄱ. 착용이 간편해야 한다.
ㄴ. 금속성 재료는 내식성이 없어야 한다.
ㄷ. 작업에 방해가 되지 않아야 한다.
ㄹ. 유해 · 위험에 대한 방호가 완전해야 한다.
ㅁ. 재료는 무겁고 충분한 강도를 갖추어야 한다.

① ㄱ, ㄴ, ㄷ
② ㄱ, ㄷ, ㄹ
③ ㄴ, ㄷ, ㄹ
④ ㄴ, ㄹ, ㅁ
⑤ ㄷ, ㄹ, ㅁ

23. 위험성 추정 시 산업재해 유형별 구분으로 옳지 않은 것은?

① 화학물질의 물리적 효과에 의한 것
② 물리적 인자의 유해성에 의한 것
③ 자연환경의 물리적 효과에 의한 것
④ 화학물질의 유해성에 의한 것
⑤ 생물학적 요인에 의한 것

정답 20. ⑤ 21. ③ 22. ② 23. ③

24. 위험성 평가기법의 하나인 FTA(Fault Tree Analysis)에서 사용되는 기호의 명칭으로 옳지 않은 것은?

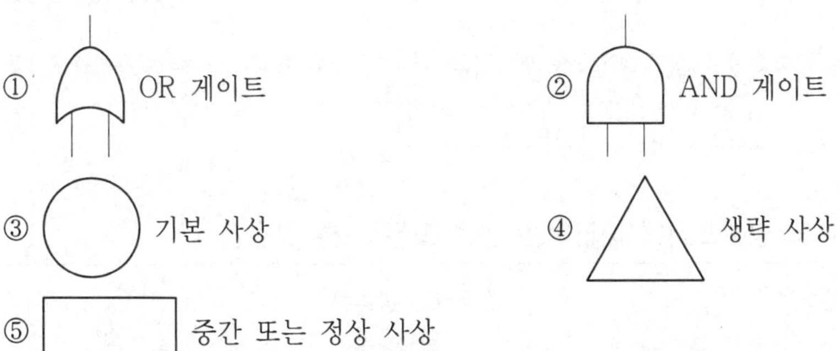

25. 안전보건경영시스템(KOSHA 18001) 인증에서 안전보건경영 관계자 면담 시 중급 관리자가 숙지해야 할 사항으로 명시되지 않은 것은?

① 안전보건 경영방침을 수행하기 위한 구체적 추진계획
② 안전보건경영시스템의 운영 절차와 예상 효과
③ 해당 공정의 위험성 평가방법과 내용
④ 최신기술자료의 보관 장소와 관리방법
⑤ 개인보호구 착용 기준과 착용방법

산업보건지도사 2021년 기출문제

1. 조직구조 설계의 상황요인에 해당하는 것을 모두 고른 것은?

ㄱ. 조직의 규모	ㄴ. 표준화
ㄷ. 전략	ㄹ. 환경
ㅁ. 기술	

① ㄱ, ㄴ, ㄷ
② ㄱ, ㄴ, ㄹ
③ ㄴ, ㄷ, ㅁ
④ ㄱ, ㄴ, ㄷ, ㄹ
⑤ ㄱ, ㄷ, ㄹ, ㅁ

2. 프렌치(J. French)와 레이븐(B. Raven)의 권력의 원천에 관한 설명으로 옳지 않은 것은?

① 공식적 권력은 특정역할과 지위에 따른 계층구조에서 나온다.
② 공식적 권력은 해당 지위에서 떠나면 유지되기 어렵다.
③ 공식적 권력은 합법적 권력, 보상적 권력, 강압적 권력이 있다.
④ 개인적 권력은 전문적 권력과 정보적 권력이 있다.
⑤ 개인적 권력은 자신의 능력과 인격을 다른 사람으로부터 인정받아 생긴다.

3. 직무분석과 직무평가에 관한 설명으로 옳지 않은 것은?

① 직무분석은 인력확보와 인력개발을 위해 필요하다.
② 직무분석은 교육훈련 내용과 안전사고 예방에 관한 정보를 제공한다.
③ 직무명세서는 직무수행자가 갖추어야 할 자격요건인 인적특성을 파악하기 위한 것이다.
④ 직무평가 요소비교법은 평가대상 개별직무의 가치를 점수화하여 평가하는 기법이다.
⑤ 직무평가는 조직의 목표달성에 더 많이 공헌하는 직무를 다른 직무에 비해 더 가치가 있다고 본다.

 정답 1. ⑤ 2. ④ 3. ④

4. 협상에 관한 설명으로 옳지 않은 것은?
① 협상은 둘 이상의 당사자가 희소한 자원을 어떻게 분배할지 결정하는 과정이다.
② 협상에 관한 접근방법으로 분배적 교섭과 통합적 교섭이 있다.
③ 분배적 교섭은 내가 이익을 보면 상대방은 손해를 보는 구조이다.
④ 통합적 교섭은 윈-윈 해결책을 창출하는 타결점이 있다는 것을 전제로 한다.
⑤ 분배적 교섭은 협상당사자가 전체자원(pie)이 유동적이라는 전제하에 협상을 진행한다.

5. 노동쟁의와 관련하여 성격이 다른 하나는?
① 파업
② 준법투쟁
③ 불매운동
④ 생산통제
⑤ 대체고용

6. 대량고객화(mass customization)에 관한 설명으로 옳지 않은 것은?
① 높은 가격과 다양한 제품 및 서비스를 제공하는 개념이다.
② 대량고객화 달성 전략의 하나로 모듈화 설계와 생산이 사용된다.
③ 대량고객화 관련 프로세스는 주로 주문조립생산과 관련이 있다.
④ 정유, 가스 산업처럼 대량고객화를 적용하기 어렵고 효과 달성이 어려운 제품이나 산업이 존재한다.
⑤ 주문접수 시까지 제품 및 서비스를 연기(postpone)하는 활동은 대량고객화 기법 중 하나이다.

7. 품질경영에 관한 설명으로 옳지 않은 것은?
① 쥬란(J. Juran)은 품질삼각축(quality trilogy)으로 품질 계획, 관리, 개선을 주장했다.
② 데밍(W. Deming)은 최고경영진의 장기적 관점 품질관리와 종업원 교육훈련 등을 포함한 14가지 품질경영 철학을 주장했다.
③ 종합적 품질경영(TQM)의 과제 해결 단계는 DICA(Define, Implement, Check, Act)이다.
④ 종합적 품질경영(TQM)은 프로세스 향상을 위해 지속적 개선을 지향한다.
⑤ 종합적 품질경영(TQM)은 외부 고객만족 뿐만 아니라 내부 고객만족을 위해 노력한다.

4. ⑤ 5. ⑤ 6. ① 7. ③ 정답

8. 6시그마와 린을 비교 설명한 것으로 옳은 것은?

① 6시그마는 낭비 제거나 감소에, 린은 결점 감소나 제거에 집중한다.

② 6시그마는 부가가치 활동 분석을 위해 모든 형태의 흐름도를, 린은 가치흐름도를 주로 사용한다.

③ 6시그마는 임원급 챔피언의 역할이 없지만, 린은 임원급 챔피언의 역할이 중요하다.

④ 6시그마는 개선활동에 파트타임(겸임) 리더가, 린은 풀타임(전담) 리더가 담당한다.

⑤ 6시그마의 개선 과제는 전략적 관점에서 선정하지 않지만, 린은 전략적 관점에서 선정한다.

9. 생산운영관리의 최신 경향 중 기업의 사회적 책임과 환경경영에 관한 설명으로 옳은 것을 모두 고른 것은?

> ㄱ. ISO 29000은 기업의 사회적 책임에 관한 국제 인증제도이다.
> ㄴ. 포터(M. Porter)와 크래머(M. Kramer)가 제안한 공유가치창출(CSV : Creating Shared Value)은 기업의 경쟁력 강화보다 사회적 책임을 우선시한다.
> ㄷ. 지속가능성이란 미래 세대의 니즈(needs)와 상충되지 않도록 현 사회의 니즈(needs)를 충족시키는 정책과 전략이다.
> ㄹ. 청정생산(cleaner production) 방법으로는 친환경원자재의 사용, 청정 프로세스의 활용과 친환경생산 프로세스 관리 등이 있다.
> ㅁ. 환경경영시스템인 ISO 14000은 결과 중심 경영시스템이다.

① ㄱ, ㄴ　② ㄷ, ㄹ
③ ㄹ, ㅁ　④ ㄷ, ㄹ, ㅁ
⑤ ㄱ, ㄷ, ㄹ, ㅁ

10. 직무분석을 위해 사용되는 여러 방법 중 정보입력, 정신적 과정, 작업의 결과, 타인과의 관계, 직무맥락, 기타 직무특성 등의 범주로 조직화되어 있는 것은?

① 과업질문지(Task Inventory ; TI)

② 기능적 직무분석(Functional Job Analysis ; FJA)

③ 직위분석질문지(Position Analysis Questionnaire ; PAQ)

④ 직무요소질문지(Job Components Inventory ; JCI)

⑤ 직무분석 시스템(Job Analysis System ; JAS)

정답 8. ② 9. ② 10. ③

11. 직업 스트레스 모델 중 종단 설계를 사용하여 업무량과 이외의 다양한 직무 요구가 종업원의 안녕과 동기에 미치는 영향을 살펴보기 위한 것은?

① 요구-통제 모델(Demands-Control model)
② 자원보존이론(Conservation of Resources theory)
③ 사람-환경 적합 모델(Person-Environment Fit model)
④ 직무 요구-자원 모델(Job Demands-Resources model)
⑤ 노력-보상 불균형 모델(Effort-Reward Imbalance model)

12. 자기결정이론(self-determination theory)에서 내적동기에 영향을 미치는 세 가지 기본욕구를 모두 고른 것은?

ㄱ. 자율성	ㄴ. 관계성
ㄷ. 통제성	ㄹ. 유능성
ㅁ. 소속성	

① ㄱ, ㄴ, ㄷ
② ㄱ, ㄴ, ㄹ
③ ㄱ, ㄷ, ㅁ
④ ㄴ, ㄷ, ㅁ
⑤ ㄷ, ㄹ, ㅁ

13. 터크맨(B. Tuckman)이 제안한 팀 발달의 단계 모형에서 '개별적 사람의 집합'이 '의미 있는 팀'이 되는 단계는?

① 형성기(forming)
② 격동기(storming)
③ 규범기(norming)
④ 수행기(performing)
⑤ 휴회기(adjourning)

14. 반생산적 업무행동(CWB) 중 직·간접적으로 조직 내에서 행해지는 일을 방해하려는 의도적 시도를 의미하며 다음과 같은 사례에 해당하는 것은?

- 고의적으로 조직의 장비나 재산의 일부를 손상시키기
- 의도적으로 재료나 공급물품을 낭비하기
- 자신의 업무영역을 더럽히거나 지저분하게 만들기

① 철회(withdrawal)
② 사보타주(sabotage)
③ 직장무례(workplace incivility)
④ 생산일탈(production deviance)
⑤ 타인학대(abuse toward others)

11. ④ 12. ② 13. ③ 14. ② 정답

15. 스웨인(A. Swain)과 커트맨(H. Cuttmann)이 구분한 인간오류(human error)의 유형에 관한 설명으로 옳지 않은 것은?

① 생략오류(omission error) : 부분으로는 옳으나 전체로는 틀린 것을 옳다고 주장하는 오류
② 시간오류(timing error) : 업무를 정해진 시간보다 너무 빠르게 혹은 늦게 수행했을 때 발생하는 오류
③ 순서오류(sequence error) : 업무의 순서를 잘못 이해했을 때 발생하는 오류
④ 실행오류(commission error) : 수행해야 할 업무를 부정확하게 수행하기 때문에 생겨나는 오류
⑤ 부가오류(extraneous error) : 불필요한 절차를 수행하는 경우에 생기는 오류

16. 아래 그림에서 (a)와 (c)가 일직선으로 보이지만 실제로는 (a)와 (b)가 일직선이다. 이러한 현상을 나타내는 용어는?

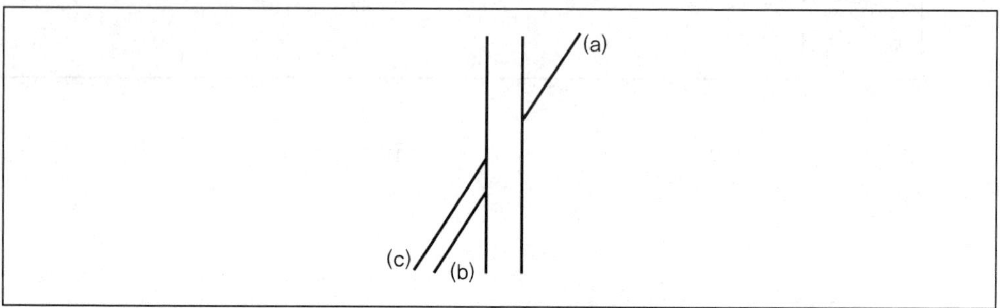

① 뮬러-라이어(Muller-Lyer) 착시현상
② 티체너(Titchener) 착시현상
③ 폰조(Ponzo) 착시현상
④ 포겐도르프(Poggendorf) 착시현상
⑤ 죌너(Zöllner) 착시현상

17. 산업재해이론 중 하인리히(H. Heinrich)가 제시한 이론에 관한 설명으로 옳은 것은?

① 매트릭스 모델(Matrix model)을 제안하였으며, 작업자의 긴장수준이 사고를 유발한다고 보았다.
② 사고의 원인이 어떻게 연쇄반응을 일으키는지 도미노(domino)를 이용하여 설명하였다.
③ 재해는 관리부족, 기본원인, 직접원인, 사고가 연쇄적으로 발생하면서 일어나는 것으로 보았다.
④ 재해의 직접적인 원인은 불안전행동과 불안전상태를 유발하거나 방치한 전술적 오류에서 비롯된다고 보았다.
⑤ 스위스 치즈 모델(Swiss cheese model)을 제시하였으며, 모든 요소의 불안전이 겹쳐져서 사고가 발생한다고 주장하였다.

정답 15. ① 16. ④ 17. ②

18. 조직 스트레스원 자체의 수준을 감소시키기 위한 방법으로 옳은 것을 모두 고른 것은?

ㄱ. 더 많은 자율성을 가지도록 직무를 설계하는 것 ㄴ. 조직의 의사결정에 대한 참여기회를 더 많이 제공하는 것 ㄷ. 직원들과 더 효과적으로 의사소통할 수 있도록 관리자를 훈련하는 것 ㄹ. 갈등해결기법을 효과적으로 사용할 수 있도록 종업원을 훈련하는 것

① ㄱ, ㄴ
② ㄷ, ㄹ
③ ㄱ, ㄴ, ㄹ
④ ㄴ, ㄷ, ㄹ
⑤ ㄱ, ㄴ, ㄷ, ㄹ

19. TWI(Training Within Industry) 교육훈련내용이 아닌 것은?

① JIT(Job Instruction Training)
② JMT(Job Method Training)
③ MTP(Management Training Program)
④ JST(Job Safety Training)
⑤ JRT(Job Relation Training)

20. 산업안전보건법령상 대여자 등이 안전조치 등을 해야 하는 기계·기구·설비 및 건축물 등에 해당하는 것을 모두 고른 것은?

ㄱ. 항발기	ㄴ. 지게차
ㄷ. 고소작업대	ㄹ. 페이퍼드레인머신

① ㄹ
② ㄱ, ㄴ
③ ㄷ, ㄹ
④ ㄱ, ㄴ, ㄷ
⑤ ㄱ, ㄴ, ㄷ, ㄹ

21. 보호구 안전인증 고시에서 정하고 있는 추락 및 감전 위험방지용 안전모의 성능기준에 관한 내용 중 안전모의 시험성능기준 항목이 아닌 것은?

① 내마모성
② 내전압성
③ 내수성
④ 내관통성
⑤ 난연성

18. ⑤ 19. ③ 20. ⑤ 21. ① 정답

22. 다음에서 설명하고 있는 위험성평가 기법은?

> FTA와 동일한 논리기법을 이용하여 관리, 설계, 생산, 보전 등에 대해서 광범위하게 안전성을 확보하기 위한 기법으로 원자력 산업 등에 이용된다.

① ETA　② HAZOP
③ CCA　④ MORT
⑤ THERP

23. 공기 중 연소(폭발)범위가 가장 넓은 것은?

① 아세틸렌　② 에탄
③ 부탄　④ 메탄
⑤ 암모니아

24. 관리격자이론에서 "인간에 대한 관심은 대단히 높으나 생산에 대한 관심이 극히 낮은 리더십"의 유형은?

① (1.1)형　② (1.9)형
③ (9.1)형　④ (9.9)형
⑤ (5.5)형

25. 산업안전보건기준에 관한 규칙의 일부이다. (　　)에 들어갈 내용으로 옳은 것은?

> **제8조(조도)** 사업주는 근로자가 상시 작업하는 장소의 작업면 조도(照度)를 다음 각 호의 기준에 맞도록 하여야 한다. 다만, 갱내(坑內) 작업장과 감광재료(感光材料)를 취급하는 작업장은 그러하지 아니하다.
> 1. 초정밀작업 : (　　)럭스(lux) 이상
> 2. 정밀작업 : 300럭스(lux) 이상

① 550　② 600
③ 650　④ 700
⑤ 750

정답 22. ④　23. ①　24. ②　25. ⑤

참고문헌

1. 에듀인컴 「산업안전기사」(예문사, 2019)
2. 에듀인컴 「산업안전보건법」(예문사, 2018)
3. 강성두 외 「기계안전기술사」(예문사, 2012)
4. 에듀인컴 「산업위생관리기술사」(예문사, 2017)
5. 강성두 외 「산업위생지도사」(예문사, 2012)
6. 류재민 외 「인간공학기술사」(예문사, 2015)
7. 백남원 「산업위생학개론」(신광출판사, 1966)
8. 김태형, 김현욱, 박동욱 「산업환기」(신광출판사, 1999)
9. 백남원, 박동욱, 윤충식 「작업환경측정 및 평가」(신광출판사, 1999)
10. 「산업안전보건법」(법률 제15588호)
11. 「산업안전보건법 시행령」(대통령령 제29360호)
12. 「산업안전보건법 시행규칙」(고용노동부령 제241호)
13. 「유해 · 위험작업의 취업 제한에 관한 규칙」(고용노동부령 제216호)
14. 「산업안전보건기준에 관한 규칙」(고용노동부령 제242호)
15. 영상표시단말기(VDT) 취급근로자 작업관리지침(고용노동부고시 제 2015-44호)
16. 사무실 공기관리 지침(고용노동부고시 제2015-43호)
17. 명예산업안전감독관 운영규정(고용노동부예규 제89호)
18. 산업보건의 관리규정(고용노동부예규 제94호)
19. 화학물질의 유해성 · 위험성시험등에 관한 기준(고용노동부고시 제2015-49호)
20. 외국어 안전 · 보건표지 등의 부착에 관한 지침(고용노동부고시 제2015-73호)
21. 화학물질의 분류 · 표시 및 물질안전보건자료에 관한 기준(고용노동부고시 제 2016-19호)
22. 위험기계 · 기구 안전인증 고시(고용노동부고시 제2016-29호)
23. 방호장치 자율안전기준 고시(고용노동부고시 제2015-94호)
24. 안전인증 대상 기계 · 기구등이 아닌 기계 · 기구등의 안전인증 규정(고용노동부고시 제2016-46호)
25. 진폐건강진단 실시 및 관리규정(고용노동부고시 제2016-32호)
26. 신규화학물질의 유해성 · 위험성 조사 등에 관한 고시(고용노동부고시 제2017-2호)
27. 작업환경측정 및 지정측정기관 평가 등에 관한 고시(고용노동부고시 제2017-27호)
28. 사업장 위험성평가에 관한 지침(고용노동부고시 제2017-36호)
29. 안전검사 절차에 관한 고시(고용노동부고시 제2017-54호)
30. 위험기계 · 기구 자율안전확인 고시(고용노동부고시 제 2017-52호)
31. 보호구 안전인증 고시(고용노동부고시 제2017-64호)
32. 제조업 등 유해 · 위험방지계획서 제출 · 심사 · 확인에 관한 고시(고용노동부고시 제2017-60호)
33. 안전검사 고시(고용노동부고시 제2018-33호)
34. 산업안전지도사 및 산업보건지도사 실적으로 인정할 수 있는 기관 · 단체에 관한 고시(고용노동부고시 제2018-31호)
35. 고기압 작업에 관한 기준(고용노동부고시 제2018-52호)
36. 산업안전 · 보건교육규정(고용노동부고시 제2018-73호)
37. 근로자 건강진단 실시기준(고용노동부고시 제2019-9호)

저자소개

에듀인컴

홈페이지 www.eduincom.co.kr

E-mail eduincom@eduincom.co.kr

메모

산업보건지도사

Ⅲ 기업진단 · 지도

발행일 | 2019. 5. 10 초판 발행
2021. 5. 10 개정 1판1쇄
2022. 3. 15 개정 2판1쇄

저 자 | 에듀인컴
감 수 | 윤 영 노
발행인 | 정 용 수
발행처 | 예문사

주 소 | 경기도 파주시 직지길 460(출판도시) 도서출판 예문사
TEL | 031) 955－0550
FAX | 031) 955－0660
등록번호 | 11－76호

정가 : 45,000원

ISBN 978-89-274-4428-2 13530